Grundlagen der Mikroelektronik 1

Massoud Momeni

Grundlagen der Mikroelektronik 1

 Springer Vieweg

Massoud Momeni
HS für Technik und Wirtschaft Berlin
Berlin, Deutschland

ISBN 978-3-662-62031-1   ISBN 978-3-662-62032-8   (eBook)
https://doi.org/10.1007/978-3-662-62032-8

Die Deutsche Nationalbibliothek verzeichnet diese Publikation in der Deutschen Nationalbibliografie; detaillierte bibliografische Daten sind im Internet über http://dnb.d-nb.de abrufbar.

Planung/Lektorat: Michael Kottusch
Springer Vieweg ist ein Imprint der eingetragenen Gesellschaft Springer-Verlag GmbH, DE und ist ein Teil von Springer Nature.
Die Anschrift der Gesellschaft ist: Heidelberger Platz 3, 14197 Berlin, Germany

Vorwort

Das vorliegende Lehrbuch richtet sich in erster Linie an Studierende der Ingenieur-wissenschaften oder verwandter Gebiete, die ein ausgeprägtes Interesse an der Mikro-elektronik haben und sich ein Verständnis von deren grundlegenden Teilbereichen aufbauen möchten. Niveau und Umfang der hier behandelten Themen entsprechen den Inhalten einer Lehrveranstaltung, die üblicherweise im dritten oder fünften Fachsemester eines Bachelorstudiums stattfindet. Vorausgesetzt werden lediglich einige Grundlagen aus der Elektrotechnik, insbesondere zu den Grundbegriffen und Netzwerktheoremen von Gleichstromnetzen. Die notwendigen grundlegenden Konzepte werden auch hier in einem einführenden Kapitel wiederholt und sollen der Auffrischung des vorhandenen Wissens dienen.

Nach dem Studium dieser Literatur soll es Studierenden möglich sein, das Verhalten von Halbleiterbauelementen auf physikalischer Ebene zu verstehen, einfache ana-loge Schaltungen hinsichtlich ihres Verhaltens und ihrer Kenngrößen zu analysieren, bekannte Schaltungstopologien nach gegebenen Anforderungen zu dimensionieren, an weiterführenden Veranstaltungen teilzunehmen und sich in weiterführende Literatur einzuarbeiten. Eine Einführung in die rechnergestützte Simulation soll Studierenden die Verwendung eines SPICE-Simulators erleichtern. Alle in diesem Buch behandelten Schaltungen und Rechenbeispiele lassen sich mithilfe von SPICE reproduzieren.

Zahlreiche didaktische und strukturelle Elemente sollen das Selbststudium mit dem Buch fördern, zum Beispiel eine klare Strukturierung der Inhalte, eine kurze Einleitung und Auflistung der zu erwerbenden Lernergebnisse zu Beginn jedes Kapitels, zahlreiche durchgerechnete Übungsbeispiele mit realistischen Zahlenwerten, zusammenfassende Tabellen, hervorgehobene Formeln, diverse Verzeichnisse, unter anderem zu den ver-wendeten Abkürzungen und Formelzeichen, und eine Fülle hilfreicher Informationen im Anhang, darunter Formeln zur Berechnung des Ein- und Ausgangswiderstands von Transistorkonfigurationen und Übersichtstabellen zu relevanten Schaltzeichen, Ein-heiten, Umrechnungsfaktoren, physikalischen Konstanten und Materialeigenschaften. Um einen maximalen Nutzen aus den durchgerechneten Übungsbeispielen zu ziehen, ist es empfehlenswert, die Lösung zunächst zu verdecken und sich selbst zu bemühen. Der kleinste Hinweis aus der Lösung kann den Schwierigkeitsgrad der Aufgaben deutlich herabsetzen. Abschnitte, die beim ersten Durchlesen übersprungen werden können, sind in der Überschrift mit einem Stern markiert.

Um den Einstieg in die englische Fachliteratur zu erleichtern, werden wichtige Begriffe im Fließtext ins Englische übersetzt und zusammen mit vielen weiteren Termini in einer Übersetzungstabelle Englisch-Deutsch im Anhang wiederholt.

In Kap. 1 werden elementare Gesetze und Konzepte aus den Grundlagen der Elektrotechnik wiederholt; dazu gehören die Kirchhoffschen Gesetze und das Ohmsche Gesetz, die Ersatzstrom- und Ersatzspannungsquelle, gesteuerte Quellen und Zweitorparameter.

In Kap. 2 werden die halbleiterphysikalischen Grundlagen der später betrachteten Halbleiterbauelemente erläutert. Dabei spielen unter anderem Begriffe und Konzepte zu Elektronen und Löchern, zur Eigen- und Fremdleitungsdichte, zur Dotierung und zu Stromtransportmechanismen eine Rolle.

In Kap. 3 wird daraufhin die Diode als Folge zweier unterschiedlich dotierter Halbleitergebiete vorgestellt. Nach einer Diskussion der physikalischen Grundlagen werden die Stromgleichung und die Strom-Spannungs-Kennlinie einer pn-Diode hergeleitet und erläutert. Mehrere Modelle unterschiedlicher Komplexität werden eingeführt, um eine Handanalyse von Diodenschaltungen zu ermöglichen. In diesem Zusammenhang wird erstmalig auf den Begriff des Arbeitspunkts eingegangen. Abschließend werden wichtige Anwendungen der Diode, zum Beispiel Spannungsregler und Gleichrichter, erklärt.

In Kap. 4 werden zwei Typen eines Bipolartransistors als Folge dreier unterschiedlich dotierter Halbleitergebiete behandelt. Die Überlegungen zur pn-Diode werden herangezogen, um den Stromtransport in einem Bipolartransistor zu erläutern. Nach einer Diskussion der Betriebsbereiche werden die Stromgleichungen vorgestellt, die Strom-Spannungs-Kennlinien veranschaulicht und Modelle zur Analyse von Bipolartransistorschaltungen eingeführt.

In Kap. 5 werden zwei Typen eines Feldeffekttransistors auf ähnliche Weise wie der Bipolartransistor behandelt. Nach einer Diskussion der Struktur und des Stromtransports werden die Stromgleichungen, Betriebsbereiche und Strom-Spannungs-Kennlinien erläutert. Weitere beim Feldeffekttransistor auftretende Effekte und relevante Konzepte werden dargestellt. Ein Vergleich mit dem Bipolartransistor rundet diesen Abschnitt ab.

In Kap. 6 werden das Groß- und Kleinsignalverhalten der präsentierten Halbleiterbauelemente und die damit einhergehenden Analysemethoden vorgestellt, um die Grundlage für den Betrieb von Transistoren in Verstärkerschaltungen zu legen. Es wird gezeigt, wie ein gewünschter Arbeitspunkt für Transistoren schaltungstechnisch realisiert werden kann. Abschließend werden die Kleinsignalmodelle der Bauelemente hergeleitet und das methodische Vorgehen bei einer Groß- und Kleinsignalanalyse gezeigt.

In Kap. 7 werden Grundschaltungen des Bipolar- und Feldeffekttransistors erläutert. Nach einer Klassifizierung der Grundschaltungen werden grundlegende Verstärkerparameter berechnet. Bei der schrittweisen Erweiterung der Schaltungs- und Modellkomplexität wird so weit wie möglich auf bereits bekannte Ergebnisse zurückgegriffen.

In Kap. 8 wird der Operationsverstärker als eine weitere wesentliche Komponente in elektronischen Systemen vorgestellt. Nach einer Betrachtung grundlegender Konzepte und Begriffe werden verschiedene Klassen von Operationsverstärkerschaltungen vorgestellt. Eine Behandlung wichtiger und praxisrelevanter Eigenschaften schließt dieses Kapitel ab.

In Kap. 9 erfolgt eine Einführung in die rechnergestützte Simulation mithilfe von SPICE (Simulation Program with Integrated Circuit Emphasis), einem Open-Source-Simulator, der sich insbesondere für Analogschaltungen eignet. Besonderheiten und Syntax der Beschreibungssprache werden dargestellt, um ein selbstständiges Studium der in diesem Buch vermittelten Kenntnisse anhand einer Simulationssoftware zu ermöglichen.

Um ein einheitliches Schriftbild im gesamten Dokument zu erreichen, wurden der Text in LATEX gesetzt und die Diagramme in TikZ/PGF sowie PGFPLOTS erstellt. Für die Schaltpläne wurde zusätzlich CircuiTikZ verwendet.

Sollten Sie Anmerkungen haben oder auf Fehler stoßen, so ist eine Nachricht per E-Mail an den Autor sehr willkommen. Ihr Feedback hilft, dieses Lehrbuch kontinuierlich zu verbessern.

Berlin   Massoud Momeni
März 2020

Inhaltsverzeichnis

Liste der verwendeten Abkürzungen

AC	Alternating current (Wechselstrom)
ADC	Analog-to-digital converter (Analog-Digital-Wandler)
ADU	Analog-Digital-Umsetzer/-Wandler
ADW	Analog-Digital-Wandler/-Umsetzer
AVT	Aufbau- und Verbindungstechnik
BJT	Bipolar junction transistor (Bipolartransistor)
BW	Bandwidth (Bandbreite)
CCCS	Current-controlled current source (stromgesteuerte Stromquelle)
CCVS	Current-controlled voltage source (stromgesteuerte Spannungsquelle)
CMRR	Common-mode rejection ratio (Gleichtaktunterdrückung)
CVD	Constant voltage drop (Diodenmodell)
dB	Decibel (Dezibel)
DC	Direct current (Gleichstrom)
DGL	Differentialgleichung
ESB	Ersatzschaltbild
EZS	Erzeuger-Zählpfeilsystem
FET	Field-effect transistor (Feldeffekttransistor)
FGE	Fractional gain error
FOM	Figure of merit (Güte-/Leistungszahl)
FPBW	Full-power bandwidth (Leistungsbandbreite)
FWR	Full-wave rectifier (Vollwellengleichrichter)
GBW	Gain-bandwidth product (Verstärkungs-Bandbreite-Produkt)
GE	Gain error
GZS	Generator-Zählpfeilsystem
HWR	Half-wave rectifier (Halbwellengleichrichter)
IA	*Siehe* In Amp
IC	Integrated circuit (integrierte Schaltung)
In Amp	Instrumentation amplifier (Instrumentationsverstärker)
KCL	Kirchhoff's current law (1. Kirchhoffsches Gesetz, Knotenregel)
KS	Konstantspannungsquelle (Diodenmodell)

KVL	Kirchhoff's voltage law (2. Kirchhoffsches Gesetz, Maschenregel)
MOSFET	Metal-oxide-semiconductor field-effect transistor (Metall-Oxid-Halb-leiter-Feldeffekttransistor)
NFET	n-channel FET (n-Kanal-FET)
NMOSFET	n-channel MOSFET (n-Kanal-MOSFET)
NTC	Negative temperature coefficient (negativer Temperaturkoeffizient)
OA	*siehe* OP
OP	Operational amplifier (Operationsverstärker)
Op Amp	*siehe* OP
OPV	Operationsverstärker
PFET	p-channel FET (p-Kanal-FET)
PMOSFET	p-channel MOSFET (p-Kanal-MOSFET)
PSRR	Power supply rejection ratio (Versorgungsspannungsunterdrückung)
PTAT	Proportional to absolute temperature
PTC	Positive temperature coefficient (positiver Temperaturkoeffizient)
RLZ	Raumladungszone
RTI	Referred to input (bezogen auf den Eingang)
RTO	Referred to output (bezogen auf den Ausgang)
Si	Silizium
SiO_2	Siliziumdioxid
SI	Système international d'unités (Internationales Einheitensystem)
SPICE	Simulation Program with Integrated Circuit Emphasis
SR	Slew rate (maximale Anstiegs- und Abfallrate einer Spannung)
TC	Transfer characteristic (Übertragungskennlinie)
↪	Temperature coefficient (Temperaturkoeffizient)
TK	Temperaturkoeffizient
TF	Transfer function (Übertragungsfunktion)
UGB	Unity-gain buffer (Spannungsfolger)
VCCS	Voltage-controlled current source (spannungsgesteuerte Stromquelle)
VCVS	Voltage-controlled voltage source (spannungsgesteuerte Spannungsquelle)
VTC	Voltage transfer characteristic (Spannungsübertragungs-kennlinie)
VZS	Verbraucher-Zählpfeilsystem

Abkürzungen im Index physikalischer Größen

Abweichungen hiervon sind aus dem Kontext heraus erkennbar

B, b	Basis, Bulk
C, c	Kollektor (engl. collector), Kapazität (engl. capacitance)
D, d	Drain, Diode

E, e	Emitter
F, f	Vorwärtsrichtung (engl. forward)
G, g	Gate
in	Eingangsgröße (engl. input)
max	Maximum
min	Minimum
out	Ausgangsgröße (engl. output)
R, r	Rückwärtsrichtung (engl. reverse), Widerstand (engl. resistance)
ref	Referenzgröße
S, s	Source eines FET, Quelle (engl. source), Substrat
Z	Z-Diode

Liste der verwendeten Symbole

Symbol	Einheit	Bedeutung
A	m^2	Fläche
A_0, A_{Vol}	1	Differenz-Spannungsverstärkung eines OP
A_i	1	Stromverstärkung
$A_{i,\mathrm{dB}}$	dB	Stromverstärkung in Dezibel
A_p	1	Leistungsverstärkung
$A_{p,\mathrm{dB}}$	dB	Leistungsverstärkung in Dezibel
A_v	1	Spannungsverstärkung
$A_{v,\mathrm{dB}}$	dB	Spannungsverstärkung in Dezibel
BW	Hz	3-dB-Bandbreite
c, c_0	m/s	Lichtgeschwindigkeit im Vakuum
C	F	Elektrische Kapazität (physikalische Größe)
$\hookrightarrow$	—	Kondensator (Bauelement)
C_d	F	Diffusionskapazität
C_{d0}	F	Diffusionskapazität bei $V_D = 0$ V
C_j	F/cm^2	Sperrschichtkapazität
C_{j0}	F/cm^2	Sperrschichtkapazität bei $V_D = 0$ V
C_{ox}	F	Oxidkapazität (SiO$_2$)
$CMRR$	dB	Gleichtaktunterdrückung
d	m	Plattenabstand
D	—	Diode (Bauelement)
D_n	cm^2/s	Diffusionskonstante (Elektronen)
D_p	cm^2/s	Diffusionskonstante (Löcher)
E	V/m	Elektrische Feldstärke
e, q	As	Elementarladung
E_g	eV	Bandlücke, Bandabstand

f	Hz	Frequenz
$f_{3\,dB}$	Hz	3-dB-Grenzfrequenz
f_{FP}	Hz	Leistungsbandbreite
f_u	Hz	Transit-Frequenz
F_{abs}	1	Absoluter Fehler
F_{rel}	%	Relativer Fehler
$FPBW$	Hz	Leistungsbandbreite
g	S	Übertragungsleitwert, Transkonduktanz, Steilheit
$\hookrightarrow$	Ω, S, 1	g-, Invershybrid-, Parallel-Reihen-Parameter
G	S	Elektrischer Leitwert, Konduktanz
GBW	Hz	Verstärkungs-Bandbreite-Produkt
g_d	S	Kleinsignal-Leitwert (Diode)
g_m	S	Kleinsignal-Übertragungsleitwert
g_{mb}	S	Kleinsignal-Substrat-Übertragungsleitwert
g_μ	S	Kleinsignal-Übertragungsleitwert rückwärts
g_o	S	Kleinsignal-Ausgangsleitwert
g_π	S	Kleinsignal-Eingangsleitwert
h	Js	Planck'sches Wirkungsquantum
$\hookrightarrow$	Ω, S, 1	h-, Hybrid-, Reihen-Parallel-Parameter
i, I	A	Elektrische Stromstärke
i_+	A	Strom in den nichtinvertierenden OP-Eingang
i_-	A	Strom in den invertierenden OP-Eingang
$I_{B1,2}, I_{B+,-}$	A	Eingangsstrom eines OP
i_N	A	Kurzschlussstrom einer Ersatzstromquelle
I_n	A/$\sqrt{\text{Hz}}$	Eingangsrauschstromdichte
$\hookrightarrow$	A	Elektronenstrom
i_o	A	Ausgangsstrom eines OP
I_{OS}	A	Eingangs-Offset-Strom
I_p	A	Löcherstrom
I_S	A	Sättigungsstrom
i_{SC}	A	Kurzschlussstrom
$\hookrightarrow$	A	Sättigungsstrom des Basis-Kollektor-Übergangs
I_{SE}	A	Sättigungsstrom des Basis-Emitter-Übergangs
I_v	cd	Lichtstärke
i_x, i_X	A	Teststrom
J	A/cm^2	Stromdichte
J_{diff}	A/cm^2	Diffusionsstromdichte

$J_{\text{diff},n}$	A/cm^2	Diffusionsstromdichte (Elektronen)
$J_{\text{diff},p}$	A/cm^2	Diffusionsstromdichte (Löcher)
J_{drift}	A/cm^2	Driftstromdichte
$J_{\text{drift},n}$	A/cm^2	Driftstromdichte (Elektronen)
$J_{\text{drift},p}$	A/cm^2	Driftstromdichte (Löcher)
J_n	A/cm^2	Elektronenstromdichte
J_p	A/cm^2	Löcherstromdichte
k, k_B	J/K	Boltzmann-Konstante
K_n	A/V^2	Übertragungsleitwert-, Steilheitsparameter (Bauelement)
K_n'	A/V^2	Übertragungsleitwert-, Steilheitsparameter (Prozess)
l, L	m	Länge
L	m	Kanallänge
$\hookrightarrow$	H	Induktivität (physikalische Größe)
$\hookrightarrow$	—	Spule (Bauelement)
L_{eff}	m	effektive Kanallänge
L_n	m	Diffusionslänge (Elektronen)
L_p	m	Diffusionslänge (Löcher)
m	1	Kapazitätskoeffizient
m	kg	Masse
M	—	Feldeffekttransistor (Bauelement)
n	1/cm^3	Elektronendichte
$\hookrightarrow$	1	Emissionskoeffizient
$\hookrightarrow$	mol	Stoffmenge
N_A	1/cm^3	Konzentration von Akzeptoratomen
N_A^-	1/cm^3	Konzentration von ionisierten Akzeptoratomen
N_C	1/cm^3	Effektive Zustandsdichte im Leitungsband
N_D	1/cm^3	Konzentration von Donatoratomen
N_D^+	1/cm^3	Konzentration von ionisierten Donatoratomen
n_i	1/cm^3	Eigenleitungsdichte
n_n	1/cm^3	Elektronendichte (n-Typ-Halbleiter)
n_p	1/cm^3	Elektronendichte (p-Typ-Halbleiter)
N_{Si}	1/cm^3	Atomdichte von Silizium
N_V	1/cm^3	Effektive Zustandsdichte im Valenzband
p	1/cm^3	Löcherdichte
p, P	W	Leistung
p_n	1/cm^3	Löcherdichte (n-Typ-Halbleiter)

p_p	1/cm³	Löcherdichte (p-Typ-Halbleiter)
$PSRR$	dB	Versorgungsspannungsunterdrückung
q, e	As	Elementarladung
q, Q	As	Elektrische Ladung
Q	As	Ladungsdichte
$\hookrightarrow$	—	Bipolartransistor (Bauelement)
Q_d	As	Minoritätsüberschussladung
r	Ω	Übertragungswiderstand
R	Ω	Elektrischer Widerstand, Resistanz
$\hookrightarrow$	—	Widerstand (Bauelement)
R_B	Ω	Bahnwiderstand
r_d	Ω	Kleinsignal-Widerstand (Diode)
R_{ic}	Ω	Gleichtakt-Eingangswiderstand
R_{id}	Ω	Differenz-Eingangswiderstand eines OP
R_L	Ω	Lastwiderstand
R_N	Ω	Innenwiderstand einer Ersatzstromquelle
R_o	Ω	Ausgangswiderstand eines OP
R_{on}	Ω	Einschalt-, On-Widerstand
r_μ	Ω	Kleinsignal-Übertragungswiderstand rückwärts
r_o	Ω	Kleinsignal-Ausgangswiderstand
r_π	Ω	Kleinsignal-Eingangswiderstand
R_S	Ω	Innenwiderstand einer Quelle
R_T	Ω	Innenwiderstand einer Ersatzspannungsquelle
R_Z	Ω	Z-Widerstand
s	rad/s	Komplexe Frequenzvariable/Kreisfrequenz
SR	V/s	Maximale Anstiegs- und Abfallrate
t	s	Zeit
T	K	Thermodynamische Temperatur
$\hookrightarrow$	s	Periodendauer
$\hookrightarrow$	s	Impulsdauer
t_f	s	Abfallzeit
t_{ox}	m	Gate-Oxid-Dicke
t_r	s	Anstiegszeit
T_r	s	Erholzeit
t_s	s	Einschwing-, Einstellzeit
v	cm/s	Mittlere Driftgeschwindigkeit
v, V	V	Elektrische Spannung

v_+	V	Spannung am nichtinvertierenden OP-Eingang
v_-	V	Spannung am invertierenden OP-Eingang
V_A	V	Early-Spannung
V_{CC}	V	Positive Versorgungsspannung
V_{DD}	V	Positive Versorgungsspannung
$V_{D,on}$	V	Durchlassspannung einer Diode (CVD-, CVD+R-Modell)
V_{EE}	V	Negative Versorgungsspannung
V_h	V	Hysterese-Spannung
v_{id}	V	Differenz-Eingangsspannung eines OP
V_{IH}	V	High-Pegel einer Eingangsspannung
V_{IL}	V	Low-Pegel einer Eingangsspannung
V_j	V	Diffusionsspannung
v_n	cm/s	Mittlere Driftgeschwindigkeit (Elektronen)
V_n	$V/\sqrt{Hz}$	Eingangsrauschspannungsdichte
v_{OC}	V	Leerlaufspannung
V_{OH}	V	High-Pegel einer Ausgangsspannung
V_{OL}	V	Low-Pegel einer Ausgangsspannung
V_{OS}	V	Eingangs-Offset-Spannung
$v_{n,sat}$	cm/s	Sättigungsgeschwindigkeit (Elektronen)
v_p	cm/s	Mittlere Driftgeschwindigkeit (Löcher)
$v_{p,sat}$	cm/s	Sättigungsgeschwindigkeit (Löcher)
V_R	V	Brummspannung
v_{sat}	cm/s	Sättigungsgeschwindigkeit
V_{SS}	V	Negative Versorgungsspannung
v_T	V	Leerlaufspannung einer Ersatzspannungsquelle
V_T	V	Temperaturspannung
V_{TN}	V	Schwellspannung (NFET)
V_{TN0}	V	Schwellspannung für $V_{SB} = 0$ (NFET)
V_{TP}	V	Schwellspannung (PFET)
V_{TP0}	V	Schwellspannung für $V_{BS} = 0$ (PFET)
v_x, v_X	V	Testspannung
V_Z	V	Durchbruchspannung
W	J	Arbeit, Energie
$\hookrightarrow$	m	Kanalweite
w^B	m	Basisweite
w_j	m	Weite der Raumladungszone, Sperrschichtweite
w_{j0}	m	Weite der Raumladungszone bei $V_D = 0\,V$

x	m	Ortskoordinate
x_n	m	Ausdehnung der Raumladungszone in das n-Gebiet einer pn-Diode
x_p	m	Ausdehnung der Raumladungszone in das p-Gebiet einer pn-Diode
y	m	y-, Admittanz-, Leitwertparameter
z	Ω	z-, Impedanz-, Widerstandsparameter
Z	Ω	Impedanz
$\hookrightarrow$	1	Ordnungszahl

Griechische Buchstaben

Symbol	Einheit	Bedeutung
α	1	Stromverstärkung (BJT)
$\hookrightarrow$	1	Spannungsverstärkung (gesteuerte Quelle)
α_0	1/T	Temperaturkoeffizient 1. Ordnung
α_R	1	Großsignalstromverstärkung im rückwärtsaktiven Betrieb
β	1	Großsignalstromverstärkung im vorwärtsaktiven Betrieb
β_a	1	Kleinsignalstromverstärkung
β_A	1	Großsignalstromverstärkung im vorwärtsaktiven Betrieb (Early-Effekt)
β_R	1	Großsignalstromverstärkung im rückwärtsaktiven Betrieb
β_{sat}	1	Großsignalstromverstärkung im Sättigungsbetrieb
β_0	$1/T^2$	Temperaturkoeffizient 2. Ordnung
δ	1	Dirac-Funktion
ε	F/m	Permittivität
$\varepsilon_0, \epsilon_0$	F/m	Elektrische Feldkonstante, Permittivität des Vakuums
ε_{ox}	F/m	Permittivität von Siliziumdioxid
$\varepsilon_{ox,r}$	1	Relative Permittivität von Siliziumdioxid
ε_r	1	Relative Permittivität
ε_{si}	F/m	Permittivität von Silizium
$\varepsilon_{si,r}$	1	Relative Permittivität von Silizium
η	1	Substrat-Übertragungsleitwertparameter
γ	$\sqrt{V}$	Body-Effekt-Koeffizient, Substratsteuerungsfaktor
λ	1/V	Kanallängenmodulationskoeffizient
μ	cm^2/(Vs)	Ladungsträgerbeweglichkeit
μ_{eff}	cm^2/(Vs)	Effektive Ladungsträgerbeweglichkeit
μ_n	cm^2/(Vs)	Elektronenbeweglichkeit
$\mu_{n,\,eff}$	cm^2/(Vs)	Effektive Elektronenbeweglichkeit
μ_p	cm^2/(Vs)	Löcherbeweglichkeit

$\mu_{p,\,eff}$	cm^2/(Vs)	Effektive Löcherbeweglichkeit
ω	rad/s	Kreisfrequenz
ω_u	rad/s	Transit-Kreisfrequenz
ϕ	V	Elektrisches Potenzial
ϕ_F	V	Oberflächenpotenzial
φ	rad	Phasenwinkel
φ_0	rad	Nullphasenwinkel
φ_c	rad	Stromflusswinkel
ρ	Ωm	Spezifischer elektrischer Widerstand, Resistivität
ϱ	As/m^3	Raumladungsdichte
σ	S/m	Elektrische Leitfähigkeit, Konduktivität
$\hookrightarrow$	1	Sprungfunktion
σ_n	S/m	Elektrische Leitfähigkeit (Elektronen)
σ_p	S/m	Elektrische Leitfähigkeit (Löcher)
τ_T	s	Transitzeit
ϑ	°C	Celsius-Temperatur
Θ	K	Thermodynamische Temperatur

Einführung in die Elektronik

1

Inhaltsverzeichnis

Im Folgenden werden wesentliche Gesetze und Konzepte zur Analyse von elektronischen Schaltungen eingeführt. Bei der Berechnung werden die **Knoten-** und **Umlaufgleichung** (**1.** bzw. **2. Kirchhoffsches Gesetz**) in Verbindung mit dem **Ohmschen Gesetz** angewendet. Aus diesen Gesetzen leiten sich die wichtigen Gleichungen für **Strom-** und **Spannungsteiler** ab. Bei der Vereinfachung von Schaltungen hilft das Modell der **Ersatzstrom-** bzw. **Ersatzspannungsquelle**. Zur Beschreibung von später eingeführten Halbleiterbauelementen werden zudem die Begriffe der **gesteuerten** oder **abhängigen Quelle** und **Zweitorparameter** benötigt.

© Springer-Verlag GmbH Deutschland, ein Teil von Springer Nature 2021
M. Momeni, *Grundlagen der Mikroelektronik 1*,
https://doi.org/10.1007/978-3-662-62032-8_1

Lernergebnisse

- Sie **wiederholen** Konzepte aus der Elektrotechnik, welche für die Elektronik von grundlegender Bedeutung sind.
- Sie können elektrische Netze aus passiven Bauelementen und Quellen **analysieren.**
- Sie können zweipolige Netzwerke mit einer klemmenäquivalenten Ersatzquelle **modellieren.**
- Sie können Zweitore mithilfe von Zweitorparametern **beschreiben.**

1.1 Grundlegende Konzepte

Zunächst erfolgt eine Einführung in die wichtigsten Grundgesetze, das Ohmsche und das 1. bzw. 2. Kirchhoffsche Gesetz. Im Anschluss wird eine Anwendung dieser Grundgesetze auf die Reihen- und Parallelschaltung von Widerständen erläutert. Abschließend wird die späteren Kapiteln zugrunde liegende Konvention bezüglich der Orientierung von Strom- und Spannungszählpfeilen in einer Schaltung präsentiert.

1.1.1 Ohmsches Gesetz

Liegt an einem Widerstand eine elektrische Spannung[1] v an, so fließt durch ihn ein elektrischer Strom[2] i [Abb. 1.1(a)]. Der Strom nimmt sowohl mit ansteigender Spannung als auch mit abnehmendem Widerstandswert R zu. Gilt eine Proportionalität zwischen Strom und Spannung, wie das zum Beispiel bei einem metallischen Leiter bei konstanter Temperatur der Fall ist, so spricht man auch vom **Ohmschen Gesetz:**

$$v \propto i. \tag{1.1}$$

Der Zusammenhang zwischen Strom und Spannung ist demnach **linear,** wie in Abb. 1.1(b) dargestellt. Die Proportionalitätskonstante wird als **(ohmscher) Widerstand** R bezeichnet:

$$\boxed{R = \frac{v}{i} = \text{const.}} \tag{1.2}$$

Die Einheit des Widerstands[3] lautet **Ohm** und wird mit Ω abgekürzt:

$$[R] = \frac{[v]}{[i]} = \frac{\text{V}}{\text{A}} = \Omega. \tag{1.3}$$

---

[1] Engl. **voltage.**

[2] Engl. **current.**

[3] Im Deutschen wird zwischen dem Widerstand als Bauelement, engl. **resistor,** und dem Widerstand als Wert des Bauelements, engl. **resistance,** nicht unterschieden.

Abb. 1.1 (a) Zum Ohmschen
Gesetz, (b) v-i-Kennlinie des
ohmschen Widerstands

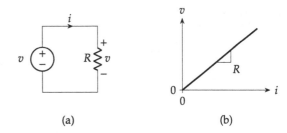

Der Kehrwert des Widerstands wird **Leitwert** G genannt:

$$G = \frac{1}{R}. \tag{1.4}$$

Die Einheit des Leitwerts lautet **Siemens** und wird mit S abgekürzt:

$$[G] = \frac{1}{[R]} = \frac{1}{\Omega} = \text{S}. \tag{1.5}$$

Widerstand eines Leiters mit konstantem Querschnitt
Der Widerstand eines in Längsrichtung stromdurchflossenen Leiters der Länge l mit konstanter Querschnittsfläche A (Abb. 1.2) beträgt

$$R = \frac{\rho l}{A} = \frac{l}{\sigma A}. \tag{1.6}$$

Dabei ist ρ der **spezifische elektrische Widerstand**[4] bzw. $\sigma = 1/\rho$ die **elektrische Leitfähigkeit**[5] des Leitermaterials. Der Zusammenhang zwischen spezifischem Widerstand und elektrischer Leitfähigkeit lautet

$$\rho = \frac{1}{\sigma}. \tag{1.7}$$

Die Einheit des spezifischen Widerstands wird angegeben als

$$[\rho] = [R]\frac{[A]}{[l]} = \Omega\frac{\text{mm}^2}{\text{m}} \quad \text{oder} \quad \Omega\text{m}. \tag{1.8}$$

Die Einheit der elektrischen Leitfähigkeit lautet

---

[4] Auch **Resistivität**, engl. **resistivity,** genannt.
[5] Auch **Konduktivität**, engl. **conductivity,** genannt. Weitere häufig verwendete Formelzeichen sind κ und γ. Der Zusatz „spezifisch" wird im Zusammenhang mit der Leitfähigkeit üblicherweise nicht verwendet.

Abb. 1.2 Drahtförmige Leiter
mit konstantem Querschnitt

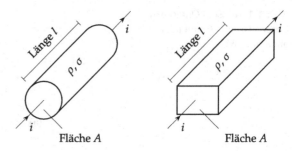

$$[\sigma] = \frac{[l]}{[R]\,[A]} = \mathrm{S}\,\frac{\mathrm{m}}{\mathrm{mm}^2} \quad \text{oder} \quad \frac{\mathrm{S}}{\mathrm{m}}. \tag{1.9}$$

Wird der spezifische Widerstand eines Materials, beispielsweise Aluminium, mit $0.027\ \Omega\mathrm{mm}^2/\mathrm{m}$ angegeben, so stellt ein drahtförmiger Leiter aus diesem Material mit einer Länge von 1 m und einer Querschnittsfläche von $1\ \mathrm{mm}^2$ einen Widerstand von $0.027\ \Omega$ dar.

Temperaturverhalten eines Widerstands
Das Ohmsche Gesetz Gl. (1.2) gilt nur bei konstanter Temperatur. Um das Temperaturverhalten eines Widerstands zu beschreiben, wird folgende Gleichung verwendet:

$$R(T) = R_0 \left(1 + \alpha_0 \Delta T + \beta_0 \Delta T^2 + \ldots \right) \tag{1.10}$$

mit

$$\Delta T = T - T_0. \tag{1.11}$$

Dabei sind α_0 und β_0 die **Temperaturkoeffizienten (TK)**[6] oder **-beiwerte** mit der Einheit $[\alpha_0] = \mathrm{K}^{-1}$ bzw. $[\beta_0] = \mathrm{K}^{-2}$, die bei der Temperatur T_0 gelten. T_0 ist eine Referenztemperatur, die üblicherweise 20 °C beträgt, und R_0 ist der Widerstandswert, der bei dieser Referenztemperatur gemessen wird, das heißt $R_0 = R(T_0)$. Auch der spezifische Widerstand ρ bzw. die elektrische Leitfähigkeit σ aus Gl. (1.7) wird üblicherweise für eine Temperatur von 20°C angegeben. Oft erfolgt die Angabe des Temperaturkoeffizienten, zum Beispiel α_0, auch in der Einheit $\mathrm{ppm}/°\mathrm{C} = 10^{-6}/°\mathrm{C}$ (ppm = parts per million).

Für kleine Temperaturänderungen sind der quadratische Term und alle weiteren Terme höherer Ordnung vernachlässigbar, da der Ausdruck ΔT^n ($n \geq 2$) sehr kleine Werte annimmt. Dadurch kann Gl. (1.10) vereinfacht werden zu

$$R = R_0 \left(1 + \alpha_0 \Delta T \right). \tag{1.12}$$

Gl. (1.12) wird auch häufig in der folgenden Form angegeben:

---

[6]Engl. **temperature coefficient,** kurz **TC.**

$$R = R_0 + \Delta R \tag{1.13}$$

mit

$$\Delta R = \alpha_0 \Delta T R_0. \tag{1.14}$$

Anhand von Gl. (1.14) wird ersichtlich, dass der TK, $\alpha = (\Delta R / R_0) / \Delta T$, ein Maß für die relative Änderung des Widerstands, $\Delta R / R_0$, bei einer Änderung der Temperatur um $\Delta T = 1\,\mathrm{K}$ ist.

Wird ein Widerstand eingesetzt, bei dem die Temperaturabhängigkeit explizit ausgenutzt werden soll, spricht man auch von einem **Thermistor**[7]. Der TK des Materials kann dabei positiv oder negativ sein. Ein *positiver* TK bedeutet, dass der Widerstand des Leitermaterials mit steigender Temperatur *zunimmt*. In diesem Fall spricht man von einem **Kaltleiter**[8], da er den Strom bei niedrigeren (kälteren) Temperaturen besser leitet. Ein *negativer* TK bedeutet, dass der Widerstand des Leitermaterials mit steigender Temperatur *abnimmt*. In diesem Fall spricht man von einem **Heißleiter**[9].

1.1.2 Knotenregel (1. Kirchhoffsches Gesetz)

Die **Knotenregel,** auch bekannt als **1. Kirchhoffsches Gesetz**[10], besagt, dass die Summe aller einem Knoten zufließenden Ströme gleich der Summe aller aus dem Knoten abfließenden Ströme ist [Abb. 1.3(a)]:

$$\sum i_{\mathrm{zu}} = \sum i_{\mathrm{ab}}. \tag{1.15}$$

Alternativ können alle Ströme i_k ($k = 1, 2, \ldots, n$) als zufließend [Abb. 1.3(b)] oder abfließend [Abb. 1.3(c)] definiert werden, sodass die Summe verschwinden muss:

$$\boxed{\sum_{k=1}^{n} i_k = 0.} \tag{1.16}$$

---

[7]Zusammengesetzt aus den englischen Begriffen ***thermally sensitive resistor***.

[8]Auch **PTC-Widerstand** oder **PTC-Thermistor** genannt, engl. **positive temperature-coefficient (PTC) resistor**.

[9]Auch **NTC-Widerstand** oder **NTC-Thermistor** genannt, engl. **negative temperature-coefficient (NTC) resistor**.

[10]Engl. **Kirchhoff's first law** oder **Kirchhoff's current law,** abgekürzt **KCL**.

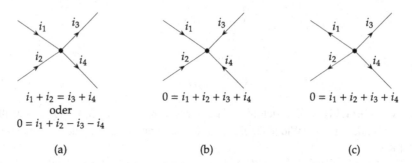

Abb. 1.3 (**a**) Knoten mit zu- und abfließenden Strömen, (**b**) Knoten mit zufließenden Strömen, (**c**) Knoten mit abfließenden Strömen

Hierbei wird angenommen, dass die Ströme vorzeichenbehaftet sind, sodass zum Beispiel alle *zufließenden* Ströme ein *positives* und alle *abfließenden* Ströme ein *negatives* Vorzeichen erhalten[11] [Abb. 1.3(a)]. Gl. (1.16) wird auch **Knotengleichung** genannt.

Die Knotengleichung basiert auf dem **Ladungserhaltungssatz**: In einem abgeschlossenen System ist die Summe aller Ladungen stets konstant. Mit anderen Worten: Ladungen können in einem Knoten weder vernichtet noch erzeugt werden. Die Ladung in einem Knoten ändert sich lediglich durch einen Zufluss oder Abfluss von Ladungen.

Die Knotengleichung aus Gl. (1.16) kann nicht nur auf einzelne Knoten, sondern auch auf ganze Netze, die aus mehreren Knoten bestehen (sogenannte **Groß-** oder **Superknoten**), angewendet werden. Für die einzelnen Knoten innerhalb dieses Netzes muss wiederum die Knotengleichung gelten.

Übung 1.1: Netzwerk mit mehreren Knoten (Großknoten)

Wie lautet die Knotengleichung für den in Abb. 1.4 gestrichelt dargestellten Großknoten? ◄

Lösung 1.1 Das in Abb. 1.4 gestrichelt dargestellte Netzwerk kann als Großknoten mit vier zufließenden Strömen i_A, i_B, i_C, i_D betrachtet werden. Während alle inneren Knoten die Knotengleichung erfüllen, beispielsweise $0 = i_1 + i_2 + i_4$, kann für das gesamte Netzwerk angesetzt werden:

$$0 = i_A + i_B + i_C + i_D. \tag{1.17}$$

---

[11] Es kann auch umgekehrt angenommen werden, dass alle *zufließenden* Ströme ein *negatives* und alle *abfließenden* Ströme ein *positives* Vorzeichen erhalten. Wichtig ist lediglich, dass diese (willkürliche) Annahme bei einer Rechnung konsistent eingehalten wird.

Abb. 1.4 Elektrisches
Netzwerk mit mehreren Knoten

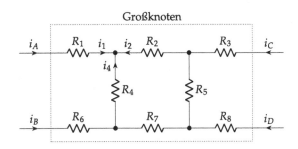

1.1.3 Maschenregel (2. Kirchhoffsches Gesetz)

Die **Maschenregel**, auch bekannt als **2. Kirchhoffsches Gesetz**[12], besagt, dass die Summe aller in einem geschlossenen Umlauf anliegenden Spannungen verschwindet [Abb. 1.5(a)]:

$$\sum_{k=1}^{n} v_k = 0. \tag{1.18}$$

Dabei können die Spannungen entweder in Richtung des Umlaufs oder entgegengesetzt zum Umlauf auftreten. Hierbei wird angenommen, dass die Spannungen, die *im Umlaufsinn* orientiert sind, ein *positives* Vorzeichen erhalten, während Spannungen, die *entgegen des Umlaufsinns* orientiert sind, ein *negatives* Vorzeichen erhalten.[13] Die Wahl der Umlaufrichtung ist dabei beliebig, sie kann entweder im oder gegen den Uhrzeigersinn erfolgen. Gl. (1.18) wird auch **Umlaufgleichung** genannt.

In dem in Abb. 1.5(a) gezeigten Beispiel verlaufen die Zählpfeile für die Spannungen v_1 und v_2 parallel und die Zählpfeile für v_3 und v_4 antiparallel zum Umlauf. Die Umlaufgleichung lautet daher

$$0 = v_1 + v_2 - v_3 - v_4. \tag{1.19}$$

Abb. 1.5(b) zeigt ein Netzwerk mit drei möglichen Umläufen. Die Umlaufgleichungen hierfür lauten:

$$0 = v_1 + v_2 - v_3 - v_4 \tag{1.20}$$

$$0 = v_2 - v_4 - v_5 \tag{1.21}$$

$$0 = v_1 - v_3 + v_5. \tag{1.22}$$

---

[12]Engl. **Kirchhoff's second law** oder **Kirchhoff's voltage law**, abgekürzt **KVL**.

[13]Wie schon bei der Knotengleichung angemerkt, kann auch hier umgekehrt angenommen werden, dass alle Spannungen *im Umlaufsinn* ein *negatives* und alle Spannungen *entgegen des Umlaufsinns* ein *positives* Vorzeichen erhalten. Wichtig ist, diese (willkürlichen) Annahmen konsistent einzuhalten.

Abb. 1.5 Beispiele für
Umläufe: (**a**) ein Umlauf, (**b**)
drei Umläufe

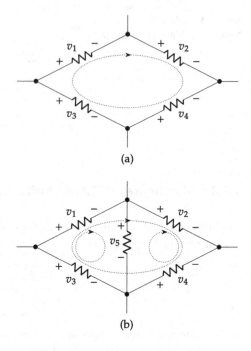

Die Umlaufgleichung basiert auf dem **Energieerhaltungssatz**: In einem geschlossenen
Umlauf muss (ohne äußere Energiezufuhr) die aufgenommene Energie gleich der abgege-
benen sein. Mit anderen Worten: Die Arbeit, die verrichtet werden muss, um eine Ladung in
einem elektrischen Feld von einem Punkt zu einem anderen zu verschieben, verschwindet
entlang eines geschlossenen Umlaufs.

Bei der Analyse von elektrischen Netzwerken ist die tatsächliche Polarität der Ströme
und Spannungen möglicherweise nicht von vornherein ersichtlich. In diesem Fall wird eine
beliebige Polarität angenommen; die tatsächliche ergibt sich aus der Berechnung.

1.1.4   Parallelschaltung von Widerständen

Abb. 1.6 zeigt eine **Parallelschaltung** von zwei Widerständen. Die Knotengleichung schreibt
sich als

$$0 = i - i_1 - i_2 \tag{1.23}$$

bzw.

$$i = i_1 + i_2. \tag{1.24}$$

Nach dem Ohmschen Gesetz gilt für die Ströme

$$i_1 = G_1 v_1 \tag{1.25}$$

$$i_2 = G_2 v_2. \tag{1.26}$$

Aufgrund der Umlaufgleichung gilt $v = v_1 = v_2$, sodass

$$i_1 = G_1 v \tag{1.27}$$

$$i_2 = G_2 v. \tag{1.28}$$

Das Einsetzen in die Knotengleichung Gl. (1.24) liefert

$$i = (G_1 + G_2)\, v. \tag{1.29}$$

Ein Vergleich mit dem Ohmschen Gesetz $i = Gv$ ergibt

$$G = G_1 + G_2. \tag{1.30}$$

Bezüglich des Klemmenverhaltens mit Spannung v und Strom i verhalten sich die beiden Leitwerte demnach wie ein einzelner Leitwert mit dem Wert $G = G_1 + G_2$ (Abb. 1.6). Alternativ kann der resultierende Widerstand angegeben werden als

$$R = \frac{1}{G} = \frac{1}{G_1 + G_2} = \frac{1}{\dfrac{1}{R_1} + \dfrac{1}{R_2}} = \frac{R_1 R_2}{R_1 + R_2} = R_1 \| R_2. \tag{1.31}$$

Der resultierende Widerstand einer Parallelschaltung ist daher kleiner als die einzelnen Widerstände:

$$R_1 \| R_2 = \frac{R_1 R_2}{R_1 + R_2} = \frac{R_1}{\dfrac{R_1}{R_2} + 1} < R_1 \tag{1.32}$$

bzw.

$$R_1 \| R_2 = \frac{R_1 R_2}{R_1 + R_2} = \frac{R_2}{1 + \dfrac{R_2}{R_1}} < R_2. \tag{1.33}$$

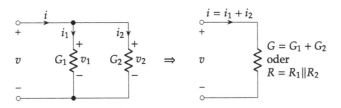

Abb. 1.6 Parallelschaltung zweier Widerstände mit Leitwert G_1 und G_2

Angewendet auf eine Parallelschaltung aus n Leitwerten bzw. Widerständen können Gl. (1.30) und Gl. (1.31) verallgemeinert werden zu

$$G = \sum_{k=1}^{n} G_k \qquad (1.34)$$

bzw.

$$R = \frac{1}{\sum\limits_{k=1}^{n} \dfrac{1}{R_k}}. \qquad (1.35)$$

Um Doppelbrüche zu vermeiden und bequemer zu rechnen, bietet es sich bei einer Parallelschaltung an, Leitwerte anstatt Widerstände zu verwenden.

1.1.5   Stromteiler

Abb. 1.7 zeigt eine Schaltung mit einem Quellenstrom i und zwei parallelgeschalteten Widerständen. Wegen $v = v_1 = v_2$ (Umlaufgleichung) gilt $i_2 = G_2 v_2 = G_2 v$ (Ohmsches Gesetz). Aus Gl. (1.29) folgt für die Spannung v:

$$v = \frac{i}{G_1 + G_2}. \qquad (1.36)$$

Damit ergibt sich beispielsweise für den Teilstrom i_2

$$i_2 = \frac{G_2}{G_1 + G_2} i \qquad (1.37)$$

bzw.

$$\frac{i_2}{i} = \frac{G_2}{G_1 + G_2}. \qquad (1.38)$$

Das heißt, der Teilstrom i_2 verhält sich zum Gesamtstrom i wie der Teilleitwert G_2 zum Gesamtleitwert $G_1 + G_2$. Für das Verhältnis der Teilströme $i_1 = G_1 v$ und $i_2 = G_2 v$ gilt

Abb. 1.7 Stromteiler

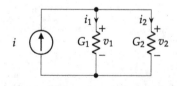

$$\frac{i_1}{i_2} = \frac{G_1}{G_2}. \tag{1.39}$$

Das heißt, die Teilströme verhalten sich zueinander wie die entsprechenden Teilleitwerte. In Widerständen ausgedrückt lauten Gl. (1.37) und Gl. (1.39)

$$i_2 = \frac{R_1}{R_1 + R_2} i \tag{1.40}$$

bzw.

$$\frac{i_1}{i_2} = \frac{R_2}{R_1}. \tag{1.41}$$

Gl. (1.37) lässt sich verallgemeinern auf eine Schaltung mit n Widerständen, bei welcher der Teilstrom i_k ($k = 1, 2, \ldots, n$) gesucht ist:

$$\boxed{i_k = \frac{G_k}{\sum\limits_{k=1}^{n} G_k} i.} \tag{1.42}$$

Aus Gl. (1.39) entsteht für diesen allgemeinen Fall mit zwei Teilströmen i_k und i_m ($m = 1, 2, \ldots, n$)

$$\frac{i_k}{i_m} = \frac{G_k}{G_m}. \tag{1.43}$$

Die Anordnung aus Abb. 1.7 wird **Stromteiler** genannt.

1.1.6   Reihenschaltung von Widerständen

Abb. 1.8 zeigt eine **Reihen-** oder **Serienschaltung** von zwei Widerständen. Die Umlaufgleichung schreibt sich als

$$0 = -v + v_1 + v_2 \tag{1.44}$$

bzw.

$$v = v_1 + v_2. \tag{1.45}$$

Nach dem Ohmschen Gesetz gilt für die Spannungen

$$v_1 = R_1 i_1 \tag{1.46}$$

$$v_2 = R_2 i_2. \tag{1.47}$$

Abb. 1.8 Reihenschaltung
zweier Widerstände

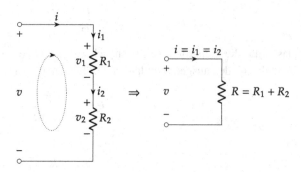

Weil der Stromkreis unverzweigt ist, gilt aufgrund der Knotengleichung $i = i_1 = i_2$, sodass

$$v_1 = R_1 i \tag{1.48}$$

$$v_2 = R_2 i. \tag{1.49}$$

Das Einsetzen in die Umlaufgleichung Gl. (1.45) liefert

$$v = (R_1 + R_2)\, i. \tag{1.50}$$

Ein Vergleich mit dem Ohmschen Gesetz $v = Ri$ ergibt

$$R = R_1 + R_2. \tag{1.51}$$

Bezüglich des Klemmenverhaltens mit Spannung v und Strom i verhalten sich die beiden Widerstände demnach wie ein einzelner Widerstand mit dem Wert $R = R_1 + R_2$ (Abb. 1.8).

Angewendet auf eine Reihenschaltung aus n Widerständen kann Gl. (1.51) verallgemeinert werden zu

$$R = \sum_{k=1}^{n} R_k. \tag{1.52}$$

1.1.7 Spannungsteiler

Abb. 1.9 zeigt eine Schaltung mit einer Quellenspannung v und zwei Widerständen R_1 und R_2 in Reihe. Die Klemmen seien offen, das heißt, es liegt keine Last an, und der Ausgangsstrom ist $i_3 = 0$. Wegen $i = i_1 = i_2$ (Knotengleichung) gilt $v_2 = R_2 i_2 = R_2 i$ (Ohmsches Gesetz). Aus Gl. (1.50) folgt für den Strom i:

$$i = \frac{v}{R_1 + R_2}. \tag{1.53}$$

Abb. 1.9 Unbelasteter
Spannungsteiler

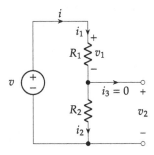

Damit ergibt sich beispielsweise für die Teilspannung v_2

$$v_2 = \frac{R_2}{R_1 + R_2} v \tag{1.54}$$

bzw.

$$\frac{v_2}{v} = \frac{R_2}{R_1 + R_2}. \tag{1.55}$$

Das heißt, die Teilspannung v_2 verhält sich zur Gesamtspannung v entlang beider Widerstände wie der Teilwiderstand R_2 zum Gesamtwiderstand $R_1 + R_2$. Für das Verhältnis der Teilspannungen $v_1 = R_1 i$ und $v_2 = R_2 i$ gilt

$$\frac{v_1}{v_2} = \frac{R_1}{R_2}. \tag{1.56}$$

Das heißt, die Teilspannungen verhalten sich zueinander wie die entsprechenden Teilwiderstände.

Gl. (1.54) lässt sich verallgemeinern auf eine Schaltung mit n Widerständen, bei welcher die Teilspannung v_k ($k = 1, 2, \ldots, n$) gesucht ist:

$$v_k = \frac{R_k}{\sum\limits_{k=1}^{n} R_k} v. \tag{1.57}$$

Aus Gl. (1.56) entsteht für diesen allgemeinen Fall mit zwei Teilspannungen v_k und v_m ($m = 1, 2, \ldots, n$)

$$\frac{v_k}{v_m} = \frac{R_k}{R_m}. \tag{1.58}$$

Die Anordnung aus Abb. 1.9 wird **Spannungsteiler** genannt. Ist $i_3 = 0$, spricht man auch von einem **unbelasteten** Spannungsteiler. Die obigen Gleichungen gelten nur für einen unbelasteten Spannungsteiler. Der Fall $i_3 \neq 0$ wird in Üb. 1.2 behandelt.

Abb. 1.10 Belasteter
Spannungsteiler

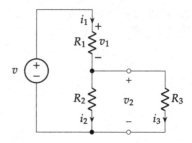

Übung 1.2: Belasteter Spannungsteiler

Wie lautet die Teilspannung v_2 für den Spannungsteiler in Abb. 1.10 als Funktion der Quellenspannung v und der Widerstände R_1, R_2 und R_3? ◄

Lösung 1.2　Die Parallelschaltung aus R_2 und R_3 lässt sich mithilfe von Gl. (1.31) schreiben als

$$R_2 \| R_3 = \frac{R_2 R_3}{R_2 + R_3}. \tag{1.59}$$

Mit einem Spannungsteiler gemäß Gl. (1.54) lautet die Spannung v_2:

$$v_2 = \frac{R_2 \| R_3}{R_1 + R_2 \| R_3} v \tag{1.60}$$

$$= \frac{R_2 R_3}{R_1 R_2 + R_1 R_3 + R_2 R_3} v. \tag{1.61}$$

Die Schaltung aus Abb. 1.10 wird auch **belasteter** Spannungsteiler genannt. Verglichen mit Gl. (1.54) des unbelasteten Teilers führt der Lastwiderstand R_3 wegen $R_2 \| R_3 < R_2$ zu einer weiteren Reduktion der Teilspannung v_2.

1.2　Zweipoltheorie

Ein **Zweipol**[14] ist ein elektrisches Netzwerk mit zwei Anschlüssen oder Klemmen (Abb. 1.11). Eine weitere Bezeichnung für einen Zweipol ist **Eintor**[15]. Das Netzwerk kann dabei aus einem einzigen Bauelement oder mehreren beliebigen Bauelementen bestehen. Im einfachsten Fall kann ein ohmscher Widerstand als ein (linearer) Zweipol betrachtet werden. Auch die Schaltungen aus Abb. 1.6, 1.8 und 1.9 stellen Zweipole dar. Zunächst wird

---

[14]Engl. **two-terminal device** oder **network**.
[15]Engl. **one-port**.

Abb. 1.11 Zweipol

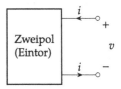

Abb. 1.12 Zählpfeilsysteme

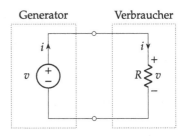

die Konvention bei der Festlegung der Strom- und Spannungs-Zählpfeilrichtung an einem Zweipol erläutert. Im Anschluss werden ideale und lineare Strom- und Spannungsquellen behandelt. Abschließend wird das Konzept der Ersatzquellenzweipole eingeführt.

1.2.1 Zählpfeilsysteme

An einem Zweipol sind die Zählpfeilrichtungen von Strom und Spannung grundsätzlich unabhängig voneinander wählbar. In Abb. 1.12 ist die Zusammenschaltung zweier Zweipole, einer Spannungsquelle mit $v > 0$ (zum Beispiel eine Batterie) und einem Widerstand, mit unterschiedlich gewählten Bezugspfeilrichtungen dargestellt.

Gibt die Spannungsquelle Leistung ab, so fließt ein Strom $i > 0$ aus ihrer positiven Klemme heraus, und der Zählpfeil wird somit in dieser Richtung positiv und entgegengesetzt zum Spannungs-Zählpfeil gewählt. Bei dieser Wahl der Zählpfeilrichtungen spricht man vom **Generator-Zählpfeilsystem (GZS)**[16]. Die vom Generator abgegebene Leistung ist positiv, falls $p = vi > 0$. Bei einer Leistungsaufnahme gilt hingegen $p < 0$.

Der Strom fließt weiter durch den Widerstand, an dem die Spannung v abfällt. Für das Ohmsche Gesetz in der Form $v = Ri$ wird angenommen, dass die Zählpfeile für Strom und Spannung am Widerstand in die gleiche Richtung zeigen. Bei dieser Wahl der Zählpfeilrichtungen spricht man vom **Verbraucher-Zählpfeilsystem (VZS)**. Die am Verbraucher aufgenommene Leistung ist positiv, falls $p = vi > 0$. Bei einer Leistungsabgabe gilt hingegen $p < 0$.

---

[16] Auch **Erzeuger-Zählpfeilsystem (EZS)** genannt.

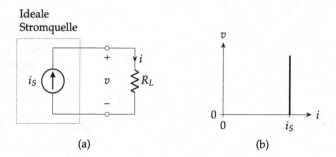

Abb. 1.13 (**a**) Ideale Stromquelle mit Lastwiderstand, (**b**) v-i-Kennlinie der idealen Stromquelle

1.2.2 Ideale und lineare Stromquellen

Eine **ideale Stromquelle** liefert einen konstanten oder zeitveränderlichen Quellenstrom i_S[17], der unabhängig ist von der an der Quelle anliegenden Spannung v [Abb. 1.13(a)]. Man spricht daher auch von einer **unabhängigen** Stromquelle. Die Kennlinie der idealen Stromquelle stellt eine Vertikale im v-i-Diagramm dar [Abb. 1.13(b)].

In der Realität gibt es keine idealen Quellen. Reale Stromquellen liefern einen Strom, der abhängig ist von der Last R_L. Die Modellierung dieses Verhaltens erfolgt über einen inneren Widerstand R_S, durch den ein Teil des Quellenstroms i_S fließt, wie in Abb. 1.14(a) gezeigt (vgl. Stromteiler aus Abschn. 1.1.5). Bei dieser Schaltung ist der Strom i aufgrund der Knotengleichung durch die folgende Gleichung gegeben:

$$i = i_S - i_R. \tag{1.62}$$

Mit dem Ohmschen Gesetz $i_R = v/R_S$ folgt

$$i(v) = i_S - \frac{v}{R_S}. \tag{1.63}$$

Eine Umformung nach der Spannung ergibt

$$v(i) = R_S i_S - R_S i. \tag{1.64}$$

Die Kennlinie der Stromquelle für einen konstanten Quellenstrom i_S und einen konstanten Innenwiderstand R_S ist durch eine Geradengleichung der Form $y = mx + n$ gegeben und in Abb. 1.14(b) dargestellt. Man spricht hier auch von einer **linearen Stromquelle**.

Für $v = 0$ folgt aus Gl. (1.63), dass $i(0) = i_S$. Dieser Fall entspricht einem Kurzschluss an den beiden äußeren Klemmen ($R_L = 0$). Der Strom $i(0)$ wird daher auch **Kurzschlussstrom** genannt und mit i_{SC}[18] abgekürzt.

---

[17]Index S für engl. **source,** dt. Quelle.
[18]Index SC für engl. **short circuit,** dt. Kurzschluss.

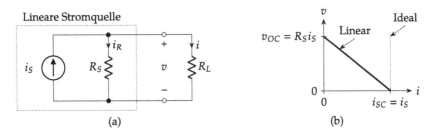

Abb. 1.14 (a) Lineare Stromquelle mit Lastwiderstand, (b) v-i-Kennlinie

Mit stärker werdender Belastung durch Erhöhung von R_L fließt immer weniger Strom durch R_L und immer mehr Strom durch den Innenwiderstand R_S. Im Fall $R_L \to \infty$ fließt der gesamte Strom durch den Innenwiderstand und $i = 0$. Aus Gl. (1.64) folgt für die Klemmenspannung $v(0) = R_S i_S$. Dieser Fall entspricht einem Leerlauf an den beiden äußeren Klemmen. Die Spannung $v(0)$ wird daher auch **Leerlaufspannung** genannt und mit v_{OC}[19] abgekürzt. Aus den beiden Gleichungen für den Kurzschlussstrom, $i_{SC} = i_S$, und die Leerlaufspannung, $v_{OC} = R_S i_S$, ergibt sich der folgende Zusammenhang mit dem Innenwiderstand:

$$v_{OC} = R_S i_{SC} \tag{1.65}$$

bzw.

$$R_S = \frac{v_{OC}}{i_{SC}}. \tag{1.66}$$

Aus Gl. (1.63) folgt außerdem, dass sich eine lineare Stromquelle mit steigendem Innenwiderstand R_S dem idealen Verhalten mit einem lastunabhängigen Quellenstrom nähert. Mit anderen Worten: Die ideale Stromquelle ist eine lineare Stromquelle mit einem Innenwiderstand $R_S \to \infty$.

Ist eine Leerlauf- bzw. Kurzschlussmessung in der Praxis zur Bestimmung von i_{SC} bzw. v_{OC} aus technischen Gründen nicht möglich, so können die Parameter der Geradengleichung aus Gl. (1.63), R_S und i_S, auch aus zwei beliebigen Messungen bestimmt werden.

1.2.3 Ideale und lineare Spannungsquellen

Eine (**unabhängige**) **ideale Spannungsquelle** liefert eine konstante oder zeitveränderliche Quellenspannung v_S, die unabhängig von dem durch die Quelle fließenden Strom i ist [Abb. 1.15(a)]. Die Kennlinie der idealen Spannungsquelle stellt daher eine Horizontale im v-i-Diagramm dar [Abb. 1.15(b)].

---

[19]Index OC für engl. **open circuit**, dt. Leerlauf.

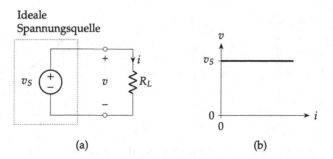

Abb. 1.15 (**a**) Ideale Spannungsquelle mit Lastwiderstand, (**b**) v-i-Kennlinie

Reale Spannungsquellen generieren eine Spannung, die abhängig von der Last R_L ist. Die Modellierung erfolgt über einen inneren Widerstand R_S, an dem ein Teil Quellenspannung v_S abfällt, wie in Abb. 1.16(a) gezeigt (vgl. Spannungsteiler aus Abschn. 1.1.7). Mithilfe einer Umlaufgleichung ergibt sich die Spannung v zu

$$v = v_S - v_R \tag{1.67}$$

bzw. mit $v_R = R_S i$

$$v(i) = v_S - R_S i. \tag{1.68}$$

Eine Umformung nach dem Strom ergibt

$$i(v) = \frac{v_S}{R_S} - \frac{v}{R_S}. \tag{1.69}$$

Man spricht auch von einer **linearen Spannungsquelle**.

Die Kennlinie der linearen Spannungsquelle für eine konstante Quellenspannung v_S und einen konstanten Innenwiderstand R_S ist in Abb. 1.16(b) dargestellt. Für $i = 0$ folgt aus

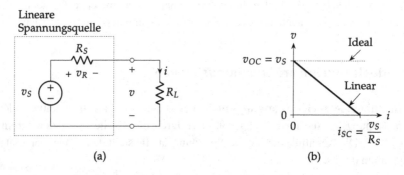

Abb. 1.16 (**a**) Reale Spannungsquelle mit Lastwiderstand, (**b**) v-i-Kennlinie

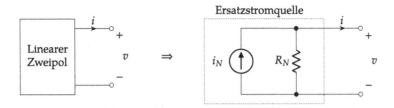

Abb. 1.17 Modellierung des Klemmenverhaltens eines beliebigen linearen Zweipols durch eine Ersatzstromquelle

Gl. (1.68) eine Leerlaufspannung von $v_{OC} = v(i = 0) = v_S$. Der Kurzschlussstrom (im Fall $R_L = 0$ bzw. $v = 0$) beträgt $i_{SC} = i(v = 0) = v_S/R_S$. Auch hier gilt der Zusammenhang aus Gl. (1.66), $R_S = v_{OC}/i_{SC}$. Je kleiner der Innenwiderstand R_S, desto stärker entspricht die lineare Spannungsquelle einer idealen Spannungsquelle. Im Grenzfall $R_S = 0$ geht sie schließlich in eine ideale Spannungsquelle über.

1.2.4 Ersatzstromquelle

Jedes beliebige elektrische Netzwerk mit zwei Klemmen (Zweipol), das aus linearen Elementen (zum Beispiel ohmscher Widerstand oder lineare Quellen) besteht, kann bezüglich des Strom- und Spannungsverhaltens an diesen beiden Klemmen durch eine lineare Stromquelle ersetzt werden (Abb. 1.17). Man spricht von einer **Ersatzstromquelle**[20].

Den Quellenstrom i_N erhält man durch die Berechnung des Stroms, der im Kurzschlussfall fließt [Abb. 1.18(a)]. Der Innenwiderstand R_N kann durch die Berechnung der Leerlaufspannung und Anwendung von Gl. (1.66) bestimmt werden. Alternativ berechnet sich der Innenwiderstand durch die in Abb. 1.18(b) dargestellte Methode. Dabei werden zunächst alle Quellen im Innern des Zweipols durch ihren Innenwiderstand ersetzt; im Speziellen werden ideale Spannungsquellen durch einen Kurzschluss und ideale Stromquellen durch einen Leerlauf zwischen ihren beiden Klemmen ersetzt. Anschließend wird der Strom i_X aus einer als bekannt angenommenen Spannungsquelle v_X berechnet.[21] Die Spannungsquelle v_X wird in diesem Zusammenhang auch **Testspannungsquelle** genannt. Der Innenwiderstand berechnet sich schließlich aus

$$R_N = \frac{v_X}{i_X}. \tag{1.70}$$

----

[20]Engl. **Norton equivalent circuit.**

[21]Alternativ wird die Spannung v_X an einer als bekannt angenommenen Stromquelle i_X, einer sogenannten **Teststromquelle**, berechnet.

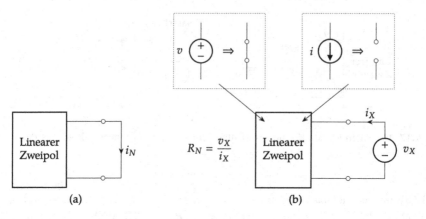

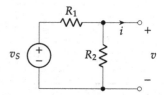

Abb. 1.18 Bestimmung der Modellparameter einer Ersatzstromquelle: (**a**) Kurzschlussstrom i_N und (**b**) Innenwiderstand R_N

Übung 1.3: Ersatzstromquelle eines einfachen elektrischen Netzwerks

Bestimmen Sie den Innenwiderstand R_N und den Kurzschlussstrom i_N einer Ersatz-stromquelle bezüglich des Klemmenverhaltens für den in Abb. 1.19 gezeigten linearen Zweipol. ◄

Lösung 1.3 Die beiden Parameter i_N und R_N werden gemäß den in Abb. 1.18 dargestellten Methoden bestimmt, wie in Abb. 1.20(a) bzw. Abb. 1.20(b) gezeigt.

Anhand von Abb. 1.20(a) wird ersichtlich, dass im Kurzschlussfall kein Strom durch R_2 fließt. Somit ergibt sich i_N zu

$$i_N = \frac{v_S}{R_1}. \tag{1.71}$$

Zur Bestimmung des Innenwiderstands wird die Spannungsquelle v_S durch einen Kurz-schluss ersetzt [Abb. 1.20(b)], sodass

Abb. 1.19 Elektrisches Netzwerk mit einem Spannungsteiler

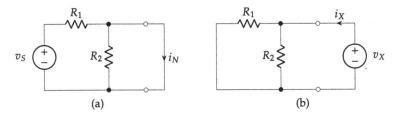

Abb. 1.20 Bestimmung der Parameter der gesuchten Ersatzstromquelle: (**a**) Kurzschlussstrom i_N und (**b**) Innenwiderstand R_N

Abb. 1.21 Resultierende
Ersatzstromquelle

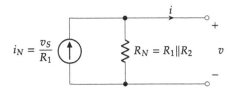

$$i_X = \frac{v_X}{R_1 \| R_2}. \tag{1.72}$$

Mithilfe von Gl. (1.70) folgt

$$R_N = \frac{v_X}{i_X} = R_1 \| R_2. \tag{1.73}$$

Der Innenwiderstand ergibt sich demnach aus der Parallelschaltung der beiden Widerstände R_1 und R_2. Die resultierende Ersatzstromquelle bezüglich des Klemmenverhaltens ist in Abb. 1.21 dargestellt.

1.2.5 Ersatzspannungsquelle

Alternativ zur Ersatzstromquelle kann jeder beliebige lineare Zweipol bezüglich seines Klemmenverhaltens auch durch eine lineare Spannungsquelle, in diesem Fall auch **Ersatzspannungsquelle**[22] genannt (Abb. 1.22), ersetzt werden.

Die Quellenspannung v_T erhält man durch die Berechnung der Leerlaufspannung [Abb. 1.23(a)]. Der Innenwiderstand R_T kann durch die Berechnung des Kurzschlussstroms und Anwendung von Gl. (1.66) bestimmt werden. Alternativ berechnet sich der Innenwiderstand durch die in Abb. 1.23(b) dargestellte Methode, die bereits in Abb. 1.18(b) gezeigt und in Abschn. 1.2.4 erläutert wurde. Es gilt daher $R_N = R_T$.

---

[22]Engl. **Thévenin equivalent circuit.**

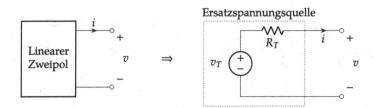

Abb. 1.22 Modellierung des Klemmenverhaltens eines beliebigen linearen Zweipols durch eine Ersatzspannungsquelle

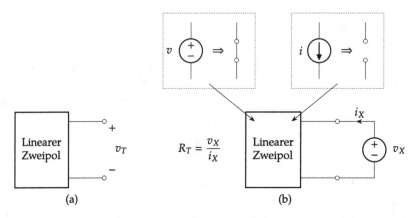

Abb. 1.23 Bestimmung der Modellparameter einer Ersatzspannungsquelle: (**a**) Leerlaufspannung v_T und (**b**) Innenwiderstand R_N

Aufgrund des Zusammenhangs aus Gl. (1.66) gilt für die Modellparameter der Ersatzstrom- und Ersatzspannungsquelle

$$R_N = R_T = \frac{v_T}{i_N} = \frac{\text{Leerlaufspannung}}{\text{Kurzschlussstrom}}. \qquad (1.74)$$

Mit anderen Worten: Die beiden Ersatzquellen sind bezüglich ihres Klemmenverhaltens äquivalent zueinander. Beide Modelle eignen sich zur Vereinfachung von linearen elektrischen Netzwerken an zwei beliebigen Klemmen und können mithilfe von Gl. (1.74) ineinander überführt werden. Über den inneren Aufbau des zu vereinfachenden Zweipols wird keine Aussage getroffen, lediglich das Strom- und Spannungsverhalten an den betrachteten Klemmen wird betrachtet. Zusammenfassend lässt sich feststellen, dass von den drei Parametern der zwei Ersatzquellen, Kurzschlussstrom i_N, Leerlaufspannung v_T und Innenwiderstand $R_N = R_T$, lediglich zwei bestimmt werden müssen. Die dritte Größe ergibt sich aus Gl. (1.74).

Abb. 1.24 Elektrisches
Netzwerk mit einem
Spannungsteiler

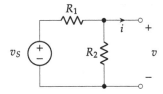

Übung 1.4: Ersatzspannungsquelle eines elektrischen Netzwerks

Bestimmen Sie den Innenwiderstand R_T und die Leerlaufspannung v_T einer Ersatzspannungsquelle bezüglich des Klemmenverhaltens für den in Abb. 1.24 gezeigten linearen Zweipol. ◄

Lösung 1.4 Die beiden Parameter v_T und R_T werden gemäß den in Abb. 1.23 dargestellten Methoden bestimmt, wie in Abb. 1.25(a) bzw. Abb. 1.25(b) gezeigt.

Aus Abb. 1.25(a) wird ersichtlich, dass sich v_T aus einem Spannungsteiler ergibt:

$$v_T = \frac{R_2}{R_1 + R_2} v_S. \tag{1.75}$$

Die Schaltung in Abb. 1.25(b) ist identisch mit der in Abb. 1.20(b) gezeigten Schaltung. Wie schon in Gl. (1.73) ermittelt, lautet der Innenwiderstand daher

$$R_T = R_1 \| R_2. \tag{1.76}$$

Die resultierende Ersatzspannungsquelle bezüglich des Klemmenverhaltens ist in Abb. 1.26 dargestellt.

Gemäß Gl. (1.74) stehen die Parameter der Ersatzstrom- und Ersatzspannungsquelle in einem Zusammenhang, der nun überprüft wird. Der Quotient aus der Leerlaufspannung der Ersatzspannungsquelle aus Gl. (1.75) und dem Kurzschlussstrom der Ersatzstromquelle aus Gl. (1.71) ergibt

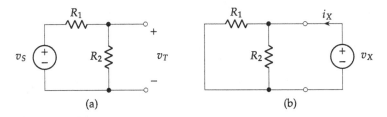

(a) (b)

Abb. 1.25 Bestimmung der Parameter der gesuchten Ersatzspannungsquelle: (**a**) Leerlaufspannung v_T und (**b**) Innenwiderstand R_N

Abb. 1.26 Resultierende
Ersatzspannungsquelle

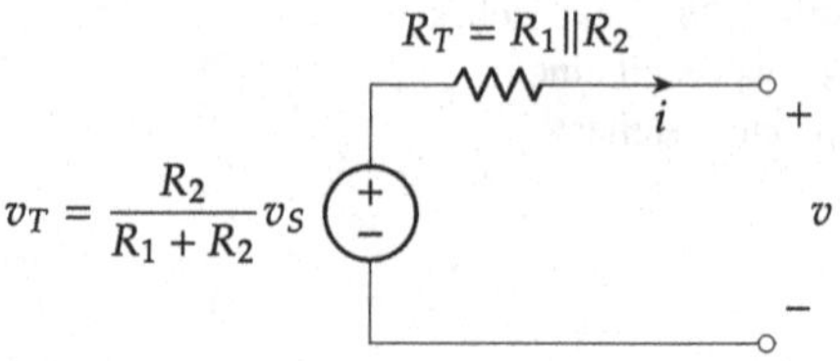

$$R_T = R_1 \| R_2$$

$$v_T = \frac{R_2}{R_1 + R_2} v_S$$

$$\frac{v_T}{i_N} = \frac{R_2}{R_1 + R_2} v_S \cdot \frac{R_1}{v_S} = \frac{R_1 R_2}{R_1 + R_2} = R_1 \| R_2, \qquad (1.77)$$

was tatsächlich dem Innenwiderstand $R_N = R_T$ entspricht.

1.2.6   Superposition

Zur Ermittlung beliebiger Zweigströme und -spannungen oder der Ersatzquelle eines linearen Netzwerks können die Knoten- und Umlaufgleichung sowie das Ohmsche Gesetz verwendet werden. Enthält ein lineares Netzwerk mehrere Strom- und Spannungsquellen, so hilft zusätzlich das Prinzip der **Superposition** (oder **Überlagerung**): Der Einfluss einer Quelle auf den zu untersuchenden Zweigstrom oder die zu untersuchende Zweigspannung kann berechnet werden, indem man alle anderen Quellen zu 0 setzt, das heißt, Spannungsquellen werden durch einen Kurzschluss und Stromquellen durch einen Leerlauf ersetzt (die Innenwiderstände von linearen Quellen bleiben erhalten). Die Zweiggröße ergibt sich anschließend aus der Summe dieser Teileinflüsse.

Für das in Abb. 1.27 gezeigte Netzwerk mit zwei Quellen soll eine Ersatzstromquelle bezüglich des Klemmenverhaltens unter Anwendung des Superpositionsprinzips ermittelt werden. Die Methoden zur Bestimmung der Ersatzquellenparameter sind in Abb. 1.28 dargestellt.

Gemäß Abb. 1.28(a) gilt für den Strom i_X

$$i_X = \frac{v_X}{R_1 \| R_2}, \qquad (1.78)$$

Abb. 1.27 Elektrisches
Netzwerk mit zwei linearen
Spannungsquellen

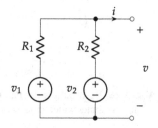

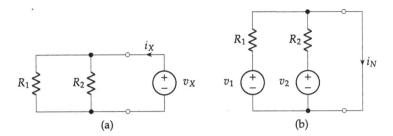

Abb. 1.28 Bestimmung der Parameter der gesuchten Ersatzstromquelle: (**a**) Innenwiderstand R_N und (**b**) Kurzschlussstrom i_N

sodass sich der Innenwiderstand für die Ersatzstromquelle als Parallelschaltung von R_1 und R_2 ausdrücken lässt:

$$R_N = R_1 \| R_2. \tag{1.79}$$

Zur Ermittlung des Kurzschlussstroms i_N gemäß Abb. 1.28(b) wird das Prinzip der Superposition angewendet:

1. Zunächst wird die Quelle v_2 durch einen Kurzschluss ersetzt und die Auswirkung von v_1 auf den Kurzschlussstrom $i_{N1} = i_N|_{v_2=0}$ berechnet [Abb. 1.29(a)].
2. Anschließend wird die Quelle v_1 durch einen Kurzschluss ersetzt und der Einfluss von v_2 auf den Kurzschlussstrom $i_{N2} = i_N|_{v_1=0}$ berechnet [Abb. 1.29(b)].
3. Zuletzt wird der Kurzschlussstrom aus der Summe[23] dieser beiden Teileinflüsse gebildet: $i_N = i_{N1} + i_{N2}$.

Da R_2 in Abb. 1.29(a) kurzgeschlossen wird, gilt

$$i_{N1} = \frac{v_1}{R_1}. \tag{1.80}$$

In Abb. 1.29(b) hingegen wird R_1 kurzgeschlossen, sodass

$$i_{N2} = \frac{v_2}{R_2}. \tag{1.81}$$

Aus diesen beiden Größen folgt der Kurzschlussstrom

$$i_N = i_{N1} + i_{N2} = \frac{v_1}{R_1} + \frac{v_2}{R_2}. \tag{1.82}$$

---

[23]Bei dieser Summe muss das Vorzeichen der Teileinflüsse beachtet werden. Würde der Zählpfeil für i_{N2} in die dem Zählpfeil für i_{N1} entgegengesetzte Richtung zeigen, so wäre die Differenz $i_N = i_{N1} - i_{N2}$ zu bilden.

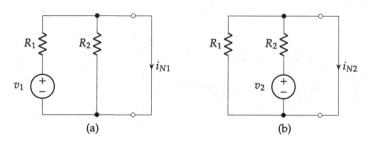

Abb. 1.29 Anwendung des Superpositionsprinzips zur Bestimmung des Kurzschlussstroms i_N: (a) $v_2 = 0$, (b) $v_1 = 0$

Übung 1.5: Anwendung des Superpositionsprinzips

Für das in Abb. 1.27 gezeigte Netzwerk soll eine Ersatzspannungsquelle bezüglich des Klemmenverhaltens unter Anwendung des Superpositionsprinzips ermittelt werden. ◄

Lösung 1.5 Der Innenwiderstand $R_T = R_N$ der Ersatzspannungsquelle wurde bereits in Gl. (1.79) angegeben. Für die Leerlaufspannung wird die in Abb. 1.30 gezeigte Ersatzschaltung verwendet.

Die Leerlaufspannung v_T wird analog zum Kurzschlussstrom mithilfe des Superpositionsprinzips ermittelt:

1. Zunächst wird die Quelle v_2 durch einen Kurzschluss ersetzt und die Auswirkung von v_1 auf die Leerlaufspannung $v_{T1} = v_T|_{v_2=0}$ berechnet [Abb. 1.31(a)].
2. Anschließend wird die Quelle v_1 durch einen Kurzschluss ersetzt und der Einfluss von v_2 auf die Leerlaufspannung $v_{T2} = v_T|_{v_1=0}$ berechnet [Abb. 1.31(b)].
3. Zuletzt wird unter Berücksichtigung der Zählpfeilrichtungen die Leerlaufspannung aus der Summe dieser beiden Teileinflüsse gebildet: $v_T = v_{T1} + v_{T2}$.

Aus Abb. 1.31(a) ergibt sich v_{T1} mithilfe eines Spannungsteilers zu

$$v_{T1} = \frac{R_2}{R_1 + R_2} v_1.$$

(1.83)

Abb. 1.30 Bestimmung der Leerlaufspannung v_T

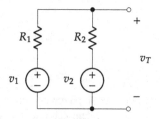

In gleicher Weise folgt aus Abb. 1.31(b)

$$v_{T2} = \frac{R_1}{R_1 + R_2} v_2. \tag{1.84}$$

Aus der Summe dieser beiden Größen folgt die Leerlaufspannung

$$v_T = v_{T1} + v_{T2} = \frac{R_2 v_1 + R_1 v_2}{R_1 + R_2}. \tag{1.85}$$

Zur Probe wird das Ergebnis durch die Anwendung von Gl. (1.74) überprüft. Dazu wird Gl. (1.85) zunächst durch Erweiterung in die folgende Form überführt:

$$v_T = \frac{\dfrac{v_1}{R_1} + \dfrac{v_2}{R_2}}{\dfrac{1}{R_1} + \dfrac{1}{R_2}}. \tag{1.86}$$

Anschließend wird das Verhältnis aus v_T und i_N aus Gl. (1.82) berechnet:

$$\frac{v_T}{i_N} = \frac{\dfrac{v_1}{R_1} + \dfrac{v_2}{R_2}}{\dfrac{1}{R_1} + \dfrac{1}{R_2}} \cdot \frac{1}{\dfrac{v_1}{R_1} + \dfrac{v_2}{R_2}} = \frac{1}{\dfrac{1}{R_1} + \dfrac{1}{R_2}} = \frac{R_1 R_2}{R_1 + R_2} = R_1 \| R_2. \tag{1.87}$$

Das Ergebnis entspricht tatsächlich dem Innenwiderstand aus Gl. (1.79).

1.3   Zweitortheorie

Ein **Vierpol**[24] ist ein elektrisches Netzwerk mit vier Anschlüssen (Klemmen), von denen zwei den Eingang und zwei den Ausgang bilden (Abb. 1.32). Als Tor bezeichnet man den Ein- bzw. Ausgang, wenn der an der oberen Klemme zufließende Strom gleich dem an der unteren Klemme abfließenden Strom ist. Erfüllt ein Vierpol diese **Torbedingung** bezüglich i_1 und i_2, so spricht man auch von einem **Zweitor**. Ein Zweitor ist damit ein spezieller Vierpol.

Abb. 1.33 zeigt ein Zweitor mit einer linearen Eingangsspannungsquelle v_S mit Innenwiderstand R_S und einer Last R_L. Eingangswiderstand R_{in} und Ausgangswiderstand R_{out} (Abschn. 1.3.1) sind ebenfalls angedeutet.

Im Folgenden wird zunächst die Methode zur Berechnung des Innenwiderstands aus Abschn. 1.2.4 bzw. Abschn. 1.2.5 an einem Zweitor erläutert. Im Anschluss werden die verschiedenen Ersatzmodelle, die für ein lineares Zweitor verwendet werden, vorgestellt. Abschließend wird das Konzept der gesteuerten Quellen erläutert.

---

[24]Engl. **four-terminal device** oder **network**.

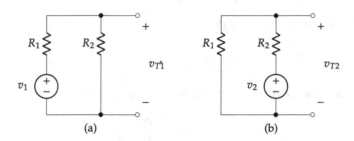

Abb. 1.31 Anwendung des Superpositionsprinzips zur Bestimmung der Leerlaufspannung v_T:
(a) $v_2 = 0$, (b) $v_1 = 0$

Abb. 1.32 Zweitor

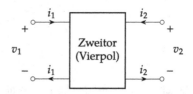

1.3.1   Ein- und Ausgangswiderstand

Die Berechnung des Innenwiderstands bei der Ermittlung einer Ersatzstrom- bzw. Ersatz-spannungsquelle wurde in Abb. 1.18 bzw. Abb. 1.23 dargestellt. Bei der Analyse von Verstärkerschaltungen in Abschn. 7 wird der Innenwiderstand bezüglich der beiden Eingangs- und Ausgangsklemmen bestimmt. Man spricht auch von **Eingangswiderstand** R_{in} und **Ausgangswiderstand** R_{out} (Abb. 1.33).

Der Eingangswiderstand R_{in} [Abb. 1.34(a)] wird wie folgt berechnet:

1. Die Signalquelle mit Innenwiderstand (v_S, R_S) wird durch eine als bekannt angenommene Testspannungsquelle v_X ersetzt.
2. Jede unabhängige Quelle im Innern des Zweitors wird durch ihren Innenwiderstand ersetzt, speziell bei idealen Stromquellen durch einen Leerlauf und bei idealen Spannungsquellen durch einen Kurzschluss zwischen ihren beiden Klemmen (Abschn. 1.2.4).
3. Anschließend wird der Strom i_X aus der Testspannungsquelle v_X berechnet. Alternativ wird die Spannung v_X an einer als bekannt angenommenen Teststromquelle i_X berechnet.

Abb. 1.33 Zweitor mit Quelle
und Last

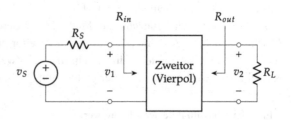

Abb. 1.34 Schaltung zur
Bestimmung des (**a**)
Eingangswiderstands R_{in} und
(**b**) Ausgangswiderstands R_{out}
eines Zweitors mit Quelle und
Last

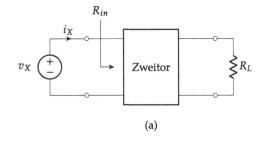

(a)

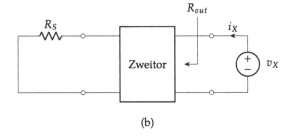

(b)

4. Der Eingangswiderstand wird bestimmt gemäß

$$R_{in} = \frac{v_X}{i_X}.$$

(1.88)

Der Ausgangswiderstand R_{out} [Abb. 1.34(a)] wird wie folgt berechnet:

1. Die Last (R_L) wird durch eine als bekannt angenommene Testspannungsquelle v_X ersetzt.
2. Jede unabhängige Quelle im Innern des Zweitors wird durch ihren Innenwiderstand ersetzt, das heißt ideale Stromquellen durch einen Leerlauf und ideale Spannungsquellen durch einen Kurzschluss zwischen ihren beiden Klemmen.
3. Zusätzlich wird die Spannungsquelle am Eingang (v_S) mit einem Kurzschluss ersetzt. Ihr Innenwiderstand R_S bleibt erhalten.
4. Anschließend wird der Strom i_X aus der Testspannungsquelle v_X berechnet. Alternativ wird die Spannung v_X an einer als bekannt angenommenen Teststromquelle i_X berechnet.
5. Der Ausgangswiderstand wird bestimmt gemäß

$$R_{out} = \frac{v_X}{i_X}.$$

(1.89)

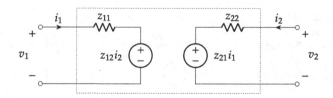

Abb. 1.35 Zweitormodell mit z-Parametern

1.3.2 Zweitorparameter

Zweitormodelle sind ein nützliches Mittel, um das Verhalten komplexer Schaltungen in einer vereinfachten Weise zu modellieren. Die hier behandelten Zweitormodelle gelten für lineare Schaltungen und werden in der Analogelektronik zur Beschreibung des Kleinsignalverhaltens eingesetzt (Abschn. 6). Beschrieben werden diese Modelle durch **Zweitorparameter**[25]. Die vier am häufigsten verwendeten Arten dieser Zweitorparameter werden in den folgenden Abschnitten erläutert.

1.3.2.1 z-Parameter
Die z**-Parameter**, auch **Widerstands-** oder **Impedanzparameter** genannt, werden häufig zur Beschreibung von **Transimpedanzverstärkern**[26] eingesetzt. Die Zweitorgleichungen lauten:

$$v_1 = z_{11}i_1 + z_{12}i_2 \tag{1.90}$$

$$v_2 = z_{21}i_1 + z_{22}i_2 \tag{1.91}$$

oder in Matrix-Schreibweise

$$\begin{pmatrix} v_1 \\ v_2 \end{pmatrix} = \begin{pmatrix} z_{11} & z_{12} \\ z_{21} & z_{22} \end{pmatrix} \begin{pmatrix} i_1 \\ i_2 \end{pmatrix}. \tag{1.92}$$

Das dazugehörige Zweitornetzwerk ist in Abb. 1.35 dargestellt.

Bedeutung und Berechnung der z-Parameter ergeben sich aus ihren Definitionsgleichungen:

---

[25]Häufig auch Vierpolparameter genannt, da die Begriffe Vierpol und Zweitor oftmals synonym verwendet werden.

[26]Engl. **transimpedance amplifier**; auch als **transresistance amplifier** bezeichnet.

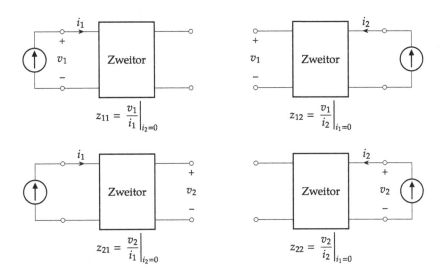

Abb. 1.36 Messschaltungen zur Bestimmung der z-Parameter

$$z_{11} = \left.\frac{v_1}{i_1}\right|_{i_2=0} \qquad \text{**Leerlauf-Eingangswiderstand,**} \qquad (1.93)$$
$$\text{engl. } \textit{open-circuit input resistance}$$

$$z_{12} = \left.\frac{v_1}{i_2}\right|_{i_1=0} \qquad \text{**Leerlauf-Übertragungswiderstand rückwärts,**} \qquad (1.94)$$
$$\text{engl. } \textit{reverse open-circuit transresistance}$$

$$z_{21} = \left.\frac{v_2}{i_1}\right|_{i_2=0} \qquad \text{**Leerlauf-Übertragungswiderstand vorwärts,**} \qquad (1.95)$$
$$\text{engl. } \textit{forward open-circuit transresistance}$$

$$z_{22} = \left.\frac{v_2}{i_2}\right|_{i_1=0} \qquad \text{**Leerlauf-Ausgangswiderstand,**} \qquad (1.96)$$
$$\text{engl. } \textit{open-circuit output resistance.}$$

Die Bestimmung der z-Parameter kann auch mithilfe der entsprechenden Messschaltungen erfolgen (Abb. 1.36).

Alternativ kann für z_{11} und z_{22} die Stromquelle durch eine Spannungsquelle ersetzt werden. Die Bestimmung dieser beiden Parameter ist ähnlich der Berechnung des Ein- bzw. Ausgangswiderstands aus Abschn. 1.3.1 bei aus- bzw. eingangsseitigem Leerlauf.

1.3.2.2 y-Parameter

Die y-**Parameter**, auch **Leitwert-** oder **Admittanzparameter** genannt, werden häufig zur Beschreibung von **Transadmittanzverstärkern**[27] eingesetzt. Die Zweitorgleichungen lauten:

---

[27] Auch als **Transkonduktanzverstärker** bezeichnet, engl. **transconductance amplifier.**

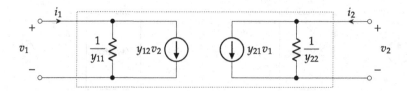

Abb. 1.37 Zweitormodell mit y-Parametern

$$i_1 = y_{11}v_1 + y_{12}v_2 \tag{1.97}$$
$$i_2 = y_{21}v_1 + y_{22}v_2 \tag{1.98}$$

oder in Matrix-Schreibweise

$$\begin{pmatrix} i_1 \\ i_2 \end{pmatrix} = \begin{pmatrix} y_{11} & y_{12} \\ y_{21} & y_{22} \end{pmatrix} \begin{pmatrix} v_1 \\ v_2 \end{pmatrix}. \tag{1.99}$$

Das dazugehörige Zweitornetzwerk ist in Abb. 1.37 dargestellt.

Bedeutung und Berechnung der y-Parameter ergeben sich aus ihren Definitionsgleichungen:

$$y_{11} = \left. \frac{i_1}{v_1} \right|_{v_2=0} \qquad \begin{array}{l} \textbf{Kurzschluss-Eingangsleitwert,} \\ \text{engl. } \textit{short-circuit input conductance} \end{array} \tag{1.100}$$

$$y_{12} = \left. \frac{i_1}{v_2} \right|_{v_1=0} \qquad \begin{array}{l} \textbf{Kurzschluss-Übertragungsleitwert rückwärts,} \\ \text{engl. } \textit{reverse short-circuit transconductance} \end{array} \tag{1.101}$$

$$y_{21} = \left. \frac{i_2}{v_1} \right|_{v_2=0} \qquad \begin{array}{l} \textbf{Kurzschluss-Übertragungsleitwert vorwärts,} \\ \text{engl. } \textit{forward short-circuit transconductance} \end{array} \tag{1.102}$$

$$y_{22} = \left. \frac{i_2}{v_2} \right|_{v_1=0} \qquad \begin{array}{l} \textbf{Kurzschluss-Ausgangsleitwert,} \\ \text{engl. } \textit{short-circuit output conductance.} \end{array} \tag{1.103}$$

Die Bestimmung der y-Parameter kann auch mithilfe der entsprechenden Messschaltungen erfolgen (Abb. 1.38).

Alternativ kann für y_{11} und y_{22} die Spannungsquelle durch eine Stromquelle ersetzt werden. Die Bestimmung dieser beiden Parameter ist ähnlich der Berechnung des Ein- bzw. Ausgangswiderstands aus Abschn. 1.3.1 bei aus- bzw. eingangsseitigem Kurzschluss (und Kehrwertbildung, um den Leitwert zu ermitteln).

1.3.2.3 h-Parameter

Die h-**Parameter**, auch **Hybrid-** oder **Reihen-Parallel-Parameter** genannt, werden häufig zur Beschreibung von **Stromverstärkern**[28] eingesetzt. Die Zweitorgleichungen lauten:

---

[28] Engl. **current amplifier.**

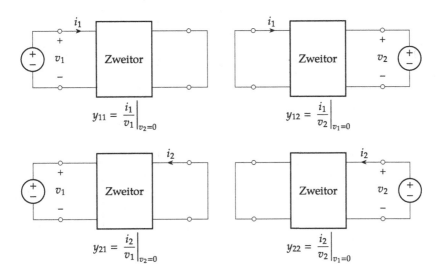

Abb. 1.38 Messschaltungen zur Bestimmung der y-Parameter

$$v_1 = h_{11}i_1 + h_{12}v_2 \tag{1.104}$$

$$i_2 = h_{21}i_1 + h_{22}v_2 \tag{1.105}$$

oder in Matrix-Schreibweise

$$\begin{pmatrix} v_1 \\ i_2 \end{pmatrix} = \begin{pmatrix} h_{11} & h_{12} \\ h_{21} & h_{22} \end{pmatrix} \begin{pmatrix} i_1 \\ v_2 \end{pmatrix}. \tag{1.106}$$

Das dazugehörige Zweitornetzwerk ist in Abb. 1.39 dargestellt. Bedeutung und Berechnung der h-Parameter ergeben sich aus ihren Definitionsgleichungen:

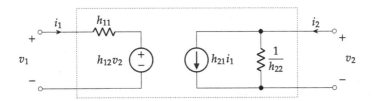

Abb. 1.39 Zweitormodell mit h-Parametern

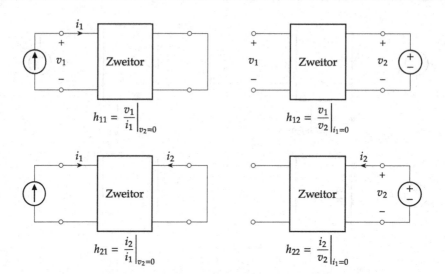

Abb. 1.40 Messschaltungen zur Bestimmung der h-Parameter

$$h_{11} = \frac{v_1}{i_1}\bigg|_{v_2=0} \quad \text{\textbf{Kurzschluss-Eingangswiderstand,}} \atop \text{engl. } \textit{short-circuit input resistance} \qquad (1.107)$$

$$h_{12} = \frac{v_1}{v_2}\bigg|_{i_1=0} \quad \text{\textbf{Leerlauf-Spannungsrückwirkung,}} \atop \text{engl. } \textit{reverse open-circuit voltage gain} \qquad (1.108)$$

$$h_{21} = \frac{i_2}{i_1}\bigg|_{v_2=0} \quad \text{\textbf{Kurzschluss-Stromverstärkung vorwärts,}} \atop \text{engl. } \textit{forward short-circuit current gain} \qquad (1.109)$$

$$h_{22} = \frac{i_2}{v_2}\bigg|_{i_1=0} \quad \text{\textbf{Leerlauf-Ausgangsleitwert,}} \atop \text{engl. } \textit{open-circuit output conductance.} \qquad (1.110)$$

Die Bestimmung der h-Parameter kann auch mithilfe der entsprechenden Messschaltungen erfolgen (Abb. 1.40).

Alternativ kann für h_{11} die Stromquelle durch eine Spannungsquelle und für h_{22} die Spannungsquelle durch eine Stromquelle ersetzt werden.

1.3.2.4 g-Parameter

Die g-**Parameter**, auch **Invershybrid-** oder **Parallel-Reihen-Parameter** genannt, werden häufig zur Beschreibung von **Spannungsverstärkern**[29] eingesetzt. Die Zweitorgleichungen lauten:

$$i_1 = g_{11}v_1 + g_{12}i_2 \qquad (1.111)$$

$$v_2 = g_{21}v_1 + g_{22}i_2 \qquad (1.112)$$

---

[29]Engl. **voltage amplifier.**

oder in Matrix-Schreibweise

$$\begin{pmatrix} i_1 \\ v_2 \end{pmatrix} = \begin{pmatrix} g_{11} & g_{12} \\ g_{21} & g_{22} \end{pmatrix} \begin{pmatrix} v_1 \\ i_2 \end{pmatrix}. \tag{1.113}$$

Das dazugehörige Zweitornetzwerk ist in Abb. 1.41 dargestellt.

Bedeutung und Berechnung der g-Parameter ergeben sich aus ihren Definitionsgleichungen:

$$g_{11} = \left. \frac{i_1}{v_1} \right|_{i_2=0} \qquad \textbf{Leerlauf-Eingangsleitwert,} \\ \textit{engl. open-circuit input conductance} \tag{1.114}$$

$$g_{12} = \left. \frac{i_1}{i_2} \right|_{v_1=0} \qquad \textbf{Kurzschluss-Stromrückwirkung,} \\ \textit{engl. reverse short-circuit current gain} \tag{1.115}$$

$$g_{21} = \left. \frac{v_2}{v_1} \right|_{i_2=0} \qquad \textbf{Leerlauf-Spannungsverstärkung vorwärts,} \\ \textit{engl. forward open-circuit voltage gain} \tag{1.116}$$

$$g_{22} = \left. \frac{v_2}{i_2} \right|_{v_1=0} \qquad \textbf{Kurzschluss-Ausgangswiderstand,} \\ \textit{engl. short-circuit output resistance.} \tag{1.117}$$

Die Bestimmung der g-Parameter kann auch mithilfe der entsprechenden Messschaltungen erfolgen (Abb. 1.42).

Alternativ kann für g_{11} die Spannungsquelle durch eine Stromquelle und für g_{22} die Stromquelle durch eine Spannungsquelle ersetzt werden.

1.3.2.5 Bestimmung der Zweitorparameter

Die behandelten Zweitorparameter lassen sich auf verschiedene Weisen bestimmen:

1. Berechnung anhand der vorgegebenen Definitionsgleichungen
2. Messung der Parameter mithilfe der gegebenen Messschaltungen
3. Umrechnung aus anderen Zweitorparametern (Tab. 1.1)
4. Aufstellen der Netzwerkgleichungen des Zweitors und Koeffizientenvergleich mit den Zweitorgleichungen

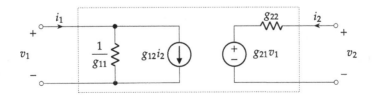

Abb. 1.41 Zweitormodell mit g-Parametern

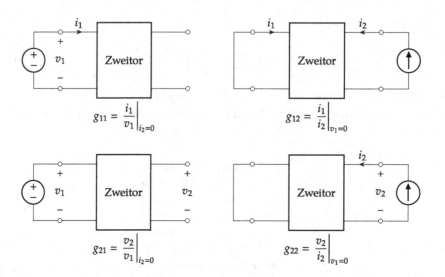

Abb. 1.42 Messschaltungen zur Bestimmung der g-Parameter

Tab. 1.1 Umrechnung von Zweitorparametern[a]

	Z	Y	H	G
Z	$\begin{pmatrix} z_{11} & z_{12} \\ z_{21} & z_{22} \end{pmatrix}$	$\dfrac{1}{\det Y}\begin{pmatrix} y_{22} & -y_{12} \\ -y_{21} & y_{11} \end{pmatrix}$	$\dfrac{1}{h_{22}}\begin{pmatrix} \det H & h_{12} \\ -h_{21} & 1 \end{pmatrix}$	$\dfrac{1}{g_{11}}\begin{pmatrix} 1 & -g_{12} \\ g_{21} & \det G \end{pmatrix}$
Y	$\dfrac{1}{\det Z}\begin{pmatrix} z_{22} & -z_{12} \\ -z_{21} & z_{11} \end{pmatrix}$	$\begin{pmatrix} y_{11} & y_{12} \\ y_{21} & y_{22} \end{pmatrix}$	$\dfrac{1}{h_{11}}\begin{pmatrix} 1 & -h_{12} \\ h_{21} & \det H \end{pmatrix}$	$\dfrac{1}{g_{22}}\begin{pmatrix} \det G & g_{12} \\ -g_{21} & 1 \end{pmatrix}$
H	$\dfrac{1}{z_{22}}\begin{pmatrix} \det Z & z_{12} \\ -z_{21} & 1 \end{pmatrix}$	$\dfrac{1}{y_{11}}\begin{pmatrix} 1 & -y_{12} \\ y_{21} & \det Y \end{pmatrix}$	$\begin{pmatrix} h_{11} & h_{12} \\ h_{21} & h_{22} \end{pmatrix}$	$\dfrac{1}{\det G}\begin{pmatrix} g_{22} & -g_{12} \\ -g_{21} & g_{11} \end{pmatrix}$
G	$\dfrac{1}{z_{11}}\begin{pmatrix} 1 & -z_{12} \\ z_{21} & \det Z \end{pmatrix}$	$\dfrac{1}{y_{22}}\begin{pmatrix} \det Y & y_{12} \\ -y_{21} & 1 \end{pmatrix}$	$\dfrac{1}{\det H}\begin{pmatrix} h_{22} & -h_{12} \\ -h_{21} & h_{11} \end{pmatrix}$	$\begin{pmatrix} g_{11} & g_{12} \\ g_{21} & g_{22} \end{pmatrix}$

[a]Die Determinante einer Matrix X ist gegeben durch

$$\det X = \begin{vmatrix} x_{11} & x_{12} \\ x_{21} & x_{22} \end{vmatrix} = x_{11}x_{22} - x_{12}x_{21}.$$

Übung 1.6: π-Ersatzschaltung

Wie lauten die z-, y-, h- und g-Parameter für die π-Ersatzschaltung in Abb. 1.43? ◄

Abb. 1.43 π-Ersatzschaltung

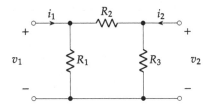

Lösung 1.6 Die z-Parameter lauten

$$z_{11} = \left. \frac{v_1}{i_1} \right|_{i_2=0} = R_1 \| (R_2 + R_3) = \frac{R_1 (R_2 + R_3)}{R_1 + R_2 + R_3} \qquad (1.118)$$

$$z_{12} = \left. \frac{v_1}{i_2} \right|_{i_1=0} = \frac{R_1 R_3}{R_1 + R_2 + R_3} \qquad (1.119)$$

$$z_{21} = \left. \frac{v_2}{i_1} \right|_{i_2=0} = \frac{R_1 R_3}{R_1 + R_2 + R_3} \qquad (1.120)$$

$$z_{22} = \left. \frac{v_2}{i_2} \right|_{i_1=0} = R_3 \| (R_1 + R_2) = \frac{R_3 (R_1 + R_2)}{R_1 + R_2 + R_3}. \qquad (1.121)$$

Die y-Parameter berechnen sich zu

$$y_{11} = \left. \frac{i_1}{v_1} \right|_{v_2=0} = \frac{1}{R_1} + \frac{1}{R_2} \qquad (1.122)$$

$$y_{12} = \left. \frac{i_1}{v_2} \right|_{v_1=0} = -\frac{1}{R_2} \qquad (1.123)$$

$$y_{21} = \left. \frac{i_2}{v_1} \right|_{v_2=0} = -\frac{1}{R_2} \qquad (1.124)$$

$$y_{22} = \left. \frac{i_2}{v_2} \right|_{v_1=0} = \frac{1}{R_2} + \frac{1}{R_3}. \qquad (1.125)$$

Die h-Parameter lauten

$$h_{11} = \left. \frac{v_1}{i_1} \right|_{v_2=0} = \frac{R_1 R_2}{R_1 + R_2} \qquad (1.126)$$

$$h_{12} = \left. \frac{v_1}{v_2} \right|_{i_1=0} = \frac{R_1}{R_1 + R_2} \qquad (1.127)$$

$$h_{21} = \left. \frac{i_2}{i_1} \right|_{v_2=0} = -\frac{R_1}{R_1 + R_2} \qquad (1.128)$$

$$h_{22} = \left. \frac{i_2}{v_2} \right|_{i_1=0} = \frac{R_1 + R_2 + R_3}{R_3 (R_1 + R_2)}. \qquad (1.129)$$

Schließlich ergibt sich für die g-Parameter

$$g_{11} = \left.\frac{i_1}{v_1}\right|_{i_2=0} = \frac{R_1 + R_2 + R_3}{R_1(R_2 + R_3)} \tag{1.130}$$

$$g_{12} = \left.\frac{i_1}{i_2}\right|_{v_1=0} = -\frac{R_3}{R_2 + R_3} \tag{1.131}$$

$$g_{21} = \left.\frac{v_2}{v_1}\right|_{i_2=0} = \frac{R_3}{R_2 + R_3} \tag{1.132}$$

$$g_{22} = \left.\frac{v_2}{i_2}\right|_{v_1=0} = \frac{R_2 R_3}{R_2 + R_3}. \tag{1.133}$$

Übung 1.7: T-Ersatzschaltung

Wie lauten die z-, y-, h- und g-Parameter für die T-Ersatzschaltung in Abb. 1.44? ◄

Lösung 1.7 Nach Anwendung der Definitionsgleichungen ergibt sich für die Zweitormatrizen

$$\begin{pmatrix} z_{11} & z_{12} \\ z_{21} & z_{22} \end{pmatrix} = \begin{pmatrix} R_1 + R_3 & R_3 \\ R_3 & R_2 + R_3 \end{pmatrix} \tag{1.134}$$

$$\begin{pmatrix} y_{11} & y_{12} \\ y_{21} & y_{22} \end{pmatrix} = \frac{1}{r^2} \begin{pmatrix} R_2 + R_3 & -R_3 \\ -R_3 & R_1 + R_3 \end{pmatrix} \tag{1.135}$$

$$\begin{pmatrix} h_{11} & h_{12} \\ h_{21} & h_{22} \end{pmatrix} = \frac{1}{R_2 + R_3} \begin{pmatrix} r^2 & R_3 \\ -R_3 & 1 \end{pmatrix} \tag{1.136}$$

$$\begin{pmatrix} g_{11} & g_{12} \\ g_{21} & g_{22} \end{pmatrix} = \frac{1}{R_1 + R_3} \begin{pmatrix} 1 & -R_3 \\ R_3 & r^2 \end{pmatrix} \tag{1.137}$$

mit

$$r^2 = R_1 R_2 + R_1 R_3 + R_2 R_3. \tag{1.138}$$

Abb. 1.44 T-Ersatzschaltung

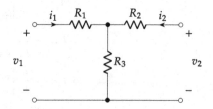

1.3.3 Gesteuerte ideale Quellen

Gesteuerte Quellen sind natürliche Zweitore. Im Gegensatz zu unabhängigen idealen Quellen aus Abschn. 1.2.2 und Abschn. 1.2.3 ist die Spannung bzw. der Strom einer **gesteuerten (idealen) Quelle** abhängig von einer Steuergröße, die wiederum ein Strom oder eine Spannung sein kann. Man spricht bei gesteuerten Quellen daher auch von **abhängigen Quellen**. Es existieren vier Arten von gesteuerten Quellen, die sich in ihrer Steuer- und Quellgröße unterscheiden und in Abb. 1.45 zusammengefasst sind. Gesteuerte Quellen sind wichtig zur Modellierung von Bipolar- und Feldeffekttransistoren, die in späteren Kapiteln vorgestellt werden.

Die Gemeinsamkeit zwischen gesteuerten und unabhängigen idealen Quellen besteht darin, dass die von der gesteuerten Quelle bereitgestellte Größe (Strom oder Spannung) unabhängig ist von der an ihr anliegenden Spannung bzw. dem durch sie fließenden Strom.

Gelegentlich werden gesteuerte Quellen in der Literatur mit einem anderen Schaltzeichen versehen, wie in Abb. 1.46 für zwei Beispiele gezeigt. In diesem Lehrbuch erfolgt die Kennzeichnung gesteuerter Quellen nicht durch diese alternativen Schaltzeichen. sondern durch die Angabe der steuernden Größe, zum Beispiel αv oder βi, neben der Quelle (Abb. 1.45).

Übung 1.8: Zweitormatrizen gesteuerter Quellen

Bestimmen Sie die folgenden Zweitorparameter für die in Abb. 1.45 dargestellten gesteuerten Quellen:

- z-Parameter für die stromgesteuerte Spannungsquelle
- y-Parameter für die spannungsgesteuerte Stromquelle

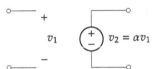

Spannungsgesteuerte Spannungsquelle
mit Spannungsverstärkung α

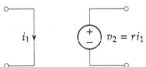

Stromgesteuerte Spannungsquelle
mit Übertragungswiderstand r

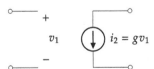

Spannungsgesteuerte Stromquelle
mit Übertragungsleitwert (Steilheit) g

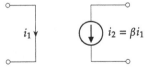

Stromgesteuerte Stromquelle
mit Stromverstärkung β

Abb. 1.45 Gesteuerte ideale Quellen

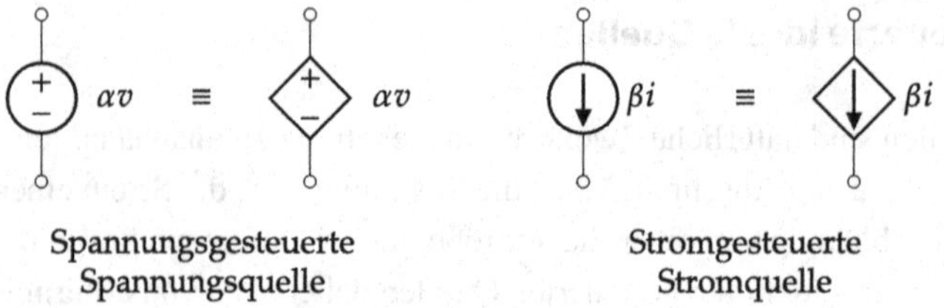

Abb. 1.46 Alternative Schaltzeichen für gesteuerte Quellen

- h-Parameter für die stromgesteuerte Stromquelle
- g-Parameter für die spannungsgesteuerte Spannungsquelle

◀

Lösung 1.8 Für die stromgesteuerte Spannungsquelle gilt

$$\begin{pmatrix} z_{11} & z_{12} \\ z_{21} & z_{22} \end{pmatrix} = \begin{pmatrix} 0 & 0 \\ r & 0 \end{pmatrix} \tag{1.139}$$

mit dem Übertragungswiderstand

$$z_{21} = \left. \frac{v_2}{i_1} \right|_{i_2=0} = r. \tag{1.140}$$

Für die spannungsgesteuerte Stromquelle gilt

$$\begin{pmatrix} y_{11} & y_{12} \\ y_{21} & y_{22} \end{pmatrix} = \begin{pmatrix} 0 & 0 \\ g & 0 \end{pmatrix} \tag{1.141}$$

mit dem Übertragungsleitwert

$$y_{21} = \left. \frac{i_2}{v_1} \right|_{v_2=0} = g. \tag{1.142}$$

Für die stromgesteuerte Stromquelle gilt

$$\begin{pmatrix} h_{11} & h_{12} \\ h_{21} & h_{22} \end{pmatrix} = \begin{pmatrix} 0 & 0 \\ \beta & 0 \end{pmatrix} \tag{1.143}$$

mit der Stromverstärkung

$$h_{21} = \left. \frac{i_2}{i_1} \right|_{v_2=0} = \beta. \tag{1.144}$$

Für die spannungsgesteuerte Spannungsquelle gilt

$$\begin{pmatrix} g_{11} & g_{12} \\ g_{21} & g_{22} \end{pmatrix} = \begin{pmatrix} 0 & 0 \\ \alpha & 0 \end{pmatrix} \tag{1.145}$$

mit der Spannungsverstärkung

$$g_{21} = \left. \frac{v_2}{v_1} \right|_{i_2=0} = \alpha. \tag{1.146}$$

Die drei jeweils verbleibenden Zweitormatrizen, beispielsweise die y-, h- oder g-Matrix für die stromgesteuerte Spannungsquelle, sind nicht definiert, da ihre Elemente unendlich groß sind. Beispielsweise ergibt z_{11} für die stromgesteuerte Spannungsquelle

$$z_{11} = \left. \frac{v_1}{i_1} \right|_{i_2=0} \rightarrow \infty, \tag{1.147}$$

da der Eingangsstrom i_1 aufgrund des Leerlaufs zwischen den beiden Eingangsklemmen gleich 0 ist.

Zusammenfassung

- Das *Ohmsche Gesetz* beschreibt die Proportionalität zwischen dem Strom durch einen und der Spannung an einem metallischen Leiter bei konstanter Temperatur.
- Die *Knotenregel (1. Kirchhoffsches Gesetz)* besagt, dass die Summe aller einem Knoten zufließenden Ströme gleich der Summe aller aus dem Knoten abfließenden Ströme ist.
- Die *Maschenregel (2. Kirchhoffsches Gesetz)* besagt, dass die Summe aller in einem geschlossenen Umlauf anliegenden Spannungen verschwindet.
- Die Knotengleichung basiert auf der *Ladungserhaltung* und die Umlaufgleichung auf der *Energieerhaltung*.
- Bezüglich des Klemmenverhaltens verhält sich die *Reihenschaltung* von Widerständen R_i wie ein einzelner Widerstand mit dem Wert $R = \sum_i R_i$.
- Bezüglich des Klemmenverhaltens verhält sich die *Parallelschaltung* von Leitwerten G_i wie ein einzelner Leitwert mit dem Wert $G = \sum_i G_i$.
- An einem *Stromteiler* verhält sich der Teilstrom zum Gesamtstrom wie der zugehörige Teilleitwert zum Gesamtleitwert. Außerdem verhalten sich die Teilströme zueinander wie die entsprechenden Teilleitwerte.
- An einem *Spannungsteiler* verhält sich die Teilspannung zur Gesamtspannung wie der zugehörige Teilwiderstand zum Gesamtwiderstand. Außerdem verhalten sich die Teilspannungen zueinander wie die entsprechenden Teilwiderstände.

- Ein *Zweipol* ist ein beliebiges elektrisches Netzwerk mit zwei Klemmen. Beinhaltet das Netzwerk nur lineare Bauelemente, so spricht man auch von einem *linearen Zweipol*.
- An einem Generator-Zweipol zeigen die Strom- und Spannungszählpfeile in entgegengesetzte Richtungen. Man spricht auch vom *Generator-Zählpfeilsystem*.
- An einem Verbraucher-Zweipol zeigen die Strom- und Spannungszählpfeile in die gleiche Richtung. Man spricht auch vom *Verbraucher-Zählpfeilsystem*.
- *Ideale Stromquellen* liefern einen lastunabhängigen Strom.
- *Lineare Stromquellen* besitzen einen parallel zur Stromquelle geschalteten Innenwiderstand. Bei idealen Stromquellen ist dieser Innenwiderstand unendlich groß.
- *Ideale Spannungsquellen* generieren eine lastunabhängige Spannung.
- *Lineare Spannungsquellen* besitzen einen in Reihe zur Spannungsquelle geschalteten Innenwiderstand. Bei idealen Spannungsquellen beträgt dieser Innenwiderstand 0.
- Lineare Zweipole lassen sich bezüglich ihres Klemmenverhaltens äquivalent durch eine *Ersatzstromquelle* oder *Ersatzspannungsquelle* beschreiben.
- Zur Ermittlung einer Ersatzstromquelle müssen der *Innenwiderstand* und der *Kurzschlussstrom* des betrachteten linearen Zweipols bestimmt werden.
- Zur Ermittlung einer Ersatzspannungsquelle müssen der *Innenwiderstand* und die *Leerlaufspannung* des betrachteten linearen Zweipols bestimmt werden.
- Von den drei *Modellparametern* der Ersatzquellen (Kurzschlussstrom, Leerlaufspannung und Innenwiderstand) müssen nur zwei Parameter ermittelt werden; der verbleibende Parameter kann aus diesen beiden berechnet werden.
- *Vierpole* sind elektrische Netzwerke mit vier Anschlüssen (Klemmen), von denen zwei den Eingang und zwei den Ausgang bilden. Erfüllt ein Vierpol die *Torbedingung*, so spricht man auch von einem *Zweitor*.
- *Zweitore* werden häufig mit z-, y-, h- oder g-Parametern modelliert. *Gesteuerte Quellen* sind natürliche Zweitore.

Halbleiterphysik

2

Inhaltsverzeichnis

Es ist möglich, elektronische Bauelemente als eine „Black Box" zu betrachten und lediglich die Strom- und Spannungsverhältnisse an den jeweiligen Anschlüssen zu modellieren. Ein solcher Ansatz erschwert es jedoch, den Betrieb von elektronischen Bauelementen und Schaltungen intuitiv zu erfassen, Abweichungen von dem vorhergesagten Verhalten zu verstehen oder das gewonnene Wissen auf weiterentwickelte Bauelemente anzuwenden. Für ein tieferes Verständnis der Funktionsweise der später eingeführten Bauelemente ist es daher notwendig, sich zuerst die halbleiterphysikalischen Grundlagen anzueignen. Dabei spielen insbesondere Konzepte wie **Elektronen** und **Löcher, Eigen-** und **Fremdleitungsdichte, Dotierung, Bandlücke, Diffusion** und **Drift** eine wesentliche Rolle.

Lernergebnisse

- Sie **lernen** die Eigenschaften und Klassifizierung von Halbleitern **kennen.**
- Sie können das Konzept von Elektronen und Löchern als Ladungsträger **erklären.**
- Sie können **erläutern**, wie die Ladungsträgerdichte in intrinsischen und extrinsischen Halbleitern modifiziert werden kann.
- Sie können die Stromtransportmechanismen in Halbleitern **beschreiben.**

© Springer-Verlag GmbH Deutschland, ein Teil von Springer Nature 2021
M. Momeni, *Grundlagen der Mikroelektronik 1*,
https://doi.org/10.1007/978-3-662-62032-8_2

Tab. 2.1 Spezifischer Widerstand und elektrische Leitfähigkeit von Festkörpern

Festkörper	Spezifischer Widerstand [Ωcm]	Elektrische Leitfähigkeit [S/cm]
Nichtleiter	$10^5 < \rho$	$\sigma < 10^{-5}$
Halbleiter	$10^{-3} < \rho < 10^5$	$10^{-5} < \sigma < 10^3$
Leiter	$\rho < 10^{-3}$	$10^3 < \sigma$

2.1 Halbleitermaterialien

Festkörper in der Elektronik können je nach spezifischem elektrischem Widerstand ρ oder der reziproken elektrischen Leitfähigkeit σ in drei unterschiedliche Kategorien eingeteilt werden: **Nichtleiter** oder **Isolator**[1], **Halbleiter**[2] und **Leiter**[3] (Tab. 2.1). Kennzeichnend bei Halbleitern ist, dass der spezifische Widerstand durch das Einfügen von Fremdatomen über einen weiten Bereich einstellbar ist.

Das wichtigste und gängigste Halbleitermaterial in der Elektronik ist **Silizium**. Abb. 2.1(a) zeigt das Modell eines Siliziumatoms nach Bohr aus dem Jahr 1913. Gemäß diesem Modell bestehen Atome aus einem positiv geladenen Kern, um den herum sich negativ geladene Elektronen auf geschlossenen Bahnen oder Schalen bewegen. Die positiven Ladungen im Atomkern werden dabei von einer gleichen Anzahl an Elektronen auf den Schalen neutralisiert. Ohne die äußere Zufuhr von Energie, zum Beispiel durch Licht oder Wärme, nehmen die Elektronen den energetisch niedrigsten Zustand an und besetzen zuerst die inneren Schalen. Die maximale Anzahl z an Elektronen auf der n-ten Schale ist gegeben durch

$$z = 2n^2. \tag{2.1}$$

In einem Siliziumatom besetzen zwei Elektronen die erste Schale ($n = 1$) und acht Elektronen die zweite Schale ($n = 2$). Auf der äußeren Schale verbleiben vier Elektronen, die auch als **Valenzelektronen**[4] bezeichnet werden. Man spricht bei Silizium daher auch von einem vierwertigen Element, woraus sich die Stellung in der vierten Hauptgruppe des Periodensystems ergibt. Die Bindungseigenschaften eines Elements werden durch die Valenzelektronen bestimmt. Im Folgenden wird die Darstellung des Siliziumatoms vereinfacht, wie in Abb. 2.1(b) zu sehen. Ein Ausschnitt aus dem Periodensystem unter Angabe der Ordnungszahl[5] Z, des Symbols sowie der deutschen und englischen Bezeichnung des jeweiligen Atoms ist in Abb. 2.2 dargestellt.

---

[1] Engl. **insulator.**
[2] Engl. **semiconductor.**
[3] Engl. **conductor.**
[4] Engl. **valence electron.**
[5] Auch **Kernladungszahl, Atomzahl, Atomnummer** oder **Protonenzahl** genannt. Engl. **proton number** oder **atomic number.**

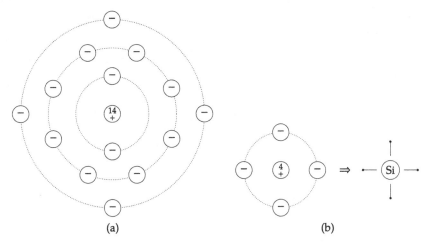

Abb. 2.1 Atommodell von Silizium nach Bohr: (**a**) vollständig, (**b**) vereinfacht

Gruppe

	IIB	IIIA	IVA	VA	VIA
2		5 **B** Bor Boron	6 **C** Kohlenstoff Carbon	7 **N** Stickstoff Nitrogen	8 **O** Sauerstoff Oxygen
3		13 **Al** Aluminium Aluminum	14 **Si** Silizium Silicon	15 **P** Phosphor Phosphorus	16 **S** Schwefel Sulphur
4	30 **Zn** Zink Zinc	31 **Ga** Gallium Gallium	32 **Ge** Germanium Germanium	33 **As** Arsen Arsenic	34 **Se** Selen Selenium
5	48 **Cd** Cadmium Cadmium	49 **In** Indium Indium	50 **Sn** Zinn Tin	51 **Sb** Antimon Antimony	52 **Te** Tellur Tellurium

Periode

Abb. 2.2 Ausschnitt aus dem Periodensystem mit Ordnungszahl Z, Symbol und deutscher bzw. englischer Bezeichnung

Die regelmäßige räumliche Anordnung von Festkörpern wird **Kristallgitter**[6] genannt. Im speziellen Fall Silizium spricht man auch von einem **Diamantgitter,**[7] welches die glei-

---

[6]Engl. **crystal lattice.**

[7]Engl. **diamond lattice.**

Abb. 2.3 Siliziumgitter in einer zweidimensionalen Darstellung

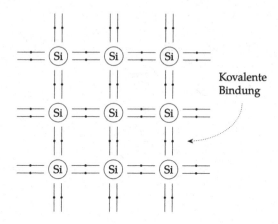

Kovalente Bindung

che räumliche Struktur ist, in der Kohlenstoff als Diamant kristallisiert. In einem solchen Kristallgitter gehen benachbarte Siliziumatome eine **kovalente Bindung**[8] miteinander ein. Man bezeichnet die Valenzelektronen in diesem Fall auch als Bindungselektronen.

2.1.1 Ladungsträger im intrinsischen Halbleiter

Für die Betrachtungen in diesem Abschnitt ist eine zweidimensionale Darstellung der Gitterstruktur ausreichend (Abb. 2.3).

Bei $T = 0$ K sind alle Elektronen an die Atomrümpfe gebunden und stehen somit nicht für die elektrische Leitung zur Verfügung. Erst durch Zufuhr von Energie, zum Beispiel in Form von Wärme, können die Elektronen aus den kovalenten Bindungen gelöst werden. Diese **freien Elektronen** sind innerhalb des Kristallgitters beweglich und können zur elektrischen Leitung beitragen. Die Leitfähigkeit eines Halbleitermaterials ist somit von der Temperatur abhängig.

Löst sich ein Elektron aus einer kovalenten Bindung, so bleibt eine Lücke zurück (Abb. 2.4). Diese Lücke, auch **Loch**[9] genannt, kann von einem Valenzelektron in der Nähe aufgefüllt werden, wodurch das Loch dessen Stelle einnimmt und somit entgegengesetzt zur Bewegungsrichtung der Elektronen durch das Kristallgitter wandert (Abb. 2.5). Ein Loch kann demnach als Träger einer positiven Ladung betrachtet werden. Während das *eine* Loch in Abb. 2.5 von links nach rechts wandert, bewegen sich *viele* Elektronen in die entgegengesetzte Richtung.

Anhand dieser Überlegungen wird deutlich, dass durch die thermische Anregung des Siliziumkristalls eine gleiche Anzahl an Elektronen und Löcher im Kristall generiert werden. Man spricht auch von der **Generation** von **Elektron-Loch-Paaren,** wenn sich ein Elektron

[8]Engl. **covalent bond.**
[9]Engl. **hole**; auch als **Defektelektron** bezeichnet.

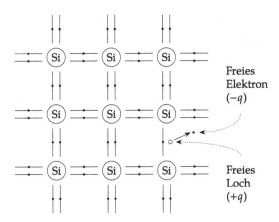

Abb. 2.4 Elektron-Loch-Paar

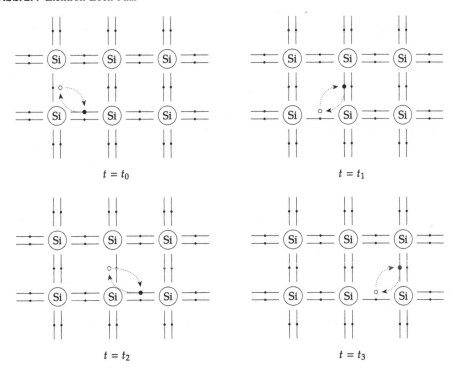

Abb. 2.5 Ladungsträgerbewegung im Kristallgitter

Tab. 2.2 Bandlücke von Elementhalbleitern bei $T = 300$ K

Elementhalbleiter (dt., engl.)		Symbol	E_g [eV]
Kohlenstoff (Diamant)	Carbon (diamond)	C	5,47
Silizium	Silicon	Si	1,12
Germanium	Germanium	Ge	0,66
α-Zinn	α-Tin	α-Sn	0,08

aus einer kovalenten Bindung löst, und von **Rekombination,** wenn ein Loch von einem Elektron „aufgefüllt" wird.

Die Dichte der thermisch freigesetzten Elektronen bzw. Löcher bezogen auf das Volumen in einem reinen Halbleiterkristall wird auch **Eigenleitungs(träger)dichte** oder **intrinsische Ladungsträgerdichte**[10] genannt und mit n_i abgekürzt. Der reine Halbleiter wird als **intrinsisch** oder **eigenleitend** bezeichnet. Ist n die Elektronendichte und p die Löcherdichte in einem intrinsischen Halbleiter, so ist offensichtlich $n = p = n_i$ und damit

$$pn = n_i^2. \tag{2.2}$$

Gl. (2.2) wird auch als **Massenwirkungsgesetz**[11] bezeichnet und gilt unter der Voraussetzung **thermischen Gleichgewichts**[12]. Im thermischen Gleichgewicht ist die Rate, mit der freie Elektronen generiert werden, gleich der Rate, mit der freie Elektronen gebunden werden. Mit anderen Worten: Die Generations- und Rekombinationsrate von Elektron-Loch-Paaren ist gleich.

Um gebundene Elektronen freizusetzen, das heißt Elektronen-Loch-Paare zu generieren, ist eine gewisse minimale Energie notwendig, welche der temperaturabhängigen **Bandlücke** bzw. dem **Bandabstand**[13] des Halbleiters entspricht und mit E_g abgekürzt wird. Je niedriger die Bandlücke, desto geringer die für die Generation von Elektron-Loch-Paaren notwendige Energie bzw. Temperatur im Falle von thermischer Anregung. Die Bandlücke von Halbleitern, die aus nur einem Element bestehen, sogenannte **Elementhalbleiter**, ist in Tab. 2.2 aufgelistet.

Die Eigenleitungsdichte von Silizium in Abhängigkeit von der Temperatur und der Bandlücke kann wie folgt angegeben werden:

---

[10]Alternativ wird anstelle von Dichte auch der Begriff **Konzentration** verwendet. Engl. **intrinsic (charge) carrier density/concentration.**

[11]Engl. **Law of mass action,** manchmal auch einfach *pn* **product** genannt.

[12]Engl. **thermal equilibrium.**

[13]Engl. **bandgap.**

Tab. 2.3 Koeffizient der Eigenleitungsdichte für verschiedene Materialien

Halbleiter	Symbol	$a\left[\mathrm{K}^{-3/2}\,\mathrm{cm}^{-3}\right]$
Silizium	Si	$4{,}7 \times 10^{15}$
Germanium	Ge	$1{,}4 \times 10^{15}$
Galliumarsenid	GaAs	$4{,}0 \times 10^{14}$

$$n_i = aT^{3/2} \exp\left(-\frac{E_g}{2kT}\right). \tag{2.3}$$

Dabei ist a eine materialabhängige Konstante (Tab. 2.3) und k die Boltzmann-Konstante. Die Einheit der Ladungsträgerdichten, sowohl der Elektronen- und Löcherdichte als auch der Eigenleitungsdichte, lautet

$$[n_i] = [n] = [p] = \frac{1}{\mathrm{cm}^3}. \tag{2.4}$$

Gemäß Gl. (2.3) steigt die Anzahl freier Elektronen und Löcher mit zunehmender Temperatur und abnehmender Bandlücke.

Übung 2.1: Eigenleitungsdichte verschiedener Halbleitermaterialien

Wie lautet die Eigenleitungsdichte für Si, Ge und GaAs bei Raumtemperatur[14] ($T = 300\,\mathrm{K}$)? Die Bandlücke von GaAs beträgt $1{,}42\,\mathrm{eV}$. ◄

Lösung 2.1 Unter Verwendung von Gl. (2.3) ergeben sich die Eigenleitungsdichten zu

$$n_i(\mathrm{Si}) = 9{,}63 \times 10^9\,\mathrm{cm}^{-3} \tag{2.5}$$

$$n_i(\mathrm{Ge}) = 2{,}09 \times 10^{13}\,\mathrm{cm}^{-3} \tag{2.6}$$

$$n_i(\mathrm{GaAs}) = 2{,}48 \times 10^6\,\mathrm{cm}^{-3}. \tag{2.7}$$

Eine grafische Darstellung der Eigenleitungsdichte dieser Materialien als Funktion der Temperatur ist in Abb. 2.6 zu sehen. Die Werte bei Raumtemperatur sind als Referenzpunkt gekennzeichnet.

---

[14]Engl. **room temperature.** In der Halbleiterelektronik wird üblicherweise eine Temperatur von $T = 300\,\mathrm{K}$ als Raumtemperatur definiert, wenngleich diese Raumtemperatur im Vergleich zu der vom Umweltbundesamt empfohlenen Temperatur im Wohnbereich von maximal $22\,^\circ\mathrm{C}$ ($293{,}15\,\mathrm{K}$) einen um etwa $7\,^\circ\mathrm{C}$ höheren Wert hat und daher auch als „warme" Raumtemperatur bezeichnet werden kann.

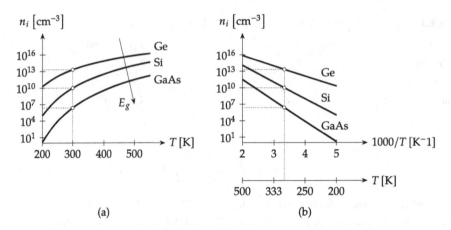

(a)   (b)

Abb. 2.6 Eigenleitungsdichte verschiedener Halbleitermaterialien als Funktion der Temperatur: (**a**) halblogarithmisch, (**b**) halblogarithmische Darstellung, wie sie üblicherweise in Lehrbüchern vorgefunden wird

Silizium besitzt etwa 5×10^{22} Atome/cm^3. Setzt man nun die Eigenleitungsdichte von ca. 1×10^{10}/cm^3 [Gl. (2.5)] dazu ins Verhältnis, so wird ersichtlich, dass in Silizium bei Raumtemperatur nur für jedes 5×10^{12}-te Atom ein freies Elektron existiert, das zur Leitung beitragen kann. Bei Raumtemperatur scheint Silizium demnach ein sehr schlechter Leiter zu sein.[15] Im folgenden Abschnitt wird diskutiert, wie diese Leitfähigkeit erhöht werden kann.

2.1.2 Dotierung

Werden Siliziumatome in einem reinen Kristall durch Elemente anderer Gruppen des Periodensystems ersetzt, so ändern sich die Eigenschaften des Halbleitermaterials. Dieser Prozess des Einfügens von **Fremd-** oder **Verunreinigungsatomen**[16], auch **Störstellen** genannt, wird als **Dotierung**[17] bezeichnet.

Handelt es sich bei den Fremdatomen um Atome aus der fünften Gruppe des Periodensystems, zum Beispiel Phosphoratome, so ergibt sich die in Abb. 2.7 dargestellte Situation. Phosphor besitzt fünf Valenzelektronen. Nach dem Einbau in das Kristall gehen vier dieser Elektronen eine kovalente Bindung mit den benachbarten Siliziumatomen ein. Bei Raumtemperatur kann man davon ausgehen, dass praktisch alle Phosphoratome ionisiert sind und als unbewegliche positive Ladung im Kristallgitter verbleiben, während das überschüssige fünfte Valenzelektron frei beweglich ist und bei genügend hoher Konzentration die Leitfähigkeit des Halbleiters bestimmt. Einen solchen Halbleiter nennt man **fremdleitend, stör-**

---

[15]Bei Metallen hingegen trägt jedes Atom ein Elektron zur Leitung bei.
[16]Engl. **impurity atoms.**
[17]Engl. **doping.**

Abb. 2.7 n-dotiertes Silizium

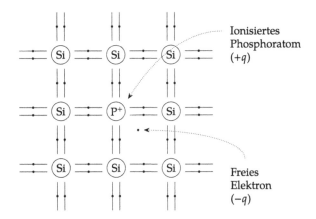

Ionisiertes
Phosphoratom
$(+q)$

Freies
Elektron
$(-q)$

stellenleitend oder **extrinsisch**[18], speziell n-**leitend** oder n-**Typ-Halbleiter**[19]. Die durch Dotierung auftretende Fremdleitung existiert zusätzlich zur Eigenleitung des Halbleiters.

Elemente aus der fünften Gruppe des Periodensystems geben Elektronen an das Kristall ab und werden daher **Donatoren**[20] genannt. Da im Vergleich zu intrinsischem Silizium die Dichte der freien Elektronen höher ist als die Dichte der Löcher, bezeichnet man die Elektronen in einem n-Typ-Halbleiter als **Majoritätsladungsträger**[21] und die Löcher als **Minoritätsladungsträger**[22].

Handelt es sich bei den Fremdatomen um Atome aus der dritten Gruppe des Periodensystems, zum Beispiel Boratome, so ergibt sich die in Abb. 2.8 dargestellte Situation. Bor besitzt drei Valenzelektronen. Nach dem Einbau in das Kristall gehen diese Elektronen eine kovalente Bindung mit den benachbarten Siliziumatomen ein. Für die verbleibende Bindung zum vierten Siliziumatom fehlt ein Elektron, das heißt, es ist ein überschüssiges Loch vorhanden, welches von benachbarten Valenzelektronen aufgefüllt werden kann. Bei Raumtemperatur kann man davon ausgehen, dass praktisch alle Boratome ionisiert sind und als unbewegliche negative Ladung im Kristallgitter verbleiben, während das überschüssige Loch frei im Gitter beweglich ist und bei genügend hoher Konzentration die Leitfähigkeit des Halbleiters bestimmt. Einen solchen Halbleiter nennt man ebenfalls fremdleitend, speziell p-**leitend** oder p-**Typ-Halbleiter**[23].

---

[18]Engl. extrinsic.

[19]Engl. n-**type semiconductor.** Als Gedächtnisstütze kann man sich merken, dass Elektronen eine negative Ladung tragen und der Halbleiter, dessen Fremd- oder Störstellenleitung von Überschusselektronen bestimmt wird, daher auch als n-leitend bezeichnet wird.

[20]Engl. **donor.**

[21]Engl. **majority charge carrier.**

[22]Engl. **minority charge carrier.**

[23]Engl. p-**type semiconductor.** Als Gedächtnisstütze kann man sich merken, dass Löcher effektiv eine positive Ladung tragen und der Halbleiter, dessen Fremdleitung von Löchern bestimmt wird, daher auch als p-leitend bezeichnet wird.

Abb. 2.8 *p*-dotiertes Silizium

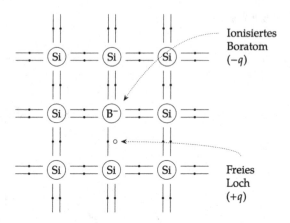

Ionisiertes
Boratom
$(-q)$

Freies
Loch
$(+q)$

Elemente aus der dritten Gruppe des Periodensystems nehmen Elektronen auf und werden daher **Akzeptoren**[24] genannt. Da im Vergleich zu intrinsischem Silizium die Dichte der frei beweglichen Löcher höher ist als die Dichte der Elektronen, bezeichnet man die Löcher in einem *p*-Typ-Halbleiter als Majoritäts- und die Elektronen als Minoritätsladungsträger.

Ein Halbleiter kann sowohl mit Donatoren als auch mit Akzeptoren dotiert werden. In diesem Fall wird der Halbleiter als *n*- bzw. *p*-Typ bezeichnet, falls die Konzentration der überschüssigen Elektronen bzw. Löcher überwiegt. Unabhängig vom Typ werden Dotierstoffe auch **Dotanten**[25] genannt.

2.1.3 Ladungsträger im extrinsischen Halbleiter

Es kann gezeigt werden, dass Gl. (2.2) auch für einen dotierten Halbleiter im thermischen Gleichgewicht gültig ist. Die durch Gl. (2.3) gegebene Eigenleitungsdichte ist unabhängig von der Konzentration der Dotieratome. Typische Dotierstoffkonzentrationen liegen im Bereich von $10^{14}\,\mathrm{cm^{-3}}$ bis $10^{20}\,\mathrm{cm^{-3}}$ und sind damit um einige Größenordnungen höher als die Eigenleitungsdichte von Silizium mit etwa $10^{10}\,\mathrm{cm^{-3}}$ bei Raumtemperatur. N_D stelle die Konzentration von Donatoratomen und N_A die Konzentration von Akzeptoratomen dar.

Weil bei Raumtemperatur angenommen werden kann, dass jedes Donatoratom ein Elektron an das Kristall abgibt, ist die Dichte der ionisierten Donatoratome N_D^+ näherungsweise gleich der Dichte der Donatoratome N_D, das heißt $N_D^+ \approx N_D$. Für die Dichte frei beweglicher Elektronen in *n*-dotiertem Silizium (**Majoritätsladungsträgerdichte**) bei $N_D \gg n_i$ gilt folglich

$$n \approx N_D. \tag{2.8}$$

---

[24] Engl. **acceptor.**
[25] Engl. **dopant.**

Die Dichte frei beweglicher Elektronen wird demnach durch die Konzentration der Donatoratome bestimmt. Mithilfe von Gl. (2.2) kann nun die dazugehörige Löcherkonzentration in n-dotiertem Silizium (**Minoritätsladungsträgerdichte**) ermittelt werden zu

$$p \approx \frac{n_i^2}{N_D}.$$

(2.9)

In p-dotiertem Silizium bei Raumtemperatur gibt jedes Akzeptoratom ein Loch an das Siliziumkristall ab. Es folgt daher $N_A^- \approx N_A$, und auf ähnliche Weise gilt für $N_A \gg n_i$, dass

$$p \approx N_A$$

(2.10)

und

$$n \approx \frac{n_i^2}{N_A}.$$

(2.11)

Gl. (2.8)–(2.11) gelten in einem weiten und technisch relevanten Temperaturbereich, speziell bei Raumtemperatur. Bei sehr hohen Temperaturen gilt beispielsweise die Annahme, dass die Elektronendichte in einem n-Typ-Halbleiter durch N_D gegeben ist [Gl. (2.8)], nicht mehr, da im Gegensatz zur konstanten Donatorkonzentration die Eigenleitungsdichte gemäß Gl. (2.3) exponentiell mit der Temperatur zunimmt und ab einer gewissen Temperatur höher ist als N_D, $n > N_D$. Bei sehr niedrigen Temperaturen hingegen reicht die thermische Energie nicht aus, um die Dotieratome zu ionisieren, sodass die Anzahl freier Elektronen abnimmt und $n < N_D$, bis sie beim absoluten Nullpunkt ($T = 0\,\mathrm{K}$) gänzlich verschwindet.

Gl. (2.8)–(2.11) gelten außerdem näherungsweise und für rein n- bzw. p-dotiertes Silizium. Genauere Ausdrücke, auch für eine gemischte Dotierung, können aus der **Neutralitätsbedingung** ermittelt werden. Diese besagt, dass in einem elektrisch neutralen Kristall im thermischen Gleichgewicht die Konzentration an ortsfesten und beweglichen positiven Ladungsträgern (ionisierte Phosphoratome P$^+$ bzw. freie Löcher $+q$) gleich der Konzentration an ortsfesten und beweglichen negativen Ladungsträgern (ionisierte Boratome B$^-$ bzw. freie Elektronen $-q$) sein muss. Bei Raumtemperatur kann diese Bedingung wie folgt formuliert werden:

$$q\left(p + N_D^+ - n - N_A^-\right) = 0$$

(2.12)

bzw. mit der Näherung $N_D^+ \approx N_D$ und $N_A^- \approx N_A$ für vollständige Ionisation der Dotanten

$$\boxed{q\left(p + N_D - n - N_A\right) = 0.}$$

(2.13)

Für eine n-Typ-Dotierung mit $N_D > N_A$ wird Gl. (2.2) nach p aufgelöst und in Gl. (2.13) eingesetzt. Daraus folgt die quadratische Gleichung

$$n^2 - (N_D - N_A)\, n - n_i^2 = 0. \tag{2.14}$$

Die Lösung nach der Elektronendichte ergibt[26]

$$n = \frac{N_D - N_A}{2} + \sqrt{\left(\frac{N_D - N_A}{2}\right)^2 + n_i^2}. \tag{2.15}$$

Für den praktischen Fall einer sehr hohen Dotierung, $N_D - N_A \gg 2n_i$, folgt näherungsweise

$$n \approx N_D - N_A. \tag{2.16}$$

Die zugehörige Löcherdichte berechnet sich aus

$$p = \frac{n_i^2}{n}. \tag{2.17}$$

Für eine p-Typ-Dotierung mit $N_A > N_D$ wird Gl. (2.2) nach n aufgelöst und in Gl. (2.13) eingesetzt. Es folgt auf ähnliche Weise für die Löcher- und Elektronendichte

$$p = \frac{N_A - N_D}{2} + \sqrt{\left(\frac{N_A - N_D}{2}\right)^2 + n_i^2} \tag{2.18}$$

$$\approx N_A - N_D \quad \text{für} \quad N_A - N_D \gg 2n_i \tag{2.19}$$

und

$$n = \frac{n_i^2}{p}. \tag{2.20}$$

Tab. 2.4 fasst die bisherigen Begriffe und Konzepte zusammen.

Übung 2.2: Fremdladungsträgerdichten in n-dotiertem Silizium

Bestimmen Sie die Elektronen- und Löcherdichte in n-dotiertem Silizium mit $N_D = 10^{16}\,\mathrm{cm}^{-3}$ bei Raumtemperatur. ◄

Lösung 2.2 Aus Gl. (2.5) ist bekannt, dass $n_i \approx 10^{10}\,\mathrm{cm}^{-3}$. Mithilfe von Gl. (2.8) und (2.9) folgt für die Ladungsträgerdichten

---

[26]Eine der beiden Lösungen der quadratischen Gleichung ergibt eine negative Elektronendichte und ist daher ungültig.

Tab. 2.4 Zusammenfassung bisheriger Begriffe und Konzepte

	Intrinsisches Silizium	Extrinsisches Silizium (n-Typ)	Extrinsisches Silizium (p-Typ)
Dotanttyp und -beispiel	—	Donator, z. B. P	Akzeptor, z. B. B
Dotantenkonzentration	—	N_D	N_A
Dotantenladung im Kristall	—	Ortsfest und positiv, $N_D^+ \approx N_D$	Ortsfest und negativ, $N_A^- \approx N_A$
Massenwirkungsgesetz	$np = n_i^2$ (für intrinsisches und extrinsisches Si)		
Elektronenkonzentration	$n = n_i$	$n \approx N_D - N_A$	$n = n_i^2/p$
Löcherkonzentration	$p = n_i$	$p = n_i^2/n$	$p \approx N_A - N_D$
Majoritätsladungsträger	—	Elektronen	Löcher
Minoritätsladungsträger	—	Löcher	Elektronen

$$n \approx N_D = 10^{16} \text{ Elektronen/cm}^3 \qquad (2.21)$$

$$p \approx \frac{n_i^2}{N_D} = 10^4 \text{ Löcher/cm}^3. \qquad (2.22)$$

Die Konzentration der Löcher ist niedriger als im intrinsischen Silizium, da diese mit den Überschusselektronen der Phosphoratome rekombinieren.

Übung 2.3: Fremdladungsträgerdichten in p-dotiertem Silizium

Ein Siliziumkristall sei sowohl mit Phosphoratomen, $N_D = 10^{15} \text{cm}^{-3}$, als auch mit Boratomen, $N_A = 10^{16} \text{ cm}^{-3}$, dotiert. Bestimmen Sie die Elektronen- und Löcherdichte bei Raumtemperatur. ◄

Lösung 2.3 Weil es sich um einen p-dotierten Halbleiter mit $N_A > N_D$ handelt und $N_A - N_D = 9 \times 10^{15} \text{ cm}^{-3} \gg 2n_i = 2 \times 10^{10} \text{ cm}^{-3}$ gilt, kommen Gl. (2.19) und (2.20) zum Einsatz. Es folgt für die Ladungsträgerdichten

$$p \approx N_A - N_D = 9 \times 10^{15} \text{ Löcher/cm}^3 \qquad (2.23)$$

$$n \approx \frac{n_i^2}{N_D} = 1{,}11 \times 10^4 \text{ Elektronen/cm}^3. \qquad (2.24)$$

2.1.4 Verbindungshalbleiter

Die bisherigen Betrachtungen beschränkten sich größtenteils auf Silizium und dessen Dotier-stoffe Phosphor und Bor. Der Ausschnitt aus dem Periodensystem in Abb. 2.2, die Auflistung verschiedener Bandlücken in Tab. 2.2 und Eigenleitungskoeffizienten in Tab. 2.3 sowie die Berechnung diverser Eigenleitungsdichten in Üb. 2.1 deuten auf die Verwendung weiterer Materialien als Halbleiter hin.

Tatsächlich ist es möglich, nicht nur weitere Elemente wie zum Beispiel Germanium[27] als Halbleiter einzusetzen, sondern auch Verbindungen mehrerer Elemente. So ist eines der am häufigsten verwendeten Halbleitermaterialien nach Silizium die Verbindung aus Gallium aus der dritten und Arsen aus der fünften Gruppe des Periodensystems. Diese als Galliumarsenid (GaAs) bezeichnete Verbindung besitzt eine Bandlücke von $1,42\,eV$ und ebenfalls eine mittlere Wertigkeit von vier. Halbleiter, die aus einer Verbindung von mehreren Elementen bestehen, werden auch als **Verbindungshalbleiter**[28] bezeichnet. Bei zwei Elementen spricht man von **binären**, bei drei Elementen von **ternären** und bei vier Elementen von **quaternären** Verbindungshalbleitern.[29]

Tab. 2.5 zeigt eine Übersicht der Bandlücken einer Auswahl verschiedener binärer Ver-bindungshalbleiter bei Raumtemperatur.

Die Dotierung von Verbindungshalbleitern erfolgt ähnlich wie bei Silizium. Beispiels-weise lässt sich eine III-V-Verbindung durch Elemente der zweiten (Akzeptoren) oder sechs-ten (Donatoren) Gruppe dotieren. In diesem Fall kann auch Silizium aus der vierten Gruppe als Dotant eingesetzt werden, wobei es sich entweder als Donator oder als Akzeptor verhält, je nachdem, ob ein Gallium- oder ein Arsenatom ersetzt wird.

Zudem besteht die Möglichkeit, die Anteile der einzelnen Elemente in einem Verbin-dungshalbleiter und damit die Eigenschaften des Materials zu variieren. Angedeutet wird dies durch einen Index, zum Beispiel $Si_{1-x}Ge_x$. Dabei liegt x in einem Bereich von 0 (rei-nes Si) bis 1 (reines Ge). Dementsprechend ändern sich die Eigenschaften des Halbleiters kontinuierlich von denen reinen Siliziums bis hin zu denen reinen Germaniums.

Beispiele ternärer Verbindungshalbleiter sind III-III-V-Verbindungen wie $Al_xGa_{1-x}As$, $Ga_xIn_{1-x}As$ und $Ga_xIn_{1-x}P$ oder III-V-V-Verbindungen wie $GaAs_{1-x}Sb_x$ und $InAs_{1-x}Sb_x$.

Als quaternäre Verbindungshalbleiter seien beispielsweise die III-III-V-V-Verbindungen $Ga_xIn_{1-x}As_yP_{1-y}$ und $Ga_xIn_{1-x}As_ySb_{1-y}$ genannt.

In Anbetracht der oben erläuterten Möglichkeiten lässt sich feststellen, dass die Anzahl möglicher Halbleiterverbindungen unendlich groß ist. Auch eine mittlere Wertigkeit von vier ist nicht zwingend notwendig. Beispiele hierfür sind III-VI-Halbleiter wie GaS, GaTe und InS.

---

[27]Der erste Bipolartransistor aus dem Jahr 1947 bestand aus Germanium.

[28]Engl. **compound semiconductor.**

[29]Engl. **binary, ternary, quaternary compound semiconductor.**

Tab. 2.5 Bandlücke von binären Verbindungshalbleitern bei $T = 300\,\mathrm{K}$

Verbindungshalbleiter (dt., engl.)		Symbol	Gruppen	E_g [eV]
Siliziumkarbid	Silicon carbide	SiC	IV-IV	3,23
Siliziumgermanium	Silicon germanium	SiGe	IV-IV	1,12
Galliumnitrid	Gallium nitride	GaN	III-V	3,44
Galliumphosphid	Gallium phosphide	GaP	III-V	2,26
Galliumarsenid	Gallium arsenide	GaAs	III-V	1,42
Galliumantimonid	Gallium antimonide	GaSb	III-V	0,73
Indiumphosphid	Indium phosphide	InP	III-V	1,34
Indiumarsenid	Indium arsenide	InAs	III-V	0,35
Indiumantimonid	Indium antimonide	InSb	III-V	0,17
Zinkoxid	Zinc oxide	ZnO	II-VI	3,37
Zinkselenid	Zinc selenide	ZnSe	II-VI	2,70
Zinktellurid	Zinc telluride	ZnTe	II-VI	2,25

2.2 Stromtransportmechanismen

Bewegen sich Ladungsträger in einem Halbleiter, so entsteht ein Stromfluss. Der Strom I durch den Halbleiter setzt sich dabei aus zwei Komponenten zusammen, einem Elektronenstrom I_n und einem Löcherstrom I_p, sodass

$$I = I_n + I_p. \tag{2.25}$$

In Halbleitern wird der Strom oftmals auf die stromdurchflossene Fläche bezogen. Daraus ergibt sich eine **Stromdichte**[30]

$$J = \frac{I}{A} \tag{2.26}$$

mit der Einheit A/cm^2 bzw. die Gesamtstromdichte

$$\boxed{J = J_n + J_p.} \tag{2.27}$$

---

[30]Engl. **current density.**

Abb. 2.9 Ladungsträgerbewegung
in einem elektrischen Feld

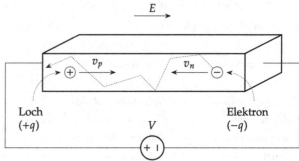

Die technische Stromrichtung aus Abschn. 1 entspricht der Richtung, in die sich die positiven Ladungsträger bewegen. Im Folgenden werden die beiden durch elektrische Felder und Ladungsträgerkonzentrationsgradienten hervorgerufenen Stromtransportmechanismen diskutiert.

2.2.1 Driftstrom

Als **Driftstrom**[31] wird die durch ein elektrisches Feld verursachte Ladungsträgerbewegung in einem Halbleiter bezeichnet (Abb. 2.9).

Die Kraft, die durch das elektrische Feld auf die Ladungsträger wirkt, beschleunigt positive Ladungsträger in die und negative Ladungsträger entgegen der Richtung des elektrischen Feldes. Aufgrund von Zusammenstößen mit dem Kristallgitter, wie beispielsweise für ein Elektron durch die gestrichelt gezeichnete Linie in Abb. 2.9 angedeutet, erfahren die Ladungsträger jedoch auch eine Abbremsung. Es stellt sich daher eine **mittlere Driftgeschwindigkeit**[32] der Ladungsträger durch das Kristall ein, die für Elektronen mit v_n und für Löcher mit v_p angegeben wird. Bei kleinen Feldstärken ist die Driftgeschwindigkeit proportional zum elektrischen Feld:

$$v_n = -\mu_n E \tag{2.28}$$
$$v_p = +\mu_p E. \tag{2.29}$$

Das Minuszeichen in Gl. (2.28) erscheint als Folge der antiparallelen Richtung des Geschwindigkeits- und Feldvektors für Elektronen. Die Proportionalitätskonstante ist die materialabhängige **Beweglichkeit** oder **Mobilität**[33] der Ladungsträger. Sie ist für Elektronen und Löcher unterschiedlich und wird üblicherweise in $cm^2/(Vs)$ angegeben:

---

[31] Engl. **drift current.**
[32] Engl. **average drift velocity.**
[33] Engl. **mobility.**

$$[\mu] = \frac{[v]}{[E]} = \frac{\text{cm/s}}{\text{V/cm}} = \frac{\text{cm}^2}{\text{Vs}}. \tag{2.30}$$

Typische Werte für die Elektronen- und Löcherbeweglichkeit bei Raumtemperatur sind $\mu_n = 1350\,\text{cm}^2/(\text{Vs})$ bzw. $\mu_p = 480\,\text{cm}^2/(\text{Vs})$.

Die Stromdichte ist definiert als die mit einer Geschwindigkeit v transportierte Ladungsdichte. Die Ladungsdichte wiederum ist das Produkt aus der Ladungsträgerdichte n oder p und der Ladung $-q$ für Elektronen bzw. $+q$ für Löcher. Damit folgt

$$J_{\text{drift},n} = -qnv_n \tag{2.31}$$

$$J_{\text{drift},p} = +qpv_p \tag{2.32}$$

und durch Einsetzen von Gl. (2.28)–(2.29)

$$\boxed{\begin{aligned} J_{\text{drift},n} &= qn\mu_n E \\ J_{\text{drift},p} &= qp\mu_p E. \end{aligned}} \tag{2.33} \tag{2.34}$$

Gemäß Gl. (2.27) ergibt sich eine von beiden Ladungsträgerarten abhängige Gesamtdriftstromdichte von

$$J_{\text{drift}} = J_{\text{drift},n} + J_{\text{drift},p} = q(n\mu_n + p\mu_p)E. \tag{2.35}$$

Aus der Theorie elektromagnetischer Felder ist das Ohmsche Gesetz

$$J = \sigma E \tag{2.36}$$

bekannt, wobei σ die elektrische Leitfähigkeit darstellt.[34] Vergleicht man Gl. (2.35) mit Gl. (2.36), so ergibt sich ein Ausdruck für die elektrische Leitfähigkeit eines Halbleiters:

$$\boxed{\sigma = \sigma_n + \sigma_p = q\big(n\mu_n + p\mu_p\big).} \tag{2.37}$$

Der Zusammenhang zwischen der Leitfähigkeit und dem spezifischen Widerstand ist durch Gl. (1.7) gegeben und hier wiederholt:

$$\rho = \frac{1}{\sigma}. \tag{2.38}$$

---

[34]Einen Zusammenhang mit dem bereits bekannten Ausdruck aus Gl. (1.2) erhält man für einen Leiter mit der Länge l und dem konstanten Querschnitt A. Liegt an diesem Leiter ein elektrisches Feld E an, so ist die entlang des Leiters abfallende Spannung $V = El$. Für einen Strom I durch den Leiter lautet die Stromdichte $J = I/A$ und somit $I/A = \sigma V/l$ gemäß Gl. (2.36). Umgestellt nach $V = l/(\sigma A) \cdot I$ und verglichen mit Gl. (1.6) folgt $V = R \cdot I$.

Übung 2.4: Leitfähigkeit und spezifischer Widerstand von intrinsischem Silizium bei Raumtemperatur

Bestimmen Sie die Leitfähigkeit und den spezifischen Widerstand für Silizium bei Raumtemperatur. ◄

Lösung 2.4 Aus Gl. (2.5) ist die Eigenleitungsdichte von $n_i = 9{,}63 \times 10^9 \, \text{cm}^{-3}$ bekannt. Aus Abschn. 2.2.1 ist zudem die Elektronen- und Löcherbeweglichkeit von Silizium gegeben: $\mu_n = 1350 \, \text{cm}^2/(\text{Vs})$ und $\mu_p = 480 \, \text{cm}^2/(\text{Vs})$. Bei Raumtemperatur gilt für intrinsisches Silizium, dass die Elektronen- und Löcherkonzentration gleich der Eigenleitungsdichte ist, das heißt $n = p = n_i$. Mithilfe von Gl. (2.37) folgt somit für die Leitfähigkeit

$$\sigma = q n_i \left(\mu_n + \mu_p \right) = 2{,}82 \times 10^6 \, \frac{\text{S}}{\text{cm}} \tag{2.39}$$

und mit Gl. (2.38) für den spezifischen Widerstand

$$\rho = \frac{1}{\sigma} = 3{,}54 \times 10^5 \, \Omega\text{cm}. \tag{2.40}$$

Vergleicht man diese Werte für σ und ρ mit Tab. 2.1, so liegt intrinsisches Silizium in dem für Nichtleiter klassifizierten Leitfähigkeitsbereich.

Übung 2.5: Leitfähigkeit und spezifischer Widerstand von extrinsischem Silizium bei Raumtemperatur

Ein Siliziumkristall sei n-dotiert mit $N_D = 10^{16} \, \text{cm}^{-3}$ Phosphoratomen. Wie lauten die Leitfähigkeit und der spezifische Widerstand bei Raumtemperatur? ◄

Lösung 2.5 Aus Üb. 2.2 ist die Elektronen- und Löcherdichte bekannt mit

$$n \approx N_D = 10^{16} \, \text{Elektronen/cm}^3 \tag{2.41}$$

$$p \approx \frac{n_i^2}{N_D} = 10^4 \, \text{Löcher/cm}^3. \tag{2.42}$$

Anders als im intrinsischen Fall gilt hier $n \gg n_i$ und $p \ll n_i$. Mit $\mu_n = 1350 \, \text{cm}^2/(\text{Vs})$ und $\mu_n = 480 \, \text{cm}^2/(\text{Vs})$ folgt unter Verwendung von Gl. (2.37) für die Leitfähigkeit bei Raumtemperatur

$$\sigma = q\left(n\mu_n + p\mu_p\right) \tag{2.43}$$

$$= 1{,}602 \times 10^{-19} \text{As} \cdot \left(\frac{10^{16}}{\text{cm}^3} \times 1350\frac{\text{cm}^2}{\text{Vs}} + \frac{10^4}{\text{cm}^3} \times 480\frac{\text{cm}^2}{\text{Vs}}\right) \tag{2.44}$$

$$= 2{,}16\,\frac{\text{S}}{\text{cm}} \tag{2.45}$$

und mit Gl. (2.38) für den spezifischen Widerstand

$$\rho = \frac{1}{\sigma} = 0{,}462\,\Omega\text{cm}. \tag{2.46}$$

Aufgrund der im Vergleich zur Löcherdichte sehr viel höheren Elektronenkonzentration wird die Leitfähigkeit des dotierten Materials hauptsächlich von Überschusselektronen bestimmt, das heißt $\sigma_n \gg \sigma_p$ in Gl. (2.37) und damit $\sigma \approx \sigma_n$. Der zweite Term ist demnach vernachlässigbar, wie durch die obigen Zahlenwerte veranschaulicht. Da die Elektronendichte im dotierten Silizium um sechs Größenordnungen höher liegt als die Eigenleitungsdichte, ist auch die Leitfähigkeit um sechs Größenordnungen höher als die von intrinsischem Silizium (Üb. 2.4).

Vergleicht man diese Werte für σ und ρ mit Tab. 2.1, so liegt das mit $N_D = 10^{16}\,\text{cm}^{-3}$ moderat dotierte Silizium nun im für Halbleiter angegebenen Bereich. Aus Abschn. 2.1.1 ist bekannt, dass Silizium etwa 5×10^{22} Atome/cm³ besitzt, das heißt, nur jedes 5×10^6-te Siliziumatom ist durch ein Phosphoratom ersetzt, was $0{,}00002\,\%$ der Siliziumatome entspricht. Bei höherer Dotierung, zum Beispiel $N_D = 10^{19}\,\text{cm}^{-3}$, ist die Leitfähigkeit um drei Größenordnungen höher und liegt mit $\sigma = 2{,}16 \times 10^3$ S/cm sogar in dem für Leiter klassifizierten Leitfähigkeitsbereich.

Geschwindigkeitssättigung und Beweglichkeit

Gemäß Gl. (2.28)–(2.29) ist die Driftgeschwindigkeit proportional zur elektrischen Feldstärke. Ab einer kritischen Feldstärke und der dazugehörigen Driftgeschwindigkeit nimmt jedoch die Anzahl der Zusammenstöße der Ladungsträger mit dem Kristallgitter stark zu, sodass die Beweglichkeit abnimmt und die Driftgeschwindigkeit eine **Sättigungsgeschwindigkeit**[35] v_{sat} erreicht, die auch durch eine weitere Erhöhung des elektrischen Feldes nicht überschritten wird. Für Silizium liegt der Wert der Sättigungsgeschwindigkeit für Elektronen bei etwa 1×10^7 cm/s und für Löcher bei etwa 8×10^6 cm/s.

Dieser Effekt kann durch eine feldabhängige (effektive) Beweglichkeit modelliert werden:

$$\mu_{eff} = \frac{\mu}{1 + aE} \tag{2.47}$$

---

[35] Engl. **saturation velocity**.

Abb. 2.10 Feldabhängige
Driftgeschwindigkeit mit
[Gl. (2.50)] und ohne
[Gl. (2.28)–(2.29)] Sättigung
bei Raumtemperatur

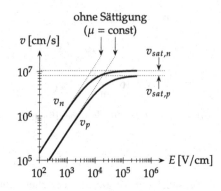

mit einem konstanten Modellparameter[36] a und der Beweglichkeit μ (μ_n oder μ_p) für kleine Feldstärken[37]. Damit folgt aus $v = \mu_{eff} E$ für die Driftgeschwindigkeit

$$v = \frac{\mu E}{1 + aE}. \tag{2.48}$$

Für $E \to \infty$ sättigt die Driftgeschwindigkeit, $v \to v_{sat}$, sodass

$$v_{sat} = \frac{\mu}{a}. \tag{2.49}$$

Umgestellt nach $a = \mu/v_{sat}$ und eingesetzt in Gl. (2.48) folgt

$$v = \mu_{eff} E = \frac{\mu E}{1 + \dfrac{\mu}{v_{sat}} E}. \tag{2.50}$$

Der Effekt der Driftgeschwindigkeitssättigung ist in Abb. 2.10 dargestellt. Für kleine Feldstärken ist eine Proportionalität zwischen Driftgeschwindigkeit und elektrischer Feldstärke zu erkennen [Gl. (2.28)–(2.29)], und für hohe Feldstärken tritt eine Sättigung ein. Die Verringerung der Beweglichkeit mit dem elektrischen Feld gemäß Gl. (2.47) ist durch die mit zunehmender elektrischer Feldstärke abnehmende Steigung der Kurven veranschaulicht.

Abschließend sei angemerkt, dass die Beweglichkeit von verschiedenen Größen beeinflusst wird, darunter Temperatur, Dotierstoffkonzentration, elektrisches Feld und Defektdichte, das heißt, die Dichte unbeabsichtigter Störstellen im Halbleiterkristall (Fabrikationsfehler). All diese Einflüsse werden bei den folgenden Betrachtungen der Einfachheit halber außer Acht gelassen. Es wird stattdessen von einer von der Ladungsträgerart und dem Material abhängigen konstanten Beweglichkeit ausgegangen.

---

[36]Die Variable a wird auch als **Fitparameter** bezeichnet und wird dazu verwendet, die analytische Gleichung aus Gl. (2.47) an experimentelle Daten anzupassen.
[37]In Lehrbüchern auch oftmals mit μ_0 angegeben.

Übung 2.6: Driftstrom und -geschwindigkeit in n-dotiertem Silizium

An homogen n-dotiertem Siliziummaterial mit einer Länge von $l = 0,1\,\mu\text{m}$ wird eine elektrische Spannung von $V = 1\,\text{V}$ bei Raumtemperatur angelegt. Bestimmen Sie die Driftgeschwindigkeit der Elektronen und die Driftstromdichte. In welcher Zeit driften Elektronen durch die gesamte Länge des Halbleiters? Es sei $N_D = 10^{16}\,\text{cm}^{-3}$ und $\mu_n = 1350\,\text{cm}^2/(\text{Vs})$. Berücksichtigen Sie die beiden folgenden Fälle:

(a) Es findet keine Sättigung der Driftgeschwindigkeit statt.
(b) $v_{n,sat} = 1 \times 10^7\,\text{cm/s}$. Wie groß ist die effektive Beweglichkeit?

◄

Lösung 2.6 (a) Die elektrische Feldstärke beträgt $E = V/l = 10\,\text{V}/\mu\text{m} = 100\,\text{kV/cm}$, und mithilfe von Gl. (2.28) ergibt sich die Driftgeschwindigkeit zu

$$v_n = -\mu_n E = -13,5 \times 10^7\,\text{cm/s}. \tag{2.51}$$

Aus Gl. (2.31) ist die Beziehung $J_{\text{drift},n} = -qnv_n$ bekannt. Als Nächstes muss daher die Elektronendichte bestimmt werden. Für n-dotiertes Material ist diese näherungsweise gleich der Donatorkonzentration (Üb. 2.2) und daher $n \approx N_D = 10^{16}/\text{cm}^3$. Die Driftstromdichte ist damit

$$J_n = -qnv_n = 2,16 \times 10^5\,\text{A/cm}^2. \tag{2.52}$$

Die Zeit t_d, in der Elektronen die gesamte Länge des Halbleiters durchqueren, beträgt

$$t_d = \frac{l}{|v_n|} = 0,1\,\text{ps}. \tag{2.53}$$

(b) Die oben berechnete Driftgeschwindigkeit überschreitet betragsmäßig die Sättigungsgeschwindigkeit um eine Größenordnung. Die sich tatsächlich einstellende Driftgeschwindigkeit kann in Abhängigkeit von der effektiven Beweglichkeit berechnet werden, $v_n = -\mu_{n,\text{eff}}E$. Die effektive Beweglichkeit lässt sich mithilfe von Gl. (2.50) angeben zu

$$\mu_{n,\text{eff}} = \frac{\mu_n}{1 + \dfrac{\mu_n}{v_{n,sat}}E} = 93\,\text{cm}^2/(\text{Vs}). \tag{2.54}$$

Die Driftgeschwindigkeit beträgt

$$v_n = -\mu_{n,\text{eff}}E = 13,5 \times 10^7\,\text{cm/s} \tag{2.55}$$

und ist somit betragsmäßig kleiner als die Sättigungsgeschwindigkeit. Mit diesem Wert lautet die nun deutlich kleinere Driftstromdichte

$$J_n = -qnv_n = 1{,}5 \times 10^4 \, \text{A/cm}^2.$$ (2.56)

Für die Zeit t_d gilt in diesem Fall

$$t_d = \frac{l}{|v_n|} = 1{,}1 \, \text{ps}.$$ (2.57)

Eine Spannung von 1 V und eine stromdurchflossene Strecke von 0,1 μm sind realitätsnahe Werte für mikroelektronische Bauelemente. Es ist daher anzunehmen, dass die Sättigung der Driftgeschwindigkeit in der Modellierung von Bauelementen zu berücksichtigen ist und die entsprechenden Driftströme kleiner sind als im idealen Fall ohne Sättigung.

Zusatzfrage: Welchen Wert darf die maximale Spannung in diesem Beispiel nicht überschreiten, damit die effektive Beweglichkeit den Wert von $\mu_n = 1350 \, \text{cm}^2/(\text{Vs})$ um weniger als 10 Prozent unterschreitet?

2.2.2 Diffusionsstrom

Als **Diffusionsstrom**[38] wird die durch einen Konzentrationsgradienten erzeugte Ladungsträgerbewegung in einem Halbleiter bezeichnet. Bei einer gleichmäßigen Verteilung der Ladungsträger ist diese Bewegung im Mittel gleich 0, und es tritt kein Diffusionsstrom auf. Bei ungleichmäßiger Verteilung erfolgt aufgrund der thermischen Bewegung von Elektronen und Löchern im Halbleiter ein Strom der Ladungsträger vom Ort höherer Konzentration in Richtung niedrigerer Konzentration. Der Diffusionsstrom ist demnach proportional zur Steilheit des *Abfalls* der Ladungsträgerkonzentration:[39]

$$J_{\text{diff},n} \propto -\frac{\mathrm{d}n}{\mathrm{d}x}$$ (2.58)

$$J_{\text{diff},p} \propto -\frac{\mathrm{d}p}{\mathrm{d}x}$$ (2.59)

mit der Ortsvariablen x unter der Annahme, dass die Ladungsträgerkonzentration nur in einer Dimension variiert.[40] Für den Diffusionsprozess ist es irrelevant, ob die betrachteten Teilchen eine Ladung tragen oder nicht, da er auf der thermischen Bewegung der Teilchen

---

[38] Engl. **diffusion current.**

[39] Auch bekannt als **1. Ficksches Gesetz,** wenn J als Teilchenstromdichte oder Diffusionsfluss, engl. diffusion flux, verstanden wird.

[40] Die Ursache für die Existenz eines Ladungsträgergradienten, zum Beispiel Bestrahlung einer Halbleiterprobe, ist an dieser Stelle nicht wichtig.

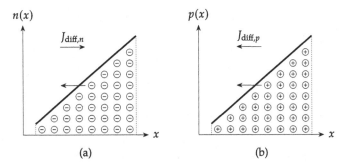

Abb. 2.11 Diffusion von (**a**) Elektronen und (**b**) Löchern; angedeutet sind die Richtung der Ladungsträgerbewegung aufgrund des Diffusionsvorgangs und die zugehörige Richtung des positiven Diffusionsstroms

beruht. Handelt es sich bei den Teilchen um Elektronen oder Löcher, so fließt ein elektrischer Strom. Die Richtung des elektrischen Stroms wiederum ist abhängig von der Teilchenladung. In der in Abb. 2.11 dargestellten Verteilung[41] haben die Elektronen und Löcher eine in positive x-Richtung zunehmende Konzentration und diffundieren daher in die negative x-Richtung. Der von der Elektronenbewegung abhängige Diffusionsstrom ist daher positiv in x-Richtung, während der Löcherdiffusionsstrom in die entgegengesetzte Richtung fließt. Damit ergibt sich aus Gl. (2.58)–(2.59) der Diffusionsstrom für Elektronen und Löcher zu

$$J_{\text{diff},n} = (-q)\, D_n \left(-\frac{\mathrm{d}n}{\mathrm{d}x} \right) \qquad (2.60)$$

$$J_{\text{diff},p} = (+q)\, D_p \left(-\frac{\mathrm{d}p}{\mathrm{d}x} \right). \qquad (2.61)$$

Die Proportionalitätskonstante ist die materialabhängige **Diffusionskonstante**[42]. Sie ist für Elektronen und Löcher unterschiedlich und wird üblicherweise in cm^2/s angegeben:

$$[D] = \frac{[J]}{[q] \cdot \left[\dfrac{\mathrm{d}n}{\mathrm{d}x} \right]} = \frac{\mathrm{A/cm}^2}{\mathrm{As} \cdot \dfrac{1/\mathrm{cm}^3}{\mathrm{cm}}} = \frac{\mathrm{cm}^2}{\mathrm{s}}. \qquad (2.62)$$

Typische Werte für die Diffusionskonstante von Elektronen und Löchern im intrinsischen Silizium bei Raumtemperatur sind $D_n = 35\,\mathrm{cm}^2/\mathrm{s}$ bzw. $D_p = 12\,\mathrm{cm}^2/\mathrm{s}$.

---

[41] Es wird in diesem Abschnitt angenommen, dass die Ladungsträgerverteilungen aufrechterhalten werden, zum Beispiel durch eine kontinuierliche Ladungszufuhr (Injektion); andernfalls würde die Diffusion der Ladungsträger so lange stattfinden, bis sich diese gleichmäßig im gesamten Halbleitermaterial verteilt haben.

[42] Auch **Diffusionskoeffizient** oder **Diffusivität** genannt, engl. **diffusion constant, diffusion coefficient** bzw. **diffusivity**.

Gemäß Gl. (2.27) ergibt sich eine von beiden Ladungsträgerarten abhängige Gesamtdiffusionsstromdichte von

$$J_{\text{diff}} = J_{\text{diff},n} + J_{\text{diff},p} = q\left(D_n \frac{dn}{dx} - D_p \frac{dp}{dx} \right).$$ (2.63)

Übung 2.7: Diffusionsstrom für verschiedene Ladungsträgerprofile

Gegeben seien die in Abb. 2.12 dargestellten ortsabhängigen Ladungsträgerprofile eines Halbleiters mit einer gegebenen Länge L_0, L_1 bzw. L_2. Bestimmen Sie die Elektronendiffusionsstromdichte $J_{\text{diff},n}$. ◄

Lösung 2.7 Durch Anwendung von Gl. (2.60) kann die Diffusionsstromdichte bestimmt werden.

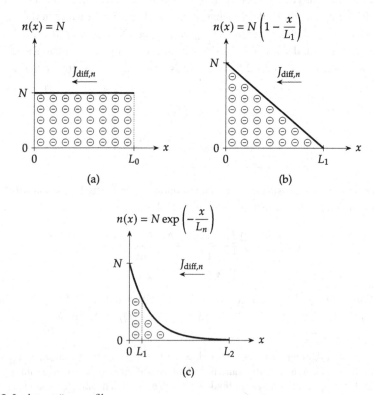

Abb. 2.12 Ladungsträgerprofile

(a) In diesem Fall liegt eine bezüglich der Ortskoordinate konstante Ladungsträgerdichteverteilung vor, das heißt, der Gradient dn/dx ist gleich 0. Somit ist $J_{\text{diff},n} = 0$, und es fließt kein Diffusionsstrom.

(b) Bei der dargestellten linear abnehmenden Ladungsträgerdichteverteilung, auch Dreiecksverteilung genannt, ist die Steigung dn/dx konstant, das heißt, es wird ein konstanter, von 0 unterschiedlicher Diffusionsstrom erwartet:

$$J_{\text{diff},n} = q D_n \frac{dn}{dx} \tag{2.64}$$

$$= q D_n \frac{d}{dx}\left[N - \frac{N}{L_1}x\right] \tag{2.65}$$

$$= -q D_n \frac{N}{L_1}. \tag{2.66}$$

Aufgrund der ortsunabhängigen Stromdichte können im betrachteten Halbleiter keine Ladungen entstehen (Generation) oder vernichtet werden (Rekombination). Das bedeutet, dass Elektronen, die bei $x = 0$ von links injiziert werden, nicht rekombinieren (es entstehen auch keine neuen Elektronen) und die rechte Seite des Halbleiters bei $x = L$ erreichen.

(c) Bei der exponentiell abnehmenden Verteilung der Ladungsträgerdichte nimmt die Steigung entlang der x-Achse kontinuierlich (exponentiell) ab, das heißt, der Gradient wird mit zunehmendem x kleiner. Es wird daher ein Diffusionsstrom erwartet, der ebenfalls in x-Richtung (exponentiell) abnimmt. In der Tat gilt

$$J_{\text{diff},n} = q D_n \frac{d}{dx}\left[N \exp\left(-\frac{x}{L_n}\right)\right] \tag{2.67}$$

$$= -q D_n \frac{N}{L_n} \exp\left(-\frac{x}{L_n}\right), \tag{2.68}$$

was unsere Erwartung bestätigt. Man beachte, dass $L_n \neq L_2$.[43]

Die Ladungsträgerdichteverteilung in Fall (c) kann zum Beispiel durch die optische Anregung eines sehr langen (in der theoretischen Betrachtung sogar unendlich ausgedehnten) Halbleiters von der linken Seite her generiert werden. Wird dieser sehr lange Halbleiter mit der Länge L_2 auf eine sehr kurze Länge $L_1 \ll L_n$ zugeschnitten, so entsteht aus der exponentiell abnehmenden Verteilung eine dem Fall (b) ähnliche Dreiecksverteilung. Dies ist in Abb. 2.12(c) durch die gestrichelt gezeichnete senkrechte Gerade angedeutet. Links

---

[43] L_n wird als **Diffusionslänge** bezeichnet, engl. **diffusion length,** und gibt an, nach welcher Strecke die Dichte der Elektronen durch Rekombination auf den e-ten Teil abgefallen ist. Anschaulich ist die Diffusionslänge also ein Maß dafür, welche Strecke Ladungsträger durchlaufen können, ohne zu rekombinieren. Handelt es sich bei den betrachteten Ladungsträgern um Löcher, so wird die Diffusionslänge mit L_p abgekürzt. Dagegen stellt L_2 lediglich die Länge der Halbleiterprobe dar.

von dieser Senkrechten nähert sich die exponentielle Kurve einer Geraden und somit einer Dreiecksverteilung an.[44]

2.2.3 Gesamtstrom

Mit Gl. (2.33)–(2.34) und Gl. (2.60)–(2.61) lautet die Stromdichte für Elektronen und Löcher in einem Halbleiter

$$J_n = J_{\text{drift},n} + J_{\text{diff},n} = qn\mu_n E + qD_n \frac{dn}{dx} \qquad (2.69)$$

$$J_p = J_{\text{drift},p} + J_{\text{diff},p} = qp\mu_p E - qD_p \frac{dp}{dx}. \qquad (2.70)$$

Diese beiden Ströme werden gemäß Gl. (2.27), $J = J_n + J_p$, zu einer Gesamtstromdichte summiert.

Einstein-Beziehung
Zwischen Drift- und Diffusionsstrom besteht ein Zusammenhang über die Beweglichkeit und die Diffusionskonstante. Dieser als **Einstein-Beziehung**[45] bezeichnete Zusammenhang lautet für Elektronen und Löcher

$$\frac{D_n}{\mu_n} = \frac{kT}{q} \qquad (2.71)$$

$$\frac{D_p}{\mu_p} = \frac{kT}{q}. \qquad (2.72)$$

Die rechte Seite dieser Gleichungen ist die sogenannte **Temperaturspannung**[46]. Bei Raumtemperatur beträgt sie:

$$V_T = \frac{kT}{q} \approx 26\,\text{mV} \ \text{für} \ T = 300\,\text{K}. \qquad (2.73)$$

---

[44]Mathematisch betrachtet kann die Exponentialfunktion wie folgt linear approximiert werden:

$$n(x) = N \exp\left(-\frac{x}{L_n}\right) \approx N\left(1 - \frac{x}{L_n}\right) \ \text{für} \ x \ll L_n.$$

Damit geht der Ausdruck für die Verteilung aus (c) wie erwartet in den Ausdruck aus (b) über. Der einzige Unterschied besteht darin, dass in dem Klammerterm L_n anstatt L_1 vorkommt.

[45]Engl. **Einstein relation.**

[46]Engl. **thermal voltage.**

Zusammenfassung

- Nach dem *Modell von Bohr* besteht ein Atom aus einem positiv geladenen Kern, um den herum sich Elektronen auf geschlossenen Bahnen bewegen. Die Bindungseigenschaften eines Elements werden durch die *Valenzelektronen* auf der äußeren Bahn bestimmt.
- Silizium aus der vierten Gruppe des Periodensystems *kristallisiert* im *Diamantgitter.* Dabei gehen benachbarte Siliziumatome eine *kovalente Bindung* miteinander ein.
- Durch Zufuhr von Energie können die kovalenten Bindungen zwischen Siliziumatomen aufgebrochen werden. Die dabei frei werdenden *Elektronen* hinterlassen eine Lücke, die als *Loch* bezeichnet wird und effektiv eine positive Ladung trägt. Man spricht auch von der *Generation* von *Elektron-Loch-Paaren.* Besetzt ein Elektron ein Loch, so ist von *Rekombination* die Rede.
- Um gebundene Elektronen freizusetzen, ist eine minimale Energie notwendig, welche der *Bandlücke* des Halbleiters entspricht. Für Silizium beträgt die Bandlücke $1,12$ eV bei Raumtemperatur.
- Die Dichte der thermisch freigesetzten Elektron-Loch-Paare im intrinsischen Halbleiter wird *Eigenleitungsdichte* genannt und beträgt für Silizium bei Raumtemperatur etwa 10^{10} cm^{-3}. Sie steigt mit zunehmender Temperatur und abnehmender Bandlücke.
- Als *thermisches Gleichgewicht* wird der Zustand bezeichnet, in dem die Generations- und Rekombinationsrate freier Ladungsträger gleich ist.
- Besteht ein Halbleiter aus einem einzigen Element, zum Beispiel Si, so spricht man von einem *Elementhalbleiter.* Setzt sich ein Halbleiter aus mehreren Elementen zusammen, zum Beispiel GaAs, so spricht man von einem *Verbindungshalbleiter,* bei zwei, drei bzw. vier Elementen von *binären, ternären* bzw. *quaternären* Verbindungshalbleitern.
- Die *Leitfähigkeit* von Silizium kann durch das Einfügen von Fremd- oder Verunreinigungsatomen verändert werden.
- Der Prozess des Einfügens von Fremdatomen in einen intrinsischen Halbleiter wird *Dotierung* genannt. Fremdstoffe (Dotanten), deren Atome ein zusätzliches Elektron in das Kristallgitter einbringen, werden als *Donatoren* bezeichnet, der so entstandene Halbleiter als *n-dotiert* oder *n-Typ.* Nehmen die Atome ein zusätzliches Elektron auf, geben also ein Loch an das Kristallgitter ab, so nennt man den dazugehörigen Fremdstoff *Akzeptor* und den Halbleiter *p-dotiert* oder *p-Typ.*
- *Ionisierte Dotieratome* sind fest im Kristallgitter verankert (ortsfest) und tragen nicht zur Leitfähigkeit des Halbleiters bei.
- Als *extrinsisch* wird ein dotierter Halbleiter bezeichnet, dessen Leitfähigkeit maßgeblich vom Dotierstoff bzw. der von ihr abhängigen Ladungsträgerdichte bestimmt wird.
- In einem *n*-dotierten Halbleiter sind Elektronen die *Majoritäts-* und Löcher die *Minoritätsladungsträger.* In einem *p*-dotierten Halbleiter sind Löcher die Majoritäts- und Elektronen die Minoritätsladungsträger.

- Ist die Konzentration der Fremdatome in einem dotierten Halbleiter bekannt, so können mithilfe der Eigenleitungsdichte und des *Massenwirkungsgesetzes* die Majoritäts- und Minoritätsladungsträgerdichte berechnet werden.

- Als *Driftstrom* bezeichnet man die von einem *elektrischen Feld* abhängige Bewegung von Ladungsträgern durch den Halbleiter. Positive Ladungen werden in Richtung des elektrischen Feldes und negative Ladungen in die entgegengesetzte Richtung beschleunigt.

- Die sich für die Ladungsträger einstellende mittlere Driftgeschwindigkeit ist proportional zum elektrischen Feld. Die *Beweglichkeit* der Ladungsträger ist dabei die Proportionalitätskonstante und sowohl von der Ladungsträgerart als auch vom Material abhängig.

- Mit zunehmender elektrischer Feldstärke erreicht die Driftgeschwindigkeit eine *Sättigungsgeschwindigkeit*, die mit weiter zunehmender Feldstärke nicht überschritten wird.

- Als *Diffusionsstrom* bezeichnet man die mit einem *Konzentrationsgefälle* stattfindende thermische Bewegung von Ladungsträgern durch den Halbleiter.

- Der Diffusionsstrom ist proportional zum Konzentrationsgefälle. Die *Diffusionskonstante* der Ladungsträger ist dabei die Proportionalitätskonstante und sowohl von der Ladungsträgerart als auch vom Material abhängig.

- Der Zählpfeil für einen *Löcherstrom* zeigt in die gleiche Richtung wie der Zählpfeil für den *technischen Strom*. Der Zählpfeil des *Elektronenstroms* zeigt in die entgegengesetzte Richtung.

- Die *Temperaturspannung* beträgt etwa $26\,\mathrm{mV}$ bei $T = 300\,\mathrm{K}$ (Raumtemperatur).

Diode

3

Inhaltsverzeichnis

Nach einer Einführung in die Halbleiterphysik wird in diesem Kapitel das erste Bauelement, die *pn*-Diode, diskutiert. Die *pn*-Diode besteht aus einer Folge zweier unterschiedlich dotierter Halbleiterschichten, einer *p*- und einer *n*-dotierten Schicht. Nach einer Untersuchung der elektrostatischen Eigenschaften wird die nichtlineare **Strom-Spannungs-Kennlinie**

© Springer-Verlag GmbH Deutschland, ein Teil von Springer Nature 2021   71
M. Momeni, *Grundlagen der Mikroelektronik 1*,
https://doi.org/10.1007/978-3-662-62032-8_3

eines *pn*-Übergangs hergeleitet und erläutert. Mehrere **Modelle** für das nichtlineare Verhalten werden vorgestellt, um eine **Handanalyse** von Diodenschaltungen zu ermöglichen. Abschließend wird auf verschiedene Anwendungen wie zum Beispiel **Spannungsregler** und **Gleichrichter** eingegangen. Es ist wichtig, sich die Grundlagen einer *pn*-Diode anzueignen, da diese bei den später eingeführten Bauelementen eine wesentliche Rolle spielen. Zudem werden wichtige Konzepte und Methoden, die später bei Transistoren und Transistorschaltungen Verwendung finden, anhand der *pn*-Diode erläutert.

Lernergebnisse

- Sie können Struktur und Betriebsbereiche einer *pn*-Diode **erläutern.**
- Sie können die Diode auf verschiedene Weisen **modellieren.**
- Sie können Diodenschaltungen **analysieren.**
- Sie **lernen** Anwendungen von Dioden **kennen.**

3.1   Struktur

Im vorherigen Abschnitt wurden Halbleiter diskutiert, die entweder gar nicht oder *homogen* *n*- oder *p*-dotiert waren. Bringt man eine *p*-dotierte Schicht mit einer *n*-dotierten Schicht in Kontakt, so entsteht ein Bauelement, welches als *pn*-**Diode** oder *pn*-**Übergang**[1] bezeichnet wird [Abb. 3.1(a)]. Die *p*-dotierte Seite wird **Anode**[2] und die *n*-dotierte Seite **Kathode**[3] genannt. Der **metallurgische Übergang**[4] ist die Stelle, an der das *p*-dotierte Material in das *n*-dotierte Material übergeht.

Das Schaltzeichen einer Diode mit der später verwendeten Zählpfeilrichtung für den Diodenstrom i_D und der Diodenspannung v_D ist in Abb. 3.1(b) dargestellt. Wie ein Widerstand ist eine Diode ein Bauelement mit zwei Anschlüssen. Die Beziehung zwischen Strom und Spannung folgt allerdings anders als beim Widerstand nicht dem Ohmschen Gesetz. Die Diode ist ein nichtlineares Bauelement, mit dem eine Vielzahl von Anwendungen realisiert werden kann.

Zur Untersuchung der Ströme, die in einer Diode fließen, ist es notwendig, sich mit den Majoritäts- und Minoritätsladungsträgerdichten auf beiden Seiten zu befassen. Zu diesem Zweck wird die Notation gemäß Abb. 3.2 und Tab. 3.1 eingeführt. Der Index gibt dabei an, auf welche Seite sich die jeweilige Größe bezieht, zum Beispiel p_p für die Konzentration der Löcher auf der *p*-Seite.

---

[1] Engl. *pn* **diode** oder *pn* **junction.**
[2] Engl. **anode.**
[3] Engl. **cathode.** Als Gedächtnisstütze kann man sich merken, dass sich die Kathode an der Seite der Diode befindet, die wie ein (spiegelverkehrtes) „K" aussieht.
[4] Engl. **metallurgical junction.**

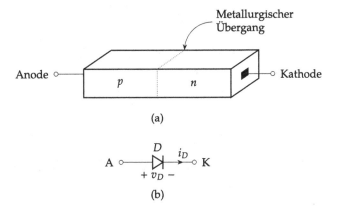

(a)

(b)

Abb. 3.1 (a) Prinzipieller Aufbau und (b) Schaltsymbol einer pn-Diode

Abb. 3.2 Ladungsträgerdichten in einer pn-Diode für $N_A = N_D$

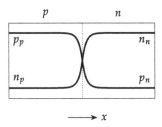

Tab. 3.1 Ladungsträgerdichten in einer pn-Diode

	p-Gebiet	n-Gebiet
Dotant	Akzeptor, z. B. B	Donator, z. B. P
Dotantenkonzentration	N_A	N_D
Elektronenkonzentration	$n_p = n_i^2/p_p$	$n_n \approx N_D$
Löcherkonzentration	$p_p \approx N_A$	$p_n = n_i^2/n_n$
Majoritätsladungsträger	Löcher	Elektronen
Minoritätsladungsträger	Elektronen	Löcher

Übung 3.1: Ladungsträgerdichten in pn-Dioden

Bestimmen Sie die Elektronen- und Löcherkonzentration auf beiden Seiten einer pn-Siliziumdiode bei Raumtemperatur und modifizieren Sie Abb. 3.2 für die beiden folgenden Fälle:

(a) $N_A = 10^{16}\,\text{cm}^{-3}$, $N_D = 10^{15}\,\text{cm}^{-3}$
(b) $N_A = 10^{15}\,\text{cm}^{-3}$, $N_D = 10^{16}\,\text{cm}^{-3}$

◄

Lösung 3.1 (a) Aus Gl. (2.5) ist bekannt, dass $n_i \approx 10^{10}\,\text{cm}^{-3}$. Mithilfe von Gl. (2.10) und (2.11) folgt für die Ladungsträgerdichten im p-Gebiet (siehe auch Üb. 2.2)

$$p_p \approx N_A = 10^{16}\,\text{cm}^{-3} \tag{3.1}$$

$$n_p \approx \frac{n_i^2}{N_A} = 10^4\,\text{cm}^{-3}. \tag{3.2}$$

Aus Gl. (2.8) und (2.9) ergibt sich für die Ladungsträgerdichten im n-Gebiet

$$n_n \approx N_D = 10^{15}\,\text{cm}^{-3} \tag{3.3}$$

$$p_n \approx \frac{n_i^2}{N_D} = 10^5\,\text{cm}^{-3}. \tag{3.4}$$

(b) Auf ähnliche Weise folgt für die Ladungsträgerdichten in diesem Fall, dass

$$p_p \approx N_A = 10^{15}\,\text{cm}^{-3} \tag{3.5}$$

$$n_p \approx \frac{n_i^2}{N_A} = 10^5\,\text{cm}^{-3} \tag{3.6}$$

$$n_n \approx N_D = 10^{16}\,\text{cm}^{-3} \tag{3.7}$$

$$p_n \approx \frac{n_i^2}{N_D} = 10^4\,\text{cm}^{-3}. \tag{3.8}$$

Abb. 3.3 stellt die beiden Fälle grafisch dar.

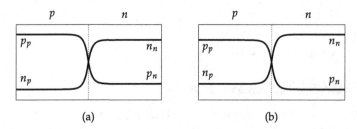

(a)   (b)

Abb. 3.3 Ladungsträgerdichten in einer pn-Diode für (**a**) $N_A > N_D$ und (**b**) $N_A < N_D$

3.2 Diode im thermischen Gleichgewicht

Zunächst wird die Diode im thermischen Gleichgewicht betrachtet, das heißt mit offenen Klemmen und ohne eine von außen angelegte Spannung. Außerdem wird der idealisierte Fall eines abrupten *pn*-Übergangs angenommen, das heißt, die Dotierung der Diode ändert sich am metallurgischen Übergang *sprunghaft*.

3.2.1 Funktionsprinzip

Abb. 3.4 stellt das Funktionsprinzip einer Diode mit offenen Klemmen und gleicher Dotierungskonzentration auf beiden Seiten dar. Bei $t = 0$ geraten die beiden unterschiedlich dotierten Halbleiterschichten in Kontakt. Auf der *p*-Seite liegt ein Überschuss an beweglichen Löchern und auf der *n*-Seite an beweglichen Elektronen vor. Diese Konzentrationsgradienten führen zu einem Diffusionsstrom der Löcher nahe des metallurgischen Übergangs vom *p*- ins *n*-Gebiet und der Elektronen vom *n*- ins *p*-Gebiet.

Aufgrund der offenen Klemmen kann durch das Bauelement kein Strom fließen. Es kann daher angenommen werden, dass ein Effekt auftritt, welcher dem Diffusionsstrom entgegenwirkt. Tatsächlich verbleiben aufgrund der Diffusion der beweglichen Ladungsträger die

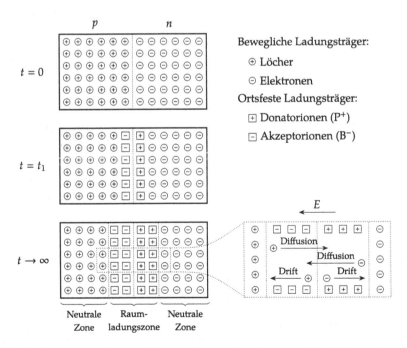

Abb. 3.4 Funktionsprinzip einer *pn*-Diode im thermischen Gleichgewicht für $N_A = N_D$

ionisierten Dotanten im Kristallgitter zurück, wie für den Zeitpunkt $t = t_1$ veranschaulicht. Entlang dieser ortsfesten Ladungen bildet sich ein elektrisches Feld, das vom n-Gebiet zum p-Gebiet zeigt. Dieses E-Feld beschleunigt die beweglichen Ladungsträger *entgegengesetzt zur Diffusionsrichtung* und wirkt daher dem Diffusionsstrom entgegen. Ist dieser Driftstrom vom Betrag her gleich dem Diffusionsstrom, stellt sich ein Gleichgewichtszustand ein, wie für den Zeitpunkt $t \to \infty$ dargestellt.

Das von beweglichen Ladungsträgern ausgeräumte Gebiet um den metallurgisch Übergang herum wird **Raumladungszone (RLZ)**[5], **Sperrschicht** oder **Verarmungszone**[6] genannt. In diesem Bereich existiert eine Nettoladung, die von den ionisierten Dotieratomen bestimmt wird. Außerhalb der Raumladungszone befinden sich die **neutralen Zonen**[7], deren Nettoladung gleich 0 ist, weil sich bewegliche und unbewegliche Ladungsträger die Waage halten.

Abb. 3.5 zeigt den ortsabhängigen Verlauf relevanter Größen entlang der pn-Diode zum Zeitpunkt $t \to \infty$. Um den Einfluss einer unterschiedlichen Dotierung zu visualisieren, wurde in dieser Darstellung $N_A > N_D$ gewählt. Die Annahme eines abrupten pn-Übergangs mit einer sprunghaften Änderung der Dotierung wird in Abb. 3.5(a) deutlich. Die Raumladungszone erstreckt sich von $-x_p$ bis x_n und ist verarmt an beweglichen Ladungsträgern [Abb. 3.5(b)]. Die Weite der Raumladungszone wird mit w_{j0} abgekürzt, $w_{j0} = x_p + x_n$. Es kann beobachtet werden, dass sich die Raumladungszone stärker in die niedriger dotierte Region erstreckt, das heißt $x_n > x_p$ für $N_D < N_A$. Die Summe der Ladungsdichte der ortsfesten und beweglichen Ladungsträger ergibt die sogenannte **Raumladungsdichte**[8] [Abb. 3.5(c), siehe auch Gl. (2.13)]

$$\varrho = q\,(N_D - N_A + p - n)\,. \tag{3.9}$$

Das elektrische Feld in Abb. 3.5(d) ist 0 in den neutralen Zonen, da hier die Raumladungsdichte 0 beträgt. Innerhalb der Raumladungszone wächst das elektrische Feld von $-x_p$ bis 0 betragsmäßig auf ein Maximum an und nimmt von 0 bis x_n auf 0 ab. Das Feld ist negativ, weil der dazugehörige Feldvektor in die negative x-Richtung zeigt (von n nach p). Am Verlauf des elektrischen Potenzials in Abb. 3.5(e) von ϕ_p nach ϕ_n lässt sich eine Potenzialdifferenz $V_j = \phi_n - \phi_p$ zwischen n- und p-Gebiet beobachten, die als **Diffusionsspannung** oder **-potenzial**[9] bezeichnet wird und im Gleichgewichtszustand den weiteren

---

[5]Engl. **space charge region (SCR)**.

[6]Engl. **depletion region** oder **depletion layer**.

[7]Engl. **neutral zone**.

[8]Engl. **space charge**. Der Begriff *Verarmungszone* wird anhand von Abb. 3.5(b) deutlich, da in dieser Zone die Konzentration der beweglichen Ladungsträger sehr klein ist. Hingegen kann man den Begriff *Raumladungszone* auf Abb. 3.5(c) beziehen, da in dieser Zone die Raumladung von 0 unterschiedlich ist. Die Begriffe werden synonym verwendet.

[9]Engl. **junction potential** oder **built-in potential**. Der Index j steht für **junction**, dt. Übergang.

Abb. 3.5 Verhältnisse an
einem abrupten pn-Übergang
im thermischen Gleichgewicht
für $N_A > N_D$ und $t \to \infty$:
(a) Konzentration ortsfester
Ladungen (ionisierte Dotieratome), (b) Konzentration
beweglicher Ladungen
(Elektronen und Löcher),
(c) Raumladungsdichte,
(d) elektrisches Feld und
(e) elektrisches Potenzial

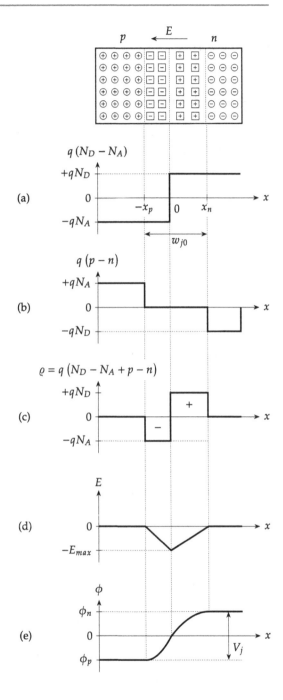

Ladungsträgeraustausch verhindert. Aus diesem Grund wird diese Potenzialdifferenz auch **Potenzialbarriere**[10] genannt.

3.2.2 Diffusionsspannung

Der Gleichgewichtszustand in der pn-Diode stellt sich ein, wenn der Diffusionsstrom aufgrund der Konzentrationsgradienten vom Driftstrom des jeweiligen Ladungsträgertyps kompensiert wird. Es gilt also mithilfe von Gl. (2.69) und Gl. (2.70)

$$J_n = J_{\text{drift},n} + J_{\text{diff},n} = 0 \tag{3.10}$$

$$J_p = J_{\text{drift},p} + J_{\text{diff},p} = 0 \tag{3.11}$$

und damit

$$qn\mu_n E = -qD_n \frac{dn}{dx} \tag{3.12}$$

$$qp\mu_p E = +qD_p \frac{dp}{dx}. \tag{3.13}$$

Aus der Theorie elektromagnetischer Felder ist bekannt, dass sich die elektrische Feldstärke als Gradient eines Potenzials darstellen lässt. Im eindimensionalen Fall

$$E = -\frac{d\phi}{dx}. \tag{3.14}$$

Eingesetzt in Gl. (3.12)

$$-qn\mu_n \frac{d\phi}{dx} = -qD_n \frac{dn}{dx} \tag{3.15}$$

bzw. nach Umstellung und Integration

$$\int_{\phi_p}^{\phi_n} d\phi = \frac{D_n}{\mu_n} \int_{n_p}^{n_n} \frac{dn}{n} \tag{3.16}$$

und schließlich[11]

$$V_j = \phi_p - \phi_n = \frac{D_n}{\mu_n} \ln \frac{n_n}{n_p}. \tag{3.17}$$

Unter Verwendung von Gl. (3.13) erhält man das folgende Ergebnis:

---

[10]Engl. **potential barrier.**

[11] $\int \frac{dn}{n} = \ln n + \text{const}$

$$V_j = \phi_p - \phi_n = \frac{D_p}{\mu_p} \ln \frac{p_p}{p_n}. \tag{3.18}$$

Mit der Einstein-Beziehung aus Gl. (2.71) bzw. Gl. (2.72), der Temperaturspannung aus Gl. (2.73) und den Ladungsträgerdichten gemäß Tab. 3.1 folgt letztendlich die Diffusionsspannung

$$V_j = V_T \ln \frac{N_A N_D}{n_i^2}. \tag{3.19}$$

Übung 3.2: Diffusionsspannung von *pn*-Dioden

Bestimmen Sie die Diffusionsspannung einer *pn*-Siliziumdiode bei Raumtemperatur für die folgenden Dotierkonzentrationen:

(a) $N_A = 2 \times 10^{16}\,\text{cm}^{-3}$, $N_D = 2 \times 10^{16}\,\text{cm}^{-3}$
(b) $N_A = 2 \times 10^{16}\,\text{cm}^{-3}$, $N_D = 3 \times 10^{16}\,\text{cm}^{-3}$
(c) $N_A = 1 \times 10^{14}\,\text{cm}^{-3}$, $N_D = 1 \times 10^{20}\,\text{cm}^{-3}$

◀

Lösung 3.2 Mit $n_i \approx 10^{10}\,\text{cm}^{-3}$ aus Gl. (2.5) und $V_T \approx 26\,\text{mV}$ für $T = 300\,\text{K}$ aus Gl. (2.73) folgt für eine symmetrische Dotierung in (a)

$$V_j = 754\,\text{mV} \tag{3.20}$$

für eine leicht asymmetrische Dotierung in (b)

$$V_j = 765\,\text{mV} \tag{3.21}$$

und für eine stark asymmetrische (als *einseitig* bezeichnete) Dotierung in (c)

$$V_j = 838\,\text{mV}. \tag{3.22}$$

Für die in Abschn. 2.1.3 als typisch angegebenen Dotierstoffkonzentrationen im Bereich von $10^{14}\,\text{cm}^{-3}$ bis $10^{20}\,\text{cm}^{-3}$ ergibt sich eine Diffusionsspannung, die im Bereich von etwa 500 mV bis 1100 mV liegt. Weil die Größen N_A und N_D in Gl. (3.19) im Argument des Logarithmus stehen, haben sie keinen sehr großen Einfluss auf die Diffusionsspannung. Die Diffusionsspannung ändert sich um lediglich $V_T \ln 10 \approx 60\,\text{mV}$ pro Dekade Erhöhung der

Dotierkonzentration[12]. Für pn-Dioden aus Silizium kann für V_j ein typischer Wertebereich von etwa 700 mV bis 800 mV angenommen werden.

3.2.3 Elektrische Feldstärke

Nach dem Gaußschen Gesetz der Elektrostatik geht eine Raumladung mit einem elektrischen Feld einher, und es besteht der folgende Zusammenhang für den eindimensionalen Fall:

$$\frac{\mathrm{d}E}{\mathrm{d}x} = \frac{\varrho(x)}{\varepsilon_{Si}}, \tag{3.23}$$

wobei $\varepsilon_{Si} = \varepsilon_{Si,r}\varepsilon_0$ mit der Permittivität von Silizium ε_{Si}, der relativen Permittivität von Silizium $\varepsilon_{Si,r} = 11{,}9$ und der elektrischen Feldkonstante $\varepsilon_0 = 8{,}854 \times 10^{-12}$ As/(Vm)[13]. In der Raumladungszone ist die Dichte der freien Ladungsträger vernachlässigbar gegenüber der Dichte der ortsfesten ionisierten Dotieratome, das heißt, die gesamte Raumladungsdichte gemäß Gl. (3.9) ist durch $\varrho = q\,(N_D - N_A)$ gegeben. Die ortsabhängige elektrische Feldstärke in der Raumladungszone lässt sich aus Gl. (3.23) berechnen und führt zu dem in Abb. 3.5(d) dargestellten Verlauf.

Die Feldstärke ist maximal am metallurgischen Übergang bei $x = 0$. Die Integration von Gl. (3.23) in den Grenzen von $x = -x_p$ bis $x = 0$, das heißt auf der p-Seite, ergibt mit $\varrho(x) = -q N_A$

$$\int\limits_{0}^{-E_{max}} \mathrm{d}E = \frac{-q N_A}{\varepsilon_{Si}} \int\limits_{-x_p}^{0} \mathrm{d}x \tag{3.24}$$

und somit

$$E_{max} = \frac{q N_A}{\varepsilon_{Si}} x_p. \tag{3.25}$$

---

[12]Bei Raumtemperatur gilt

$$\Delta V_j = V_T \ln \frac{10 \cdot N_A N_D}{n_i^2} - V_T \ln \frac{N_A N_D}{n_i^2} = V_T \ln 10 \approx 60\,\mathrm{mV}.$$

[13]Einsetzen von Gl. (3.23) in Gl. (3.14) ergibt die **Poisson-Gleichung**

$$\frac{\mathrm{d}^2\phi}{\mathrm{d}x^2} = -\frac{\varrho}{\varepsilon_{Si}},$$

mit deren Hilfe sich der Verlauf des elektrischen Potenzials in Abb. 3.5(e) berechnen lässt.

Alternativ kann die Integration von $x = 0$ bis $x = x_n$ erfolgen und führt mit $\varrho(x) = qN_D$ zu

$$\int\limits_{-E_{max}}^{0} dE = \frac{qN_D}{\varepsilon_{Si}} \int\limits_{0}^{x_n} dx \tag{3.26}$$

und somit

$$E_{max} = \frac{qN_D}{\varepsilon_{Si}} x_n. \tag{3.27}$$

Gleichsetzen von Gl. (3.25) und (3.27) ergibt

$$N_A x_p = N_D x_n. \tag{3.28}$$

Gl. (3.28) folgt auch aus der Ladungsneutralität. Damit das elektrische Feld außerhalb der Raumladungszone verschwindet, muss die Raumladung (Raumladungsdichte multipliziert mit dem Volumen und der Elementarladung) auf der p-Seite gleich der Raumladung auf der n-Seite sein:

$$-qN_A A x_p + qN_D A x_n \overset{!}{=} 0 \tag{3.29}$$

mit der Fläche A der Diode. Aus dieser Bedingung folgt unmittelbar Gl. (3.28).

3.2.4 Weite der Raumladungszone

Die Ausdehnung oder Weite der Raumladungszone beträgt

$$w_{j0} = x_p + x_n. \tag{3.30}$$

Das Einsetzen von x_n aus Gl. (3.25) und x_p aus Gl. (3.27) ergibt

$$w_{j0} = \frac{\varepsilon_{Si} E_{max}}{q} \left(\frac{1}{N_A} + \frac{1}{N_D} \right). \tag{3.31}$$

Gemäß Gl. (3.14) kann das elektrische Potenzial aus der einmaligen Integration des elektrischen Feldes berechnet werden:

$$\phi(x) = -\int E dx + \text{const} \tag{3.32}$$

bzw. nach Einsetzen der Grenzen

$$V_j = \phi_n - \phi_p = - \int\limits_{-x_p}^{x_n} E\,\mathrm{d}x. \tag{3.33}$$

In der Raumladungszone hat das elektrische Feld eine dreieckförmige Verteilung, sodass die Fläche unter der Kurve sehr einfach mit $-w_{j0}E_{max}/2$ angegeben werden kann[14] und damit

$$V_j = \frac{w_{j0}E_{max}}{2}. \tag{3.34}$$

Mithilfe von Gl. (3.31) nach E_{max} umgestellt folgt

$$V_j = \frac{q w_{j0}^2}{2\varepsilon_{Si}} \left(\frac{1}{N_A} + \frac{1}{N_D} \right)^{-1} \tag{3.35}$$

und schließlich die Weite der Raumladungszone

$$\boxed{w_{j0} = \sqrt{\frac{2\varepsilon_{Si}}{q} V_j \left(\frac{1}{N_A} + \frac{1}{N_D} \right)}.} \tag{3.36}$$

Im Einklang zu Gl. (3.28) und zur Beobachtung in Verbindung mit Abb. 3.5 dehnt sich die Raumladungszone stärker in die niedriger dotierte Seite aus, zum Beispiel ist $x_p > x_n$ für $N_A < N_D$.

Übung 3.3: Sperrschichtweite und elektrisches Feld von *pn*-Dioden

Bestimmen Sie die Sperrschichtweite w_{j0}, die Ausdehnung x_p und x_n in das p- bzw. n-Gebiet und das maximale elektrische Feld E_{max} einer pn-Siliziumdiode bei Raumtemperatur für die folgenden Dotierkonzentrationen:

(a) $N_A = 2 \times 10^{16}\,\mathrm{cm^{-3}}$, $N_D = 2 \times 10^{16}\,\mathrm{cm^{-3}}$
(b) $N_A = 2 \times 10^{16}\,\mathrm{cm^{-3}}$, $N_D = 3 \times 10^{16}\,\mathrm{cm^{-3}}$
(c) $N_A = 1 \times 10^{14}\,\mathrm{cm^{-3}}$, $N_D = 1 \times 10^{20}\,\mathrm{cm^{-3}}$

◀

Lösung 3.3 Mit w_{j0} aus Gl. (3.30) und der Bedingung für Ladungsneutralität aus Gl. (3.28) folgt für x_p und x_n

---

[14]Der Flächeninhalt eines beliebigen Dreiecks kann mit $gh/2$ berechnet werden, wobei g die Länge der Grundlinie (w_{j0}) und h die Höhe ($-E_{max}$) des Dreiecks ist.

$$x_p = w_{j0} \frac{N_D}{N_A + N_D} \tag{3.37}$$

$$x_n = w_{j0} \frac{N_A}{N_A + N_D}. \tag{3.38}$$

Durch Einsetzen in Gl. (3.25) oder Gl. (3.27) ergibt sich für den Betrag der maximalen elektrischen Feldstärke ein zu Gl. (3.34) alternativer Ausdruck:

$$E_{max} = \frac{q}{\varepsilon_{Si}} w_{j0} \frac{N_A N_D}{N_A + N_D}. \tag{3.39}$$

Mit den Werten für V_j aus Üb. 3.2 gilt somit für die gesuchten Größen bei symmetrischer Dotierung in (a) unter Verwendung von Gl. (3.36) und $\varepsilon_{Si} = 11.9\varepsilon_0$

$$w_{j0} = 315\,\text{nm} \tag{3.40}$$

$$x_p = 157\,\text{nm} \tag{3.41}$$

$$x_n = 157\,\text{nm} \tag{3.42}$$

$$E_{max} = 48\,\text{kV/cm}. \tag{3.43}$$

Erwartungsgemäß ist $x_n = x_p$.

Für eine leicht asymmetrische Dotierung in (b)

$$w_{j0} = 290\,\text{nm} \tag{3.44}$$

$$x_p = 174\,\text{nm} \tag{3.45}$$

$$x_n = 116\,\text{nm} \tag{3.46}$$

$$E_{max} = 53\,\text{kV/cm} \tag{3.47}$$

dehnt sich die Raumladungszone stärker in das niedriger dotierte p-Gebiet aus, $x_p > x_n$, und für eine einseitige Dotierung in (c)

$$w_{j0} = 3320\,\text{nm} \tag{3.48}$$

$$x_p = 3320\,\text{nm} \tag{3.49}$$

$$x_n = 3 \times 10^{-3}\,\text{nm} \tag{3.50}$$

$$E_{max} = 5\,\text{kV/cm} \tag{3.51}$$

ist die Sperrschichtweite gänzlich durch die Ausdehnung in das niedriger dotierte p-Gebiet bestimmt, $w_{j0} \approx x_p$.

Je höher die Dotierungskonzentration N_D bzw. N_A, desto dünner die Raumladungszone auf der entsprechenden Seite. Eine hohe maximale Feldstärke tritt nur bei einer hohen Dotierungskonzentration auf *beiden* Seiten des pn-Übergangs und somit einer dünnen Sperrschichtweite $x_n + x_p$ auf. Ist nur eine Seite hochdotiert, wie in Fall (c), so führt die niedrige

Dotierung auf der anderen Seite zu einer Vergrößerung der Sperrschichtweite und somit zu einer Verkleinerung der Feldstärke.

3.3   Diode mit angelegter Spannung

Nach der Analyse des Diodenverhaltens im thermischen Gleichgewicht wird nun eine Spannung an die Diode angelegt (Abb. 3.6). Es muss hierbei zwischen zwei Fällen unterschieden werden. Zeigt der Zählpfeil dieser Spannung in die gleiche Richtung wie der Zählpfeil von v_D in Abb. 3.1(b), so spricht man von **Fluss-**, **Durchlass-** oder **Vorwärtspolung**[15] [Abb. 3.6(a)]. Zeigt der Zählpfeil der von außen angelegten Spannung in die der Diodenspannung v_D entgegengesetzten Richtung, so spricht man von **Sperr-** oder **Rückwärtspolung**[16] [Abb. 3.6(b)].

Bei *Flusspolung* verringert die von außen angelegte Spannung die eingebaute Diffusionsspannung und wirkt somit dem elektrischen Feld entgegen. Der durch das elektrische Feld verursachte Driftstrom der Ladungsträger wird dadurch gegenüber dem Diffusionsstrom reduziert. Es können verstärkt Elektronen aus dem n-Gebiet und Löcher aus dem p-Gebiet auf die jeweils andere Seite diffundieren und dort mit den entsprechenden Majoritätsladungsträgern aus den neutralen Zonen rekombinieren. Dieser Vorgang entspricht einem Stromfluss I_D durch die Diode, der positiv in die in Abb. 3.6(a) angegebene Richtung ist. Nimmt das eingebaute elektrische Feld aufgrund der entgegengerichteten äußeren Spannung ab, so bedarf es dafür einer geringeren Raumladung als Quelle des elektrischen Feldes und dafür wiederum eine geringere Weite der Raumladungszone [Abb. 3.5(c)]. Die Weite der Raumladungszone nimmt demnach bei Flusspolung ab.

Bei *Sperrpolung* vergrößert die von außen angelegte Spannung die eingebaute Diffusionsspannung und verstärkt somit das elektrische Feld. Der durch das elektrische Feld verursachte Driftstrom der Ladungsträger in der Raumladungszone wird dadurch gegenüber dem Diffusionsstrom vergrößert. Es driften verstärkt Löcher aus dem n- in das p-Gebiet und Elektronen aus dem p- in das n-Gebiet. Dieser Vorgang entspricht einem negativen Stromfluss durch die Diode, wie in Abb. 3.6(b) veranschaulicht. Wegen der sehr geringen Konzentration der Löcher im n- und Elektronen im p-Gebiet ist der entsprechende Strom I_D betragsmäßig sehr klein. Aufgrund des vergrößerten elektrischen Feldes bedarf es einer größeren Raumladung, von der das elektrische Feld ausgeht, und somit einer größeren Weite der Raumladungszone.

Zusammenfassend führt eine Flusspolung zu einem Nettodiffusionsstrom, der positiv ist, und eine Sperrpolung zu einem Nettodriftstrom, der sehr klein und negativ ist.

---

[15]Engl. **forward voltage** oder **bias**. In manchen Lehrbüchern wird die Vorwärtsspannung auch mit einer Größe $V_F = V_D > 0$ angegeben.

[16]Engl. **reverse voltage** oder **bias**. In manchen Lehrbüchern wird die Rückwärtsspannung mit einer positiven Größe $V_R = -V_D > 0$ angegeben.

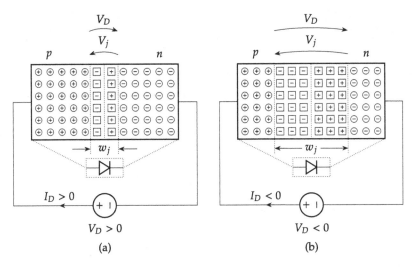

Abb. 3.6 *pn*-Diode mit angelegter Spannung: (**a**) Flusspolung $V_D > 0$, (**b**) Sperrpolung $V_D < 0$

Aufgrund der niedrigen Dichte an beweglichen Ladungsträgern ist die Raumladungs-zone im Vergleich zu den neutralen Zonen sehr hochohmig, sodass die von außen ange-legte Spannung im Wesentlichen über der Raumladungszone abfällt und die gesamte über die Raumladungszone abfallende Spannung mit $V_j - V_D$ angegeben werden kann. Durch Einsetzen dieser Spannungsdifferenz in Gl. (3.33) lässt sich der Ausdruck für die Weite der Raumladungszone aus Gl. (3.36) unter Berücksichtigung der angelegten Spannung wie folgt modifizieren:

$$w_j = \sqrt{\frac{2\varepsilon_{\text{Si}}}{q}\left(V_j - V_D\right)\left(\frac{1}{N_A} + \frac{1}{N_D}\right)} \qquad (3.52)$$

bzw. umgeschrieben

$$w_j = w_{j0}\sqrt{1 - \frac{V_D}{V_j}} \qquad (3.53)$$

mit w_{j0} gemäß Gl. (3.36).

3.3.1 Sperrpolung

Wie bereits erläutert, nimmt die Weite der Raumladungszone bei Sperrspannung zu. Mit der Zunahme der Weite der Raumladungszone ist eine Zunahme der Raumladung verbunden. Diese durch eine Spannungsänderung verursachte Änderung der Ladung lässt sich als eine

Abb. 3.7 Gebräuchliche
Schaltzeichen für eine
Kapazitäts- oder Varaktordiode

Sperrschichtkapazität[17] $C_j = \Delta Q/\Delta V$ formulieren, wobei C_j üblicherweise auf die Fläche bezogen wird.[18] Es kann gezeigt werden, dass C_j wie ein Plattenkondensator mit spannungsabhängigem Plattenabstand $w_j(V_D)$ nach Gl. (3.53) modelliert werden kann:

$$C_j = \frac{\varepsilon_{Si}}{w_j} = \frac{\varepsilon_{Si}}{w_{j0}\sqrt{1 - \dfrac{V_D}{V_j}}}. \tag{3.54}$$

Für $V_D = 0$ erhält man die Sperrschichtkapazität C_{j0}[19]

$$C_{j0} = \frac{\varepsilon_{Si}}{w_{j0}} = \frac{1}{\sqrt{\dfrac{2}{q\varepsilon_{Si}} V_j \left(\dfrac{1}{N_A} + \dfrac{1}{N_D} \right)}}, \tag{3.55}$$

sodass Gl. (3.54) umgeschrieben werden kann zu

$$\boxed{C_j = \frac{C_{j0}}{\sqrt{1 - \dfrac{V_D}{V_j}}}.} \tag{3.56}$$

Ein in Sperrrichtung betriebener pn-Übergang verhält sich demnach wie eine nichtlineare spannungsabhängige Kapazität. Eine Diode, die speziell in diesem Betriebsmodus als spannungsabhängige Kapazität zum Beispiel in Schwingkreisen oder Oszillatoren eingesetzt wird, nennt man **Kapazitätsdiode** oder **Varaktor**[20] (Abb. 3.7).

Die Abhängigkeit der Sperrschichtkapazität von der Spannung ist in Abb. 3.8 grafisch dargestellt. Der Ausdruck aus Gl. (3.56) gilt für Sperrspannungen und verliert seine Gültigkeit speziell für $V_D > V_J$. In diesem Bereich dominiert hingegen die in Abschn. 3.3.2 behandelte Diffusionskapazität.

Ist der Übergang der pn-Diode nicht abrupt, so kann die Sperrschichtkapazität mithilfe eines **Kapazitätskoeffizienten**[21] m verallgemeinert werden zu

---

[17]Engl. **junction capacitance** oder **depletion(-layer) capacitance**.

[18]Eine auf eine Fläche A bezogene Kapazität C wird auch **Kapazitätsbelag** genannt und in der deutschen Literatur häufig mit C'' abgekürzt, $C'' = C/A$. In diesem Lehrbuch wird auch ohne gesonderte Kennzeichnung angenommen, dass es sich bei der Sperrschichtkapazität C_j um eine flächenbezogene Größe handelt.

[19]Engl. **zero-bias junction capacitance**. Im Deutschen manchmal auch als Null-Kapazität abgekürzt.

[20]Engl. **variable capacitor diode**, kurz **varicap** oder **varactor**.

[21]Engl. **(junction) grading coefficient**.

Abb. 3.8 Sperrschichtkapazität
als Funktion der
Diodenspannung

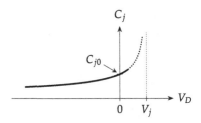

$$C_j = \frac{C_{j0}}{\left(1 - \dfrac{V_D}{V_j}\right)^m}. \tag{3.57}$$

Für $m = 0.5$ folgt der bekannte Ausdruck aus Gl. (3.56).

Übung 3.4: Sperrschichtkapazität von pn-Dioden

Bestimmen Sie die flächenbezogene Sperrschichtkapazität C_j und die Sperrschichtweite w_j einer pn-Siliziumdiode bei Raumtemperatur für die folgenden Dotierkonzentrationen und einer Sperrspannung von $V_D = -1\,\mathrm{V}$:

(a) $N_A = 2 \times 10^{16}\,\mathrm{cm}^{-3}$, $N_D = 2 \times 10^{16}\,\mathrm{cm}^{-3}$
(b) $N_A = 2 \times 10^{16}\,\mathrm{cm}^{-3}$, $N_D = 3 \times 10^{16}\,\mathrm{cm}^{-3}$
(c) $N_A = 1 \times 10^{14}\,\mathrm{cm}^{-3}$, $N_D = 1 \times 10^{20}\,\mathrm{cm}^{-3}$

Wie groß ist die gesamte Sperrschichtkapazität $C_j \cdot A$ bei einer Diodenfläche von $100\,\mu\mathrm{m} \times 100\,\mu\mathrm{m}$? ◄

Lösung 3.4 Mit den Werten für V_j aus Üb. 3.2, Gl. (3.53) für w_j und Gl. (3.55)–(3.56) für C_{j0} und C_j bestimmen sich die gesuchten Größen für eine symmetrische Dotierung in (a) zu

$$w_j = 480\,\mathrm{nm} \tag{3.58}$$

$$C_{j0} = 33{,}5\,\mathrm{nF/cm}^2 \tag{3.59}$$

$$C_j = 21{,}9\,\mathrm{nF/cm}^2 \tag{3.60}$$

$$C_j A = 2{,}2\,\mathrm{pF} \tag{3.61}$$

für eine leicht asymmetrische Dotierung in (b) zu

$$w_j = 440\,\text{nm} \tag{3.62}$$

$$C_{j0} = 36{,}4\,\text{nF/cm}^2 \tag{3.63}$$

$$C_j = 24{,}0\,\text{nF/cm}^2 \tag{3.64}$$

$$C_j A = 2{,}4\,\text{pF} \tag{3.65}$$

und für eine einseitige Dotierung in (c) zu

$$w_j = 4917\,\text{nm} \tag{3.66}$$

$$C_{j0} = 3{,}2\,\text{nF/cm}^2 \tag{3.67}$$

$$C_j = 2{,}1\,\text{nF/cm}^2 \tag{3.68}$$

$$C_j A = 0{,}2\,\text{pF.} \tag{3.69}$$

Die sehr große Sperrschichtweite im Fall (c) ist gleichbedeutend mit einem sehr großen Abstand eines Plattenkondensators und einer dementsprechend geringen Kapazität. Da die Abmessungen in mikroelektronischen Bauelementen sehr klein sind, wird ein Kapazitätsbelag auch häufig auf eine Fläche in μm^2 bezogen, zum Beispiel für Fall (a) $C_{j0} = 33{,}5\,\text{nF/cm}^2 = 0{,}335\,\text{fF}/\mu\text{m}^2$.

3.3.2 Flusspolung

Eine Flussspannung entlang eines pn-Übergangs wirkt dem elektrischen Feld in der Raumladungszone entgegen und führt zu einem Diffusionsstrom durch die Diode. Im Folgenden wird auf vereinfachte Weise ein Ausdruck für diesen Diffusionsstrom hergeleitet.

Die Elektronenverteilung auf der p-Seite und die Löcherverteilung auf der n-Seite im thermischen Gleichgewicht ergeben sich aus Gl. (3.17)–(3.18) zu

$$n_p = n_n \exp\left(-\frac{V_j}{V_T}\right) \tag{3.70}$$

$$p_n = p_p \exp\left(-\frac{V_j}{V_T}\right). \tag{3.71}$$

Durch Ersetzen der Diffusionsspannung mit der Spannungsdifferenz $V_j - V_D$ erhält man die Minoritätsdichten bei Flusspolung:[22]

---

[22]Streng genommen gelten Gl. (3.72) und Gl. (3.73) nur am Rand der jeweiligen Raumladungszone.

$$n_{p,f} = n_{n,f} \exp\left(-\frac{V_j - V_D}{V_T}\right) \tag{3.72}$$

$$p_{n,f} = p_{p,f} \exp\left(-\frac{V_j - V_D}{V_T}\right). \tag{3.73}$$

Die Minoritätsdichten steigen bei Flusspolung exponentiell an, während sich die Majoritätsdichten kaum ändern und durch $n_n \approx n_{n,f} \approx N_D$ bzw. $p_p \approx p_{p,f} \approx N_A$ gegeben sind.

Die Änderung der Minoritätsdichten lautet demnach

$$\Delta n_p = n_{p,f} - n_p \approx N_D \exp\left(-\frac{V_j}{V_T}\right)\left(\exp\frac{V_D}{V_T} - 1\right) \tag{3.74}$$

$$\Delta p_n = p_{n,f} - p_n \approx N_A \exp\left(-\frac{V_j}{V_T}\right)\left(\exp\frac{V_D}{V_T} - 1\right) \tag{3.75}$$

und unter Verwendung von Gl. (3.19)

$$\Delta n_p \approx \frac{n_i^2}{N_A}\left(\exp\frac{V_D}{V_T} - 1\right) \tag{3.76}$$

$$\Delta p_n \approx \frac{n_i^2}{N_D}\left(\exp\frac{V_D}{V_T} - 1\right). \tag{3.77}$$

Der durch die Diode fließende Strom ist gegeben durch Diffusion der Minoritäten vom Rand der Raumladungszone in die jeweils angrenzende neutrale Zone und daher proportional zu der in Gl. (3.76) und (3.77) berechneten Änderung der Minoritätsdichten. Es folgt

$$I_D \propto \Delta n_p + \Delta p_n \approx n_i^2\left(\frac{1}{N_A} + \frac{1}{N_D}\right)\left(\exp\frac{V_D}{V_T} - 1\right). \tag{3.78}$$

Die Proportionalitätskonstante enthält zusätzlich zu Eigenleitungsdichte n_i, Donatorkonzentration N_D und Akzeptorkonzentration N_A die Diodenfläche A, die Elementarladung q, die Diffusionskonstante D_n für Elektronen und D_p für Löcher sowie die Diffusionslänge L_n bzw. L_p der jeweiligen Ladungsträger (Abschn. 2.2.2). Der Diodenstrom lautet in seiner endgültigen Form[23]

$$\boxed{I_D = I_S\left(\exp\frac{V_D}{V_T} - 1\right)} \tag{3.79}$$

mit dem sogenannten **Sättigungsstrom**[24]

---

[23]Die Diodengleichung in Gl. (3.79) wird auch als **Shockley-Gleichung** bezeichnet, benannt nach William Bradford Shockley Jr. (1910–1989), einem der drei Empfänger des Physik-Nobelpreises von 1956 für die Erforschung von Halbleitern und die Entdeckung des Transistoreffekts zusammen mit John Bardeen (1908–1991) und Walter Houser Brattain (1902–1987).

[24]Engl. **reverse saturation current** oder nur **saturation current**.

$$I_S = q A n_i^2 \left(\frac{D_n}{N_A L_n} + \frac{D_p}{N_D L_p} \right). \tag{3.80}$$

Der Sättigungsstrom nimmt üblicherweise Werte zwischen 10^{-6} A und 10^{-18} A an und ist insbesondere proportional zur Diodenfläche A.

Oftmals wird die Diodengleichung auch unter Verwendung eines sogenannten **Emissionskoeffizienten**[25] n wie folgt angegeben:

$$I_D = I_S \left(\exp \frac{V_D}{n V_T} - 1 \right). \tag{3.81}$$

Der Emissionskoeffizient ist ein Fitparameter, der es ermöglicht, die analytische Gleichung aus Gl. (3.81) an gemessene Kennlinien anzupassen. Für Siliziumdioden ist $n = 1 \dots 2$. Im Folgenden wird angenommen, dass $n = 1$, falls nicht anderweitig angegeben.

Übung 3.5: Sättigungsstrom einer *pn*-Diode

Bestimmen Sie den Sättigungsstrom einer *pn*-Siliziumdiode bei Raumtemperatur für $L_n = 10 \,\mu\text{m}$, $L_p = 20 \,\mu\text{m}$, eine Diodenfläche von $100 \,\mu\text{m} \times 100 \,\mu\text{m}$ und die folgenden Dotierkonzentrationen:

(a) $N_A = 2 \times 10^{16} \,\text{cm}^{-3}$, $N_D = 2 \times 10^{16} \,\text{cm}^{-3}$
(b) $N_A = 2 \times 10^{16} \,\text{cm}^{-3}$, $N_D = 3 \times 10^{16} \,\text{cm}^{-3}$
(c) $N_A = 1 \times 10^{14} \,\text{cm}^{-3}$, $N_D = 1 \times 10^{20} \,\text{cm}^{-3}$

◄

Lösung 3.5 Mit $n_i = 9{,}63 \times 10^9 \,\text{cm}^{-3}$ aus Gl. (2.5) und $D_n = 35 \,\text{cm}^2/\text{s}$ bzw. $D_p = 12 \,\text{cm}^2/\text{s}$ aus Abschn. 2.2.2 berechnet sich der Sättigungsstrom gemäß Gl. (3.80) für eine symmetrische Dotierung in (a) zu

$$I_S = 3{,}05 \,\text{fA} \tag{3.82}$$

für eine leicht asymmetrische Dotierung in (b) zu

$$I_S = 2{,}90 \,\text{fA} \tag{3.83}$$

und für eine einseitige Dotierung in (c) zu

$$I_S = 520 \,\text{fA}. \tag{3.84}$$

---

[25]Engl. **emission coefficient**. Auch **(Nicht-)Idealitätsfaktor**, engl. **(non)ideality factor**, genannt.

Diffusionskapazität

Wie in Abschn. 3.3.1 erläutert, kann die Diode in Sperrpolung als eine spannungsabhängige Kapazität betrachtet werden. In Flussrichtung dominiert die sogenannte **Diffusionskapazität**[26].

Aufgrund der Flusspolung entsteht nach Gl. (3.72)–(3.73) ein Überschuss an Minoritäten am Rand der Sperrschicht in der jeweiligen neutralen Zone. Es kann gezeigt werden, dass die Minoritätsüberschussladung Q_d proportional zum Diodenstrom ist:

$$Q_d = I_D \tau_T \tag{3.85}$$

mit der Proportionalitätskonstante τ_T, die als **Transitzeit**[27] bezeichnet wird und üblicherweise Werte zwischen 1 ps und 1 μs annimmt. Da der Diodenstrom abhängig von der Spannung entlang des pn-Übergangs ist, entsteht durch die Änderung der Spannung eine Änderung der Ladung, was einer Kapazität entspricht von

$$C_d = \frac{\mathrm{d}Q_d}{\mathrm{d}V_D} = \tau_T \frac{\mathrm{d}I_D}{\mathrm{d}V_D} = \frac{\tau_T I_S}{V_T} \exp \frac{V_D}{V_T} \tag{3.86}$$

unter Verwendung von Gl. (3.79). Es folgt für die Diffusionskapazität

$$\boxed{C_d = \frac{\tau_T\,(I_D + I_S)}{V_T} \approx \frac{\tau_T I_D}{V_T}.} \tag{3.87}$$

Die Näherung gilt für eine Flusspolung mit $V_D > 3V_T$, sodass $I_D \gg I_S$. Den Diffusionskapazitätsbelag C_d/A erhält man durch Ersetzen des Diodenstroms I_D durch die Diodenstromdichte $J_D = I_D/A$. Die Diffusionskapazität bei einer Spannung von $V_D = 0\,\mathrm{V}$ lautet $C_{d0} = \tau_T I_S/V_D$.

Aufgrund der exponentiellen Abhängigkeit der Diffusionskapazität vom Diffusionsstrom nimmt C_d mit ansteigender Vorwärtsspannung stark zu. Die gesamte Diodenkapazität besteht aus der Parallelschaltung und somit der Summe der Sperrschicht- und Diffusionskapazität, wie in Abb. 3.9 veranschaulicht.

Übung 3.6: Diffusionskapazität einer pn-Diode

Bestimmen Sie die Diffusionskapazität einer pn-Siliziumdiode bei Raumtemperatur für $I_D = 1\,\mathrm{mA}$ und $\tau_T = 100\,\mathrm{ns}$. Wie groß ist der Diffusionskapazitätsbelag bei einer Diodenfläche von $100\,\mu\mathrm{m} \times 100\,\mu\mathrm{m}$? Bei welcher Diodenspannung ergibt sich der soeben berechnete Wert der Diffusionskapazität für einen Sättigungsstrom von $I_S = 10\,\mathrm{fA}$? ◄

---

[26]Engl. **diffusion capacitance**.
[27]Engl. **(forward) transit time**.

Abb. 3.9 Gesamtkapazität
einer Diode als Summe des
Sperrschicht- und
Diffusionskapazitätsbelags

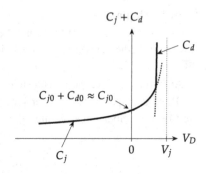

Lösung 3.6 Mit Gl. (3.87) ergibt sich für die Diffusionskapazität ein Wert von

$$C_d \approx \frac{\tau_T I_D}{V_T} = \frac{100\,\text{ns} \times 1\,\text{mA}}{26\,\text{mV}} = 3,8\,\text{nF}. \tag{3.88}$$

Für eine Diodenfläche von $1 \times 10^4\,\mu\text{m}^2$ lautet der Diffusionskapazitätsbelag $38\,\mu\text{F/cm}^2$. Die Spannung, bei der sich für eine Diode mit $I_S = 10\,\text{fA}$ eine Diffusionskapazität von 3.8 nF ergibt, berechnet sich aus Gl. (3.86) zu

$$V_D = V_T \ln \frac{C_d V_T}{\tau_T I_S} \approx 659\,\text{mV}. \tag{3.89}$$

3.3.3 Strom-Spannungs-Kennlinie

Die exponentielle Abhängigkeit des Diodenstroms aus Gl. (3.79) von der Spannung ist in Abb. 3.10 dargestellt.

Drei wichtige Beobachtungen helfen bei den folgenden Untersuchungen:

- Für $V_D = 0$ geht die Diodenkennlinie durch den Ursprung, und es gilt

$$I_D = 0. \tag{3.90}$$

- Für Sperrspannungen $V_D < 0$, die betragsmäßig größer sind als etwa $3V_T$, das heißt $|V_D| > 3V_T$, gilt annähernd $\exp(V_D/V_T) \ll 1$ und damit

$$I_D \approx -I_S. \tag{3.91}$$

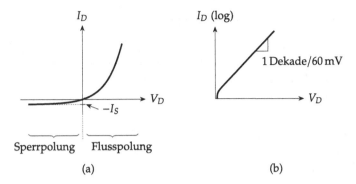

Abb. 3.10 Diodenstrom als Funktion der angelegten Spannung: (**a**) lineare und (**b**) halblogarithmische Darstellung

- Für Flussspannungen $V_D > 0$, die größer sind als etwa $3V_T$, das heißt $V_D > 3V_T$, gilt annähernd $\exp{(V_D/V_T)} \gg 1$ und damit

$$I_D \approx I_S \exp{\frac{V_D}{V_T}}. \tag{3.92}$$

Übung 3.7: Diodenstrom als Funktion der Diodenspannung

Eine Diode sei im Flussbetrieb mit $V_D > 3V_T$. Um welchen Betrag muss die Spannung V_D erhöht werden, um den Diodenstrom I_D um den Faktor m zu vergrößern? ◄

Lösung 3.7 Für $V_D > 3V_T$ gilt annähernd $I_D \approx I_S \exp{V_D/V_T}$ gemäß Gl. (3.92). Durch Umstellung nach V_D und Differenzbildung erhält man

$$\Delta V_D = V_2 - V_1 = V_T \ln{\frac{m I_D}{I_S}} - V_T \ln{\frac{I_D}{I_S}} \tag{3.93}$$

$$= V_T \ln{m}. \tag{3.94}$$

Speziell für eine Verzehnfachung des Diodenstroms ($m = 10$) bei Raumtemperatur muss V_D um $V_T \ln{10} \approx 60\,\text{mV}$ erhöht werden. Diese Steigung von einer Dekade im Diodenstrom für eine Erhöhung der Diodenspannung um 60 mV ist in Abb. 3.10(b) gekennzeichnet.

Übung 3.8: Diodenstrom in Fluss- und Sperrpolung

Der Sättigungsstrom einer Siliziumdiode sei mit $I_S = 10\,\text{fA}$ angegeben. Wie groß ist der Strom I_D für $V_D = \{-500\,\text{mV}, 50\,\text{mV}, 600\,\text{mV}, 800\,\text{mV}\}$? Wie groß ist der relative Fehler, falls anstelle der Diodengleichung in Gl. (3.79) die Näherungen aus Gl. (3.91) und Gl. (3.92) verwendet werden? ◄

Lösung 3.8 Für $V_D = -500\,\text{mV}$ lautet der Diodenstrom

$$I_D = -10\,\text{fA}. \tag{3.95}$$

Für $V_D = 50\,\text{mV}$

$$I_D = 58\,\text{fA}. \tag{3.96}$$

Für $V_D = 600\,\text{mV}$

$$I_D = 105\,\text{uA}. \tag{3.97}$$

Für $V_D = 800\,\text{mV}$

$$I_D = 231\,\text{mA}. \tag{3.98}$$

Für den Fall $V_D = 50\,\text{mV}$ ist die Ungleichung $V_D > 3V_T = 78\,\text{mV}$ nicht erfüllt, sodass für die Näherung in Gl. (3.92) eine merkliche Abweichung vom exakten Wert erwartet wird. Tatsächlich ergibt die Näherung einen Wert von $I_D = 68\,\text{fA}$ und damit einen relativen Fehler von 17 Prozent. Für alle anderen betrachteten Fälle ist der relative Fehler kleiner als 10^{-6} Prozent und damit vernachlässigbar.

Eine grafische Darstellung der Diodenkennlinie ist in Abb. 3.11(a) zu sehen. Die oben berechneten Zahlenwerte für I_D sind als Referenzpunkte gekennzeichnet. Der relative Fehler bei der Anwendung von Gl. (3.91) für Sperrpolung und Gl. (3.92) für Flusspolung ist in Abb. 3.11(b) veranschaulicht. Für eine Spannung von $V_D > |3V_T|$ liegt der relative Fehler bei der näherungsweisen Berechnung des Diodenstroms unterhalb von etwa 5 Prozent.

Abschließend kann festgestellt werden, dass die Diodenspannung in Abb. 3.11(a) im Bereich des starken Stromanstiegs in Flusspolung mit etwa $V_D \approx 0,7\,\text{V}$ angenähert werden kann und sich trotz großer Änderungen des Diodenstroms kaum ändert. Von dieser Beobachtung wird in einem späteren Abschnitt zur Modellierung der Diode Gebrauch gemacht (Abschn. 3.4.2).

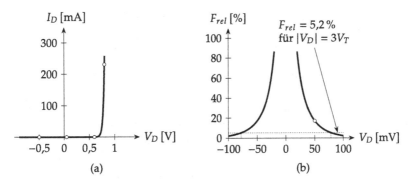

Abb. 3.11 (a) Diodenkennlinie für $I_S = 10\,\text{fA}$ in linearer Darstellung, (b) relativer Fehler bei der Anwendung von Gl. (3.91) und (3.92)

3.3.4 Temperaturverhalten

Der Diodenstrom in Gl. (3.79) ist sowohl über die Eigenleitungsdichte n_i im Sättigungsstrom als auch über die Temperaturspannung im Exponentialterm abhängig von der Temperatur.

Die Temperaturabhängigkeit des Diodenstroms kann mit der Eigenleitungsdichte aus Gl. (2.3) und dem Sättigungsstrom aus Gl. (3.80) ermittelt werden:

$$I_D = cT^3 \exp\left(-\frac{E_g}{kT}\right)\left(\exp\frac{V_D}{V_T} - 1\right), \qquad (3.99)$$

wobei $c = qAa^2\left[D_n/\left(N_A L_n\right) + D_p/\left(N_D L_p\right)\right]$ alle Größen zusammenfasst, die in erster Näherung als von der Temperatur unabhängig betrachtet werden. Der Einfachheit halber wird die Temperaturabhängigkeit der Diffusionskonstanten D_n und D_p, der Diffusionslängen L_n und L_p, des Koeffizienten a und der Bandlücke E_g vernachlässigt. Lediglich die Elementarladung q, die Diodenfläche A und die Dotierkonzentrationen N_A und N_D sind tatsächlich temperaturunabhängig. Mithilfe von Gl. (3.99) kann im Folgenden die Temperaturabhängigkeit des Diodenstroms bei konstantem V_D bzw. der Diodenspannung bei konstantem I_D berechnet werden.

Flusspolung
Für eine Flusspolung mit $V_D > 3V_T$ gilt näherungsweise [Gl. (3.92)]

$$I_D \approx cT^3 \exp\left(-\frac{E_g}{kT}\right)\exp\frac{V_D}{V_T}. \qquad (3.100)$$

Die Anwendung der Logarithmusfunktion auf beiden Seiten liefert

$$\ln I_D = \ln c + 3\ln T + \frac{qV_D - E_g}{kT}. \qquad (3.101)$$

Für eine konstante Spannung V_D lautet der **Temperaturkoeffizient**[28] des Diodenstroms, das heißt die Ableitung nach der Temperatur,

$$\frac{\mathrm{d} \ln I_D}{\mathrm{d} T} \bigg|_{V_D = \text{const}} = \frac{3V_T - V_D + E_g/q}{T V_T}, \tag{3.102}$$

wobei der erste Term im Zähler, $3V_T$, den kleinsten Beitrag zur Temperaturabhängigkeit des Diodenstroms liefert und bei genügend großer Flussspannung $V_D \gg 3V_T$ in erster Näherung vernachlässigt werden kann. Die Umstellung von Gl. (3.101) nach V_D führt zu

$$V_D = V_T \ln I_D + \frac{E_g}{q} - V_T \ln c - 3V_T \ln T. \tag{3.103}$$

Für einen konstanten Strom I_D lautet der Temperaturkoeffizient der Spannung nach Einsetzen von Gl. (3.101)

$$\frac{\mathrm{d} V_D}{\mathrm{d} T} \bigg|_{I_D = \text{const}} = \frac{V_D - E_g/q - 3V_T}{T}. \tag{3.104}$$

Sperrpolung
Für eine Sperrpolung mit $V_D < -3V_T$ gilt näherungsweise [Gl. (3.91)]

$$I_D \approx -c T^3 \exp\left(-\frac{E_g}{kT}\right). \tag{3.105}$$

Die Anwendung der Logarithmusfunktion auf beiden Seiten liefert

$$\ln |I_D| \approx \ln c + 3 \ln T - \frac{E_g}{kT}. \tag{3.106}$$

Für eine konstante Spannung V_D lautet der Temperaturkoeffizient des Diodenstroms

$$\frac{\mathrm{d} \ln |I_D|}{\mathrm{d} T} \bigg|_{V_D = \text{const}} = \frac{3V_T + E_g/q}{T V_T}. \tag{3.107}$$

Der Diodenstrom in Sperrpolung ist näherungsweise unabhängig von der Diodenspannung, sodass ein Ausdruck ähnlich zu Gl. (3.104) für den Temperaturkoeffizienten der Diodenspannung in Sperrpolung entfällt.

Abb. 3.12 veranschaulicht die Temperaturabhängigkeit der Diodengleichung aus Gl. (3.99). Die Diode zeigt demnach **Heißleiterverhalten**, das heißt, der Strom nimmt bei konstant gehaltener Diodenspannung mit steigender Temperatur zu.

---

[28]Engl. **temperature coefficient.**

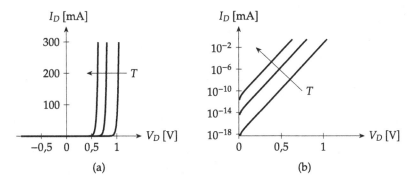

Abb. 3.12 Kennlinienfeld des Stroms einer *pn*-Siliziumdiode für $I_S = 10\,\mathrm{fA}$ und $T = \{250\,\mathrm{K},$ $300\,\mathrm{K}, 350\,\mathrm{K}\}$: (**a**) lineare und (**b**) halblogarithmische Darstellung

---

Übung 3.9: Temperaturverhalten einer Diode

Wie lauten die Temperaturkoeffizienten einer *pn*-Siliziumdiode für Flusspolung mit $V_D = 0.7\,\mathrm{V}$ und für Sperrpolung bei Raumtemperatur? Um wie viel muss die Temperatur erhöht werden, damit der Diodenstrom in Fluss- bzw. Sperrpolung verdoppelt wird? ◄

Lösung 3.9 Mit einer Bandlücke von $E_g = 1{,}12\,\mathrm{eV}$ aus Tab. 2.2 und $V_T = 26\,\mathrm{mV}$ folgt für die Temperaturkoeffizienten in Flusspolung

$$\left.\frac{\mathrm{d}\ln I_D}{\mathrm{d}T}\right|_{V_D=\text{const}} = \frac{3V_T - V_D + E_g/q}{TV_T} \approx 64 \times 10^{-3}\,\mathrm{K}^{-1} \tag{3.108}$$

$$\left.\frac{\mathrm{d}V_D}{\mathrm{d}T}\right|_{I_D=\text{const}} = \frac{V_D - E_g/q - 3V_T}{T} \approx -1{,}66\,\mathrm{mV/K} \tag{3.109}$$

bzw. in Sperrpolung

$$\left.\frac{\mathrm{d}\ln |I_D|}{\mathrm{d}T}\right|_{V_D=\text{const}} = \frac{3V_T + E_g/q}{TV_T} \approx 154 \times 10^{-3}\,\mathrm{K}^{-1}. \tag{3.110}$$

Um zu berechnen, bei welcher Temperaturerhöhung ΔT sich der Strom im Durchlassbereich verdoppelt, $I_{D2} = 2I_{D1}$, wird angesetzt:

$$\frac{\Delta \ln I_D}{\Delta T} = \frac{\ln I_{D2} - \ln I_{D1}}{\Delta T} = \frac{\ln \dfrac{I_{D2}}{I_{D1}}}{\Delta T} = \frac{\ln 2}{\Delta T} = 64 \times 10^{-3}\,\mathrm{K}^{-1} \tag{3.111}$$

und damit

$$\Delta T = \frac{\ln 2}{64 \times 10^{-3} \mathrm{K}^{-1}} \approx 10{,}8 \,\mathrm{K}. \tag{3.112}$$

Im Sperrbereich gilt

$$\Delta T = \frac{\ln 2}{154 \times 10^{-3} \mathrm{K}^{-1}} \approx 4{,}5 \,\mathrm{K}. \tag{3.113}$$

Die Temperaturabhängigkeit des Sperrstroms ist nach Gl. (3.105) ausschließlich durch die des Sättigungsstroms gegeben und höher als die Temperaturabhängigkeit des Flussstroms. Während sich der Flussstrom für eine Temperaturerhöhung von etwa 11 K verdoppelt, ist für die Verdopplung des Sperrstroms nur eine Temperaturerhöhung von ungefähr 5 K nötig.

Übung 3.10: Temperaturabhängigkeit einer Diodenschaltung

Wie lautet die Ausgangsspannung V_{out} in der in Abb. 3.13 abgebildeten Schaltung? Wie groß ist ihr Temperaturkoeffizient? Um welchen Betrag muss die Temperatur erhöht werden, damit die Ausgangsspannung verdoppelt wird? Gegeben seien $m = 10$, $n = 5$ und $T = 300\,\mathrm{K}$. ◄

Lösung 3.10 Der Strom durch D_1 und D_2 ist durch die jeweilige Stromquelle vorgegeben, $I_{D1} = I_1$ und $I_{D2} = I_2$. Die Spannung entlang der Dioden lässt sich mithilfe von Gl. (3.79) für Flusspolung ausdrücken als:

$$V_{D1} = V_T \ln \left(\frac{I_{D1}}{I_{S1}} \right) \tag{3.114}$$

$$V_{D2} = V_T \ln \left(\frac{I_{D2}}{I_{S2}} \right). \tag{3.115}$$

Abb. 3.13 Diodenschaltung mit Differenz-Ausgangsspannung V_{out}

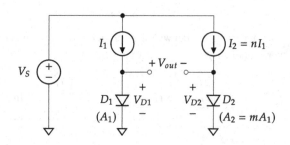

Für die Ausgangsspannung folgt durch Differenzbildung (Umlaufgleichung)

$$V_{out} = V_{D1} - V_{D2} = V_T \ln\left(\frac{I_{D1}I_{S2}}{I_{D2}I_{S1}}\right). \tag{3.116}$$

Das Einsetzen von $I_{D2} = nI_{D1}$ und $I_{S2} = mI_{S1}$ (wegen $I_S \propto A$ und $A_2 = mA_1$) ergibt

$$V_{out} = V_T \ln\left(\frac{m}{n}\right) \tag{3.117}$$

$$= 26\,\text{mV} \cdot \ln 2 = 18\,\text{mV}. \tag{3.118}$$

Der Temperaturkoeffizient lautet

$$\frac{dV_{out}}{dT} = \frac{k}{q}\ln\left(\frac{m}{n}\right) = \frac{V_{out}}{T} \tag{3.119}$$

$$= \frac{18\,\text{mV}}{300\,\text{K}} = 60\,\mu\text{V/K}. \tag{3.120}$$

Für eine Verdopplung der Ausgangsspannung, $V_{out2} = 2V_{out1}$, wird die dafür notwendige Temperaturerhöhung ΔT wie folgt berechnet:

$$\frac{\Delta V_{out}}{\Delta T} = \frac{V_{out2} - V_{out1}}{\Delta T} = \frac{V_T \ln\left(\frac{m}{n}\right)}{\Delta T} = \frac{18\,\text{mV}}{\Delta T} = 60\,\mu\text{V/K} \tag{3.121}$$

und damit

$$\Delta T = \frac{18\,\text{mV}}{60\,\mu\text{V/K}} = 300\,\text{K}. \tag{3.122}$$

Für eine Verdopplung der Ausgangsspannung von 18 mV auf 36 mV ist eine Erhöhung der Temperatur von 300 K auf 600 K notwendig. Eine Ausgangsspannung, die wie Gl. (3.117) proportional zur absoluten Temperatur ist ($V_T = kT/q$), wird auch **PTAT**-Spannung[29] genannt. Die in Abb. 3.13 gezeigte Prinzipschaltung findet daher in Digitalthermometern Anwendung.

3.3.5 Durchbruchmechanismen

Bisher wurde angenommen, dass der Diodenstrom bei Sperrspannung auf einen minimalen Wert von $-I_S$ absinkt, der nicht unterschritten wird (Abb. 3.10). Tatsächlich tritt bei Dioden

---

[29]Engl. **proportional to absolute temperature**.

Abb. 3.14 Diodenkennlinie
für eine Durchbruchspannung
$V_Z = 4,7\,\mathrm{V}$

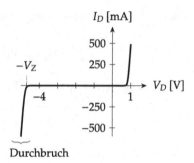

Abb. 3.15 Gebräuchliche
Schaltzeichen für eine Z-Diode

in Sperrpolung ein Effekt auf, der als **Durchbruch**[30] bezeichnet wird und zu einer Strom-Spannungs-Kennlinie führt, die in Abb. 3.14 veranschaulicht ist.

Ab einem gewissen Wert der Sperrspannung, der sogenannten **Durchbruchspannung**[31] V_Z, wächst der Strom durch die Diode stark an. Es handelt sich dabei um einen in Sperrrichtung (von Kathode zu Anode) fließenden Strom. Selbst eine betragsmäßig kleine Erhöhung der Spannung über V_Z hinaus führt zu einer starken Zunahme des Sperrstroms. Damit die maximal zulässige Verlustleistung der Diode nicht überschritten wird, muss dieser Sperrstrom durch eine externe Beschaltung, im einfachsten Fall einen einzelnen Widerstand, begrenzt werden.

Dioden, die speziell für den Einsatz im Durchbruch hergestellt werden, heißen **Z-Dioden**, früher wurden sie **Zener-Dioden**[32] genannt (Abb. 3.15). Kommerzielle Z-Dioden sind mit Durchbruchspannungen erhältlich, die üblicherweise im Bereich von 1 V bis 400 V liegen. Es werden zwei Durchbruchmechanismen bei Z-Dioden unterschieden, **Zener-**[33] und **Lawinendurchbruch**[34] (Abb. 3.16), die im Falle einer Strombegrenzung reversibel sind. Anwendung finden Z-Dioden beispielsweise in der **Spannungsstabilisierung**[35] und **-begrenzung**[36].

---

[30]Engl. **breakdown.**
[31]Engl. **breakdown voltage;** häufig auch als V_{BR} oder V_{BD} abgekürzt.
[32]Engl. **Zener diode.** Das „Z" in Z-Diode steht nicht für „Zener", sondern für die Z-förmige Kennlinie in Abb. 3.14.
[33]Engl. **Zener breakdown;** auch als **Tunneldurchbruch** bezeichnet.
[34]Engl. **avalanche breakdown.**
[35]Engl. **voltage stabilisation.**
[36]Engl. **voltage clipping.**

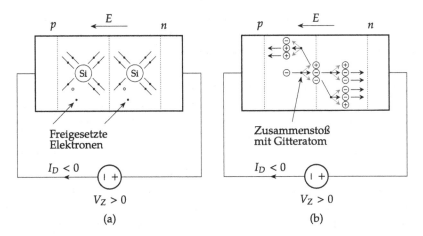

Abb. 3.16 (a) Zenerdurchbruch, (b) Lawinendurchbruch

Zenerdurchbruch

Eine hohe Feldstärke in der Raumladungszone kann dazu führen, dass Elektronen aus der kovalenten Bindung zwischen benachbarten Atomen gelöst werden. Diese freien Elektronen werden durch das elektrische Feld in Richtung des n-Gebiets beschleunigt und führen bei einer ausreichend großen Anzahl zu einem dementsprechend hohen Sperrstrom [Abb. 3.16(a)].

Der Zenerdurchbruch tritt bei Feldstärken von etwa 1000 kV/cm auf. Für solch hohe Feldstärken ist eine dünne Raumladungszone und somit eine hohe Dotierkonzentration ($> 10^{18}$ cm^{-3}) auf *beiden* Seiten des pn-Übergangs erforderlich (Üb. 3.3). Die Durchbruchspannung V_Z liegt bei Werten bis etwa 8 V und hat einen negativen Temperaturkoeffizienten, $dV_Z/dT < 0$, das heißt, V_Z sinkt mit zunehmender Temperatur.

Lawinendurchbruch

Der Lawinendurchbruch tritt bei Dioden mit moderaten ($< 10^{18}$ cm^{-3}) oder niedrigen ($< 10^{15}$ cm^{-3}) Dotierkonzentrationen auf. Um hohe Feldstärken bei größeren Sperrschichtweiten als beim Zenerdurchbruch zu erreichen, ist eine höhere Sperrspannung notwendig. Die Durchbruchspannung V_Z beim Lawinendurchbruch liegt daher bei Werten ab etwa 5 V und hat einen positiven Temperaturkoeffizienten, $dV_Z/dT > 0$, das heißt, V_Z steigt mit zunehmender Temperatur.

Im Sperrbetrieb fließt nur ein sehr kleiner Sättigungsstrom durch die Diode. Erfährt jedoch ein Ladungsträger, zum Beispiel ein Elektron, in der Raumladungszone ein hohes elektrisches Feld, so kann die kinetische Energie des Ladungsträgers ausreichen, um beim Zusammenstoß mit einem Atom des Kristallgitters ein Elektron-Loch-Paar zu generieren

[Abb. 3.16(b)]; dieser Vorgang wird als **Stoßionisation**[37] bezeichnet. Dieses Elektron-Loch-Paar kann durch die Beschleunigung in der Raumladungszone weitere Elektron-Loch-Paare erzeugen. Eine solche Ladungsträgermultiplikation durch Stoßionisation wird Lawinendurchbruch genannt.

Die gegensätzlichen Temperaturkoeffizienten der Durchbruchspannung für den Zener- und Lawinendurchbruch kompensieren sich im Bereich von 5,5 V bis 6,5 V. Besonders temperaturstabile Z-Dioden sind erhältlich mit einer Durchbruchspannung von 6,2 V.

Thermischer Durchbruch

Zener- und Lawinendurchbruch sind reversible Mechanismen, falls die in der Diode umgesetzte Leistung, das Produkt aus Sperrspannung und Sperrstrom, die für das Bauelement maximal zulässige Verlustleitung nicht überschreitet. Der Sperrstrom ist stark temperaturabhängig und steigt mit zunehmender Temperatur. Die Eigenerwärmung der Diode aufgrund der in ihr umgesetzten Leistung kann in Verbindung mit dem temperaturabhängigen Sperrstrom zu einer irreversiblen Zerstörung führen, die man als thermischen Durchbruch bezeichnet.

3.4   Modellierung der Diode

Zur Analyse von Diodenschaltungen ist es notwendig, ein Modell zu entwickeln, welches das physikalische Verhalten einer Diode in Abhängigkeit von den relevanten Parametern, wie zum Beispiel Spannung und Temperatur, mathematisch beschreibt. Ein analytisches (exponentielles) Modell ist bereits aus Gl. (3.79) und Abb. 3.10 bekannt und wird hier wiederholt:

$$I_D = I_S \left(\exp \frac{V_D}{V_T} - 1 \right). \tag{3.123}$$

Obwohl scheinbar einfach, eignet sich dieses Modell selbst bei wenig komplexen Schaltungen nicht zur analytischen Beschreibung gesuchter Ströme und Spannungen, wie das folgende Beispiel zeigt (Abb. 3.17).

Übung 3.11: Analyse einer Diodenschaltung

Bestimmen Sie den Diodenstrom I_D für $V_S = 3$ V und $V_S = 5$ V bei Raumtemperatur. Gegeben seien $I_S = 10$ fA und $R_1 = 1$ kΩ. ◄

---

[37]Engl. **impact ionization.**

Abb. 3.17 Diodenschaltung

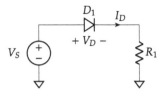

Lösung 3.11 Die Umlaufgleichung (im Gegenuhrzeigersinn) lautet

$$0 = V_S - V_D - I_D R_1. \tag{3.124}$$

Die Diodenspannung ergibt sich durch Umstellen von Gl. (3.123) unter der Annahme, dass D_1 in Flussrichtung betrieben wird und $\exp(V_D/V_T) \gg 1$ gilt, zu

$$V_D = V_T \ln \frac{I_D}{I_S}. \tag{3.125}$$

Eingesetzt in die Umlaufgleichung ergibt sich

$$0 = V_S - V_T \ln \frac{I_D}{I_S} - I_D R_1. \tag{3.126}$$

Den gesuchten Strom I_D erhält man demnach durch die Bestimmung der Nullstelle von Gl. (3.126). Da sich diese Gleichung nicht algebraisch lösen lässt, wird auf das numerische Näherungsverfahren der **Iteration** zurückgegriffen. Folgende Schritte werden durchgeführt, um die Lösung iterativ zu ermitteln:

1. Schätzen eines initialen Werts für V_D.
2. Einsetzen von V_D in Gl. (3.124) und Berechnen von I_D:

$$I_D = \frac{V_S - V_D}{R_1}. \tag{3.127}$$

3. Einsetzen von I_D in Gl. (3.125) und Berechnen eines neuen Werts für V_D.
4. Wiederholung der Schritte 2 und 3, bis die gewünschte Genauigkeit erreicht ist.[38]

Wie in Abb. 3.12(a) veranschaulicht, beträgt die Spannung einer vorwärtsgepolten Diode bei Raumtemperatur etwa $0,7\,\text{V}$, sodass dieser Wert eine vernünftige Wahl für den in Schritt 1 geschätzten Wert von V_D darstellt. Gemäß Schritt 2 ergibt sich mit $V_D = 0,7\,\text{V}$ und $V_S = 3\,\text{V}$ ein Strom von

---

[38] Als Abbruchkriterium kann beispielsweise dienen, dass die Differenz zweier in aufeinanderfolgenden Schritten berechneter Werte für I_D kleiner ist als ein akzeptierter Fehler.

$$I_D = \frac{3\,\text{V} - 0{,}7\,\text{V}}{1\,\text{k}\Omega} = 2{,}3\,\text{mA}. \tag{3.128}$$

In Schritt 3 führt dieser Strom zu einem neuen Wert für V_D:

$$V_D = 26\,\text{mV} \cdot \ln \frac{2{,}3\,\text{mA}}{10\,\text{fA}} \approx 0{,}68\,\text{V}. \tag{3.129}$$

Mit diesem Wert für V_D lautet der neue Wert für I_D:

$$I_D = \frac{3\,\text{V} - 0{,}68\,\text{V}}{1\,\text{k}\Omega} = 2{,}32\,\text{mA}. \tag{3.130}$$

Anhand weiterer Rechenschritte kann bestätigt werden, dass der Strom I_D gegen $2{,}32\,\text{mA}$ und die Spannung V_D gegen $680\,\text{mV}$ konvergiert. Auf die gleiche Weise erhält man $I_D = 4{,}30\,\text{mA}$ und $V_D = 696\,\text{mV}$ für $V_S = 5\,\text{V}$.

Alternativ kann die Lösung auch näherungsweise **grafisch** ermittelt werden. Dazu wird Gl. (3.126) umgestellt nach

$$\frac{V_S}{V_T} - \frac{R_1}{V_T} I_D = \ln \frac{I_D}{I_S}. \tag{3.131}$$

Die linke[39] und rechte Seite kann jeweils als eigene Gleichung betrachtet werden:

$$f_1(I_D) = \frac{V_S}{V_T} - \frac{R_1}{V_T} I_D \tag{3.132}$$

$$f_2(I_D) = \ln \frac{I_D}{I_S}. \tag{3.133}$$

Werden nun die entsprechenden Kennlinien für f_1 und f_2 gezeichnet, so lässt sich die Näherungslösung durch die grafische Bestimmung der Schnittstelle ermitteln. Aus Abb. 3.18 erhält man $I_D = 2{,}3\,\text{mA}$ für $V_S = 3\,\text{V}$ und $I_D = 4{,}3\,\text{mA}$ für $V_S = 5\,\text{V}$. Durch Einsetzen von I_D in Gl. (3.125) kann der zugehörige Wert für V_D berechnet werden. Die Genauigkeit dieser Lösung ist offensichtlich abhängig von der Genauigkeit der Zeichnung.

Die Wahl der beiden zu zeichnenden Kennlinien ist flexibel. Beispielsweise gilt für den Strom durch die Diode und den Widerstand:

$$I_D = I_S \exp \frac{V_D}{V_T} \tag{3.134}$$

$$I_R = \frac{V_S - V_D}{R_1}. \tag{3.135}$$

Da I_D sowohl durch die Diode als auch durch den Widerstand fließt, kann durch Gleichsetzen der beiden Gleichungen, $I_D = I_R$ (Knotengleichung), das heißt durch Bestimmung des Schnittpunkts der zugehörigen Kennlinien, die Lösung für I_D berechnet werden (Abb. 3.19):

---

[39]Die linke Seite, $f_1(I_D)$, ist eine lineare Gleichung der bekannten Form $y(x) = ax + b$, wobei $a = -R_1/V_T$, $b = V_S/V_T$, $x = I_D$ und $y = f_1$.

Abb. 3.18 Grafische
Bestimmung des Diodenstroms

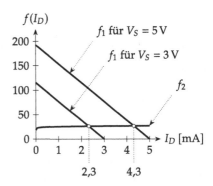

Abb. 3.19 Grafische
Bestimmung des Diodenstroms

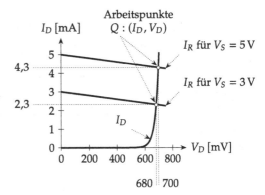

$$I_S \exp \frac{V_D}{V_T} = \frac{V_S - V_D}{R_1}. \tag{3.136}$$

Die linke Seite repräsentiert die nichtlineare Kennlinie der Diode D_1. Die rechte Seite stellt den Strom durch den Widerstand dar und wird als **Lastgerade**[40] bezeichnet. Die Lastgerade ist in diesem Beispiel eine Geradengleichung für den Strom durch die ohmsche Last und kann als Bedingung an Strom und Spannung des nichtlinearen Bauelements betrachtet werden. Der Schnittpunkt der beiden Kennlinien wird auch **Arbeits-** oder **Betriebspunkt**[41] genannt. Aus Abb. 3.19 erhält man den Arbeitspunkt $(I_D, V_D) = (2,3\,\text{mA}, 680\,\text{mV})$ für $V_S = 3\,\text{V}$ und $(4,3\,\text{mA}, 700\,\text{mV})$ für $V_S = 5\,\text{V}$.

Anhand eines Diagramms ähnlich zu Abb. 3.19 kann das iterative Näherungsverfahren veranschaulicht werden (Abb. 3.20).

---

[40]Engl. **load line.**
[41]Engl. **operating point, quiescent point, Q-point, bias point.**

Abb. 3.20 Veranschaulichung
des iterativen
Näherungsverfahrens

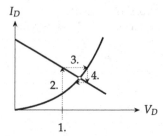

3.4.1 Ideales Diodenmodell

Wie in Üb. 3.11 gezeigt, ist das exponentielle Diodenmodell nicht geeignet, um eine analytisch exakte Lösung für den gesuchten Strom zu ermitteln. Es stellt sich daher die Frage, ob sich das vorliegende Modell vereinfachen lässt.

Eine erste Näherung der Diodenkennlinie ist in Abb. 3.21 dargestellt. Die Diode wird als **Schalter** modelliert, der entweder offen oder geschlossen sein kann.[42] In Flussrichtung wird die Diode mit einem Kurzschluss ersetzt (geschlossener Schalter), sodass ein beliebiger Strom fließen kann. In Sperrrichtung wird die Diode mit einem Leerlauf ersetzt (offener Schalter), sodass kein Strom durch die Diode fließt. Zusammengefasst lautet das **ideale Diodenmodell**:

$$\boxed{\begin{aligned} I_D &= 0 \quad \text{für } I_D V_D \leq 0 \quad \text{(Sperrpolung)} \\ V_D &= 0 \quad \text{für } V_D I_D > 0 \quad \text{(Flusspolung).} \end{aligned}}$$

(3.137a)

(3.137b)

Übung 3.12: Analyse einer Diodenschaltung mit dem idealen Modell

Bestimmen Sie den Diodenstrom I_D für $V_S = 3\,\text{V}$ und $V_S = 5\,\text{V}$ bei Raumtemperatur. Gegeben sei $R_1 = 1\,\text{k}\Omega$. Die Diode sei ideal. ◀

Lösung 3.12 In Üb. 3.11 wurde der Diodenstrom mit dem exponentiellen Modell unter Zuhilfenahme eines iterativen und grafischen Lösungsverfahrens bestimmt. Wird die Diode als idealer Schalter modelliert, so vereinfacht sich die Rechnung, wie im Folgenden gezeigt.

Um die Schaltung zu analysieren, muss die Diode je nach Betriebsbereich mit dem entsprechenden Netzwerkmodell ersetzt werden. Noch ist jedoch nicht bekannt, ob sich die Diode in Fluss- oder Sperrpolung befindet. Es erfolgt daher zuerst eine *Annahme* bezüglich des Betriebsbereichs (Abb. 3.22).

---

[42] Ähnlich einem Rückschlagventil.

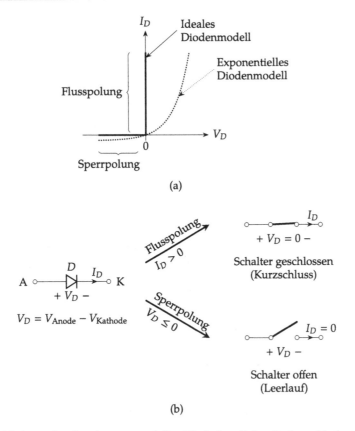

(a)

(b)

Abb. 3.21 (a) Approximation der exponentiellen Diodenkennlinie mit einem idealen Modell, (b) Netzwerkmodell der idealen Diode für Fluss- und Sperrpolung

Abb. 3.22 Diodenschaltung

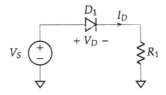

1. Annahme: D_1 sperrt.

In Sperrpolung wird die Diode gemäß Abb. 3.21(b) mit einem Leerlauf ersetzt, wie in Abb. 3.23(a) gezeigt. Für den Diodenstrom gilt $I_D = 0$, sodass der Spannungsabfall über R_1 ebenfalls 0 ist. Somit ist $V_D = V_S - 0\,\text{V} > 0$, da V_S gemäß Aufgabenstellung 3 V bzw. 5 V beträgt. Dieses Ergebnis widerspricht jedoch der Bedingung $V_D \leq 0$ für

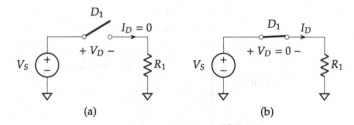

Abb. 3.23 (a) Diode im Sperrbetrieb, (b) Diode im Flussbetrieb

Sperrpolung [Gl. (3.137a)], sodass die getroffene Annahme widerlegt ist und sich die Diode in Flusspolung befinden muss.[43]

2. Annahme: D_1 leitet.

In Flusspolung wird die Diode gemäß Abb. 3.21(b) mit einem Kurzschluss ersetzt [Abb. 3.23(b)]. Wegen $V_D = 0$ fällt die gesamte Spannung V_S am Widerstand ab, und es gilt

$$I_D = \frac{V_S}{R_1} = \begin{cases} 3\,\text{mA} & \text{für } V_S = 3\,\text{V} \\ 5\,\text{mA} & \text{für } V_S = 5\,\text{V} \end{cases}. \tag{3.138}$$

Mit $I_D > 0$ ist die Bedingung für Flussbetrieb [Gl. (3.137b)] erfüllt, was die Annahme bestätigt. Der Arbeitspunkt der Diode ist demnach $(I_D, V_D) = (3\,\text{mA}, 0\,\text{V})$ für $V_S = 3\,\text{V}$ und $(5\,\text{mA}, 0\,\text{V})$ für $V_S = 5\,\text{V}$.

Eine Gegenüberstellung zu den Ergebnissen aus Üb. 3.11 ist in Tab. 3.2 dargestellt. Die mit dem exponentiellen Modell gewonnenen Ergebnisse sind zwar genauer, der Rechenaufwand mit dem idealen Modell ist jedoch sehr viel geringer.

Offensichtlich nimmt der Aufwand der Schaltungsanalyse mit einer steigenden Anzahl an Dioden zu. In einer Schaltung mit n Dioden gibt es insgesamt 2^n mögliche Kombinationen an Zuständen. Mit Übung kann vermieden werden, dass jede einzelne dieser Kombinationen berechnet werden muss, um zur korrekten Lösung zu gelangen.

Es ist oftmals sinnvoll, erste Überlegungen zu einer Schaltung mit dem idealen Modell anzustellen. Können in Simulationen oder Messungen beobachtete Effekte nicht erklärt werden, so hilft eine schrittweise Verfeinerung des Modells (Abschn. 3.4.2 und 3.4.3). Insbesondere in Üb. 3.10 würde die Anwendung des idealen Modells nicht zum Ziel führen, da die Ausgangsspannung und ihre Temperaturabhängigkeit 0 betrügen.

---

[43] Bei dieser einfachen Schaltung ist durch bloßes „Hinsehen" erkennbar, dass die Diode in Flussrichtung betrieben wird. Dass zuerst die falsche Annahme getroffen wurde, dient der Verdeutlichung der Denkweise bei der Lösung solcher Aufgabenstellungen. Außerdem wird die Analyse wegen $I_D = 0$ besonders einfach, wenn die Diode zunächst als offener Schalter modelliert wird.

Tab. 3.2 Vergleich der Arbeitspunkte (I_D, V_D) aus Üb. 3.11 und 3.12

Diodenmodell	$V_S = 3\,\text{V}$	$V_S = 5\,\text{V}$
Ideal	$(3\,\text{mA}, 0\,\text{V})$	$(5\,\text{mA}, 0\,\text{V})$
Exponentiell	$(2,32\,\text{mA}, 680\,\text{mV})$	$(4,30\,\text{mA}, 696\,\text{mV})$

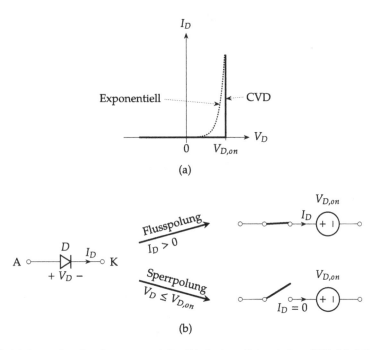

Abb. 3.24 (**a**) Approximation der exponentiellen Diodenkennlinie mit dem CVD-Modell, (**b**) Netzwerkmodell der CVD-Diode für Fluss- und Sperrpolung

3.4.2 Diodenmodell mit konstantem Spannungsabfall

Eine erste Verfeinerung des idealen Modells ist in Abb. 3.24 dargestellt. Die Vorwärtsspannung beträgt etwa 700 mV (Üb. 3.8) und ändert sich nur geringfügig mit dem Strom (60 mV pro Dekade, Üb. 3.7). Die Diode kann daher als idealer Schalter in Reihe zu einer idealen Konstantspannungsquelle $V_{D,on}$ modelliert werden. Der Wert von $V_{D,on}$ liegt üblicherweise in einem Bereich um 700 mV. In Flussrichtung ist der Schalter geschlossen (Kurzschluss), sodass die Diode als konstante Spannungsquelle modelliert wird und ein beliebiger Strom fließen kann. In Sperrrichtung ist der Schalter offen, die Diode wird mit einem Leerlauf ersetzt, und es fließt kein Strom. Zusammengefasst lautet das **Diodenmodell mit konstantem Spannungsabfall**[44], der sprachlichen Einfachheit halber **CVD-Modell** genannt:

---

[44] Engl. **constant-voltage-drop model,** abgekürzt **CVD model.**

$$
\boxed{
\begin{aligned}
I_D &= 0 \quad &\text{für} \quad I_D V_D \le V_{D,on} \quad &\text{(Sperrpolung)} \\
V_D &= V_{D,on} \quad &\text{für} \quad I_D > 0 \quad &\text{(Flusspolung).}
\end{aligned}
}
$$

(3.139a)
(3.139b)

Übung 3.13: Analyse einer Diodenschaltung mit dem CVD-Modell

Bestimmen Sie den Diodenstrom I_D für $V_S = 3\,\text{V}$ und $V_S = 5\,\text{V}$ bei Raumtemperatur. Gegeben sei $R_1 = 1\,\text{k}\Omega$. Es soll das CVD-Modell mit $V_{D,on} = 700\,\text{mV}$ verwendet werden (Abb. 3.25). ◄

Lösung 3.13 Für die Annahme des Sperrbetriebs erhalten wir das bereits aus Üb. 3.12 bekannte Ergebnis, dass sich die Diode im Flussbetrieb befinden muss. Die Analyse erfolgt daher unter der Annahme, dass D_1 leitet (Abb. 3.26).

Der Spannungsabfall am Widerstand beträgt $V_S - V_{D,on}$, sodass für den Diodenstrom gilt:

$$
I_D = \frac{V_S - V_{D,on}}{R_1} = \begin{cases} 2{,}3\,\text{mA} & \text{für } V_S = 3\,\text{V} \\ 4{,}3\,\text{mA} & \text{für } V_S = 5\,\text{V} \end{cases}.
\tag{3.140}
$$

Mit $I_D > 0$ ist die Bedingung für Flussbetrieb [Gl. (3.139b)] erfüllt, was die Annahme des Flussbetriebs bestätigt. Der Arbeitspunkt der Diode lautet demnach $(I_D, V_D) = (2{,}3\,\text{mA}, 700\,\text{mV})$ für $V_S = 3\,\text{V}$ und $(4{,}3\,\text{mA}, 700\,\text{mV})$ für $V_S = 5\,\text{V}$.

Abb. 3.25 Diodenschaltung

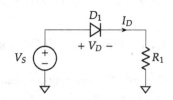

Abb. 3.26 Diode im Flussbetrieb

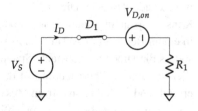

Tab. 3.3 Vergleich der Arbeitspunkte (I_D, V_D) aus Üb. 3.11, 3.12 und 3.13

Diodenmodell	$V_S = 3\,\text{V}$	$V_S = 5\,\text{V}$
Ideal	(3 mA, 0 V)	(5 mA, 0 V)
CVD	(2,3 mA, 700 mV)	(4,3 mA, 700 mV)
Exponentiell	(2,32 mA, 680 mV)	(4,30 mA, 696 mV)

Eine Gegenüberstellung zu den Ergebnissen aus Üb. 3.11 und 3.12 ist in Tab. 3.3 dargestellt. Mit einem geringfügig erhöhten Rechenaufwand sind die Ergebnisse sehr viel näher an den mit dem exponentiellen Modell gewonnenen Ergebnissen.

3.4.3 Diodenmodell mit konstantem Spannungsabfall und Widerstand

Eine dritte Näherung der exponentiellen Diodenkennlinie ist in Abb. 3.27 dargestellt. Zusätzlich zu $V_{D,on}$ beinhaltet das Netzwerkmodell einen strombegrenzenden Bahnwiderstand R_B,

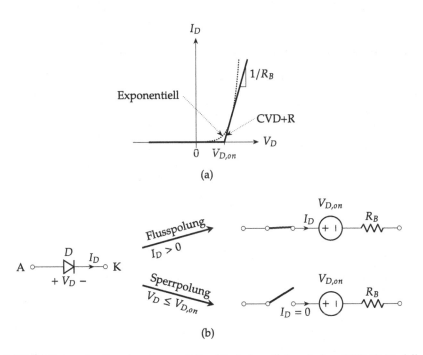

Abb. 3.27 (a) Approximation der exponentiellen Diodenkennlinie mit dem CVD+R-Modell, (b) Netzwerkmodell der CVD+R-Diode für Fluss- und Sperrpolung

Abb. 3.28 Diodenschaltung

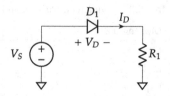

Abb. 3.29 Diode im
Flussbetrieb

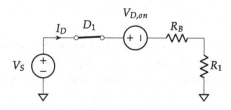

um die Steigung der Kennlinie in Flussrichtung zu modellieren. Typische Werte für R_B liegen im Bereich von $0{,}01\,\Omega$ bis $10\,\Omega$. Das Modell wird im Folgenden **CVD+R-Modell**[45] genannt und lautet:

$$
\begin{aligned}
I_D &= 0 & \text{für} \quad & V_D \le V_{D,on} \quad \text{(Sperrpolung)} & \text{(3.141a)} \\
V_D &= V_{D,on} + I_D R_B & \text{für} \quad & I_D > 0 \qquad \text{(Flusspolung).} & \text{(3.141b)}
\end{aligned}
$$

Übung 3.14: Analyse einer Diodenschaltung mit dem CVD+R-Modell

Bestimmen Sie den Diodenstrom I_D für $V_S = 3\,\text{V}$ und $V_S = 5\,\text{V}$ bei Raumtemperatur. Gegeben sei $R_1 = 1\,\text{k}\Omega$. Es soll das CVD+R-Modell mit $V_{D,on} = 700\,\text{mV}$ und $R_B = 1\,\Omega$ verwendet werden (Abb. 3.28). ◄

Lösung 3.14 Unter der Annahme des Flussbetriebs folgt das in Abb. 3.29 dargestellte Ersatzschaltbild.
Die Umlaufgleichung lautet

$$0 = V_S - V_{D,on} - I_D \left(R_B + R_1 \right), \tag{3.142}$$

woraus sich der Diodenstrom ergibt:

---

[45] Die Abkürzung „CVD *plus* R" soll andeuten, dass das CVD-Modell um einen Widerstand erweitert wurde.

Tab. 3.4 Vergleich der Arbeitspunkte (I_D, V_D) aus Üb. 3.11, 3.12, 3.13 und 3.14

Diodenmodell	$V_S = 3\,\text{V}$	$V_S = 5\,\text{V}$
Ideal	$(3\,\text{mA}, 0\,\text{V})$	$(5\,\text{mA}, 0\,\text{V})$
CVD	$(2,3\,\text{mA}, 700\,\text{mV})$	$(4.3\,\text{mA}, 700\,\text{mV})$
CVD+R	$(230\,\text{mA}, 700\,\text{mV})$	$(4,30\,\text{mA}, 700\,\text{mV})$
Exponentiell	$(2,32\,\text{mA}, 680\,\text{mV})$	$(4,30\,\text{mA}, 696\,\text{mV})$

$$I_D = \frac{V_S - V_{D,on}}{R_B + R_1} = \begin{cases} 2,30\,\text{mA} & \text{für } V_S = 3\,\text{V} \\ 4,30\,\text{mA} & \text{für } V_S = 5\,\text{V} \end{cases}. \tag{3.143}$$

Mit $I_D > 0$ ist die Bedingung für Flussbetrieb [Gl. (3.141b)] erfüllt, was die Annahme des Flussbetriebs bestätigt. Der Arbeitspunkt der Diode lautet demnach $(I_D, V_D) = (2,3\,\text{mA}, 700\,\text{mV})$ für $V_S = 3\,\text{V}$ und $(4,3\,\text{mA}, 700\,\text{mV})$ für $V_S = 5\,\text{V}$. Der Einfluss des Bahnwiderstands ist wegen $R_B \ll R_1$, das heißt $R_B + R_1 \approx R_1$, erwartungsgemäß vernachlässigbar. Eine Gegenüberstellung zu den bisherigen Ergebnissen ist in Tab. 3.4 dargestellt.

3.4.4 Diodenmodell für den Durchbruch

Um den in Abschn. 3.3.5 diskutierten Durchbruch einer Z-Diode im Sperrbetrieb mathematisch zu beschreiben, kommt das in Abb. 3.30 dargestellte Modell zum Einsatz:

$$\boxed{V_D = -V_Z - I_Z R_Z \quad \text{für} \quad I_Z > 0 \; (I_D < 0).} \tag{3.144}$$

Typischerweise liegt R_Z zwischen $0,1\,\Omega$ und $100\,\Omega$. Für $R_Z = 0$ erhält man ein idealisiertes Modell mit $V_D = -V_Z$, wobei eine Steigung der Kennlinie im Durchbruchbereich nicht berücksichtigt wird. Zu beachten ist, dass der Strom I_Z im Zenerdurchbruch in die dem Diodenstrom I_D entgegengesetzte Richtung positiv gezählt wird.

Übung 3.15: Spannungsbegrenzung mit einer Z-Diode

Gegeben sei eine Z-Diode mit $V_Z = 4,7\,\text{V}$ und $R_Z = 0,5\,\Omega$. Außerdem sei $R_S = 1\,\text{k}\Omega$ und $V_S = 10\,\text{V}$. Bestimmen Sie den Arbeitspunkt der Diode (Abb. 3.31). ◄

Lösung 3.15 Unter der Annahme des Durchbruchs folgt das in Abb. 3.32(a) dargestellte Ersatzschaltbild.

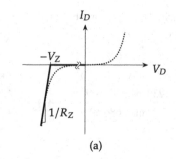

(a)

(b)

Abb. 3.30 (**a**) Approximation der Kennlinie im Durchbruch, (**b**) Netzwerkmodell für eine Diode im Durchbruch

Die Umlaufgleichung lautet

$$0 = V_S - V_Z + I_D\,(R_Z + R_S)\,, \tag{3.145}$$

woraus sich der Diodenstrom ergibt:

$$I_D = \frac{V_Z - V_S}{R_Z + R_S} = \frac{4{,}7\,\mathrm{V} - 10\,\mathrm{V}}{0{,}5\,\Omega + 1\,\mathrm{k}\Omega} = -5{,}27\,\mathrm{mA}. \tag{3.146}$$

Mit $I_D < 0$ ist die Bedingung für den Betrieb im Durchbruch [Gl. (3.144)] erfüllt, was die Annahme des Durchbruchs bestätigt. Die Diodenspannung V_D beträgt

$$V_D = I_D R_Z - V_Z = -5{,}27\,\mathrm{mA} \cdot 0{,}5\,\Omega - 4{,}7\,\mathrm{V} = -4{,}70\,\mathrm{V}. \tag{3.147}$$

Der Arbeitspunkt der Diode lautet demnach $(I_D, V_D) = (-5{,}27\,\mathrm{mA}, -4{,}70\,\mathrm{V})$ für $V_S = 10\,\mathrm{V}$. Der Einfluss des Zenerwiderstands R_Z ist wegen $R_Z \ll R_S$, das heißt $R_Z + R_S \approx R_S$, erwartungsgemäß vernachlässigbar.

Abb. 3.31 Spannungsbegrenzung
mit einer Z-Diode

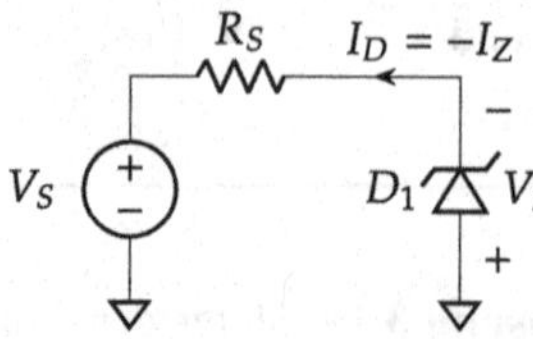

Alternativ zur analytischen Lösung der Aufgabe kann auch hier eine grafische Analyse angewendet werden (Üb. 3.11 bzw. Abb. 3.19). Aus der Umlaufgleichung

$$0 = V_S + I_D R_S + V_D \tag{3.148}$$

folgt die Lastgerade

$$I_D = -\frac{V_S}{R_S} - \frac{1}{R_S} \cdot V_D = -10\,\text{mA} - \frac{1}{1\,\text{k}\Omega} \cdot V_D. \tag{3.149}$$

Wird die Lastgerade in das Koordinatensystem der Diodenkennlinie (entweder durch Gl. (3.144) modelliert oder real) gezeichnet [Abb. 3.32(b)], so kann ein ungefährer Arbeitspunkt $(-5\,\text{mA}, -4,7\,\text{V})$ abgelesen werden.

Damit die Diode im Durchbruch bleibt, muss ihr Arbeitspunkt auf der Durchbruchkennlinie liegen. Dafür muss ein gewisser Strom $I_{Z,min}$ fließen, sodass strenger $I_Z > I_{Z,min}$ formuliert werden kann. Sofern nicht anders angegeben, wird im Folgenden von $I_{Z,min} = 0$ ausgegangen.

Übung 3.16: Spannungsstabilisierung mit einer Z-Diode

Eine Anwendung von Z-Dioden zur Spannungsstabilisierung einer Ausgangsspannung ist in Abb. 3.33 dargestellt. Für die Z-Diode gelte $V_Z = 4,7\,\text{V}$ und $R_Z = 0,5\,\Omega$, und es sei $R_S = 1\,\text{k}\Omega$, $R_L = 5\,\text{k}\Omega$ und $V_S = 10\,\text{V}$. Bestimmen Sie den Arbeitspunkt der Diode. Damit die Z-Diode im Durchbruch bleibt, soll ein Mindeststrom $I_{Z,min} = 1\,\text{mA}$ fließen. Wie groß ist der dafür notwendige minimale Wert von R_L? Welche Anforderungen müssen an V_S und R_S gestellt werden, damit $I_Z > I_{Z,min}$? ◄

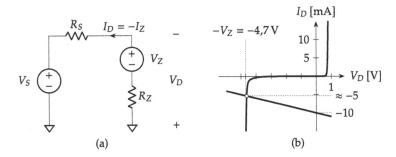

Abb. 3.32 (**a**) Ersatzschaltbild mit Modellierung der Z-Diode im Durchbruch, (**b**) Lastgerade und reale Diodenkennlinie für eine Durchbruchspannung $V_Z = 4,7\,\text{V}$

Abb. 3.33 Spannungsstabilisierung
mit einer Z-Diode

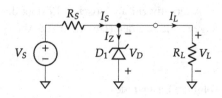

Lösung 3.16 Unter der Annahme des Durchbruchs folgt das in Abb. 3.34 dargestellte Ersatzschaltbild.

Die Knotengleichung lautet

$$0 = I_S - I_Z - I_L. \tag{3.150}$$

Für die Ströme gilt

$$I_S = \frac{V_S - V_L}{R_S} \tag{3.151}$$

$$I_Z = \frac{V_L - V_Z}{R_Z} \tag{3.152}$$

$$I_L = \frac{V_L}{R_L}. \tag{3.153}$$

Eingesetzt in die Knotengleichung ergibt

$$0 = \frac{V_S - V_L}{R_S} - \frac{V_L - V_Z}{R_Z} - \frac{V_L}{R_L}. \tag{3.154}$$

Umgestellt nach V_L folgt

Abb. 3.34 Ersatzschaltbild für
den Durchbruch

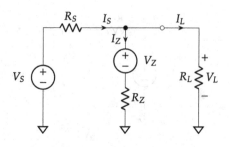

$$V_L = \frac{\dfrac{V_S}{R_S} + \dfrac{V_Z}{R_Z}}{\dfrac{1}{R_S} + \dfrac{1}{R_Z} + \dfrac{1}{R_L}} = 4{,}702\,\text{V}. \tag{3.155}$$

Mithilfe der Ausgangsspannung V_L resultiert für die Ströme[46]

$$I_S = 5{,}30\,\text{mA} \tag{3.156}$$

$$I_Z = 4{,}36\,\text{mA} \tag{3.157}$$

$$I_L = 0{,}94\,\text{mA}. \tag{3.158}$$

Wegen $I_Z > I_{Z,min} = 1\,\text{mA}$ ist die Bedingung für den Betrieb im Durchbruch erfüllt und damit die Annahme bestätigt.

Mit der Diodenspannung $V_D = -V_L = 4{,}702\,\text{V}$ lautet der Arbeitspunkt der Diode $(I_D, V_D) = (-4{,}36\,\text{mA}, -4{,}702\,\text{V})$.

Wird R_L zu klein gewählt, im Extremfall zu $0\,\Omega$ (Kurzschluss), so fließt der gesamte Quellstrom $I_S = V_S/R_S$ durch den Kurzschluss am Ausgang. Es existiert daher ein Minimum für R_L, sodass $I_Z > I_{Z,min}$. Dieses Minimum kann wie folgt berechnet werden:

$$I_Z = \frac{V_L - V_Z}{R_Z} > I_{Z,min}. \tag{3.159}$$

Das Einsetzen von V_L und die Umstellung nach R_L ergibt

$$R_L > \frac{I_{Z,min} R_Z + V_Z}{\dfrac{1}{R_S}(V_S - V_Z) - I_{Z,min}\left(1 + \dfrac{R_Z}{R_S}\right)} = 1093\,\Omega. \tag{3.160}$$

Für die Last gilt demnach $R_{L,min} = 1093\,\Omega$, damit die Diode im Durchbruch betrieben wird. Auf ähnliche Weise können durch Umstellung von Gl. (3.160) Bedingungen für V_S und R_S formuliert werden. Nimmt der Wert der Quellspannung V_S ab oder der des Widerstands R_S zu, so sinkt der Strom I_S und damit I_Z, bis die Diode ihren Arbeitspunkt auf der Durchbruchkennlinie verliert. Damit die Z-Diode in Abb. 3.34 ihre spannungsstabilisierende Funktion beibehält, muss gelten:

---

[46]Der Strom I_Z wurde mithilfe von Gl. (3.150) aus I_S und I_L berechnet. Das gleiche Ergebnis für I_Z erhält man aus Gl. (3.152), jedoch muss dafür (wegen der Differenzbildung $V_L - V_Z$) V_L aus Gl. (3.155) auf mehrere Nachkommastellen genau gerundet werden. Beispielsweise erhält man mit Gl. (3.152) bei einer ungenauen Rundung auf $4{,}70\,\text{V}$ einen Strom $I_Z = 0$, was dem Ergebnis aus der Knotengleichung widerspricht.

$$R_L > R_{L,min} = 1093\,\Omega \tag{3.161}$$

$$R_S < R_{S,max} = 2732\,\Omega \tag{3.162}$$

$$V_S > V_{S,min} = 6{,}64\,\text{V}. \tag{3.163}$$

3.4.5 Zusammenfassung der Diodenmodelle und Analysemethoden

Mit dem Arbeitspunkt wird angegeben, in welchem Punkt auf ihrer Kennlinie die Diode betrieben wird. Es handelt sich um das Wertepaar aus Gleichstrom I_D und Gleichspannung V_D, (I_D, V_D). Zur Bestimmung des Arbeitspunkts einer Diode wurden verschiedene Verfahren vorgestellt:

- Ein **grafisches** Verfahren, zum Beispiel mithilfe einer Lastgeraden, welches sich für alle vorgestellten Modelle eignet.
- Ein **numerisches** (iteratives) Verfahren, falls das exponentielle Diodenmodell zum Einsatz kommt.
- Ein **analytisches** Verfahren bei der Anwendung des idealen, CVD- oder CVD+R-Modells bzw. des Modells für den Durchbruch.

Das Vorgehen bei der analytischen Arbeitspunktanalyse einer Schaltung mit einer beliebigen Anzahl an Dioden ist in Abb. 3.35 dargestellt. Es ist übertragbar auf die später behandelten Bauelemente (Transistoren).

Bei der Wahl eines der Diodenmodelle, die in Abb. 3.36 zusammengefasst sind, stehen je nach Betriebsbereich zur Auswahl:

Abb. 3.35 Schritte bei der analytischen Arbeitspunktbestimmung

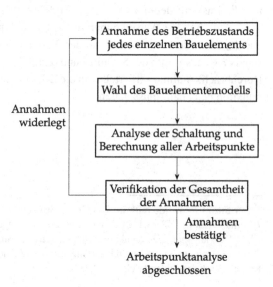

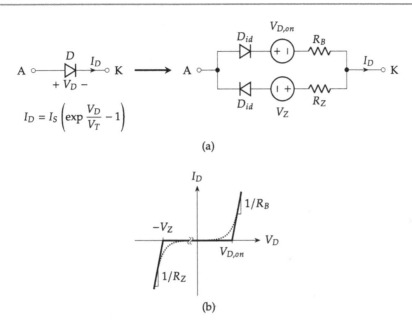

(a)

(b)

Abb. 3.36 (a) Diodenmodell für Durchbruch, Sperr- und Flussbetrieb (die Dioden D_{id} sind ideal), (b) Strom-Spannungs-Kennlinie

1. **Exponentiell** durch $I_D = I_S \left[\exp \left(V_D / V_T \right) - 1 \right]$ mit $I_S = 10^{-6}\,\text{A} \dots 10^{-18}\,\text{A}$
2. **Ideal** mit $V_{D,on} = 0\,\text{V}$ und $R_B = 0\,\Omega$
3. Mit **konstantem Spannungsabfall** $V_{D,on} \approx 600\,\text{mV} \dots 800\,\text{mV}$ und $R_B = 0\,\Omega$ (CVD-Modell)
4. Mit **konstantem Spannungsabfall** $V_{D,on} \approx 600\,\text{mV} \dots 800\,\text{mV}$ und **Bahnwiderstand** $R_B \approx 0.01\,\Omega \dots 10\,\Omega$ (CVD+R-Modell)
5. Mit Spannung $V_Z \approx 1\,\text{V} \dots 400\,\text{V}$ und Widerstand $R_Z \approx 0.1\,\Omega \dots 100\,\Omega$ im **Durchbruch**

Bei den angegebenen Werten handelt es sich um typische Angaben für Siliziumdioden, die je nach zu modellierender Diodenkennlinie variieren können.

3.5 Anwendungen

Dioden sind vielseitig einsetzbar, zum Beispiel zur Spannungsstabilisierung, -begrenzung und -vervielfachung, zur Gleichrichtung und zur Pegelwandlung. Je nach Diodentyp, zum Beispiel Foto-, Tunnel-, Kapazitäts- oder Schottkydiode, kommen viele weitere Anwendungen hinzu. Im Folgenden werden einige dieser Anwendungen näher erläutert.

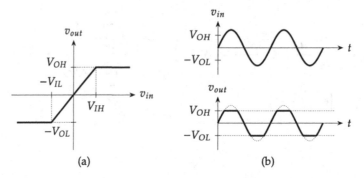

Abb. 3.37 (a) Übertragungskennlinie einer Begrenzerschaltung, (b) zeitlicher Verlauf der Ein- und Ausgangsspannung

3.5.1 Spannungsbegrenzung

In Üb. 3.15 wurde bereits eine erste Anwendung gezeigt, in der eine Z-Diode eine Ausgangsspannung begrenzt, zum Beispiel als Überspannungsschutz. Die **Übertragungskennlinie**[47] einer Schaltung zur **Spannungsbegrenzung**[48] von positiven und negativen Eingangsspannungen ist in Abb. 3.37(a) dargestellt. Wird beispielsweise eine sinusförmige Eingangsspannung angelegt, deren Amplitude größer ist als die minimale und maximale Ausgangsspannung des Begrenzers, $-V_{OL}$ bzw. V_{OH}, so erhält man am Ausgang eine sinusförmige Spannung mit abgeschnittenen Kappen, wie in Abb. 3.37(b) veranschaulicht. Im Folgenden wird erläutert, wie eine Spannungsbegrenzung schaltungstechnisch realisiert werden kann.

Gegeben sei die Schaltung aus Abb. 3.17 mit vertauschter Reihenfolge von Widerstand und Diode und einer variierenden Eingangsspannung v_{in}, wie in Abb. 3.38(a) gezeigt. Für die Diode soll das CVD-Modell verwendet werden. Ist $v_{in} > V_{D,on}$, so leitet die Diode und kann mit einer Konstantspannungsquelle $V_{D,on}$ ersetzt werden. Da diese Spannungsquelle parallel zur Ausgangsspannung erscheint, ist $v_{out} = V_{D,on}$. Für $v_{in} < V_{D,on}$ sperrt die Diode und kann mit einem Leerlauf ersetzt werden, sodass $v_{out} = v_{in}$. Die dadurch beschriebene Übertragungskennlinie ist in Abb. 3.38(b) dargestellt. Wird nun eine Sinusspannung [Abb. 3.37(b)] am Eingang angelegt, so entsteht die in Abb. 3.38(c) gezeigte Ausgangsspannung, die im Positiven auf eine Maximalspannung $V_{D,on}$ begrenzt ist.

Um die Spannung nicht auf $V_{D,on}$, sondern auf einen beliebigen Wert zu begrenzen, wird eine Spannungsquelle V_{B1} in Reihe zur Diode geschaltet (Abb. 3.39). In diesem Fall leitet die Diode für $v_{in} > V_{D,on} + V_{B1}$ und sperrt für $v_{in} \leq V_{D,on} + V_{B1}$, wobei V_{B1} sowohl positive als auch negative Werte annehmen kann.

Um negative Spannungen zu begrenzen, kann die Diode entgegengesetzt gepolt verwendet werden (Abb. 3.40), sodass sie für $v_{in} < -V_{D,on}$ leitet und für $v_{in} > -V_{D,on}$ sperrt.

---

[47] Auch **Spannungsübertragungskennlinie**, engl. **voltage transfer characteristic (VTC)**.
[48] Engl. **voltage clipping** bzw. **limiting**.

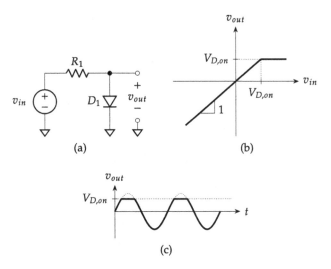

Abb. 3.38 (**a**) Schaltung zur Begrenzung von positiven Eingangsspannungen auf $V_{D,on}$, (**b**) Übertragungskennlinie, (**c**) zeitlicher Verlauf der Ausgangsspannung

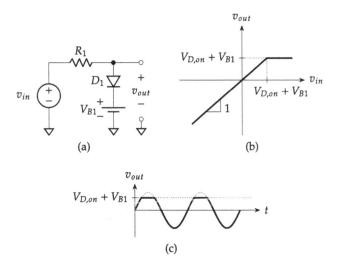

Abb. 3.39 (**a**) Schaltung zur Begrenzung von positiven Eingangsspannungen auf beliebige Werte, (**b**) Übertragungskennlinie, (**c**) zeitlicher Verlauf der Ausgangsspannung

Die Ausgangsspannung kann somit keine Werte kleiner als $-V_{D,on}$ annehmen. Auch hier kann eine Spannungsquelle in Serie hinzugefügt werden, um die Ausgangsspannung auf eine beliebige Spannung $-V_{D,on} - V_{B2}$ zu begrenzen.

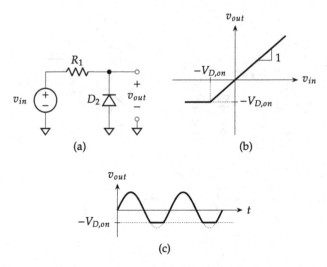

Abb. 3.40 (a) Schaltung zur Begrenzung von negativen Eingangsspannungen auf $-V_{D,on}$, (b) Übertragungskennlinie, (c) zeitlicher Verlauf der Ausgangsspannung

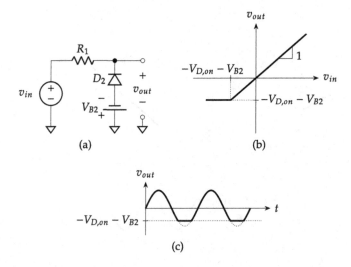

Abb. 3.41 (a) Schaltung zur Begrenzung von negativen Eingangsspannungen auf beliebige Werte, (b) Übertragungskennlinie, (c) zeitlicher Verlauf der Ausgangsspannung

Im letzten Schritt können die beiden Schaltungen Abb. 3.38(a) und Abb. 3.40(a) bzw. Abb. 3.39(a) und Abb. 3.41(a) kombiniert werden, um v_{out} auf eine (beliebige) obere und untere Grenze zu begrenzen (Abb. 3.42[49] und Abb. 3.43).

---

[49] Abb. 3.42(a) stellt ein weiteres Beispiel für eine Schaltung dar, bei der die Anwendung des idealen Diodenmodells nicht sinnvoll ist, da die Ausgangsspannung 0 ergäbe.

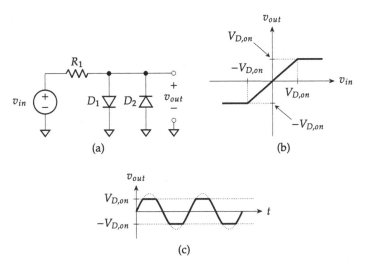

(a)   (b)

(c)

Abb. 3.42 (a) Schaltung zur Begrenzung von positiven Eingangsspannungen auf beliebige Werte, (b) Übertragungskennlinie, (c) zeitlicher Verlauf der Ausgangsspannung

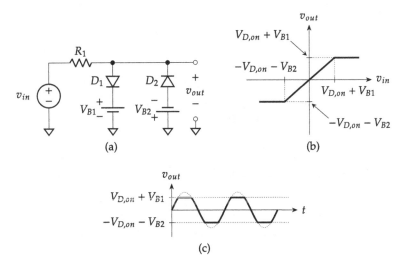

(a)   (b)

(c)

Abb. 3.43 (a) Schaltung zur Begrenzung von positiven und negativen Eingangsspannungen auf beliebige Werte, (b) Übertragungskennlinie, (c) zeitlicher Verlauf der Ausgangsspannung

Die Schaltung aus Abb. 3.43(a) hat den Vorteil, dass die beiden Grenzen auf einen beliebigen Wert eingestellt werden können. Sie hat den Nachteil, dass dafür zwei zusätzliche Spannungsquellen notwendig sind. Durch den Einsatz von Z-Dioden kann dieser Nachteil eliminiert werden. Dazu kann die Schaltung aus Abb. 3.31 um eine weitere Z-Diode antiseriell zur ersten erweitert werden, wie in Abb. 3.44(a) gezeigt. Die Spannungsgrenzen

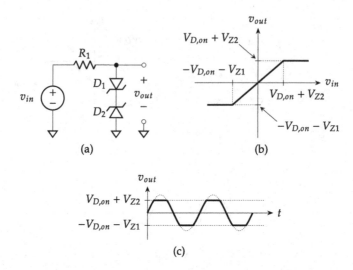

(a)   (b)

(c)

Abb. 3.44 (a) Schaltung zur Begrenzung von positiven und negativen Eingangsspannungen mithilfe von Z-Dioden, (b) Übertragungskennlinie, (c) zeitlicher Verlauf der Ausgangsspannung für $R_Z = 0\,\Omega$

können durch den Einsatz unterschiedlicher Z-Dioden oder weiterer Dioden in Reihe variiert werden.

Für $v_{in} > V_{D,on} + V_{Z2}$ leitet D_1 und D_2 bricht durch, sodass die Ausgangsspannung im Positiven auf $V_{D,on} + V_{Z2}$ begrenzt wird. Für $v_{in} < -V_{D,on} - V_{Z1}$ leitet D_2 und D_1 bricht durch, sodass die Ausgangsspannung im Negativen auf $-V_{D,on} - V_{Z1}$ begrenzt wird. Hierbei wurde angenommen, dass der Widerstand R_Z gegenüber R_1 vernachlässigbar klein ist.

Übung 3.17: Spannungsbegrenzung mit Z-Dioden

Für die Schaltung aus Abb. 3.44(a) soll die Ausgangsspannung berechnet werden. Es gelte $V_{D,on} = 0{,}7\,V$ im Flussbereich und $V_Z = 4{,}7\,V$ im Durchbruch. Außerdem sei $R_1 = 1\,k\Omega$ und $V_{in} = \{-10\,V, 10\,V\}$. Bestimmen Sie den Wert der Ausgangsspannung V_{out} für

(a) $R_B = 0\,\Omega$, $R_Z = 0\,\Omega$
(b) $R_B = 10\,\Omega$, $R_Z = 10\,\Omega$.

◀

Lösung 3.17 Für $v_{in} = 10\,\text{V} > V_{D,on} + V_{Z2} = 5{,}4\,\text{V}$ wird angenommen, dass D_1 in Flusspolung und D_2 im Durchbruch ist [Abb. 3.45(a)]. Aus der Umlaufgleichung am Ausgang

$$0 = V_{out} - \left(V_{D,on} + V_Z\right) - \frac{V_{in} - V_{out}}{R_1}\left(R_B + R_Z\right) \tag{3.164}$$

folgt für die Ausgangsspannung

$$V_{out} = \frac{V_{D,on} + V_Z + V_{in}\dfrac{R_B + R_Z}{R_1}}{1 + \dfrac{R_B + R_Z}{R_1}} \tag{3.165}$$

$$= \begin{cases} 5{,}4\,\text{V} & \text{für } R_B = 0\,\Omega,\ R_Z = 0\,\Omega \\ 5{,}49\,\text{V} & \text{für } R_B = 10\,\Omega,\ R_Z = 10\,\Omega \end{cases}. \tag{3.166}$$

Der Strom durch die Dioden beträgt

$$I_{D1} = -I_{D2} = \frac{V_{in} - V_{out}}{R_1} \tag{3.167}$$

$$= \begin{cases} 4{,}6\,\text{mA} & \text{für } R_B = 0\,\Omega,\ R_Z = 0\,\Omega \\ 4{,}51\,\text{mA} & \text{für } R_B = 10\,\Omega,\ R_Z = 10\,\Omega \end{cases}. \tag{3.168}$$

Wegen $I_{D1} > 0$ und $I_{D2} < 0$ sind die Annahmen für D_1 (Flusspolung) und D_2 (Durchbruch) bestätigt.

Abb. 3.45 Ersatzschaltbild für
(a) $v_{in} > V_{D,on} + V_{Z2}$ und
(b) $v_{in} < -V_{D,on} - V_{Z1}$

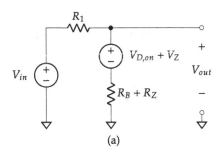

(a)

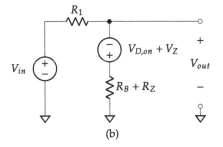

(b)

Für $v_{in} = -10\,\mathrm{V} < -V_{D,on} - V_{Z1} = -5,4\,\mathrm{V}$ wird angenommen, dass D_2 in Flusspolung und D_1 im Durchbruch ist [Abb. 3.45(b)]. Aus der Umlaufgleichung am Ausgang

$$0 = V_{out} + V_{D,on} + V_Z - \frac{V_{in} - V_{out}}{R_1}\,(R_B + R_Z) \tag{3.169}$$

folgt für die Ausgangsspannung

$$V_{out} = \frac{-V_{D,on} - V_Z + V_{in}\dfrac{R_B + R_Z}{R_1}}{1 + \dfrac{R_B + R_Z}{R_1}} \tag{3.170}$$

$$= \begin{cases} -5,4\,\mathrm{V} & \text{für } R_B = 0\,\Omega,\, R_Z = 0\,\Omega \\ -5,49\,\mathrm{V} & \text{für } R_B = 10\,\Omega,\, R_Z = 10\,\Omega \end{cases}. \tag{3.171}$$

Der Strom durch die Dioden beträgt

$$I_{D1} = -I_{D2} = \frac{V_{in} - V_{out}}{R_1} \tag{3.172}$$

$$= \begin{cases} -4,6\,\mathrm{mA} & \text{für } R_B = 0\,\Omega,\, R_Z = 0\,\Omega \\ -4,51\,\mathrm{mA} & \text{für } R_B = 10\,\Omega,\, R_Z = 10\,\Omega \end{cases}. \tag{3.173}$$

Wegen $I_{D1} < 0$ und $I_{D2} > 0$ sind die Annahmen für D_1 (Durchbruch) und D_2 (Flusspolung) bestätigt.

3.5.2 Spannungsstabilisierung

Als einfache Anwendung einer Z-Diode wurde in Üb. 3.16 eine Schaltung zur Stabilisierung einer Spannung gezeigt und analysiert. Solche Schaltungen werden auch **Spannungsregler**[50] genannt. Zwei wichtige Kenngrößen für Spannungsregler sind:

- Die Empfindlichkeit der Ausgangsspannung bezüglich Schwankungen der Eingangs-spannung[51], angegeben in Prozent oder V/V, bei einem konstanten Laststrom i_{out}:

$$\text{Line Regulation} = \frac{\mathrm{d}v_{out}}{\mathrm{d}v_{in}}. \tag{3.174}$$

---

[50]Engl. **voltage regulator.**
[51]Engl. **line regulation.**

Abb. 3.46 Spannungsstabilisierung
mit einer Z-Diode

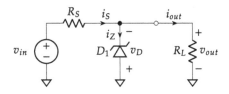

- Die Empfindlichkeit der Ausgangsspannung bezüglich Schwankungen des Laststroms[52], angegeben in V/A oder Ω, bei einer konstanten Eingangsspannung v_{in}:

$$\text{Load Regulation} = \frac{\mathrm{d}v_{out}}{\mathrm{d}i_{out}}. \tag{3.175}$$

Der sprachlichen Einfachheit halber werden die englischen Bezeichnungen **Line Regulation** und **Load Regulation** verwendet.

Übung 3.18: Line und Load Regulation

Für die Schaltung in Abb. 3.46 soll die Line und Load Regulation berechnet werden. Für die Z-Diode gelte $V_Z = 4{,}7\,\text{V}$ und $R_Z = 10\,\Omega$, und es sei $R_S = 1\,\text{k}\,\Omega$, $R_L = 5\,\text{k}\,\Omega$ und $v_{in} = 10\,\text{V}$. ◄

Lösung 3.18 Unter der Annahme des Durchbruchs folgt das in Abb. 3.47 dargestellte Ersatzschaltbild. Die Knotengleichung lautet

$$0 = i_S - i_Z - i_{out}. \tag{3.176}$$

Für die Ströme gilt

$$i_S = \frac{v_{in} - v_{out}}{R_S} \tag{3.177}$$

$$i_Z = \frac{v_{out} - V_Z}{R_Z}. \tag{3.178}$$

Eingesetzt in die Knotengleichung ergibt

$$0 = \frac{v_{in} - v_{out}}{R_S} - \frac{v_{out} - V_Z}{R_Z} - i_{out}. \tag{3.179}$$

Umgestellt nach v_{out}

---

[52]Engl. **load regulation**.

Abb. 3.47 Ersatzschaltbild für
den Durchbruch

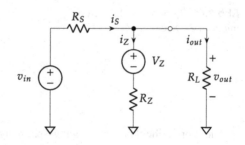

$$v_{out} = \frac{\dfrac{v_{in}}{R_S} + \dfrac{V_Z}{R_Z} - i_{out}}{\dfrac{1}{R_S} + \dfrac{1}{R_Z}}. \tag{3.180}$$

Für die Line Regulation folgt bei konstantem Laststrom i_{out} und wegen ebenfalls konstanter V_Z

$$\frac{\mathrm{d}v_{out}}{\mathrm{d}v_{in}} = \frac{R_Z}{R_S + R_Z} = 9{,}90\,\frac{\mathrm{mV}}{\mathrm{V}}. \tag{3.181}$$

Eine Line Regulation von 9,90 mV/V bedeutet, dass bei einer Zunahme der Eingangsspannung um 1 V die Ausgangsspannung um 9,90 mV steigt.

Für die Load Regulation folgt bei konstanter Eingangsspannung v_{in}

$$\frac{\mathrm{d}v_{out}}{\mathrm{d}i_{out}} = -\,(R_S \| R_Z) = -9{,}90\,\Omega. \tag{3.182}$$

Eine Load Regulation von $-9{,}90\,\Omega$ bedeutet, dass bei einer Zunahme des Laststroms um 1 mA die Ausgangsspannung um 9,90 mV *sinkt*.

Idealerweise betragen Line und Load Regulation 0 V/V bzw. 0 Ω, sodass die Ausgangsspannung unabhängig ist von Schwankungen der Eingangsspannung und des Laststroms. In diesem Beispiel ist das der Fall für $R_Z = 0\,\Omega$.

3.5.3 Gleichrichtung

Die meisten elektronischen Geräte benötigen zum Betrieb eine konstante Versorgungsspannung. Zum Beispiel stellen Netzteile eine Gleichspannung von etwa 5 V für Mobilfunkgeräte und 20 V für Laptops bereit, die sie aus einer Wechselspannung[53] generieren. **Gleichrich-**

---

[53]In Europa wird diese als Netzspannung bezeichnete Wechselspannung in Niederspannungsnetzen bei einphasigen Systemen mit einem Effektivwert von 230 V bei einer Frequenz von 50 Hz bereitge-

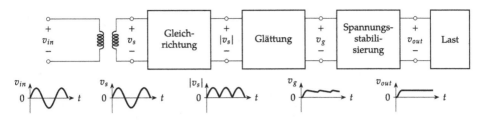

Abb. 3.48 Blockdiagramm eines Netzteils

ter[54] ermöglichen diese Umwandlung einer Wechsel- oder AC-Spannung in eine Gleich- oder DC-Spannung[55] und damit eine Versorgung elektrischer Endverbraucher.

Ein Blockdiagramm eines Netzteils zur Umwandlung von Wechselspannungen in Gleichspannungen für den Betrieb elektronischer Geräte ist in Abb. 3.48 dargestellt. Ein Transformator stellt die galvanische Trennung zwischen Ein- und Ausgangsstromkreis sicher und wandelt die Netzspannung v_{in} in eine Sekundärspannung v_s mit geringerer Amplitude um. Die Sekundärspannung wird durch den nachgeschalteten Brückengleichrichter gleichgerichtet und anschließend geglättet [Abb. 3.54(b)]. Abschließend erfolgt eine Spannungsstabilisierung oder -regelung (Abschn. 3.5.2), an deren Ausgang das elektronische Gerät als Last angeschlossen wird.

Gleichrichter können wie folgt unterteilt werden:

- **Halbwellengleichrichter**[56] sperren nur eine Halbwelle (entweder die positive oder die negative) einer Wechselspannung am Eingang.
- **Vollwellengleichrichter**[57] verwenden beide Halbwellen einer Wechselspannung und stellen sie gleichgerichtet am Ausgang zur Verfügung.

3.5.3.1 Halbwellengleichrichtung

In Üb. 3.11 wurde bereits eine erste Schaltung analysiert, mit der eine Gleichrichtung möglich ist. Sie ist in Abb. 3.49(a) wiederholt dargestellt.

Im Fall einer idealen Diode ist für $v_{in} \geq 0$ die Diode in Fluss- und für $v_{in} < 0$ in Sperrrichtung gepolt. Die Ausgangsspannung beträgt

---

stellt. In Nordamerika und Kanada beispielsweise betragen der Effektivwert 120 V und die Frequenz 60 Hz.

[54]Engl. **rectifier.**

[55]Die Abkürzungen AC und DC ergeben sich aus den englischen Begriffen **alternating current** und **direct current.**

[56]Weitere gebräuchliche Bezeichnungen sind **Halbweg-** oder **Einweggleichrichter;** engl. **half-wave rectifier (HWR).**

[57]Weitere gebräuchliche Bezeichnungen sind **Vollweg-** oder **Zweiweggleichrichter;** engl. **full-wave rectifier (FWR).**

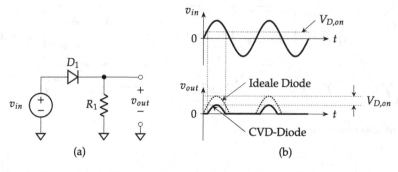

Abb. 3.49 (a) Halbwellengleichrichter für positive Halbwellen, (b) zeitlicher Verlauf der Ein- und Ausgangsspannung

$$v_{out} = \begin{cases} v_{in} & \text{für } v_{in} \geq 0 \\ 0 & \text{für } v_{in} < 0 \end{cases}. \tag{3.183}$$

Im Fall einer Diode nach dem CVD-Modell ist für $v_{in} \geq V_{D,on}$ die Diode in Fluss- und für $v_{in} < V_{D,on}$ in Sperrrichtung gepolt. Für die Ausgangsspannung folgt

$$v_{out} = \begin{cases} v_{in} - V_{D,on} & \text{für } v_{in} \geq V_{D,on} \\ 0 & \text{für } v_{in} < V_{D,on} \end{cases}. \tag{3.184}$$

Der zeitliche Verlauf der Ein- und Ausgangsspannung ist in Abb. 3.49(b) dargestellt. Der Halbwellengleichrichter kann auch als Spannungsbegrenzer klassifiziert werden, da er Spannungen kleiner als 0 bzw. $V_{D,on}$ auf den Wert 0 begrenzt.

Wird die Diode mit entgegengesetzter Polung verwendet, so wird die negative Halbwelle gleichgerichtet (Abb. 3.50). Ist die Eingangsspannung kleiner als 0 bzw. $-V_{D,on}$, so befindet sich die Diode im Flussbetrieb, und für Eingangsspannungen größer als 0 bzw. $-V_{D,on}$ sperrt die Diode, sodass $v_{out} = 0$.

Übung 3.19: Mittelwert der Ausgangsspannung eines Halbwellengleichrichters

Gegeben sei die Schaltung aus Abb. 3.49(a). Wie lautet der lineare Mittelwert der Ausgangsspannung für den Fall einer idealen Diode? Am Eingang liege eine Sinusspannung mit Amplitude V_p und Frequenz f_{in} an. ◄

Lösung 3.19 Die Eingangsspannung ist gegeben durch

$$v_{in}(t) = V_p \sin 2\pi f_{in} t. \tag{3.185}$$

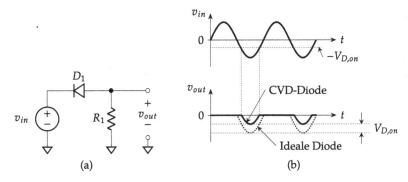

Abb. 3.50 (a) Halbwellengleichrichter für negative Halbwellen, (b) zeitlicher Verlauf der Ein- und Ausgangsspannung

Für die Ausgangsspannung folgt mit $n = 0, 1, \ldots$

$$v_{out}(t) = \begin{cases} V_p \sin\left(2\pi f_{in}t\right) & \text{für } n \leq t \leq \dfrac{2n+1}{2}T \\ 0 & \text{für } \dfrac{2n+1}{2}T < t < (n+1)T \end{cases}. \tag{3.186}$$

Der lineare Mittelwert der Ausgangsspannung berechnet sich zu

$$\overline{v_{out}} = \frac{1}{T} \int\limits_0^T v_{out}(t)\mathrm{d}t \tag{3.187}$$

$$= \frac{1}{T} \int\limits_0^{T/2} V_p \sin\left(2\pi f_{in}t\right) \mathrm{d}t \tag{3.188}$$

$$= -\frac{V_p}{2\pi f_{in}T}\left[\cos\left(2\pi f_{in}t\right)\right]_0^{T/2}. \tag{3.189}$$

Wegen $f_{in} = 1/T$ folgt

$$\overline{v_{out}} = -\frac{V_p}{2\pi}\left(\cos\pi - \cos 0\right) \tag{3.190}$$

$$= \frac{V_p}{\pi} \tag{3.191}$$

$$\approx 0{,}318 V_p. \tag{3.192}$$

Der Mittelwert der Ausgangsspannung ist somit proportional zur Amplitude der Eingangsspannung.

Abb. 3.51 (a) Diodenschaltung zur Spitzenwerterkennung, (b) zeitlicher Verlauf der Ein- und Ausgangsspannung

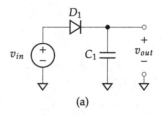

(a)

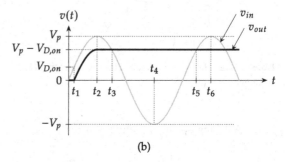

(b)

Mit den bisherigen Halbwellengleichrichtern ist es noch nicht möglich, eine konstante Spannung zu generieren, wie es für elektronische Geräte notwendig ist. Zu diesem Zweck wird der Widerstand mit einer Kapazität ersetzt, wie in Abb. 3.51(a) gezeigt. Für die Diode wird im Folgenden das CVD-Modell verwendet.

Der zeitliche Verlauf der Ein- und Ausgangsspannung ist in Abb. 3.51(b) veranschaulicht. Zum Zeitpunkt $t = 0$ wird eine Spannung von 0 am Ausgang und damit entlang der Kapazität angenommen. Mit zunehmender Eingangsspannung wird zum Zeitpunkt $t = t_1$ der Wert $v_{in} = V_{D,on}$ erreicht, sodass die Diode in Fluss gerät und die Ausgangsspannung der Eingangsspannung abzüglich der Diodenflussspannung folgt, $v_{out} = v_{in} - V_{D,on}$. Bei $t = t_2$ erreicht die Eingangsspannung ihren Spitzenwert V_p und damit die Ausgangsspannung den Spitzenwert $v_{out} = V_p - V_{D,on}$. Ab $t = t_2$ nimmt die Eingangsspannung ab, die Ausgangsspannung bleibt jedoch konstant bei $v_{out} = V_p - V_{D,on}$, weil sich die Kapazität nicht entladen kann. Die Diode sperrt daher, $V_D = v_{in} - v_{out} < V_{D,on}$, und entkoppelt die Kapazität von der Eingangsspannung. Bei $t = t_3$ erreicht v_{in} den Wert der Ausgangsspannung, und die Spannung entlang der Diode beträgt 0, $V_D = v_{in} - v_{out} = 0$.

Bei $t = t_4$ erreicht die Eingangsspannung ihren minimalen Wert $-V_p$, sodass die Sperrspannung entlang der Diode mit $|V_D| = \left| -V_p - \left(V_p - V_{D,on} \right) \right| = 2V_p - V_{D,on}$ ihren maximalen Wert erreicht. Bei dieser Sperrspannung darf die Diode nicht durchbrechen, sodass eine Durchbruchspannung von $V_Z > 2V_p - V_{D,on} \approx 2V_p$ gewählt werden muss.[58]

Bei $t = t_5$ gilt $v_{in} = v_{out}$ und somit $V_D = v_{in} - v_{out} = 0 < V_{D,on}$, sodass die Diode weiterhin sperrt. Erst bei $t = t_6$ gerät die Diode wieder in Fluss, $V_D = v_{in} - v_{out} = V_{D,on}$, allerdings ändert sich die Ausgangsspannung nicht (vgl. $t = t_2$).

---

[58]Die Näherung gilt nur für den Fall $V_p \gg V_{D,on}$.

Abb. 3.52 (a) Diodenschaltung mit Last, (b) zeitlicher Verlauf der Ein- und Ausgangsspannung

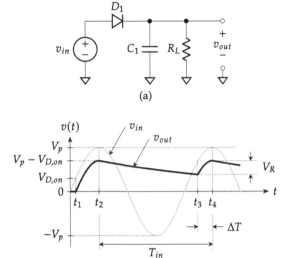

(a)

(b)

Die Ausgangsspannung behält somit ab $t = t_2$ ihren Wert $v_{out} = V_p - V_{D,on}$ bei. Die Schaltung in Abb. 3.51(a) kann aus einer Wechselspannung nach einer anfänglichen Ladephase eine konstante Ausgangsspannung generieren, welche dem Spitzenwert der Eingangsspannung abzüglich einer Diodenflussspannung entspricht.

Als Nächstes wird ein Widerstand parallel zur Kapazität geschaltet, um die Last in einer Anwendung nachzubilden [Abb. 3.52(a)]. Der zeitliche Verlauf der Ein- und Ausgangsspannung ist in Abb. 3.52(b) gezeigt. Auch hier wird anfänglich eine Spannung von 0 entlang der Kapazität angenommen. Das Verhalten ist bis zum Zeitpunkt $t = t_2$ ähnlich wie im vorherigen Fall ohne Last. Ab $t = t_2$ nimmt die Ausgangsspannung trotz gesperrter Diode ab, da sich die Kapazität nun über den Widerstand R_L entladen kann. Diese Entladung hält so lange an, bis die Eingangsspannung zum Zeitpunkt $t = t_3$ um eine Flussspannung größer ist als die Ausgangsspannung, $v_{in} = v_{out} + V_{D,on}$. Für $t > t_3$ ist die Diode wieder in Flussrichtung gepolt, sodass die Ausgangsspannung der Eingangsspannung abzüglich einer Flussspannung folgt. Ab $t = t_4$ wiederholt sich das Verhalten zwischen $t = t_2$ und $t = t_4$ periodisch.

Die verbleibende Variation der geglätteten Ausgangsspannung wird **Brummspannung**[59] genannt. Ihre Amplitude V_R ergibt sich aus der Differenz der maximalen Ausgangsspannung zum Zeitpunkt $t = t_2$ oder $t = t_4$ und dem Wert, auf den sich v_{out} bei $t = t_3$ entlädt. Die Brummspannung ist abhängig von der Wahl der Kapazität C_1. Je größer die Kapazität,

---

[59]Engl. **ripple voltage** oder nur **ripple**.

Abb. 3.53 Abhängigkeit der Ausgangsspannung von der Kapazität C_1, deren Wert in Pfeilrichtung zunimmt

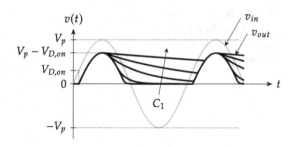

desto kleiner die Brummspannung (Abb. 3.53). C_1 wird auch als **Sieb-** oder **Glättungskondensator**[60] bezeichnet.

Amplitude der Brummspannung

Im Folgenden soll die Amplitude der Brummspannung bestimmt werden. Hierzu muss zunächst die Ausgangsspannung zwischen $t = t_2$ und $t = t_3$ angegeben werden. Aufgrund der exponentiellen Entladung der Kapazität über die Last gilt für v_{out} in diesem Zeitbereich

$$v_{out}(t) = \left(V_p - V_{D,on}\right) \exp\left(-\frac{t - t_2}{R_L C_1}\right). \tag{3.193}$$

Die Amplitude der Brummspannung V_R ergibt sich aus

$$V_R = v_{out}(t_2) - v_{out}(t_3). \tag{3.194}$$

Mit $v_{out}(t_2) = V_p - V_{D,on}$ folgt

$$V_R = V_p - V_{D,on} - \left(V_p - V_{D,on}\right) \exp\left(-\frac{t_3 - t_2}{R_L C_1}\right) \tag{3.195}$$

bzw. unter Verwendung von $t_3 - t_2 = T_{in} - \Delta T$

$$V_R = V_p - V_{D,on} - \left(V_p - V_{D,on}\right) \exp\left(-\frac{T_{in} - \Delta T}{R_L C_1}\right) \tag{3.196}$$

$$= \left(V_p - V_{D,on}\right)\left[1 - \exp\left(-\frac{T_{in} - \Delta T}{R_L C_1}\right)\right]. \tag{3.197}$$

Weil die Ausgangsspannung idealerweise konstant sein soll, ist es erwünscht, V_R möglichst klein zu halten. Die Entladung der Kapazität soll daher möglichst langsam sein im Vergleich

---

[60]Engl. **smoothing capacitor.**

zur Zeit $T_{in} - \Delta T$, das heißt, für die Zeitkonstante soll gelten $R_L C_1 \gg T_{in} - \Delta T$.[61] Mithilfe der Approximation $\exp x \approx 1 + x$ für $x \ll 1$ folgt daher letztlich

$$V_R \approx \left(V_p - V_{D,on} \right) \frac{T_{in} - \Delta T}{R_L C_1}. \qquad (3.198)$$

Je kleiner V_R ist, desto kleiner ist die Zeit ΔT [Abb. 3.52(b)], in der die Diode in Flussrichtung gepolt ist und die Kapazität nachlädt. Unter der Annahme $\Delta T \ll T_{in}$ kann V_R wie folgt vereinfacht werden:

$$V_R \approx \frac{V_p - V_{D,on}}{R_L} \cdot \frac{T_{in}}{C_1}. \qquad (3.199)$$

Alternativ kann die Frequenz der Eingangsspannung $f_{in} = 1/T_{in}$ anstelle der Periodendauer verwendet werden, sodass

$$V_R \approx \frac{V_p - V_{D,on}}{R_L} \cdot \frac{1}{C_1 f_{in}}. \qquad (3.200)$$

Je geringer die Entladung der Kapazität zwischen t_2 und t_3 ist, desto geringer ist die Amplitude der Brummspannung. Die Abhängigkeiten in Gl. (3.200) lassen sich daher intuitiv erfassen. Beispielsweise sinkt V_R mit abnehmender Eingangsamplitude bzw. zunehmender Last, weil dadurch der Entladestrom durch R_L abnimmt. Der erste Ausdruck kann als ein von der Last aufgenommener konstanter Strom I_L interpretiert werden, wodurch sich ein weiterer Ausdruck für die Amplitude der Brummspannung ergibt:

$$V_R \approx \frac{I_L}{C_1 f_{in}}. \qquad (3.201)$$

Stromflusswinkel und Ladezeit
Zum Zeitpunkt $t = t_3$ gilt $v_{in}(t_3) - V_{D,on} = v_{out}(t_3) = V_p - V_{D,on} - V_R$ [Abb. 3.52(b)]. Der Phasenwinkel[62] der Eingangsspannung bei $t = t_3$ beträgt $\varphi(t_3) = \varphi(t_4) - \varphi_c$, wobei $\varphi(t_4) = 5\pi/2$ und φ_c auch **Stromflusswinkel**[63] genannt wird. Es folgt daher

$$v_{in}(t_3) - V_{D,on} = V_p \sin\left(5\pi/2 - \varphi_c \right) - V_{D,on} = V_p - V_{D,on} - V_R. \qquad (3.202)$$

---

[61]Diese Annahme ist gleichbedeutend mit der Aussage, dass die Kapazität von einem konstanten Strom $\left(V_p - V_{D,on} \right)/R_L$ entladen wird, sodass die Spannung zwischen t_2 und t_3 linear abfällt. Die Herleitung von V_R kann daher alternativ mit der Approximation von v_{out} in Gl. (3.193) durch eine Geradengleichung beginnen.

[62]Der Phasenwinkel einer Sinusspannung ist definiert als $\varphi(t) = 2\pi f t + \varphi_0$ mit Nullphasenwinkel φ_0 zum Zeitpunkt $t = 0$. Eine Sinusspannung kann hiermit als $v(t) = V_p \sin \varphi(t)$ ausgedrückt werden.

[63]Engl. **conduction angle**.

Wegen des Zusammenhangs $\sin\alpha = \cos(\pi/2 - \alpha)$ gilt $\sin(5\pi/2 - \varphi_c) = \cos(\pi/2 - 5\pi/2 + \varphi_c) = \cos(\varphi_c)$, wobei der letzte Zusammenhang auf die Periodizität der Kosinusfunktion zurückzuführen ist. Damit folgt

$$\cos(\varphi_c) = 1 - \frac{V_R}{V_p}. \tag{3.203}$$

Ist die Brummspannung und somit der Stromflusswinkel klein, so kann für die Kosinusfunktion die Näherungsformel $\cos\alpha \approx 1 - \alpha^2/2$ für kleine Winkel verwendet werden, sodass

$$\cos(\varphi_c) \approx 1 - \frac{\varphi_c^2}{2} = 1 - \frac{V_R}{V_p} \tag{3.204}$$

bzw.

$$\frac{\varphi_c^2}{2} = \frac{V_R}{V_p}. \tag{3.205}$$

Die Lösung dieser quadratischen Gleichung lautet

$$\varphi_c = \sqrt{\frac{2V_R}{V_p}}. \tag{3.206}$$

Die Ladezeit[64] ΔT ergibt sich aus dem Zusammenhang $\Delta T = \varphi_c/(2\pi f_{in})$[65] zu

$$\Delta T = \frac{1}{2\pi f_{in}}\sqrt{\frac{2V_R}{V_p}}. \tag{3.207}$$

Übung 3.20: Dimensionierung eines Halbwellengleichrichters

Gegeben sei die Schaltung aus Abb. 3.52(a). Die Eingangsspannung sei sinusförmig mit einer Amplitude von 10 V und einer Frequenz von 50 Hz, und R_L betrage 10 Ω. Wie groß muss die Kapazität gewählt werden, damit die Amplitude der Brummspannung nicht größer ist als 0,5 V? Für die Diode soll $V_{D,on} = 0,7$ V angenommen werden. Bestimmen Sie die Ladezeit ΔT. Sind die Näherungen in der Herleitung von Gl. (3.200) berechtigt? ◄

---

[64] Engl. **conduction interval.**
[65] Entsprechend dem Zusammenhang $\varphi = \omega t$ bzw. $\varphi_c = \omega_{in}\Delta T$ mit der Kreisfrequenz $\omega_{in} = 2\pi f_{in}$.

Lösung 3.20 Durch Umstellung von Gl. (3.200) erhält man

$$C_1 \approx \frac{V_p - V_{D,on}}{R_L} \cdot \frac{1}{V_R f_{in}}. \tag{3.208}$$

Mit den gegebenen Zahlenwerten folgt

$$C_1 \approx \frac{10\,\text{V} - 0,7\,\text{V}}{10\,\Omega} \cdot \frac{1}{0,5\,\text{V} \cdot 50\,\text{Hz}} = 37,2\,\text{mF}. \tag{3.209}$$

Für die Ladezeit erhält man durch Anwendung von Gl. (3.207)

$$\Delta T = \frac{1}{2\pi \cdot 50\,\text{Hz}} \sqrt{\frac{2 \times 0,5\,\text{V}}{10\,\text{V}}} \approx 1\,\text{ms}. \tag{3.210}$$

In der Herleitung von Gl. (3.200) wurden zwei Annahmen getroffen:

$$T_{in} - \Delta T \ll R_L C_1 \tag{3.211}$$

$$\Delta T \ll T_{in}. \tag{3.212}$$

Mit den gegebenen und berechneten Zahlenwerten folgt

$$20\,\text{ms} - 1\,\text{ms} = 19\,\text{ms} \ll 10\,\Omega \cdot 37,2\,\text{mF} = 372\,\text{ms} \tag{3.213}$$

$$1\,\text{ms} \ll 20\,\text{ms}. \tag{3.214}$$

Die Annahmen sind demnach berechtigt.

3.5.3.2 Vollwellengleichrichtung

Im Allgemeinen kann die Brummspannung beim Halbwellengleichrichter bei vorgegebener Anwendung (R_L bzw. I_L) und Eingangsspannung (V_p und f_{in}) nur durch die Änderung der Kapazität beeinflusst werden. Eine andere Möglichkeit zur Reduzierung der Brummspannung besteht in der Änderung der Schaltungstopologie, sodass eine Gleichrichtung beider Halbwellen möglich ist. Es wird erwartet, dass die Amplitude der Brummspannung durch diese Maßnahme um den Faktor 2 reduziert wird. Ein solcher Vollwellengleichrichter ist in Abb. 3.54(a) dargestellt. Weil die Schaltung umgezeichnet werden kann, wie in Abb. 3.54(b) veranschaulicht, wird sie auch als **Brückengleichrichter**[66] bezeichnet.

Die Dioden seien zunächst ideal. Ist $v_{in} \geq 0$, so sind D_1 und D_2 im leitenden und D_3 und D_4 im sperrenden Zustand [Abb. 3.55(a)]. Die Ausgangsspannung beträgt $v_{out} = v_{in}$. Für $v_{in} \leq 0$ hingegen leiten D_3 und D_4, während D_1 und D_2 gesperrt sind [Abb. 3.55(b)], sodass $v_{out} = -v_{in}$.

---

[66]Engl. **bridge rectifier.** Alternativ wird der Brückengleichrichter auch **Graetz-Brücke** genannt.

Abb. 3.54 (a) Vollwellengleichrichter mit Last,
(b) alternative Darstellung

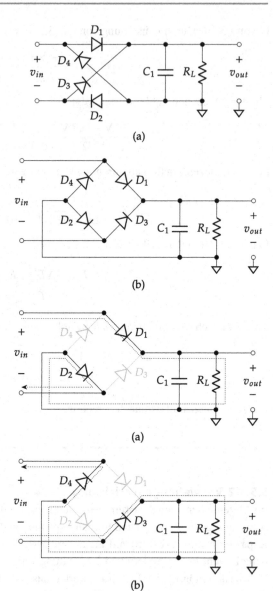

(a)

(b)

Abb. 3.55 Stromleitender Pfad
für (a) $v_{in} \geq 0$ (ideales
Modell) bzw. $v_{in} \geq 2V_{D,on}$
(CVD-Modell) und (b) $v_{in} \leq 0$
bzw. $v_{in} \leq -2V_{D,on}$

(a)

(b)

Werden die Dioden mit einem konstanten Spannungsabfall modelliert, so ergibt sich
Abb. 3.55(a) für den Fall, dass die Eingangsspannung größer ist als zwei Flussspannungen,
das heißt $v_{in} \geq 2V_{D,on}$. Aus der Umlaufgleichung erhält man für die Ausgangsspannung
$v_{out} = v_{in} - 2V_{D,on}$. Für $v_{in} \leq -2V_{D,on}$ folgt Abb. 3.55(b) und $v_{out} = -v_{in} - 2V_{D,on}$. Für
Eingangsspannungen $-2V_{D,on} < v_{in} < 2V_{D,on}$ hingegen ist keine der Dioden im leitenden

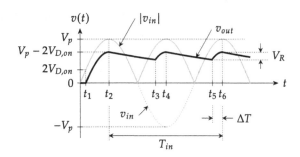

Abb. 3.56 Zeitlicher Verlauf der Ein- und Ausgangsspannung

Zustand, sodass sich der Vollwellengleichrichter nicht für Eingangsspannungen mit solch kleiner Amplitude eignet. Hierfür ist ein Präzisionsgleichrichter notwendig (Abschn. 8.3.1).

Der zeitliche Verlauf der Ein- und Ausgangsspannung ist in Abb. 3.56 dargestellt. Auf ähnliche Weise wie beim Halbwellengleichrichter lässt sich die Amplitude der Brummspannung ermitteln:

$$V_R \approx \frac{1}{2} \cdot \frac{V_p - 2V_{D,on}}{R_L} \cdot \frac{1}{C_1 f_{in}} = \frac{I_L}{2C_1 f_{in}}. \tag{3.215}$$

Für den Stromflusswinkel und die Ladezeit gelten weiterhin Gl. (3.206)–(3.207), allerdings sind die Werte aufgrund der beim Vollweggleichrichter halbierten Amplitude der Brummspannung V_R um einen Faktor von $\sqrt{2}$ kleiner als beim Halbwellengleichrichter.

Ein weiterer Unterschied zum Halbwellengleichrichter besteht darin, dass die maximale Sperrspannung über zwei Dioden abfällt, sodass für die Dioden erwartungsgemäß eine ungefähr halb so hohe Durchbruchspannung gewählt werden kann. Bei $t = t_2, t_6, \ldots$ liegt die maximale Eingangsspannung von V_p an und damit die maximale Sperrspannung von $V_p - V_{D,on}$ entlang der Dioden D_3 und D_4. Bei $t = t_4, \ldots$ ist die Eingangsspannung mit $-V_p$ minimal, und es liegt die maximale Sperrspannung von $V_p - V_{D,on}$ entlang der Dioden D_1 und D_2 an. Es können daher im Vergleich zum Halbwellengleichrichter tatsächlich Dioden mit kleineren Durchbruchspannungen $V_Z > V_p - V_{D,on} \approx V_p$ gewählt werden.[67]

Übung 3.21: Dimensionierung eines Vollwellengleichrichters

Gegeben sei die Schaltung aus Abb. 3.54(b). Die Eingangsspannung sei sinusförmig mit einer Amplitude von 10 V und einer Frequenz von 50 Hz, und R_L betrage 10 Ω.

(a) Wie groß ist die Amplitude der Brummspannung, falls $C_1 = 37,2$ mF?

(b) Wie groß muss die Kapazität gewählt werden, damit die Amplitude der Brummspannung nicht größer ist als 0,5 V?

---

[67] Die Näherung gilt nur für den Fall $V_p \gg V_{D,on}$.

Für die Diode soll $V_{D,on} = 0,7\,\text{V}$ angenommen werden. Bestimmen Sie die Ladezeit ΔT für beide Fälle. Vergleichen Sie die Ergebnisse mit denen aus Üb. 3.20. ◄

Lösung 3.21   (a) Für $C_1 = 37,2\,\text{mF}$ folgt aus Gl. (3.215)

$$V_R \approx \frac{1}{2} \cdot \frac{10\,\text{V} - 2 \times 0,7\,\text{V}}{10\,\Omega} \cdot \frac{1}{37,2\,\text{mF} \cdot 50\,\text{Hz}} \approx 0,23\,\text{V}. \tag{3.216}$$

Für die Ladezeit erhält man durch Anwendung von Gl. (3.207)

$$\Delta T = \frac{1}{2\pi \cdot 50\,\text{Hz}} \sqrt{\frac{2 \times 0,23\,\text{V}}{10\,\text{V}}} \approx 0,68\,\text{ms}. \tag{3.217}$$

Wird beim Vollwellengleichrichter die gleiche Kapazität verwendet wie beim Halbwellengleichrichter, so sind erwartungsgemäß die Amplitude der Brummspannung um einen Faktor von etwa 2 und die Ladezeit um einen Faktor von etwa $\sqrt{2}$ kleiner.

(b) Durch Umstellung von Gl. (3.215) erhält man bei gegebenem V_R die dafür notwendige Kapazität

$$C_1 \approx \frac{1}{2} \cdot \frac{V_p - 2V_{D,on}}{R_L} \cdot \frac{1}{V_R f_{in}}. \tag{3.218}$$

Mit den gegebenen Zahlenwerten folgt

$$C_1 \approx \frac{1}{2} \cdot \frac{10\,\text{V} - 2 \times 0,7\,\text{V}}{10\,\Omega} \cdot \frac{1}{0,5\,\text{V} \cdot 50\,\text{Hz}} = 17,2\,\text{mF}. \tag{3.219}$$

Bei gleichem V_R ist die notwendige Kapazität etwa halb so groß wie beim Halbwellengleichrichter. Die Ladezeit berechnet sich aus V_R und hat daher den gleichen Wert wie in Üb. 3.20:

$$\Delta T = \frac{1}{2\pi \cdot 50\,\text{Hz}} \sqrt{\frac{2 \times 0.5\,\text{V}}{10\,\text{V}}} \approx 1\,\text{ms}. \tag{3.220}$$

Zusammenfassung

- Eine *pn*-Diode besteht aus der Folge *zweier Halbleiterschichten*, die *p*- bzw. *n*-dotiert sind. Die Dotierungskonzentrationen liegen typischerweise im Bereich $10^{14}\,\text{cm}^{-3} \ldots$ $10^{20}\,\text{cm}^{-3}$.

- Eine Diode kann in drei verschiedenen Zuständen betrachtet werden: im *thermischen Gleichgewicht*, das heißt ohne eine von außen angelegte Spannung, bei *Flusspolung* und bei *Sperrpolung*.

- Im thermischen Gleichgewicht führt der Konzentrationsunterschied der beiden Ladungsträgerarten zu einem *Diffusionsstrom*, wodurch sich am metallurgischen Übergang eine Zone bildet, die an beweglichen Ladungsträgern verarmt ist und im Kristallgitter verankerte ionisierte Dotieratome enthält, die sogenannte *Raumladungszone, Sperrschicht* oder *Verarmungszone*.

- Aufgrund des elektrischen Feldes, das sich in der Raumladungszone bildet, fließt ein *Driftstrom*, welcher dem Diffusionsstrom entgegengesetzt ist und diesen kompensiert.

- Die Spannung, die sich im Gleichgewichtszustand entlang der Raumladungszone bildet, wird unter anderem. *Diffusionsspannung* genannt und hat bei Siliziumdioden einen typischen Wert von 700 mV ... 800 mV.

- Bei *Sperrpolung* fließt ein sehr kleiner *Sättigungsstrom* durch die Diode mit einem typischen Wert im Bereich 10^{-6} A ... 10^{-18} A. Die Diode verhält sich wie eine spannungsabhängige Kapazität, auch *Sperrschichtkapazität* genannt.

- Bei *Flusspolung* steigt der Strom durch die Diode stark mit der anliegenden Spannung an und wird mit einer Exponentialfunktion modelliert. Die Spannung entlang der *pn*-Diode ändert sich um 60 mV pro Dekade Änderung des Diodenstroms. In diesem Betriebsmodus dominiert die spannungsabhängige *Diffusionkapazität* der Diode.

- Der Diodenstrom steigt mit zunehmender Temperatur, die *pn*-Diode zeigt demnach *Heißleiterverhalten*.

- Bei Sperrpolung bricht die Diode ab einer gewissen Sperrspannung durch. Im Durchbruch steigt der Strom mit zunehmender Sperrspannung stark an und muss durch eine externe Beschaltung begrenzt werden. Vorgestellt wurden verschiedene Durchbruchmechanismen: der reversible Zener- und Lawinendurchbruch und der irreversible thermische Durchbruch. Die *Durchbruchspannung* liegt typischerweise im Bereich 1 V ... 400 V.

- Der *Arbeitspunkt* einer Diode ist das Wertepaar aus Gleichspannung V_D und Gleichstrom I_D, welches den Betriebspunkt auf der Diodenkennlinie bestimmt.

- Für die Analyse von Diodenschaltungen und die Bestimmung von Arbeitspunkten wurden fünf verschiedene *Modelle* vorgestellt, eines davon speziell für den Durchbruch, die sich im Rechenaufwand und in der Genauigkeit der Ergebnisse unterscheiden. Die Flussspannung $V_{D,on}$ in diesen Modellen wird bei Siliziumdioden üblicherweise im Bereich 600 mV ... 800 mV gewählt, der Bahnwiderstand liegt bei 0.01 Ω ... 10 Ω, und der Zenerwiderstand R_Z beträgt typischerweise 0.1 Ω ... 100 Ω.

- Diodenschaltungen können *grafisch, numerisch* oder *exponentiell* analysiert werden. Je nach gewähltem Diodenmodell stehen ein oder mehrere dieser Verfahren zur Verfügung.

- Es existieren zahlreiche Varianten für Dioden, die ihrerseits vielfältige *Anwendungen* ermöglichen, zum Beispiel Spannungsbegrenzung, Spannungsstabilisierung und Gleichrichtung.

- *Halbwellengleichrichter* werden verwendet, um entweder die positive oder die negative Halbwelle einer Wechselspannung zu sperren und die jeweils andere Halbwelle am Ausgang bereitzustellen. Mit einem *Glättungskondensator* parallel zu den Ausgangsklemmen erhält man eine fast konstante Spannung, deren verbleibende zeitliche Variation auch als *Brummspannung* bezeichnet wird.

- *Vollwellen-* bzw. *Brückengleichrichter* können beide Halbwellen einer Wechselspannung gleichrichten und haben im Vergleich zu Halbwellengleichrichtern die Vorteile, dass die Amplitude der Brummspannung und die maximale Sperrspannung entlang der Dioden halbiert werden. Der Nachteil ist eine in der Regel vernachlässigbare Erhöhung der Schaltungskomplexität um zwei Dioden.

Bipolartransistor

4

Inhaltsverzeichnis

© Springer-Verlag GmbH Deutschland, ein Teil von Springer Nature 2021
M. Momeni, *Grundlagen der Mikroelektronik 1*,
https://doi.org/10.1007/978-3-662-62032-8_4

Mit der *pn*-Diode wurden die Grundlagen gelegt, um im Folgenden den **Bipolartransistor** einzuführen, der im Jahr 1948 zum ersten Mal demonstriert wurde. Es werden zwei Varianten des Bipolartransistors unterschieden, der ***npn*- und der *pnp-Transistor***. Der *npn*-Transistor besteht aus einer Folge dreier unterschiedlich dotierter Halbleiterschichten, einer *n*-, einer *p*- und einer weiteren *n*-dotierten Schicht. Analog besteht der *pnp*-Transistor aus einer der Bezeichnung entsprechenden Folge von Halbleiterschichten. Nach einer Vorstellung der **Struktur** eines Bipolartransistors werden der **Stromtransport,** die möglichen **Betriebsbereiche** und die **Strom-Spannungs-Kennlinien** erläutert. Durch die **Modellierung** des nichtlinearen Verhaltens in jedem Betriebsbereich wird die **Handanalyse** von Schaltungen mit Bipolartransistoren ermöglicht. Das allgemeine Vorgehen bei der **Bestimmung von Arbeitspunkten** wird präsentiert und in mehreren Beispielen angewendet.

Lernergebnisse
- Sie können die Struktur und die Betriebsbereiche eines Bipolartransistors **erläutern.**
- Sie können den Bipolartransistor mathematisch **beschreiben.**
- Sie **verstehen** die Unterschiede zwischen *npn*- und *pnp*-Transistoren.
- Sie können Schaltungen mit Bipolartransistoren **analysieren.**

4.1   Struktur und Zählpfeilrichtungen

Ein **Bipolartransistor**[1] besteht aus einer Folge dreier Halbleiterschichten, die abwechselnd *n*- und *p*-dotiert sind. Es gibt daher zwei Varianten von Bipolartransistoren, eine vom *npn*-Typ (Abb. 4.1) und eine vom *pnp*-Typ (Abb. 4.2).

Die unterschiedlichen Schichten eines Bipolartransistors werden **Kollektor (C)**, **Basis (B)** und **Emitter (E)** genannt.[2] Die Bezeichnung Emitter geht auf das „Aussenden" von Ladungsträgern, der Begriff Kollektor auf das „Einsammeln" dieser Ladungsträger zurück.[3]

Wie die Diode ist der Transistor ein nichtlineares Bauelement. Im Unterschied zu den bisher vorgestellten Bauteilen hat ein Transistor jedoch drei Anschlüsse, sodass unterschiedliche Kombinationen von Klemmenpaaren als Ein- und Ausgang verwendet werden können. Die Spannung zwischen zwei Klemmen wird mit einem Doppelindex angegeben, beispielsweise für den *npn*-Transistor:[4]

---

[1] Engl. **bipolar junction transistor,** abgekürzt **BJT.**

[2] Engl. **collector, base, emitter.** Die Abkürzung „C" für den Kollektor ergibt sich aus der englischen Bezeichnung.

[3] In Anlehnung an die lateinischen Verben *emittere* (dt. *aussenden,* engl. *to emit*) bzw. *colligere* (dt. *sammeln,* engl. *to collect*).

[4] Die Spannung v_{BC} beim *npn*-Transistor wird manchmal auch als v_{CB} angegeben. Dies basiert auf der Konvention, dass Spannungszählpfeile vom Punkt höheren Potenzials zum Punkt niedrigeren Potenzials zeigen, das heißt $v_{CB} > 0$, was dem üblichen Betrieb des *npn*-Transistors entspricht (Abschn. 4.2 und 4.3.1). In diesem Buch hingegen wird der Zählpfeil gemäß der Vereinbarung für eine *pn*-Diode [Abb. 3.1(b)] in Richtung des Stroms im Flussbetrieb (von Anode nach Kathode zeigend) gewählt.

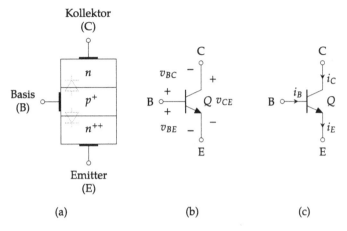

Abb. 4.1 (**a**) Struktur eines Bipolartransistors vom *npn*-Typ mit gestrichelt gekennzeichneten *pn*-Übergängen und entsprechendes Schaltzeichen mit (**b**) Spannungs- und (**c**) Stromzählpfeilen

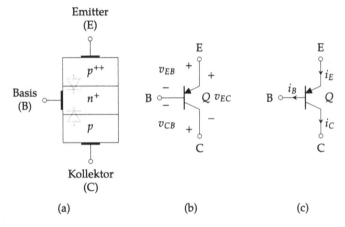

Abb. 4.2 (**a**) Struktur eines Bipolartransistors vom *pnp*-Typ mit gestrichelt gekennzeichneten *pn*-Übergängen und entsprechendes Schaltzeichen mit (**b**) Spannungs- und (**c**) Stromzählpfeilen

$$v_{CE} = v_C - v_E \tag{4.1}$$

$$v_{BC} = v_B - v_C \tag{4.2}$$

$$v_{BE} = v_B - v_E. \tag{4.3}$$

Die Spannungen v_C, v_B und v_E werden dabei vom jeweiligen Anschluss auf Masse referenziert (Abb. 4.3). Wie in Abb. 4.1(b) und 4.2(b) gezeigt, hängen diese Spannungen über eine Umlaufgleichung miteinander zusammen, zum Beispiel beim *npn*-Transistor:

$$0 = v_{BC} + v_{CE} - v_{BE}. \tag{4.4}$$

Abb. 4.3 Die
Klemmenspannungen v_C, v_B,
v_E werden auf das
Bezugspotenzial referenziert

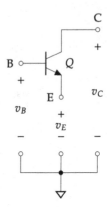

Durch Multiplikation dieser Gleichung mit -1 erhält man die Umlaufgleichung für den *pnp*-Transistor. Für die Ströme gilt gemäß Abb. 4.1(c) und 4.2(c) für beide Transistortypen gleichermaßen die Knotengleichung:

$$0 = i_E - i_B - i_C. \tag{4.5}$$

Die Umlauf- und die Knotengleichung aus Gl. (4.4) und (4.5) gelten für beide Transistoren und alle Betriebsbereiche (Abschn. 4.2).

Der Bipolartransistor ist **kein symmetrisches** Bauelement. Die Dotierungskonzentration nimmt vom Kollektor zum Emitter hin zu. Die Höhe der Dotierungskonzentration relativ zueinander wird durch hochgestellte Pluszeichen angedeutet, zum Beispiel $n^{++} > p^+ > n^5$ in Abb. 4.1(a). Auch geometrisch ist der Bipolartransistor asymmetrisch dimensioniert mit einer im Vergleich zu Emitter und Kollektor sehr dünnen Basis, deren Weite typischerweise 10 nm ... 100 nm beträgt.

Im Folgenden beschränkt sich die Diskussion der physikalischen Funktionsweise auf den *npn*-Transistor. Um die Strom- und Spannungszusammenhänge beim *pnp*-Transistor (Abschn. 4.7) zu erhalten, werden alle Strom- und Spannungszählpfeile, Dotanttypen und Ladungsträgerarten vertauscht.

4.2   Betriebsbereiche

Ein Bipolartransistor enthält zwei *pn*-Übergänge, die jeweils vor- oder rückwärtsgepolt sein können. Daraus ergeben sich vier Betriebsbereiche, die in Tab. 4.1 aufgelistet sind.

---

[5] Alternativ werden auch Minuszeichen verwendet, zum Beispiel $n^+ > p > n^-$.

Tab. 4.1 Betriebsbereiche eines Bipolartransistors

Basis-Emitter-Diode	Basis-Kollektor-Diode	Betriebsmodus
Flusspolung	Flusspolung	Sättigungsbetrieb (geschlossener Schalter)
Flusspolung	Sperrpolung	Vorwärtsaktiver Betrieb (normale Verstärkung)
Sperrpolung	Flusspolung	Rückwärtsaktiver Betrieb (schlechte Verstärkung)
Sperrpolung	Sperrpolung	Sperrbetrieb (geöffneter Schalter)

Sind beide *pn*-Übergänge vorwärtsgepolt, so befindet sich der Transistor im **Sättigungsbetrieb**[6]. In diesem Bereich entspricht der Transistor einem geschlossenen Schalter.

Ist die Basis-Emitter-Diode vorwärts- und die Basis-Kollektor-Diode rückwärtsgepolt, so befindet sich der Transistor im **vorwärtsaktiven Betrieb**[7], der alternativ auch **aktiver, normaler** oder **Vorwärtsbetrieb** genannt wird. In diesem Bereich wird der Transistor als normaler Verstärker betrieben.

Sind beide *pn*-Übergänge rückwärtsgepolt, so befindet sich der Transistor im **Sperrbetrieb**[8]. In diesem Bereich entspricht der Transistor einem geöffneten Schalter, und der Strom in alle Klemmen ist idealerweise gleich 0.

Ist die Basis-Emitter-Diode rückwärts- und die Basis-Kollektor-Diode vorwärtsgepolt, so befindet sich der Transistor im **rückwärtsaktiven Betrieb**[9], der alternativ auch als **Invers-** oder **Rückwärtsbetrieb** bezeichnet wird. In diesem Bereich kann der Transistor als Verstärker betrieben werden, der jedoch aufgrund der asymmetrischen Struktur des Transistors schlechte Verstärkereigenschaften besitzt und daher kaum praktische Anwendung findet.

Übung 4.1: Bestimmung von Betriebsbereichen

Bestimmen Sie den Betriebsbereich für die in Abb. 4.4 gegebenen Transistorschaltungen.
◄

---

[6] Engl. **saturation region**.

[7] Engl. **forward-active region, normal-active region** oder einfach nur **active region**.

[8] Engl. **cut-off region**.

[9] Engl. **reverse-active region**.

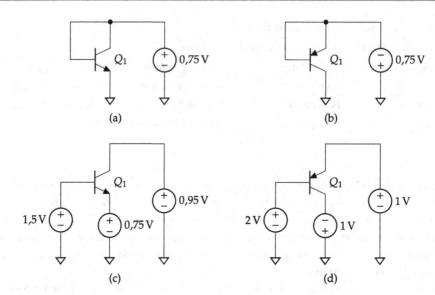

Abb. 4.4 Transistorschaltungen

Lösung 4.1 Mithilfe der Transistorstruktur und der Spannungszählpfeilrichtungen aus Abb. 4.1 und 4.2 sowie Gl. (4.1)–(4.3) können die Betriebsbereiche gemäß Tab. 4.1 bestimmt werden.

(a) An den jeweiligen pn-Übergängen des npn-Transistors liegen folgende Spannungen an:

$$V_{BE} = 0{,}75\,\text{V} - 0\,\text{V} = 0{,}75\,\text{V} \tag{4.6}$$

$$V_{BC} = 0{,}75\,\text{V} - 0{,}75\,\text{V} = 0\,\text{V}. \tag{4.7}$$

Die Basis-Emitter-Diode ist vorwärts- und die Basis-Kollektor-Diode rückwärtsgepolt. Der Transistor ist im vorwärtsaktiven Betrieb.

(b) Es handelt sich um einen pnp-Transistor. Außerdem ist auf die Orientierung der Spannungsquelle zu achten. Wegen

$$V_{EB} = 0\,\text{V} - 0\,\text{V} = 0\,\text{V} \tag{4.8}$$

$$V_{CB} = 0\,V - (-0{,}75\,\text{V}) = 0{,}75\,\text{V} \tag{4.9}$$

ist die Basis-Emitter-Diode rückwärts- und die Basis-Kollektor-Diode vorwärtsgepolt. Der Transistor ist im rückwärtsaktiven Betrieb.

(c) Die Spannungen entlang des *npn*-Transistors betragen

$$V_{BE} = 1{,}5\,\text{V} - 0{,}75\,\text{V} = 0{,}75\,\text{V} \tag{4.10}$$

$$V_{BC} = 1{,}5\,\text{V} - 0{,}95\,\text{V} = 0{,}55\,\text{V}. \tag{4.11}$$

Beide *pn*-Übergänge sind leitend, sodass der Transistor im Sättigungsbetrieb ist.

(d) Die Schaltung enthält einen *pnp*-Transistor. Wegen

$$V_{EB} = 1\,\text{V} - 2\,\text{V} = -1\,\text{V} \tag{4.12}$$

$$V_{CB} = -1\,\text{V} - 2\,\text{V} = -3\,\text{V} \tag{4.13}$$

sind beide *pn*-Übergänge gesperrt. Der Transistor befindet sich im Sperrbetrieb.

4.3 Funktionsweise und Stromgleichungen

Im Folgenden werden die Stromgleichungen für den *npn*-Transistor für alle vier Betriebsbereiche hergeleitet. Sie bilden die Grundlage für die Ersatzschaltbilder des Bipolartransistors, die in Abschn. 4.5 vorgestellt und bei der Analyse von Schaltungen verwendet werden.

4.3.1 Vorwärtsaktiver Betrieb

Der Betrieb im vorwärtsaktiven Bereich ist beispielhaft in Abb. 4.5 veranschaulicht. Die Basis-Emitter-Diode ist mit $V_{BE} = 0{,}75\,\text{V}$ vorwärtsgepolt. Mithilfe von Gl. (4.4) und $V_{CE} = 2\,\text{V}$ erhält man $V_{BC} = V_{BE} - V_{CE} = -1{,}25\,\text{V}$, sodass die Basis-Kollektor-Diode rückwärtsgepolt ist. Der Transistor befindet sich daher nach Tab. 4.1 im vorwärtsaktiven Betrieb.

Im Folgenden wird gezeigt, dass ein von der Basis-Emitter-Spannung gesteuerter Strom vom Kollektor zum Emitter des Transistors fließt und dass der Transistor nicht einfach als zwei antiserielle Dioden modelliert werden kann.[10]

Der Transport der Ladungsträger in dem vorwärtsaktiv betriebenen *npn*-Transistor aus Abb. 4.5 ist in Abb. 4.6 dargestellt. Aufgrund der vorwärtsgepolten Basis-Emitter-Diode werden ein Elektronenstromanteil vom Emitter in die Basis und ein Löcherstromanteil von der Basis in den Emitter injiziert. Um den Löcherstromanteil möglichst klein zu halten, wird der Emitter höher dotiert als die Basis (Abschn. 3.3.2).

Wäre die Basis sehr weit, so würden die vom Emitter in die Basis injizierten Elektronen dort mit den Löchern (Majoritätsladungsträger) rekombinieren, und es würde sich

---

[10] Die Erkenntnisse zur Funktionsweise von *pn*-Übergängen aus Abschn. 3 werden dabei vorausgesetzt.

Abb. 4.5 Betrieb des
npn-Transistors im
vorwärtsaktiven Bereich

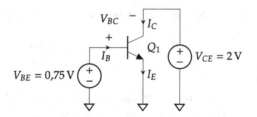

eine Ladungsträgerverteilung der Elektronen einstellen, wie in Abb. 2.12(c) dargestellt. Der Diffusionsstrom würde demnach immer kleiner werden, sodass die Elektronen die Raumladungszone am Basis-Kollektor-Übergang nicht erreichen würden.

Die Basis bei einem *npn*-Transistor ist allerdings sehr dünn, und die Basis-Kollektor-Diode wird mit Sperrspannung betrieben, sodass die Elektronendichte an der Raumladungszone zum Kollektor hin nahe 0 ist und sich eine Dreiecksverteilung der Minoritätsladungsträger gemäß Abb. 4.7 [Abb. 2.12(b)] einstellt. Aufgrund dieser linearen Verteilung der Elektronen in der Basis mit einem konstanten Ladungsträgergradienten stellt sich ein konstanter Diffusionsstrom ein, und die Elektronen erreichen die Raumladungszone der Basis-Kollektor-Diode. Ein gewisser Anteil an Elektronen geht dabei aufgrund der Rekombination mit den Löchern in der Basis verloren. Entlang der Raumladungszone am Basis-Kollektor-Übergang existiert ein elektrisches Feld (Abschn. 3.2.1), welches die Elektronen in die Richtung des Kollektors beschleunigt („absaugt") und somit den Kollektorstrom bildet.

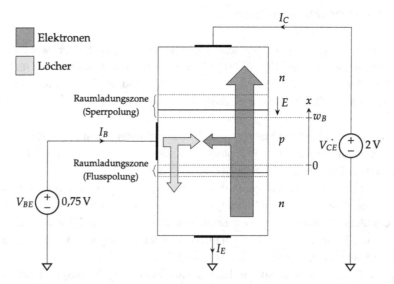

Abb. 4.6 Ladungsträgertransport im vorwärtsaktiv betriebenen *npn*-Transistor unter Vernachlässigung von Sperrströmen

Abb. 4.7 Minoritätsladungsträgerdichte in der Basis

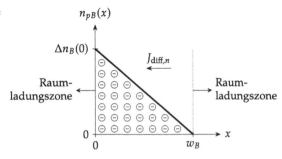

Kollektorstrom

Zur Berechnung des Kollektorstroms wird auf die Erkenntnisse aus Abschn. 3.3.2 zurückge-griffen. Es ist bekannt, dass sich durch die Flusspolung der Basis-Emitter-Diode eine erhöhte Minoritätsladungsträgerdichte (Elektronen in der Basis) am Rand der Raumladungszone auf der Basisseite einstellt. Diese Überschussminoritätsladungsträgerdichte ist proportio-nal zur Basis-Emitter-Spannung v_{BE} gemäß Gl. (3.77), hier wiederholt angegeben mit den entsprechenden Größen beim Bipolartransistor:

$$\Delta n_{pB}(0) \approx \frac{n_i^2}{N_{AB}} \left(\exp \frac{V_{BE}}{V_T} - 1 \right), \tag{4.14}$$

wobei N_{AB} die Akzeptorkonzentration in der Basis ist. Die Ladungsträgerverteilung in der Basis (Abb. 4.7) lässt sich wie folgt ausdrücken [Abb. 2.12(b)]:

$$n_{pB}(x) = \Delta n_{pB}(0) \left(1 - \frac{x}{w_B} \right), \tag{4.15}$$

mit Basisweite w_B und Ortskoordinate x (Abb. 4.6). Mithilfe von Gl. (2.60) kann nun der Diffusionsstrom in der Basis berechnet werden zu

$$J_{\text{diff},n} = q D_n \frac{d n_{pB}(x)}{dx} \tag{4.16}$$

$$= q D_n \Delta n_{pB}(0) \frac{d}{dx} \left[1 - \frac{x}{w_B} \right] \tag{4.17}$$

$$= - \frac{q D_n \Delta n_{pB}(0)}{w_B}. \tag{4.18}$$

Der konventionelle Strom fließt entgegengesetzt zum Elektronenstrom, sodass Gl. (4.18) mit -1 und anschließend mit der Fläche A des Basis-Emitter-Übergangs multipliziert werden muss, um den Kollektorstrom zu erhalten:

$$I_C = -A J_{\text{diff},n} = \frac{q A D_n \Delta n_{pB}(0)}{w_B}. \tag{4.19}$$

Das Einsetzen von Gl. (4.14) liefert schließlich

$$I_C = -A J_{\text{diff},n} = \frac{q A D_n n_i^2}{N_{AB} w_B} \left(\exp \frac{V_{BE}}{V_T} - 1 \right). \tag{4.20}$$

Der Kollektorstrom[11] hat demnach die Form eines Diodenstroms nach Gl. (3.80)

$$I_C = I_S \left(\exp \frac{V_{BE}}{V_T} - 1 \right). \tag{4.21}$$

Der Bipolartransistor verhält sich daher wie eine spannungsgesteuerte Stromquelle. Weil der Transistor im vorwärtsaktiven Bereich betrieben wird und sich die Basis-Emitter-Diode in Flusspolung befindet, kann der Term -1 unter der Annahme, dass $V_{B'E} > 3 V_T$, vernachlässigt werden [Gl. (3.93)], und man erhält

$$I_C = I_S \exp \frac{V_{BE}}{V_T} \tag{4.22}$$

mit einem Sättigungsstrom ähnlich zu Gl. (3.81)

$$I_S = q A n_i^2 \frac{D_n}{N_{AB} w_B}. \tag{4.23}$$

Typische Werte des Sättigungsstroms liegen im Bereich 10^{-9} A $\ldots$ 10^{-18} A.

Basisstrom
Der Basisstrom besteht aus drei Anteilen: einem Injektionsstrom in den Emitter, einem Rekombinationsstrom in der Basis und einem Löcheranteil des Kollektorsperrstroms. Unter Vernachlässigung der beiden letzten Effekte kann der Basisstrom ähnlich wie der Kollektorstrom anhand der Überschussminoritätsladungsträgerdichte der Löcher im Emitter berechnet werden. Vereinfachend kann man allerdings all diese (unerwünschten) Effekte in einem Faktor β zusammenfassen, sodass sich der Basisstrom wie folgt darstellen lässt:

$$I_B = \frac{I_C}{\beta}. \tag{4.24}$$

Das Verhältnis von Kollektor- zu Basisstrom, β, wird auch **Stromverstärkung**[12] genannt und hat üblicherweise einen Wert im Bereich $10 \ldots 500$. Sie wird maßgeblich durch das Verhältnis der Dotierungskonzentration der Basis, N_{AB}, und des Emitters, N_{DE}, bestimmt und steigt mit zunehmenden Werten von N_{DE}/N_{AB} an.

---

[11] Manchmal wird der Kollektorstrom auch als I_{CE} angegeben, um anzudeuten, dass er vom Kollektor zum Emitter fließt, und um ihn vom Kollektorstrom beim *pnp*-Transistor, der in die entgegengesetzte Richtung fließt, I_{EC}, zu unterscheiden.
[12] Engl. **current gain**. Manchmal auch als β_F (Index *F* für *forward*) angegeben, um ihn von der Stromverstärkung im rückwärtsaktiven Betrieb, β_R (Index *R* für *reverse*), zu unterscheiden.

Emitterstrom

Der Emitterstrom kann letztlich mit der Knotengleichung aus Gl. (4.5) aus dem Kollektor-
und Basisstrom berechnet werden:

$$I_E = I_C + I_B. \tag{4.25}$$

Durch das Einsetzen von Gl. (4.24) erhält man zwei weitere Gleichungen, die oft direkt
angewendet werden:

$$I_E = \left(1 + \frac{1}{\beta}\right) I_C \tag{4.26}$$

$$= (\beta + 1) I_B. \tag{4.27}$$

Der Kehrwert des Terms $(1 + 1/\beta)$ wird manchmal als Stromverstärkung α abgekürzt:

$$\alpha = \frac{\beta}{\beta + 1} \tag{4.28}$$

bzw.

$$\beta = \frac{\alpha}{1 - \alpha} \tag{4.29}$$

und hat aufgrund der üblicherweise großen Stromverstärkung β einen Wert nahe 1 (0,91 ...
0,998). Mithilfe von α kann der Kollektorstrom aus Gl. (4.26) auch als

$$I_C = \alpha I_E \tag{4.30}$$

angegeben werden. Es wird daher auch oft vereinfachend $\alpha \approx 1$ und $I_C \approx I_E$ angenommen. In diesem Lehrbuch wird auf die Verwendung von α verzichtet und ausschließlich die
Stromverstärkung β verwendet.

Zusammenfassung

Die Ströme eines *npn*-Transistors im vorwärtsaktiven Betrieb können wie folgt zusammengefasst werden:

$$I_C = I_S \exp \frac{V_{BE}}{V_T} \tag{4.31}$$

$$I_B = \frac{I_S}{\beta} \exp \frac{V_{BE}}{V_T} \tag{4.32}$$

$$I_E = \frac{\beta + 1}{\beta} I_S \exp \frac{V_{BE}}{V_T} = I_C + I_B \tag{4.33}$$

mit Sättigungsstrom

$$\boxed{I_S = q A n_i^2 \frac{D_n}{N_{AB} w_B}} \tag{4.34}$$

und Stromverstärkung

$$\boxed{\beta = \frac{I_C}{I_B}} \tag{4.35}$$

bzw. $\alpha = I_C / I_E = \beta / (\beta + 1)$.

Übung 4.2: Analyse einer Transistorschaltung

Die Transistorschaltung in Abb. 4.8 sei gegeben mit $I_S = 10\,\text{fA}$, $\beta = 100$, $T = 300\,\text{K}$, $V_B = 0,7\,\text{V}$, $V_{CC} = 5\,\text{V}$ und $R_C = 500\,\Omega$. (a) Bestimmen Sie den Betriebsbereich. (b) Berechnen Sie I_C, I_B, I_E, V_{BE}, V_{BC}, V_{CE}. (c) Welchen Wert dürfen R_C maximal bzw. V_{CC} minimal für einen vorwärtsaktiven Betrieb des Transistors annehmen? ◄

Lösung 4.2 Das Vorgehen aus Abb. 3.35 wird im Folgenden auf die Analyse von Transistorschaltungen übertragen.

(a) Es wird zunächst angenommen, dass der Transistor wegen der Vorwärtspolung der Basis-Emitter-Diode mit $V_{BE} = V_B = 0,7\,\text{V}$ im vorwärtsaktiven Bereich betrieben wird. Auf Basis dieser Annahme ist es zulässig, Gl. (4.31)–(4.35) anzuwenden. Zur Verifikation muss gezeigt werden, dass die Basis-Kollektor-Diode sperrt. Für den Kollektorstrom folgt

$$I_C = I_S \exp \frac{V_{BE}}{V_T} = 10\,\text{fA} \cdot \exp \frac{700\,\text{mV}}{26\,\text{mV}} = 4,93\,\text{mA}. \tag{4.36}$$

Abb. 4.8 Transistorschaltung

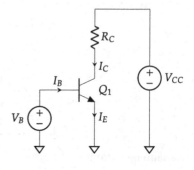

Die Kollektor-Emitter-Spannung ergibt sich aus dem Umlauf im Ausgangskreis:

$$V_{CE} = V_{CC} - R_C I_C = 5\,\text{V} - 500\,\Omega \cdot 4,93\,\text{mA} = 2,54\,\text{V}. \qquad (4.37)$$

Die Basis-Kollektor-Diode ist wegen

$$V_{BC} = V_{BE} - V_{CE} = 0,7\,\text{V} - 2,54\,\text{V} = -1,84\,\text{V} \qquad (4.38)$$

tatsächlich gesperrt, womit die Annahme des vorwärtsaktiven Betriebs bestätigt ist.

(b) Die restlichen Ströme berechnen sich zu

$$I_B = \frac{I_C}{\beta} = \frac{4,93\,\text{mA}}{100} = 49,3\,\mu\text{A} \qquad (4.39)$$

$$I_E = (\beta + 1)\, I_B = (100 + 1)\, 49,3\,\mu\text{A} = 4,98\,\text{mA}. \qquad (4.40)$$

(c) Für einen Betrieb im vorwärtsaktiven Bereich muss die Basis-Kollektor-Diode gesperrt bleiben, das heißt, es muss gelten, dass $V_{BC} = V_{BE} - V_{CE} < 0$ oder alternativ $V_{CE} > V_{BE}$. Aus der letzteren Bedingung folgt

$$V_{CC} - R_C I_C > V_{BE}. \qquad (4.41)$$

Umgestellt nach V_{CC}

$$V_{CC} > V_{BE} + R_C I_C \qquad (4.42)$$

bzw. R_C

$$R_C < \frac{V_{CC} - V_{BE}}{I_C}. \qquad (4.43)$$

Für ein gegebenes $R_C = 500\,\Omega$ ist

$$V_{CC,min} = V_{BE} + R_C I_C = 0,7\,\text{V} + 500\,\Omega \cdot 4,93\,\text{mA} = 3,17\,\text{V}, \qquad (4.44)$$

und für ein gegebenes $V_{CC} = 5\,\text{V}$ ist

$$R_{C,max} = \frac{V_{CC} - V_{BE}}{I_C} = \frac{5\,\text{V} - 0,7\,\text{V}}{4,93\,\text{mA}} = 872\,\Omega. \qquad (4.45)$$

Warum verlässt der Transistor den vorwärtsaktiven Bereich bei $V_{CC} < V_{CC,min}$ *bzw.* $R_C > R_{C,max}$*?* Im vorwärtsaktiven Bereich wird der Kollektorstrom I_C von der Basis-Emitter-Spannung V_{BE} bestimmt, die einen konstanten Wert von 0,7 V hat. Der Kollektorstrom fließt durch den Widerstand R_C, sodass entlang dieses Widerstands eine Spannung $R_C I_C$ abfällt. Die Kollektor-Emitter-Spannung ergibt sich aus der Differenz zwischen V_{CC} und diesem Spannungsabfall, $V_{CE} = V_{CC} - R_C I_C$. Bei fallendem V_{CC} und konstant bleibendem Spannungsabfall $R_C I_C$ fällt V_{CE}, bis die Sperrspannung entlang der Basis-Kollektor-Diode $V_{BC} = V_{BE} - V_{CE}$ den Wert 0 erreicht und der Transistor den vorwärtsaktiven Bereich verlässt. Alternativ zur Verringerung von V_{CC} führt auch eine Erhöhung von R_C zu einem Anstieg des Spannungsabfalls $R_C I_C$ und somit zu einer Reduktion von V_{CE}.

4.3.2 Rückwärtsaktiver Betrieb

Wie bereits angedeutet, findet der Transistor aufgrund seiner asymmetrischen Struktur im rückwärtsaktiven Betrieb kaum Anwendung. Der Vollständigkeit halber wird der Betrieb in diesem Modus erläutert, weil er recht häufig bei der Laborarbeit aufgrund eines fehlerhaften Einbaus auf Steckplatinen vorkommt.

Der Betrieb im rückwärtsaktiven Bereich ist beispielhaft in Abb. 4.9 veranschaulicht. Man erhält die Schaltung ganz einfach aus Abb. 4.5 durch Vertauschung von Kollektor und Emitter. Die Basis-Kollektor-Diode ist mit $V_{BC} = 0,75$ V vorwärtsgepolt, die Basis-Emitter-Diode mit $V_{BE} = V_{BC} - V_{EC} = -1,25$ V rückwärtsgepolt. Der Transistor befindet sich daher nach Tab. 4.1 im rückwärtsaktiven Betrieb.

Aufgrund der vorwärtsgepolten Basis-Kollektor-Diode fließen der Emitter- und der Kollektorstrom im Vergleich zum vorwärtsaktiven Betrieb in die entgegengesetzte Richtung,

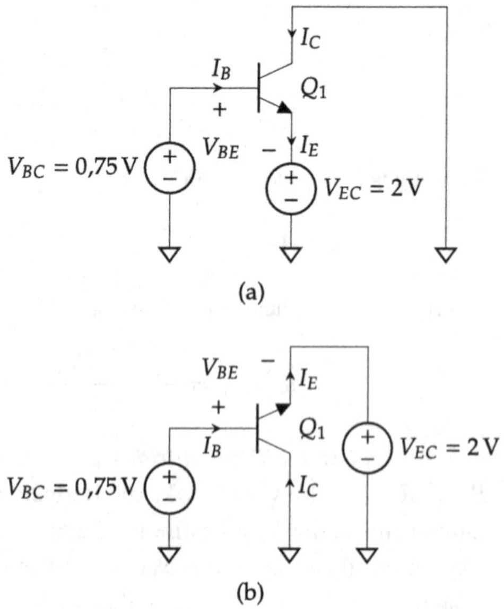

Abb. 4.9 (a) Betrieb des *npn*-Transistors im rückwärtsaktiven Bereich, (**b**) alternative Schaltplandarstellung

sodass die Stromgleichungen für I_C und I_E negative Werte ergeben.[13] Der Emitterstrom kann ähnlich zu Gl. (4.22) wie ein Diodenstrom formuliert werden, der Basisstrom ist um die Stromverstärkung β_R kleiner als der Emitterstrom, und der Kollektorstrom ergibt sich aus der Knotengleichung aus Gl. (4.5).

Das Verhältnis von Emitter- zu Basisstrom, β_R, wird maßgeblich durch das Verhältnis der Dotierungskonzentration der Basis, N_{AB}, und des Kollektors, N_{DC}, bestimmt und steigt mit zunehmenden Werten von N_{DC}/N_{AB} an. Aufgrund der im Vergleich zum Emitter sehr viel geringeren Dotierkonzentration des Kollektors, $N_{DC} \ll N_{DE}$, hat die Stromverstärkung einen um ein bis zwei Größenordnungen geringeren Wert als im vorwärtsaktiven Bereich, $\beta_R \ll \beta \propto N_{DE}/N_{AB}$. Typische Werte für β_R liegen im Bereich $0,1 \dots 10$.

Die Ströme eines *npn*-Transistors im rückwärtsaktiven Betrieb können in Analogie zu Gl. (4.31)–(4.35) wie folgt zusammengefasst werden:

$$I_C = -\frac{\beta_R + 1}{\beta_R} I_S \exp\frac{V_{BC}}{V_T} \tag{4.46}$$

$$I_B = \frac{I_S}{\beta_R} \exp\frac{V_{BC}}{V_T} \tag{4.47}$$

$$I_E = -I_S \exp\frac{V_{BC}}{V_T} = I_C + I_B \tag{4.48}$$

mit Stromverstärkung

$$\beta_R = -\frac{I_E}{I_B} \tag{4.49}$$

bzw. $\alpha_R = I_E/I_C = \beta_R/(\beta_R + 1)$ mit typischen Werten im Bereich $0,09 \dots 0,91$. Dabei wird angenommen, dass sowohl die Fläche als auch der Sättigungsstrom des Basis-Emitter- und Basis-Kollektor-Übergangs gleich sind. Aus Gl. (4.27) entsteht im rückwärtsaktiven Bereich

$$I_C = -(\beta_R + 1) I_B. \tag{4.50}$$

Übung 4.3: Analyse einer Transistorschaltung

Ein Studierender soll eine Schaltung mit einem vorwärtsaktiv betriebenen Transistor im Labor berechnen, aufbauen und ausmessen. Der Versuch, die Schaltung aus Abb. 4.8 aufzubauen sei jedoch missglückt und mündete in dem in Abb. 4.10 dargestellten Aufbau. Es seien $I_S = 10$ fA, $\beta_R = 5$, $T = 300$ K, $V_B = 0,7$ V, $V_{CC} = 5$ V und $R_C = 500\,\Omega$. (a) Bestimmen Sie den Betriebsbereich. (b) Berechnen Sie I_C, I_B, I_E, V_{BE}, V_{BC}, V_{CE}.

◄

---

[13] Alternativ können die beiden entsprechenden Zählpfeile umgedreht und die Knotengleichung aus Gl. (4.25) zu $I_C = I_E + I_B$ umformuliert werden.

Abb. 4.10 Schaltung mit
umgekehrt eingebautem
npn-Transistor

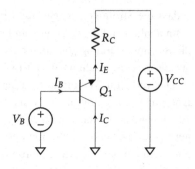

Lösung 4.3

(a) Wegen des umgekehrt eingebauten Transistors ist die Basis-Kollektor-Diode mit $V_{BC} =$
$V_B = 0,7\,\text{V}$ vorwärtsgepolt. Es wird daher angenommen, dass der Transistor im rückwärtsaktiven Bereich betrieben wird, sodass Gl. (4.46)–(4.50) verwendet werden können. Zur Verifikation muss gezeigt werden, dass die Basis-Emitter-Diode sperrt. Für
den Emitterstrom folgt

$$I_E = -I_S \exp \frac{V_{BC}}{V_T} = -10\,\text{fA} \cdot \exp \frac{700\,\text{mV}}{26\,\text{mV}} = -4,93\,\text{mA}. \qquad (4.51)$$

Die Kollektor-Emitter-Spannung ergibt sich aus dem Umlauf im Ausgangskreis:

$$V_{CE} = -V_{CC} - R_C I_C = -5\,\text{V} - (500\,\Omega \cdot -4,93\,\text{mA}) = -2,54\,\text{V}. \qquad (4.52)$$

Die Basis-Emitter-Diode ist wegen

$$V_{BE} = V_{CE} + V_{BC} = -2,54\,\text{V} + 0,7\,\text{V} = -1,84\,\text{V} \qquad (4.53)$$

tatsächlich gesperrt, womit die Annahme des rückwärtsaktiven Betriebs bestätigt ist.
(b) Die restlichen Ströme berechnen sich zu

$$I_B = -\frac{I_E}{\beta_R} = \frac{-4,93\,\text{mA}}{5} = 986\,\mu\text{A} \qquad (4.54)$$

$$I_C = -(\beta_R + 1)\,I_B = (5 + 1)\,986\,\mu\text{A} = -5,92\,\text{mA}. \qquad (4.55)$$

Abb. 4.11 Betrieb des
npn-Transistors in Sättigung

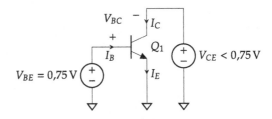

4.3.3 Sättigungs- und Sperrbetrieb

Als Nächstes wird die Schaltung aus Abb. 4.5 mit einer geringeren Kollektor-Emitter-Spannung V_{CE} betrieben (Abb. 4.11). Die Basis-Emitter-Diode bleibt mit $V_{BE} = 0{,}75\,\text{V}$ vorwärtsgepolt. Die Sperrpolung entlang der Basis-Kollektor-Diode $V_{BC} = V_{BE} - V_{CE}$ wird mit abnehmendem V_{CE} kleiner, bis sie bei $V_{CE} = 0{,}75\,\text{V}$ den Wert $0\,\text{V}$ erreicht. Wird V_{CE} weiter verringert, so gerät die Basis-Kollektor-Diode in Fluss, und der Transistor befindet sich daher nach Tab. 4.1 in **Sättigung**. Durch die Basis-Kollektor-Diode fließt nach der Diodengleichung ein Strom vom Kollektor in Richtung Basis, der mit abnehmendem V_{CE} (und damit zunehmendem V_{BC}) steigt.

Aufgrund der Injektion von Ladungsträgern (Elektronen) in die Basis nimmt die Überschussminoritätsdichte am Rand der Raumladungszone $n_{pB}(x = w_B)$ aus Gl. (4.15) und Abb. 4.7 zu, sodass der Ladungsträgergradient kleiner wird und somit der Kollektorstrom abnimmt.[14] Der Transistor verhält sich in Sättigung demnach so, als ob die Stromverstärkung β abnimmt. Ist die Vorwärtspolung der Basis-Emitter-Diode stärker als die der Basis-Kollektor-Diode, so spricht man von **Vorwärtssättigung,** andernfalls von **Rückwärtssättigung**. In Vorwärtssättigung gilt $I_C < \beta I_B$ und in Rückwärtssättigung dementsprechend $-I_E < \beta_R I_B$ bzw. $|I_E| < \beta_R I_B$.

Die Ströme eines *npn*-Transistors im Sättigungsbetrieb können aus der Superposition von Gl. (4.31)–(4.33) und (4.46)–(4.48) bestimmt werden:

$$I_C = I_S \exp \frac{V_{BE}}{V_T} - \frac{\beta_R + 1}{\beta_R} I_S \exp \frac{V_{BC}}{V_T} \tag{4.56}$$

$$I_B = \frac{I_S}{\beta} \exp \frac{V_{BE}}{V_T} + \frac{I_S}{\beta_R} \exp \frac{V_{BC}}{V_T} \tag{4.57}$$

$$I_E = \frac{\beta + 1}{\beta} I_S \exp \frac{V_{BE}}{V_T} - I_S \exp \frac{V_{BC}}{V_T} = I_C + I_B. \tag{4.58}$$

---

[14] Gemäß Gl. (4.14) ist die Überschussminoritätsdichte bei $\Delta n_{pB}(0)$ proportional zu V_{BE}. Auf ähnliche Weise ist $\Delta n_{pB}(w_B)$ proportional zu V_{BC}, woraus die Verringerung des Ladungsträgergradienten folgt.

Sperrbetrieb

Im Sperrbetrieb sind sowohl Basis-Emitter- als auch Basis-Kollektor-Diode rückwärtsgepolt, sodass bei Vernachlässigung der Sperrströme gilt:

$$\boxed{I_C = I_B = I_E = 0.}$$ (4.59)

Übung 4.4: Berechnung der Sättigungsspannung

Gegeben sei die Schaltung in Abb. 4.12. (a) Ermitteln Sie den allgemeinen Ausdruck für die (Sättigungs-)Spannung V_{CE} und ihren Zahlenwert für $I_C = 10\,\text{mA}$, $I_B = 1\,\text{mA}$, $\beta = 100$ und $\beta_R = 5$ bei Raumtemperatur. (b) Wie groß sind V_{BE} und V_{BC} für $I_S = 10\,\text{fA}$?

◄

Lösung 4.4

(a) Wegen $I_C < \beta I_B$ ist der Transistor in Sättigung, sodass Gl. (4.56)–(4.58) Anwendung finden. Die Kollektor-Emitter-Spannung ist gegeben durch

$$V_{CE} = V_{BE} - V_{BC}.$$ (4.60)

Der Kollektorstrom aus Gl. (4.56) wird nach V_{BE} (oder V_{BC}) umgestellt:

$$V_{BE} = V_T \ln\left(\frac{I_C}{I_S} + \frac{\beta_R + 1}{\beta_R} \exp\frac{V_{BC}}{V_T}\right).$$ (4.61)

Eingesetzt in den Basisstrom aus Gl. (4.57) und nach V_{BC} aufgelöst führt das zu

$$V_{BC} = V_T \ln \frac{\beta_R I_B - \dfrac{\beta_R}{\beta} I_C}{I_S \left(\dfrac{\beta_R + 1}{\beta} + 1\right)}.$$ (4.62)

Abb. 4.12 Transistorschaltung mit eingeprägtem Basis- und Kollektorstrom

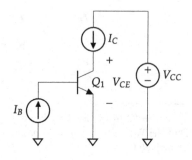

Das Einsetzen von V_{BC} in Gl. (4.61) ergibt

$$V_{BE} = V_T \ln \frac{I_C + (\beta_R + 1) I_B}{I_S \left(\dfrac{\beta_R + 1}{\beta} + 1 \right)}. \tag{4.63}$$

Aus Gl. (4.62) und (4.63) folgt letztlich der Ausdruck für V_{CE}:

$$V_{CE} = V_T \ln \frac{\dfrac{I_C}{I_B} + \beta_R + 1}{\beta_R \left(1 - \dfrac{I_C}{\beta I_B} \right)}. \tag{4.64}$$

Da der Logarithmus nur für positive Argumente definiert ist, muss $I_C < \beta I_B$ in Gl. (4.64) gelten (ansonsten ist der Nenner und somit das Argument negativ). Der Ausdruck für V_{CE} gilt daher nur in Sättigung. Für die gegebenen Zahlenwerte folgt:

$$V_{CE} = 26\,\text{mV} \cdot \ln \frac{\dfrac{10\,\text{mA}}{1\,\text{mA}} + 5 + 1}{5 \left(1 - \dfrac{10\,\text{mA}}{100 \times 1\,\text{mA}} \right)} = 33\,\text{mV}. \tag{4.65}$$

Die Kollektor-Emitter-Spannung V_{CE} hat damit wie erwartet einen sehr kleinen Wert. Der Transistor entspricht im Sättigungsbetrieb einem geschlossenen Schalter.

(b) Mit $I_S = 10\,\text{fA}$ folgen die Zahlenwerte für V_{BE} und V_{BC} aus Gl. (4.62)–(4.63):

$$V_{BC} = 26\,\text{mV} \cdot \ln \frac{5 \times 1\,\text{mA} - \dfrac{5}{100} 10\,\text{mA}}{10\,\text{fA} \left(\dfrac{5+1}{100} + 1 \right)} = 696\,\text{mV} \tag{4.66}$$

$$V_{BE} = 26\,\text{mV} \cdot \ln \frac{10\,\text{mA} + (5+1) \cdot 1\,\text{mA}}{10\,\text{fA} \left(\dfrac{5+1}{100} + 1 \right)} = 729\,\text{mV}. \tag{4.67}$$

Beide pn-Übergänge sind wie erwartet vorwärtsgepolt.

4.4 Strom-Spannungs-Kennlinien

Die Diode ist ein Bauelement mit zwei Anschlüssen, sodass nur eine Kennlinie $I_D = f(V_D)$ in Abschn. 3.3.3 untersucht wurde. Der Bipolartransistor hat drei Anschlüsse, von denen prinzipiell jeweils zwei als Ein- bzw. Ausgangsklemmenpaar verwendet werden können.

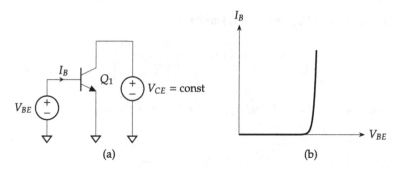

Abb. 4.13 (a) Schaltung zur Aufnahme der Eingangskennlinie eines npn-Transistors, (b) Eingangskennlinie $I_B = f(V_{BE})$

Je nach Verschaltung des Transistors ergeben sich somit sehr viele unterschiedliche Kenn-
linien, von denen allerdings nur einige von Interesse sind, insbesondere im Hinblick auf
Kap. 6. Wird eine Kennlinie in Abhängigkeit einer dritten Größe mehrmals in das gleiche
Koordinatensystem gezeichnet, so entsteht ein Kennlinienfeld.

4.4.1 Eingangskennlinie $I_B = f(V_{BE})$

Die Schaltung in Abb. 4.13(a) zeigt einen npn-Transistor mit einer Spannungsquelle V_{BE},
die im Eingangskreis variiert wird, und einer Spannungsquelle V_{CE}, die im Ausgangskreis
liegt, konstant gehalten wird und die Kollektor-Basis-Diode in Sperrpolung hält, das heißt
$V_{CE} > V_{BE}$. Es gilt daher der Ausdruck aus Gl. (4.32), der hier wiederholt wird:

$$I_B = \frac{I_S}{\beta} \exp \frac{V_{BE}}{V_T}. \tag{4.68}$$

Die **Eingangskennlinie**[15] $I_B = f(V_{BE})$ ist in Abb. 4.13(b) aufgetragen und entspricht
einer Diodenkennlinie. Damit gelten die Aussagen aus Abschn. 3.3.4 zu ihrem Temperaturverhalten. Außerdem kann die Eingangskennlinie ähnlich wie die Diodenkennlinie in
Abb. 3.10(b) halblogarithmisch aufgetragen werden. Eine Änderung der Basis-Emitter-
Spannung um 60 mV führt zu einer Änderung des Basisstroms um eine Dekade.

---

[15] Engl. **input characteristic.**

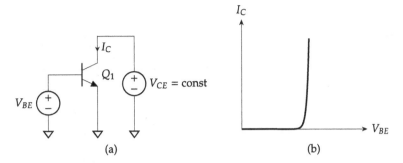

Abb. 4.14 (a) Schaltung zur Aufnahme der Übertragungskennlinie eines *npn*-Transistors, (b) Übertragungskennlinie $I_C = f(V_{BE})$

4.4.2 Übertragungskennlinie $I_C = f(V_{BE})$

Wird anstatt des Basisstroms der Kollektorstrom auf die Ordinatenachse aufgetragen, so erhält man für die **Übertragungskennlinie**[16] $I_C = f(V_{BE})$ aufgrund des Zusammenhangs $I_C = \beta I_B$ im vorwärtsaktiven Bereich ebenfalls eine Diodenkennlinie (Abb. 4.14). Es gilt der bereits bekannte Ausdruck aus Gl. (4.31):

$$I_C = I_S \exp \frac{V_{BE}}{V_T}. \tag{4.69}$$

Alternativ kann die Übertragungskennlinie $I_C = f(I_B)$ aufgetragen werden, die aufgrund von $I_C = \beta I_B$ eine Gerade durch den Ursprung mit der Steigung β darstellt.

4.4.3 Ausgangskennlinie $I_C = f(V_{CE})$

Die Schaltung in Abb. 4.15(a) dient zur Aufnahme der **Ausgangskennlinie**[17] $I_C = f(V_{CE})$ eines *npn*-Transistors. Dabei nimmt I_B einen konstanten, für jede Kennlinie unterschiedlichen Wert ein, sodass man ein **Ausgangskennlinienfeld** erhält [Abb. 4.15(b)]. Aufgrund des linearen Zusammenhangs zwischen I_C und I_B im vorwärtsaktiven Bereich, $I_C = \beta I_B$, führt eine Erhöhung des Basisstroms in äquidistanten Schritten zu ebenfalls äquidistanten Kennlinien.[18]

Im vorwärtsaktiven Bereich zeigt der Kollektorstrom keine Abhängigkeit von V_{CE} [Gl. (4.69)]. Der Bipolartransistor kann daher als einfache Konstantstromquelle eingesetzt

---

[16] Engl. **transfer characteristic.**

[17] Engl. **output characteristic.**

[18] Alternativ kann die Kurvenschar in Abhängigkeit des Parameters V_{CE} anstatt I_B aufgetragen werden. Die beiden Kennlinienfelder $I_C = f(V_{CE}, I_B)$ und $I_C = f(V_{CE}, V_{BE})$ sehen prinzipiell gleich aus.

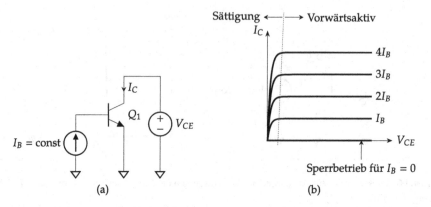

Abb. 4.15 (a) Schaltung zur Aufnahme des Ausgangskennlinienfelds eines *npn*-Transistors, (**b**) Ausgangskennlinienfeld $I_C = f(V_{CE})$ in Abhängigkeit von I_B (alternativ V_{BE})

werden. Für abnehmende Werte der Kollektor-Emitter-Spannung geht der Transistor in die Sättigung über, sodass der Kollektorstrom und damit die Stromverstärkung $\beta = I_C/I_B$ sinkt.

In Sättigung gilt der Ausdruck aus Gl. (4.56):

$$I_C = I_S \exp\frac{V_{BE}}{V_T} - \frac{\beta_R + 1}{\beta_R} I_S \exp\frac{V_{BC}}{V_T}, \tag{4.70}$$

der im vorwärtsaktiven Bereich, $V_{CE} > V_{BE}$ bzw. $V_{BC} < 0$, übergeht in Gl. (4.69).

Tatsächlich ist die Basis-Kollektor-Diode erst ab einer Vorwärtsspannung V_{BC} von beispielsweise 400 mV ... 500 mV dermaßen stark vorwärtsgepolt (Abschn. 3.3.3), dass der Kollektorstrom merklich abnimmt, $I_C < \beta I_B$, und die Ausgangskennlinie steil abfällt. Es kann daher in Abhängigkeit von V_{BC} zwischen starker und schwacher Sättigung unterschieden werden.

Mit dem **Arbeitspunkt** wird angegeben, in welchem Punkt auf seiner Ausgangskennlinie der Bipolartransistor betrieben wird. Es handelt sich um das Wertepaar aus Gleichstrom I_C und Gleichspannung V_{CE}, (I_C, V_{CE}).

Übung 4.5: Grafische und analytische Arbeitspunktbestimmung

Für die Schaltung und Transistorausgangskennlinie in Abb. 4.16 seien $I_S = 10\,\text{fA}$, $\beta = 100$, $T = 300\,\text{K}$, $I_B = 40\,\mu\text{A}$, $V_{CC} = 5\,\text{V}$ und $R_C = 500\,\Omega$. Bestimmen Sie den Arbeitspunkt des Transistors (a) analytisch und (b) grafisch. ◄

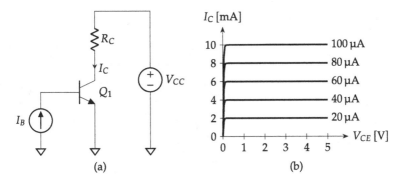

Abb. 4.16 (**a**) Transistorschaltung, (**b**) Ausgangskennlinienfeld des Transistors für verschiedene Basisströme

---

Lösung 4.5

(a) Es wird angenommen, dass der Transistor im vorwärtsaktiven Bereich betrieben wird. Der Kollektorstrom berechnet sich daher zu

$$I_C = \beta I_B = 4\,\text{mA}. \tag{4.71}$$

Die Kollektor-Emitter-Spannung ergibt sich aus dem Umlauf im Ausgangskreis:

$$V_{CE} = V_{CC} - R_C I_C = 3\,\text{V}. \tag{4.72}$$

Die Basis-Emitter-Spannung beträgt

$$V_{BE} = V_T \ln \frac{I_C}{I_S} = 0{,}69\,\text{V}. \tag{4.73}$$

Die Basis-Kollektor-Diode ist wegen

$$V_{BC} = V_{BE} - V_{CE} = 0{,}69\,\text{V} - 3\,\text{V} = -2{,}31\,\text{V} \tag{4.74}$$

tatsächlich gesperrt, womit die Annahme des vorwärtsaktiven Betriebs bestätigt ist. Der Arbeitspunkt des Transistors lautet $(I_C, V_{CE}) = (4\,\text{mA}, 3\,\text{V})$.

(b) Grafisch wird der Arbeitspunkt durch den Schnittpunkt der Ausgangskennlinie mit der Lastgerade bestimmt (Abb. 4.17). Die Lastgerade ist die Geradengleichung für den Strom durch den Widerstand R_C und lautet

$$I_C = \frac{V_{CC} - V_{CE}}{R_C}, \tag{4.75}$$

Abb. 4.17 Ausgangskennlinienfeld
mit Lastgerade

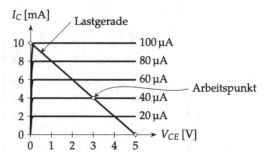

mit Ordinatenabschnitt $V_{CC}/R_C = 10\,\text{mA}$ und Steigung $-1/R_C = -1/500\,\Omega$[19]. Die Lastgerade lässt sich besonders einfach mithilfe eines zweiten Punkts im Koordinatensystem zeichnen, zum Beispiel dem Schnittpunkt mit der Abszissenachse. Für $I_C = 0$ folgt $V_{CE} = V_{CC} = 5\,\text{V}$. Mit den beiden Punkten $(10\,\text{mA}, 0\,\text{V})$ und $(0\,\text{mA}, 5\,\text{V})$ wird die Gerade in das Ausgangskennlinienfeld gezeichnet. Der Arbeitspunkt liegt im Schnittpunkt bei $(I_C, V_{CE}) = (4\,\text{mA}, 3\,\text{V})$, was dem Ergebnis aus dem analytischen Lösungsverfahren entspricht.

4.5   Modellierung des Bipolartransistors

Die in Abschn. 4.3 für den *npn*-Transistor in den verschiedenen Betriebsbereichen vorgestellten Stromgleichungen beinhalten Exponentialfunktionen. Wie schon bei der Diode in Abschn. 3.4 erläutert und beispielhaft in Üb. 3.11 gezeigt, kann die Berechnung von Schaltungen mit exponentiellen Modellen aufwendig sein. Daher werden aus den Stromgleichungen aus Abschn. 4.3 Netzwerkmodelle abgeleitet, die sich für eine Handanalyse von Schaltungen mit Bipolartransistoren eignen.

4.5.1   Vorwärtsaktiver Betrieb

Aus Gl. (4.31)–(4.33) für den vorwärtsaktiven Betrieb ergibt sich das in Abb. 4.18(a) dargestellte Netzwerkmodell.

Es fällt auf, dass alle Ströme zusätzlich zum Sättigungsstrom I_S und der Temperatur T nur von V_{BE} abhängen. Die exponentielle Abhängigkeit zwischen I_B und V_{BE} wird durch

---

[19] Skaliert auf das gezeigte Koordinatensystem kann eine Steigung von $-1/500\,\Omega$ beispielsweise auch als $-2\,\text{mA}/1\,\text{V}$ angegeben werden, das heißt, für eine Zunahme der Spannung V_{CE} um $1\,\text{V}$ nimmt der Strom I_C um $2\,\text{mA}$ ab.

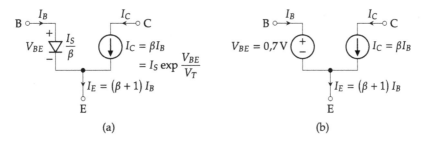

Abb. 4.18 (a) Netzwerkmodell eines *npn*-Transistors im vorwärtsaktiven Bereich, (b) vereinfachte Ersatzschaltung mit der Basis-Emitter-Diode nach dem CVD-Modell

eine Diode modelliert. Der Faktor $1/\beta$ wird dadurch berücksichtigt, dass die Diodenfläche gleichgesetzt wird zur Fläche des Basis-Emitter-Übergangs multipliziert mit $1/\beta$. Aus Gl. (3.81) ist bekannt, dass der Sättigungsstrom proportional zur Diodenfläche ist, sodass Gl. (4.32) akkurat nachgebildet wird, $I_B = (I_S/\beta) \exp(V_{BE}/V_T)$.

Der Kollektorstrom I_C wird mit einer stromgesteuerten Stromquelle mit der Verstärkung β und der Steuergröße I_B modelliert (Abschn. 1.3.3), wodurch Gl. (4.31) implementiert wird, $I_C = \beta I_B = I_S \exp(V_{BE}/V_T)$.

Der Emitterstrom in Gl. (4.33) ergibt sich aus der Superposition von I_C und I_B, die durch den Knoten am Emitter realisiert wird, $I_E = I_C + I_B = [(\beta + 1)/\beta] I_S \exp(V_{BE}/V_T)$.

Schließlich kann nach Abschn. 3.4.2 die Diode durch ihr CVD-Modell ersetzt werden, wodurch das Ersatzschaltbild in Abb. 4.18(b) entsteht und die Handanalyse aufgrund der als konstant angenommenen Spannung $V_{BE} = 0{,}7\,\text{V}$ vereinfacht wird. Die Basis-Kollektor-Diode wird in diesem Modell als gesperrt betrachtet, falls $V_{BC} < 0{,}5\,\text{V}$ (Abschn. 4.5.2).

Übung 4.6: Analyse einer Transistorschaltung

Für die Schaltung in Abb. 4.19 gelte $\beta = 100$, $T = 300\,\text{K}$, $V_B = 1\,\text{V}$, $V_{CC} = 5\,\text{V}$, $R_C = 2\,\text{k}\Omega$, $R_B = 10\,\text{k}\Omega$ und $R_E = 1\,\text{k}\Omega$. Bestimmen Sie den Betriebsbereich und berechnen Sie den Arbeitspunkt des Transistors. Verwenden Sie ein vereinfachtes Netzwerkmodell mit $V_{BE} = 0{,}7\,\text{V}$ für eine vorwärtsgepolte Basis-Emitter-Diode und $V_{BC} = 0{,}5\,\text{V}$ für eine vorwärtsgepolte Basis-Kollektor-Diode. ◄

Lösung 4.6 Unter der Annahme, dass sich der Transistor im vorwärtsaktiven Betrieb befindet, folgt mithilfe des vereinfachten Transistormodells aus Abb. 4.18(b) das Ersatzschaltbild in Abb. 4.20.

Die Umlaufgleichung im Eingangskreis lautet

$$0 = -V_B + I_B R_B + V_{BE} + (\beta + 1) I_B R_E. \tag{4.76}$$

Abb. 4.19 Transistorschaltung

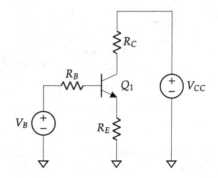

Daraus folgt der Basisstrom

$$I_B = \frac{V_B - V_{BE}}{R_B + (\beta + 1)\,R_E} = \frac{1\,\text{V} - 0{,}7\,\text{V}}{10\,\text{k}\Omega + (100 + 1)\,1\,\text{k}\Omega} = 2{,}7\,\mu\text{A}. \tag{4.77}$$

Ist ein Strom berechnet, können die jeweils anderen beiden Ströme ganz einfach bestimmt werden:

$$I_C = \beta I_B = 270\,\mu\text{A} \tag{4.78}$$

$$I_E = (\beta + 1)\,I_B = 273\,\mu\text{A}. \tag{4.79}$$

Zur Bestimmung des Arbeitspunkts fehlt noch V_{CE}. Der Kollektorstrom kann auch mithilfe des Ohmschen Gesetzes wie folgt formuliert werden:

$$I_C = \frac{V_{CC} - V_C}{R_C}. \tag{4.80}$$

Die Kollektorspannung V_C berechnet sich daraus zu

$$V_C = V_{CC} - I_C R_C = 5\,\text{V} - 270\,\mu\text{A} \cdot 2\,\text{k}\Omega = 4{,}46\,\text{V}. \tag{4.81}$$

Die Emitterspannung V_E stellt den Spannungsabfall entlang des Widerstands R_E dar:

$$V_E = I_E R_E = 273\,\mu\text{A} \cdot 1\,\text{k}\Omega = 0{,}27\,\text{V}. \tag{4.82}$$

Daraus folgt schließlich

$$V_{CE} = V_C - V_E = 4{,}19\,\text{V}. \tag{4.83}$$

Der Arbeitspunkt des Transistors lautet somit $(I_C, V_{CE}) = (270\,\mu\text{A}, 4{,}19\,\text{V})$.

Zuletzt muss die Annahme des vorwärtsaktiven Betriebs verifiziert werden. Die Basis-Kollektor-Diode muss demnach sperren. Mithilfe der Emitterspannung V_E folgt für die Basisspannung aus $V_{BE} = V_B - V_E$, dass

Abb. 4.20 Schaltung mit vereinfachtem Transistormodell für den vorwärtsaktiven Bereich

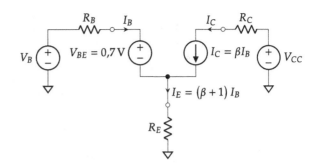

$$V_B = V_{BE} + V_E = 0{,}7\,\text{V} + 0{,}27\,\text{V} = 0{,}97\,\text{V}. \tag{4.84}$$

Die Basis-Kollektor-Spannung beträgt daher[20]

$$V_{BC} = V_B - V_C = 0{,}97\,\text{V} - 4{,}46\,\text{V} = -3{,}49\,\text{V}, \tag{4.85}$$

sodass die Basis-Kollektor-Diode tatsächlich sperrt und die Annahme bestätigt ist.

Mit etwas Übung kann die obige Analyse auch ohne die Zeichnung der Ersatzschaltung in Abb. 4.20 durchgeführt werden.

4.5.2 Rückwärtsaktiver Betrieb

Aus Gl. (4.46)–(4.48) für den rückwärtsaktiven Betrieb ergibt sich das in Abb. 4.21(a) dargestellte Netzwerkmodell.

Die Klemmenströme sind hier ausschließlich von der Spannung V_{BC} (anstatt V_{BE}) abhängig. Die exponentielle Abhängigkeit zwischen I_B und V_{BC} nach Gl. (4.47) wird daher durch eine Diode zwischen Basis- und Kollektor-Anschluss modelliert. Der Faktor $1/\beta_R$ wird wie bei der Modellierung im vorwärtsaktiven Bereich durch eine Reduktion der Diodenfläche um den Faktor β_R realisiert, $I_B = (I_S/\beta_R) \exp(V_{BC}/V_T)$.

Der Emitterstrom in Gl. (4.48) wird durch eine stromgesteuerte Stromquelle mit der Verstärkung $-\beta_R$ und der Steuergröße I_B implementiert, $I_E = -\beta_R I_B = -I_S \exp(V_{BC}/V_T)$.

Der Kollektorstrom in Gl. (4.46) ergibt sich aus der Superposition von I_E und I_B, die durch den Knoten am Kollektor realisiert wird, $I_C = I_E - I_B = -\left[(\beta_R + 1)/\beta_R\right] I_S \exp(V_{BC}/V_T)$.

---

[20] Alternativ wird V_{BC} mithilfe der Umlaufgleichung entlang des Transistors aus Gl. (4.4) bestimmt: $V_{BC} = V_{BE} - V_{CE} = 0{,}7\,\text{V} - 4{,}19\,\text{V} = -3{,}49\,\text{V}.$

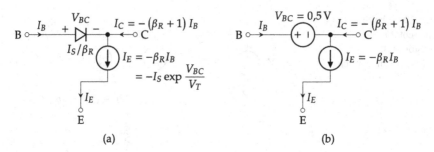

(a)   (b)

Abb. 4.21 (a) Netzwerkmodell eines npn-Transistors im rückwärtsaktiven Bereich, (b) vereinfachte Ersatzschaltung mit der Basis-Kollektor-Diode nach dem CVD-Modell

Die Diode kann auch hier durch ihr CVD-Modell ersetzt werden, wodurch sich das Ersatzschaltbild in Abb. 4.21(b) ergibt. Üblicherweise hat der Basis-Kollektor-Übergang eine größere Fläche als der Basis-Emitter-Übergang, sodass der Sättigungsstrom des Basis-Kollektor-Übergangs höher und damit die Durchlassspannung geringer ist. Diesem Umstand wird beim CVD-Modell durch ein um etwa $0{,}2\,\text{V}$ kleineres V_{BC} von $0{,}5\,\text{V}$ Rechnung getragen.[21] Die Basis-Emitter-Diode wird in diesem Modell als gesperrt betrachtet, falls $V_{BE} < 0{,}7\,\text{V}$.

Übung 4.7: Analyse einer Transistorschaltung

Für die Schaltung in Abb. 4.22 gelte $\beta = 100$, $\beta_R = 5$, $T = 300\,\text{K}$, $V_B = 1\,\text{V}$, $V_{CC} = -5\,\text{V}$, $R_C = 2\,\text{k}\Omega$ und $R_E = 1\,\text{k}\Omega$. Bestimmen Sie den Betriebsbereich und berechnen Sie den Arbeitspunkt des Transistors. Verwenden Sie ein vereinfachtes Netzwerkmodell mit $V_{BE} = 0{,}7\,\text{V}$ für eine vorwärtsgepolte Basis-Emitter-Diode und $V_{BC} = 0{,}5\,\text{V}$ für eine vorwärtsgepolte Basis-Kollektor-Diode. ◀

Lösung 4.7 Es soll zunächst angenommen werden, dass sich der Transistor im vorwärts-aktiven Betrieb befindet. Die für diesen Betriebsbereich gültige Ersatzschaltung ist mithilfe des vereinfachten Transistormodells aus Abb. 4.18(b) in Abb. 4.23 dargestellt.

Die Umlaufgleichung im Eingangskreis lautet

$$0 = -V_B + V_{BE} + (\beta + 1)\, I_B R_E + V_{EE}. \tag{4.86}$$

Daraus folgt der Basisstrom

---

[21] In der Herleitung der Stromgleichungen wurde die Annahme getroffen, dass die Sättigungsströme der beiden Dioden gleich sind. Andernfalls muss in allen Stromgleichungen zwischen I_{SE} für den Basis-Emitter- und I_{SC} für den Basis-Kollektor-Übergang unterschieden werden.

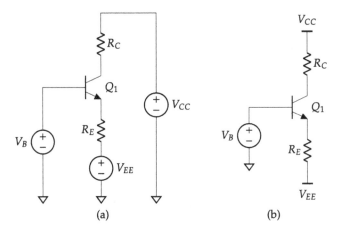

Abb. 4.22 (a) Transistorschaltung, (b) kompaktere Darstellung der Versorgungsspannungen V_{CC} und V_{EE}

$$I_B = \frac{V_B - V_{BE} - V_{EE}}{(\beta + 1)\, R_E} = \frac{1\,\text{V} - 0{,}7\,\text{V} - 5\,\text{V}}{(100 + 1)\, 1\,\text{k}\Omega} = -46{,}5\,\mu\text{A}. \tag{4.87}$$

Im vorwärtsaktiven Betrieb muss der Basisstrom jedoch in die dem Zählpfeil aus Abb. 4.23 entsprechende Richtung fließen. Ein negativer Wert für I_B bedeutet, dass der Stromfluss in die entgegengesetzte Richtung erfolgt. Damit ist die Annahme widerlegt.

Die bisherige Analyse muss daher verworfen und mit einer modifizierten Annahme von Neuem durchgeführt werden (Abb. 3.35). Dazu wird als Nächstes der rückwärtsaktive Betrieb angenommen, was mit dem vereinfachten Transistormodell aus Abb. 4.21(b) zu dem Ersatzschaltbild in Abb. 4.24 führt.

Aus der Umlaufgleichung

$$0 = -V_B + V_{BC} + -I_C R_C + V_{CC} \tag{4.88}$$

Abb. 4.23 Schaltung mit vereinfachtem Transistormodell für den vorwärtsaktiven Bereich

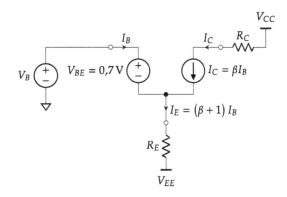

Abb. 4.24 Schaltung mit
vereinfachtem
Transistormodell für den
rückwärtsaktiven Bereich

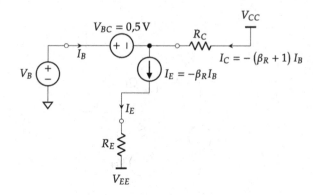

folgt der Kollektorstrom

$$I_C = \frac{V_{CC} + V_{BC} - V_B}{R_C} = \frac{-5\,\text{V} + 0{,}5\,\text{V} - 1\,\text{V}}{2\,\text{k}\Omega} = -2{,}75\,\text{mA}. \tag{4.89}$$

Mithilfe von I_C können Basis- und Emitterstrom bestimmt werden:

$$I_B = -\frac{I_C}{\beta_R + 1} = 458\,\mu\text{A} \tag{4.90}$$

$$I_E = -\beta_R I_B = -2{,}29\,\text{mA}. \tag{4.91}$$

Die Kollektorspannung V_C berechnet sich zu

$$V_C = V_{CC} - I_C R_C = -5\,\text{V} - (-2{,}75\,\text{mA} \cdot 2\,\text{k}\Omega) = 0{,}5\,\text{V}. \tag{4.92}$$

Mithilfe der Emitterspannung

$$V_E = V_{EE} + I_E R_E = 5\,\text{V} + (-2{,}29\,\text{mA} \cdot 1\,\text{k}\Omega) = 2{,}71\,\text{V} \tag{4.93}$$

folgt schließlich

$$V_{CE} = V_C - V_E = -2{,}21\,\text{V}. \tag{4.94}$$

Der Arbeitspunkt des Transistors lautet $(I_C, V_{CE}) = (-2{,}75\,\text{mA}, -2{,}21\,\text{V})$.

Zur Verifikation der Annahme des rückwärtsaktiven Betriebs muss gezeigt werden, dass die Basis-Emitter-Diode sperrt. Wegen $V_B = V_B$ gilt

$$V_{BE} = V_B - V_E = 1\,\text{V} - 2{,}71\,\text{V} = -1{,}71\,\text{V}, \tag{4.95}$$

sodass die Basis-Emitter-Diode tatsächlich sperrt und die Annahme bestätigt ist.

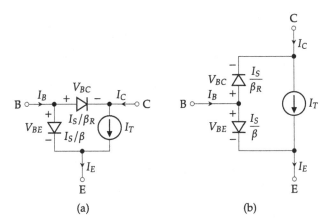

Abb. 4.25 (**a**) Transportmodell eines *npn*-Transistors, (**b**) alternative Darstellung

4.5.3 Transportmodell

Die Ersatzschaltbilder aus Abb. 4.18(a) und 4.21(a) werden in der Literatur häufig kombiniert dargestellt (Abb. 4.25) und als **Transportmodell**[22] bezeichnet.

Der Strom I_T, welcher die Basis durchquert und **Transportstrom** genannt wird, ergibt sich dabei aus der Superposition von I_C aus dem vorwärtsaktiven [Gl. (4.31)] und I_E aus dem rückwärtsaktiven Bereich [Gl. (4.48)] zu

$$I_T = I_S \left(\exp \frac{V_{BE}}{V_T} - \exp \frac{V_{BC}}{V_T} \right). \tag{4.96}$$

Für die Klemmenströme I_C, I_B und I_E erhält man in diesem Modell die bereits vorgestellten Ausdrücke in Gl. (4.56)–(4.58). Im entsprechenden Betriebsbereich geht das Transportmodell über in die Ersatzschaltungen aus Abb. 4.18(a) bzw. 4.21(a).

4.5.4 Sättigungs- und Sperrbetrieb

Ein Netzwerkmodell für den Sättigungsbetrieb in Gl. (4.56)–(4.58) ist mit dem Transportmodell gegeben. Durch die Vorwärtspolung der Basis-Emitter- und Basis-Kollektor-Diode besteht die Möglichkeit, das Modell durch das CVD-Modell der Dioden weiter zu vereinfachen [Abb. 4.26(a)]. Alternativ kommt das in Abb. 4.26(b) dargestellte Ersatzschaltbild zum Einsatz, bei welchem die Kollektor-Emitter-Spannung durch die Spannungsdifferenz

---

[22] Engl. **transport model.**

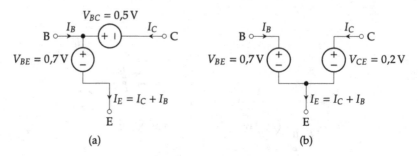

Abb. 4.26 (**a**) Netzwerkmodell eines *npn*-Transistors im Sättigungsbereich mit Dioden nach dem CVD-Modell, (**b**) alternativ verwendete Ersatzschaltung

Abb. 4.27 Netzwerkmodell eines *npn*-Transistors im Sperrbereich

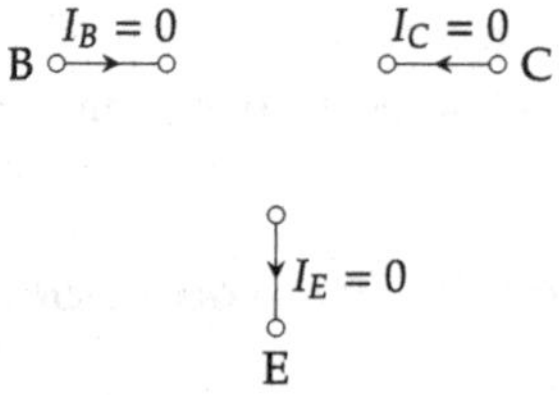

$VCE = VBE - VBC = 0,7\,\text{V} - 0,5\,\text{V} = 0,2\,\text{V}$ nachgebildet wird, im Sättigungsbetrieb auch als **Sättigungsspannung**[23] bezeichnet.

Sperrbetrieb

Aus Gl. (4.59), $I_C = I_B = I_E = 0$, ergibt sich für den Sperrbetrieb unter Vernachlässigung der Sperrströme das einfache Ersatzschaltbild in Abb. 4.27, bei dem beide Dioden durch einen Leerlauf ersetzt wurden.

Übung 4.8: Analyse einer Transistorschaltung

Für die Schaltung in Abb. 4.28 gelte $\beta = 100$, $T = 300\,\text{K}$, $I_B = 50\,\mu\text{A}$, $V_{CC} = 5\,\text{V}$, $R_C = 1,5\,\text{k}\Omega$ und $R_E = 1\,\text{k}\Omega$. Bestimmen Sie den Betriebsbereich und berechnen Sie den Arbeitspunkt des Transistors. Verwenden Sie ein vereinfachtes Netzwerkmodell mit $V_{BE} = 0,7\,\text{V}$ für eine vorwärtsgepolte Basis-Emitter-Diode und $V_{BC} = 0,5\,\text{V}$ für eine vorwärtsgepolte Basis-Kollektor-Diode. ◄

---

[23] Engl. **saturation voltage;** manchmal als $V_{CE,sat}$ abgekürzt.

Abb. 4.28 Transistorschaltung

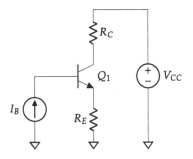

Lösung 4.8 Unter der Annahme, dass sich der Transistor im Sättigungsbetrieb befindet, folgt mithilfe des vereinfachten Transistormodells aus Abb. 4.26(b) das Ersatzschaltbild in Abb. 4.29. Alternativ kann das Modell aus Abb. 4.26(a) eingesetzt werden.

Der Basisstrom ist gleich dem Quellstrom, $I_B = 50\,\mu\text{A}$. Die Umlaufgleichung im Ausgangskreis lautet

$$0 = -V_{CC} + I_C R_C + V_{CE} + (I_C + I_B)\, R_E. \tag{4.97}$$

Daraus folgt der Kollektorstrom

$$I_C = \frac{V_{CC} - V_{CE} - I_B R_E}{R_C + R_E} = \frac{5\,\text{V} - 0{,}2\,\text{V} - 50\,\mu\text{A} \cdot 1\,\text{k}\Omega}{1{,}5\,\text{k}\Omega + 1\,\text{k}\Omega} = 1{,}9\,\text{mA}. \tag{4.98}$$

Der Emitterstrom beträgt $I_E = I_C + I_B = 1{,}95\,\text{mA}$. Der Arbeitspunkt des Transistors lautet $(I_C, V_{CE}) = (1{,}9\,\text{mA}, 0{,}2\,\text{V})$.

Zuletzt muss die Annahme des Sättigungsbetriebs verifiziert werden. Für den Kollektorstrom muss dafür $I_C < \beta I_B$ gelten. Mit $\beta = 100$ und eingeprägtem Basisstrom $I_B = 50\,\mu\text{A}$ folgt tatsächlich $I_C = 1{,}9\,\text{mA} < 5\,\text{mA}$, womit die Annahme der Sättigung bestätigt ist. Die

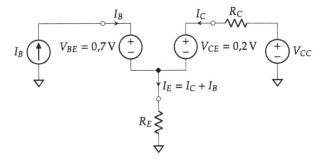

Abb. 4.29 Schaltung mit vereinfachtem Transistormodell für den Sättigungsbetrieb

Abb. 4.30 Transistorschaltung

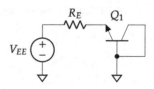

Sättigungsstromverstärkung[24] β_{sat} beträgt in diesem Beispiel

$$\beta_{sat} = \frac{I_C}{I_B} = \frac{1{,}9\,\text{mA}}{50\,\mu\text{A}} = 38 < \beta. \tag{4.99}$$

Durch die Einstellung des Basisstroms kann ein beliebiger Wert $0 < \beta_{sat} \leq \beta$ und somit ein Betrieb im vorwärtsaktiven oder Sättigungsbereich eingestellt werden. Der Kollektorstrom kann gemäß Gl. (4.98) in keinem Fall einen Wert von $I_{C,max} = V_{CC}/(R_C + R_E) = 2\,\text{mA}$ übersteigen. Das wiederum bedeutet, dass sich der Transistor ab einem Basisstrom von $I_B = I_{C,max}/\beta = 20\,\mu\text{A}$ in starker Sättigung befindet. Befände sich der Transistor nämlich im vorwärtsaktiven Bereich, so müsste für $I_B > 20\,\mu\text{A}$ der Kollektorstrom einen Wert $I_C > I_{C,max} = 2\,\text{mA}$ annehmen, was jedoch nicht möglich ist.

Übung 4.9: Analyse einer Transistorschaltung

Für die Schaltung in Abb. 4.30 gelte $V_{EE} = 5\,\text{V}$ und $R_E = 1\,\text{k}\Omega$. Bestimmen Sie den Betriebsbereich und berechnen Sie den Arbeitspunkt des Transistors. ◄

Lösung 4.9 Wegen $V_B = V_C = 0\,\text{V}$ ist $V_{BC} = 0\,\text{V}$, sodass die Basis-Kollektor-Diode sperrt. Weil V_{EE} positiv ist, wird angenommen, dass auch die Basis-Emitter-Diode sperrt und sich der Transistor im Sperrbereich befindet. Mit dem Modell aus Abb. 4.27 folgt das Ersatzschaltbild in Abb. 4.31.

Da alle Ströme gleich 0 sind, fällt keine Spannung an R_E ab, und die Basis-Emitter-Spannung lässt sich als $V_{BE} = V_B - V_E = 0\,\text{V} - 5\,\text{V} = -5\,\text{V}$ schreiben. Die Basis-Emitter-Diode ist tatsächlich gesperrt, womit die Annahme bestätigt ist. Die Kollektor-Emitter-Spannung beträgt $V_{CE} = V_C - V_E = -5\,\text{V}$. Der Arbeitspunkt des Transistors lautet $(I_C, V_{CE}) = (0\,\text{A}, -5\,\text{V})$.

---

[24] Im Englischen manchmal auch als **forced** β bezeichnet.

Abb. 4.31 Schaltung mit vereinfachtem Transistormodell für den Sperrbetrieb

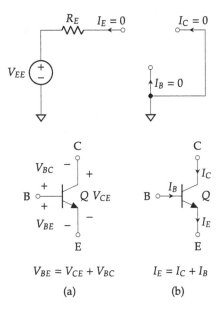

Abb. 4.32 (**a**) Spannungs- und (**b**) Stromzählpfeile eines Bipolartransistors vom *npn*-Typ

$$V_{BE} = V_{CE} + V_{BC} \qquad\qquad I_E = I_C + I_B$$

(a) \qquad\qquad\qquad (b)

4.5.5 Zusammenfassung der Transistormodelle

Tab. 4.2 zeigt eine Zusammenfassung der Modelle für die einzelnen Betriebsbereiche eines *npn*-Transistors für den Fall, dass das CVD-Modell für die *pn*-Übergänge verwendet wird. Zu beachten ist, dass die Umlauf- und Knotengleichungen aus Gl. (4.4) bzw. (4.5) in jedem Betriebsbereich gelten:

$$0 = V_{BC} + V_{CE} - V_{BE} \qquad\qquad (4.100)$$

$$0 = I_E - I_B - I_C. \qquad\qquad (4.101)$$

Es gelten dabei die Strom- und Spannungszählpfeilrichtungen aus Abb. 4.32.

Zusammen mit dem Vorgehen aus Abb. 3.35 und Tab. 4.1 kann der Arbeitspunkt (I_C, V_{CE}) von *npn*-Transistoren bestimmt werden.

4.6 Basisweitenmodulation oder Early-Effekt

Bisher war im vorwärtsaktiven Betrieb der Kollektorstrom unabhängig von der Kollektor-Emitter-Spannung [Gl. (4.31)]. Tatsächlich lässt sich mit zunehmendem V_{CE} ein Anstieg von I_C feststellen. Die Ursache für diesen Effekt ist in Abb. 4.33 veranschaulicht, die einen *npn*-Transistor bei zwei unterschiedlichen Kollektor-Emitter-Spannungen zeigt.

Der *npn*-Transistor sei im vorwärtsaktiven Betrieb mit einer Kollektor-Emitter-Spannung V_{CE1}. Wird diese Spannung auf $V_{CE2} > V_{CE1}$ erhöht, so nimmt bei konstantem V_{BE}

Tab. 4.2 Betriebsbereiche und Modellgleichungen eines npn-Bipolartransistors unter der Annahme eines CVD-Modells für die pn-Übergänge

Betriebsbereich	Spannungen	Ströme	Bedingungen
Vorwärtsaktiv	$V_{BE} = 0,7\,\text{V}$	$I_C = \beta I_B$ $I_E = I_C + I_B$	$V_{BC} < 0,5\,\text{V}$ [a] $I_C > 0$ $I_B > 0$ $I_E > 0$
Rückwärtsaktiv	$V_{BC} = 0,5\,\text{V}$	$I_E = -\beta I_R$ $I_E = I_C + I_B$	$V_{BE} < 0,7\,\text{V}$ [b] $I_C < 0$ $I_B > 0$ $I_E < 0$
Sättigung	$V_{BE} = 0,7\,\text{V}$ $V_{BC} = 0,5\,\text{V}$ $V_{CE} = 0,2\,\text{V}$ [c]	$I_E = I_C + I_B$	$I_C < \beta I_B$ oder [d] $I_E > -\beta_R I_B$ $I_B > 0$
Sperrbetrieb	—	$I_C = 0$ $I_E = 0$ $I_B = 0$	$V_{BE} < 0,7\,\text{V}$ $V_{BC} < 0,5\,\text{V}$ [e]

[a] Alternativ zu $V_{BC} < 0,5\,\text{V}$ kann aufgrund der Umlaufgleichung in Gl. (4.100) $V_{CE} > 0,2\,\text{V}$ verifiziert werden. Es kann auch eine strengere Bedingung $V_{BC} < 0\,\text{V}$ gewählt werden.

[b] Alternativ zu $V_{BE} < 0,7\,\text{V}$ kann aufgrund der Umlaufgleichung in Gl. (4.100) $V_{CE} < 0,2\,\text{V}$ verifiziert werden. Es kann auch eine strengere Bedingung $V_{BE} < 0\,\text{V}$ gewählt werden.

[c] Nur zwei dieser Gleichungen werden angenommen, typischerweise für V_{BE} und V_{CE}, die dritte ergibt sich aus der Umlaufgleichung in Gl. (4.100).

[d] $I_C < \beta I_B$ gilt in Vorwärts- und $-I_E < \beta_R I_B$ bzw. $|I_E| < \beta_R I_B$ in Rückwärtssättigung.

[e] Alternativ $V_{BE} < 0\,\text{V}$ und $V_{BC} < 0\,\text{V}$.

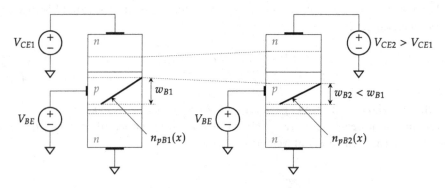

Abb. 4.33 Ursache des Early-Effekts im vorwärtsaktiv betriebenen npn-Transistor

die Sperrspannung V_{BC} und damit die Weite der Raumladungszone am Basis-Kollektor-Übergang zu (Abschn. 3.3). Mit der Zunahme der Weite der Raumladungszone ist eine Abnahme der effektiven Basisweite w_B verbunden, sodass $w_{B2} < w_{B1}$.

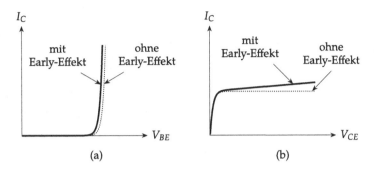

Abb. 4.34 (a) Übertragungskennlinie $I_C = f(V_{BE})$ und (b) Ausgangskennlinie $I_C = f(V_{CE})$ eines npn-Transistors bei Berücksichtigung des Early-Effekts

Aufgrund der Änderung der Basisweite wird die beobachtete Zunahme des Kollektorstroms mit V_{CE} **Basisweitenmodulation,** nach dem Entdecker auch **Early-Effekt,**[25] genannt.

Aus Abschn. 4.3.1 ist bekannt, dass die Konzentration überschüssiger Minoritäten (Elektronen) an der basisseitigen Grenze der Raumladungszone des Basis-Kollektor-Übergangs nahezu 0 ist, $n_{pB}(w_B) \approx 0$. Dies trifft auch bei einer verkürzten Basisweite w_{B2} zu, sodass die Steigung des Verlaufs der überschüssigen Minoritäten in der Basis, $n_{pB}(x)$, zunimmt. Der Kollektorstrom ist proportional zu diesem Ladungsträgergradienten und nimmt daher bei einer aufgrund einer erhöhten Kollektor-Emitter-Spannung verkürzten Basisweite zu. Die invers proportionale Beziehung zwischen I_C und w_B kann anhand von Gl. (4.31) in Verbindung mit Gl. (4.34) beobachtet werden:

$$I_C = I_S \exp \frac{V_{BE}}{V_T} \tag{4.102}$$

$$= \frac{q A n_i^2 D_n}{N_{AB} w_B} \exp \frac{V_{BE}}{V_T}. \tag{4.103}$$

Der Early-Effekt hat keine Auswirkung auf den Basisstrom, da dieser im Wesentlichen unabhängig vom Konzentrationsgradienten der Minoritäten in der Basis ist. Somit hat der Early-Effekt zwar keinen Einfluss auf die Eingangskennlinie $I_B = f(V_{BE})$, allerdings sehr wohl auf die Übertragungskennlinie $I_C = f(V_{BE})$ und die Ausgangskennlinie $I_C = f(V_{CE})$ (Abb. 4.34). Zudem tritt der Early-Effekt nicht im Sättigungsbetrieb auf, da sich die Basis-Kollektor-Diode in diesem Betriebsbereich in Flusspolung befindet. Weitere Folgen des Early-Effekts für den Betrieb von Transistorschaltungen werden in Kap. 6 und 7 erläutert.

Werden die Ausgangskennlinien auf die negative Abszissenachse verlängert, so schneiden sie sich in einem Punkt $V_{CE} = -V_A$ (Abb. 4.35). Die Größe V_A ist ein Modellpara-

---

[25] Engl. **base-width modulation** bzw. **Early effect** nach James M. Early, 1922–2004, US-amerikanischer Ingenieur.

Abb. 4.35 Ausgangskennlinienfeld $I_C = f(V_{CE})$ eines npn-Transistors in Abhängigkeit von I_B bei Berücksichtigung des Early-Effekts

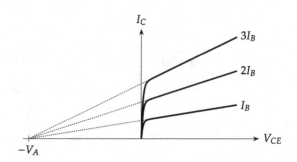

meter und wird **Early-Spannung**[26] genannt. Sie hat typischerweise einen Wert im Bereich 20 V ... 250 V.

Zuletzt stellt sich die Frage, wie der Early-Effekt in den Stromgleichungen berücksichtigt werden kann. Nach den bisherigen Erläuterungen muss der Early-Effekt lediglich im Kollektorstrom im vorwärtsaktiven Bereich modelliert werden. Ein einfaches Modell multipliziert zum Kollektorstrom einen Korrekturterm $(1 + V_{CE}/V_A)$:

$$I_C = I_S \exp\left(\frac{V_{BE}}{V_T}\right)\left(1 + \frac{V_{CE}}{V_A}\right) \tag{4.104}$$

$$I_B = \frac{I_S}{\beta} \exp \frac{V_{BE}}{V_T} \tag{4.105}$$

$$I_E = I_C + I_B. \tag{4.106}$$

Um die Steigung der Ausgangskennlinien im vorwärtsaktiven Bereich zu berechnen (die gestrichelt gezeichneten Geraden in Abb. 4.35), wird der Kollektorstrom nach V_{CE} abgeleitet:

$$\frac{dI_C}{dV_{CE}} = \frac{I_S}{V_A} \exp \frac{V_{BE}}{V_T} = \frac{I_C(V_{CE} = 0)}{V_A} = \frac{\beta I_B}{V_A}, \tag{4.107}$$

wobei $I_C(V_{CE} = 0)$ den auf die Ordinatenachse extrapolierten Wert für I_C darstellt. Der Abstand der Ausgangskennlinien im vorwärtsaktiven Betrieb ist daher nicht äquidistant, sondern nimmt mit zunehmendem Basisstrom zu. Die Stromverstärkung weist demnach ebenfalls eine Abhängigkeit von V_{CE} auf, die wie folgt modelliert wird:

$$\beta_A = \beta\left(1 + \frac{V_{CE}}{V_A}\right), \tag{4.108}$$

wobei $\beta = \beta_A(V_{CE} = 0)$. Mit β_A lautet der Zusammenhang zwischen Kollektor- und Basisstrom

---

[26] Engl. **Early voltage.**

$$\boxed{I_C = \beta_A I_B.} \tag{4.109}$$

Das Netzwerkmodell für den vorwärtsaktiven Betrieb ist weiterhin durch Abb. 4.18 gegeben, lediglich der stromgesteuerte Kollektorstrom wird gemäß Gl. (4.109) modifiziert.

Bei der Berechnung von Arbeitspunkten wird zur Verringerung des Rechenaufwands häufig die Auswirkung des Early-Effekts vernachlässigt und $\beta_A = \beta$ angesetzt.

Übung 4.10: Analyse einer Transistorschaltung

Für die Schaltung in Abb. 4.36 gelte $I_S = 10\,\mathrm{fA}$, $\beta = 100$, $T = 300\,\mathrm{K}$, $I_{EE} = 5\,\mathrm{mA}$, $V_{CC} = 5\,\mathrm{V}$ und $R_C = 100\,\Omega$. Bestimmen Sie den Betriebsbereich und berechnen Sie den Arbeitspunkt des Transistors. Welche Basis-Emitter-Spannung stellt sich ein? Führen Sie die Rechnung für die beiden Fälle (a) $V_A \to \infty$ und (b) $V_A = 50\,\mathrm{V}$ durch. ◀

Lösung 4.10 Wegen $I_E = I_{EE}$ fließt ein positiver Strom aus dem Emitter des Transistors. Da die Basis auf Masse und der Kollektor über einen Widerstand an einer positiven Spannung liegt, wird angenommen, dass die Basis-Kollektor-Diode sperrt und der Transistor im vorwärtsaktiven Betrieb ist.

(a) Für $V_A \to \infty$ kann der Early-Effekt vernachlässigt werden, da Gl. (4.104) übergeht in Gl. (4.31) und $\beta_A = \beta$. Für den Kollektorstrom folgt aus Gl. (4.26)

$$I_C = \frac{\beta}{\beta + 1} I_E = \frac{100}{100 + 1} \cdot 5\,\mathrm{mA} = 4950\,\mathrm{mA}. \tag{4.110}$$

Die Basis-Emitter-Spannung kann durch Umstellung von Gl. (4.31) berechnet werden:

$$V_{BE} = V_T \ln \frac{I_C}{I_S} = 0{,}7\,\mathrm{V}, \tag{4.111}$$

Abb. 4.36 Transistorschaltung

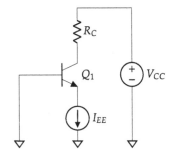

woraus mit $V_{BE} = V_B - V_E$ und $V_B = 0\,\text{V}$ eine Emitterspannung von $V_E = -0{,}7\,\text{V}$ folgt. Die Kollektorspannung beträgt

$$V_C = V_{CC} - I_C R_C = 4{,}51\,\text{V}. \tag{4.112}$$

Die Kollektor-Emitter-Spannung ergibt sich demnach zu

$$V_{CE} = V_C - V_E = 5{,}21\,\text{V}. \tag{4.113}$$

Der Arbeitspunkt des Transistors lautet $(I_C, V_{CE}) = (4{,}95\,\text{mA}, 5{,}21\,\text{V})$. Wegen $V_{BC} = V_B - V_C = -4{,}51\,\text{V}$ sperrt die Basis-Kollektor-Diode, womit die Annahme bestätigt ist.

(b) Für $V_A = 50\,\text{V}$ gilt für die Stromverstärkung Gl. (4.108):

$$\beta_A = \beta \left(1 + \frac{V_{CE}}{V_A}\right), \tag{4.114}$$

wobei V_{CE} noch nicht bekannt ist. Auch V_{BE} ist noch unbekannt, sodass weder I_B noch I_C bestimmt werden können. Obwohl der Early-Effekt berücksichtigt werden soll, wird daher $\beta_A = \beta$ angesetzt. Mit diesem Ansatz folgen zunächst die Ergebnisse aus Teilaufgabe (a). Mit dem berechneten Wert für V_{CE} kann anschließend β_A ermittelt werden:

$$\beta_A = \beta \left(1 + \frac{V_{CE}}{V_A}\right) = 100 \cdot \left(1 + \frac{5{,}21\,\text{V}}{50\,\text{V}}\right) = 110. \tag{4.115}$$

Daraus folgt ein neuer Kollektorstrom

$$I_C = \frac{\beta_A}{\beta_A + 1} I_E = 4955\,\text{mA}. \tag{4.116}$$

Durch Umstellung von Gl. (4.104) können V_{BE} und V_C mit dem neuen Wert für I_C berechnet werden:

$$V_{BE} = V_T \ln \frac{I_C}{I_S \left(1 + \dfrac{V_{CE}}{V_A}\right)} = 698\,\text{mV} \tag{4.117}$$

bzw. $V_E = -V_{BE} = 698\,\text{mV}$ und

$$V_C = V_{CC} - I_C R_C = 4{,}50\,\text{V}. \tag{4.118}$$

Zuletzt kann nach einer Iteration der Wert für V_{CE} ermittelt werden:

$$V_{CE} = 5{,}20\,\text{V}. \tag{4.119}$$

Wegen $V_{BC} = V_B - V_C = -4{,}50\,\text{V}$ bleibt die Basis-Kollektor-Diode gesperrt und der Transistor im vorwärtsaktiven Bereich.

Die Rechenschritte $V_{CE} \to \beta_A \to I_C \to V_{BE}$, $V_C \to V_E \to V_{CE}$ können wiederholt werden, bis die gewünschte Genauigkeit erreicht ist. Aufgrund dieses hohen iterativen Rechenaufwands und wegen $V_A \gg V_{CE}$, was typischerweise der Fall ist, wird bei der Arbeitspunktanalyse $\beta_A = \beta$ angesetzt.

4.7 *pnp*-Bipolartransistor

Die Stromgleichungen und Netzwerkmodelle für den *pnp*-Transistor ergeben sich durch die Umkehrung aller Strom- und Spannungspolaritäten und Dotanttypen (Abb. 4.2). In den physikalischen Betrachtungen werden Löcher- und Elektronenströme vertauscht. Funktionsweise und Betriebsbereiche (Tab. 4.1) bleiben gleich. Auf die Darstellung der Strom-Spannungs-Kennlinien analog zu Abschn. 4.4 wird verzichtet. Sie ergeben sich für den *pnp*-Transistor ganz einfach aus den Ersetzungen $V_{BE} \to V_{EB}$ und $V_{CE} \to V_{CE}$ in den Achsenbeschriftungen. Dementsprechend ist der Arbeitspunkt eines *pnp*-Transistors durch (I_C, V_{EC}) gegeben.

Im Folgenden werden eine Beispielschaltung, die Stromgleichungen und die Netzwerkmodelle für jeden Betriebsbereich vorgestellt.

4.7.1 Vorwärtsaktiver Betrieb

Der Betrieb im vorwärtsaktiven Bereich ist beispielhaft in Abb. 4.37(a) veranschaulicht. Die Basis-Emitter-Diode ist mit $V_{EB} = 0{,}75\,\text{V}$ vorwärtsgepolt. Die Basis-Kollektor-Diode ist wegen $V_{EC} = 2\,\text{V}$ rückwärtsgepolt, $V_{CB} = V_{EB} - V_{EC} = -1{,}25\,\text{V}$. Der Transistor befindet sich daher nach Tab. 4.1 im vorwärtsaktiven Betrieb. Die übliche Darstellung dieser Schaltung ist in Abb. 4.37(b) dargestellt, basierend auf der Konvention, dass höhere Spannungen in einem Schaltplan weiter oben gezeichnet werden.

Die Stromgleichungen lauten:

$$I_C = I_S \exp\frac{V_{EB}}{V_T} \tag{4.120}$$

$$I_B = \frac{I_S}{\beta} \exp\frac{V_{EB}}{V_T} \tag{4.121}$$

$$I_E = \frac{\beta+1}{\beta} I_S \exp\frac{V_{EB}}{V_T} = I_C + I_B \tag{4.122}$$

Abb. 4.37 (a) Betrieb des
pnp-Transistors im
vorwärtsaktiven Bereich, (b)
übliche Darstellung

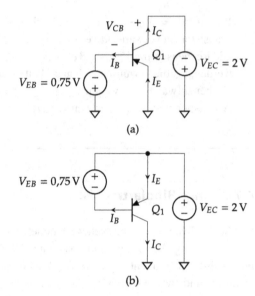

mit dem Sättigungsstrom

$$I_S = q \, A n_i^2 \frac{D_p}{N_{DB} w_B}. \tag{4.123}$$

Die Zusammenhänge aus Gl. (4.26)–(4.29) und der Ausdruck für die Stromverstärkung β aus Gl. (4.35) bleiben unverändert.

Für den *pnp*-Transistor folgt das in Abb. 4.38(a) dargestellte Netzwerkmodell. Wird die Basis-Emitter-Diode mit dem CVD-Modell ersetzt, so erhält man das vereinfachte Ersatzschaltbild in Abb. 4.38(b).

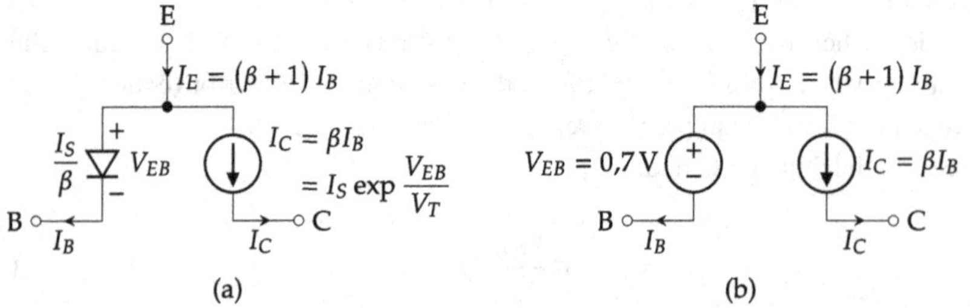

Abb. 4.38 (a) Netzwerkmodell eines *pnp*-Transistors im vorwärtsaktiven Bereich, (b) Modellierung der Basis-Emitter-Diode mit dem CVD-Modell

Übung 4.11: Analyse einer Transistorschaltung

Für die Schaltung in Abb. 4.39 gelte $\beta = 100$, $I_S = 10\,\mathrm{fA}$, $T = 300\,\mathrm{K}$, $I_B = 10\,\mu\mathrm{A}$, $V_{CC} = 5\,\mathrm{V}$ und $R_C = 1\,\mathrm{k}\Omega$. Bestimmen Sie den Betriebsbereich und berechnen Sie den Arbeitspunkt des Transistors. Auf welchen Wert stellt sich V_{BE} ein? Zeichnen Sie das Ersatzschaltbild unter Verwendung des vereinfachten Netzwerkmodells mit $V_{EB} = 0,7\,\mathrm{V}$ für eine vorwärtsgepolte Basis-Emitter-Diode und $V_{CB} = 0,5\,\mathrm{V}$ für eine vorwärtsgepolte Basis-Kollektor-Diode. ◄

Lösung 4.11 Der Kollektorstrom ergibt sich aus dem Basisstrom zu

$$I_C = \beta I_B = 1\,\mathrm{mA}. \tag{4.124}$$

Durch Umstellung von Gl. (4.120) ergibt sich V_{EB} zu

$$V_{EB} = V_T \ln \frac{I_C}{I_S} = 659\,\mathrm{mV}. \tag{4.125}$$

Mit dem Emitterstrom

$$I_E = I_B + I_C = 1,01\,\mathrm{mA} \tag{4.126}$$

kann V_{EC} berechnet werden:

$$V_{EC} = V_{EE} - I_E R_E = 3,99\,\mathrm{V}. \tag{4.127}$$

Der Arbeitspunkt des Transistors lautet $(I_C, V_{EC}) = (1\,\mathrm{mA}, 3,99\,\mathrm{V})$. Wegen $V_{CB} = V_{EB} - V_{EC} = -3,33\,\mathrm{V}$ sperrt die Basis-Kollektor-Diode, und die Annahme des vorwärtsaktiven Betriebs ist bestätigt.

Wird das vereinfachte Transistormodell aus Abb. 4.38(b) verwendet, so folgt das Ersatzschaltbild in Abb. 4.40.

Abb. 4.39 Transistorschaltung

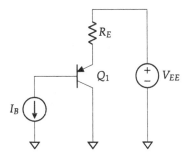

Abb. 4.40 Schaltung mit
vereinfachtem
Transistormodell für den
vorwärtsaktiven Betrieb

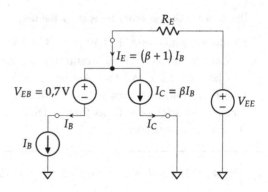

4.7.2 Rückwärtsaktiver Betrieb

Den Betrieb im rückwärtsaktiven Bereich (Abb. 4.41) erhält man durch Vertauschung von
Kollektor und Emitter in Abb. 4.37(b). Die Basis-Kollektor-Diode ist mit $V_{CB} = 0{,}75$ V
vorwärtsgepolt. Die Basis-Emitter-Diode ist mit $V_{EB} = V_{CB} - V_{CE} = -1{,}25$ V rückwärtsgepolt. Der Transistor befindet sich daher nach Tab. 4.1 im rückwärtsaktiven Betrieb.

Die Stromgleichungen lauten

$$I_C = -\frac{\beta_R + 1}{\beta_R} I_S \exp \frac{V_{CB}}{V_T} \tag{4.128}$$

$$I_B = \frac{I_S}{\beta_R} \exp \frac{V_{CB}}{V_T} \tag{4.129}$$

$$I_E = -I_S \exp \frac{V_{CB}}{V_T} = I_C + I_B. \tag{4.130}$$

Der Ausdruck für die Stromverstärkung β_R aus Gl. (4.49) und der Zusammenhang aus
Gl. (4.50) bleiben unverändert.

Es folgt das in Abb. 4.42(a) dargestellte Netzwerkmodell für den *pnp*-Transistor. Mit
dem CVD-Modell für die Diode folgt die vereinfachte Ersatzschaltung in Abb. 4.42(b).

Abb. 4.41 Betrieb des
pnp-Transistors im
rückwärtsaktiven Bereich

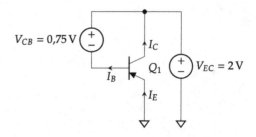

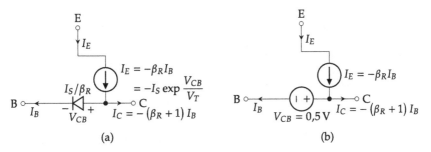

Abb. 4.42 (**a**) Netzwerkmodell eines *pnp*-Transistors im rückwärtsaktiven Bereich, (**b**) Modellierung der Basis-Kollektor-Diode mit dem CVD-Modell

4.7.3 Sättigungsbetrieb

Werden beide Dioden in Flussrichtung betrieben, so arbeitet der Transistor im Sättigungsbetrieb (Abb. 4.43). Die Stromgleichungen ergeben sich aus der Superposition von Gl. (4.120)–(4.122) und (4.128)–(4.130) und lauten:

$$I_C = I_S \exp \frac{V_{EB}}{V_T} - \frac{\beta_R + 1}{\beta_R} I_S \exp \frac{V_{CB}}{V_T} \tag{4.131}$$

$$I_B = \frac{I_S}{\beta} \exp \frac{V_{EB}}{V_T} + \frac{I_S}{\beta_R} \exp \frac{V_{CB}}{V_T} \tag{4.132}$$

$$I_E = \frac{\beta + 1}{\beta} I_S \exp \frac{V_{EB}}{V_T} - I_S \exp \frac{V_{CB}}{V_T} = I_C + I_B. \tag{4.133}$$

Für den *pnp*-Transistor folgen die beiden in Abb. 4.44 dargestellten Netzwerkmodelle, die alternativ zueinander eingesetzt werden können und die vorwärtsgepolten Dioden mit dem CVD-Modell nachbilden.

Abb. 4.43 Betrieb des *pnp*-Transistors in Sättigung

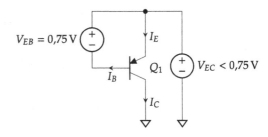

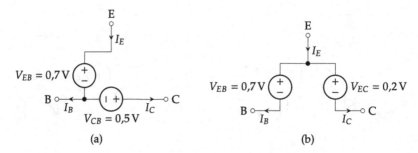

Abb. 4.44 (**a**) Netzwerkmodell eines *pnp*-Transistors im Sättigungsbereich mit Dioden nach dem CVD-Modell, (**b**) alternative Ersatzschaltung

---

Übung 4.12: Analyse einer Transistorschaltung

Gegeben sei die Schaltung aus Abb. 4.45, die bereits in Üb. 4.11 analysiert wurde. Es gelte $V_{CC} = 5\,\text{V}$ und $R_C = 1\,\text{k}\Omega$. Für welche Werte von I_B befindet sich der *pnp*-Transistor in Sättigung?

Angenommen, es sei $I_B = 50\,\mu\text{A}$. Zeichnen Sie das Ersatzschaltbild unter Verwendung des vereinfachten Netzwerkmodells mit $V_{EB} = 0,7\,\text{V}$ für eine vorwärtsgepolte Basis-Emitter-Diode und $V_{CB} = 0,5\,\text{V}$ für eine vorwärtsgepolte Basis-Kollektor-Diode und bestimmen Sie den Arbeitspunkt des Transistors. ◀

Lösung 4.12 Der maximale Emitterstrom folgt aus

$$I_E = \frac{V_{EE} - V_{EC}}{R_E}. \tag{4.134}$$

Im Grenzfall $V_{EC} = 0$ gilt $I_{E,max} = V_{EE}/R_E = 5\,\text{mA}$. Im vorwärtsaktiven Bereich ist der Zusammenhang zwischen I_B und I_E gegeben durch

Abb. 4.45 Transistorschaltung

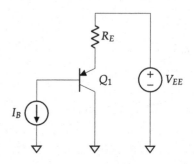

Abb. 4.46 Schaltung mit vereinfachtem Transistormodell für den vorwärtsaktiven Betrieb

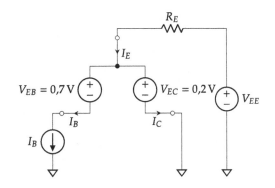

$$I_B = \frac{I_E}{\beta + 1}. \tag{4.135}$$

Für $I_{E,max}$ folgt $I_{B,max} = 49{,}5\,\mu\text{A}$. Das heißt, für $I_B > I_{B,max}$ ist der Transistor auf jeden Fall in Sättigung. Wäre der Transistor nicht in Sättigung, sondern im vorwärtsaktiven Bereich, so müsste $I_E > I_{E,max}$ folgen, was jedoch aufgrund des strombegrenzenden Widerstands R_E nicht möglich ist.

Mit dem vereinfachten Transistormodell aus Abb. 4.44(b) folgt das Ersatzschaltbild in Abb. 4.46. Alternativ kann das Modell aus Abb. 4.44(a) eingesetzt werden.

Der Emitterstrom beträgt:

$$I_E = \frac{V_{EE} - V_{EC}}{R_E} = 4{,}8\,\text{mA}. \tag{4.136}$$

Mit dem Basisstrom $I_B = 50\,\mu\text{A}$ folgt der Kollektorstrom aus der Knotengleichung

$$I_C = I_E - I_B = 4{,}75\,\text{mA}. \tag{4.137}$$

Der Arbeitspunkt des Transistors lautet $(I_C, V_{EC}) = (4{,}75\,\text{mA}, 0{,}2\,\text{V})$. Wegen $I_C = 4{,}75\,\text{mA} < \beta I_B = 5\,\text{mA}$ ist die Annahme des Sättigungsbetriebs berechtigt. Die Sättigungsstromverstärkung beträgt $\beta_{sat} = I_C / I_B = 95$.

4.7.4 Sperrbetrieb

Im Sperrbetrieb sind sowohl Basis-Emitter- als auch Basis-Kollektor-Diode rückwärtsgepolt, und es fließen nur vernachlässigbare Sperrströme. Vereinfachend gilt:

$$\boxed{I_C = I_B = I_E = 0.} \tag{4.138}$$

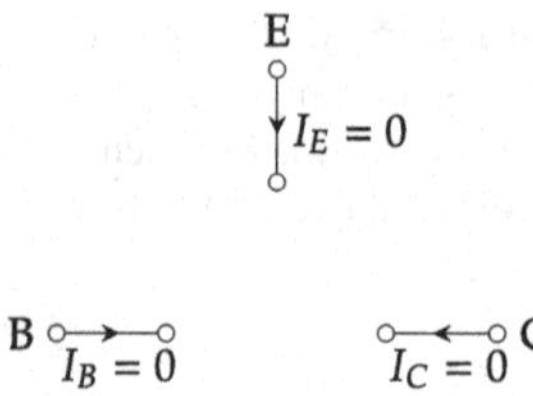

Abb. 4.47 Netzwerkmodell
eines *pnp*-Transistors im
Sperrbereich

$$E$$
$$\downarrow I_E = 0$$

$$B \circ\!\!\!\rightarrow\!\!\!\circ \quad\quad \circ\!\!\!\leftarrow\!\!\!\circ C$$
$$I_B = 0 \quad\quad\quad I_C = 0$$

Für den Sperrbetrieb ergibt sich somit das Ersatzschaltbild in Abb. 4.47, bei dem beide Dioden durch einen Leerlauf ersetzt wurden.

4.7.5 Transportmodell

Die Ersatzschaltbilder aus Abb. 4.38(a) und Abb. 4.42(a) können zum Transportmodell kombiniert werden, welches hier der Vollständigkeit halber in Abb. 4.48 aufgeführt wird.

Der Transportstrom I_T ergibt sich dabei aus der Superposition von I_C aus dem vorwärtsaktiven [Gl. (4.120)] und I_E aus dem rückwärtsaktiven Bereich [Gl. (4.130)] zu

$$I_T = I_S \left[\exp \frac{V_{EB}}{V_T} - \exp \frac{V_{CB}}{V_T} \right]. \tag{4.139}$$

Für die Klemmenströme I_C, I_B und I_E erhält man in diesem Modell die bereits vorgestellten Ausdrücke in Gl. (4.131)–(4.133). Im entsprechenden Betriebsbereich geht das Transportmodell über in die Ersatzschaltungen aus Abb. 4.38(a) bzw. Abb. 4.42(a).

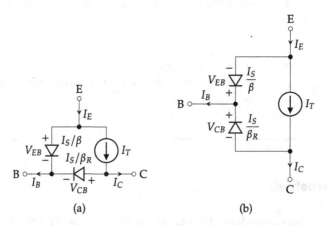

(a)   (b)

Abb. 4.48 (a) Transportmodell eines *pnp*-Transistors, (b) alternative Darstellung

4.7.6 Zusammenfassung der Transistormodelle

Tab. 4.3 zeigt eine Zusammenfassung der Modelle für die einzelnen Betriebsbereiche eines *pnp*-Transistors für den Fall, dass das CVD-Modell für die *pn*-Übergänge verwendet wird. Die Umlauf- und Knotengleichungen aus Gl. (4.4) bzw. (4.5) gelten auch beim *pnp*-Transistor in jedem Betriebsbereich:

$$0 = V_{CB} + V_{EC} - V_{EB} \tag{4.140}$$

$$0 = I_E - I_B - I_C. \tag{4.141}$$

Es gelten dabei die Strom- und Spannungszählpfeilrichtungen aus Abb. 4.49. Zusammen mit dem Vorgehen aus Abb. 3.35 und Tab. 4.1 kann der Arbeitspunkt (I_C, V_{EC}) von *pnp*-Transistoren bestimmt werden.

4.7.7 Basisweitenmodulation oder Early-Effekt

Der Early-Effekt wird in den Stromgleichungen des vorwärtsaktiven Betriebs ähnlich wie beim *npn*-Transistor modelliert. Lediglich im Korrekturterm erfolgt die Ersetzung $V_{CE} \rightarrow V_{EC}$:

$$I_C = I_S \exp\left(\frac{V_{EB}}{V_T}\right)\left(1 + \frac{V_{EC}}{V_A}\right) \tag{4.142}$$

$$I_B = \frac{I_S}{\beta} \exp\frac{V_{EB}}{V_T} \tag{4.143}$$

$$I_E = I_C + I_B \tag{4.144}$$

mit Stromverstärkung

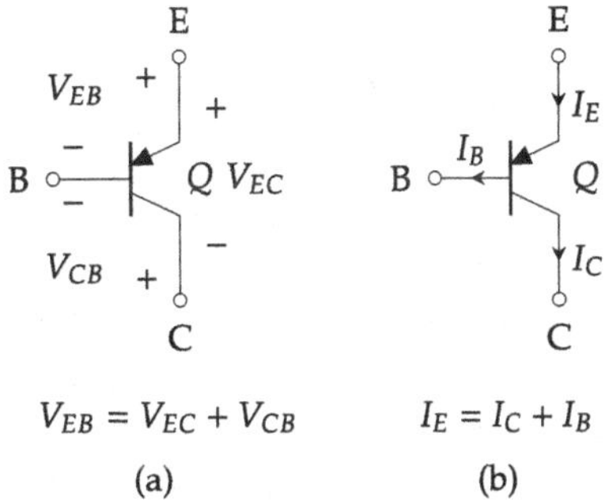

Abb. 4.49 (**a**) Spannungs- und (**b**) Stromzählpfeile eines Bipolartransistors vom *pnp*-Typ

$$V_{EB} = V_{EC} + V_{CB}$$
(a)

$$I_E = I_C + I_B$$
(b)

Tab. 4.3 Betriebsbereiche und Modellgleichungen eines *pnp*-Bipolartransistors unter der Annahme eines CVD-Modells für die *pn*-Übergänge

Betriebsbereich	Spannungen	Ströme	Bedingungen
Vorwärtsaktiv	$V_{EB} = 0,7\,\text{V}$	$I_C = \beta I_B$ $I_E = I_C + I_B$	$V_{CB} < 0,5\,\text{V}$ [a] $I_C > 0$ $I_B > 0$ $I_E > 0$
Rückwärtsaktiv	$V_{CB} = 0,5\,\text{V}$	$I_E = -\beta I_R$ $I_E = I_C + I_B$	$V_{EB} < 0,7\,\text{V}$ [b] $I_C < 0$ $I_B > 0$ $I_E < 0$
Sättigung	$V_{EB} = 0,7\,\text{V}$ $V_{CB} = 0,5\,\text{V}$ $V_{EC} = 0,2\,\text{V}$ [c]	$I_E = I_C + I_B$	$I_C < \beta I_B$ oder [d] $I_E > -\beta_R I_B$ $I_B > 0$
Sperrbetrieb	—	$I_C = 0$ $I_E = 0$ $I_B = 0$	$V_{EB} < 0,7\,\text{V}$ $V_{CB} < 0,5\,\text{V}$ [e]

[a] Alternativ zu $V_{CB} < 0,5\,\text{V}$ kann aufgrund der Umlaufgleichung in Gl. (4.140) $V_{EC} > 0,2\,\text{V}$ verifiziert werden. Es kann auch eine strengere Bedingung $V_{CB} < 0\,\text{V}$ gewählt werden.

[b] Alternativ zu $V_{EB} < 0,7\,\text{V}$ kann aufgrund der Umlaufgleichung in Gl. (4.140) $V_{EC} < 0,2\,\text{V}$ verifiziert werden. Es kann auch eine strengere Bedingung $V_{EB} < 0\,\text{V}$ gewählt werden.

[c] Nur zwei dieser Gleichungen werden angenommen, typischerweise für V_{EB} und V_{EC}, die dritte ergibt sich aus der Umlaufgleichung in Gl. (4.140).

[d] $I_C < \beta I_B$ gilt in Vorwärts- und $-I_E < \beta_R I_B$ bzw. $|I_E| < \beta_R I_B$ in Rückwärtssättigung.

[e] Alternativ $V_{EB} < 0\,\text{V}$ und $V_{CB} < 0\,\text{V}$.

$$\boxed{\beta_A = \beta \left(1 + \frac{V_{EC}}{V_A}\right)} \tag{4.145}$$

und $I_C = \beta_A I_B$ gemäß Gl. (4.109).

Zusammenfassung

- Ein *Bipolartransistor* besteht aus einer Folge dreier Halbleiterschichten, die abwechselnd *n*- und *p*-dotiert sind. Es gibt daher zwei Varianten von Bipolartransistoren, eine vom *npn*-Typ und eine vom *pnp*-Typ.
- Der Bipolartransistor hat drei Klemmen, die *Kollektor, Basis* und *Emitter* genannt werden.
- Die Spannung zwischen zwei Klemmen wird mit einem *Doppelindex* angegeben, zum Beispiel V_{BE} für die Basis-Emitter-Spannung. Spannungen mit einem *einfachen Index* werden auf Masse bezogen, zum Beispiel V_C für die Spannung zwischen Kollektor und Masse.

- Der Bipolartransistor ist ein *asymmetrisches* Bauelement bezüglich Dotierung und Geometrie. Die Dotierungskonzentration nimmt vom Kollektor zum Emitter hin zu. Die Basis ist sehr dünn mit einer Weite, die typischerweise 10 nm ... 100 nm beträgt.

- Ein Bipolartransistor enthält zwei *pn*-Übergänge. Je nach Vor- oder Rückwärtspolung dieser Dioden ist der Transistor im *vorwärtsaktiven, rückwärtsaktiven, Sättigungs-* oder *Sperrbetrieb.*

- Üblicherweise wird der Transistor im *vorwärtsaktiven* Bereich betrieben. Dabei ist die Basis-Emitter-Diode vorwärts- und die Basis-Kollektor-Diode rückwärtsgepolt. Ladungsträger werden vom Emitter in die Basis injiziert, erreichen aufgrund der dünnen Basis den Basis-Kollektor-Übergang und werden dort vom elektrischen Feld in der Raumladungszone zum Kollektor hin beschleunigt, wodurch der *Kollektorstrom* zustande kommt.

- Der Kollektorstrom wird durch eine *Diodengleichung* beschrieben mit einem *Sättigungsstrom* im Bereich 1^{-9} A ... 10^{-18} A. Aufgrund der Abhängigkeit des Kollektorstroms von der Basis-Emitter-Spannung verhält sich der Bipolartransistor wie eine *spannungsgesteuerte Stromquelle.* Wegen der Unabhängigkeit des Kollektorstroms von der Kollektor-Emitter-Spannung kann der Bipolartransistor als eine einfache Konstantstromquelle verwendet werden.

- Der *Basisstrom* besteht im Wesentlichen aus einem Injektionsstrom von der Basis in den Emitter und einem Rekombinationsstrom in der Basis.

- Das Verhältnis von Kollektor- zu Basisstrom wird *Stromverstärkung* β genannt und hat üblicherweise einen Wert im Bereich 10 ... 500. Das Verhältnis von Kollektor- zu Emitterstrom wird mit α abgekürzt und hat einen Wert nahe 1 (0,91 ... 0,998).

- Das *Netzwerkmodell* eines Transistors im vorwärtsaktiven Betrieb besteht aus einer Diode zwischen Basis und Emitter sowie einer stromgesteuerten Stromquelle zwischen Kollektor und Emitter. Die Diode kann dabei vereinfachend mit dem CVD-Modell beschrieben werden.

- Im *rückwärtsaktiven Bereich* ist die Basis-Emitter-Diode rückwärts- und die Basis-Kollektor-Diode vorwärtsgepolt. Aufgrund der im Vergleich zum Emitter sehr viel geringeren Dotierkonzentration des Kollektors liegt die Stromverstärkung β_R im Bereich 0,1 ... 10 und α_R im Bereich 0,09 ... 0,91. Der rückwärtsaktive Betrieb findet kaum praktische Anwendung.

- Im *Sättigungsbetrieb* sind beide Dioden vorwärtsgepolt. Der Kollektorstrom und die Stromverstärkung β fallen in diesem Bereich stark ab. Eine starke Sättigung tritt erst dann ein, wenn die Basis-Kollektor-Diode mit einer Vorwärtsspannung V_{BC} ab etwa 400 mV ... 500 mV betrieben wird.

- Im *Sperrbetrieb* sind beide Dioden rückwärtsgepolt, und die drei Klemmenströme I_C, I_B und I_E sind gleich 0.

- Der Bipolartransistor kann durch verschiedene *Strom-Spannungs-Kennlinien* beschrieben werden. Vorgestellt wurden die *Eingangskennlinie* $I_B = f(V_{BE})$, die *Übertragungskennlinie* $I_C = f(V_{BE})$ bzw. $I_C = f(I_B)$ und die *Ausgangskennlinie* $I_C = f(V_{CE})$.

Im *Ausgangskennlinienfeld* werden mehrere Ausgangskennlinien in Abhängigkeit des Parameters I_B bzw. V_{BE} dargestellt.

- Bei genauerer Beobachtung kann im vorwärtsaktiven Betrieb eine Abhängigkeit des Kollektorstroms von der Kollektor-Emitter-Spannung festgestellt werden. Eine Zunahme von V_{CE} führt zu einer Verbreiterung der Raumladungszone am Kollektor-Basis-Übergang und damit zu einer geringeren effektiven Basisweite, wodurch der Kollektorstrom I_C ansteigt. Dieser Effekt wird als *Basisweitenmodulation* bzw. *Early-Effekt* bezeichnet und kann an der Übertragungs- und Ausgangskennlinie veranschaulicht werden.

- Der Early-Effekt wird mithilfe des Parameters V_A, der sogenannten *Early-Spannung*, modelliert. Typischerweise liegt V_A im Bereich 20 V . . . 250 V.

- Die Stromgleichungen und Modelle des *pnp-Transistors* ergeben sich durch die Umkehrung aller Strom- und Spannungspolaritäten, Dotanttypen und Ladungsträgerarten.

Feldeffekttransistor 5

Inhaltsverzeichnis

Mit dem **Feldeffekttransistor** wurde im Jahr 1960 das am häufigsten verwendete Bauelement demonstriert, das heutzutage in fast allen integrierten Schaltungen zum Einsatz kommt. Während beim *Bipolar*transistor Ladungsträger beider Polaritäten zum Stromfluss beitragen, sind es beim Feldeffekttransistor je nach Bauform nur Elektronen oder Löcher. Feldeffekttransistoren werden daher auch als **unipolare** Bauelemente bezeichnet. Dabei werden zwei Varianten unterschieden, **n-Kanal-** und **p-Kanal**-Transistoren. Nach einer Vorstellung der **Struktur** eines Feldeffekttransistors werden der **Stromtransport,** die möglichen **Betriebsbereiche** und die **Strom-Spannungs-Kennlinien** erläutert. Durch die **Modellierung** des nichtlinearen Verhaltens in jedem Betriebsbereich wird die **Handanalyse** von Schaltungen

© Springer-Verlag GmbH Deutschland, ein Teil von Springer Nature 2021
M. Momeni, *Grundlagen der Mikroelektronik 1,*
https://doi.org/10.1007/978-3-662-62032-8_5

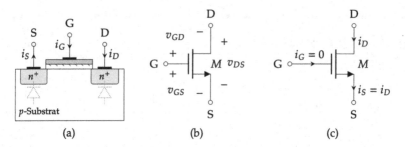

Abb. 5.1 (a) Struktur eines n-Kanal-Feldeffekttransistors mit gestrichelt gekennzeichneten pn-Übergängen und das entsprechende Schaltzeichen mit (b) Spannungs- und (c) Stromzählpfeilen

mit Feldeffekttransistoren ermöglicht. Das allgemeine Vorgehen bei der **Bestimmung von Arbeitspunkten** wird präsentiert und in mehreren Beispielen angewendet.

Lernergebnisse
- Sie können Struktur und Betriebsbereiche eines Feldeffekttransistors **erläutern**.
- Sie können den Feldeffekttransistor mathematisch **beschreiben**.
- Sie **verstehen** die Unterschiede zwischen n- und p-Kanal-Transistoren.
- Sie können Schaltungen mit Feldeffekttransistoren **analysieren**.

5.1 Struktur und Zählpfeilrichtungen

Es werden zwei Varianten eines **Feldeffekttransistors**[1] unterschieden, n-Kanal- [Abb. 5.1(a)] und p-Kanal-Feldeffekttransistoren [Abb. 5.2(a)]. Beide Typen bestehen im Wesentlichen aus einer Kondensatorstruktur, die von zwei p- oder n-dotierten Halbleitergebieten umgeben wird. Die obere Elektrode ist eine leitfähige Schicht aus Metall oder polykristallinem Silizium (Polysilizium, Poly-Si), die von der unteren Elektrode aus einem n- oder p-dotierten Halbleitersubstrat durch ein Dielektrikum aus Siliziumdioxid (SiO$_2$) isoliert ist. Aufgrund dieser Schichtreihenfolge spricht man auch von einem **Metall-Oxid-Halbleiter-Feldeffekttransistor**[2]. Im Folgenden werden Feldeffekttransistoren als **FET**, n-Kanal-FET als **NFET** und p-Kanal-FET als **PFET**[3] abgekürzt.

Die unterschiedlichen Anschlüsse eines FET werden **Drain (D)**, **Gate (G)** und **Source (S)**[4] genannt. Das Source-Gebiet stellt die Quelle für Ladungsträger dar, die durch das Bauelement zum Drain-Gebiet transportiert werden. Gesteuert wird dieser Ladungsträgertransport von der Spannung am Gate-Anschluss. Da der Strom zwischen Drain und Source

---

[1]Engl. **field-effect transistor,** abgekürzt **FET**.
[2]Engl. **metal-oxide-semiconductor field-effect transistor,** abgekürzt **MOSFET**.
[3]Engl. n**-channel FET** oder **NMOSFET** bzw. p**-channel FET** oder **PMOSFET**.
[4]Engl. **drain** (dt. *Senke*), **gate, source** (dt. *Quelle*).

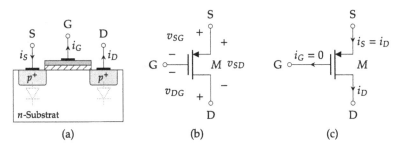

Abb. 5.2 (**a**) Struktur eines p-Kanal-Feldeffekttransistors mit gestrichelt gekennzeichneten pn-Übergängen und entsprechendes Schaltzeichen mit (**b**) Spannungs- und (**c**) Stromzählpfeilen

fließen soll, müssen beide gestrichelt gekennzeichneten pn-Übergänge in Abb. 5.1(a) und 5.2(a) zu jedem Zeitpunkt in Sperrrichtung gepolt sein. Beim NFET (PFET) bedeutet diese Forderung, dass sich das **Substrat**[5] auf einem höheren (niedrigeren) Potenzial befinden muss als Source und Drain. Das Substratpotenzial wird über einen vierten Anschluss beeinflusst, der zunächst der Einfachheit halber vernachlässigt wird (Abschn. 5.6).

Eine perspektivische Ansicht am Beispiel des NFET ist in Abb. 5.3 dargestellt. Der Abstand zwischen den Source-/Drain-Gebieten wird als **Kanallänge** L und die Weite des Kanals als **Kanalweite**[6] W bezeichnet. Das Verhältnis dieser beiden Größen wird **Aspektverhältnis**[7] genannt. Das Gate-Oxid ist eine sehr dünne Schicht, deren Dicke t_{ox} in modernen Fertigungstechnologien typischerweise 1 nm … 5 nm beträgt.[8] In den folgenden Abschnitten wird gezeigt, wie die Größen W und L das Verhalten des Transistors beeinflussen. Die Dimensionierung lateraler Größen wie W und L ist eine der wesentlichen Aufgaben beim Schaltungsentwurf.

Wie der Bipolartransistor ist auch der FET ein nichtlineares Bauelement mit drei Anschlüssen. Die Spannung zwischen zwei Klemmen wird daher ebenfalls mit einem Doppelindex angegeben, beispielsweise für den NFET:

$$v_{DS} = v_D - v_S \tag{5.1}$$

$$v_{GD} = v_G - v_D \tag{5.2}$$

$$v_{GS} = v_G - v_S. \tag{5.3}$$

Die Spannungen v_D, v_G und v_S werden dabei vom jeweiligen Anschluss auf Masse referenziert. Wie in Abb. 5.1(b) und 5.2(b) gezeigt, hängen diese Spannungen (in jedem Betriebsbereich) über eine Umlaufgleichung miteinander zusammen, zum Beispiel beim NFET:

---

[5]Engl. **substrate;** auch als **body** oder **bulk** bezeichnet.
[6]Kanallänge, engl. **channel length,** und Kanalweite, engl. **channel width,** werden manchmal auch als Gate-Länge, engl. **gate length,** bzw. Gate-Weite, engl. **gate width,** bezeichnet.
[7]Engl. **aspect ratio.**
[8]Häufig findet man die Angabe der Dicke auch in der Einheit Ångström, $1\,\text{Å} = 0,1\,\text{nm}$.

Abb. 5.3 Parallelprojektion einer NFET-Struktur; gekennzeichnet sind Kanallänge L, Kanalweite W und Oxiddicke t_{ox}

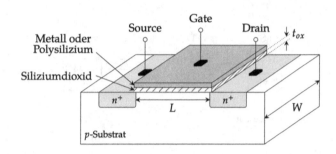

$$0 = v_{GD} + v_{DS} - v_{GS}. \tag{5.4}$$

Durch Multiplikation dieser Gleichung mit -1 erhält man die Umlaufgleichung für den PFET.

Ein wesentlicher Unterschied zum Bipolartransistor, bei dem im Betrieb ein Strom $i_B \neq 0$ in die Basis fließt, besteht darin, dass aufgrund des Gate-Oxids kein Gleichstrom in den Gate-Anschluss fließt, das heißt $i_G = 0$. Damit gilt $i_D = i_S$.

Ein zweiter grundsätzlicher Unterschied zum Bipolartransistor besteht darin, dass der FET ein **symmetrisches** Bauelement ist und bidirektional betrieben werden kann. Dotierkonzentrationen und Dimensionierung von Source und Drain sind gleich. Während beim Bipolartransistor aufgrund der Bauelementasymmetrie vier Betriebsbereiche unterschieden werden, gibt es beim FET nur drei Betriebsbereiche. Ob ein Anschluss als Source oder Drain bezeichnet wird, hängt daher von der externen Beschaltung des Transistors ab. Beim NFET gilt $v_D > v_S$, beim PFET hingegen $v_S > v_D$.[9]

Im Folgenden beschränkt sich die Diskussion der physikalischen Funktionsweise auf den NFET. Um die Strom- und Spannungszusammenhänge beim PFET (Abschn. 5.7) zu erhalten, werden alle Strom- und Spannungszählpfeile, Dotanttypen und Ladungsträgerarten vertauscht.

5.2   Funktionsweise und Betriebsbereiche des FET

Vor der Herleitung der Stromgleichungen des Feldeffekttransistors wird das Verhalten qualitativ in drei Schritten diskutiert: Zunächst erfolgt eine Betrachtung der Metall-Oxid-Halbleiter-Struktur ohne Source und Drain bei angelegter Gate-Spannung, anschließend wird das Verhalten inklusive Source und Drain untersucht und zuletzt zusätzlich eine Drain-Spannung angelegt.

---

[9]Da die Bezeichnung der Source-/Drain-Anschlüsse von dem Verhältnis der beiden Spannungen v_S und v_D zueinander abhängt, ist der Pfeil am Source-Anschluss im Schaltzeichen des FET in Abb. 5.1 bzw. Abb. 5.2 lediglich ein Hinweis auf die beabsichtigte Orientierung.

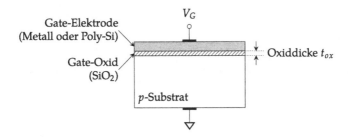

Abb. 5.4 MOS-Kondensator

5.2.1 MOS-Kondensator

Zur Beschreibung der Arbeitsweise von Feldeffekttransistoren wird zunächst die in Abb. 5.4 dargestellte Metall-Oxid-Halbleiter-Struktur ohne Source- und Drain-Gebiete in Abhängigkeit von einer Gate-Spannung V_G untersucht. Das Substrat liege dabei auf Masse.

Zuerst wird eine negative Gate-Spannung $V_G < 0$ angelegt, wie in Abb. 5.5(a) gezeigt. Das Halbleitersubstrat enthält wegen seiner p-Dotierung viele bewegliche Löcher. Durch das Anlegen einer Spannung $V_G < 0$ wird die obere Elektrode negativ aufgeladen und zieht positive Ladungsträger (Löcher) aus dem Substrat an die Grenzschicht zwischen Substrat und Oxid. Dieser Betriebsbereich wird daher als **Akkumulation** oder **Anreicherung**[10] bezeichnet.

Als Nächstes wird die Gate-Spannung auf einen positiven Wert $0 < V_G < V_{TN}$ erhöht [Abb. 5.5(b)]. Dadurch lädt sich das Gate positiv auf und stößt Löcher aus der an das Oxid grenzenden Schicht ab. Es bildet sich eine Zone, die an beweglichen Ladungsträgern verarmt ist und ortsfeste negativ geladene Akzeptorionen enthält, das heißt, es bildet sich eine Raumladungs- oder Verarmungszone. Dieser Betriebsbereich wird daher **Verarmung**[11] genannt. Die Bedeutung der Größe V_{TN} wird im Folgenden erläutert.

Zuletzt wird die Gate-Spannung auf einen positiven Wert $V_G \geq V_{TN}$ angehoben [Abb. 5.5(c)]. Dadurch werden nicht nur Löcher abgestoßen, sondern zusätzlich Elektronen aus dem Substrat angezogen. Es bildet sich eine Schicht direkt unterhalb des Oxids, die sehr viele bewegliche Elektronen enthält. Übersteigt die Anzahl der Elektronen in dieser Schicht die Anzahl der Löcher im Substrat im spannungsfreien Zustand, $n_p \geq p_p$, so spricht man von einer **Inversionsschicht**, weil sich der Halbleiter in diesem Bereich effektiv wie ein n-Typ-Halbleiter verhält. Folglich wird dieser Betriebsbereich als **Inversion**[12] bezeichnet.

Die Gate-Spannung, ab welcher sich die Inversionsschicht bildet, wird **Schwell(en)spannung**[13] genannt. Typische Werte der Schwellspannung integrierter Tran-

---

[10]Engl. **accumulation.**
[11]Engl. **depletion.**
[12]Engl. **inversion.**
[13]Engl. **threshold voltage;** auch der Begriff **Einsatzspannung** ist gebräuchlich.

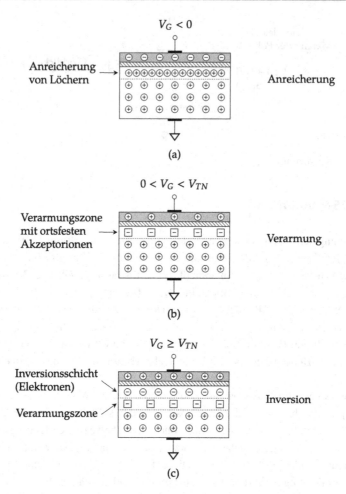

Abb. 5.5 Verhalten eines MOS-Kondensators: (**a**) Akkumulation, (**b**) Verarmung und (**c**) Inversion

sistoren in modernen Fertigungstechnologien liegen im Bereich 0,2V ... 0,8V. Es liegt nahe, dass der Wert dieser Schwellspannung von der Dotierung des Substrats und der Dicke des Oxids abhängig ist. Tatsächlich steigt V_{TN} mit zunehmender Dotierungskonzentration N_A des Substrats bzw. Dicke t_{ox} des Oxids. Die Schwellspannung hat nach den bisherigen Überlegungen einen positiven Wert, $V_{TN} > 0$, kann jedoch durch das Einfügen von Donatoren direkt unter das Gate-Oxid auch auf einen negativen Wert, $V_{TN} < 0$, abgesenkt werden.

Die bisher angestellten Überlegungen gelten auf ähnliche Weise für die Metall-Oxid-Halbleiter-Struktur eines PFET. Lediglich die Spannungspolaritäten und die Dotanttypen müssen umgekehrt werden. Die Schwellspannung wird mit V_{TP} angegeben.[14] Zudem befindet sich das Substrat üblicherweise auf der positiven Versorgungsspannung, damit die in Abb. 5.2(a) gekennzeichneten Dioden in Sperrrichtung betrieben werden.

Die in Abb. 5.4 gezeigte Struktur wird wegen ihres Aufbaus und ihres Verhaltens als **MOS-Kondensator**[15] bezeichnet und erinnert an einen Plattenkondensator. Für einen Plattenkondensator gilt $Q = CV$, wobei Q die Ladung auf den Platten, V die Spannung zwischen den beiden Elektroden und C die Kapazität der Anordnung darstellen. Die Kapazität kann wie folgt ausgedrückt werden:

$$C = \frac{\varepsilon A}{d},\tag{5.5}$$

mit der Permittivität ε des Dielektrikums und der Fläche A bzw. dem Abstand d der Elektroden. Übertragen auf den MOS-Kondensator lautet der Ausdruck für die Oxidkapazität C_{ox}, die auf die Fläche $A_{ox} = WL$ bezogen und als Kapazitätsbelag angegeben wird (Abschn. 3.3.1):

$$C_{ox} = \frac{\varepsilon_{ox}}{t_{ox}},\tag{5.6}$$

mit der Permittivität von Siliziumdioxid $\varepsilon_{ox} = \varepsilon_{ox,r}\varepsilon_0$. Dabei ist $\varepsilon_{ox,r} = 3{,}9$ die relative Permittivität von Siliziumdioxid und $\varepsilon_0 = 8{,}854 \times 10^{-12}\,\mathrm{As/(Vm)}$ die elektrische Feldkonstante. Je größer die Kapazität C_{ox} ist, desto besser kann die Ladung auf dem Gate bzw. in der Inversionsschicht durch die angelegte Spannung gesteuert werden. Bei vorgegebenem Dielektrikum nimmt C_{ox} mit abnehmender Oxiddicke zu.

Übung 5.1: Bestimmung der Gate-Oxid-Kapazität

Bestimmen Sie für $t_{ox} = \{1\,\mathrm{nm}, 3\,\mathrm{nm}, 5\,\mathrm{nm}\}$ die flächenbezogene Gate-Oxid-Kapazität C_{ox} in der Einheit $\mathrm{fF}/\mu\mathrm{m}^2$. Wie groß ist die gesamte Gate-Oxid-Kapazität $C_{ox} \cdot A$ bei einer Oxidfläche von $A = 10\,\mu\mathrm{m} \times 10\,\mu\mathrm{m}$? ◄

Lösung 5.1 Aus Gl. (5.6) ergeben sich die Werte für die flächenbezogene Gate-Oxid-Kapazität zu

$$C_{ox} = \frac{3{,}9 \times 8{,}854 \times 10^{-12}\,\mathrm{As/(Vm)}}{1 \times 10^{-9}\,\mathrm{m}} = 34{,}5 \times 10^{-3}\,\mathrm{F/m}^2.\tag{5.7}$$

---

[14] Häufig findet man in der Literatur auch das Symbol V_{TH} für die Schwellspannung mit Index TH wegen der englischen Bezeichnung *Threshold*, die sowohl für einen NFET als auch einen PFET verwendet wird.

[15] Engl. **MOS capacitor.**

Wegen der kleinen Abmessungen in mikroelektronischen Bauelementen wird C_{ox} üblicherweise auf eine Fläche in μm^2 bezogen, zum Beispiel $C_{ox} = 1 \times 10^{-3}$ F/m^2 = 1 fF/μm^2. Damit folgt

$$C_{ox} \, (1 \, \text{nm}) = 34,5 \, \text{fF}/\mu m^2 \tag{5.8}$$

$$C_{ox} \, (3 \, \text{nm}) = 11,5 \, \text{fF}/\mu m^2 \tag{5.9}$$

$$C_{ox} \, (5 \, \text{nm}) = 6,9 \, \text{fF}/\mu m^2. \tag{5.10}$$

Multipliziert mit der Oxidfläche folgt für die Gesamtkapazität

$$AC_{ox} \, (1 \, \text{nm}) = 3,45 \, \text{pF} \tag{5.11}$$

$$AC_{ox} \, (3 \, \text{nm}) = 1,15 \, \text{pF} \tag{5.12}$$

$$AC_{ox} \, (5 \, \text{nm}) = 0,69 \, \text{pF}. \tag{5.13}$$

5.2.2 FET mit angelegter Gate-Spannung

Als Nächstes wird die Metall-Oxid-Halbleiter-Struktur aus Abb. 5.4 inklusive der Source- und Drain-Gebiete betrachtet (Abb. 5.6). Weiterhin wird angenommen, dass Source, Drain und Substrat auf Masse liegen.

Bei $V_G < 0$ findet eine Anreicherung von Löchern in der Region unterhalb des Oxids zwischen Source und Drain statt. Aufgrund der Sperrpolung der pn-Übergänge an Source und Drain bilden sich Raumladungszonen mit ortsfesten Akzeptorionen [Abb. 5.7(a)].

Bei $0 < V_G < V_{TN}$ bildet sich eine Raumladungszone unterhalb des Gates, die mit den Raumladungszonen an Source und Drain verschmilzt [Abb. 5.7(b)].

Für eine Spannung $V_G \geq V_{TN}$ bildet sich eine Inversionsschicht unterhalb des Oxids, welche an die Source- und Drain-Gebiete angrenzt und diese elektrisch verbindet [Abb. 5.7(c)].

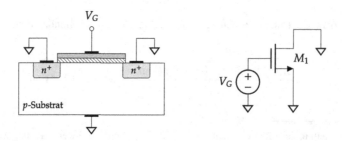

Abb. 5.6 FET mit angelegter Gate-Spannung und auf Masse gelegten Source- und Drain-Anschlüssen

Abb. 5.7 Verhalten eines FET bei angelegter Gate-Spannung: (**a**) Akkumulation, (**b**) Verarmung und (**c**) Inversion. Auf die Darstellung der Löcher tiefer im Substrat wurde der Übersichtlichkeit halber verzichtet

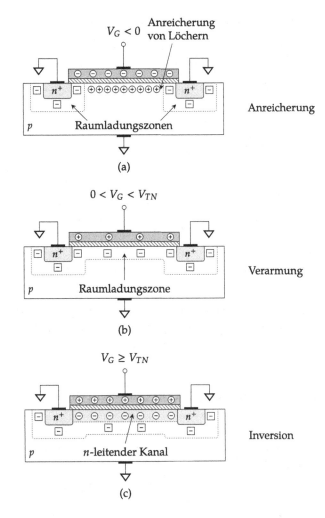

Erst in diesem Zustand ist ein Stromfluss zwischen Source und Drain möglich. Aufgrund der Spannungsdifferenz $V_D - V_S = 0$ fließt allerdings noch kein Strom. Die Inversionsschicht wird häufig auch als ***n*-leitender Kanal**[16] bezeichnet. Hieraus erklären sich die Bezeichnungen n- und p-Kanal-FET.

Transistoren, die bei $V_G = 0$ sperren, weil sich noch kein leitender Kanal zwischen Source und Drain gebildet hat, nennt man auch **selbstsperrend** oder Transistoren vom **Anreicherungstyp**.[17] Die Schwellspannung für diese Art von Transistoren ist größer als 0, $V_{TN} > 0$. Transistoren, in denen durch das Einbringen von Donatoren im Kanalbereich

---

[16]Engl. ***n*-channel**. Beim PFET sind Source und Drain p-dotiert und Löcher bilden den p-leitenden Kanal, engl. ***p*-channel**.

[17]Engl. **normally-off** oder **enhancement-mode** FET.

Tab. 5.1 Typen von Feldeffekttransistoren

Transistortyp	NFET	PFET
Anreicherungstyp, selbstsperrend	$V_{TN} > 0$	$V_{TP} < 0$
Verarmungstyp, selbstleitend	$V_{TN} \leq 0$	$V_{TP} \geq 0$

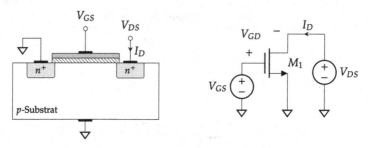

Abb. 5.8 FET mit angelegter Gate- und Drain-Spannung und auf Masse gelegtem Source-Anschluss

auch bei einer Gate-Spannung $V_G = 0$ ein leitender Kanal existiert, nennt man hingegen **selbstleitend** oder Transistoren vom **Verarmungstyp**.[18] Bei diesen Transistoren gilt $V_{TN} \leq$ 0. Eine Zusammenfassung zeigt Tab. 5.1.

5.2.3 FET mit angelegter Gate- und Drain-Spannung

Zuletzt wird zusätzlich zur Gate-Spannung eine Drain-Spannung angelegt. Üblicherweise werden die Spannungen auf den Source-Anschluss referenziert, V_{GS} bzw. V_{DS}, wobei $V_S = 0$ in Abb. 5.8.

Wie bereits erläutert, bildet sich für Spannungen $V_{GS} < V_{TN}$ keine Inversionsschicht zwischen Source und Drain, sodass trotz Anlegen einer Drain-Source-Spannung $V_{DS} > 0$ kein Strom fließt, $I_D = 0$ [Abb. 5.9(a)]. Der Transistor befindet sich im **Sperrbereich**[19].

Wird die Gate-Spannung auf einen Wert $V_{GS} \geq V_{TN}$ erhöht [Abb. 5.9(b)], so bildet sich eine n-leitende Inversionsschicht, die Source und Drain verbindet. Aufgrund der Spannungs- differenz V_{DS} wirkt eine elektrische Kraft, die Elektronen entlang der Inversionsschicht von Source nach Drain beschleunigt.[20] Der Stromfluss im Feldeffekttransistor basiert demnach auf dem **Driftmechanismus.** Der n-leitende Kanal kann in diesem Betriebsbereich als ein von der Gate-Spannung V_G gesteuerter Widerstand betrachtet werden. Der Drain-Strom

---

[18]Engl. **normally-on** oder **depletion-mode** FET.

[19]Engl. **cutoff region.**

[20]Der Transport der Ladungsträger, Elektronen beim NFET, ist ausschlaggebend für die Bezeichnung Source und Drain, der technische Strom fließt in die dem Elektronenstrom entgegengesetzte Richtung.

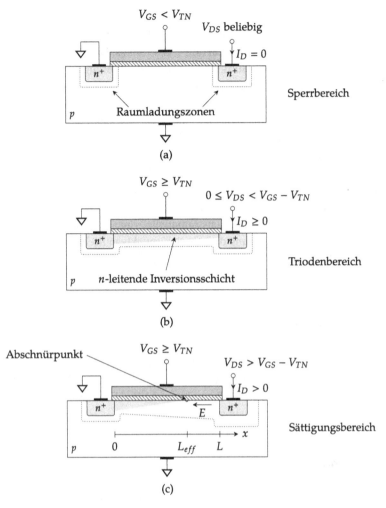

Abb. 5.9 Verhalten eines FET bei angelegter Gate- und Drain-Spannung: (**a**) Sperr-, (**b**) Trioden- und (**c**) Sättigungsbetrieb

steigt sowohl mit zunehmender Gate-Spannung V_{GS} als auch mit zunehmender Drain-Spannung V_{DS}. Dieser Betriebsbereich des Transistors trägt viele Namen, hier wird der Begriff **Triodenbereich**[21] verwendet.

Zuletzt wird die Drain-Spannung auf einen Wert $V_{DS} > V_{GS} - V_{TN}$ angehoben [Abb. 5.9(c)]. Wegen $V_{GS} \geq V_{TN}$ sinkt dadurch die Gate-Drain-Spannung V_{GD} auf einen

---

[21]Wegen des Widerstandsverhaltens findet man häufig auch die Bezeichnungen **linearer, ohmscher** oder **Widerstandsbereich,** engl. **linear, ohmic** bzw. **resistive region.** Der Begriff **Triodenbereich,** engl. **triode region,** soll auf die Ähnlichkeit der Transistorkennlinie mit der Kennlinie einer Vakuumröhre mit Steuerelektrode (Triode) hindeuten.

Wert $V_{GD} = V_{GS} - V_{DS} < V_{TN}$. Die Spannungsdifferenz zwischen Gate und Kanalbereich reicht in der Nähe des Drain-Gebiets daher nicht mehr aus, um die Inversionsschicht auf-rechtzuerhalten. Es erfolgt eine **Abschnürung**[22] des Kanals. Der Punkt, an dem der Kanal abgeschnürt wird, heißt **Abschnürpunkt**[23]. Trotz der Abschnürung des Kanals fließt weiter-hin ein Drain-Strom. Zwischen Source und Abschnürpunkt liegt eine Spannung $V_{GS} - V_{TN}$ an, welche die Elektronen bis zum Abschnürpunkt hin beschleunigt. Aus Abschn. 3.2.1 ist bekannt, dass eine Raumladungszone mit einem elektrischen Feld einhergeht, das vom n- zum p-Gebiet zeigt. Dieses elektrische Feld beschleunigt die Elektronen, die in die Raumladungszone injiziert werden, zwischen Abschnürpunkt und Drain-Gebiet und hält den Drain-Strom aufrecht. Der Transistor befindet sich im **Sättigungsbereich**[24].

Ein markanter Unterschied zum Triodenbereich liegt darin, dass I_D im Sättigungsbereich unabhängig von V_{DS} ist. Im Sättigungsbereich verhält sich der Transistor demnach wie eine (gate-)spannungsgesteuerte Konstantstromquelle. Eine Erhöhung der Drain-Source-Spannung führt zu einer Verschiebung des Abschnürpunkts in Richtung Source. Diese Ver-kürzung der Kanallänge auf L_{eff} hat einen ähnlichen Effekt wie die Basisweitenmodulation beim Bipolartransistor, wie in Abschn. 5.5 gezeigt wird.

5.3   Stromgleichungen

Im Folgenden werden die Stromgleichungen für die verschiedenen Betriebsbereiche herge-leitet. Die Modellgleichungen sind hilfreich für eine erste Analyse von Transistorschaltungen auf Papier. Genauere Ergebnisse liefern komplexere Modelle, die in Software-Tools für die rechnergestützte Simulation eingebaut sind (Kap. 9).

5.3.1   Triodenbereich

Für die Herleitung der Stromgleichungen soll Abb. 5.10 dienen, in der ein FET im Triodenbe-reich dargestellt ist. Betrachtet man die Inversionsschicht als einen von der Gate-Spannung gesteuerten Widerstand, so kann eine Spannung $V(x)$ definiert werden, die entlang des Kanals vom Ort x nach Source abfällt und von $V(0) = 0$ bis $V(L) = V_{DS}$ zunimmt. Die am Oxid zwischen dem Gate als obere und der Inversionsschicht als untere Elektrode abfallende Spannung kann daher als $V_{GS} - V(x)$ angegeben werden. Die Ladungsdichte im Kanal wird gemäß $Q = CV$ von dieser Spannungsdifferenz beeinflusst. Für den Fall,

---

[22]Engl. **pinch off.**

[23]Engl. **pinch-off point.**

[24]Engl. **saturation region.** Unglücklicherweise haben Feldeffekt- und Bipolartransistoren beide einen Sättigungsbereich, die jedoch keine Ähnlichkeit zueinander aufweisen. Beim Bipolartransistor bezieht sich der englische Begriff **active mode** auf den vorwärtsaktiven Bereich, beim Feldeffekt-transistor auf den Sättigungsbetrieb.

dass keine Drain-Spannung anliegt, das heißt $V_{DS} = 0$ [Abb. 5.7(c)], ist $V(x) = 0$, und die Kanalladungsdichte kann geschrieben werden als:

$$Q = -WC_{ox}(V_{GS} - V_{TN}).$$ (5.14)

Da C_{ox} eine auf die Kanalfläche WL bezogene Größe ist, handelt es sich bei Q um eine auf die Kanallänge bezogene Linienladung mit der Einheit As/m. Eine Inversionsschicht existiert nur für $V_{GS} \geq V_{TN}$, was den Spannungsterm $V_{GS} - V_{TN}$ erklärt. Das Minuszeichen ergibt sich aus der negativen Ladung der Elektronen. Liegt eine Drain-Spannung $V_{DS} > 0$ an [Abb. 5.9(b) bzw. 5.10], so variiert $V(x)$ entlang des Kanals, und die Kanalladungsdichte kann modifiziert werden zu

$$Q(x) = -C_{ox}W[V_{GS} - V_{TN} - V(x)].$$ (5.15)

Aus Abschn. 2.2.1 ist bekannt, dass ein Driftstrom von Elektronen als das Produkt der Ladungsdichte und der Driftgeschwindigkeit v_n ausgedrückt werden kann:

$$I_D = -Q(x)\,v_n.$$ (5.16)

Das Minuszeichen drückt aus, dass der konventionelle Strom I_D entgegengesetzt zum Elektronenstrom fließt. Wird die Driftgeschwindigkeit mithilfe von Gl. (2.28) durch das elektrische Feld im Kanal ausgedrückt, $v_n = -\mu_n E$, folgt:

$$I_D = Q(x)\,\mu_n E.$$ (5.17)

Für die elektrische Feldstärke gilt $E = -dV(x)/dx$ [Gl. (3.15)], sodass

$$I_D = -Q(x)\,\mu_n \frac{dV(x)}{dx}.$$ (5.18)

Das Einsetzen von Gl. (5.15) liefert

$$I_D = \mu_n C_{ox}W[V_{GS} - V_{TN} - V(x)]\frac{dV(x)}{dx}$$ (5.19)

bzw.

$$I_D dx = \mu_n C_{ox}W[V_{GS} - V_{TN} - V(x)]dV(x).$$ (5.20)

Anschließend wird der Strom von $x = 0$ bis $x = L$ bzw. $V(0) = 0$ bis $V(L) = V_{DS}$ integriert:

$$\int_0^L I_D dx = \mu_n C_{ox}W \int_0^{V_{DS}} [V_{GS} - V_{TN} - V(x)]dV(x).$$ (5.21)

Abb. 5.10 FET im
Triodenbereich

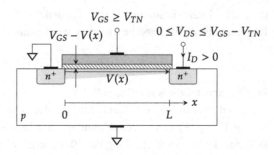

Der Strom ist konstant entlang des Kanals ($I_D = I_S$) und kann daher vor das Integral gezogen werden. Es folgt

$$I_D L = \mu_n C_{ox} W \left[V_{GS} V(x) - V_{TN} V(x) - \frac{V^2(x)}{2} \right]_0^{V_{DS}}. \tag{5.22}$$

Umgestellt nach I_D lautet die Stromgleichung für den Transistor im Triodenbereich mit $V_{GS} \geq V_{TN}$ und $0 \leq V_{DS} \leq V_{GS} - V_{TN}$

$$\boxed{I_D = \mu_n C_{ox} \frac{W}{L} \left(V_{GS} - V_{TN} - \frac{V_{DS}}{2} \right) V_{DS}.} \tag{5.23}$$

Häufig werden zur Vereinfachung der Stromgleichung die **Steilheits-** oder **Übertragungs-leitwertparameter** K_n und K'_n mit der Einheit A/V^2 eingeführt:[25]

$$K'_n = \mu_n C_{ox} \tag{5.24}$$

bzw.

$$K_n = \mu_n C_{ox} \frac{W}{L} = K'_n \frac{W}{L}, \tag{5.25}$$

sodass

$$I_D = K_n \left(V_{GS} - V_{TN} - \frac{V_{DS}}{2} \right) V_{DS}. \tag{5.26}$$

Der Drain-Strom eines Feldeffekttransistors ist proportional zur Kanalweite W und invers proportional zur Kanallänge L. Betrachtet man den Inversionskanal als einen spannungs-gesteuerten Widerstand, so entsprechen diese Abhängigkeiten denen eines Leiters mit kon-

---

[25] Häufig werden auch die Symbole $K_n = \beta_n$, engl. **device transconductance parameter,** bzw. $K'_n = k'_n$, engl. **process transconductance parameter,** verwendet. Auch der Ausdruck $K_n = K'_n W/L = (\mu_n C_{ox}/2) W/L$ kommt manchmal vor. Die Differenzierung zwischen K'_n und K_n rührt daher, dass K'_n nur in der Prozessentwicklung beeinflussbar ist, während K_n aufgrund der Abhängigkeit vom Aspektverhältnis für die Schaltungsentwicklung von Relevanz ist.

Abb. 5.11 Kennlinienfeld $I_D = f(V_{DS})$ eines NFET im Triodenbereich in Abhängigkeit von V_{GS}

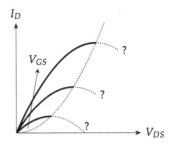

stantem Querschnitt, $R = \rho l/A$ [Gl. (1.6)], wobei die stromdurchflossene Fläche durch W multipliziert mit der Dicke der Inversionsschicht gegeben ist. Die Abhängigkeit von der Elektronenbeweglichkeit μ_n ist im Einklang mit den Ergebnissen aus Abschn. 2.2.1. Die Gate-Oxid-Kapazität steigt mit abnehmender Oxiddicke t_{ox} (bzw. zunehmender Permittivität, falls ein anderes Material als SiO_2 zum Einsatz kommt), sodass bei gleich bleibender Gate-Spannung eine erhöhte Ladungsdichte im Kanal ist und somit der Strom ansteigt. Wie erwartet und bisher erläutert steigt der Drain-Strom auch mit zunehmendem V_{GS} bzw. V_{DS}.

Die Stromgleichung aus Gl. (5.23) zeigt eine parabelförmige Abhängigkeit des Drain-Stroms I_D von der Drain-Source-Spannung V_{DS}, die in Abb. 5.11 für verschiedene Werte von V_{GS} dargestellt ist. Der Strom I_D durchläuft ein Maximum und nimmt mit zunehmender Drain-Source-Spannung ab. Bei genügend hoher Spannung V_{DS} erreicht er sogar den Wert 0. Diese Beobachtung steht im Gegensatz zu den bisherigen Überlegungen. Tatsächlich geht der Transistor ab dem Maximum des Drain-Stroms in die Sättigung über. Der Kurvenverlauf im Sättigungsbereich ist nicht mehr durch Gl. (5.23) gegeben.

Übung 5.2: Bestimmung des maximalen Stroms im Triodenbereich

Für welchen Wert von V_{DS} ist der Strom I_D im Triodenbereich maximal? Wie lautet der Ausdruck für $I_{D,max}$? ◄

Lösung 5.2 Differentiation von Gl. (5.23) nach V_{DS} liefert

$$\frac{dI_D}{dV_{DS}} = \mu_n C_{ox} \frac{W}{L} (V_{GS} - V_{TN} - V_{DS}). \tag{5.27}$$

Im Maximum besitzt die Kurve eine waagerechte Tangente, das heißt $dI_D/dV_{DS} = 0$. Daraus folgt für V_{DS}:

$$V_{DS} = V_{GS} - V_{TN}. \tag{5.28}$$

Abb. 5.12 Kennlinienfeld
$I_D = f(V_{DS})$ eines NFET im
Triodenbereich für
$V_{GS3} > V_{GS2} > V_{GS1}$

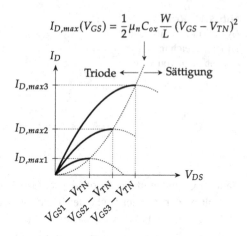

Für diesen Wert erreicht der Drain-Strom sein Maximum:[26]

$$I_{D,max} = \frac{1}{2}\mu_n C_{ox} \frac{W}{L} (V_{GS} - V_{TN})^2 . \tag{5.29}$$

Die Größe $V_{GS} - V_{TN}$ wird häufig auch als **Sättigungs-** oder **Abschnürspannung** bezeichnet und mit $V_{DS,sat}$ abgekürzt,[27] weil der Strom ab diesem Wert auf $I_{D,max}$ „sättigt" bzw. der Kanal am Drain-Gebiet abschnürt. Die Parabel der Strommaxima $I_{D,max}$ ist in Abb. 5.12 gestrichelt gekennzeichnet.

Einschaltwiderstand

Wie bereits erläutert, kann die Inversionsschicht im Triodenbereich als spannungsgesteuerter Widerstand betrachtet werden. Anhand der Kennlinie $I_D = f(V_{DS})$ kann dieser Aspekt mithilfe von Abb. 5.13 veranschaulicht werden.

Für kleine Werte von V_{DS} verläuft die parabelförmige Kennlinie annähernd wie eine Gerade. Der Drain-Strom in Gl. (5.23) kann in diesem Bereich für $0 \leq V_{DS} \ll 2(V_{GS} - V_{TN})$ wie folgt angenähert werden:

$$I_D \approx \mu_n C_{ox} \frac{W}{L} (V_{GS} - V_{TN}) V_{DS}. \tag{5.30}$$

---

[26]Die hinreichende Bedingung für ein Maximum ist mit $d^2 I_D/dV_{DS}^2 = -\mu_n C_{ox} W/L < 0$ ebenfalls erfüllt.

[27]Im Englischen sind die Begriffe und Symbole **(gate) overdrive voltage** V_{ov}, **saturation voltage** $V_{DS,sat}$ oder **pinch-off voltage** üblich.

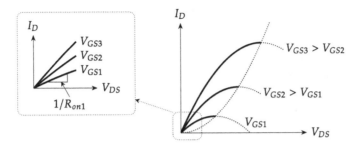

Abb. 5.13 Veranschaulichung des Widerstandsverhaltens eines Feldeffekttransistors im Triodenbereich für $V_{DS} \ll 2 (V_{GS} - V_{TN})$

Der quadratische Term wurde dabei vernachlässigt. Die Steigung der Kennlinie in diesem Bereich[28] lautet:

$$\frac{\mathrm{d} I_D}{\mathrm{d} V_{DS}} = \mu_n C_{ox} \frac{W}{L} (V_{GS} - V_{TN}) . \tag{5.31}$$

Der Kehrwert dieser Steigung, $(\mathrm{d} I_D / \mathrm{d} V_{DS})^{-1}$, wird **Einschalt-** oder **On-Widerstand**[29] R_{on} genannt:

$$R_{on} = \frac{1}{\mu_n C_{ox} \dfrac{W}{L} (V_{GS} - V_{TN})} . \tag{5.32}$$

Der Ausdruck für R_{on} bekräftigt die Betrachtung des Transistors als spannungsgesteuerten Widerstand im Trioden- oder Widerstandsbereich. Die Berücksichtigung des Einschaltwiderstands ist insbesondere bei Schaltvorgängen und hohen Strömen wichtig, da hierüber Verluste entstehen.

5.3.2 Sättigungsbereich

Im Sättigungsbereich gilt $I_D = I_{D,max}$, sodass die Stromgleichung eines Feldeffekttransistors für $V_{GS} \geq V_{TN}$ und $V_{DS} \geq V_{GS} - V_{TN} \geq 0$ wie folgt lautet:[30]

---

[28] Im Englischen auch **deep triode** genannt.

[29] Engl. **on-resistance.** Häufig wird auch das Symbol $R_{DS,on}$ verwendet, um anzudeuten, dass sich der Widerstand auf die Drain-Source-Strecke bezieht. Da sich der Einschaltwiderstand aber immer auf die Drain-Source-Strecke bezieht, wird verkürzt auch R_{on} verwendet. In dieser Betrachtung wird der Einschaltwiderstand vereinfachend als der Widerstand des Kanals im Triodenbereich dargestellt. In der Praxis werden weitere Widerstände im Pfad zwischen den Drain- und Source-Anschlüssen des Transistors berücksichtigt.

[30] Aufgrund der quadratischen Abhängigkeit im Englischen auch als **square-law model** bezeichnet.

$$I_D = \frac{1}{2}\mu_n C_{ox} \frac{W}{L} (V_{GS} - V_{TN})^2 . \qquad (5.33)$$

Das vollständige Kennlinienfeld für $I_D = f(V_{DS})$ ist in Abb. 5.14 veranschaulicht. Es ist ähnlich zum Ausgangskennlinienfeld eines Bipolartransistors in Abb. 4.15(b), mit dem markanten Unterschied, dass die Kurven im Triodenbereich des Feldeffekttransistors quadratisch und beim Bipolartransistor exponentiell mit der Spannung ansteigen.

Übung 5.3: Analyse einer Transistorschaltung

Für die Transistorschaltung in Abb. 5.15 sei $\mu_n = 1350\,\text{cm}^2/(\text{Vs})$, $t_{ox} = 3\,\text{nm}$, $W/L = 1\,\mu\text{m}/1\,\mu\text{m}$, $V_{TN} = 0{,}5\,\text{V}$, $V_G = 1\,\text{V}$, $V_{DD} = 3\,\text{V}$ und $R_D = 500\,\Omega$. (a) Bestimmen Sie den Arbeitspunkt des Transistors. (b) Welchen Wert dürfen R_D und V_G maximal bzw. V_{DD} minimal für einen Sättigungsbetrieb des Transistors annehmen? (c) Wie groß muss W/L gewählt werden, damit der Transistor an der Grenze zwischen Sättigung und Triodenbereich betrieben wird? ◄

Lösung 5.3 Das Vorgehen aus **Abb.** 3.35 wird im Folgenden auf die Analyse von Transistorschaltungen übertragen. Für die flächenbezogene Oxidkapazität aus **Gl.** (5.6) gilt:

$$C_{ox} = \frac{\varepsilon_{ox}}{t_{ox}} = 11{,}5 \times 10^{-3}\,\text{F/m}^2 = 1{,}15 \times 10^{-6}\,\text{F/cm}^2. \qquad (5.34)$$

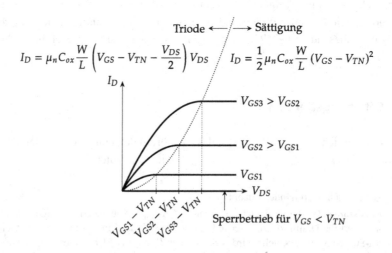

Abb. 5.14 Kennlinienfeld $I_D = f(V_{DS})$ eines NFET in Abhängigkeit von V_{GS}

Abb. 5.15 Transistorschaltung

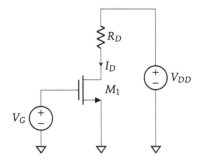

Weil μ_n in cm^2/ (Vs) angegeben ist, wurde C_{ox} in die Einheit F/cm^2 umgerechnet. Es folgt für K_n' aus **Gl.** (5.24):

$$K_n' = \mu_n C_{ox} = 1{,}55 \times 10^{-3}\,\text{A/V}^2. \tag{5.35}$$

Für K_n aus **Gl.** (5.25) gilt:

$$K_n = K_n' \frac{W}{L} = 1{,}55 \times 10^{-3}\,\text{A/V}^2. \tag{5.36}$$

(a) Wegen $V_{GS} > V_{TN}$ ist der Transistor entweder im Trioden- oder im Sättigungsbereich. Es wird zunächst angenommen, dass der Transistor im Sättigungsbereich betrieben wird. Auf Basis dieser Annahme ist es zulässig, **Gl.** (5.33) anzuwenden. Zur Verifikation muss gezeigt werden, dass $V_{DS} > V_{GS} - V_{TN}$.
Für den Drain-Strom gilt mit $V_{GS} = V_G$:

$$I_D = \frac{1}{2}\mu_n C_{ox} \frac{W}{L} (V_G - V_{TN})^2 = 194\,\mu\text{A}. \tag{5.37}$$

Die Drain-Source-Spannung ergibt sich aus dem Umlauf im Ausgangskreis:

$$V_{DS} = V_{DD} - R_D I_D = 2{,}90\,\text{V}. \tag{5.38}$$

Wegen $V_{DS} > V_{GS} - V_{TN} = 0{,}5\,\text{V}$ ist der Transistor tatsächlich in Sättigung. Der Arbeitspunkt lautet $(I_D, V_{DS}) = (194\,\mu\text{A}, 2{,}90\,\text{V})$.

(b) Aus der Bedingung für den Sättigungsbereich folgt

$$V_{DS} = V_{DD} - R_D I_D > V_{GS} - V_{TN}. \tag{5.39}$$

Umgestellt nach V_{DD}

$$V_{DD} > V_{GS} - V_{TN} + R_D I_D \tag{5.40}$$

bzw. R_D

$$R_D < \frac{V_{DD} - V_{GS} + V_{TN}}{I_D}. \tag{5.41}$$

Für ein gegebenes $R_D = 500\,\Omega$ ist

$$V_{DD,min} = V_{GS} - V_{TN} + R_D I_D = 0{,}60\,V \tag{5.42}$$

und für ein gegebenes $V_{DD} = 3\,V$ ist

$$R_{D,max} = \frac{V_{DD} - V_{GS} + V_{TN}}{I_D} = 12{,}9\,\text{k}\Omega. \tag{5.43}$$

Um $V_{G,max}$ zu ermitteln, wird I_D in **Gl.** (5.39) durch die Stromgleichung ersetzt:

$$V_{DD} - R_D \frac{1}{2}\mu_n C_{ox} \frac{W}{L} \left(V_{G,max} - V_{TN}\right)^2 = V_{G,max} - V_{TN}. \tag{5.44}$$

Die quadratische Gleichung wird nach $V_{G,max} - V_{TN}$ sortiert und in die allgemeine Form gebracht:[31]

$$R_D \frac{1}{2}\mu_n C_{ox} \frac{W}{L} \left(V_{G,max} - V_{TN}\right)^2 + \left(V_{G,max} - V_{TN}\right) - V_{DD} = 0. \tag{5.45}$$

Die Lösung dieser Gleichung lautet

$$V_{G,max} - V_{TN} = \frac{-1 + \sqrt{1 + 2 R_D \mu_n C_{ox} \dfrac{W}{L} V_{DD}}}{R_D \mu_n C_{ox} \dfrac{W}{L}} = 1{,}78\,V \tag{5.46}$$

bzw. $V_{G,max} = V_{TN} + 1{,}78\,V = 2{,}28\,V$. Die zweite Lösung der quadratischen Gleichung muss verworfen werden, weil sie zu einem negativen Wert führt, $V_{G,max} - V_{TN} < 0$. Für $V_{G,max} < V_{TN}$ kann der Transistor jedoch nicht eingeschaltet sein.

Warum verlässt der Transistor den Sättigungsbereich bei $V_{DD} < V_{DD,min}$, $V_G > V_{G,max}$ *bzw.* $R_D > R_{D,max}$? Im Sättigungsbereich wird der Drain-Strom I_D von der Gate-Source-Spannung V_{GS} bestimmt, die einen konstanten Wert von $1\,V$ hat. Der Drain-Strom fließt durch den Widerstand R_D, sodass entlang dieses Widerstands eine Spannung $R_D I_D$ abfällt. Die Drain-Source-Spannung ergibt sich aus der Differenz zwischen V_{DD} und diesem Spannungsabfall, $V_{DS} = V_{DD} - R_D I_D$. Bei fallendem V_{DD} und konstant bleibendem Spannungsabfall $R_D I_D$ fällt V_{DS}, bis er den Wert $V_{GS} - V_{TN}$

---

[31] Sind die Lösungen der quadratischen Gleichung $ax^2 + bx + c = 0$ mit Variable x und Koeffizienten $a \neq 0$, b, c reell, so sind sie gegeben durch (*abc*-Formel):

$$x_{1,2} = \frac{-b \pm \sqrt{b^2 - 4ac}}{2a}.$$

unterschreitet und der Transistor den Sättigungsbereich verlässt. Alternativ zur Verringerung von V_{DD} führt auch eine Erhöhung von R_D zu einem Anstieg des Spannungsabfalls $R_D I_D$ und somit zu einer Reduktion von V_{DS}. Eine Erhöhung von V_G hat zum einen einen höheren Drain-Strom und damit einen größeren Spannungsabfall an R_D zur Folge, zum anderen steigt $V_{GS} - V_{TN}$. Beide Auswirkungen tendieren dazu, den Arbeitspunkt des Transistors in Richtung Triodenbereich zu verschieben.

(c) An der Grenze zwischen Triode und Sättigungsbereich gilt $V_{DS} = V_{GS} - V_{TN}$. Aus Gl. (5.38) folgt durch Einsetzen der Stromgleichung für I_D

$$V_{GS} - V_{TN} = V_{DD} - R_D \frac{1}{2} \mu_n C_{ox} \frac{W}{L} (V_G - V_{TN})^2 \,. \tag{5.47}$$

Das benötigte Aspektverhältnis W/L kann daraus bestimmt werden:

$$\frac{W}{L} = \frac{2 (V_{DD} - V_G + V_{TN})}{\mu_n C_{ox} R_D (V_{GS} - V_{TN})^2} \approx \frac{26 \,\mu m}{1 \,\mu m} \,. \tag{5.48}$$

Wird eine Länge von $1 \,\mu m$ vorgegeben, so muss der Transistor um den Faktor 26 verbreitert werden (oder der ursprüngliche Transistor aus den vorherigen Teilaufgaben 26 Mal parallel geschaltet werden), um die Anforderung $V_{DS} = V_{GS} - V_{TN}$ zu erfüllen. Alternativ lässt sich Teilaufgabe (c) auch mit dem folgenden Ansatz lösen. Für $V_{DS} = V_{GS} - V_{TN} = 0{,}5 \,V$ folgt

$$I_D = \frac{V_{DD} - V_{DS}}{R_D} = 5 \,mA \,. \tag{5.49}$$

Weil I_D direkt proportional zu W/L ist, gilt der Dreisatz

$$\left(\frac{W}{L}\right)_2 = \frac{I_{D2}}{I_{D1}} \cdot \left(\frac{W}{L}\right)_1 = \frac{5 \,mA}{0{,}194 \,mA} \cdot \frac{1 \,\mu m}{1 \,\mu m} \approx \frac{26 \,\mu m}{1 \,\mu m} \,. \tag{5.50}$$

5.3.3 Sperrbereich

Für den Sperrbereich ist die Stromgleichung des Transistors denkbar einfach. Da sich bei $V_{GS} < V_{TN}$ keine Inversionsschicht bilden kann, ist der Drain-Strom gleich 0:

$$\boxed{I_D = 0 \,.} \tag{5.51}$$

Der Sperrbereich ist in Abb. 5.14 gekennzeichnet.

Im Unterschied zum Bipolartransistor kann ein Feldeffekttransistor trotz eines Drain-Stroms von 0 im eingeschalteten Zustand sein. Dies ist der Fall bei einem invertierten

Abb. 5.16 Betriebsbereiche
eines NFET im
V_{DS}-V_{GS}-Diagramm

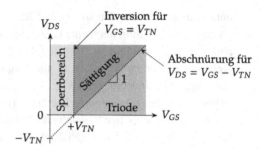

Kanal, $V_{GS} \geq V_{TN}$, und einer verschwindenden Drain-Source-Spannung $V_{DS} = 0$ (Triodenbereich).

Übung 5.4: Bestimmung der Betriebsbereiche im V_{DS}-V_{GS}-Diagramm

Kennzeichnen Sie in einem Koordinatensystem mit Abszisse V_{GS} und Ordinate V_{DS} die
Betriebsbereiche eines NFET. ◄

Lösung 5.4   Ob ein Transistor eingeschaltet (Triode, Sättigung) oder ausgeschaltet (Sperrbetrieb) ist, hängt von der Gate-Source-Spannung V_{GS} ab. Die vertikale Gerade $V_{GS} = V_{TN}$
markiert die Grenze zwischen diesen beiden Zuständen (Inversion).

Ob ein Transistor im Trioden- oder Sättigungsbereich ist, hängt von dem Verhältnis
zwischen V_{DS} und $V_{GS} - V_{TN}$ ab. Die Gerade $V_{DS} = V_{GS} - V_{TN}$ mit Steigung 1 und Ordinatenabschnitt $-V_{TN}$ markiert die Grenze zwischen Triode und Sättigung (Abschnürung).

5.4   Strom-Spannungs-Kennlinien

Wie der Bipolartransistor hat der Feldeffekttransistor drei Anschlüsse, von denen prinzipiell
jeweils zwei Anschlüsse als Ein- bzw. Ausgangsklemmenpaar verwendet werden können. Je
nach Verschaltung des Transistors ergeben sich somit sehr viele unterschiedliche Kennlinien,
von denen allerdings nur einige von Interesse sind, insbesondere im Hinblick auf Kap. 6
und weil $I_G = 0$.

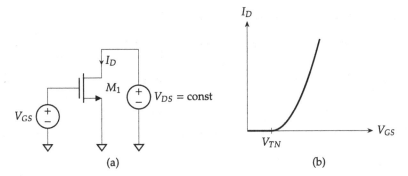

Abb. 5.17 (a) Schaltung zur Aufnahme der Übertragungskennlinie eines NFET, (b) Übertragungskennlinie $I_D = f(V_{GS})$

5.4.1 Übertragungskennlinie $I_D = f(V_{GS})$

Die Schaltung in Abb. 5.17(a) zeigt einen NFET mit einer Spannungsquelle $V_{GS} > V_{TN}$, die im Eingangskreis variiert wird. Am Drain liegt eine konstante Spannung $V_{DS} \geq V_{GS} - V_{TN}$, welche den Transistor in Sättigung hält. Es gilt daher der Ausdruck aus Gl. (5.33). Die Übertragungskennlinie $I_D = f(V_{GS})$ in Abb. 5.17(b) zeigt die quadratische Abhängigkeit des Drain-Stroms von der Gate-Source-Spannung.

5.4.2 Ausgangskennlinie $I_D = f(V_{DS})$

Die Schaltung in Abb. 5.18 dient zur Aufnahme der Ausgangskennlinie eines NFET. Dabei nimmt V_{GS} einen konstanten, für jede Kennlinie unterschiedlichen Wert ein, sodass man ein Ausgangskennlinienfeld erhält, welches bereits in Abb. 5.14 gezeigt wurde.

Im Sättigungsbereich zeigt der Drain-Strom keine Abhängigkeit von V_{DS} [Gl. (5.33)]. Der FET kann daher als einfache Konstantstromquelle eingesetzt werden.

Mit dem **Arbeitspunkt** wird angegeben, in welchem Punkt auf seiner Ausgangskennlinie der Feldeffekttransistor betrieben wird. Analog zum Bipolartransistor handelt es sich beim FET um das Wertepaar aus Gleichstrom I_D und Gleichspannung V_{DS}, (I_D, V_{DS}).

Abb. 5.18 Schaltung zur Aufnahme des Ausgangskennlinienfelds $I_D = f(V_{DS})$ eines n-Kanal-Transistors in Abhängigkeit von V_{GS}

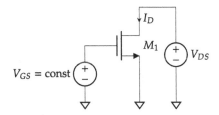

Für Schaltung und Transistorausgangskennlinie in Abb. 5.19 seien $\mu_n C_{ox} = 200\,\mu A/V^2$, $W/L = 10\,\mu m/10\,\mu m$, $V_{TN} = 0,5\,V$, $V_G = 1,6\,V$, $V_{DD} = 3\,V$, $R_D = 14\,k\Omega$ und $R_S = 1\,k\Omega$. Bestimmen Sie den Arbeitspunkt des Transistors (a) analytisch und (b) grafisch. ◄

Lösung 5.5

(a) Da der Source-Anschluss nicht auf Masse liegt, ist der Wert von V_{GS} zunächst unbekannt ($V_{GS} \neq V_G$) und muss daher berechnet werden. Die Umlaufgleichung im Eingangskreis lautet:

$$V_{GS} = V_G - R_S I_D \tag{5.52}$$

bzw.

$$I_D = \frac{V_G - V_{GS}}{R_S}. \tag{5.53}$$

Unter der Annahme, dass der Transistor in Sättigung betrieben wird, kann der Drain-Strom wie folgt ausgedrückt werden:

$$I_D = \frac{1}{2}\mu_n C_{ox} \frac{W}{L} (V_{GS} - V_{TN})^2. \tag{5.54}$$

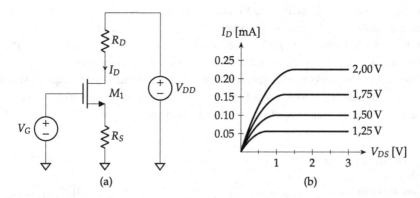

(a) (b)

Abb. 5.19 (a) Transistorschaltung, (b) Ausgangskennlinienfeld des Transistors für verschiedene Gate-Source-Spannungen

Das Ersetzen von I_D liefert eine quadratische Gleichung, die nach $V_{GS} - V_{TN}$ sortiert werden kann (der Term V_{TN} wird dabei addiert und subtrahiert):

$$0 = \frac{R_S}{2} \mu_n C_{ox} \frac{W}{L} (V_{GS} - V_{TN})^2 + (V_{GS} - V_{TN}) + V_{TN} - V_G. \tag{5.55}$$

Die Lösung dieser Gleichung ist (vgl. Üb. 5.3):

$$V_{GS} - V_{TN} = \frac{-1 + \sqrt{1 - 2R_S \mu_n C_{ox} \dfrac{W}{L} (V_{TN} - V_G)}}{R_S \mu_n C_{ox} \dfrac{W}{L}} = 1\,\mathrm{V} \tag{5.56}$$

bzw. $V_{GS} = V_{TN} + 1\,\mathrm{V} = 1{,}5\,\mathrm{V}$. Für den Strom I_D folgt damit $I_D = 100\,\mu\mathrm{A}$. Die Drain-Spannung ergibt sich aus dem Umlauf im Ausgangskreis

$$V_D = V_{DD} - R_D I_D = 1{,}6\,\mathrm{V} \tag{5.57}$$

und die Source-Spannung aus dem Spannungsabfall an R_S:

$$V_S = R_S I_D = 0{,}1\,\mathrm{V}. \tag{5.58}$$

Die Drain-Source-Spannung beträgt daher

$$V_{DS} = V_D - V_S = 1{,}5\,\mathrm{V}. \tag{5.59}$$

Wegen $V_{DS} > V_{GS} - V_{TN} = 1\,\mathrm{V}$ ist der Transistor tatsächlich in Sättigung, und der Arbeitspunkt lautet $(I_D, V_{DS}) = (100\,\mu\mathrm{A}, 1{,}5\,\mathrm{V})$.

(b) Grafisch wird der Arbeitspunkt durch den Schnittpunkt der Ausgangskennlinie mit der Lastgerade bestimmt (Abb. 5.20). Die Lastgerade ist gegeben durch

$$I_D = \frac{V_{DD} - V_{DS}}{R_D + R_S} \tag{5.60}$$

mit dem Ordinatenabschnitt $V_{DD}/(R_D + R_S) = 200\,\mu\mathrm{A}$ und einer Steigung $-1/(R_D + R_S) = -1/15\,\mathrm{k\Omega} \approx -67\,\mu\mathrm{A}/1\,\mathrm{V}$, das heißt, für eine Zunahme der Spannung V_{DS} um $1\,\mathrm{V}$ nimmt der Strom I_D um etwa $67\,\mu\mathrm{A}$ ab. Die Lastgerade lässt sich besonders einfach mithilfe eines zweiten Punkts im Koordinatensystem zeichnen, zum Beispiel dem Schnittpunkt mit der Abszissenachse. Für $I_D = 0$ folgt $V_{DS} = V_{DD} = 3\,\mathrm{V}$. Mit den beiden Punkten $(200\,\mu\mathrm{A}, 0\,\mathrm{V})$ und $(0\,\mathrm{mA}, 3\,\mathrm{V})$ wird die Gerade in das Ausgangskennlinienfeld gezeichnet. Der Arbeitspunkt liegt im Schnittpunkt bei $(I_D, V_{DS}) = (100\,\mu\mathrm{A}, 1{,}5\,\mathrm{V})$, was dem Ergebnis aus dem analytischen Lösungsverfahren entspricht.

Abb. 5.20 Ausgangskennlinienfeld mit Lastgerade

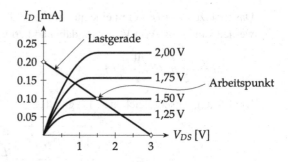

5.5 Kanallängenmodulation

Bei näherer Betrachtung lässt sich feststellen, dass der Drain-Strom I_D im Sättigungsbereich mit zunehmendem V_{DS} steigt. Der beobachtete Effekt ist ähnlich dem Early-Effekt beim Bipolartransistor. Die Ursache für diesen Effekt ist in Abb. 5.9(c) veranschaulicht.

Durch die Abschnürung des Kanals im Sättigungsbereich kommt es zu einer Verkürzung der Kanallänge auf $L_{eff}(V_{DS}) = L - \Delta L (V_{DS})$. Dieser Effekt wird als **Kanallängenmodulation**[32] bezeichnet. Weil der Drain-Strom invers proportional zur Kanallänge ist [Gl. (5.33)], steigt I_D mit abnehmender Kanallänge.

Die Kanallängenmodulation tritt nicht im Triodenbereich auf, da es in diesem Bereich zu keiner Kanalabschnürung kommt. Die Auswirkung dieses Effekts kann sowohl in der Übertragungskennlinie (schwach) als auch in der Ausgangskennlinie beobachtet werden (Abb. 5.21). Wie der Early-Effekt hat die Kanallängenmodulation weitere Auswirkungen auf den Betrieb von Transistorschaltungen, die in Kap. 6 und 7 erläutert werden.

Werden die Ausgangskennlinien auf die negative Abszissenachse verlängert, so schneiden sie sich in einem Punkt $V_{DS} = -1/\lambda$. Die Größe λ ist ein Modellparameter und wird **Kanallängenmodulationskoeffizient**[33] genannt. Sie hat typischerweise einen Wert im Bereich $0 \, V^{-1} \ldots 0{,}3 \, V^{-1}$.

In der Stromgleichung für I_D wird die Kanallängenmodulation vereinfacht durch die Multiplikation eines Korrekturterms $(1 + \lambda V_{DS})$ modelliert:

$$\boxed{I_D = \frac{1}{2}\mu_n C_{ox} \frac{W}{L} (V_{GS} - V_{TN})^2 (1 + \lambda V_{DS}).} \tag{5.61}$$

Während der Early-Effekt mit der in der Schaltungsentwicklung nicht beeinflussbaren Größe w_B zusammenhängt, ist die Auswirkung der Kanallängenmodulation abhängig von der Kanallänge L, die für jedes Bauelement unterschiedlich sein kann. Der Kehrwert der effektiven (verkürzten) Kanallänge $L_{eff} = L - \Delta L$ lautet

---

[32] Engl. **channel-length modulation.**
[33] Engl. **channel-length modulation coefficient.**

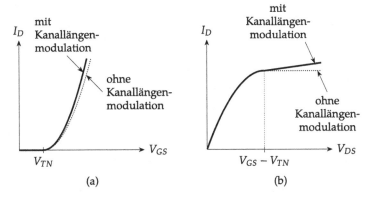

(a) (b)

Abb. 5.21. (a) Übertragungskennlinie $I_D = f(V_{GS})$ und (b) Ausgangskennlinie $I_D = f(V_{DS})$ eines n-Kanal-Transistors bei Berücksichtigung der Kanallängenmodulation

Abb. 5.22 Ausgangskennlinienfeld $I_D = f(V_{DE})$ eines NFET mit fester Kanallänge in Abhängigkeit von V_{GS} bei Berücksichtigung der Kanallängenmodulation

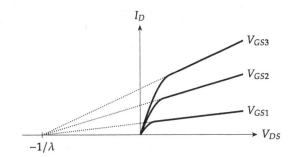

$$\frac{1}{L_{eff}} = \frac{1}{L - \Delta L} = \frac{1}{L} \cdot \frac{1}{1 - \dfrac{\Delta L}{L}}. \tag{5.62}$$

Unter der Annahme, dass die relative Längenänderung gegenüber der Gesamtlänge klein ist, das heißt $\Delta L/L \ll 1$, gilt die folgende Approximation:

$$\frac{1}{L_{eff}} \approx \frac{1}{L}\left(1 + \frac{\Delta L}{L}\right). \tag{5.63}$$

Eingesetzt in Gl. (5.33)

$$I_D = \frac{1}{2}\mu_n C_{ox} \frac{W}{L}(V_{GS} - V_{TN})^2 \left(1 + \frac{\Delta L}{L}\right) \tag{5.64}$$

liefert ein Vergleich mit Gl. (5.61) den näherungsweisen Zusammenhang

$$\lambda V_{DS} = \frac{\Delta L}{L}. \tag{5.65}$$

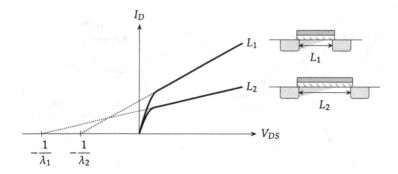

Abb. 5.23 Einfluss der Kanallänge auf den beobachteten Anstieg I_D im Sättigungsbereich für $L_2 > L_1$

In erster Näherung kann λ als invers proportional zur Kanallänge L angenommen werden,[34] $\lambda \propto 1/L$. Bei zwei Transistoren mit unterschiedlichen Längen $L_2 > L_1$ ist $\lambda_2 < \lambda_1$, das heißt, die Verkürzung der Kanallänge um ΔL hat eine vergleichsweise kleinere Auswirkung auf den längeren Transistor. Abb. 5.23 veranschaulicht diesen Sachverhalt. Nichtsdestotrotz wird in Handrechnungen der Einfachheit halber üblicherweise ein für alle Transistoren gleicher Wert für λ angenommen, falls nicht explizit anderweitig spezifiziert. Tatsächlich wird die Kanallängenmodulation ähnlich wie der Early-Effekt beim Bipolartransistor bei der Bestimmung von Arbeitspunkten gänzlich vernachlässigt. Für genauere Ergebnisse kommt die rechnergestützte Simulation zum Einsatz. Besonders relevant sind Early-Effekt und Kanallängenmodulation bei der Untersuchung von Verstärkereigenschaften in Kap. 7.

Übung 5.6: Kanallängenmodulation

Für die Transistorschaltung in Abb. 5.24 gelte $\mu_n C_{ox} = 200\,\mu\text{A/V}^2$, $W/L = 1\,\mu\text{m}/1\,\mu\text{m}$, $V_{TN} = 0{,}5\,\text{V}$, $V_G = 1.5\,\text{V}$, $V_{DD} = 3\,\text{V}$ und $R_D = 10\,\text{k}\Omega$. Bestimmen Sie den Arbeitspunkt des Transistors und berechnen Sie die Änderung der Drain-Source-Spannung, ΔV_{DS}, für eine Zunahme der Gate-Spannung um $\Delta V_G = 0{,}1\,\text{V}$ für die beiden Fälle (a) $\lambda = 0$ und (b) $\lambda = 0{,}1\,\text{V}^{-1}$. ◄

---

[34]Manchmal wird Gl. (5.65) auch in der Form $\lambda = 1/(V_E L)$ angegeben, wobei V_E ein in der Einheit V/μm angegebener technologieabhängiger Parameter ist.

Abb. 5.24 Transistorschaltung

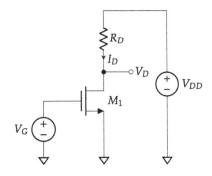

Lösung 5.6

(a) Wegen $V_{GS} > V_{TN}$ ist der Transistor entweder im Trioden- oder im Sättigungsbereich. Unter Annahme des Sättigungsbetriebs folgt für I_D mit $V_{GS} = V_G$:

$$I_D = \frac{1}{2} \mu_n C_{ox} \frac{W}{L} (V_G - V_{TN})^2 = 100\,\mu\text{A}. \tag{5.66}$$

Die Drain-Source-Spannung ergibt sich aus dem Umlauf im Ausgangskreis:

$$V_{DS} = V_{DD} - R_D I_D = 2\,\text{V}. \tag{5.67}$$

Wegen $V_{DS} > V_{GS} - V_{TN} = 1\,\text{V}$ ist der Transistor tatsächlich in Sättigung. Der Arbeitspunkt lautet $(I_D, V_{DS}) = (100\,\mu\text{A}, 2\,\text{V})$.

Wird V_G um $0{,}1\,\text{V}$ erhöht, so ergibt sich der neue Arbeitspunkt zu $(I_D, V_{DS}) = (121\,\mu\text{A}, 1{,}79\,\text{V})$, das heißt $\Delta V_{DS} = -0{,}21\,\text{V}$. Der Transistor bleibt auch bei $V_G = 1{,}6\,\text{V}$ in Sättigung.

Weil eine Änderung der Gate-Spannung (am Eingang) eine Änderung der Drain-Spannung (am Ausgang) zur Folge hat, kann das Verhältnis $\Delta V_D / \Delta V_G = -2{,}1$ auch als eine **Spannungsverstärkung** aufgefasst werden.

(b) Bei Berücksichtigung der Kanallängenmodulation muss unter Annahme des Sättigungsbetriebs Gl. (5.61) angewendet werden:

$$I_D = \frac{1}{2} \mu_n C_{ox} \frac{W}{L} (V_G - V_{TN})^2 (1 + \lambda V_{DS}). \tag{5.68}$$

Das Einsetzen von $V_{DS} = V_{DD} - R_D I_D$ liefert

$$I_D = \frac{1}{2} \mu_n C_{ox} \frac{W}{L} (V_G - V_{TN})^2 [1 + \lambda (V_{DD} - R_D I_D)]. \tag{5.69}$$

Umgestellt nach I_D ergibt sich

$$I_D = \frac{1 + \lambda V_{DD}}{\dfrac{1}{\dfrac{1}{2}\mu_n C_{ox} \dfrac{W}{L}\,(V_G - V_{TN})^2} + \lambda R_D} = 118{,}2\,\mu\text{A}. \qquad (5.70)$$

Aufgrund der Kanallängenmodulation ist der Drain-Strom wie erwartet größer als in Teilaufgabe (a). Die Drain-Source-Spannung ergibt sich zu

$$V_{DS} = V_{DD} - R_D I_D = 1{,}82\,\text{V}. \qquad (5.71)$$

Wegen $V_{DS} > V_{GS} - V_{TN} = 1$ V ist der Transistor in Sättigung, und der Arbeitspunkt lautet $(I_D, V_{DS}) = (118{,}2\,\mu\text{A}, 1{,}82\,\text{V})$.

Für $V_G = 1{,}6$ V ergibt sich der neue Arbeitspunkt zu $(I_D, V_{DS}) = (140{,}3\,\mu\text{A}, 1{,}60\,\text{V})$, das heißt $\Delta V_{DS} = -0{,}22$ V. Der Transistor bleibt in Sättigung.

Für die Spannungsverstärkung folgt im Fall (b) ein betragsmäßig etwas größerer Wert von $\Delta V_D / \Delta V_G = -2{,}2$. Eine Begründung dieses Ergebnisses ist mit den Erkenntnissen aus Kap. 7 möglich.

5.6   Body-Effekt

Der Feldeffekttransistor wurde in Abschn. 5.1 als ein Bauelement mit drei Anschlüssen eingeführt. Allerdings wurde auch gefordert, dass die pn-Übergänge zwischen Source und Substrat bzw. Drain und Substrat in Abb. 5.1(a) und 5.2(a) in Sperrrichtung gepolt sein müssen, damit der Strom zwischen Source und Drain fließen kann. Beim NFET (PFET) bedeutet diese Forderung, dass das Substrat auf einem niedrigeren (höheren) Potenzial sein muss als das Source-Gebiet. Bisher wurde diese Anforderung beim NFET durch das Anlegen von Masse an einem Kontakt auf der Rückseite als erfüllt angenommen (beispielsweise in Abb. 5.6).

Um das Substrat vorzuspannen, gibt es eine vierte Klemme, die als **Substrat-, Body-** oder **Bulk-Anschluss**[35] bezeichnet wird und üblicherweise von oben zugänglich ist [Abb. 5.25(a)].[36] Der Pfeil am Bulk-Anschluss des Schaltsymbols für einen NFET

---

[35]Engl. **substrate, body, bulk terminal.** Auch der Begriff **Back-Gate-Anschluss,** engl. **back-gate terminal,** wird manchmal verwendet, weil das Substrat als ein zweites rückseitiges Gate betrachtet werden kann.

[36]Das hochdotierte p^+-Gebiet unter dem Bulk-Anschluss dient lediglich zur Realisierung eines ohmschen Kontakts, über den ein bidirektionaler Stromfluss möglich ist und an dem sich Strom und Spannung linear zueinander verhalten. Fehlt dieses n^+-Gebiet, so entsteht am Metall-Halbleiter-Übergang eine sogenannte **Schottky-Diode,** welche wie die bisher behandelte Diode gleichrichtend wirkt, das heißt einen Stromfluss nur in eine Richtung zulässt. Am Rückseitenkontakt des Substrats wurde dieses n+-Gebiet in den bisherigen Abschnitten der Einfachheit halber weggelassen.

Abb. 5.25 (a) Struktur und (b) Schaltzeichen eines n-Kanal-Feldeffekttransistors mit Bulk-Anschluss

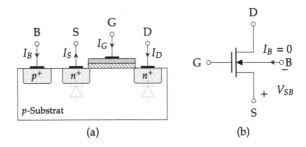

[Abb. 5.25(b)] zeigt in die Richtung der pn-Übergänge Substrat-Source, Substrat-Drain bzw. Substrat-Inversionskanal und ist daher nach innen gerichtet. Der Strom I_B ist aufgrund der Sperrpolung der pn-Übergänge vernachlässigbar klein, $I_B = 0$.

Zur Erläuterung des Einflusses der Bulk-Spannung gelte zunächst $V_B = V_S = V_D = 0$ und $0 < V_{GS} < V_{TN}$ in Abb. 5.26(a). Die positive Ladung auf dem Gate stößt bewegliche positive Ladungsträger im Kanalbereich (Löcher) ab, sodass eine wie bereits in Abb. 5.5(a) und 5.7(b) gezeigte Raumladungszone mit ortsfesten Akzeptorionen entsteht, der Kanal jedoch noch nicht invertiert ist. Die Source-Bulk-Spannung in diesem Fall beträgt $V_{SB} = V_S - V_B = 0$.

Als Nächstes wird die Bulk-Spannung abgesenkt auf $V_B < 0$, sodass $V_{SB} > 0$ (alternativ kann bei $V_B = 0$ die Source-Spannung angehoben werden auf $0 < V_S < V_D$, auch in diesem Fall ist $V_{SB} > 0$) [Abb. 5.26(b)]. Die erhöhte Sperrspannung verbreitert die Raum-

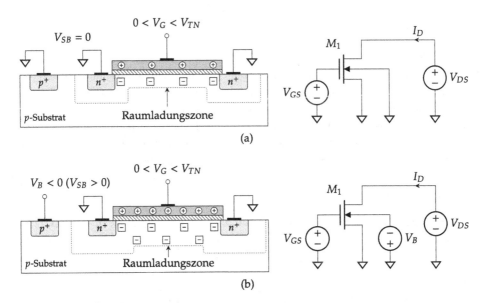

Abb. 5.26 Veranschaulichung des Body-Effekts: (a) $V_{SB} = 0$, (b) $V_{SB} > 0$

Abb. 5.27 Übertragungskennlinienfeld $I_D = f(V_{GS})$ eines NFET in Abhängigkeit von V_{SB} bei konstantem V_{DS}

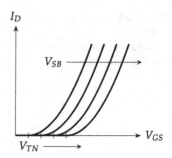

ladungszone und resultiert in einer größeren ortsfesten negativen Ladung im Kanalbereich, für die eine ebenfalls größere positive Gegenladung auf dem Gate und somit eine höhere Spannung V_G notwendig ist. Als Resultat wird eine höhere positive Gate-Spannung benötigt, um den Kanal zu invertieren. Die Auswirkung von V_{SB} kann demnach als eine Erhöhung der Schwellspannung V_{TN} modelliert werden:

$$V_{TN} = V_{TN0} + \gamma \left(\sqrt{V_{SB} + 2\phi_F} - \sqrt{2\phi_F} \right). \tag{5.72}$$

Dabei ist V_{TN0} die Schwellspannung bei $V_{SB} = 0$, γ der **Body-Effekt-Koeffizient**[37] und $\phi_F = V_T \ln(N_{AS}/n_i)$ ein Prozessparameter, welcher durch die Akzeptorkonzentration N_{AS} des p-Substrats, die Eigenleitungsdichte n_i und die Temperaturspannung V_T bestimmt wird. Für γ gilt:

$$\gamma = \frac{\sqrt{2q\varepsilon_{\text{si}}N_{AS}}}{C_{ox}}. \tag{5.73}$$

Typische Werte liegen im Bereich $\gamma = 0,3\sqrt{\text{V}} \ldots 1\sqrt{\text{V}}$ und $2\phi_F = 0,3\,\text{V} \ldots 1\,\text{V}$. Der Body-Effekt kann vermieden werden, falls Bulk- und Source-Anschluss miteinander verbunden werden. Dass dies nicht immer möglich ist, wird in Abschn. 5.9 erläutert.

Die Erhöhung der Schwellspannung mit zunehmendem V_{SB} wird als **Body-**, **Substratsteuer-** oder **Back-Gate-Effekt**[38] bezeichnet und kann anhand einer Parallelverschiebung der Übertragungskennlinie veranschaulicht werden (Abb. 5.27). Falls nicht explizit erwähnt, wird der Body-Effekt in diesem Lehrbuch vernachlässigt.

Übung 5.7: Body-Effekt

Gegeben sei die Transistorschaltung in Abb. 5.28. Es gelte $V_{TN0} = 0,5\,\text{V}$, $\mu_n C_{ox} = 200\,\mu\text{A/V}^2$, $W/L = 1\,\mu\text{m}/1\,\mu\text{m}$, $2\phi_F = 0,6\,\text{V}$, $\lambda = 0$, $V_G = 1,5\,\text{V}$, $V_{SS} = 0,5\,\text{V}$,

---

[37]Engl. **body effect coefficient;** unter anderem auch als **Substratsteuerungsfaktor** bekannt.
[38]Engl. **body, substrate bias** oder **back-gate effect.**

Abb. 5.28 Transistorschaltung

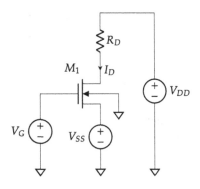

$V_{DD} = 3\,\text{V}$ und $R_D = 1\,\text{k}\Omega$. Bestimmen Sie den Arbeitspunkt des Transistors für (a) $\gamma = 0$ und (b) $\gamma = 0{,}5\,\sqrt{\text{V}}$. ◄

Lösung 5.7

(a) Für $\gamma = 0$ wird der Body-Effekt ignoriert, und es ist $V_{TN} = V_{TN0}$. Unter der Annahme, dass der Transistor in Sättigung betrieben wird, gilt mit $V_{GS} = V_G - V_{SS}$

$$I_D = \frac{1}{2}\mu_n C_{ox} \frac{W}{L} (V_G - V_{SS} - V_{TN0})^2 = 25\,\mu\text{A}. \tag{5.74}$$

Wegen $V_D = V_{DD} - R_D I_D = 2{,}98\,\text{V} > V_{GS} - V_{TN} = 0{,}5\,\text{V}$ ist der Transistor in Sättigung. Die Drain-Source-Spannung beträgt $V_{DS} = V_D - V_{SS} = 2{,}48\,\text{V}$. Der Arbeitspunkt lautet $(I_D, V_{DS}) = (25\,\mu\text{A}, 2{,}48\,\text{V})$.

(b) Für $\gamma = 0{,}5\,\sqrt{\text{V}}$ wird die Schwellspannung mithilfe von Gl. (5.72) berechnet:

$$V_{TN} = V_{TN0} + \gamma \left(\sqrt{V_{SS} + 2\phi_F} - \sqrt{2\phi_F} \right) = 0{,}64\,\text{V}, \tag{5.75}$$

wobei $V_{SB} = V_{SS}$ eingesetzt wurde. Die Schwellspannung ist um $0{,}14\,\text{V}$ höher als in Teilaufgabe (a), sodass bei gleichem V_{GS} ein geringerer Drain-Strom erwartet wird:

$$I_D = \frac{1}{2}\mu_n C_{ox} \frac{W}{L} (V_G - V_{SS} - V_{TN})^2 = 13{,}0\,\mu\text{A}. \tag{5.76}$$

Wegen $V_D = V_{DD} - R_D I_D = 2{,}99\,\text{V} > V_{GS} - V_{TN} = 0{,}36\,\text{V}$ bleibt der Transistor in Sättigung. Die Drain-Source-Spannung beträgt $V_{DS} = V_D - V_{SS} = 2{,}49\,\text{V}$. Der Arbeitspunkt lautet $(I_D, V_{DS}) = (13{,}0\,\mu\text{A}, 2{,}49\,\text{V})$.

5.7   *p*-Kanal-Transistor

Die Stromgleichungen und Netzwerkmodelle für den *p*-Kanal-Feldeffekttransistor oder PFET ergeben sich durch die Umkehrung aller Strom- und Spannungspolaritäten sowie Dotanttypen. In den physikalischen Betrachtungen werden Elektronen- und Löcherströme vertauscht, das heißt, μ_n beim NFET wird mit μ_p beim PFET ersetzt. Das Verhalten bleibt unter diesen Randbedingungen gleich. Auf die Darstellung der Strom-Spannungs-Kennlinien analog zu Abschn. 5.4 wird verzichtet. Sie ergeben sich für den PFET ganz einfach aus den Ersetzungen $V_{GS} \rightarrow V_{SG}$ und $V_{DS} \rightarrow V_{SD}$ in den Achsenbeschriftungen. Dementsprechend ist der Arbeitspunkt eines PFET durch (I_D, V_{SD}) gegeben.

Ein markanter Unterschied zwischen NFET und PFET liegt in der unterschiedlichen Beweglichkeit von Elektronen und Löchern (Abschn. 2.2.1). Typische Werte bei Raumtemperatur liegen bei $\mu_n = 1350\,\text{cm}^2/(\text{Vs})$ und $\mu_p = 480\,\text{cm}^2/(\text{Vs})$, das heißt, der Strom durch einen NFET bei sonst gleichen Randbedingungen ist wegen $I_D \propto \mu_{n,p}$ um den Faktor $\mu_n/\mu_p = 2{,}8$ größer als durch einen PFET.

Struktur und Schaltzeichen eines PFET mit Substrat- bzw. Bulk-Anschluss sind in Abb. 5.29 dargestellt. Es gelten außerdem die Spannungs- und Stromzählpfeile aus Abb. 5.2. Weil die Inversionsschicht aus Löchern besteht, ist die Schwellspannung V_{TP} negativ. Damit sich die Inversionsschicht bilden kann, muss am Gate eine negative Spannung $V_{GS} < V_{TP}$ angelegt werden. Für die vereinbarte Zählpfeilrichtung V_{SG} kann diese Forderung umformuliert werden zu $V_{SD} > -V_{TP} = |V_{TP}|$.

Beim PFET fließt ein Löcher- anstatt eines Elektronenstroms vom Source- zum Drain-Gebiet, sodass der technische Strom in die gleiche Richtung zeigt wie die Ladungsträgerbewegung. Deswegen wird ein aus dem Drain-Anschluss *herausfließender* Strom I_D als positiv gezählt. Dementsprechend ist die Spannung am Source größer als die Spannung am Drain, $V_S > V_D$, und das Schaltsymbol wird, wie in Abb. 5.2 gezeigt, mit dem Source-Anschluss oben gezeichnet.

Für den Strom im Triodenbereich gilt unter der Voraussetzung, dass $V_{SG} \geq |V_{TP}|$ und $0 \leq V_{SD} \leq V_{SG} - |V_{TP}|$:

Abb. 5.29 (**a**) Struktur und (**b**) Schaltzeichen eines *p*-Kanal-Feldeffekttransistors mit Bulk-Anschluss

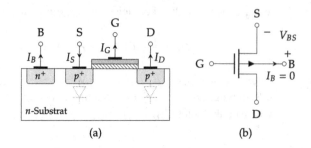

$$I_D = \mu_p C_{ox} \frac{W}{L} \left(V_{SG} - |V_{TP}| - \frac{V_{SD}}{2} \right) V_{SD}. \tag{5.77}$$

Die Übertragungsleitwertparameter sind wie folgt definiert:

$$K'_p = \mu_p C_{ox} \tag{5.78}$$

bzw.

$$K_p = \mu_p C_{ox} \frac{W}{L} = K'_p \frac{W}{L}. \tag{5.79}$$

Der Einschaltwiderstand für $0 \le V_{SD} \ll 2 \left(V_{SG} - |V_{TP}| \right)$ hat die Form

$$R_{on} = \frac{1}{\mu_p C_{ox} \dfrac{W}{L} \left(V_{SG} - |V_{TP}| \right)}. \tag{5.80}$$

Im Sättigungsbereich ist $V_{SG} \ge |V_{TP}|$ und $V_{SD} \ge V_{SG} - |V_{TP}| \ge 0$, und für den Strom gilt bei Vernachlässigung der Kanallängenmodulation ($\lambda = 0$)

$$I_D = \frac{1}{2} \mu_p C_{ox} \frac{W}{L} \left(V_{SG} - |V_{TP}| \right)^2 \tag{5.81}$$

bzw. bei Berücksichtigung der Kanallängenmodulation ($\lambda > 0$)

$$I_D = \frac{1}{2} \mu_p C_{ox} \frac{W}{L} \left(V_{SG} - |V_{TP}| \right)^2 (1 + \lambda V_{SD}) \tag{5.82}$$

mit

$$\lambda = \frac{1}{V_{SD}} \cdot \frac{\Delta L}{L}. \tag{5.83}$$

Für den Sperrbereich bei $V_{SG} < |V_{TP}|$ ist der Drain-Strom gleich 0:

$$I_D = 0. \tag{5.84}$$

Der Body-Effekt wird auf ähnliche Weise durch eine V_{BS}-Abhängigkeit von V_{TP} modelliert:

$$V_{TP} = V_{TP0} - \gamma \left(\sqrt{V_{BS} + 2\phi_F} - \sqrt{2\phi_F} \right) \tag{5.85}$$

mit $\phi_F = V_T \ln (N_{DS}/n_i)$ und

$$\gamma = \frac{\sqrt{2q\varepsilon_{si} N_{DS}}}{C_{ox}}. \tag{5.86}$$

Abb. 5.30 Transistorschaltung

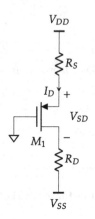

Das Minuszeichen in Gl. (5.85) ist darauf zurückzuführen, dass der Body-Effekt durch eine betragsmäßige Erhöhung der Schwellspannung ausgedrückt wird und V_{TP} negativ ist.

Übung 5.8: Dimensionierung einer Transistorschaltung

Für die Transistorschaltung in Abb. 5.30 sei $\mu_p C_{ox} = 100\,\mu\text{A/V}^2$, $V_{TP} = -0{,}5\,\text{V}$, $V_{DD} = 3\,\text{V}$, $V_{SS} = -3\,\text{V}$, $\lambda = 0$ und $\gamma = 0$. Dimensionieren Sie die Schaltung, das heißt, bestimmen Sie W/L, R_D und R_S derart, dass $I_D = 2\,\text{mA}$ und $V_{SD} = 1\,\text{V}$. Der Transistor soll in Sättigung sein. ◄

Lösung 5.8 Für die Drain- und Source-Spannung können folgende Gleichungen aufgestellt werden:

$$V_S = V_{DD} - R_S I_D \tag{5.87}$$

$$V_D = R_D I_D + V_{SS}. \tag{5.88}$$

Außerdem ist $V_G = 0$. Der Transistor soll eingeschaltet sein, das heißt $V_{SG} > |V_{TP}|$ oder mit Gl. (5.87)

$$V_{SG} = V_{DD} - R_S I_D > |V_{TP}|. \tag{5.89}$$

Aus dieser Bedingung folgt eine Obergrenze für R_S:

$$R_S < \frac{V_{DD} - |V_{TP}|}{I_D} = 1{,}25\,\text{k}\Omega. \tag{5.90}$$

Für den Sättigungsbetrieb muss außerdem $V_{SD} \geq V_{SG} - |V_{TP}|$ gelten. Diese Ungleichung lässt sich umformen zu

$$V_D < V_G + |V_{TP}| \tag{5.91}$$

bzw. mit Gl. (5.88)

$$R_D I_D + V_{SS} < |V_{TP}| . \tag{5.92}$$

Hieraus folgt eine Obergrenze für R_D:

$$R_D < \frac{|V_{TP}| - V_{SS}}{I R_D} = 1{,}75 \,\text{k}\Omega . \tag{5.93}$$

Aus der Forderung $V_{SD} = 1\,\text{V}$ kann ein Zusammenhang zwischen R_D und R_S hergestellt werden:

$$V_{SD} = V_{DD} - V_{SS} - I_D (R_S + R_D) = 1\,\text{V} . \tag{5.94}$$

Wird beispielsweise $R_S = 1\,\text{k}\Omega$ gewählt, so folgt für R_D:

$$R_D = \frac{V_{DD} - V_{SS} - V_{SD}}{I_D} - R_S = 1{,}5 \,\text{k}\Omega . \tag{5.95}$$

Als Nächstes kann aus der Stromgleichung mit $V_{SG} = V_S$ [Gl. (5.87)] das Aspektverhältnis bestimmt werden:

$$I_D = \frac{1}{2} \mu_p C_{ox} \frac{W}{L} (V_{DD} - R_S I_D - |V_{TP}|)^2 = 2\,\text{mA} \tag{5.96}$$

bzw.

$$\frac{W}{L} = \frac{2 I_D}{\mu_p C_{ox}} \cdot \frac{1}{(V_{DD} - R_S I_D - |V_{TP}|)^2} = 160 . \tag{5.97}$$

Wird beispielsweise $L = 1\,\mu\text{m}$ gesetzt, so folgt $W = 160\,\mu\text{m}$. Mit diesen Werten für W/L, R_D und R_S ist die Dimensionierung der Schaltung abgeschlossen.

Zur Probe wird geprüft, ob der Transistor in Sättigung ist.[39] Es gilt

$$V_{SG} = V_S = V_{DD} - R_S I_D = 1\,\text{V} > |V_{TP}| \tag{5.98}$$

---

[39]Hierbei handelt es sich lediglich um eine Probe, da die Dimensionierung auf Basis der Bedingungen für den Sättigungsbetrieb erfolgte. Ein fehlender Lösungsraum hätte eingangs gezeigt, dass es für die gegebenen Zahlenwerte und Forderungen bezüglich I_D und V_{SD} nicht möglich ist, den Transistor in Sättigung zu betreiben.

und

$$V_{SD} = 1\,\text{V} > V_{SG} - |V_{TP}| = 0,5\,\text{V}. \tag{5.99}$$

Die beiden Bedingungen für den Sättigungsbetrieb sind wie erwartet erfüllt.

5.8   Zusammenfassung der Transistormodelle

Eine Zusammenfassung des idealen Modells für die Betriebsbereiche eines n- und p-Kanal-Feldeffekttransistors mit Strom- und Spannungszählpfeilrichtungen gemäß Abb. 5.31 und 5.32 ist in Tab. 5.2 und 5.3 dargestellt. Zusammen mit dem Vorgehen aus Abb. 3.35 kann der Arbeitspunkt (I_D, V_{DS}) eines NFET bzw. (I_D, V_{SD}) eines PFET analytisch bestimmt werden. Zu beachten ist, dass die Umlaufgleichung aus Gl. (5.4) und $I_G = 0$ in jedem Betriebsbereich gelten:

$$0 = V_{GD} + V_{DS} - V_{GS} \tag{5.100}$$

für einen NFET und

$$0 = V_{DG} + V_{SD} - V_{SD} \tag{5.101}$$

für einen PFET.

Das Netzwerkmodell für den Feldeffekttransistor besteht aus einer spannungsgesteuerten Stromquelle zwischen Drain und Source (Abb. 5.33). Der Strom I_D wird je nach Betriebsbereich durch den entsprechenden Ausdruck ersetzt. Im Sperrbereich wird die Stromquelle wegen $I_D = 0$ mit einem Leerlauf und im Triodenbereich mit $0 \leq V_{DS} \ll V_{GS} - V_{TN}$ (NFET) bzw. $0 \leq V_{SD} \ll |V_{TP}|$ mit einem Widerstand R_{on} nach Gl. (5.32) bzw. (5.80) ersetzt.

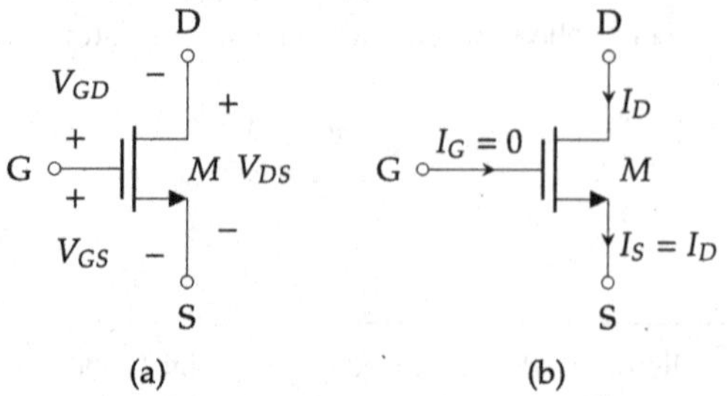

Abb. 5.31 (a) Spannungs- und (b) Stromzählpfeile eines n-Kanal-Feldeffekttransistors

Tab. 5.2 Betriebsbereiche und Modellgleichungen eines n-Kanal-Feldeffekttransistors

Betriebsbereich	Stromgleichung	Bedingungen
Sättigungsbereich	$I_D = \dfrac{1}{2}\mu_n C_{ox} \dfrac{W}{L}(V_{GS} - V_{TN})^2 (1 + \lambda V_{DS})$	$V_{GS} \geq V_{TN}$ $V_{DS} \geq V_{GS} - V_{TN} \geq 0$
Triodenbereich	$I_D = \mu_n C_{ox} \dfrac{W}{L}\left(V_{GS} - V_{TN} - \dfrac{V_{DS}}{2}\right)V_{DS}$	$V_{GS} \geq V_{TN}$ $V_{GS} - V_{TN} \geq V_{DS} \geq 0$
Sperrbereich	$I_D = 0$	$V_{GS} < V_{TN}$

Abb. 5.32 (a) Spannungs- und (b) Stromzählpfeile eines p-Kanal-Feldeffekttransistors

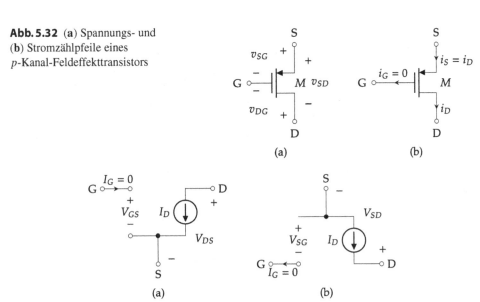

(a)   (b)

(a)   (b)

Abb. 5.33 Einfaches Netzwerkmodell eines (a) NFET und (b) PFET für eine Gleichstromanalyse

5.9 CMOS-Technologie

Ist es möglich, sowohl n- als auch p-Kanal-Feldeffekttransistoren auf dem gleichen Substrat herzustellen, so spricht man von einer komplementären MOS- bzw. **CMOS-Technologie**[40]. Nach Abb. 5.25(a) und 5.29(b) scheint dies nicht ohne Weiteres möglich zu sein. Ein NFET liegt in einem p- und ein PFET in einem n-dotierten Substrat. Eine Möglichkeit, beide Bauelemente im gleichen Grundmaterial herzustellen, ist in Abb. 5.34 gezeigt. Der PFET

---

[40]Engl. **complementary MOS technology.**

Tab. 5.3 Betriebsbereiche und Modellgleichungen eines p-Kanal-Feldeffekttransistors

Betriebsbereich	Stromgleichung	Bedingungen
Sättigungsbereich	$I_D = \dfrac{1}{2}\mu_p C_{ox} \dfrac{W}{L} (V_{SD} - |V_{TP}|)^2 (1 + \lambda V_{SD})$	$V_{SG} \geq |V_{TP}|$ $V_{SD} \geq V_{SG} - |V_{TP}| \geq 0$
Triodenbereich	$I_D = \mu_p C_{ox} \dfrac{W}{L} \left(V_{SG} - |V_{TP}| - \dfrac{V_{SD}}{2} \right) V_{SD}$	$V_{SG} \geq |V_{TP}|$ $V_{SG} - |V_{TP}| \geq V_{SD} \geq 0$
Sperrbereich	$I_D = 0$	$V_{SG} < |V_{TP}|$

wird dabei in einer n-Wanne[41] realisiert. Die n-dotierte Wanne entspricht einem lokalen n-Substrat. Es ist zwar aufwendiger und teurer, in CMOS- anstatt in reiner NMOS- oder PMOS-Technologie zu fertigen, aufgrund zahlreicher Vorteile, wie zum Beispiel statischer Leistungsaufnahme, Störsicherheit und Skalierbarkeit, hat sich diese Technologie jedoch bei der Herstellung integrierter Schaltungen durchgesetzt.

Da sich alle n-Kanal-Transistoren im globalen Substrat befinden, liegt der Bulk-Anschluss aller n-Kanal-Transistoren auf dem gleichen Potenzial. Es sei die Teilschaltung in Abb. 5.35 gegeben. Der Bulk-Anschluss beider Transistoren liegt auf Masse. Weil der Source-Anschluss von M_1 ebenfalls auf Masse liegt, ist $V_{SB1} = 0$. Für $I_D > 0$ ist allerdings $V_{S2} > 0$, sodass für die Source-Bulk-Spannung von M_2 $V_{SB2} > 0$ gilt. Wegen des Body-Effekts, der nur bei M_2 auftritt, ist daher $V_{TN2} > V_{TN1}$.

Hingegen ist es möglich, den Body-Effekt für jeden einzelnen PFET zu eliminieren, das heißt Source und Bulk-Anschluss zu verbinden, weil für jeden PFET eine eigene n-Wanne mit einem eigenen Bulk-Anschluss verwendet werden kann.

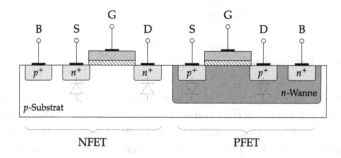

Abb. 5.34 CMOS-Technologie zur Realisierung von n- und p-Kanal-Transistoren im gleichen Substrat

---

[41]Engl. n-**well**.

Abb. 5.35 Zwei
aufeinandergestapelte
n-Kanal-Transistoren

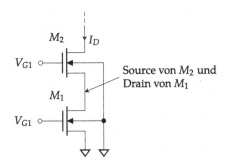

5.10 Vergleich von Feldeffekt- und Bipolartransistoren

Im Folgenden werden die Eigenschaften von Feldeffekt(FET)- und Bipolartransistoren (BJT) basierend auf den bisher erlernten Konzepten verglichen.

Ansteuerung und Stromverstärkung Beim BJT fließt ein nicht vernachlässigbarer Strom in die Basis, $I_B > 0$, sodass sich Emitter- und Kollektorstrom unterscheiden, $I_C \neq I_E$. Die Stromverstärkung β im vorwärtsaktiven Bereich ist das Verhältnis von Kollektor- zu Basisstrom und hat einen endlichen Wert. In das Gate eines FET fließt aufgrund des Oxids zwischen Gate und Substrat kein Gleichstrom, $I_G = 0$, sodass Drain- und Source-Strom gleich sind, $I_D = I_S$. Der FET ist im Vergleich zum BJT im statischen Fall stromlos ansteuerbar, das heißt, die Stromverstärkung als Verhältnis von Drain- zu Gate-Strom ist unendlich groß.

Stromtransport Der Hauptstrom beim BJT ist ein Diffusionsstrom, und es sind zwei Ladungsträgerarten am Stromfluss beteiligt – daher auch die Bezeichnung Bipolartransistor. Beim FET fließt der Strom aufgrund von Drift, es sind entweder nur Elektronen oder nur Löcher am Stromfluss beteiligt – daher auch der Begriff Unipolartransistor.

Symmetrie und Betriebsbereiche Der BJT ist ein asymmetrisches Bauelement mit vier Betriebsbereichen, die Stromverstärkung im rückwärtsaktiven ist sehr viel kleiner als im vorwärtsaktiven Bereich. Die Unterscheidung zwischen Kollektor und Emitter ergibt sich aus der Struktur und der Dotierung. Der Emitter ist höher dotiert und hat in der Regel eine kleinere Fläche als der Kollektor. Der FET ist ein symmetrisches Bauelement, sodass ein bidirektionaler Betrieb möglich ist und Anwendung findet. Es gibt nur drei Betriebsbereiche. Die Unterscheidung zwischen Source und Drain ergibt sich aus den anliegenden Spannungen. Beim NFET gilt $V_D > V_S$, beim PFET $V_S > V_D$. Der vorwärtsaktive Bereich des BJT entspricht dem Sättigungsbereich des FET. Der Sättigungsbereich des BJT entspricht dem Triodenbereich des FET.

Übertragungsverhalten Beim BJT ist der Kollektorstrom I_C exponentiell von der Basis-Emitter-Spannung V_{BE} abhängig. Beim FET ist der Drain-Strom I_D quadratisch von der Gate-Spannung abhängig.

Strom im eingeschalteten Zustand Ist der BJT im vorwärtsaktiven, rückwärtsaktiven oder Sättigungsbereich, fließt ein Strom I_C, I_B, $I_E > 0$. Der FET kann trotz eines Drain-Stroms von 0 im eingeschalteten Zustand sein. Dies ist der Fall bei einem invertierten Kanal, $V_{GS} \geq V_{TN}$ (NFET) bzw. $V_{SG} \geq |V_{TP}|$ (PFET), und einer Drain-Source-Spannung von 0, $V_{DS} = 0$ (NFET) bzw. $V_{SD} = 0$ (PFET). Der FET ist in diesem Fall im Triodenbereich.

Arbeitspunkt Der Arbeitspunkt ist das Wertepaar aus Gleichstrom und Gleichspannung, welcher den Punkt auf der Ausgangskennlinie festlegt, in dem der Transistor betrieben wird. Beim *npn*-BJT lautet er (I_C, V_{CE}), beim *pnp*-BJT (I_C, V_{EC}), beim NFET (I_D, V_{DS}) und beim PFET (I_D, V_{SD}).

Ausgangsverhalten Die Ausgangskennlinien von BJT und NFET sehen ähnlich aus. Die Kurven steigen im Sättigungsbereich des BJT aufgrund der exponentiellen Abhängigkeit zwischen Strom und Spannung steiler an als die Kurven im Triodenbereich des FET mit einer quadratischen Abhängigkeit zwischen Strom und Spannung.

Basisweiten- und Kanallängenmodulation Beim BJT lässt sich im vorwärtsaktiven Bereich ein Anstieg des Kollektorstroms mit der Kollektor-Emitter-Spannung beobachten. Dieser Effekt wird Basisweitenmodulation oder Early-Effekt genannt. Auf ähnliche Weise steigt im Sättigungsbereich des FET der Drain-Strom mit der Drain-Source-Spannung. Dieser Effekt ist als Kanallängenmodulation bekannt. Während die Ursache des Early-Effekts mit der in der Schaltungsentwicklung nicht beeinflussbaren Basisweite w_B zusammenhängt, ist die Auswirkung der Kanallängenmodulation abhängig von der Kanallänge L, die für jedes Bauelement unterschiedlich gewählt werden kann.

Zusammenfassung

- Ein *Feldeffekttransistor* besteht aus einem leitfähigen Material *(Gate)*, welches durch eine Oxidschicht vom schwach dotierten Substrat isoliert und von zwei stark dotierten Gebieten *(Source* und *Drain)* umgeben ist. Je nach Dotierung der einzelnen Halbleitergebiete wird zwischen *n*- und *p-Kanal-Transistoren* unterschieden.
- Der Feldeffekttransistor ist ein *symmetrisches* Bauelement bezüglich Dotierung und Geometrie. Das *Gate-Oxid* ist eine sehr dünne Schicht, deren Dicke in modernen Fertigungstechnologien typischerweise 1 nm ... 5 nm beträgt.
- Der Feldeffekttransistor hat drei Klemmen, die *Drain, Gate* und *Source* genannt werden. Der Strom fließt zwischen Drain und Source und wird von der Spannung am Gate gesteu-

ert. Aufgrund des Oxids zwischen Gate und Substrat ist der Strom in das Gate gleich 0, $I_G = 0$.

- Durch Erhöhen der Gate-Spannung bildet sich zunächst eine Raumladungszone, die an beweglichen Majoritätsladungsträgern verarmt ist. Eine weitere Anhebung der Gate-Spannung zieht Minoritätsladungsträger in den Kanalbereich zwischen Source und Drain. Übersteigt die Minoritätsladungsträgerdichte im Kanalbereich die Majoritätsladungsträgerdichte im Substrat, bildet sich eine *Inversionsschicht*. Die hierfür notwendige Gate-Spannung wird *Schwellspannung* genannt. Typische Werte der Schwellspannung integrierter Transistoren in modernen Fertigungstechnologien liegen im Bereich 0,2 V . . . 0,8 V.

- Ein Feldeffekttransistor hat drei Betriebsbereiche, *Sperr-*, *Trioden-* und *Sättigungsbereich*. Ist die Gate-Spannung kleiner als die Schwellspannung, befindet sich der Transistor im Sperrbereich und $I_D = 0$. Ist der Kanal invertiert, bestimmt das Verhältnis zwischen V_{DS} und $V_{GS} - V_{TN}$, ob der Transistor im Trioden- oder Sättigungsbereich ist.

- Im Triodenbereich ist der Drain-Strom abhängig von V_{GS} und V_{DS}. Für sehr kleine Werte für V_{DS} kann der Transistor als *spannungsgesteuerter Widerstand* modelliert werden. Im Sättigungsbereich kommt es zu einer *Abschnürung* des Kanals, und der Drain-Strom ist in erster Näherung unabhängig von V_{DS}.

- Der Feldeffekttransistor kann durch verschiedene *Strom-Spannungs-Kennlinien* beschrieben werden. Vorgestellt wurden die *Übertragungskennlinie* $I_D = f(V_{GS})$ und die *Ausgangskennlinie* $I_D = f(V_{DS})$. Im *Ausgangskennlinienfeld* werden mehrere Ausgangskennlinien in Abhängigkeit des Parameters V_{GS} dargestellt.

- Bei genauerer Beobachtung kann im Sättigungsbereich eine Abhängigkeit des Drain-Stroms von der Drain-Source-Spannung festgestellt werden. Eine Zunahme von V_{DS} führt zu einer Verkürzung der effektiven Kanallänge und einem Anstieg des Drain-Stroms I_D. Dieser Effekt wird als *Kanallängenmodulation* bezeichnet und kann an der Übertragungs- und Ausgangskennlinie veranschaulicht werden. Die Modellierung erfolgt mithilfe des Koeffizienten λ. Typischerweise liegt λ im Bereich $0\,\mathrm{V}^{-1} . . . 0,3\,\mathrm{V}^{-1}$.

- Das *Substratpotenzial* wird mithilfe eines vierten Anschlusses am Transistor (*Bulk, Body*) eingestellt. Eine steigende Spannungsdifferenz zwischen Source und Substrat führt zu einer Erhöhung der zur Bildung der Inversionsschicht notwendigen Schwellspannung, auch bekannt als *Body-Effekt*. Die Modellierung der Schwellspannung erfolgt mithilfe des *Body-Effekt-Koeffizienten* γ. Typische Werte für γ liegen im Bereich $0,3\,\sqrt{\mathrm{V}} . . . 1\,\sqrt{\mathrm{V}}$.

- Die Stromgleichungen und Modelle des *p-Kanal-Transistors* ergeben sich durch die Umkehrung aller Strom- und Spannungspolaritäten, Dotanttypen und Ladungsträgerarten.

- Das statische *Netzwerkmodell* des Transistors besteht aus einer spannungsgesteuerten Stromquelle zwischen Drain und Source.

- Die *CMOS-Technologie* ermöglicht es, n- und p-Kanal-Transistoren im gleichen Substrat herzustellen.

Kleinsignalmodellierung und Arbeitspunkteinstellung

Inhaltsverzeichnis

Nach der Einführung von Diode, Bipolar- und Feldeffekttransistor werden in diesem Abschnitt die Grundlagen für den Entwurf von Verstärkern gelegt, die Teil von komplexeren Schaltungen sind, zum Beispiel Operationsverstärker und Analog-Digital-Wandler. Dabei wird auf das **Groß-** und **Kleinsignalverhalten** von Bauelementen eingegangen. Als Großsignalverhalten wird das **statische** (zeitlich konstante Größen) und **dynamische** (zeitveränderliche Größen) Verhalten von Bauelementen im gesamten Betriebsbereich (Ausgangskennlinienfeld) beschrieben. Die Großsignalanalyse befasst sich mit der Bestimmung der Ströme und Spannungen im Großsignalbetrieb. Dazu gehört auch die Bestimmung reiner Gleichgrößen bei der **Arbeitspunktanalyse** mithilfe der bisher vorgestellten statischen Großsignalmodelle. Um das zeitveränderliche Großsignalverhalten zu beschreiben, müssen die kapazitiven Eigenschaften der Bauelemente berücksichtigt werden.

Im Gegensatz dazu wird das Verhalten bei „kleinen" **Abweichungen** vom Arbeitspunkt als **Kleinsignalverhalten** bezeichnet und mithilfe von **linearen** Modellen statisch und dynamisch beschrieben. Für den Kleinsignalbetrieb ist es daher notwendig, vorher einen Arbeitspunkt für die jeweiligen Bauelemente festzulegen. Hierfür verwendete Schaltungen werden in diesem Abschnitt vorgestellt.

Lernergebnisse

- Sie können den Unterschied zwischen Groß- und Kleinsignalbetrieb **erläutern.**
- Sie können die Kleinsignalmodelle für Diode und Transistoren **herleiten.**
- Sie können **begründen,** in welchem Betriebsbereich Transistoren in Verstärkerschaltungen betrieben werden.
- Sie können Schaltungen zur Einstellung des Arbeitspunkts **entwerfen.**

6.1   Groß- und Kleinsignalverhalten

Die Aufgabe von Verstärkern ist es, Änderungen von Eingangsgrößen zu verstärken. Das Verhältnis der Änderung der Ausgangsgröße zur Änderung der Eingangsgröße wird als **Verstärkung** der Schaltung bezeichnet. Ein Beispiel für eine Verstärkerschaltung wurde bereits in Üb. 5.6 analysiert, die in Abb. 6.1 wiederholt gezeigt ist.

Großsignalverhalten
Am Eingang liegt eine zeitlich konstante Größe an, die DC- oder Gleichspannung V_{GS}. Da V_{GS} innerhalb des gesamten Betriebsbereichs variiert werden kann, spricht man auch von einer **Großsignalgröße.** Die DC-Übertragungskennlinie der Schaltung ist qualitativ in Abb. 6.2(a) veranschaulicht. Sie lässt sich sowohl grafisch als auch mathematisch (Üb. 6.1) ermitteln.

Aus Üb. 5.5 ist das Vorgehen zur grafischen Bestimmung des Arbeitspunkts bekannt. Wird im Ausgangskennlinienfeld in Abb. 6.2(b) zu jedem Wert von V_{GS} der zugehörige Wert von V_{DS} im Arbeitspunkt bestimmt, so kann daraus die Übertragungskennlinie abgeleitet

Abb. 6.1 Verstärkerschaltung
mit einem FET

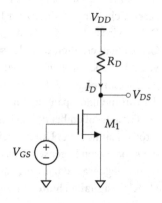

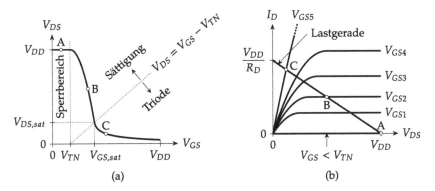

Abb. 6.2 (a) Übertragungskennlinie $V_{DS} = f(V_{GS})$ mit drei möglichen Arbeitspunkten A, B und C (vgl. Abb. 5.16), (b) Ausgangskennlinienfeld $I_D = f(V_{DS})$ in Abhängigkeit von V_{GS} mit Lastgerade und den gleichen drei Arbeitspunkten

werden. Für kleine Werte $V_{GS} < V_{TN}$ ist der Transistor im Sperrbereich, sodass $I_D = 0$ und somit $V_{DS} = V_{DD} - R_D I_D = V_{DD}$ (Punkt A[1]). Für $V_{GS} = V_{GS2}$ wird der Transistor im Sättigungsbereich (Punkt B) und für $V_{GS} = V_{GS5}$ im Triodenbereich (Punkt C) betrieben.

Übung 6.1: DC-Übertragungskennlinie $V_{DS} = f(V_{GS})$

Leiten Sie die Beziehung $V_{DS} = f(V_{GS})$, die in Abb. 6.2(a) für die Schaltung aus Abb. 6.1 skizziert ist, her. Es sei $\lambda = 0$. ◄

Lösung 6.1 Die Drain-Source-Spannung ist gegeben durch

$$V_{DS} = V_{DD} - R_D I_D. \tag{6.1}$$

Für $V_{DS} \leq V_{GS} - V_{TN}$ ist der Transistor im Triodenbereich, und es gilt

$$I_D = \mu_n C_{ox} \frac{W}{L} \left(V_{GS} - V_{TN} - \frac{V_{DS}}{2} \right) V_{DS}. \tag{6.2}$$

Das Einsetzen in V_{DS} liefert eine quadratische Gleichung mit der Lösung

$$V_{DS} = V_{GS} - V_{TN} + \frac{1 - \sqrt{[\alpha(V_{GS} - V_{TN}) + 1]^2 - 2\alpha V_{DD}}}{\alpha}, \tag{6.3}$$

---

[1] Streng genommen steht A für alle Punkte, für die $V_{GS} < V_{TN}$ gilt. Im Ausgangskennlinienfeld lassen sich diese Punkte nicht unterscheiden. In der Übertragungskennlinie ist beispielhaft nur ein einziger Punkt gekennzeichnet.

wobei

$$\alpha = R_D \mu_n C_{ox} \frac{W}{L}. \tag{6.4}$$

Die zweite Lösung der quadratischen Gleichung ist unzulässig, weil sie die Bedingung $V_{DS} \le V_{GS} - V_{TN}$ verletzt.

Für $V_{DS,sat} = V_{GS,sat} - V_{TN}$ wird der Transistor an der Grenze zwischen Trioden- und Sättigungsbereich betrieben. Der Wert für $V_{GS,sat}$ ergibt sich aus

$$V_{DD} - R_D I_D = V_{GS,sat}. \tag{6.5}$$

Der Strom I_D in Sättigung lautet

$$I_D = \frac{1}{2} \mu_n C_{ox} \frac{W}{L} (V_{GS} - V_{TN})^2. \tag{6.6}$$

Das Einsetzen in Gl. (6.5) für $V_{GS} = V_{GS,sat}$ liefert eine quadratische Gleichung mit der Lösung

$$V_{GS,sat} = V_{TN} + \underbrace{\left(-\frac{1}{\alpha}\right) + \frac{1}{\alpha}\sqrt{1 + 2\alpha V_{DD}}}_{V_{DS,sat}}. \tag{6.7}$$

Die zweite Lösung der quadratischen Gleichung ist unzulässig, weil sie zu einem negativen Wert für $V_{GS,sat}$ führt (ausgeschalteter Transistor).

Für $V_{DS} \ge V_{GS} - V_{TN}$ ist der Transistor in Sättigung, und es folgt aus Gl. (6.1) und (6.6), dass

$$V_{DS} = V_{DD} - \frac{\alpha}{2}(V_{GS} - V_{TN})^2. \tag{6.8}$$

Für $V_{GS} < V_{TN}$ ist der Transistor ausgeschaltet, $I_D = 0$, und es folgt $V_{DS} = V_{DD}$. Zusammengefasst für alle drei Bereiche:

$$V_{DS} = \begin{cases} V_{DD} & , V_{GS} < V_{TN} \\ V_{DD} - \dfrac{\alpha}{2}(V_{GS} - V_{TN})^2 & , V_{TN} \le V_{GS} < V_{GS,sat} \\ V_{GS} - V_{TN} + \dfrac{1 - \sqrt{[\alpha(V_{GS} - V_{TN}) + 1]^2 - 2\alpha V_{DD}}}{\alpha} & , V_{GS} \ge V_{GS,sat} \end{cases}. \tag{6.9}$$

Abb. 6.3 Transistorschaltung
im linearen Verstärkerbetrieb

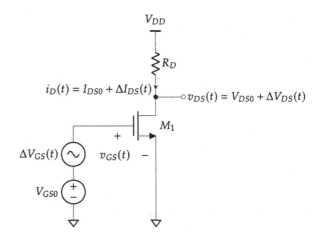

Kleinsignalverhalten

Die Spannungsverstärkung der Schaltung entspricht der Steigung (Tangente) dV_{DS}/dV_{GS} der Übertragungskennlinie im Arbeitspunkt. Um eine möglichst große Verstärkung zu erzielen, wird der Feldeffekttransistor daher in Sättigung betrieben. Im Triodenbereich nimmt die Spannungsverstärkung stark ab, und im Sperrbereich ist sie 0. Auf ähnliche Weise lässt sich veranschaulichen, warum der Bipolartransistor in Verstärkerschaltungen im vorwärtsaktiven Bereich betrieben wird.

Eine zu verstärkende Änderung der Eingangsspannung ist in Abb. 6.3 durch eine überlagerte zeitabhängige **Kleinsignalgröße** $\Delta V_{GS}(t)$ dargestellt:[2]

$$v_{GS}(t) = V_{GS0} + \Delta V_{GS}(t). \tag{6.10}$$

Der konstante Anteil V_{GS0} der Eingangsspannung legt fest, auf welcher Kennlinie des Ausgangskennlinienfelds und somit in welchem Arbeitspunkt der Transistor betrieben wird.

Im Sättigungsbereich lässt sich der zeitabhängige Drain-Strom $i_D(t)$ als Funktion von $v_{GS}(t)$ wie folgt schreiben:

$$i_D(t) = \frac{1}{2}\mu_n C_{ox}\frac{W}{L}(V_{GS0} + \Delta V_{GS}(t) - V_{TN})^2 \tag{6.11}$$

$$= \frac{1}{2}\mu_n C_{ox}\frac{W}{L}\left[(V_{GS0} - V_{TN})^2 + 2(V_{GS0} - V_{TN})\Delta V_{GS}(t) + \Delta V_{GS}^2(t)\right]. \tag{6.12}$$

Bei kleinen Abweichungen $\Delta V_{GS}(t)$ kann der dritte Term in der Klammer vernachlässigt werden:

---

[2] Sehr häufig wird die folgende Notation verwendet: Ein kleiner Buchstabe (v) steht für den Augenblickswert einer zeitlich veränderlichen Größe und die kleingeschriebenen Indizes $(_{gs})$ für eine Kleinsignalgröße, die als Abweichung vom Arbeitspunkt formuliert wird. Mit diesen Vereinbarungen gilt zum Beispiel $v_{gs} = \Delta v_{GS} = \Delta V_{GS}(t)$. Von dieser Notation wird in Abschn. 6.4 Gebrauch gemacht.

$$\Delta V_{GS}^2(t) \ll 2(V_{GS0} - V_{TN}) \Delta V_{GS}(t) \qquad (6.13)$$

bzw.

$$\Delta V_{GS}(t) \ll 2(V_{GS0} - V_{TN}). \qquad (6.14)$$

Es folgt

$$i_D(t) = \underbrace{\frac{1}{2}\mu_n C_{ox}\frac{W}{L}(V_{GS0} - V_{TN})^2}_{I_{D0}} + \underbrace{\mu_n C_{ox}\frac{W}{L}(V_{GS0} - V_{TN})\Delta V_{GS}(t)}_{\Delta I_D(t)}. \qquad (6.15)$$

Auch der Drain-Strom kann daher als eine **Superposition** zweier Anteile formuliert werden. Der erste Term (Großsignalgröße) stellt den zeitlich konstanten Drain-Strom I_{D0} im Arbeitspunkt für $\Delta V_{GS}(t) = 0$ dar und der zweite Term (Kleinsignalgröße) den zeitabhängigen Drain-Strom $\Delta I_D(t)$ als **lineare** Funktion der Änderung der Eingangsspannung, $\Delta I_D(t) \propto \Delta V_{GS}(t)$ (trotz nichtlinearer Übertragungskennlinie $I_D = f(V_{GS})$ des Transistors!). Man spricht in diesem Fall auch von einem **linearen Verstärkerbetrieb.**

Übertragungsleitwert

Der Koeffizient des zweiten Terms in Gl. (6.15) hat die Einheit $1/\Omega$ und wird als **Übertragungsleitwert, Steilheit** oder **Transkonduktanz**[3] bezeichnet:

$$g_m = \mu_n C_{ox}\frac{W}{L}(V_{GS0} - V_{TN}) \qquad (6.16)$$

und damit

$$\Delta I_D(t) = g_m \Delta V_{GS}(t). \qquad (6.17)$$

Weil g_m Kleinsignalgrößen miteinander verknüpft, wird g_m als ein **Kleinsignalparameter**[4] bezeichnet. Es handelt sich dabei um einen von mehreren Parametern, die in den folgenden Abschnitten für die Kleinsignalmodelle der kennengelernten Bauelemente eingeführt werden. Offensichtlich ist g_m wegen V_{GS0} abhängig vom Arbeitspunkt des Transistors. Für verschwindend geringe Abweichungen der Eingangsspannung geht der Differenzenquotient $\Delta I_D(t)/\Delta V_{GS}(t)$ über in die Ableitung dI_D/dV_{GS}, sodass g_m im Arbeitspunkt wie folgt berechnet werden kann:

$$g_m = \left.\frac{dI_D}{dV_{GS}}\right|_{V_{GS}=V_{GS0}}. \qquad (6.18)$$

---

[3] Engl. **transconductance.**
[4] Engl. **small-signal parameter.**

Abb. 6.4 Veranschaulichung des Übertragungsleitwerts als Steigung der Tangente durch den Arbeitspunkt auf der Übertragungskennlinie $I_D = f(V_{GS})$ eines FET

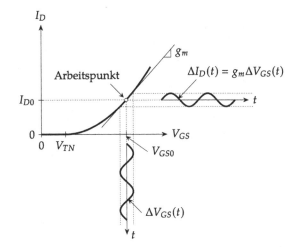

Anschaulich lässt sich g_m als Tangente an die Übertragungskennlinie des Transistors (nicht der gesamten Schaltung) im Arbeitspunkt darstellen (Abb. 6.4). Eine Änderung von $\Delta V_{GS}(t)$ um die Gleichspannung V_{GS0} im Arbeitspunkt führt im Drain-Strom zu einer Änderung von $\Delta I_D(t) = g_m \Delta V_{GS}(t)$ um den Gleichstrom I_{D0} [Gl. (6.17)]. Man spricht auch von einer **Linearisierung** der nichtlinearen Übertragungskennlinie im Arbeitspunkt.

Spannungsverstärkung

Für die Ausgangsspannung $v_{DS}(t)$ folgt mithilfe von Gl. (6.17):

$$v_{DS}(t) = V_{DD} - R_D [I_{D0} + \Delta I_D(t)] \tag{6.19}$$

$$= \underbrace{V_{DD} - R_D I_{D0}}_{V_{DS0}} + \underbrace{(-g_m R_D) \Delta V_{GS}(t)}_{\Delta V_{DS}(t)}. \tag{6.20}$$

Der erste Term ist die Gleichspannung V_{DS0} im Arbeitspunkt (Großsignalgröße), und der zweite Term ist die zeitabhängige Kleinsignalgröße als Funktion der Eingangsspannungsänderung. Der Quotient $\Delta V_{DS}(t)/\Delta V_{GS}(t)$ geht für verschwindend geringe Abweichungen über in die Ableitung dV_{DS}/dV_{GS} und stellt die **Spannungsverstärkung** A_v[5] der Schaltung aus Abb. 6.3 im Arbeitspunkt dar:

$$A_v = \left. \frac{dV_{DS}}{dV_{GS}} \right|_{V_{GS}=V_{GS0}} = -g_m R_D. \tag{6.21}$$

Die Spannungsverstärkung ist demnach proportional zum Widerstand R_D und zum Übertragungsleitwert g_m. Auch A_v ist abhängig vom Arbeitspunkt der Schaltung.

---

[5] Engl. **voltage gain;** der Buchstabe A ergibt sich aus der englischen Bezeichnung **amplification,** dt. Verstärkung.

Anschaulich lässt sich A_v als Tangente an die Übertragungskennlinie der Schaltung (nicht des einzelnen Transistors) im Arbeitspunkt darstellen (Abb. 6.5). Eine Änderung von $\Delta V_{GS}(t)$ um die Gleichspannung V_{GS0} im Arbeitspunkt führt in der Ausgangsspannung zu einer Änderung von $\Delta V_{DS}(t) = A_v \Delta V_{GS}(t)$ um die Gleichspannung V_{DS0} [Gl. (6.21)].

Veranschaulichung der Ein- und Ausgangsspannung im linearen Verstärkerbetrieb
Das Minuszeichen in Gl. (6.21) bedeutet, dass die Ausgangsspannungsänderung eine Phasenumkehr zur Eingangsspannungsänderung aufweist (Abb. 6.6). Besteht die Eingangsspannung beispielsweise aus einer Gleichspannung, der eine Sinusspannung mit der Amplitude V_{gs} überlagert ist,

$$v_{GS}(t) = V_{GS0} + \underbrace{V_{gs} \sin(2\pi f t)}_{\Delta V_{GS}(t)}, \tag{6.22}$$

so folgt am Ausgang eine einer Gleichspannung überlagerte Sinusspannung mit gleicher Frequenz, invertierter Phase und veränderter (verstärkter) Amplitude:

$$v_{DS}(t) = V_{DS0} + \underbrace{(-V_{ds}) \sin(2\pi f t)}_{\Delta V_{DS}(t)}. \tag{6.23}$$

Die folgenden Punkte sind bei einem solchen linearen Verstärkerbetrieb festzuhalten:

- Zu jedem Zeitpunkt muss die Kleinsignalbedingung aus Gl. (6.14) erfüllt sein. Für die Amplitude des Kleinsignalanteils der Eingangsspannung bedeutet dies:

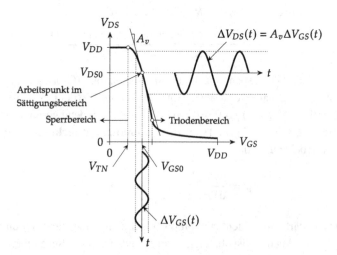

Abb. 6.5 Veranschaulichung der Spannungsverstärkung als Steigung der Tangente durch den Arbeitspunkt auf der Übertragungskennlinie $V_{DS} = f(V_{GS})$ der gesamten Verstärkerschaltung

Abb. 6.6 Eingangsspannung $v_{GS}(t)$ und Ausgangsspannung $v_{DS}(t)$ im linearen Verstärkerbetrieb

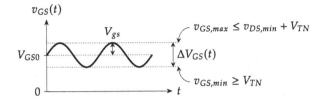

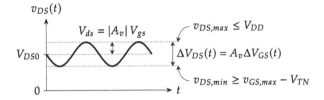

$$V_{gs} \ll 2\,(V_{GS0} - V_{TN}).\tag{6.24}$$

- Es wird angenommen, dass der Transistor nicht sperrt, das heißt, zu keinem Zeitpunkt darf $v_{GS}(t)$ unter die Schwellspannung fallen:

$$v_{GS,min} \geq V_{TN}.\tag{6.25}$$

Wird diese Bedingung verletzt, fällt für die Zeit, in der $v_{GS,min} < V_{TN}$ gilt, die Spannungsverstärkung auf 0 ab, sodass das Ausgangssignal verzerrt wird.

- Es wird angenommen, dass der Transistor in Sättigung betrieben wird, das heißt, zu jedem Zeitpunkt muss gelten:

$$v_{DS,min} \geq v_{GS,max} - V_{TN}.\tag{6.26}$$

Ist dies nicht der Fall, so geht der Transistor in den Triodenbereich über. Dadurch fällt die Spannungsverstärkung stark ab, und es entstehen wiederum Verzerrungen im Ausgangssignal.

- Für die Amplitude der Kleinsignalkomponente der Ausgangsspannung folgt unter den obigen Bedingungen

$$V_{ds} = |A_v|\,V_{gs} = g_m R_D V_{gs},\tag{6.27}$$

sodass Gl. (6.26) auch wie folgt formuliert werden kann:

$$V_{DS0} - V_{ds} = V_{DS0} - |A_v|\,V_{gs} \geq V_{GS0} + V_{gs} - V_{TN}\tag{6.28}$$

bzw.

$$V_{gs} \leq \frac{V_{DS0} - V_{GS0} + V_{TN}}{|A_v| + 1}.\tag{6.29}$$

Nur die Amplitude des Kleinsignalanteils der Ausgangsspannung ändert sich, die Frequenz bleibt gleich, die Phase wird bei der Schaltung in Abb. 6.3 invertiert. Besteht das Eingangssignal beispielsweise aus einer Überlagerung von unterschiedlichen Sinusanteilen, so kann die Ausgangsspannung als Summe verstärkter Sinusanteile der gleichen Frequenz und invertierter Phase dargestellt werden. Beispielsweise folgt für die Eingangsspannung

$$v_{GS}(t) = V_{GS0} + V_{gs1} \sin(2\pi f_1 t + \varphi_1) + V_{gs2} \sin(2\pi f_2 t + \varphi_2) \qquad (6.30)$$

eine Ausgangsspannung der Form

$$v_{DS}(t) = V_{DS0} - V_{ds1} \sin(2\pi f_1 t + \varphi_1) - V_{ds2} \sin(2\pi f_2 t + \varphi_2). \qquad (6.31)$$

- Letztlich kann über den gesamten Betriebsbereich beobachtet werden, dass die maximale Ausgangsspannung $v_{DS,max}$ zu keinem Zeitpunkt V_{DD} überschreiten kann:

$$v_{DS,max} \leq V_{DD}. \qquad (6.32)$$

Übung 6.2: Groß- und Kleinsignalverhalten

Gegeben sei die Schaltung aus Abb. 6.3. Es gelte $\mu_n C_{ox} = 250\,\mu\text{A/V}^2$, $W/L = 100\,\mu\text{m}/10\,\mu\text{m}$, $V_{TN} = 0,5\,\text{V}$, $\lambda = 0$, $V_{GS0} = 0,7\,\text{V}$, $R_D = 40\,\text{k}\Omega$ und $V_{DD} = 3\,\text{V}$. (a) Wie lautet der Arbeitspunkt (I_{D0}, V_{DS0})? (b) Wie groß ist die maximale Amplitude V_{ds} einer sinusförmigen Ausgangsspannung im Kleinsignalbetrieb unter der Annahme, dass der Transistor in Sättigung bleibt? (c) Wie groß ist die entsprechende maximale Amplitude V_{gs} der sinusförmigen Eingangsspannung? (d) Ist die Annahme eines Kleinsignalbetriebs berechtigt? ◄

Lösung 6.2

(a) Zunächst wird der Arbeitspunkt berechnet. Dazu wird der Kleinsignalanteil der Eingangsspannung zu 0 gesetzt, $\Delta V_{GS}(t) = 0$, sodass die Schaltung aus Abb. 6.1 folgt. Wird angenommen, dass der Transistor in Sättigung ist, beträgt der Drain-Strom

$$I_{D0} = \frac{1}{2}\mu_n C_{ox} \frac{W}{L} (V_{GS} - V_{TN})^2 = 50\,\mu\text{A}. \qquad (6.33)$$

Die Drain-Spannung ergibt sich daher zu

$$V_{DS0} = V_{DD} - R_D I_{D0} = 1\,\text{V}. \qquad (6.34)$$

Wegen $V_{DS0} \geq V_{GS0} - V_{TN} = 0,2\,\text{V}$ befindet sich der Transistor tatsächlich in Sättigung.

(b) Die sinusförmige Aussteuerung $\Delta V_{DS}(t)$ wird gemäß Abb. 6.6 der Ausgangsspannung V_{DS0} im Arbeitspunkt überlagert. Nach unten ist die Aussteuerung begrenzt durch die Forderung, dass der Transistor nicht in den Triodenbereich gerät, das heißt $v_{DS,min} \geq v_{GS,max} - V_{TN} \approx 0,2\,\text{V}$[6]. Demnach ist eine Aussteuerung um bis zu $-0,8\,\text{V}$ ausgehend von V_{DS0} möglich. Nach oben ist die Aussteuerung begrenzt durch die Forderung, dass der Transistor nicht ausgeschaltet wird, das heißt $v_{DS,max} \leq V_{DD} = 3\,\text{V}$. Damit ist eine Aussteuerung um bis zu $+2\,\text{V}$ möglich. Da Ein- und Ausgangsspannung sinusförmig und daher symmetrisch um den Arbeitspunkt sein sollen, entspricht die Amplitude dem betragsmäßig kleineren dieser beiden Werte, das heißt $V_{ds} = 0,8\,\text{V}$.

(c) Den Wert des Übertragungsleitwerts g_m erhält man durch Anwendung von Gl. (6.16):

$$g_m = \mu_n C_{ox} \frac{W}{L} (V_{GS0} - V_{TN}) = \frac{1}{2\,\text{k}\Omega}. \tag{6.35}$$

Die Spannungsverstärkung folgt aus Gl. (6.21):

$$A_v = -g_m R_D = -20. \tag{6.36}$$

Die Amplitude der Eingangsspannung kann schließlich durch Umstellung von Gl. (6.27) berechnet werden:

$$V_{gs} = \frac{V_{ds}}{|A_v|} = \frac{V_{ds}}{g_m R_D} = 40\,\text{mV}. \tag{6.37}$$

Anschließend wird überprüft, ob die Amplitude V_{gs} die Kleinsignalbedingung aus Gl. (6.24) verletzt:

$$V_{gs} \ll 2\,(V_{GS0} - V_{TN}) = 3\,\text{V}. \tag{6.38}$$

Die Amplitude der sinusförmigen Aussteuerung am Eingang ist um den Faktor 10 kleiner als die rechte Seite der Ungleichung, sodass die Annahme des Kleinsignalbetriebs berechtigt ist.

(d) Zuletzt wird sichergestellt, dass die Bedingung $v_{DS,min} \geq v_{GS,max} - V_{TN}$ zu jedem Zeitpunkt erfüllt wird. Die minimale Ausgangsspannung $v_{DS,min}$ ist gegeben durch $V_{DS0} - V_{ds} = 0,2\,\text{V}$, die maximale Eingangsspannung hingegen durch $v_{GS,max} = V_{GS0} + V_{gs} = 0,74\,\text{V}$, sodass $v_{GS,max} - V_{TN} = 0,24\,\text{V}$ und der Transistor in jeder negativen Halbwelle in den Triodenbereich läuft. Eine genauere Berechnung der Eingangsamplitude mithilfe von Gl. (6.29) ergibt jedoch

$$V_{gs} \leq \frac{V_{DS0} - V_{GS0} + V_{TN}}{|A_v| + 1} = 38\,\text{mV}. \tag{6.39}$$

---

[6] Da die Amplitude der Eingangsaussteuerung V_{gs} noch nicht bekannt ist, handelt es sich bei $v_{GS,max} - V_{TN} \approx V_{GS0} - V_{TN} = 0,2\,\text{V}$ um eine Näherung. Der genauere Ausdruck aus Gl. (6.29) wird im Anschluss ausgewertet.

Damit folgt für die Ausgangsamplitude $V_{ds} = |A_v| \, V_{gs} = 0,76 \, \text{V}$ und somit $v_{DS,min} = V_{DS0} - V_{ds} = 0,24 \, \text{V} \geq v_{GS,max} - V_{TN} = V_{GS0} + V_{gs} - V_{TN} = 0,238 \, \text{V}$. Der Transistor ist zu jedem Zeitpunkt in Sättigung.

Zusammenfassung

Mit der Einführung der bisherigen Konzepte sind die Grundlagen für die folgenden Abschnitte gelegt. Die wichtigsten Aussagen können wie folgt zusammengefasst werden:

- Können die Eingangsgrößen einer Schaltung (Ströme oder Spannungen) beliebige Werte im gesamten Betriebsbereich annehmen, so spricht man vom **Großsignalbetrieb.** Die vorgestellten Bauelemente (Dioden und Transistoren) verhalten sich dabei nichtlinear und werden mithilfe von **Großsignalmodellen** modelliert. Die bisher betrachteten Großsignalmodelle gelten für den statischen Fall, in dem Ströme und Spannungen Gleichgrößen darstellen. Die Arbeitspunktanalyse ist ein Beispiel für eine **Großsignal-, DC-** oder **Gleichstromanalyse.**[7]
- Liegt der Arbeitspunkt fest, so können bei kleinen Aussteuerungen der Eingangsgröße [Gl. (6.14)] um diesen Arbeitspunkt Bauelemente **linearisiert** werden, das heißt, die nichtlinearen Modelle können durch lineare Modelle ersetzt werden (Abschn. 6.4). Man spricht auch vom **Kleinsignalbetrieb.** Als Beispiel für einen Parameter eines solchen linearen **Kleinsignalmodells** wurde der **Übertragungsleitwert** vorgestellt [Gl. (6.18) und Abb. 6.4]. Die Parameter eines Kleinsignalmodells sind abhängig vom Arbeitspunkt. Bevor sie bestimmt werden können, muss daher zunächst der Arbeitspunkt festgelegt bzw. ermittelt werden (Abschn. 6.2 und 6.3).
- Wird die Eingangsgröße durch eine Überlagerung eines Groß- und eines Kleinsignalanteils dargestellt, wie zum Beispiel in Gl. (6.10), so kann der Arbeitspunkt im Rahmen einer Großsignalanalyse durch das Nullsetzen aller Kleinsignalanteile bestimmt werden, $\Delta V_{GS}(t) = 0$. Die anschließende **Kleinsignal-, AC-** oder **Wechselstromanalyse**[8] hingegen setzt alle Großsignalanteile bzw. Gleichgrößen gleich 0, $V_{GS} = 0$. Hierzu gehören auch Konstantstrom- oder -spannungsquellen wie zum Beispiel die Versorgungsspannung V_{DD}. Aus diesen beiden Forderungen leitet sich jeweils eine Methode für die Erstellung der für diese beiden Analysen notwendigen **Ersatzschaltbilder** ab (Abschn. 6.5).
- Für einen Verstärkerbetrieb werden Feldeffekttransistoren im Sättigungs- und Bipolartransistoren im vorwärtsaktiven Bereich betrieben. Der Begriff **linearer Verstärkerbetrieb** steht nicht im Zusammenhang mit dem Begriff des linearen Betriebsbereichs eines Feldeffekttransistors. Um diesem Missverständnis vorzubeugen, wird im vorliegenden Buch beim FET die Bezeichnung Triodenbereich anstatt linearer Bereich bevorzugt.

---

[7] Engl. **dc, bias** oder **large-signal analysis.**
[8] Engl. **ac** oder **small-signal analysis.**

6.2   Arbeitspunkteinstellung beim Bipolartransistor

Der Arbeitspunkt gibt an, in welchem Punkt auf der (Ausgangs-)Kennlinie eine Diode bzw. ein Transistor betrieben wird. Bei der Diode ist er gegeben durch (I_D, V_D), beim Bipolartransistor durch (I_C, V_{CE}) und beim Feldeffekttransistor durch (I_D, V_{DS}). Um eine Schaltung als linearen Verstärker zu betreiben, muss der Arbeitspunkt vorher festgelegt werden. Im Folgenden werden einfache Schaltungen für die Arbeitspunkteinstellung vorgestellt.

Eine einfache Möglichkeit, den Arbeitspunkt eines Bipolartransistors mithilfe einer Spannungsquelle einzustellen, welche den Wert von V_{BE} konstant hält, ist in Abb. 6.7(a) dargestellt. Befindet sich der Transistor im vorwärtsaktiven Bereich, so beträgt der Kollektorstrom im Arbeitspunkt unter Vernachlässigung des Early-Effekts

$$I_C = I_S \exp \frac{V_{BE}}{V_T}. \tag{6.40}$$

Ein gewünschter Wert für I_C kann daher durch eine geeignete Wahl von V_{BE} eingestellt werden. Für die Kollektor-Emitter-Spannung gilt

$$V_{CE} = V_{CC} - R_C I_C. \tag{6.41}$$

Damit der Transistor im vorwärtsaktiven Bereich ist, muss die Basis-Kollektor-Diode sperren.

Das Problem bei dieser Methode der Vorspannung des Transistors liegt darin, dass I_C eine Funktion von I_S ist und aufgrund der exponentiellen Abhängigkeit sehr empfindlich auf Änderungen von V_{BE} reagiert. Der Sättigungsstrom weist von Bauelement zu Bauelement eine Streuung auf und ist zudem abhängig von der Temperatur. All diese Faktoren führen bei verschiedenen Bauelementen zu erheblichen Unterschieden im Kollektorstrom. Ein weiterer Nachteil ist die Verwendung einer dedizierten Spannungsquelle für jede Verstärkerstufe.

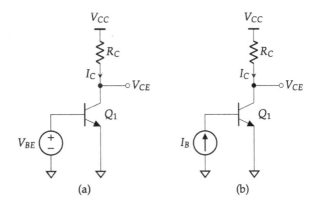

Abb. 6.7 Arbeitspunkteinstellung mithilfe einer (a) Spannungsquelle und (b) Stromquelle

Wird die Spannungsquelle V_{BE} durch eine Stromquelle I_B ersetzt, so ergibt sich der Kollektorstrom im vorwärtsaktiven Betrieb aus $I_C = \beta I_B$ [Abb. 6.7(b)]. Die Stromverstärkung ist in der Praxis jedoch anders als bisher betrachtet keine konstante Größe, sondern abhängig von Fertigungsparametern und eine Funktion von der Temperatur, dem Kollektorstrom und der Betriebsfrequenz. Zudem weist sie eine Exemplarstreuung auf. Hinzu kommt die Notwendigkeit einer dedizierten Stromquelle, sodass beide in Abb. 6.7 gezeigten Methoden nicht zur Arbeitspunkteinstellung geeignet sind. Es wird eine Schaltung gesucht, welche den Einfluss von Änderungen bzw. Streuungen der Stromverstärkung β, Spannung V_{BE} und Temperatur T auf den Arbeitspunkt reduziert.

6.2.1 Rückkopplungswiderstand am Emitter

Eine praktische Möglichkeit zur Arbeitspunkteinstellung, die insbesondere in diskreten Schaltungen Anwendung findet und auch als **Vier-Widerstands-Netzwerk**[9] bezeichnet wird, ist in Abb. 6.8 dargestellt.

Der Spannungsteiler aus R_1 und R_2 dient dazu, die Basisspannung V_B festzulegen. Für den Fall, dass der Basisstrom I_B sehr viel kleiner ist als der Querstrom durch R_1 und R_2, das heißt $I_B \ll I_1 \approx I_2 \approx V_{CC}/(R_1 + R_2)$, kann die Abhängigkeit des Kollektorstroms von der arbeitspunkt- und temperaturabhängigen Stromverstärkung β reduziert und ein unbelasteter Spannungsteiler angenommen werden:

$$V_B = \frac{R_2}{R_1 + R_2} V_{CC}. \tag{6.42}$$

Die Emitterspannung ergibt sich aus dem Spannungsabfall über R_E zu

$$V_E = R_E I_E. \tag{6.43}$$

Wird die Basis-Emitter-Spannung $V_{BE} = V_B - V_E$ umgestellt nach I_E, so folgt

$$I_E = \frac{1}{R_E} \left(\frac{R_2}{R_1 + R_2} V_{CC} - V_{BE} \right) \approx I_C. \tag{6.44}$$

Dabei wurde eine sehr große Stromverstärkung $\beta \gg 1$ angenommen, sodass $I_C = \beta I_E/(\beta + 1) \approx I_E$. Je größer die Differenz in Gl. (6.44) ist, desto unempfindlicher ist der Arbeitspunkt gegenüber Änderungen der Basis-Emitter-Spannung V_{BE}. Für einen Betrieb im vorwärtsaktiven Bereich muss schließlich gezeigt werden, dass die Basis-Kollektor-Diode sperrt. Nach Tab. 4.2 muss dafür $V_{BC} = V_B - V_C < 0,5$ V bzw. $V_{CE} = V_C - V_E > 0,2$ V gelten. Es ist also noch die Kollektorspannung V_C zu bestimmen:

$$V_C = V_{CC} - R_C I_C \tag{6.45}$$

---

[9] Engl. **four-resistor bias network.**

Abb. 6.8 Arbeitspunkteinstellung mithilfe eines Rückkopplungswiderstands an der Emitter-Klemme

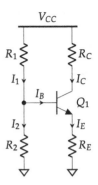

und damit

$$V_{BC} = R_C I_C - \frac{R_1}{R_1 + R_2} V_{CC} \qquad (6.46)$$

bzw.

$$V_{CE} = V_{CC} - R_C I_C - R_E I_E \qquad (6.47)$$

$$\approx V_{CC} - (R_C + R_E) I_C \quad \text{für} \quad \beta \gg 1. \qquad (6.48)$$

Warum wird R_E als Rückkopplungswiderstand bezeichnet? Angenommen, der Kollektorstrom nimmt zum Beispiel wegen einer Temperaturerhöhung zu. Eine Zunahme von I_C führt zu einem Anstieg des Emitterstroms und damit des Spannungsabfalls an R_E, das heißt zu einer Erhöhung von V_E. Hierdurch nimmt die Basis-Emitter-Spannung ab, was wiederum eine Abnahme von I_C zur Folge hat. Die Erhöhung des Stroms durch R_E bzw. des Spannungsabfalls an R_E wirkt der Zunahme des Kollektorstroms I_C entgegen, man spricht auch von **Gegenkopplung**[10]. Die Folge ist eine **Stabilisierung** des Stroms im Arbeitspunkt.

Die Verwendung eines Widerstands an der Emitter-Klemme auf die in Abb. 6.8 gezeigte Art wird auch als **Emitter-Degeneration**[11] bezeichnet, weil R_E zu einer Reduktion (Degeneration) der Spannungsverstärkung im Kleinsignalbetrieb führt (Kap. 7).

Berücksichtigung des Basisstroms
Einen genaueren Ausdruck für I_C erhält man, falls der Basisstrom berücksichtigt wird und $I_1 = I_2 + I_B$. Hierzu kann aus dem Teil des Netzwerks bestehend aus V_{CC}, R_1 und R_2 eine Ersatzspannungsquelle erstellt werden (Abb. 6.9).

---

[10] Engl. **negative feedback**.
[11] Engl. **emitter degeneration**.

Der Emitterstrom ergibt sich aus der Umlaufgleichung

$$0 = -V_T + I_B R_T + V_{BE} + I_E R_E. \tag{6.49}$$

Mit $I_B = I_C/\beta$ und $I_C = \beta I_E/(\beta + 1)$ folgt

$$I_C = \frac{V_T - V_{BE}}{\dfrac{\beta}{\beta + 1} R_E + \dfrac{R_T}{\beta}}. \tag{6.50}$$

Dimensionierung

Im Extremfall $R_E = 0$ ist die Basis-Emitter-Spannung ausschließlich durch V_B gegeben, und der Kollektorstrom beträgt $I_C = I_S \exp(V_B/V_T)$, das heißt, selbst kleine Streuungen von V_B führen zu großen Veränderungen des Kollektorstroms. Daraus kann gefolgert werden, dass R_E nicht zu klein gewählt werden darf. Damit der Transistor im vorwärtsaktiven Bereich bleibt, darf R_C für einen gewünschten Wert von I_C einen gewissen Wert nicht überschreiten. Sind außer für I_C keine weiteren Anforderungen gegeben, kann als Daumenregel R_E so gewählt werden, dass der Spannungsabfall an diesem Widerstand etwa ein Drittel der Versorgungsspannung V_{CC} beträgt.

Werden V_{CC}, I_S, β, T und ein gewünschter Wert für I_C vorgegeben, so kann aus den obigen Überlegungen ein mögliches Vorgehen für die Dimensionierung der Schaltung in Abb. 6.8 abgeleitet werden:

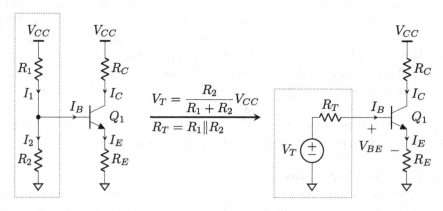

Abb. 6.9 Ersatzspannungsquelle für V_{DD}, R_1 und R_2

- Zunächst wird der für das vorgegebene I_C benötigte Wert von V_{BE} ermittelt:

$$V_{BE} = V_T \ln \frac{I_C}{I_S}. \tag{6.51}$$

- Unter Verwendung der Daumenregel $V_E \approx V_{CC}/3$ wird mithilfe von Gl. (6.43) und unter der Annahme $\beta \gg 1$ der Wert für R_E ermittelt:

$$R_E = \frac{V_{CC}}{3I_C}. \tag{6.52}$$

- Mit den Werten für V_{BE} und V_E wird V_B berechnet:

$$V_B = V_{BE} + V_E. \tag{6.53}$$

- Um die Forderung $I_B = I_C/\beta \ll I_1 \approx I_2 \approx V_{CC}/(R_1 + R_2)$ zu realisieren, kann beispielsweise ein Faktor von 10 gewählt werden:

$$\frac{I_C}{\beta} = \frac{1}{10} \cdot \frac{V_{CC}}{R_1 + R_2} \tag{6.54}$$

bzw.

$$R_1 + R_2 = \frac{\beta V_{CC}}{10 I_C}. \tag{6.55}$$

- Aus $R_1 + R_2$ und V_B können mithilfe von Gl. (6.42) die individuellen Werte für R_1 und R_2 berechnet werden:

$$R_2 = \frac{V_B}{V_{CC}} \underbrace{(R_1 + R_2)}_{\text{aus Gl. (6.55)}} \tag{6.56}$$

und

$$R_1 = \underbrace{(R_1 + R_2)}_{\text{aus Gl. (6.55)}} - R_2. \tag{6.57}$$

- Stehen die Werte für R_E, R_1 und R_2 fest, kann mithilfe von Gl. (6.50) geprüft werden, ob der Kollektorstrom dem gewünschten Wert entspricht. Ist der berechnete Wert für I_C kleiner als beabsichtigt, kann entweder ein kleinerer Wert für R_E, ein größerer Wert für R_2 (V_T wird größer) oder ein kleinerer Wert für den Parallelwiderstand R_T gewählt werden. Die Reduktion von R_E geht mit einer schwächeren Stabilisierung des Arbeitspunkts einher, und die Verringerung von $R_1 \| R_2$ führt zu einer höheren Stromaufnahme aus V_{CC}. Eine Vergrößerung von R_2 hingegen bedeutet, dass R_C für einen vorwärtsaktiven Betrieb verringert werden muss, was zu einer Reduktion der Spannungsverstärkung führt.

- Zuletzt wird ein Wert für R_C bestimmt, welcher den Transistor während des Betriebs im vorwärtsaktiven Bereich hält:

$$V_{BC} = V_B - (V_{CC} - R_C I_C) < 0\,\text{V (oder } 0{,}5\,\text{V)} \tag{6.58}$$

bzw.

$$R_C < \frac{V_{CC} - V_B}{I_C}. \tag{6.59}$$

Damit ist die Schaltung vollständig dimensioniert. Je nach weiteren Anforderungen müssen die Schritte, in denen eine Daumenregel angewendet wurde, angepasst werden.

Übung 6.3: Entwurf eines Vorspannungsnetzwerks

Gegeben sei das Netzwerk in Abb. 6.8. Es gelte $\beta = 100$, $I_S = 10\,\text{fA}$, $V_A \to \infty$ und $V_{CC} = 3\,\text{V}$. Die Schaltung soll für einen Kollektorstrom von 1 mA bei Raumtemperatur dimensioniert werden. ◄

Lösung 6.3 Die Anwendung des vorgestellten Verfahrens zur Dimensionierung der Schaltung liefert folgende Ergebnisse:

- Der für das vorgegebene I_C benötigte Wert von V_{BE} lautet:

$$V_{BE} = V_T \ln \frac{I_C}{I_S} = 659\,\text{mV}. \tag{6.60}$$

- Anhand der Daumenregel $V_E \approx V_{CC}/3 = 1\,\text{V}$ wird unter der Annahme $\beta \gg 1$ der Wert für R_E ermittelt:

$$R_E = \frac{V_{CC}}{3 I_C} = 1\,\text{k}\Omega. \tag{6.61}$$

- Mit den Werten für V_{BE} und V_E wird V_B berechnet:

$$V_B = V_{BE} + V_E = 1{,}659\,\text{V}. \tag{6.62}$$

- Um die Forderung $I_B = I_C/\beta \ll I_1 \approx I_2 \approx V_{CC}/(R_1 + R_2)$ zu erfüllen, wird ein Faktor von 10 gewählt:

$$R_1 + R_2 = \frac{\beta V_{CC}}{10 I_C} = 30\,\text{k}\Omega. \tag{6.63}$$

- Für die individuellen Werte folgt:

$$R_2 = \frac{V_B}{V_{CC}}(R_1 + R_2) = 16{,}6\,\text{k}\Omega \qquad (6.64)$$

und

$$R_1 = 13{,}4\,\text{k}\Omega. \qquad (6.65)$$

- Mit dem genaueren Ausdruck für I_C aus Gl. (6.50) erhält man

$$I_C = \frac{V_T - V_{BE}}{\dfrac{\beta}{\beta+1}R_E + \dfrac{R_T}{\beta}} = 0{,}94\,\text{mA}. \qquad (6.66)$$

Durch eine Anhebung von R_2 auf $18{,}4\,\text{k}\Omega$ folgt $I_C = 1{,}01\,\text{mA}$.
- Der Wert für R_C ergibt sich aus der Bedingung, dass der Transistor während des Betriebs im vorwärtsaktiven Bereich bleibt:

$$R_C = \frac{V_{CC} - V_B}{I_C} = 1{,}33\,\text{k}\Omega. \qquad (6.67)$$

6.2.2 Rückkopplungswiderstand zwischen Kollektor und Basis

Eine zweite Methode zur Arbeitspunkteinstellung in diskreten und integrierten Schaltungen ist in Abb. 6.10 dargestellt.

Da der Emitter auf Masse liegt, gilt $V_{CE} = V_C$ und $V_{BE} = V_B$. Für die Kollektor-Emitter-Spannung V_{CE} können zwei Ausdrücke angegeben werden:

$$V_{CE} = V_{CC} - R_C (I_B + I_C) \qquad (6.68)$$

Abb. 6.10 Arbeitspunkteinstellung mithilfe eines Rückkopplungswiderstands zwischen Kollektor und Basis

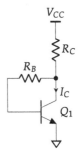

bzw. für eine große Stromverstärkung $\beta \gg 1$, das heißt $I_C \gg I_B$:

$$V_{CE} = V_{CC} - R_C I_C \tag{6.69}$$

und

$$V_{CE} = R_B I_B + V_{BE}. \tag{6.70}$$

Gleichsetzen dieser beiden Gleichungen für V_{CE}, Einsetzen von $I_B = I_C/\beta$ und Umstellen nach I_C liefert

$$I_C = \frac{V_{CC} - V_{BE}}{\dfrac{R_B}{\beta} + R_C}. \tag{6.71}$$

Der Kollektorstrom ist nur dann unempfindlich gegenüber temperatur- oder arbeitspunkt-bedingten Änderungen oder Streuungen von β, falls die Ungleichung $R_C \gg R_B/\beta$ erfüllt ist. Für diesen Fall gilt näherungsweise

$$I_C \approx \frac{V_{CC} - V_{BE}}{R_C}. \tag{6.72}$$

Schließlich muss noch die Bedingung $V_{BC} < 0,5\,\text{V}$ erfüllt sein, damit der Transistor im vorwärtsaktiven Betrieb gehalten wird. Allerdings gilt wegen Gl. (6.70), dass $V_B = V_C - R_B I_B$, sodass der Transistor unabhängig von der Wahl von R_C immer im vorwärtsaktiven Betrieb ist.[12]

Warum wird R_B als Rückkopplungswiderstand bezeichnet? Angenommen, der Kollektorstrom nimmt zum Beispiel wegen einer Temperaturerhöhung zu. Eine Zunahme von I_C führt zu einem Abfall der Kollektor-Emitter-Spannung V_{CE} gemäß Gl. (6.69). Nach Gl. (6.70) nimmt dadurch auch die Basis-Emitter-Spannung ab, sodass der Zunahme von I_C entgegengewirkt wird. Aufgrund dieser Gegenkopplung wird der Arbeitspunkt stabilisiert.

Dimensionierung

Werden V_{CC}, I_S, β, T und ein gewünschter Wert für I_C vorgegeben, so lautet ein Vorgehen für die Dimensionierung der Schaltung in Abb. 6.10 wie folgt:

- Zunächst wird der für das vorgegebene I_C benötigte Wert für V_{BE} ermittelt:

$$V_{BE} = V_T \ln \frac{I_C}{I_S}. \tag{6.73}$$

- Um die Forderung $R_C \gg R_B/\beta$ zu realisieren, wird beispielsweise ein Faktor von 10 gewählt, das heißt $R_C = 10 R_B/\beta$, und in Gl. (6.71) eingesetzt, um R_B zu ermitteln:

---

[12] Im Englischen wird die Schaltung aus Abb. 6.10 deshalb als **self-biased stage** bezeichnet.

Abb. 6.11 Vorspannungsnetzwerk

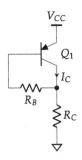

$$I_C = \frac{V_{CC} - V_{BE}}{11 \dfrac{R_B}{\beta}} \tag{6.74}$$

bzw.

$$R_B = \beta \frac{V_{CC} - V_{BE}}{11 I_C}. \tag{6.75}$$

- Der Wert für R_C folgt aus

$$R_C = \frac{10 R_B}{\beta}. \tag{6.76}$$

Übung 6.4: Entwurf eines Vorspannungsnetzwerks

Gegeben sei das Netzwerk in Abb. 6.11. Es gelte $\beta = 50$, $I_S = 10\,\mathrm{fA}$, $V_A \to \infty$ und $V_{CC} = 3$ V. Die Schaltung soll für einen Kollektorstrom von 1 mA bei Raumtemperatur dimensioniert werden. ◄

Lösung 6.4 Die Anwendung des vorgestellten Verfahrens zur Dimensionierung der Schaltung liefert folgende Ergebnisse:

- Der für das vorgegebene I_C benötigte Wert von V_{EB} lautet:

$$V_{EB} = V_T \ln \frac{I_C}{I_S} = 659\,\mathrm{mV}. \tag{6.77}$$

- Um die Forderung $R_C \gg R_B/\beta$ zu realisieren, wird beispielsweise ein Faktor von 10 gewählt, das heißt $R_C = 10 R_B/\beta$, und R_B ermittelt:

$$R_B = \beta \frac{V_{CC} - V_{EB}}{11 I_C} = 10,6\,\text{k}\Omega. \tag{6.78}$$

- Der Wert für R_C folgt aus

$$R_C = \frac{10 R_B}{\beta} = 2,1\,\text{k}\Omega. \tag{6.79}$$

6.3 Arbeitspunkteinstellung beim Feldeffekttransistor

Auch beim FET besteht eine einfache Möglichkeit zur Arbeitspunkteinstellung in der Verwendung einer Spannungsquelle, welche den Wert von V_{GS} konstant hält (Abb. 6.12). Befindet sich der FET in Sättigung, so beträgt der Drain-Strom im Arbeitspunkt unter Vernachlässigung der Kanallängenmodulation

$$I_D = \frac{1}{2} \mu_n C_{ox} \frac{W}{L} \left(V_{GS} - V_{TN} \right)^2. \tag{6.80}$$

Ein gewünschter Wert für I_D kann daher durch eine geeignete Wahl von V_{GS} und W/L eingestellt werden. Für die Drain-Source-Spannung gilt

$$V_{DS} = V_{DD} - R_D I_D. \tag{6.81}$$

Damit der Transistor in Sättigung ist, muss die Ungleichung $V_{DS} \geq V_{GS} - V_{TN}$ erfüllt sein.

Ähnlich wie beim Bipolartransistor ist bei dieser Methode der Vorspannung die Abhängigkeit des Drain-Stroms von μ_n, C_{ox} und V_{TN} nachteilig. Alle drei Parameter sind abhängig von den Eigenschaften des jeweiligen Halbleiterprozesses, wie zum Beispiel Dotierungskonzentrationen und Oxiddicke, und weisen eine Exemplarstreuung auf. Zusätzlich sind μ_n und V_{TN} unter anderem abhängig von der Temperatur. All diese Faktoren führen bei

Abb. 6.12 Arbeitspunkteinstellung mithilfe einer Spannungsquelle

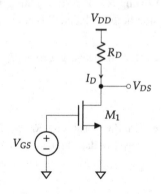

Abb. 6.13 Arbeitspunkteinstellung mithilfe eines Rückkopplungswiderstands an der Source-Klemme

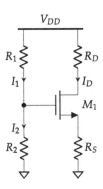

verschiedenen Bauelementen zu erheblichen Unterschieden im Drain-Strom. Ein weiterer Nachteil ist die Verwendung einer dedizierten Spannungsquelle für jede Verstärkerstufe. Praktisch ist es demnach nicht möglich, die in Abb. 6.12 gezeigte Schaltung zur Arbeitspunkteinstellung zu verwenden. Stattdessen sind beim FET die beiden in Abschn. 6.2 diskutierten Vorspannungsnetzwerke anwendbar.

Die Verwendung von **Stromspiegeln**[13], auf deren Diskussion hier verzichtet wird, bietet eine weitere Methode zur Arbeitspunkteinstellung in integrierten Schaltungen.

6.3.1 Rückkopplungswiderstand am Source

Das **Vier-Widerstands-Netzwerk** zur Arbeitspunkteinstellung in diskreten Schaltungen ist in Abb. 6.13 dargestellt.

Weil in das Gate des Transistors kein Strom fließt, gilt $I_1 = I_2$ und der unbelastete Spannungsteiler:

$$V_G = \frac{R_2}{R_1 + R_2} V_{DD}. \qquad (6.82)$$

Die Source-Spannung ergibt sich aus dem Spannungsabfall über R_S zu

$$V_S = R_S I_D. \qquad (6.83)$$

Wird die Gate-Source-Spannung $V_{GS} = V_G - V_S$ umgestellt nach I_D, so folgt

$$I_D = \frac{1}{R_S} \left(\frac{R_2}{R_1 + R_2} V_{DD} - V_{GS} \right). \qquad (6.84)$$

Zusammen mit der Stromgleichung im Sättigungsbereich erhält man zwei Gleichungen, aus denen I_D und V_{GS} berechnet werden können:

---

[13] Engl. **current mirror.**

$$I_D = \frac{1}{2}\mu_n C_{ox} \frac{W}{L} (V_{GS} - V_{TN})^2 . \tag{6.85}$$

Anschließend muss gezeigt werden, dass der Transistor in Sättigung ist und $V_{DS} \geq V_{GS} - V_{TN}$ gilt, wobei $V_{DS} = V_{DD} - I_D(R_D + R_S)$. Das Einsetzen von Gl. (6.84) in Gl. (6.85) ergibt eine quadratische Gleichung, deren Lösung den gesuchten Wert für V_{GS} liefert:

$$V_{GS} = V_{TN} + \frac{-1 + \sqrt{1 + 2R_S\mu_n C_{ox} \frac{W}{L} \left(\frac{R_2}{R_1 + R_2} V_{DD} - V_{TN} \right)}}{R_S\mu_n C_{ox} \frac{W}{L}} . \tag{6.86}$$

Die zweite Lösung führt zu einer negativen Gate-Source-Spannung und entfällt daher. Den Strom erhält man durch Einsetzen von V_{GS} in Gl. (6.84).

Ähnlich wie beim Bipolartransistor wird die Verwendung eines Widerstands an der Source-Klemme auf die in Abb. 6.13 gezeigte Art auch als **Source-Degeneration**[14] bezeichnet, weil R_S zu einer Reduktion (Degeneration) der Spannungsverstärkung im Kleinsignalbetrieb führt (Kap. 7).

Dimensionierung

Werden V_{DD}, μ_n, C_{ox}, W/L und ein gewünschter Wert für I_D vorgegeben, so kann das folgende Vorgehen für die Dimensionierung der Schaltung in Abb. 6.13 verwendet werden:

- Zunächst wird der für das vorgegebene I_D benötigte Wert von V_{GS} ermittelt:

$$V_{GS} = V_{TN} + \sqrt{\frac{2I_D}{\mu_n C_{ox} \frac{W}{L}}} . \tag{6.87}$$

- Unter Verwendung einer Daumenregel $V_S \approx V_{DD}/3$ wird mithilfe von Gl. (6.83) ein Wert für R_S ermittelt, welcher den Arbeitspunkt stabilisiert:

$$R_S = \frac{V_{DD}}{3I_D} . \tag{6.88}$$

- Mit V_{GS} und V_S wird V_G berechnet:

$$V_G = V_{GS} + V_S . \tag{6.89}$$

- Aus Gl. (6.82) folgt für das Widerstandsverhältnis R_1/R_2:

$$\frac{R_1}{R_2} = \frac{V_{DD}}{V_G} - 1 . \tag{6.90}$$

---

[14] Engl. **source degeneration.**

Wegen $I_G = 0$ können hochohmige Widerstände für R_1 und R_2 im MΩ-Bereich verwendet werden.

- Zuletzt wird ein möglichst großer Wert für R_D ermittelt, welcher den Transistor während des Betriebs in Sättigung hält:

$$V_{DS} = V_{DD} - I_D (R_D + R_S) \geq V_{GS} - V_{TN} \tag{6.91}$$

bzw.

$$R_D \leq \frac{V_{DD} - (V_{GS} - V_{TN}) - I_D R_S}{I_D}. \tag{6.92}$$

Übung 6.5: Entwurf eines Vorspannungsnetzwerks

Gegeben sei das Netzwerk in Abb. 6.13. Es gelte $\mu_n C_{ox} = 200\,\mu A/V^2$, $W/L = 10\,\mu m/10\,\mu m$, $V_{TN} = 0,5\,V$, $\lambda = 0$ und $V_{DD} = 3\,V$. Die Schaltung soll für einen Drain-Strom von $100\,\mu A$ dimensioniert werden. ◄

Lösung 6.5   Die Dimensionierung der Schaltung kann wie folgt vorgenommen werden:

- Der für $I_D = 100\,\mu A$ benötigte Wert von V_{GS} lautet

$$V_{GS} = V_{TN} + \sqrt{\frac{2 I_D}{\mu_n C_{ox} \dfrac{W}{L}}}. \tag{6.93}$$

- Mit $V_S \approx V_{DD}/3 = 1\,V$ berechnet sich R_S zu

$$R_S = \frac{V_{DD}}{3 I_D} = 10\,k\Omega. \tag{6.94}$$

- Mit V_{GS} und V_S wird V_G berechnet:

$$V_G = V_{GS} + V_S = 2,5\,V. \tag{6.95}$$

- Für das Widerstandsverhältnis R_1/R_2 erhält man:

$$\frac{R_1}{R_2} = \frac{V_{DD}}{V_G} - 1 = 0,2. \tag{6.96}$$

Beispielsweise wird $R_1 = 1\,M\Omega$ und $R_2 = 5\,M\Omega$ gewählt.

- Der Transistor soll im Sättigungsbereich betrieben werden, das heißt $V_{DS} \geq V_{GS} - V_{TN} = 1$ V bzw. $V_D \geq V_G - V_{TN} = 2$ V. Die obere Grenze für R_D ergibt sich aus

$$R_D < \frac{V_{DD} - (V_{GS} - V_{TN}) - I_D R_S}{I_D} = 10\,\text{k}\Omega. \tag{6.97}$$

Wird beispielsweise R_D derart gewählt, dass $V_D = 2{,}5$ V, so folgt schließlich

$$R_D = \frac{V_{DD} - V_D}{I_D} = 5\,\text{k}\Omega. \tag{6.98}$$

6.3.2 Rückkopplungswiderstand zwischen Drain und Gate

Eine zweite Methode zur Arbeitspunkteinstellung in diskreten und integrierten Schaltungen ist in Abb. 6.14 dargestellt. Der Rückkopplungswiderstand R_G kann sehr große Werte im $M\Omega$-Bereich annehmen.

Für die Drain-Source-Spannung V_{DS} können zwei Ausdrücke angegeben werden:

$$V_{DS} = V_{DD} - R_D I_D \tag{6.99}$$

und wegen $I_G = 0$

$$V_{DS} = V_{GS}. \tag{6.100}$$

Für den Drain-Strom folgt daher

$$I_D = \frac{V_{DD} - V_{GS}}{R_D}. \tag{6.101}$$

Abb. 6.14 Arbeitspunkteinstellung mithilfe eines Rückkopplungswiderstands zwischen Drain und Gate

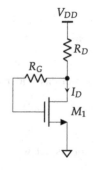

Schließlich muss noch die Bedingung $V_{DS} \geq V_{GS} - V_{TN}$ erfüllt sein, damit der Transistor in Sättigung gehalten wird. Wegen Gl. (6.100) ist diese Bedingung jedoch immer erfüllt, sofern der Transistor eingeschaltet ist ($V_{GS} > V_{TN}$).

Dimensionierung

Werden V_{DD}, μ_n, C_{ox}, W/L und ein gewünschter Wert für I_D vorgegeben, so lautet ein Vorgehen für die Dimensionierung der Schaltung in Abb. 6.14 wie folgt:

- Zunächst wird der für das vorgegebene I_D benötigte Wert für V_{GS} ermittelt:

$$V_{GS} = V_{TN} + \sqrt{\frac{2I_D}{\mu_n C_{ox} \dfrac{W}{L}}}. \tag{6.102}$$

- Der Widerstand R_D ergibt sich aus Gl. (6.101) zu

$$R_D = \frac{V_{DD} - V_{GS}}{I_D}. \tag{6.103}$$

- Für R_G wird ein Widerstand im MΩ-Bereich gewählt, zum Beispiel 10 MΩ.

Übung 6.6: Entwurf eines Vorspannungsnetzwerks

Gegeben sei das Netzwerk in Abb. 6.15. Es gelte $\mu_p C_{ox} = 100\,\mu\text{A/V}^2$, $W/L = 10\,\mu\text{m}/10\,\mu\text{m}$, $V_{TP} = -0{,}5\,\text{V}$, $\lambda = 0$ und $V_{DD} = 3\,\text{V}$. Die Schaltung soll für einen Drain-Strom von $200\,\mu\text{A}$ dimensioniert werden. ◄

Abb. 6.15 Vorspannungsnetzwerk

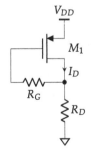

Lösung 6.6 Die Dimensionierung der Schaltung kann wie folgt vorgenommen werden:

• Der für $I_D = 200\,\mu\text{A}$ benötigte Wert von V_{SG} lautet:

$$V_{SG} = |V_{TP}| + \sqrt{\frac{2I_D}{\mu_p C_{ox} \dfrac{W}{L}}} = 2{,}5\,\text{V}. \tag{6.104}$$

• Der Widerstand R_D berechnet sich zu

$$R_D = \frac{V_{DD} - V_{SG}}{I_D} = 2{,}5\,\text{k}\Omega. \tag{6.105}$$

• Für R_G wird schließlich ein Widerstand von $10\,\text{M}\Omega$ gewählt.

6.4 Kleinsignalmodellierung

In Abschn. 6.1 wurde gezeigt, dass bei kleinen Aussteuerungen um einen Arbeitspunkt das Verhalten eines nichtlinearen Bauelements als näherungsweise linear angenommen werden kann (Kleinsignalbetrieb). Das lineare Verhalten dieser Bauelemente wird mit Kleinsignalmodellen beschrieben, deren Parameter durch eine Linearisierung der entsprechenden Strom-Spannungs-Kennlinien im Arbeitspunkt gewonnen werden. Als Beispiel wurde der Übertragungsleitwert g_m eines FET vorgestellt. Kleinsignalmodelle bilden die Grundlage für die Analyse von Verstärkerschaltungen und werden im Folgenden für die Diode, den Bipolar- und den Feldeffekttransistor hergeleitet.

Mit Bezug auf Abb. 6.6 wird in diesem Abschnitt und in Kap. 7 die folgende Notation für Formelzeichen eingeführt: Ein kleiner Buchstabe (v, i) steht für den Augenblickswert einer zeitlich veränderlichen Größe, ein großer Buchstabe für eine zeitlich konstante Größe (V, I). Großgeschriebene Indizes $(_{DS}, _{GS})$ werden bei Großsignalgrößen und kleingeschriebene Indizes $(_{ds}, _{gs})$ bei Kleinsignalgrößen verwendet. Damit kann eine zeitabhängige Spannung $v_{GS}(t) = V_{GS0} + \Delta V_{GS}(t)$ auch als $v_{GS} = V_{GS0} + v_{gs}$ geschrieben werden.

6.4.1 Diode

Gegeben sei eine Diode mit dem Arbeitspunkt (I_{D0}, V_{D0}) [Abb. 6.16(a)]. Das Großsignalmodell der Diode und ihre Strom-Spannungs-Kennlinie sind aus Gl. (3.80) bzw. Abb. 3.10 bereits bekannt. Der Zusammenhang zwischen Strom und Spannung im Arbeitspunkt lautet

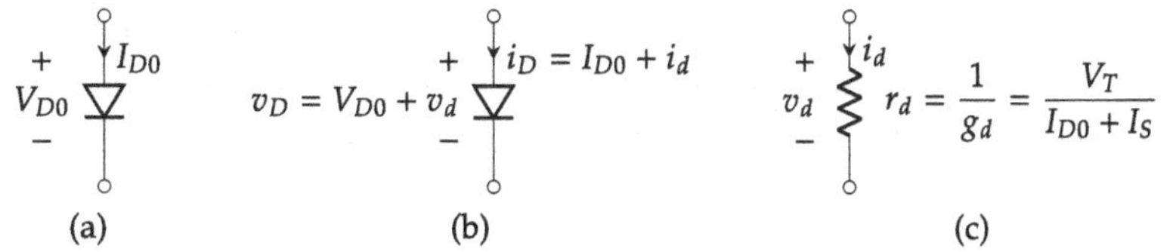

$$+ \quad I_{D0} \qquad\qquad + \quad i_D = I_{D0} + i_d \qquad\qquad + \quad i_d$$
$$V_{D0} \qquad\qquad v_D = V_{D0} + v_d \qquad\qquad v_d \quad r_d = \frac{1}{g_d} = \frac{V_T}{I_{D0} + I_S}$$

(a)   (b)   (c)

Abb. 6.16 Diode (**a**) im Arbeitspunkt und (**b**) bei Aussteuerung mit einer zeitabhängigen Kleinsignalspannung v_d, (**c**) Kleinsignalmodell einer Diode im Arbeitspunkt (I_{D0}, V_{D0})

$$I_{D0} = I_S \left[\exp \left(\frac{V_{D0}}{V_T} \right) - 1 \right]. \tag{6.106}$$

Gesucht wird das Verhalten der Diode für kleine Aussteuerungen v_d um den Arbeitspunkt [Abb. 6.16(b)]. Der Diodenstrom beträgt in diesem Fall

$$i_D = I_S \left[\exp \left(\frac{v_D}{V_T} \right) - 1 \right]. \tag{6.107}$$

Das Einsetzen der Spannung $v_D = V_{D0} + v_d$ ergibt

$$i_D = I_S \left[\exp \left(\frac{V_{D0} + v_d}{V_T} \right) - 1 \right] \tag{6.108}$$

$$= I_S \exp \left(\frac{V_{D0}}{V_T} \right) \exp \left(\frac{v_d}{V_T} \right) - I_S. \tag{6.109}$$

Für kleine Abweichungen $v_d \ll V_T$ folgt $\exp(v_d/V_T) \approx 1 + v_d/V_T$ und damit

$$i_D \approx I_S \exp \left(\frac{V_{D0}}{V_T} \right) \left(1 + \frac{v_d}{V_T} \right) - I_S \tag{6.110}$$

$$\approx \underbrace{I_S \exp \left(\frac{V_{D0}}{V_T} \right) - I_S}_{I_{D0}} + \underbrace{I_S \exp \left(\frac{V_{D0}}{V_T} \right)}_{I_{D0} + I_S} \cdot \frac{v_d}{V_T} \tag{6.111}$$

bzw.

$$i_D - I_{D0} \approx \frac{I_{D0} + I_S}{V_T} v_d. \tag{6.112}$$

Wegen $i_D = I_{D0} + i_d$ kann die Abweichung des Diodenstroms i_d vom Arbeitspunkt als Funktion der Kleinsignalspannung v_d ausgedrückt werden als:

$$i_d \approx \underbrace{\frac{I_{D0} + I_S}{V_T}}_{g_d} v_d. \tag{6.113}$$

Der Koeffizient $(I_{D0} + I_S)/V_T$ stellt einen Leitwert mit der Einheit $1/\Omega$ dar und drückt das Verhalten einer Diode im Kleinsignalbetrieb aus. Das Kleinsignalmodell einer Diode (für niedrige Frequenzen) besteht daher nur aus einem vom Arbeitspunkt abhängigen **Widerstand** r_d oder **Leitwert** g_d [Abb. 6.16(c)]:

$$\frac{1}{r_d} = g_d = \frac{I_{D0} + I_S}{V_T}. \tag{6.114}$$

Wird die Diode in Flussrichtung betrieben, das heißt $V_D \gg V_T$ und somit $I_{D0} \gg I_S$, kann Gl. (6.114) vereinfacht werden zu

$$\frac{1}{r_d} = g_d = \frac{I_{D0}}{V_T}. \tag{6.115}$$

Beispielsweise beträgt für eine Diode bei Raumtemperatur ($V_T = 26\,\text{mV}$) und $I_{D0} = 1\,\text{mA}$ der Kleinsignalleitwert $g_d = 1/(26\,\Omega)$. Um die Forderung $v_d \gg V_T$ zu erfüllen, kann zum Beispiel ein Faktor ≥ 3 gewählt werden. Anschaulich lässt sich g_d für verschwindend geringe Aussteuerungen als Tangente an die Diodenkennlinie $I_D = f(V_D)$ darstellen (Abb. 6.17). Mit anderen Worten: Das Kleinsignalmodell der Diode lässt sich auch aus der Ableitung der Stromgleichung nach der Diodenspannung im Arbeitspunkt ermitteln:

$$g_d = \left.\frac{\mathrm{d}I_D}{\mathrm{d}V_D}\right|_{V_D = V_{D0}}, \tag{6.116}$$

was zu dem bereits bekannten Ergebnis aus Gl. (6.114) führt.

Abb. 6.17 Veranschaulichung des Kleinsignalleitwerts als Steigung der Tangente durch den Arbeitspunkt (I_{D0}, V_{D0}) auf der Kennlinie $I_D = f(V_D)$ einer Diode

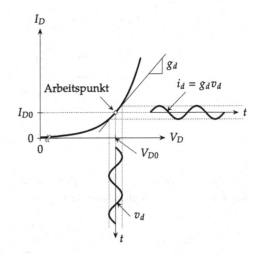

Eine Änderung von v_d um die Gleichspannung V_{D0} im Arbeitspunkt führt zu einer Änderung von $i_d = g_d v_d$ um den Gleichstrom I_{D0} [Gl. (6.113)]. Beispielsweise kann für eine Diodenspannung

$$v_D = V_{D0} + \underbrace{V_d \sin{(2\pi f t)}}_{v_d} \tag{6.117}$$

der Diodenstrom wie folgt formuliert werden:

$$i_D = \underbrace{I_S \exp\left(\frac{V_{D0}}{V_T}\right)}_{I_{D0}} + \underbrace{g_d V_d \sin{(2\pi f t)}}_{i_d = g_d v_d}. \tag{6.118}$$

Eine Verschiebung des Arbeitspunkts V_D führt zu einer Änderung der Steigung der Tangente und damit des Kleinsignalwiderstands r_d bzw. -leitwerts g_d. Im Kleinsignalbetrieb wird g_d als konstant angenommen, obwohl die Kleinsignalspannung v_d streng genommen zu einer Änderung des Diodenstroms führt. Ist die Änderung des Diodenstroms jedoch vernachlässigbar klein, was für $v_d \ll V_T$ angenommen werden kann, so betrachtet man Strom und Kleinsignalleitwert im Arbeitspunkt als konstant.

Übung 6.7: Maximale Änderung des Diodenstroms bei Aussteuerung um v_d

Damit die Diode mit ihrem Kleinsignalmodell ersetzt werden kann, muss $v_d \ll V_T$ gelten. Angenommen, es sei (a) $v_d = V_T/3$ und (b) $v_d = V_T/10$, wie groß ist die entsprechende Aussteuerung i_d in Abhängigkeit des Diodenstroms I_{D0} im Arbeitspunkt? ◄

Lösung 6.7

(a) Für $v_d = V_T/3 = 8{,}67\,\mathrm{mV}$ folgt:

$$i_d = g_d v_d = \frac{I_{D0}}{V_T} \cdot \frac{V_T}{3} = \frac{I_{D0}}{3}. \tag{6.119}$$

Eine Aussteuerung der Diodenspannung um $8{,}67\,\mathrm{mV}$ führt zu einer Änderung des Diodenstroms von bis zu $33\,\%$.

(b) Auf ähnliche Weise folgt für $v_d = V_T/10 = 2{,}6\,\mathrm{mV}$, dass $i_d = I_{D0}/10$, das heißt, der Diodenstrom ändert sich um bis zu $10\,\%$.

Übung 6.8: Analyse mit Groß- und Kleinsignalmodell

Gegeben sei eine Diode (Abb. 6.16), die bei $V_{D0} \gg V_T$ und $I_{D0} = 1\,\text{mA}$ betrieben wird. (a) Wie groß ist die Änderung des Diodenstroms i_d bei einer Änderung der Diodenspannung um $V_T / 10 = 2{,}6\,\text{mV}$? Verwenden Sie (a) das Groß- und (b) das Kleinsignalmodell.

◄

Lösung 6.8

(a) Nach Gl. (6.115) gilt

$$g_d = \frac{1}{r_d} = \frac{I_{D0}}{V_T} = \frac{1}{26\,\Omega}. \tag{6.120}$$

Die Änderung des Diodenstroms beträgt

$$i_d = g_d v_d = 100\,\mu\text{A}. \tag{6.121}$$

Relativ zu I_{D0} entspricht dies einer Zunahme von

$$\frac{i_d}{I_{D0}} = 10\,\%. \tag{6.122}$$

(b) Wird das Großsignalmodell verwendet, so folgt mit Gl. (6.108) für $V_{D0} + v_d \gg V_T$

$$i_D = \underbrace{I_S \exp \frac{V_{D0}}{V_T}}_{I_{D0}} \exp \frac{v_d}{V_T} = 1{,}105\,\text{mA} \tag{6.123}$$

und damit

$$i_d = i_D - I_{D0} = 105\,\mu\text{A}. \tag{6.124}$$

Relativ zu I_{D0} entspricht dies einer Zunahme von

$$\frac{i_d}{I_{D0}} = 10{,}5\,\%. \tag{6.125}$$

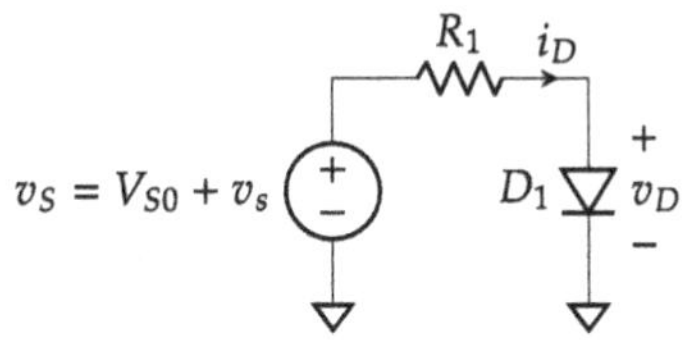

Abb. 6.18 Diodenschaltung

$$v_S = V_{S0} + v_s$$

$R_1 \quad i_D$

$D_1 \quad v_D$

Übung 6.9: Analyse einer Diodenschaltung

Gegeben sei die Schaltung aus Abb. 6.18. Es gelte $V_{S0} = 3\,\text{V}$, $R_1 = 1\,\text{k}\Omega$ und $I_S = 10\,\text{fA}$. Wie lautet der Arbeitspunkt der Diode? Wie groß ist die Änderung des Diodenstroms i_d bei einer Änderung der Diodenspannung um $v_s = 100\,\text{mV}$ unter Verwendung des (a) Klein- und (b) Großsignalmodells? Vergleichen Sie die Ergebnisse. ◄

Lösung 6.9 Der Arbeitspunkt der Diode wird für $v_s = 0$ berechnet. Er ist bereits aus Üb. 3.11 bekannt und lautet $(I_{D0}, V_{D0}) = (2,32\,\text{mA}, 680\,\text{mV})$.

(a) Wegen $V_{D0} \gg V_T$ beträgt der Kleinsignalleitwert gemäß Gl. (6.115)

$$g_d = \frac{1}{r_d} = \frac{I_{D0}}{V_T} = 89,2\,\text{mS}. \tag{6.126}$$

Es folgt das Kleinsignalersatzschaltbild in Abb. 6.19, in dem die Diode mit dem Kleinsignalmodell und die Gleichspannungsquelle mit einem Kurzschluss ersetzt wurde (Abschn. 6.5).

Die Änderung der Diodenspannung berechnet sich aus dem Spannungsteiler

$$v_d = \frac{r_d}{R_1 + r_d} v_s = 0,011 \times 100\,\text{mV} = 1,11\,\text{mV}. \tag{6.127}$$

Für die Änderung des Diodenstroms folgt

$$i_d = g_d v_d = 99,0\,\mu\text{A}. \tag{6.128}$$

(b) Wird das Großsignalmodell verwendet, so folgt für i_D nach Gl. (6.108) mit $V_{D0} + v_d \gg V_T$

$$i_D = I_S \exp\left(\frac{V_{D0} + v_d}{V_T}\right). \tag{6.129}$$

Abb.6.19 Kleinsignalersatzschaltung

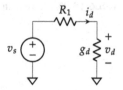

Die Umstellung nach v_d ergibt

$$v_d = V_T \ln\left(\frac{i_D}{I_S}\right) - V_{D0}. \tag{6.130}$$

Es muss eine erneute Iteration durchgeführt werden, um die Lösung für i_D zu erhalten. Unter der Annahme, dass $v_d = 0$, beträgt der Diodenstrom

$$i_D = \frac{v_S - v_D}{R_1} = \frac{(V_{S0} + v_s) - (V_{D0} + v_d)}{R_1} = 2{,}42\,\text{mA}. \tag{6.131}$$

Mit dem neuen Wert des Diodenstroms wird ein neuer Wert für v_d berechnet:

$$v_d = V_T \ln\left(\frac{i_D}{I_S}\right) - V_{D0} = 1{,}52\,\text{mV}. \tag{6.132}$$

In einer zweiten Iteration folgt

$$i_D = \frac{(V_{S0} + v_s) - (V_{D0} + v_d)}{R_1} = 2{,}42\,\text{mA}. \tag{6.133}$$

Ist man zufrieden mit der erreichten Genauigkeit, kann das iterative Verfahren gestoppt werden. Die Änderung des Diodenstroms beträgt demnach

$$i_d = i_D - I_{D0} = 100\,\mu\text{A}. \tag{6.134}$$

Für kleine Spannungsänderungen $v_d \ll V_T$ führt die Approximation des Großsignalmodells der Diode durch das Kleinsignalmodell zu einem geringeren Rechenaufwand und einem relativen Fehler von nur

$$\frac{99{,}0\,\mu\text{A} - 100\,\mu\text{A}}{100\,\mu\text{A}} = -1\,\%. \tag{6.135}$$

Der Fehler steigt mit zunehmendem v_d.

6.4.2 Bipolartransistor

Das Kleinsignalmodell eines Bipolartransistors im vorwärtsaktiven Bereich kann auf ähnliche Weise wie bei der Diode ermittelt werden. Da der Bipolartransistor allerdings drei Klemmen besitzt, bilden jeweils zwei das Ein- bzw. Ausgangsklemmenpaar. Zuerst wird der Basis-Emitter-Spannung V_{BE0} eine kleine Störung v_{be} überlagert und die Auswirkung auf den Basis- und Kollektorstrom berechnet. Anschließend wird die Rechnung bei einer Störung der Kollektor-Emitter-Spannung wiederholt (Abb. 6.20).

Beispielsweise lautet der Kollektorstrom in Abb. 6.20(a)

$$I_{C0} + i_c = I_S \exp\left(\frac{V_{BE0} + v_{be}}{V_T}\right).\tag{6.136}$$

Wie bei der Diode folgt für $v_{be} \ll V_T$

$$i_c = g_m v_{be},\tag{6.137}$$

wobei der Übertragungsleitwert g_m gemäß Gl. (6.115) gegeben ist durch

$$g_m = \frac{I_{C0}}{V_T}.\tag{6.138}$$

Alternativ ist die Bestimmung der Kleinsignalmodellparameter auch mithilfe der Zweitorparameter aus Abschn. 1.3.2 möglich. Dabei werden die Ströme und Spannungen in den Definitionsgleichungen der Zweitorparameter ersetzt durch die entsprechenden Kleinsignalgrößen beim Bipolartransistor, das heißt durch die Ableitung der entsprechenden Kennlinien im Arbeitspunkt. Im Folgenden werden als Beispiel die y-Parameter zur Kleinsignalmodellierung verwendet (Abb. 6.21).

Die Stromgleichungen sind gegeben durch:

$$i_b = y_{11} v_{be} + y_{12} v_{ce}\tag{6.139}$$

$$i_c = y_{21} v_{be} + y_{22} v_{ce}.\tag{6.140}$$

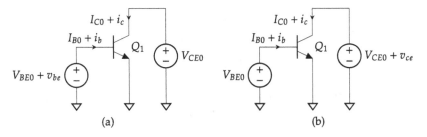

Abb. 6.20 Bipolartransistor bei Aussteuerung der (**a**) Basis-Emitter- und (**b**) Kollektor-Emitter-Spannung um den Arbeitspunkt (I_{C0}, V_{CE0})

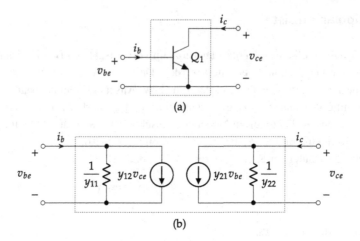

(a)

(b)

Abb. 6.21 (a) Zweitordarstellung des Bipolartransistors, (b) Kleinsignalmodellierung mithilfe der y-Parameter

Die y-Parameter erhalten eigene Bezeichnungen und werden mithilfe der folgenden Gleichungen bestimmt:

$$y_{11} = g_\pi = \frac{i_b}{v_{be}}\bigg|_{v_{ce}=0} = \frac{\partial I_B}{\partial V_{BE}}\bigg|_{V_{CE}=V_{CE0}} \tag{6.141}$$

$$y_{12} = g_\mu = \frac{i_b}{v_{ce}}\bigg|_{v_{be}=0} = \frac{\partial I_B}{\partial V_{CE}}\bigg|_{V_{BE}=V_{BE0}} \tag{6.142}$$

$$y_{21} = g_m = \frac{i_c}{v_{be}}\bigg|_{v_{ce}=0} = \frac{\partial I_C}{\partial V_{BE}}\bigg|_{V_{CE}=V_{CE0}} \tag{6.143}$$

$$y_{22} = g_o = \frac{i_c}{v_{ce}}\bigg|_{v_{be}=0} = \frac{\partial I_C}{\partial V_{CE}}\bigg|_{V_{BE}=V_{BE0}}. \tag{6.144}$$

Zusammen mit den Stromgleichungen des statischen Großsignalmodells für $V_A < \infty$ aus Gl. (4.104) und (4.105)

$$I_C = I_S \exp\left(\frac{V_{BE}}{V_T}\right)\left(1 + \frac{V_{CE}}{V_A}\right) \tag{6.145}$$

$$I_B = \frac{I_S}{\beta} \exp\frac{V_{BE}}{V_T} \tag{6.146}$$

können die Modellparameter berechnet werden. Der Arbeitspunkt sei gegeben durch (I_{C0}, V_{CE0}) für eine Basis-Emitter-Spannung V_{BE0}.

Stromverstärkung

Die bisher mit β bzw. bei Berücksichtigung des Early-Effekts mit β_A angegebene **Groß-signalstromverstärkung** ist das Verhältnis aus dem Kollektor- und Basisstrom im Großsignalbetrieb:

$$\beta_A = \frac{I_C}{I_B} = \beta \left(1 + \frac{V_{CE}}{V_A}\right). \tag{6.147}$$

Die **Kleinsignalstromverstärkung** β_a hingegen ist gegeben durch die Ableitung von Kollektorstrom zu Basisstrom im Arbeitspunkt:

$$\beta_a = \left.\frac{\partial I_C}{\partial I_B}\right|_{V_{CE}=V_{CE0}}. \tag{6.148}$$

Weil β (und somit β_A) unter anderem abhängig ist vom Kollektorstrom I_C, kann β_a wie folgt umgeschrieben werden:

$$\beta_a = \left.\frac{\partial (\beta_A I_B)}{\partial I_B}\right|_{V_{CE}=V_{CE0}} = \beta_A + \left.I_B \frac{\partial \beta_A}{\partial I_B}\right|_{V_{CE}=V_{CE0}}. \tag{6.149}$$

Alternativ gilt

$$\beta_a = \frac{1}{\left.\dfrac{\partial (I_C/\beta_A)}{\partial I_C}\right|_{V_{CE}=V_{CE0}}} = \frac{\beta_A}{1 - \dfrac{I_C}{\beta_A} \cdot \left.\dfrac{\partial \beta_A}{\partial I_C}\right|_{V_{CE}=V_{CE0}}}. \tag{6.150}$$

In Abb. 6.22 sind Groß- und Kleinsignalstromverstärkung qualitativ veranschaulicht. Im Maximum von β_A sei $I_C = I_{CM}$. Für $I_C < I_{CM}$ ist die Steigung der Kurve $\beta_A = f(I_C)$ positiv, das heißt $\partial \beta_A/\partial I_C > 0$, und es gilt $\beta_a > \beta_A$. Für $I_C > I_{CM}$ ist die Steigung negativ, $\partial \beta_A/\partial I_C < 0$, und es gilt $\beta_a < \beta_A$.

Zur Vereinfachung der Schaltungsanalyse wird der Early-Effekt im Großsignalbetrieb (Arbeitspunktanalyse) vernachlässigt und $\beta_A = \beta$ angesetzt. Zur Vereinfachung der Kleinsignalmodellierung wird die Abhängigkeit vom Kollektorstrom vernachlässigt und $\beta_a = \beta$

Abb. 6.22 Veranschaulichung der Groß- und Kleinsignalstromverstärkung als Funktion des Kollektorstroms

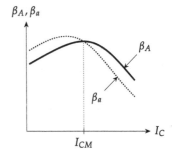

angenommen. Im Folgenden wird die Stromverstärkung für den Groß- und Kleinsignalbetrieb daher vereinfachend immer mit β angegeben.

Eingangswiderstand und -leitwert

Der Eingangsleitwert g_π bzw. -widerstand r_π berechnet sich zu:

$$\frac{1}{r_\pi} = g_\pi = \left.\frac{\partial I_B}{\partial V_{BE}}\right|_{V_{CE}=V_{CE0}} = \underbrace{\left.\frac{\partial I_B}{\partial I_C}\right|_{V_{CE}=V_{CE0}}}_{1/\beta} \cdot \underbrace{\left.\frac{\partial I_C}{\partial V_{BE}}\right|_{V_{CE}=V_{CE0}}}_{g_m} = \frac{g_m}{\beta}. \qquad (6.151)$$

Übertragungsleitwert oder Steilheit (rückwärts)

Weil der Basisstrom im Großsignalmodell aus Gl. (4.105) unabhängig ist von V_{CE}, folgt $g_\mu = 0$ bzw. $r_\mu = 1/g_\mu \rightarrow \infty$ und die entsprechende spannungsgesteuerte Stromquelle in Abb. 6.21(b) kann mit einem Leerlauf ersetzt werden. Ist $x_{12} = 0$ ($x = z, y, h, g$), so spricht man auch von einem **rückwirkungsfreien** Zweitor.

Übertragungsleitwert oder Steilheit (vorwärts)

Der Übertragungsleitwert g_m ist bereits aus Gl. (6.138) bekannt und kann mithilfe von Gl. (6.143) bestätigt werden:

$$g_m = \frac{I_{C0}}{V_T}. \qquad (6.152)$$

Ausgangswiderstand und -leitwert

Für den Fall, dass der Early-Effekt berücksichtigt wird ($V_A < \infty$), kann anhand der Ausgangskennlinie des Bipolartransistors (Abschn. 4.6) eine Zunahme des Kollektorstroms mit ansteigender Kollektor-Emitter-Spannung beobachtet werden. Die Steigung der Ausgangskennlinie im vorwärtsaktiven Bereich und ihr Kehrwert ergeben den Ausgangsleitwert g_o bzw. -widerstand r_o im Kleinsignalbetrieb:

$$\frac{1}{r_o} = g_o = \frac{I_{C0}}{V_A + V_{CE0}}. \qquad (6.153)$$

Häufig ist $V_A \gg V_{CE0}$, sodass der Ausdruck vereinfacht werden kann:

$$\frac{1}{r_o} = g_o \approx \frac{I_{C0}}{V_A}. \qquad (6.154)$$

Bei Vernachlässigung des Early-Effekts ($V_A \rightarrow \infty$) ist die Steigung der Ausgangskennlinie im vorwärtsaktiven Bereich gleich 0 und $g_o = 0$ bzw. $r_o \rightarrow \infty$.

Abb. 6.23 Alternative Kleinsignalmodelle des Bipolartransistors für niedrige Frequenzen mit (**a**) spannungsgesteuerter und (**b**) stromgesteuerter Stromquelle

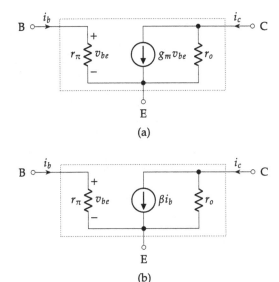

(a)

(b)

Zusammenfassung

Das Kleinsignalmodell des Bipolartransistors für niedrige Frequenzen ist in Abb. 6.23(a) zusammengefasst.[15] Sowohl Ein- als auch Ausgangsspannung werden auf den Emitter referenziert. Der Arbeitspunkt bestimmt die Werte der Modellparameter und sei gegeben durch (I_{C0}, V_{CE0}) für eine Basis-Emitter-Spannung V_{BE0}.

Üblicherweise wird das Netzwerkmodell mit Eingangswiderstand r_π, Übertragungsleitwert g_m und Ausgangswiderstand r_o angegeben:

$$g_m = \frac{I_{C0}}{V_T} \tag{6.155}$$

$$r_\pi = \frac{\beta}{g_m} \tag{6.156}$$

$$r_o = \frac{V_A + V_{CE0}}{I_{C0}} \approx \frac{V_A}{I_{C0}}. \tag{6.157}$$

sodass die Gleichungen aus Gl. (6.139)–(6.140) auch geschrieben werden können als

---

[15] Um das dynamische Verhalten des Transistors im Kleinsignalbetrieb zu beschreiben, müssen die mit den *pn*-Übergängen im Zusammenhang stehenden kapazitiven Netzwerkelemente (Diffusions- und Sperrschichtkapazität) berücksichtigt werden. Das in Abb. 6.23 gezeigte Kleinsignalmodell ist eine Vereinfachung des sogenannten **Hybrid-Pi-Modells** nach Lawrence Joseph Giacoletto (1916–2004).

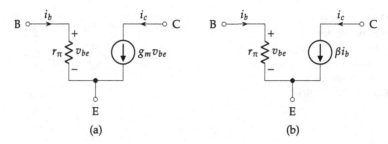

Abb. 6.24 Vereinfachtes Kleinsignalmodell bei Vernachlässigung des Early-Effekts mit (**a**) spannungsgesteuerter und (**b**) stromgesteuerter Stromquelle

$$i_b = \frac{v_{be}}{r_\pi} \tag{6.158}$$

$$i_c = g_m v_{be} + \frac{v_{ce}}{r_o}. \tag{6.159}$$

Aufgrund der Beziehung $g_m v_{be} = g_m \, (i_b/r_\pi) = \beta i_b$ kann die spannungsgesteuerte Stromquelle in eine stromgesteuerte Stromquelle umgeformt werden [Abb. 6.23(b)], was bei der Schaltungsanalyse in manchen Fällen hilfreich sein kann.

Falls der Early-Effekt vernachlässigt wird ($V_A \to \infty$), folgt $r_o \to \infty$ und der Ausgangswiderstand im Kleinsignalmodell kann durch einen Leerlauf ersetzt werden (Abb. 6.24).

Übung 6.10: Bestimmung der *h*-Parameter

Wie lauten die *h*-Parameter für das Kleinsignalmodell des Bipolartransistors? Es sei $V_A < \infty$. ◀

Lösung 6.10 Die *h*-Parameter aus Abschn. 1.3.2.3 sind in Abb. 6.25 für den Bipolartransistor dargestellt.

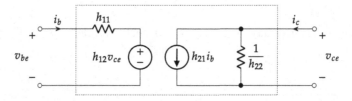

Abb. 6.25 Kleinsignalmodellierung eines Bipolartransistors mit *h*-Parametern

Die Netzwerkgleichungen sind gegeben durch:

$$v_{be} = h_{11}i_b + h_{12}v_{ce} \tag{6.160}$$

$$i_c = h_{21}i_b + h_{22}v_{ce}. \tag{6.161}$$

Die h-Parameter werden mithilfe der folgenden Gleichungen bestimmt:

$$h_{11} = \left.\frac{v_{be}}{i_b}\right|_{v_{ce}=0} = \left.\frac{\partial V_{BE}}{\partial I_B}\right|_{V_{CE}=V_{CE0}} \tag{6.162}$$

$$h_{12} = \left.\frac{v_{be}}{v_{ce}}\right|_{i_b=0} = \left.\frac{\partial V_{BE}}{\partial V_{CE}}\right|_{I_B=I_{B0}} \tag{6.163}$$

$$h_{21} = \left.\frac{i_c}{i_b}\right|_{v_{ce}=0} = \left.\frac{\partial I_C}{\partial I_B}\right|_{V_{CE}=V_{CE0}} \tag{6.164}$$

$$h_{22} = \left.\frac{i_c}{v_{ce}}\right|_{i_b=0} = \left.\frac{\partial I_C}{\partial V_{CE}}\right|_{I_B=I_{B0}}. \tag{6.165}$$

Die h-Parameter können entweder durch Ableitung der Stromgleichungen aus Gl. (4.104) und (4.105) oder durch eine Umrechnung aus den bereits bekannten y-Parametern (Tab. 1.1) gewonnen werden:

$$\begin{pmatrix} h_{11} & h_{12} \\ h_{21} & h_{22} \end{pmatrix} = \frac{1}{y_{11}} \begin{pmatrix} 1 & -y_{12} \\ y_{21} & \det Y \end{pmatrix}, \tag{6.166}$$

wobei $\det Y = y_{11}y_{22} - y_{12}y_{21}$. Mit $y_{12} = g_\mu = 0$ folgt:[16]

$$h_{11} = \frac{1}{y_{11}} = r_\pi \tag{6.167}$$

$$h_{12} = 0 \tag{6.168}$$

$$h_{21} = \frac{y_{21}}{y_{11}} = g_m r_\pi = \beta \tag{6.169}$$

$$h_{22} = y_{22} = 1/r_o. \tag{6.170}$$

Kleinsignalmodell des *pnp*-Bipolartransistors

Das Großsignalmodell des *pnp*-Bipolartransistors für $V_A < \infty$ ist durch Gl. (4.142) und (4.143) gegeben:

---

[16] In Datenblättern wird die Großsignalstromverstärkung β als h_{FE} und die Kleinsignalstromverstärkung β_0 als h_{fe} angegeben. Der Buchstabe F bzw. f steht für eine *Vorwärtsverstärkung*, engl. *forward amplification*, und der Buchstabe E bzw. e für den Betrieb des Transistors in einer *Emitterschaltung*, engl. *common-emitter configuration* (Kap. 7).

Abb. 6.26 Stromzählpfeilrichtung
im (**a**) Groß- und
(**b**) Kleinsignalbetrieb

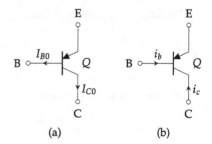

$$I_C = I_S \exp\left(\frac{V_{EB}}{V_T}\right)\left(1 + \frac{V_{EC}}{V_A}\right) \tag{6.171}$$

$$I_B = \frac{I_S}{\beta} \exp\frac{V_{EB}}{V_T}. \tag{6.172}$$

Eine Herleitung der y-Parameter führt auf die gleichen Ausdrücke wie beim npn-Transistor [Gl. (6.155)–(6.157)]. Im Großsignalbetrieb fließen Basis- und Kollektorstrom im vorwärtsaktiven Bereich verglichen mit dem npn-Transistor in die entgegengesetzte Richtung [Abb. 6.26(a)]. Im Kleinsignalbetrieb führt ein *in* die Basis fließender Kleinsignalstrom i_b (der gesamte Basisstrom $i_B = I_{B0} - i_b$ nimmt demnach ab) allerdings ebenfalls zu einem *in* den Kollektor fließenden Kleinsignalstrom i_c (der gesamte Kollektorstrom $i_C = I_{C0} - i_c$ nimmt ebenfalls ab) [Abb. 6.26(b)], sodass die Polaritäten der Ströme und Spannungen im Kleinsignalmodell bei npn- und pnp-Transistoren identisch sind. Mit anderen Worten: Die Kleinsignalmodelle von npn- und pnp-Bipolartransistoren sind **identisch.**

Wegen der üblicherweise unterschiedlichen Orientierung des pnp-Transistors in einer Schaltung – der Emitter ist oben und der Kollektor unten – wird das Kleinsignalmodell beim Einsetzen in die Kleinsignalersatzschaltung um $180°$ gedreht (Abb. 6.27).[17]

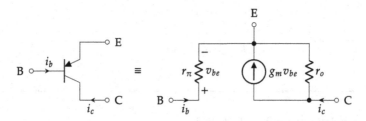

Abb. 6.27 Kleinsignalmodell eines pnp-Transistors in der üblichen Orientierung

---

[17] Ein häufiger Fehler besteht darin, den Stromzählpfeil der gesteuerten Stromquelle ebenfalls umzukehren.

6.4.3 Feldeffekttransistor

Das Kleinsignalmodell eines Feldeffekttransistors im Sättigungsbereich kann auf ähnliche Weise wie beim Bipolartransistor ermittelt werden. Zunächst wird die Bedingung für einen Kleinsignalbetrieb bestimmt. Dazu wird der Gate-Source-Spannung V_{GS0} im Arbeitspunkt eine Störgröße v_{gs} überlagert (Abb. 6.28).

Der Drain-Strom lautet

$$i_D = I_{D0} + i_d = \frac{1}{2}\mu_n C_{ox}\frac{W}{L}\left(V_{GS0} + v_{gs} - V_{TN}\right)^2. \tag{6.173}$$

Das Ergebnis ist bereits aus Abschn. 6.1 bekannt. Für kleine Abweichungen [Gl. (6.14)]

$$v_{gs} \ll 2\left(V_{GS0} - V_{TN}\right) \tag{6.174}$$

folgt

$$i_D - I_{D0} = i_d = \underbrace{\mu_n C_{ox}\frac{W}{L}\left(V_{GS0} - V_{TN}\right)}_{g_m} v_{gs} \tag{6.175}$$

mit Übertragungsleitwert [Gl. (6.16)]

$$g_m = \mu_n C_{ox}\frac{W}{L}\left(V_{GS0} - V_{TN}\right). \tag{6.176}$$

Im Folgenden soll das gesamte Kleinsignalmodell mithilfe der y-Parameter bestimmt werden (Abb. 6.29).

Die Stromgleichungen sind gegeben durch:

$$i_g = y_{11}v_{gs} + y_{12}v_{ds} \tag{6.177}$$
$$i_d = y_{21}v_{gs} + y_{22}v_{ds}. \tag{6.178}$$

Die y-Parameter werden mithilfe der folgenden Gleichungen bestimmt:

Abb. 6.28 Feldeffekttransistor bei Aussteuerung der Gate-Source-Spannung um den Arbeitspunkt (I_{D0}, V_{DS0})

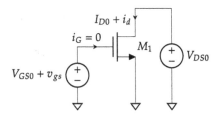

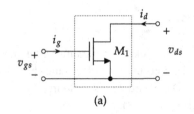

(a)

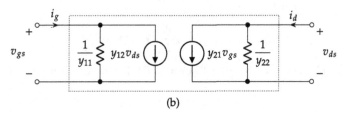

(b)

Abb. 6.29 (a) Zweitordarstellung des Feldeffekttransistors, (b) Kleinsignalmodellierung mithilfe der y-Parameter

$$y_{11} = g_\pi = \left.\frac{i_g}{v_{gs}}\right|_{v_{ds}=0} = \left.\frac{\partial I_G}{\partial V_{GS}}\right|_{V_{DS}=V_{DS0}} \tag{6.179}$$

$$y_{12} = g_\mu = \left.\frac{i_g}{v_{ds}}\right|_{v_{gs}=0} = \left.\frac{\partial I_G}{\partial V_{DS}}\right|_{V_{GS}=V_{GS0}} \tag{6.180}$$

$$y_{21} = g_m = \left.\frac{i_d}{v_{gs}}\right|_{v_{ds}=0} = \left.\frac{\partial I_D}{\partial V_{GS}}\right|_{V_{DS}=V_{DS0}} \tag{6.181}$$

$$y_{22} = g_o = \left.\frac{i_d}{v_{ds}}\right|_{v_{gs}=0} = \left.\frac{\partial I_D}{\partial V_{DS}}\right|_{V_{GS}=V_{GS0}}. \tag{6.182}$$

Zusammen mit dem statischen Großsignalmodell für den Drain-Strom aus Gl. (5.61) bei Berücksichtigung der Kanallängenmodulation

$$I_D = \frac{1}{2}\mu_n C_{ox} \frac{W}{L} (V_{GS} - V_{TN})^2 (1 + \lambda V_{DS}) \tag{6.183}$$

können die Modellparameter berechnet werden. Der Arbeitspunkt sei gegeben durch (I_{D0}, V_{DS0}) für eine Gate-Source-Spannung V_{GS0}.

Eingangswiderstand und -leitwert

Weil in die Gate-Klemme sowohl im Groß- als auch im Kleinsignalbetrieb kein Strom fließt, sind y_{11} und y_{12} gleich 0. Somit gilt für den Eingangsleitwert $g_\pi = 0$ bzw. für den Eingangswiderstand $r_\pi \to \infty$.

Übertragungsleitwert oder Steilheit (rückwärts)

Wegen $y_{12} = 0$ folgt $g_\mu = 0$ bzw. $r_\mu = 1/g_\mu \to \infty$ und die entsprechende spannungsgesteuerte Stromquelle in Abb. 6.29(b) kann mit einem Leerlauf ersetzt werden.

Übertragungsleitwert oder Steilheit (vorwärts)

Der Übertragungsleitwert g_m bei Vernachlässigung der Kanallängenmodulation ($\lambda = 0$) ist bereits bekannt [Gl. (6.176)]. Für $\lambda > 0$ berechnet sich g_m zu:

$$g_m = \mu_n C_{ox} \frac{W}{L} (V_{GS0} - V_{TN}) (1 + \lambda V_{DS0}).$$ (6.184)

Alternativ lässt sich g_m mithilfe von Gl. (6.183) auch wie folgt ausdrücken:

$$g_m = \frac{2 I_{D0}}{V_{GS0} - V_{TN}}$$ (6.185)

bzw.

$$g_m = \sqrt{2 \mu_n C_{ox} \frac{W}{L} I_{D0} (1 + \lambda V_{DS0})}.$$ (6.186)

Je nach gegebenen und gesuchten Größen kann die entsprechende Gleichung für g_m verwendet werden.

Ausgangswiderstand und -leitwert

Für den Fall, dass die Kanallängenmodulation berücksichtigt wird ($\lambda > 0$), kann anhand der Ausgangskennlinie des Feldeffekttransistors (Abschn. 5.5) eine Zunahme des Drain-Stroms mit ansteigender Drain-Source-Spannung beobachtet werden. Die Steigung der Ausgangskennlinie im Sättigungsbereich und ihr Kehrwert ergeben den Ausgangsleitwert g_o bzw. -widerstand r_o im Kleinsignalbetrieb:

$$\frac{1}{r_o} = g_o = \frac{I_{D0}}{\frac{1}{\lambda} + V_{DS0}}.$$ (6.187)

Häufig ist $1/\lambda \gg V_{DS0}$, sodass der Ausdruck vereinfacht werden kann:

$$\frac{1}{r_o} = g_o \approx \lambda I_{D0}.$$ (6.188)

Für $\lambda = 0$ ist die Steigung der Ausgangskennlinie im Sättigungsbereich gleich 0 und $g_o = 0$ bzw. $r_o \to \infty$.

Übung 6.11: Bestimmung von g_o und r_o

Skizzieren Sie den Zusammenhang $g_m = f(V_{DS0})$ und $g_o = f(V_{DS0})$ eines NFET für $0 \leq V_{DS0} < \infty$ und $\lambda = 0$. ◄

Lösung 6.11 Für $0 \leq V_{DS} \leq V_{GS} - V_{TN}$ ist der Transistor im Triodenbereich. In diesem Fall gilt die Stromgleichung aus Gl. (5.23)

$$I_D = \mu_n C_{ox} \frac{W}{L} \left(V_{GS} - V_{TN} - \frac{V_{DS}}{2} \right) V_{DS}. \tag{6.189}$$

Durch Anwendung von Gl. (6.181) erhält man

$$g_m = \mu_n C_{ox} \frac{W}{L} V_{DS0}, \tag{6.190}$$

und mithilfe von Gl. (6.182) folgt

$$g_o = \mu_n C_{ox} \frac{W}{L} \left(V_{GS0} - V_{TN} - V_{DS0} \right). \tag{6.191}$$

Für $V_{DS} \geq V_{GS} - V_{TN}$ ist der Transistor im Sättigungsbereich, und es gelten Gl. (6.184)

$$g_m = \mu_n C_{ox} \frac{W}{L} \left(V_{GS0} - V_{TN} \right) \tag{6.192}$$

und Gl. (6.187)

$$g_d = 0 \tag{6.193}$$

wegen $\lambda = 0$. In Abb. 6.30 sind die obigen Größen im selben Koordinatensystem skizziert. Der Schnittpunkt berechnet sich aus $g_m = g_o$ im Triodenbereich und liegt bei

$$V_{DS0} = \frac{V_{GS0} - V_{TN}}{2} \tag{6.194}$$

und

$$g_m = g_o = \frac{1}{2} \mu_n C_{ox} \frac{W}{L} \left(V_{GS0} - V_{TN} \right). \tag{6.195}$$

Die Summe aus g_m und g_o ist konstant und beträgt

$$g_m + g_o = \mu_n C_{ox} \frac{W}{L} \left(V_{GS0} - V_{TN} \right). \tag{6.196}$$

Abb. 6.30 g_m und g_o in
Abhängigkeit der
Drain-Source-Spannung V_{DS0}

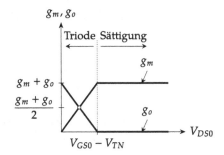

Weil g_m im Triodenbereich abnimmt und zudem abhängig ist von V_{DS0} ($g_m \propto V_{DS0}$), wird der Feldeffekttransistor im Sättigungsbereich als linearer Verstärker verwendet.

Zusammenfassung

Das Kleinsignalmodell des Feldeffekttransistors für niedrige Frequenzen ist in Abb. 6.31 zusammengefasst. Der Arbeitspunkt bestimmt die Werte der Modellparameter und sei gegeben durch (I_{D0}, V_{DS0}) für eine Gate-Source-Spannung V_{GS0}.

Das Kleinsignalmodell wird mit dem Übertragungsleitwert g_m

$$g_m = \mu_n C_{ox} \frac{W}{L} (V_{GS0} - V_{TN})(1 + \lambda V_{DS0}) \qquad (6.197)$$

$$= \frac{2I_{D0}}{V_{GS0} - V_{TN}} \qquad (6.198)$$

$$= \sqrt{2\mu_n C_{ox} \frac{W}{L} I_{D0}(1 + \lambda V_{DS0})} \qquad (6.199)$$

und dem Ausgangswiderstand r_o

$$r_o = \frac{\frac{1}{\lambda} + V_{DS0}}{I_{D0}} \approx \frac{1}{\lambda I_{D0}} \qquad (6.200)$$

Abb. 6.31 Kleinsignalmodell
des Feldeffekttransistors für
niedrige Frequenzen

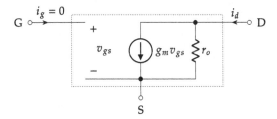

vollständig beschrieben. Die Gleichungen aus Gl. (6.177)–(6.178) können wie folgt vereinfacht werden:

$$i_g = 0 \tag{6.201}$$

$$i_d = g_m v_{gs} + \frac{v_{ds}}{r_o}. \tag{6.202}$$

Falls die Kanallängenmodulation vernachlässigt wird ($\lambda = 0$), folgt $r_o \rightarrow \infty$ und
der Ausgangswiderstand im Kleinsignalmodell kann durch einen Leerlauf ersetzt werden
(Abb. 6.32).

Kleinsignalmodellierung des Body-Effekts

Aus Abschn. 5.6 ist bekannt, dass sich die Schwellspannung aufgrund einer Source-Bulk-
Spannung ändert und wie folgt modelliert wird [Gl. (5.72)]:

$$V_{TN} = V_{TN0} + \gamma \left(\sqrt{V_{SB} + 2\phi_F} - \sqrt{2\phi_F} \right). \tag{6.203}$$

Der Drain-Strom aus Gl. (6.183) ist demnach eine Funktion von V_{TN} bzw. V_{SB}. Somit kann
der Einfluss des Body-Effekts durch eine zweite spannungsgesteuerte Stromquelle g_{mb} im
Arbeitspunkt A (V_{GS} und V_{DS} konstant) modelliert werden. Weil ein Anstieg von V_{SB} zu
einer Erhöhung von V_{TN} führt und daher eine Reduktion von I_D bedeutet, wird in der
Definition von g_{mb} die Größe $V_{BS} = -V_{SB}$ bzw. $v_{bs} = -v_{sb}$ verwendet:

$$g_{mb} = \frac{i_d}{v_{bs}} \bigg|_A = \frac{\partial I_D}{\partial V_{BS}} \bigg|_A = \frac{\partial I_D}{\partial V_{TN}} \cdot \frac{\partial V_{TN}}{\partial V_{BS}} \bigg|_A, \tag{6.204}$$

wobei

$$\frac{\partial I_D}{\partial V_{TN}} \bigg|_A = -\mu_n C_{ox} \frac{W}{L} (V_{GS0} - V_{TN})(1 + \lambda V_{DS0}) = -g_m \tag{6.205}$$

und

$$\frac{\partial V_{TN}}{\partial V_{BS}} \bigg|_A = -\frac{\gamma}{2\sqrt{V_{SB0} + 2\phi_F}} = -\eta. \tag{6.206}$$

Abb. 6.32 Kleinsignalmodell
des Feldeffekttransistors für
niedrige Frequenzen bei
Vernachlässigung der
Kanallängenmodulation

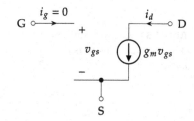

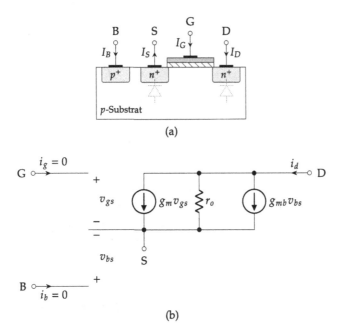

(a)

(b)

Abb. 6.33 (a) Schaltzeichen eines n-Kanal-Feldeffekttransistors mit Bulk-Anschluss, (b) Kleinsignalmodell des Feldeffekttransistors für niedrige Frequenzen bei Berücksichtigung des Body-Effekts ($\gamma > 0$)

Für g_{mb} folgt somit

$$g_{mb} = \eta g_m. \tag{6.207}$$

Die Größe g_{mb} wird als **Substrat-Übertragungsleitwert** oder **Substratsteilheit**[18] und η als **Substrat-Übertragungsleitwertparameter** oder **Substrat-Steilheitsparameter**[19] bezeichnet, wobei η Werte im Bereich $0 \dots 1$ annehmen kann. Es folgt das in Abb. 6.33 dargestellte Kleinsignalmodell für einen Feldeffekttransistor.

Der Einfachheit halber wird der Einfluss des Body-Effekts auf das Kleinsignalverhalten von Schaltungen im Folgenden nicht betrachtet.

Kleinsignalmodell des p-Kanal-Feldeffekttransistors

Das Großsignalmodell des p-Kanal-Feldeffekttransistors bei Berücksichtigung der Kanallängenmodulation ist durch Gl. (5.82) gegeben:

$$I_D = \frac{1}{2}\mu_p C_{ox} \frac{W}{L} (V_{SG} - |V_{TP}|)^2 (1 + \lambda V_{SD}). \tag{6.208}$$

---

[18] Engl. **back-gate transconductance.**
[19] Engl. **back-gate transconductance parameter.**

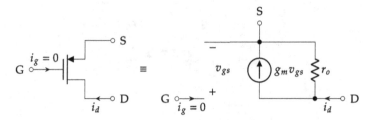

Abb. 6.34 Kleinsignalmodell eines p-Kanal-Feldeffekttransistors in der üblichen Orientierung

Eine Herleitung der y-Parameter führt auf die gleichen Ausdrücke wie beim n-Kanal-Transistor [Gl. (6.197)–(6.200)]. Wie beim Bipolartransistor sind auch beim Feldeffekttransistor die Kleinsignalmodelle von NFET und PFET **identisch.** Die unterschiedliche Orientierung eines PFET in einer Schaltung muss beim Einsetzen des Kleinsignalmodells berücksichtigt werden (Abb. 6.34).

6.4.4 Vergleich der Kleinsignalmodelle von Feldeffekt- und Bipolartransistoren

Unterschiede und Gemeinsamkeiten des statischen Kleinsignalmodells von Bipolar- und Feldeffekttransistoren werden im Folgenden kurz erläutert:

Übertragungsleitwert Der Übertragungsleitwert g_m eines BJT ist proportional zum Kollektorstrom I_C [Gl. (6.155)], $g_m \propto I_C$, und unabhängig von der Bauelementgeometrie. Die über den Sättigungsstrom I_S [Gl. (4.34)] in den Kollektorstrom eingehenden Geometrien sind die Basisweite w_B und die Fläche A des Basis-Emitter-Übergangs. Die Basisweite w_B wird allerdings im Halbleiterprozess festgelegt und kann nicht in der Schaltungsentwicklung geändert werden. Auch die Basis-Emitter-Fläche ist nur in sehr begrenztem Maß einstellbar. Letztendlich wirken sich beide Größen nur indirekt über den Kollektorstrom auf den Übertragungsleitwert aus.

Bei einem FET ist g_m abhängig vom Drain-Strom I_D, dem Aspektverhältnis W/L und der Gate-Source-Spannung V_{GS}. Man erhält drei nützliche Ausdrücke für g_m. Gemäß Gl. (6.198) ist der Übertragungsleitwert eines BJT bei vergleichbaren Strömen größer, beispielsweise beträgt für ein BJT bei Raumtemperatur ($V_T = 26\,\text{mV}$) und $I_{C0} = 1\,\text{mA}$ der Übertragungsleitwert $g_m = 1/(26\,\Omega) = 38{,}5\,\text{mS}$. Bei einem FET mit $V_{GS} - V_{TN} = 100\,\text{mV}$ und $I_{D0} = 1\,\text{mA}$ hingegen ist $g_m = 20\,\text{mS}$.

Eingangswiderstand und Stromverstärkung Beim BJT ist der Eingangswiderstand gegeben durch $r_\pi = v_{be}/i_b$ und die Stromverstärkung durch $\beta = i_c/i_b = g_m r_\pi$. Beim FET ist der Gate-Strom gleich 0, sodass der Eingangswiderstand r_π und somit auch die Stromverstärkung $\beta = i_d/i_g = g_m r_\pi$ unendlich groß sind.

Ausgangswiderstand Die Ausdrücke für den Ausgangswiderstand sind sehr ähnlich, $r_o \approx V_A/I_{C0}$ bei einem BJT und $r_o \approx 1/(\lambda I_{D0})$ bei einem FET. Für vergleichbare Ströme und ähnliche Werte für V_A und $1/\lambda$ sind die Ausgangswiderstände etwa gleich groß. Allerdings ist λ durch die Kanallänge beeinflussbar [Gl. (5.65)], sodass für den FET ein größerer Ausgangswiderstand realisierbar ist.

Kleinsignalbedingung Beim BJT gilt für die Aussteuerung der Basis-Emitter-Spannung im Kleinsignalbetrieb $v_{be} \ll V_T$. Beim FET hingegen muss die Bedingung $v_{gs} \ll 2(V_{GS0} - V_{TN})$ erfüllt sein. Weil V_T bei Raumtemperatur 26 mV beträgt und $V_{GS0} - V_{TN}$ abhängig vom Arbeitspunkt auf sehr viel größere Werte eingestellt werden kann, zum Beispiel 200 mV, ist die zulässige Aussteuerung beim FET größer als beim BJT.

Body-Effekt Der Body-Effekt beschreibt den Zusammenhang zwischen V_{SB} und V_{TN} und hat keine Entsprechung beim Bipolartransistor.

Übung 6.12: Maximale Spannungsverstärkung eines Transistors

Gegeben seien die Schaltungen in Abb. 6.35. Berechnen Sie die Spannungsverstärkung (a) $A_{v,\,\text{fet}} = v_{ds}/v_{gs}$ für $\lambda > 0$ und (b) $A_{v,\,\text{bjt}} = v_{ce}/v_{be}$ für $V_A < \infty$. Der jeweilige Arbeitspunkt (I_{D0}, V_{DS0}) und (I_{C0}, V_{CE0}) sei bekannt. ◄

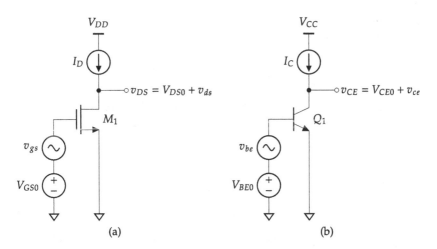

Abb. 6.35 Schaltung mit einem (**a**) Feldeffekt- und (**b**) Bipolartransistor

Lösung 6.12 Zur Berechnung der Kleinsignalspannungsverstärkung wird ein Ersatzschaltbild für die beiden Schaltungen erstellt (Abb. 6.36).

(a) Aus dem ausgangsseitigen Umlauf folgt

$$v_{ds} = -g_m r_o v_{gs}. \tag{6.209}$$

Somit lautet die Spannungsverstärkung

$$A_{v,\,\text{fet}} = \frac{v_{ds}}{v_{gs}} = -g_m r_o. \tag{6.210}$$

Mit g_m aus Gl. (6.198) und r_o aus Gl. (6.200) folgt:

$$A_{v,\,\text{fet}} = -g_m r_o = -\frac{\frac{1}{\lambda} + V_{DS0}}{\frac{V_{GS0} - V_{TN}}{2}} \approx -\frac{2}{\lambda\,(V_{GS0} - V_{TN})} = -\frac{1}{\lambda}\sqrt{\frac{2\mu_n C_{ox}\frac{W}{L}}{I_{D0}}}. \tag{6.211}$$

Die Näherung gilt für $1/\lambda \gg V_{DS0}$. Ist beispielsweise $\lambda = 0{,}2\,\text{V}^{-1}$ und $V_{GS0} - V_{TN} = 200\,\text{mV}$, so beträgt $g_m r_o = -25$. Bei gegebenem Aspektverhältnis W/L nimmt die Verstärkung mit zunehmendem Drain-Strom I_{D0} ab.

(b) Auf die gleiche Weise folgt

$$A_{v,\,\text{bjt}} = \frac{v_{ce}}{v_{be}} = -g_m r_o. \tag{6.212}$$

Das Einsetzen von g_m aus Gl. (6.155) und r_o aus Gl. (6.157) ergibt

$$A_{v,\,\text{bjt}} = -\frac{V_A + V_{CE0}}{V_T} \approx -\frac{V_A}{V_T}. \tag{6.213}$$

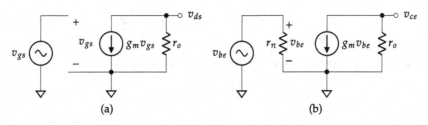

(a)   (b)

Abb. 6.36 Kleinsignalersatzschaltbilder zur Berechnung von (a) $A_{v,\,\text{fet}}$ und (b) $A_{v,\,\text{bjt}}$

Die Näherung gilt für $V_A \gg V_{CE0}$. Die Spannungsverstärkung ist im Unterschied zum FET näherungsweise unabhängig vom Arbeitspunkt. Ist beispielsweise $V_A = 26$ V und $V_T = 26$ mV, so beträgt $g_m r_o = 1000$ und ist viel größer als beim FET.

Die Größe $g_m r_o$ ist die maximale Spannungsverstärkung, die mit einem einzelnen Feldeffekt- bzw. Bipolartransistor erreicht werden kann.[20] Für sie wird im Folgenden $g_m r_o \gg 1$ bzw. $r_o \gg 1/g_m$ angenommen, sodass in Kap. 7 die hilfreichen Beziehungen $g_m r_o + 1 \approx g_m r_o$ und $r_o \| (1/g_m) \approx 1/g_m$ verwendet werden können.

6.5 Groß- und Kleinsignalanalyse

Aus Abschn. 6.2 und 6.3 sind Schaltungen zur Einstellung des Arbeitspunkts bekannt. Wie anhand von Abb. 6.8 erläutert, wird die Gleichspannung V_B an der Basis des Bipolartransistors durch den Spannungsteiler aus R_1 und R_2 aus der Versorgungsspannung V_{CC} bestimmt. Die Schaltung soll im Folgenden in einem Verstärker Anwendung finden. *Wie kann eine Kleinsignalspannung v_{in} der Größe V_B überlagert und eine Ausgangsspannung v_{out} abgegriffen werden, ohne den Arbeitspunkt zu ändern?* Eine Möglichkeit hierzu ist in Abb. 6.37 dargestellt.

Koppel- und Bypasskondensatoren
Um die Kleinsignalspannung v_{in} in den Verstärker einzukoppeln, wird ein Kondensator C_1 zwischen v_{in} und dem Abgriff am Spannungsteiler (v_B) geschaltet. Die Kapazität C_1 sei so groß, dass die Impedanz $Z_{C_1} = 1/(j\omega C_1)$ im Kleinsignalbetrieb im untersuchten Frequenzbereich vernachlässigbar klein ist und der Kondensator mit einem Kurzschluss ersetzt werden kann. In Abb. 6.37 wird dies durch $C_1 \to \infty$ zum Ausdruck gebracht. Im Großsignalbetrieb für $\omega = 0$ hingegen kann die Impedanz von C_1 als unendlich groß angenommen werden, sodass C_1 mit einem Kurzschluss ersetzt werden kann.

Ähnliche Überlegungen gelten für C_2. Im Großsignalbetrieb wird C_2 mit einem Leerlauf ersetzt, sodass sich die Last R_L nicht auf den Arbeitspunkt auswirkt, und im Kleinsignalbetrieb sei die Impedanz von C_2 vernachlässigbar klein. Weil mithilfe von C_1 und C_2 Spannungen kapazitiv ein- bzw. ausgekoppelt werden, spricht man auch von **Koppelkondensatoren**.[21]

Koppelkondensatoren ermöglichen die Realisierung mehrstufiger Verstärker, bei denen der Arbeitspunkt der einzelnen Stufen unabhängig voneinander eingestellt werden kann. Allerdings begrenzen sie den Amplituden-Frequenzgang der Schaltung für niedrige Frequenzen (Hochpassverhalten). Soll die Impedanz der Koppelkondensatoren vernachlässig-

---

[20] Im Englischen auch als **intrinsic voltage gain** oder **amplification factor** bezeichnet und manchmal mit μ_f abgekürzt.

[21] Engl. **coupling** oder **dc blocking capacitor**.

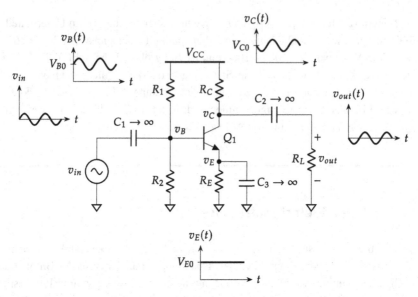

Abb. 6.37 Verstärkerschaltung mit einem Bipolartransistor und Spannungsverläufe für ein sinusförmiges Eingangssignal. Die Gleichanteile und Amplituden der gezeigten Zeitverläufe unterscheiden sich. Die Phase von v_C und v_{out} ist invertiert

bar klein bleiben, so gilt: Je niedriger die Frequenz des zu übertragenden Eingangssignals ist, desto größer ist die erforderliche Kapazität. Deswegen bietet sich die **kapazitive Kopplung**[22] aufgrund der für große Kapazitäten notwendigen Chip-Fläche bei integrierten Schaltungen weniger an als bei diskreten Schaltungen. Insbesondere für Verstärker, die Signale bei einer Frequenz von 0 (Gleichspannungen und -ströme) übertragen sollen, können Koppelkondensatoren nicht eingesetzt werden. In diesen Fällen werden Signale **direkt**[23] eingekoppelt.

Wie in Abschn. 6.2.1 erläutert, führt der Emitterwiderstand R_E zu einer Stabilisierung des Arbeitspunkts der Schaltung. Im Kleinsignalbetrieb hingegen verursacht R_E eine unerwünschte Reduktion der Spannungsverstärkung (Kap. 7) und wird daher mithilfe des **Bypasskondensators**[24] C_3 überbrückt.

Methode zur Groß- und Kleinsignalanalyse
Aus den bisherigen Erläuterungen lässt sich eine zweistufige Methode zur Analyse von Schaltungen bezüglich ihres Groß- und Kleinsignalverhaltens ableiten, die anhand der Schaltung aus Abb. 6.37 veranschaulicht wird.

---

[22] Engl. **capacitive** oder **ac coupling**.
[23] Engl. **direct** oder **dc coupling**.
[24] Engl. **bypass capacitor**.

Abb. 6.38 Großsignalersatzschaltbild

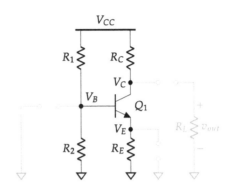

Zunächst wird im Rahmen einer Großsignalanalyse der Arbeitspunkt einer Schaltung berechnet. Hierzu wird durch Anwendung folgender Regeln eine **Großsignalersatzschaltung**[25] erstellt (Abb. 6.38):

1. Die Kleinsignalanteile aller Strom- und Spannungsquellen werden zu 0 gesetzt, zum Beispiel $v_{in} = 0$.
2. Alle Kondensatoren werden mit einem Leerlauf ($|Z_C| = 1/(\omega C) \to \infty$ für $\omega = 0$) und alle Spulen mit einem Kurzschluss ($|Z_L| = \omega L = 0$ für $\omega = 0$) ersetzt.
3. Das Großsignalersatzschaltbild wird so weit wie möglich vereinfacht, zum Beispiel durch Umzeichnen und Zusammenfassen von Widerständen.
4. Der Arbeitspunkt wird mit der Methode aus Abb. 3.35 bestimmt.

Das Großsignalersatzschaltbild entspricht *nicht* der tatsächlichen Schaltung, sondern repräsentiert nur das Großsignalverhalten. Weil die bisher vorgestellten Großsignalmodelle nur für den statischen Fall gelten, wird das Großsignalersatzschaltbild zur Bestimmung des Arbeitspunkts verwendet.

Anschließend wird die Kleinsignalanalyse mithilfe der **Kleinsignalersatzschaltung**[26] (**Abb. 6.39**) durchgeführt, für deren Erstellung folgende Regeln anzuwenden sind:

1. Die Gleichanteile aller Strom- und Spannungsquellen werden zu 0 gesetzt, zum Beispiel $V_{CC} = 0$, das heißt, Gleichspannungsquellen werden mit einem Kurzschluss ($v = 0$) und Gleichstromquellen mit einem Leerlauf ($i = 0$) ersetzt.
2. Alle Kondensatoren werden mit einem Kurzschluss ($|Z_C| = 1/(\omega C) \to 0$ für $C \to \infty$) und alle Spulen mit einem Leerlauf ($|Z_L| = \omega L \to \infty$ für $L \to \infty$) ersetzt.
3. Das Kleinsignalmodell der Bauelemente wird in die Schaltung eingesetzt. Die Modellparameter berechnen sich aus dem Arbeitspunkt.

---

[25] Engl. **large-signal** oder **dc equivalent circuit**.
[26] Engl. **small-signal** oder **ac equivalent circuit**.

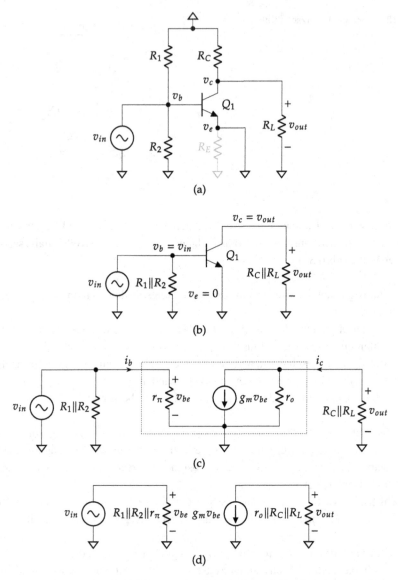

Abb. 6.39 Kleinsignalersatzschaltbild (**a**) nach Schritt 2, (**b**) nach Vereinfachung des Netzwerks in Schritt 3, (**c**) nach Einfügen des Kleinsignalmodells in Schritt 4 und (**d**) endgültiger Vereinfachung des Netzwerks durch Zusammenfassen von Widerständen. (Hinweis: i_b und i_c können nach diesem letzten Schritt nicht mehr in der Schaltung gekennzeichnet werden)

4. Die Kleinsignalersatzschaltung wird hinsichtlich der erforderlichen Schaltungsparameter, zum Beispiel Spannungs-/Stromverstärkung und Ein-/Ausgangswiderstand, analysiert (Kap. 7).

Abb. 6.40 Transistorschaltung

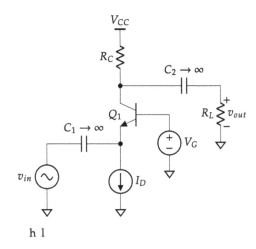

h l

Das Kleinsignalersatzschaltbild sollte vor jedem Schritt so weit wie möglich vereinfacht werden. Ebenso entspricht das Kleinsignalersatzschaltbild *nicht* der tatsächlichen Schaltung, sondern repräsentiert nur das Kleinsignalverhalten.[27]

Übung 6.13: Erstellung eines Groß- und Kleinsignalersatzschaltbilds

Gegeben ist die Schaltung in Abb. 6.40. Erstellen Sie das Groß- und Kleinsignalersatzschaltbild. V_G und I_D seien konstant. ◄

Lösung 6.13 Für das Großsignalersatzschaltbild werden C_1 und C_2 mit einem Leerlauf ersetzt [Abb. 6.41(a)]. Für das Kleinsignalersatzschaltbild werden C_1, C_2, V_G und V_{DD} mit einem Kurzschluss und I_D mit einem Leerlauf ersetzt [Abb. 6.41(b)]. Nach Einsetzen des Kleinsignalmodells entsteht das in Abb. 6.41(c) dargestellte Ersatzschaltbild.

Übung 6.14: Erstellung eines Groß- und Kleinsignalersatzschaltbilds

Gegeben ist die Schaltung in Abb. 6.42. Erstellen Sie das Groß- und Kleinsignalersatzschaltbild. ◄

---

[27] Ein häufiger Fehler in Laborpraktika ist der Aufbau der reinen Kleinsignalersatzschaltung (ohne Vorspannungsnetzwerk zur Arbeitspunkteinstellung) zur Untersuchung von Kleinsignaleigenschaften wie zum Beispiel Spannungsverstärkung.

Abb. 6.41 (a) Großsignalersatzschaltbild, (b) Kleinsignalersatzschaltbild
nach Vereinfachung, (c)
Kleinsignalersatzschaltbild
nach Einfügen des
Kleinsignalmodells

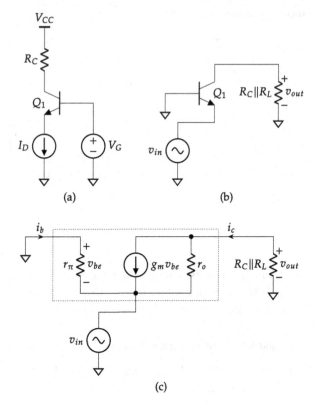

Abb. 6.42 Transistorschaltung

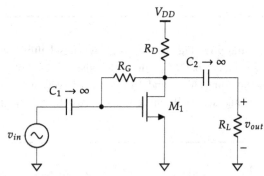

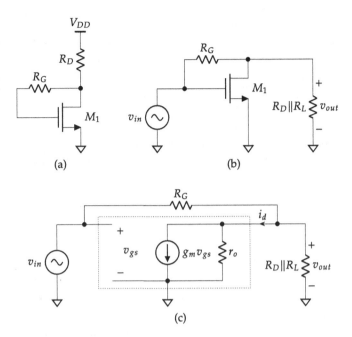

Abb. 6.43 (a) Großsignalersatzschaltbild, (b) Kleinsignalersatzschaltbild nach Vereinfachung, (c) Kleinsignalersatzschaltbild nach Einfügen des Kleinsignalmodells

Lösung 6.14 Für das Großsignalersatzschaltbild werden C_1 und C_2 mit einem Leerlauf ersetzt [Abb. 6.43(a)]. Für das Kleinsignalersatzschaltbild werden C_1, C_2 und V_{DD} mit einem Kurzschluss ersetzt [Abb. 6.43(b)]. Nach Einsetzen des Kleinsignalmodells entsteht das in Abb. 6.43(c) dargestellte Ersatzschaltbild.

Zusammenfassung

- Können Ströme oder Spannungen in einer Schaltung beliebige Werte im gesamten Betriebsbereich annehmen, so spricht man vom *Großsignalbetrieb*. Das Verhalten der Bauelemente in diesem Betrieb wird durch das entsprechende *nichtlineare Großsignalmodell* beschrieben.
- Variieren Ströme oder Spannungen in einem kleinen Bereich um einen Arbeitspunkt herum, so spricht man vom *Kleinsignalbetrieb*. Das nichtlineare Verhalten der Bauelemente kann in diesem Fall im Arbeitspunkt *linearisiert* und durch ein *lineares Kleinsignalmodell* beschrieben werden.

- Das Kleinsignalmodell einer Diode besteht aus einem einzelnen *Leitwert*.
- Das Kleinsignalmodell eines Bipolartransistors ist identisch für *npn*- und *pnp*-Transistoren und besteht aus einem Übertragungsleitwert g_m, einem Eingangswiderstand r_π und einem Ausgangswiderstand r_o. In einer Kleinsignalanalyse muss das Modell nur in die entsprechende Position des Transistors gedreht oder gespiegelt werden.
- Das Kleinsignalmodell eines Feldeffekttransistors ist identisch für *n*- und *p*-Kanal-Transistoren und besteht aus einem Übertragungsleitwert g_m und einem Ausgangswiderstand r_o. Der Eingangswiderstand r_π ist unendlich groß.
- Die Kleinsignalmodelle der Transistoren können zum Beispiel mithilfe von Zweitorparametern hergeleitet werden.
- Alle *Parameter* eines Kleinsignalmodells werden vom Arbeitspunkt bestimmt.
- Um den Arbeitspunkt festzulegen und gegen Änderungen oder Streuungen der Betriebs- oder Fertigungsparameter zu stabilisieren, können *Vorspannungsnetzwerke* mit Rückkopplung verwendet werden.
- Eine Schaltungsanalyse kann durch die *Superposition* einer Groß- und einer Kleinsignalanalyse erfolgen.
- Für die Großsignalanalyse, speziell zur *Arbeitspunktanalyse,* wird eine *Großsignalersatzschaltung* erstellt. Dabei werden alle Kleinsignalanteile von Strömen oder Spannungen zu 0 gesetzt. Kapazitäten werden mit einem Leerlauf und Induktivitäten mit einem Kurzschluss ersetzt.
- Für die anschließende Kleinsignalanalyse wird eine *Kleinsignalersatzschaltung* erstellt. Dabei werden alle Gleichanteile von Strömen oder Spannungen zu 0 gesetzt. Kapazitäten werden mit einem Kurzschluss und Induktivitäten mit einem Leerlauf ersetzt.
- Für einen linearen Verstärkerbetrieb werden Feldeffekttransistoren im Sättigungs- und Bipolartransistoren im vorwärtsaktiven Bereich betrieben.

Grundschaltungen

7

Inhaltsverzeichnis

Mit dem Wissen zum Groß- und Kleinsignalverhalten, zum linearen Verstärkerbetrieb und zur Kleinsignalmodellierung werden im Folgenden die **Transistorgrundschaltungen** vorgestellt. Die drei möglichen Grundschaltungen mit Bipolartransistoren werden **Emitter-, Basis-** und **Kollektorschaltung** genannt. Entsprechend spricht man beim Feldeffekttransistor von der **Source-, Gate-** und **Drain-Schaltung.** Für jede dieser Grundschaltungen und ihre Erweiterungen werden die **Verstärkung,** der **Eingangswiderstand** und der **Ausgangswiderstand** berechnet und verglichen. Komplexe Verstärkerschaltungen lassen sich auf einfachere Grundschaltungen zurückführen, sodass die Ergebnisse dieses Kapitels die

© Springer-Verlag GmbH Deutschland, ein Teil von Springer Nature 2021   299
M. Momeni, *Grundlagen der Mikroelektronik 1,*
https://doi.org/10.1007/978-3-662-62032-8_7

Grundlage für deren Analyse und Entwurf bilden und daher nicht nur verstanden, sondern auch verinnerlicht werden sollten.

Lernergebnisse

- Sie können Verstärkerschaltungen **klassifizieren.**
- Sie können Kleinsignaleigenschaften von Verstärkern **berechnen.**
- Sie können Verstärkergrundschaltungen **entwerfen.**

7.1   Grundlegende Betrachtungen

Aus Kap. 6 ist bekannt, dass es mithilfe von Verstärkerschaltungen möglich ist, Änderungen von Eingangsgrößen zu verstärken. Im Folgenden liegt der Fokus auf **Spannungsverstärkern,** bei denen am Eingang eine Spannung anliegt und am Ausgang eine Spannung abgegriffen wird [Abb. 7.1(a)].

Ein idealer Spannungsverstärker kann als (eingangs-)spannungsgesteuerte (Ausgangs-) Spannungsquelle mit einem unendlich großen Eingangswiderstand und einem verschwindend geringen Ausgangswiderstand modelliert werden [Abb. 7.1(b)]. Im realen Fall sind der Eingangswiderstand endlich und der Ausgangswiderstand größer als 0 [Abb. 7.1(c)].

Abb. 7.1 (a) Spannungsverstärker, (b) Ersatzschaltbild mit idealem Ein- und Ausgangswiderstand $R_{in} \to \infty$ bzw. $R_{out} = 0$, (c) Ersatzschaltbild mit $R_{in} < \infty$ und $R_{out} > 0$

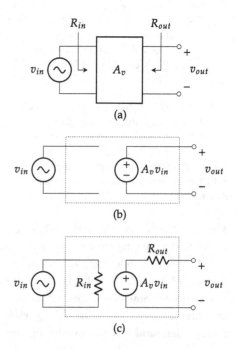

Übung 7.1: *g*-Parameter eines Spannungsverstärkers

Wie lauten die *g*-Parameter des in Abb. 7.1(c) gezeigten Zweitors? ◄

Lösung 7.1 Eine Auswertung der Definitionsgleichungen der *g*-Parameter aus Gl. (1.114)–(1.117) ergibt:

$$g_{11} = \left. \frac{i_{in}}{v_{in}} \right|_{i_{out}=0} = \frac{1}{R_{in}} \tag{7.1}$$

$$g_{12} = \left. \frac{i_{in}}{i_{out}} \right|_{v_{in}=0} = 0 \tag{7.2}$$

$$g_{21} = \left. \frac{v_{out}}{v_{in}} \right|_{i_{out}=0} = A_v \tag{7.3}$$

$$g_{22} = \left. \frac{v_{out}}{i_{out}} \right|_{v_{in}=0} = R_{out}. \tag{7.4}$$

Bei den Verstärkerschaltungen in diesem Kapitel wird angenommen, dass die untere Ein- und Ausgangsklemme immer mit Masse verbunden ist. Der Spannungsverstärker wird daher umgezeichnet wie in Abb. 7.2 gezeigt. Weil der Verstärker zur Bestimmung seiner Eigenschaften im Kleinsignalbetrieb betrachtet wird, handelt es sich bei den Ein- und Ausgangswiderständen um Kleinsignalgrößen. Zu ihrer Berechnung kommen die Methoden aus Abschn. 1.3.1 zur Anwendung.

Übung 7.2: Spannungsverstärker mit Ein- und Ausgangswiderstand

Ein Verstärker soll am Eingang mit einer Signalquelle $v_s = V_s \sin(2\pi f t)$ mit Amplitude $V_s = 10\,\text{mV}$ und Innenwiderstand $R_s = 100\,\Omega$ und am Ausgang mit einer Last $R_L = 10\,\Omega$ betrieben werden (Abb. 7.3). Für den Verstärker gelte $A_v = 100$, $R_{in} = 1\,\text{k}\Omega$ und $R_{out} = 10\,\Omega$. Wie groß ist die Amplitude von v_{in} und v_{out}? ◄

Lösung 7.2 Die Eingangsspannung des Verstärkers ergibt sich aus dem Spannungsteiler:

$$v_{in} = \frac{R_{in}}{R_{in} + R_s} v_s. \tag{7.5}$$

Die Spannungsamplitude am Eingang des Verstärkers beträgt für die gegebenen Zahlenwerte $V_{in} = 0{,}909\,V_s = 9{,}09\,\text{mV}$. Damit die gesamte Signalspannung v_s am Eingang des Verstär-

Abb. 7.2 (a) Spannungsverstärker mit Massebezug am
Ein- und Ausgang,
(**b**) Ersatzschaltbild mit
idealem Ein- und
Ausgangswiderstand
$R_{in} \rightarrow \infty$ bzw. $R_{out} = 0$,
(**c**) Ersatzschaltbild mit
$R_{in} < \infty$ und $R_{out} > 0$

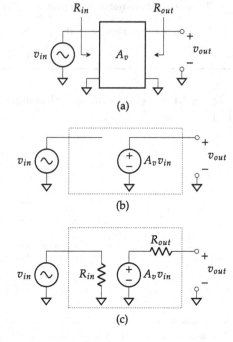

Abb. 7.3 Verstärker mit
Signalspannung am Eingang
und ohmscher Last am
Ausgang

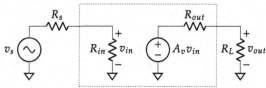

kers abfällt, das heißt $v_{in} \approx v_s$, muss der Eingangswiderstand eines Spannungsverstärkers
möglichst groß sein, $R_{in} \gg R_s$.

Die Ausgangsspannung an der Last berechnet sich aus einem weiteren Spannungsteiler:

$$v_{out} = \frac{R_L}{R_L + R_{out}} A_v v_{in}. \tag{7.6}$$

Mit den gegebenen Zahlenwerten folgt für die Spannungsamplitude am Ausgang $V_{out} = 0{,}5 \cdot A_v V_{in} = 455\,\text{mV}$. Damit die gesamte Ausgangsspannung des Verstärkers $A_v v_{in}$ an der
Last R_L abfällt, das heißt $v_{out} \approx A_v v_{in}$, muss der Ausgangswiderstand eines Spannungs-
verstärkers möglichst klein sein, $R_{out} \ll R_L$.

Für den idealen Fall mit $R_{in} \rightarrow \infty$ und $R_{out} = 0$ berechnen sich die Amplituden zu
$V_{in} = 10\,\text{mV}$ und $V_{out} = 1\,\text{V}$.

Übung 7.3: Als Diode geschaltete Transistoren

Gegeben seien die Transistoren in Abb. 7.4. Kollektor und Basis bzw. Drain und Gate seien kurzgeschlossen. Wie lautet der Widerstand bezüglich der verbleibenden Transistorklemmen für $V_A < \infty$ bzw. $\lambda > 0$ und $V_A \to \infty$ und $\lambda = 0$? ◄

Lösung 7.3 Das Einsetzen des Kleinsignalmodells des npn-Transistors liefert das in Abb. 7.5 gezeigte Ersatzschaltbild.

Aus der Knotengleichung

$$i_x = \frac{v_{be}}{r_\pi} + g_m v_{be} + \frac{v_{be}}{r_o} \tag{7.7}$$

folgt mit $v_{be} = v_x$

$$R = \frac{v_x}{i_x} = \frac{1}{\dfrac{1}{r_\pi} + g_m + \dfrac{1}{r_o}}. \tag{7.8}$$

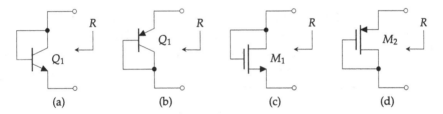

(a)   (b)   (c)   (d)

Abb. 7.4 Als Diode geschaltete Transistoren: (**a**) npn-, (**b**) pnp-, (**c**) n-Kanal- und (**d**) p-Kanal-Transistor

Abb. 7.5 Ersatzschaltbild für die npn-Transistorschaltung für $V_A < \infty$

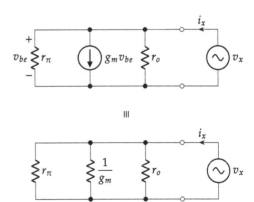

Abb. 7.6 Spannungsgesteuerte
Stromquelle

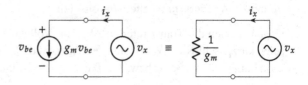

Der Widerstand R ergibt sich demnach aus der Parallelschaltung aus r_π, $1/g_m$ und r_o:

$$R = r_\pi \left\| \frac{1}{g_m} \right\| r_o. \tag{7.9}$$

Für $g_m r_\pi \gg 1$ und $g_m r_o \gg 1$ folgt die Approximation

$$R \approx \frac{1}{g_m}. \tag{7.10}$$

Dieses Ergebnis gilt auch für den *pnp*-Transistor. Für den *n*- und *p*-Kanal-FET gilt wegen
$r_\pi \to \infty$

$$R = \frac{1}{g_m} \| r_o \approx \frac{1}{g_m} \quad \text{für} \quad g_m r_\pi \gg 1. \tag{7.11}$$

Das heißt, die in Abb. 7.4 gezeigten Transistoren verhalten sich im Kleinsignalbetrieb wie
eine Diode, und man spricht daher von **als Diode geschalteten Transistoren**[1].

Hinweis: In Abb. 7.5 ist eine interessante Beobachtung veranschaulicht. Liegt an einer
spannungsgesteuerten Stromquelle die steuernde Spannung an, so kann die gesteuerte Quelle
durch ihren Übertragungsleitwert g_m ersetzt werden (Abb. 7.6). Aus

$$i_x = g_m v_{be} \tag{7.12}$$

folgt mit $v_{be} = v_x$

$$R = \frac{v_x}{i_x} = \frac{1}{g_m}. \tag{7.13}$$

---

[1] Engl. **diode-connected transistor.**

7.2 Klassifizierung der Verstärkergrundschaltungen

Bipolar- und Feldeffekttransistoren haben jeweils drei Anschlussklemmen. Werden Verstärkerschaltungen gemäß Abb. 7.2(a) mit Transistoren gebildet, so kann die Eingangsspannung v_{in} an jedem dieser Anschlüsse angelegt und die Ausgangsspannung an jedem dieser Anschlüsse abgegriffen werden. Somit bestehen im Prinzip insgesamt neun mögliche Verstärkerkonfigurationen.

Im vorwärtsaktiven Betrieb ist der Kollektorstrom eines Bipolartransistors bei Vernachlässigung des Early-Effekts gegeben durch:

$$I_C = I_S \exp \frac{V_{BE}}{V_T} = \beta I_B = \frac{\beta}{\beta+1} I_E. \tag{7.14}$$

Zur Änderung des Kollektorstroms ist eine Änderung der Basis- oder Emitterspannung erforderlich. Die Kollektorspannung hat keinen Einfluss auf den Kollektorstrom. Selbst bei Berücksichtigung des Early-Effekts ist I_C nur schwach abhängig von der Kollektorspannung. Eine Eingangsspannung v_{in} sollte daher entweder an der Basis oder am Emitter eingekoppelt werden. Fällt die Ausgangsspannung v_{out} beispielsweise an einem Widerstand ab (Abb. 6.39), so eignet sich ein Abgriff am Kollektor oder Emitter. Weil der Basisstrom sehr viel kleiner ist als der Kollektor- oder Emitterstrom, ist der Abgriff einer Spannungsänderung an einem Widerstand am Basisanschluss ungeeignet.

Der Drain-Strom eines Feldeffekttransistors im Sättigungsbetrieb lautet:

$$I_D = \frac{1}{2} \mu_n C_{ox} \frac{W}{L} (V_{GS} - V_{TN})^2. \tag{7.15}$$

Ähnliche Überlegungen wie beim Bipolartransistor führen zu der Folgerung, dass die Eingangsspannung v_{in} am Gate- oder Source-Anschluss angelegt und die Ausgangsspannung am Drain- oder Source-Anschluss abgegriffen werden kann.

Die Anzahl möglicher Verstärkerkonfigurationen kann damit auf drei beschränkt werden (Abb. 7.7).

Beim Bipolartransistor heißen diese:

- **Emitterschaltung,** engl. **common-emitter (CE)** amplifier
- **Basisschaltung,** engl. **common-base (CB)** amplifier
- **Kollektorschaltung** oder **Emitterfolger,** engl. **common-collector (CC)** amplifier bzw. **emitter follower**

Der Anschluss, auf den sowohl der Ein- als auch der Ausgangskreis bezogen werden, gibt der Grundschaltung ihren Namen. Für komplexere Schaltungen empfiehlt es sich jedoch, die Bezeichnung aus dem Anschluss abzuleiten, an dem *weder* die Eingangsspannung angelegt *noch* die Ausgangsspannung abgegriffen wird. Wird beispielsweise die Eingangsspannung

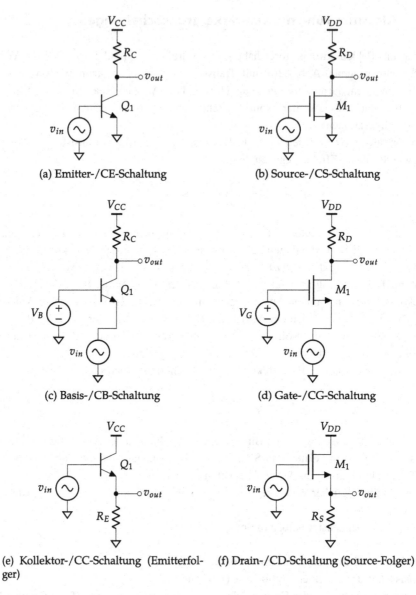

(a) Emitter-/CE-Schaltung

(b) Source-/CS-Schaltung

(c) Basis-/CB-Schaltung

(d) Gate-/CG-Schaltung

(e) Kollektor-/CC-Schaltung (Emitterfolger)

(f) Drain-/CD-Schaltung (Source-Folger)

Abb. 7.7 Verstärkergrundschaltungen mit Bipolar- und Feldeffekttransistoren (ohne Vorspannungsnetzwerk)

an der Basis angelegt und die Ausgangsspannung am Kollektor abgegriffen, so spricht man von einer Emitterschaltung oder CE-Stufe[2].

Beim Feldeffekttransistor werden die Grundschaltungen wie folgt bezeichnet:

- **Source-Schaltung**, engl. **common-source (CS)** amplifier
- **Gate-Schaltung**, engl. **common-gate (CG)** amplifier
- **Drain-Schaltung** oder **Source-Folger**, engl. **common-drain (CD)** amplifier bzw. **source follower**

Die Begriffe Source- und Emitterfolger werden in Abschn. 7.7 erläutert.

Für jede dieser Grundschaltungen werden im Folgenden A_v, R_{in} und R_{out} berechnet. Dafür werden zunächst lediglich die eigentlichen Verstärkerstufen ohne Vorspannungsnetzwerk behandelt. Der Arbeitspunkt und damit die Parameter der entsprechenden Kleinsignalmodelle werden als bekannt angenommen. Wie ein Vorspannungsnetzwerk für eine Verstärkerstufe aussehen kann, um einen gewünschten Arbeitspunkt einzustellen, wird am Ende jedes Abschnitts beispielhaft gezeigt. Weil sich die Kleinsignalmodelle für Feldeffekt- und Bipolartransistoren topologisch nur durch die Präsenz von r_π unterscheiden, können die Ausdrücke für A_v, R_{in} und R_{out} der Bipolartransistorverstärker durch die Grenzwertbildung $r_\pi \to \infty$ ohne weitere Rechnung auf den Feldeffekttransistor übertragen werden. Auf eine ausführliche Behandlung der Grundschaltungen des Bipolartransistors folgt deswegen eine knappere Betrachtung der Grundschaltungen des Feldeffekttransistors.

Zwei Annahmen sind sehr hilfreich bei der Formulierung nützlicher Approximationen für die zu berechnenden Kleinsignalbetriebsparameter. Zum einen kann die Stromverstärkung β eines Bipolartransistors als sehr groß angenommen werden, das heißt $\beta = g_m r_\pi \gg 1$. Daraus folgen

$$\beta + 1 \approx \beta \quad \text{bzw.} \quad \frac{1}{r_\pi} + g_m \approx g_m \tag{7.16}$$

$$\frac{r_\pi}{\beta + 1} = \frac{1}{g_m} \| r_\pi \approx \frac{1}{g_m}. \tag{7.17}$$

Zum anderen kann auch der Verstärkungsfaktor $g_m r_o$ als sehr groß angenommen werden, das heißt $g_m r_o \gg 1$. Daraus folgen

$$g_m r_o + 1 \approx g_m r_o \quad \text{bzw.} \quad \frac{1}{r_o} + g_m \approx g_m \tag{7.18}$$

$$\frac{1}{g_m} \| r_o \approx \frac{1}{g_m}. \tag{7.19}$$

---

[2] Im Folgenden wird gelegentlich die englische Abkürzung der Verstärkerstufen verwendet.

## 7.3	Emitterschaltung

Die Emitterschaltung aus Abb. 7.7 ist wiederholt in Abb. 7.8 dargestellt. Nimmt die Eingangsspannung zu, so steigt auch der Kollektorstrom und dadurch der Spannungsabfall an R_C. Als Folge sinkt die Ausgangsspannung.

Spannungsverstärkung für $V_A \to \infty$
Das Kleinsignalersatzschaltbild der Emitterschaltung für $V_A \to \infty$ ist in Abb. 7.9 dargestellt.

Aus dem Umlauf im Eingangskreis

$$0 = v_{in} - v_{be} \tag{7.20}$$

und der Knotengleichung am Kollektor

$$0 = \frac{v_{out}}{R_C} + g_m v_{be} \tag{7.21}$$

folgt die Kleinsignalspannungsverstärkung $A_v = v_{out}/v_{in}$:

$$\boxed{A_v = -g_m R_C.} \tag{7.22}$$

Die Emitterschaltung ist eine **invertierende Verstärkerstufe.** Die Phase der Eingangsspannung wird am Ausgang umgekehrt. Wird der Übertragungsleitwert $g_m = I_{C0}/V_T$ eingesetzt, so folgt

Abb. 7.8 Emitterschaltung

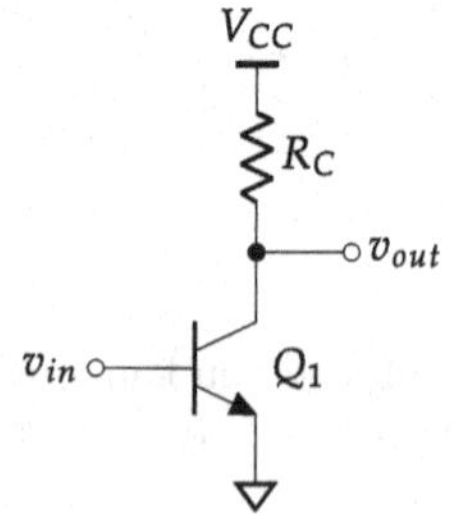

Abb. 7.9 Ersatzschaltbild der Emitterschaltung zur Bestimmung von A_v für $V_A \to \infty$

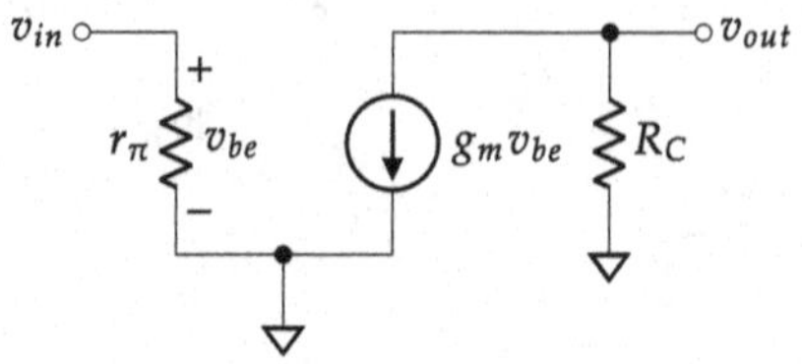

Abb. 7.10 Ersatzschaltbild der
Emitterschaltung zur
Bestimmung von R_{in} für
$V_A \to \infty$

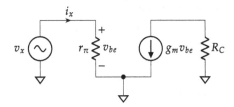

$$A_v = -\frac{R_C I_{C0}}{V_T}. \tag{7.23}$$

Die Spannungsverstärkung ist demnach proportional zum Kollektorwiderstand R_C und zum
Kollektorstrom I_{C0} im Arbeitspunkt. Je größer der Spannungsabfall $R_C I_{C0}$ ist, desto größer
ist A_v. Der Spannungsabfall ist kleiner als die Versorgungsspannung, $R_C I_{C0} < V_{CC}$, sodass
eine Abschätzung für den Betrag der maximalen Spannungsverstärkung wie folgt formuliert
werden kann:

$$|A_v| < \frac{V_{CC}}{V_T}. \tag{7.24}$$

Beispielsweise ist $|A_v| < 115$ für $V_{CC} = 3$ V. Eine genauere Abschätzung erhält man, falls
berücksichtigt wird, dass im vorwärtsaktiven Betrieb $V_{CE0} \geq V_{BE0}$ gelten muss. Für den
Spannungsabfall an R_C folgt somit $R_C I_{C0} < V_{CC} - V_{CE0}$ bzw.

$$|A_v| < \frac{V_{CC} - V_{BE0}}{V_T} \tag{7.25}$$

für $V_{CE0} = V_{BE0}$. Für $V_{BE0} = 0{,}7$ V und $V_{CC} = 3$ V ist $|A_v| < 88$.

Eingangswiderstand für $V_A \to \infty$

Um den Eingangswiderstand zu berechnen, wird eine Testquelle v_x am Eingang angelegt
und der Strom i_x aus der Testquelle berechnet (Abb. 7.10). Mit $v_{be} = v_x$ und $i_x = v_x/r_\pi$
folgt

$$\boxed{R_{in} = r_\pi.} \tag{7.26}$$

Wegen $r_\pi = \beta/g_m = \beta V_T/I_C$ ist der Eingangswiderstand umgekehrt proportional zum
Kollektorstrom I_C. Für einen Spannungsverstärker sind eine möglichst große Verstärkung
(erfordert ein möglichst großes I_C) und ein möglichst großer Eingangswiderstand (erfordert
ein möglichst kleines I_C) wünschenswert. Diese beiden Anforderungen können wegen ihrer
unterschiedlichen Abhängigkeit von I_C nicht gleichzeitig realisiert werden; sie stehen im
Kompromiss[3] zueinander.

---

[3] Engl. **trade-off**.

Ausgangswiderstand für $V_A \to \infty$

Zur Bestimmung des Ausgangswiderstands wird eine Testquelle v_x am Ausgang angelegt und der von ihr generierte Strom i_x berechnet (Abb. 7.11). Die unabhängige Spannungsquelle v_{in} am Eingang wird mit einem Kurzschluss ersetzt (Abschn. 1.3.1). Wegen $v_{be} = 0$ ist der Strom $g_m v_{be}$ ebenfalls gleich 0. Dadurch lässt sich die Knotengleichung am Kollektor vereinfachen:

$$i_x = \frac{v_x}{R_C} + \underbrace{g_m v_{be}}_{=0}. \tag{7.27}$$

Der Ausgangswiderstand ergibt sich demnach zu

$$\boxed{R_{out} = R_C.} \tag{7.28}$$

Aufgrund der Beobachtung, dass $g_m v_{be} = 0$, kann das Ersatzschaltbild vereinfacht werden, wie in Abb. 7.11 gezeigt. Für einen Spannungsverstärker ist ein möglichst kleiner Ausgangswiderstand und damit ein möglichst kleiner Wert für R_C wünschenswert. Wird R_C verkleinert, so nimmt jedoch auch die Spannungsverstärkung ab. Somit stehen A_v und R_{out} im Kompromiss zueinander.

Die Kopplung von A_v, R_{in} und R_{out} ist anhand der folgenden Beziehung erkennbar:

$$A_v = -g_m R_C = -\frac{\beta}{r_\pi} R_C = -\beta \frac{R_{out}}{R_{in}}. \tag{7.29}$$

Es können deswegen nur zwei der Größen frei gewählt werden, die dritte ergibt sich aus Gl. (7.29).

Spannungsverstärkung für $V_A < \infty$

Wird der Early-Effekt berücksichtigt, das heißt $V_A < \infty$, erscheint im Kleinsignalmodell ein Widerstand r_o zwischen Kollektor und Emitter. Gelegentlich wird r_o auch explizit gekennzeichnet [Abb. 7.12(a)].

Weil der Kollektor-Emitter-Widerstand r_o parallel zum Kollektorwiderstand R_C liegt, kann die Spannungsverstärkung auf einfache Weise aus Gl. (7.22) abgeleitet werden:

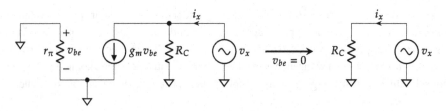

Abb. 7.11 Ersatzschaltbild der Emitterschaltung zur Bestimmung von R_{out} für $V_A \to \infty$

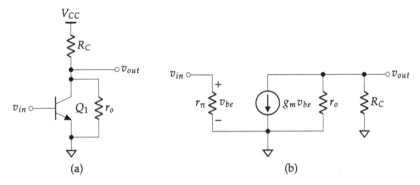

Abb. 7.12 (a) Emitterschaltung und (b) Kleinsignalersatzschaltbild für $V_A < \infty$

$$\boxed{A_v = -g_m\,(R_C\|r_o)\,.} \tag{7.30}$$

Eingangswiderstand für $V_A < \infty$
Der Eingangswiderstand ändert sich durch die Präsenz von r_o nicht, sodass Gl. (7.26) auch weiterhin gültig ist:

$$\boxed{R_{in} = r_\pi\,.} \tag{7.31}$$

Ausgangswiderstand für $V_A < \infty$
Der Ausgangswiderstand ändert sich auf die gleiche Weise wie die Spannungsverstärkung, und aus Gl. (7.28) folgt:

$$\boxed{R_{out} = R_C\|r_o\,.} \tag{7.32}$$

Übung 7.4: Emitterschaltung mit Stromquelle

Betrachtet man die Spannungsverstärkung aus Gl. (7.22), so könnte man annehmen, dass durch das Anheben von R_C die Spannungsverstärkung A_v auf einen beliebig großen Wert festgelegt werden kann. Im Idealfall könnte man R_C durch eine ideale Stromquelle ersetzen wie in Abb. 7.13 gezeigt, das heißt $R_C \to \infty$. Warum folgt trotz dieser Maßnahme nicht $A_v \to \infty$? Wie groß ist der Ausgangswiderstand R_{out}?
Zeichnen Sie die entsprechende *pnp*-Variante der Verstärkerschaltung. ◄

Abb. 7.13 Emitterschaltung
mit Stromquelle als Last

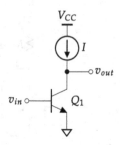

Lösung 7.4 Da der Innenwiderstand einer idealen Stromquelle unendlich groß ist, kann die Stromquelle im Kleinsignalbetrieb mit einem Leerlauf ersetzt werden, sodass das Kleinsignalersatzschaltbild in Abb. 7.14 entsteht.

Die Spannungsverstärkung kann direkt berechnet oder für $R_C \rightarrow \infty$ aus Gl. (7.30) gewonnen werden:

$$A_v = -g_m r_o, \tag{7.33}$$

wobei $g_m r_o$ bereits aus Üb. 6.12 als die maximale Spannungsverstärkung eines einzelnen Transistors bekannt ist. Der Early-Effekt begrenzt demnach die mit einem Transistor erreichbare Spannungsverstärkung.

Für $R_C \rightarrow \infty$ in Gl. (7.32) folgt der Ausgangswiderstand

$$R_{out} = r_o. \tag{7.34}$$

Auch der Ausgangswiderstand wird aufgrund des Early-Effekts auf einen endlichen Wert begrenzt.

Die entsprechende pnp-Variante der Emitterschaltung ist in Abb. 7.15 dargestellt. Es gelten die gleichen Ausdrücke für A_v und R_{out}.

Abb. 7.14 Emitterschaltung
mit Stromquelle als Last und
$V_A < \infty$

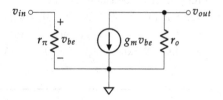

Abb. 7.15 Emitterschaltung
mit *pnp*-Transistor und
Stromquelle als Last

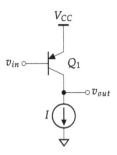

Übung 7.5: Kurzschluss-Stromverstärkung der Emitterschaltung

Gegeben sei das Kleinsignalersatzschaltbild in Abb. 7.16. Es gelte $V_A \rightarrow \infty$. Die
Kurzschluss-Stromverstärkung A_i sei definiert als das Verhältnis aus dem Strom i_{in} aus
der Eingangsquelle und dem Ausgangsstrom i_{out} für $v_{out} = 0$. Wie lautet der Ausdruck
für A_i? Wie ändert sich das Ergebnis für $V_A < \infty$? ◄

Lösung 7.5 Wird das Kleinsignalmodell des Bipolartransistors für $g_m v_{be} = \beta i_b$ eingesetzt
(Abb. 7.17) und berücksichtigt, dass $i_b = i_{in}$ und $i_{out} = -\beta i_b$, so erhält man für die
Stromverstärkung

$$A_i = \left.\frac{i_{out}}{i_{in}}\right|_{v_{out}=0} = -\beta. \tag{7.35}$$

Die Emitterschaltung hat eine recht hohe Stromverstärkung. Der Ausdruck ändert sich für
den Fall $V_A < \infty$ nicht, da der Ausgangswiderstand r_o parallel zu R_C und damit parallel
zum Kurzschluss am Ausgang erscheint, wie in Abb. 7.17 grau gekennzeichnet.

Abb. 7.16 Ersatzschaltbild der
Emitterschaltung zur
Berechnung der
Stromverstärkung A_i

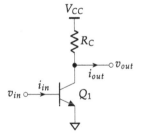

Abb. 7.17 Ersatzschaltbild der
Emitterschaltung zur
Berechnung von A_i für
$V_A < \infty$

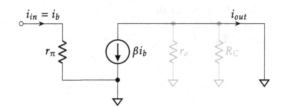

7.3.1 Emitterschaltung mit Degeneration

In Abschn. 6.2.1 wurde bei der Diskussion des Vorspannungsnetzwerks die arbeitspunkt-
stabilisierende Funktion des Emitterwiderstands R_E erläutert und darauf hingewiesen, dass
er eine unerwünschte Reduktion (Degeneration) der Spannungsverstärkung verursacht. Im
Rahmen der Analyse der in Abb. 7.18(a) gezeigten Emitterschaltung mit Degenerationswiderstand R_E wird diese Aussage verifiziert.

Spannungsverstärkung für $V_A \to \infty$
Das Kleinsignalersatzschaltbild zur Bestimmung der Spannungsverstärkung ist in
Abb. 7.18(b) dargestellt.

Aus dem Umlauf im Eingangskreis folgt:

$$0 = v_{in} - v_{be} - v_e. \tag{7.36}$$

Die Knotengleichung am Kollektor lautet

$$0 = \frac{v_{out}}{R_C} + g_m v_{be}. \tag{7.37}$$

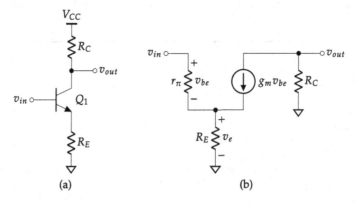

Abb. 7.18 (a) Emitterschaltung mit Emitterdegeneration und (b) Kleinsignalersatzschaltbild für
$V_A \to \infty$

Die Knotengleichung am Emitter ist gegeben durch

$$0 = \frac{v_{be}}{r_\pi} + g_m v_{be} - \frac{v_e}{R_E}. \tag{7.38}$$

Wird diese Gleichung nach v_e umgestellt,

$$v_e = \left(\frac{1}{r_\pi} + g_m\right) R_E v_{be}, \tag{7.39}$$

und in Gl. (7.36) eingesetzt, so erhält man einen Ausdruck für v_{be}:

$$v_{be} = \frac{v_{in}}{1 + \left(\dfrac{1}{r_\pi} + g_m\right) R_E}. \tag{7.40}$$

Das Einsetzen in Gl. (7.37) ergibt die Spannungsverstärkung $A_v = v_{out}/v_{in}$:

$$A_v = -\frac{g_m R_C}{1 + \left(\dfrac{1}{r_\pi} + g_m\right) R_E}. \tag{7.41}$$

Für $g_m \gg 1/r_\pi$ [Gl. (7.16)] erhält man die sehr nützliche Approximation

$$\boxed{A_v \approx -\frac{R_C}{\dfrac{1}{g_m} + R_E}.} \tag{7.42}$$

Der Emitterwiderstand führt tatsächlich zu einer Reduktion der Spannungsverstärkung im Kleinsignalbetrieb. In Abschn. 6.5 wurde erläutert, wie dieser Nachteil durch eine Parallelschaltung mit einem Bypasskondensator eliminiert werden kann. Für $R_E \gg 1/g_m$ ist die Spannungsverstärkung in erster Näherung unabhängig vom Arbeitspunkt und nur durch das Widerstandsverhältnis R_C/R_E gegeben, $A_v \approx -R_C/R_E$. Mit anderen Worten: Der Emitterwiderstand bewirkt eine *Linearisierung* der Spannungsverstärkung.

Eingangswiderstand für $V_A \to \infty$

Das Ersatzschaltbild zur Bestimmung von R_{in} ist in Abb. 7.19 dargestellt. Alternativ ist es möglich, das Kleinsignalmodell aus Abb. 6.24(b) mit einer stromgesteuerten Stromquelle $\beta i_b = g_m v_{be}$ zu verwenden. Die Knotengleichung am Emitter ist gegeben durch:

$$0 = i_b + \beta i_b - \frac{v_e}{R_E}. \tag{7.43}$$

Die Umstellung der Knotengleichung nach v_e ergibt

$$v_e = (\beta + 1) R_E i_b. \tag{7.44}$$

Abb. 7.19 Ersatzschaltbild zur
Bestimmung des
Eingangswiderstands für
$V_A \to \infty$

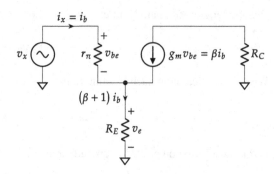

Das Einsetzen von v_e in die Umlaufgleichung im Eingangskreis

$$0 = v_x - i_b r_\pi - v_e \tag{7.45}$$

liefert wegen $i_x = i_b$ den Eingangswiderstand $R_{in} = v_x/i_x$:

$$\boxed{R_{in} = r_\pi + (\beta + 1)\, R_E.} \tag{7.46}$$

Der Emitterwiderstand R_E hat demnach eine Erhöhung des Eingangswiderstands zur Folge.

Anhand von Gl. (7.44) kann eine interessante Beobachtung gemacht werden. Die Spannung v_e an R_E kann entweder als die Summe eines Basis- und Kollektorstroms, $(\beta + 1)\, i_b$, multipliziert mit einem Widerstand R_E oder als ein Basisstrom i_b multipliziert mit einem Widerstand $(\beta + 1)\, R_E$ betrachtet werden. Damit kann das Ersatzschaltbild zur Bestimmung von R_{in} umgezeichnet werden wie in Abb. 7.20 veranschaulicht.

Ausgangswiderstand für $V_A \to \infty$

Um den Ausgangswiderstand zu bestimmen, wird zunächst das Ersatzschaltbild gezeichnet (Abb. 7.21). Aus der Umlaufgleichung im Eingangskreis erhält man $v_e = -v_{be}$. Die Knotengleichung am Emitter ergibt einen Ausdruck für v_{be}:

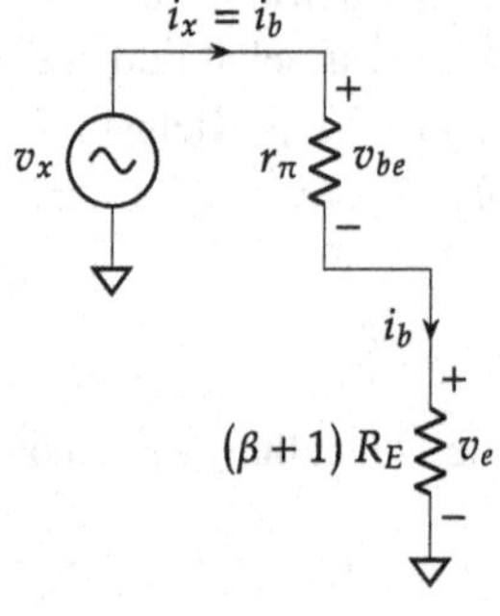

Abb. 7.20 Alternatives
Ersatzschaltbild zur
Bestimmung des
Eingangswiderstands für
$V_A \to \infty$

Abb. 7.21 Ersatzschaltbild zur
Bestimmung des
Ausgangswiderstands für
$V_A \to \infty$

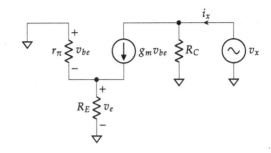

$$0 = v_{be}\left(\frac{1}{r_\pi} + \frac{1}{R_E} + g_m\right). \tag{7.47}$$

Weil die Größen in der Klammer positiv und größer als 0 sind, muss $v_{be} = 0$ gelten. Der Strom $g_m v_{be}$ ist daher ebenfalls 0, sodass das Ersatzschaltbild vereinfacht werden kann, wie bereits in Abb. 7.11 gezeigt. Für den Ausgangswiderstand folgt:

$$R_{out} = R_C. \tag{7.48}$$

Ausgangswiderstand für $V_A < \infty$
Wegen seiner Bedeutung bei weiterführenden Schaltungen soll als Letztes der Ausgangswiderstand für $V_A < \infty$ berechnet werden. Wie in Abb. 7.22 veranschaulicht, lässt sich der Ausgangswiderstand als Parallelschaltung von $\tilde{R}_{out}$ und R_C auffassen.

Dazu wird zunächst der Ausgangswiderstand $\tilde{R}_{out} = \tilde{v}_x / \tilde{i}_x$ durch Weglassen von R_C ermittelt (Abb. 7.23). Der gesamte Ausgangswiderstand ergibt sich im Anschluss durch die Parallelschaltung von $\tilde{R}_{out}$ und R_C:

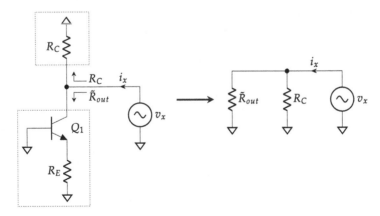

Abb. 7.22 Ersatzschaltbild zur Bestimmung des Ausgangswiderstands für $V_A < \infty$

Abb. 7.23 Bestimmung des
Ausgangswiderstands $\tilde{R}_{out}$

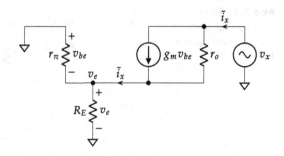

$$R_{out} = \tilde{R}_{out} \,\|\, R_C. \tag{7.49}$$

Die Knotengleichung am Ausgang lautet:

$$0 = \tilde{i}_x - g_m v_{be} - \frac{\tilde{v}_x - v_e}{r_o} \tag{7.50}$$

bzw. mithilfe von $v_{be} = -v_e$:

$$0 = \tilde{i}_x - \left(g_m + \frac{1}{r_o}\right) v_{be} - \frac{\tilde{v}_x}{r_o}. \tag{7.51}$$

Der Strom $\tilde{i}_x$ aus der Testquelle fließt auch durch die Parallelschaltung aus r_π und R_E, sodass v_{be} wie folgt ausgedrückt werden kann:

$$v_{be} = -\left(r_\pi \,\|\, R_E\right) \tilde{i}_x. \tag{7.52}$$

Das Einsetzen von v_{be} in Gl. (7.51) ergibt für $\tilde{R}_{out} = \tilde{v}_x / \tilde{i}_x$:

$$\tilde{R}_{out} = r_o + (g_m r_o + 1)\left(r_\pi \,\|\, R_E\right) \tag{7.53}$$

$$= r_\pi \,\|\, R_E + \left[g_m \left(r_\pi \,\|\, R_E\right) + 1\right] r_o. \tag{7.54}$$

Eine Vereinfachung ergibt sich für den Fall $g_m r_o \gg 1$ [Gl. (7.18)]:

$$\tilde{R}_{out} \approx r_o \left[1 + g_m \left(r_\pi \,\|\, R_E\right)\right]. \tag{7.55}$$

Der Ausgangswiderstand einer degenerierten Emitterschaltung wird um den Faktor $1 + g_m \left(r_\pi \,\|\, R_E\right)$ vergrößert.

7.3.2 Emitterschaltung mit Basiswiderstand

Als Letztes soll die allgemeine Emitterschaltung mit Emitter- und Basiswiderstand für $V_A \to \infty$ betrachtet werden. Der Basiswiderstand kann beispielsweise durch den Ausgangswiderstand einer vorherigen Stufe oder den Innenwiderstand der Eingangsspannungsquelle zustande kommen.

Spannungsverstärkung für $V_A \to \infty$

Die Spannungsverstärkung kann auf zwei Weisen berechnet werden: entweder durch die direkte Analyse des Ersatzschaltbilds in Abb. 7.24(b) oder durch die Betrachtung der Emitterschaltung als Hintereinanderschaltung von zwei Stufen mit Verstärkungsfaktoren A_{v1} und A_{v2} (Abb. 7.25):

$$A_v = A_{v1} \cdot A_{v2} = \frac{v_b}{v_{in}} \cdot \frac{v_{out}}{v_b} = \frac{v_{out}}{v_{in}}. \tag{7.56}$$

Der erste Term A_{v1} ist durch einen Spannungsteiler aus R_B und dem Eingangswiderstand R_{in} der Verstärkerstufe gegeben:

$$A_{v1} = \frac{R_{in}}{R_{in} + R_B}, \tag{7.57}$$

wobei R_{in} aus Gl. (7.46) bekannt ist. Das Einsetzen ergibt

$$A_{v1} = \frac{r_\pi + (\beta + 1) R_E}{r_\pi + (\beta + 1) R_E + R_B}. \tag{7.58}$$

Der zweite Term A_{v2} ist die aus Gl. (7.41)–(7.42) bekannte Spannungsverstärkung, sodass der Ausdruck für A_v wie folgt lautet:

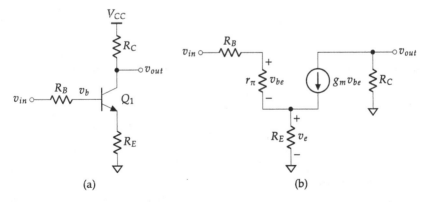

(a) (b)

Abb. 7.24 (a) Emitterschaltung mit Emitterdegeneration und Basiswiderstand, (b) Kleinsignalersatzschaltbild für $V_A \to \infty$

Abb. 7.25 Alternative
Methode zur Berechnung der
Spannungsverstärkung

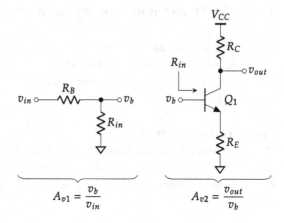

$$A_{v1} = \frac{v_b}{v_{in}} \qquad\qquad A_{v2} = \frac{v_{out}}{v_b}$$

$$A_v = \frac{r_\pi + (\beta + 1)\,R_E}{r_\pi + (\beta + 1)\,R_E + R_B} \cdot \frac{-g_m R_C}{1 + \left(\dfrac{1}{r_\pi} + g_m\right) R_E} \tag{7.59}$$

$$= -\frac{\beta R_C}{r_\pi + (\beta + 1)\,R_E + R_B}. \tag{7.60}$$

Das Erweitern von Zähler und Nenner mit $1/(\beta + 1)$ liefert für $\beta \gg 1$:

$$\boxed{A_v \approx -\frac{R_C}{\dfrac{1}{g_m} + R_E + \dfrac{R_B}{\beta + 1}}.} \tag{7.61}$$

Im Vergleich zur Spannungsverstärkung aus Gl. (7.42) für die Emitterschaltung mit Degeneration führt der Basiswiderstand zu einer weiteren (geringfügigen) Verkleinerung der Spannungsverstärkung.

Eingangswiderstand für $V_A \to \infty$
Ist R_B der Innenwiderstand der Eingangsspannungsquelle oder der Ausgangswiderstand der vorherigen Verstärkerstufe, werden bei der Bestimmung des Eingangswiderstands (Abb. 7.26) sowohl v_{in} als auch R_B abgetrennt und mit einer Testquelle ersetzt. Damit ist R_{in} gegeben durch Gl. (7.46):

$$R_{in} = r_\pi + (\beta + 1)\,R_E. \tag{7.62}$$

Ausgangswiderstand für $V_A \to \infty$
Der Ausgangswiderstand wird anhand des Ersatzschaltbilds aus Abb. 7.27 bestimmt. Die Knotengleichung am Emitter lautet:

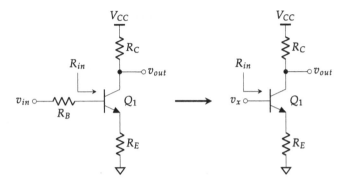

Abb. 7.26 Berechnung des Eingangswiderstands für $V_A \to \infty$

Abb. 7.27 Berechnung des Ausgangswiderstands für $V_A \to \infty$

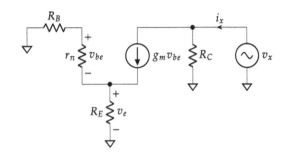

$$0 = g_m v_{be} + \frac{v_{be}}{r_\pi} - \frac{v_e}{R_E}. \tag{7.63}$$

Aus der Umlaufgleichung im Eingangskreis

$$0 = v_e + v_{be} + \frac{v_{be}}{r_\pi} R_B \tag{7.64}$$

folgt der Ausdruck

$$v_e = -v_{be}\left(1 + \frac{R_B}{r_\pi}\right). \tag{7.65}$$

Eingesetzt in die Knotengleichung ergibt sich:

$$0 = v_{be}\left[g_m + \frac{1}{r_\pi} + \frac{1}{R_E}\left(1 + \frac{R_B}{r_\pi}\right)\right]. \tag{7.66}$$

Weil alle Größen in der Klammer positiv und größer als 0 sind, muss $v_{be} = 0$ gelten. Der Strom $g_m v_{be}$ ist daher ebenfalls gleich 0, sodass das Ersatzschaltbild vereinfacht werden kann, wie bereits in Abb. 7.11 gezeigt. Der Ausgangswiderstand ist daher gegeben durch:

$$R_{out} = R_C. \tag{7.67}$$

7.3.3 Emitterschaltung mit Vorspannungsnetzwerk

Mithilfe des Vorspannungsnetzwerks aus Abb. 6.8 kann schließlich eine vollständige Emitterschaltung konstruiert werden (Abb. 7.28). Der einzige Unterschied zu dem in Abb. 6.37 bereits vorgestellten Verstärker besteht darin, dass der Innenwiderstand der Signalquelle berücksichtigt wird.

Das Großsignalersatzschaltbild zur Bestimmung des Arbeitspunkts wurde bereits in Abb. 6.38 gezeigt. Das Kleinsignalersatzschaltbild ergibt sich durch Hinzufügen von R_s in Abb. 6.39(b), wie in Abb. 7.29 veranschaulicht.

Das Kleinsignalersatzschaltbild lässt sich demnach reduzieren auf das bereits bekannte Ersatzschaltbild der Emitterschaltung aus Abb. 7.8 mit einem zusätzlichen Spannungsteiler an der Basis und einem Parallelwiderstand $R_C \| R_L$ anstatt R_C. Es können daher die bereits hergeleiteten Ausdrücke für A_v, R_{in} und R_{out} für den Fall $V_A < \infty$ direkt auf Abb. 7.29 übertragen werden. Es ist nicht notwendig, das Kleinsignalmodell einzufügen und die Netzwerkgleichungen zu lösen.

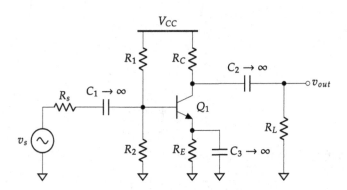

Abb. 7.28 Emitterschaltung mit Vorspannungsnetzwerk

Abb. 7.29 Kleinsignalersatzschaltbild der Emitterschaltung mit Vorspannungsnetzwerk

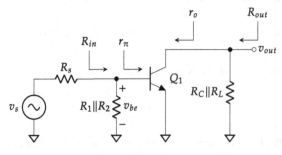

Die Spannungsverstärkung lässt sich auf eine zu Gl. (7.56) ähnliche Weise schreiben:

$$A_v = \frac{v_{be}}{v_s} \cdot \frac{v_{out}}{v_{be}}, \qquad (7.68)$$

wobei der erste Term gegeben ist durch

$$\frac{v_{be}}{v_s} = \frac{R_1 \| R_2 \| r_\pi}{R_1 \| R_2 \| r_\pi + R_s} \qquad (7.69)$$

und der zweite Term gemäß Gl. (7.30) durch

$$\frac{v_{out}}{v_{be}} = -g_m \left(r_o \| R_C \| R_L \right). \qquad (7.70)$$

Der Eingangswiderstand ergibt sich zu

$$R_{in} = R_1 \| R_2 \| r_\pi, \qquad (7.71)$$

und der Ausgangswiderstand lautet

$$R_{out} = r_o \| R_C \| R_L. \qquad (7.72)$$

7.4 Source-Schaltung

Die Source-Schaltung und ihr entsprechendes Kleinsignalersatzschaltbild für $\lambda > 0$ sind in Abb. 7.30 dargestellt.

Das Kleinsignalersatzschaltbild zur Bestimmung von A_v ist in Abb. 7.30(b) gezeigt und ähnelt dem Kleinsignalersatzschaltbild für die Emitterschaltung aus Abb. 7.12(b). Aus Gl. (7.22) und (7.30) folgt durch Ersetzen von R_C mit R_D die Kleinsignalspannungsverstärkung $A_v = v_{out}/v_{in}$:

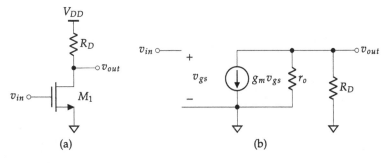

(a) (b)

Abb. 7.30 (a) Source-Schaltung und (b) Kleinsignalersatzschaltbild für $\lambda > 0$

$$A_v = \begin{cases} -g_m R_D & \text{für} \quad \lambda = 0 & (7.73) \\ -g_m\,(R_D\|r_o) & \text{für} \quad \lambda > 0 & (7.74) \end{cases}.$$

Wird für den Fall $\lambda = 0$ der Übertragungsleitwert aus Gl. (6.186) in Gl. (7.73) eingesetzt, so folgt:

$$A_v = -\sqrt{2\mu_n C_{ox} \frac{W}{L} I_{D0}} R_D. \qquad (7.75)$$

Die Spannungsverstärkung ist demnach proportional zum Drain-Widerstand R_D und zur Wurzel des Drain-Stroms $\sqrt{I_{D0}}$. Zusätzlich kann A_v im Unterschied zur Emitterschaltung durch das Aspektverhältnis W/L beeinflusst werden.

Weil der Gate-Strom gleich 0 ist bzw. $r_\pi \to \infty$ für den FET, gilt für den Eingangswiderstand der Source-Schaltung:

$$R_{in} \to \infty \quad \text{für} \quad \lambda \geq 0. \qquad (7.76)$$

Der große Eingangswiderstand der Source-Schaltung ist ein Vorteil gegenüber der Emitterschaltung, deren Eingangswiderstand mit r_π [Gl. (7.26)] in der Größenordnung einiger kΩ liegt.

Der Ausgangswiderstand wird auf die gleiche Weise berechnet wie bei der Emitterschaltung:

$$R_{out} = \begin{cases} R_D & \text{für} \quad \lambda = 0 & (7.77) \\ R_D\|r_o & \text{für} \quad \lambda > 0 & (7.78) \end{cases}.$$

Übung 7.6: Source-Schaltung mit elektronischer Stromquelle

In Üb. 7.4 wurde die Emitterschaltung mit einer idealen Stromquelle analysiert und gezeigt, dass die Spannungsverstärkung durch $A_v = -g_m r_o$ und der Ausgangswiderstand durch $R_{out} = r_o$ gegeben sind. In Abb. 7.31 ist eine Source-Schaltung dargestellt,

Abb. 7.31 Source-Schaltung mit PFET als Stromquelle

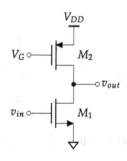

in welcher die Stromquelle durch einen p-Kanal-Feldeffekttransistor realisiert wird. Wie lauten die Ausdrücke für A_v und R_{out} für diese Schaltung? Es sei $\lambda > 0$ und V_G eine konstante Vorspannung.
Wie sieht die entsprechende PFET-Variante der Verstärkerschaltung aus? ◄

Lösung 7.6 Sowohl V_G als auch V_{DD} sind konstante Spannungsquellen, die im Kleinsignalersatzschaltbild mit einem Kurzschluss ersetzt werden (Abb. 7.32). Es ist daher $v_{gs2} = 0$ und folglich $g_{m2}v_{gs2} = 0$, sodass das Kleinsignalersatzschaltbild vereinfacht werden kann. Mithilfe von Gl. (7.74) ergibt sich die Spannungsverstärkung zu

$$A_v = -g_{m1}\left(r_{o1}\|r_{o2}\right),\tag{7.79}$$

und durch Anwendung von Gl. (7.78) kann der Ausgangswiderstand bestimmt werden:

$$R_{out} = r_{o1}\|r_{o2}.\tag{7.80}$$

Die entsprechende PFET-Variante der Source-Schaltung ist in Abb. 7.33 dargestellt. Es gelten die gleichen Ausdrücke für A_v und R_{out}.

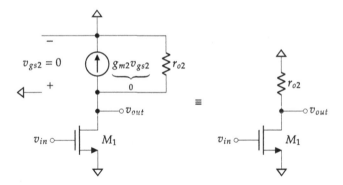

Abb. 7.32 Ersatzschaltbild der Source-Schaltung mit PFET als Stromquelle und dessen Vereinfachung

Abb. 7.33 PFET-Source-Schaltung mit NFET als Stromquelle

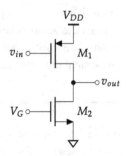

Übung 7.7: Source-Schaltung mit als Diode geschaltetem Transistor

Eine Source-Schaltung soll anstelle eines Widerstands oder einer Stromquelle mit einem als Diode geschalteten Transistor betrieben werden (Abb. 7.34). Wie lauten die Ausdrücke für A_v und R_{out} für die beiden Schaltungen? Es sei $\lambda > 0$. ◄

Lösung 7.7 In Üb. 7.3 wurden als Diode geschaltete Transistoren bereits untersucht. Das Kleinsignalersatzschaltbild kann daher sofort angegeben werden wie in Abb. 7.35 gezeigt und ist identisch für die beiden Schaltungsvarianten. Die Spannungsverstärkung lautet

$$A_v = -g_{m1}\left(r_{o1}\|r_{o2}\|\frac{1}{g_{m2}}\right). \tag{7.81}$$

Für $g_{m2}r_{o1,2} \gg 1$ folgt für beide Schaltungen:

$$A_v \approx -\frac{g_{m1}}{g_{m2}}. \tag{7.82}$$

Abb. 7.34 Source-Schaltung mit als Diode geschaltetem (**a**) NFET und (**b**) PFET

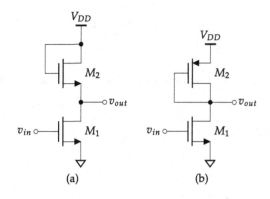

Abb. 7.35 Ersatzschaltbild der
Source-Schaltung mit als
Diode geschaltetem Transistor

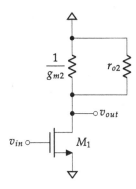

Durch Einsetzen von $g_{m1,2} = \sqrt{2\mu_n C_{ox} (W/L)_{1,2} I_D}$ ergibt sich für die Schaltung aus
Abb. 7.34(a) A_v zu

$$A_v \approx -\sqrt{\frac{(W/L)_1}{(W/L)_2}}. \tag{7.83}$$

Im Vergleich zur Source-Schaltung mit Stromquellenlast ist die Verstärkung zwar geringer,
im Gegenzug jedoch nur durch die Aspektverhältnisse bestimmt und unabhängig von den
Prozessparametern μ_n und C_{ox} bzw. vom Drain-Strom I_D.

Für die Schaltung aus Abb. 7.34(b) unterscheidet sich der Ausdruck für A_v nach Einsetzen
von $g_{m1,2}$ aufgrund der unterschiedlichen Elektronen- und Löchermobilität:

$$A_v \approx -\sqrt{\frac{\mu_n (W/L)_1}{\mu_p (W/L)_2}}. \tag{7.84}$$

Ein weiterer Unterschied besteht darin, dass für den als Diode geschalteten NFET der Body-
Effekt auftritt. Beim als Diode geschalteten PFET hingegen ist der Source-Anschluss mit
V_{DD} verbunden, sodass der Body-Effekt eliminiert wird.

Der Ausgangswiderstand ergibt sich zu

$$R_{out} = r_{o1} \| r_{o2} \| \frac{1}{g_{m2}} \approx \frac{1}{g_{m2}} \quad \text{für} \quad g_{m2} r_{o1,2} \gg 1 \tag{7.85}$$

und ist damit deutlich kleiner als bei einer Stromquellenlast.

7.4.1 Source-Schaltung mit Degeneration

Für die Source-Schaltung mit einem Widerstand R_S (Abb. 7.36) können die Verstärkungseigenschaften ebenfalls direkt angegeben werden.

Die Spannungsverstärkung lautet nach Ersetzen von R_C mit R_D und R_E mit R_S in Gl. (7.42)

$$A_v = -\frac{R_D}{\dfrac{1}{g_m} + R_S} \quad \text{für} \quad \lambda = 0. \tag{7.86}$$

Wegen $r_\pi \rightarrow \infty$ handelt es sich bei Gl. (7.86) anders als beim Bipolartransistor nicht um eine Approximation. Der Eingangswiderstand ist identisch mit dem Fall ohne Degeneration und ist wegen $i_g = 0$ unendlich groß:

$$R_{in} \rightarrow \infty \quad \text{für} \quad \lambda \geq 0. \tag{7.87}$$

Der Ausgangswiderstand lautet

$$R_{out} = R_D \quad \text{für} \quad \lambda = 0 \tag{7.88}$$

bzw. $R_{out} = \tilde{R}_{out} \| R_D$ für $\lambda > 0$ mit

$$\boxed{\begin{aligned} \tilde{R}_{out} &= r_o + (g_m r_o + 1)\, R_S \tag{7.89} \\ &= R_S + (g_m R_S + 1)\, r_o. \tag{7.90} \end{aligned}}$$

Für $g_m r_o \gg 1$ [Gl. (7.18)] folgt

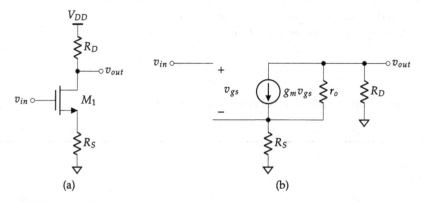

(a)   (b)

Abb. 7.36 (a) Source-Schaltung mit Source-Degeneration und (b) Kleinsignalersatzschaltbild für $\lambda > 0$

$$\boxed{\tilde{R}_{out} \approx r_o\,(1 + g_m R_S)\,.} \tag{7.91}$$

Der Ausgangswiderstand einer degenerierten Source-Schaltung wird ähnlich wie bei der Emitterschaltung vergrößert, hier um einen Faktor $1 + g_m R_S$.

Bei niedrigen Frequenzen ist es für einen FET unerheblich, ob ein Widerstand R_G an der Gate-Klemme angeschlossen ist, weil der Strom i_G durch R_G gleich 0 ist und somit auch der Spannungsabfall an R_G. Keines der obigen Ergebnisse für die Source-Schaltung ändert sich für $R_G > 0$. Der Fall einer Source-Schaltung mit Gate-Widerstand in Analogie zu Abschn. 7.3.2 wird deshalb nicht weiter betrachtet.

Als Vorspannungsnetzwerk kann die gleiche Schaltung wie beim Bipolartransistor verwendet werden (Abschn. 7.3.3).

7.5 Basisschaltung

Die Basisschaltung aus Abb. 7.7 ist wiederholt in Abb. 7.37 dargestellt. Nimmt die Eingangsspannung zu, so sinkt die Basis-Emitter-Spannung. Dadurch sinken auch der Kollektorstrom und der Spannungsabfall an R_C. Als Folge steigt die Ausgangsspannung. Damit der Transistor im vorwärtsaktiven Betrieb bleibt, muss die Vorspannung V_B an der Basis um etwa 700 mV höher sein als die maximale Eingangsspannung.

Spannungsverstärkung für $V_A \to \infty$
Das Kleinsignalersatzschaltbild der Basisschaltung für $V_A \to \infty$ ist in Abb. 7.38 dargestellt.
  Aus dem Umlauf im Eingangskreis

Abb. 7.37 Basisschaltung

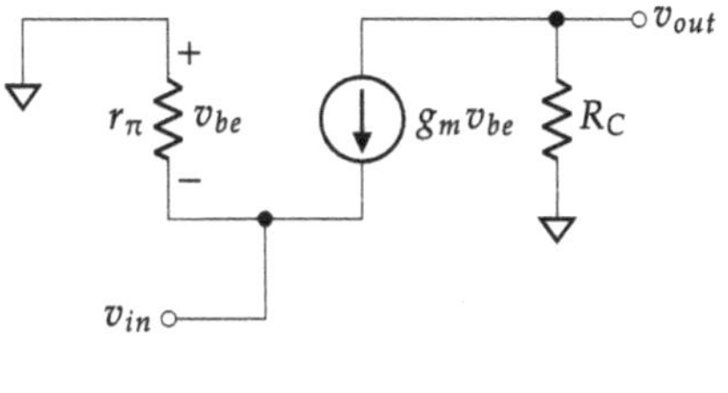

Abb. 7.38 Ersatzschaltbild der Basisschaltung zur Bestimmung von A_v für $V_A \to \infty$

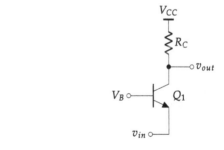

$$0 = v_{in} + v_{be} \qquad (7.92)$$

folgt $v_{be} = +v_{in}$. Zusammen mit der Knotengleichung am Kollektor

$$0 = \frac{v_{out}}{R_C} + g_m v_{be} \qquad (7.93)$$

folgt die Kleinsignalspannungsverstärkung $A_v = v_{out}/v_{in}$:

$$\boxed{A_v = g_m R_C.} \qquad (7.94)$$

Die Basisschaltung ist eine **nichtinvertierende Verstärkerstufe** mit einer betragsmäßig gleichen Spannungsverstärkung wie die Emitterschaltung [Gl. (7.22)]. Das Maximum der Spannungsverstärkung kann demnach wie in Gl. (7.25) abgeschätzt werden mit

$$|A_v| < \frac{V_{CC} - V_{BE0}}{V_T}. \qquad (7.95)$$

Eingangswiderstand für $V_A \to \infty$

Um den Eingangswiderstand zu berechnen, wird eine Testquelle v_x am Eingang angelegt und der Strom i_x aus der Testquelle berechnet (Abb. 7.39). Die Knotengleichung am Emitter lautet

$$0 = i_x + \frac{v_{be}}{r_\pi} + g_m v_{be}. \qquad (7.96)$$

Mit $v_{be} = -v_x$ und $R_{in} = v_x/i_x$ folgt:

$$R_{in} = \frac{1}{\dfrac{1}{r_\pi} + g_m} = \frac{1}{g_m} \| r_\pi. \qquad (7.97)$$

Mithilfe von $g_m \gg 1/r_\pi$ [Gl. (7.16)] folgt die einfache Approximation

Abb. 7.39 Ersatzschaltbild der Basisschaltung zur Bestimmung von R_{in} für $V_A \to \infty$

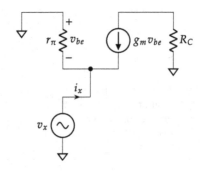

$$\boxed{R_{in} \approx \frac{1}{g_m}.} \tag{7.98}$$

Für einen Strom von $I_{C0} = 1\text{mA}$ ist $1/g_m = V_T/I_{C0} = 26\,\Omega$. Die Basisschaltung hat daher im Vergleich zur Emitterschaltung einen sehr kleinen Eingangswiderstand, der mit steigendem Kollektorstrom abnimmt.

Ausgangswiderstand für $V_A \to \infty$

Das Ersatzschaltbild zur Bestimmung des Ausgangswiderstands ist identisch mit dem entsprechenden Ersatzschaltbild der Emitterschaltung aus Abb. 7.11. Der Ausgangswiderstand ist daher identisch mit Gl. (7.28) und gegeben durch:

$$R_{out} = R_C. \tag{7.99}$$

Auch bei der Basisschaltung stehen A_v, R_{in} und R_{out} im Kompromiss zueinander. Eine große Spannungsverstärkung wird durch einen großen Kollektorstrom I_C oder einen großen Kollektorwiderstand R_C erreicht, was im Gegenzug zu einem kleinen Eingangswiderstand bzw. einem großen Ausgangswiderstand führt. Unter Verwendung der Approximation aus Gl. (7.98) ist der Zusammenhang zwischen diesen Größen gegeben durch

$$A_v = \frac{R_{out}}{R_{in}}. \tag{7.100}$$

Spannungsverstärkung für $V_A < \infty$

Wird der Early-Effekt berücksichtigt, $V_A < \infty$, kann das Kleinsignalersatzschaltbild um r_o wie in Abb. 7.40 gezeigt erweitert werden.

Es kann eine Knotengleichung am Kollektor formuliert werden:

$$0 = \frac{v_{out}}{R_C} + g_m v_{be} + \frac{v_{out} - v_{in}}{r_o}. \tag{7.101}$$

Mit $v_{be} = -v_{in}$ folgt die Spannungsverstärkung

$$A_v = (1 + g_m r_o)\frac{R_C}{R_C + r_o}. \tag{7.102}$$

Abb. 7.40 Ersatzschaltbild der Basisschaltung zur Bestimmung von A_v für $V_A < \infty$

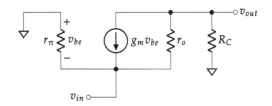

Mit $g_m r_o \gg 1$ [Gl. (7.18)] erhält man die Approximation

$$\boxed{A_v \approx g_m \left(R_C \| r_o\right).}$$ (7.103)

Eine Interpretation von Gl. (7.102) kann anhand von Abb. 7.41 veranschaulicht werden. Die Parallelschaltung von $g_m v_{be}$ und r_o wurde überführt in die Reihenschaltung einer Spannungsquelle $g_m r_o v_{be}$ und r_o (Abschn. 1.2.5). Die Ausgangsspannung ergibt sich aus dem Spannungsteiler aus r_o und R_C

$$\frac{v_{out}}{v_x} = \frac{R_C}{R_C + r_o},$$ (7.104)

und v_x erhält man aus der Umlaufgleichung

$$0 = v_x - v_{in} + g_m r_o v_{be}.$$ (7.105)

Mit $v_{be} = -v_{in}$ folgt

$$\frac{v_x}{v_{in}} = 1 + g_m r_o,$$ (7.106)

und aus

$$A_v = \frac{v_{out}}{v_{in}} = \frac{v_x}{v_{in}} \cdot \frac{v_{out}}{v_x}$$ (7.107)

folgt schließlich Gl. (7.102).

Eingangswiderstand für $V_A < \infty$

Der Vollständigkeit halber wird der Eingangswiderstand der Basisschaltung für $V_A < \infty$ bestimmt. Eine Betrachtung des in Abb. 7.42 gestrichelt gekennzeichneten Großknotens zeigt, dass der Strom $i_x + v_{be}/r_\pi$ durch den Widerstand R_C fließt. Der Spannungsabfall v_o ergibt sich aus

$$v_o = R_C \left(i_x + \frac{v_{be}}{r_\pi}\right) - v_x.$$ (7.108)

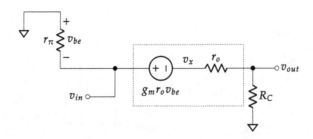

Abb. 7.41 Kleinsignalersatzschaltbild der Basisschaltung für $V_A < \infty$

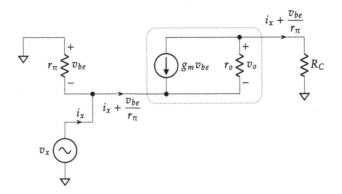

Abb. 7.42 Ersatzschaltbild der Basisschaltung zur Bestimmung von R_{in} für $V_A < \infty$

Die Knotengleichung am Emitter lautet

$$0 = i_x + \frac{v_{be}}{r_\pi} + g_m v_{be} + \frac{v_o}{r_o}. \tag{7.109}$$

Einsetzen von v_o und Umstellen nach $R_{in} = v_x/i_x$ liefern mit $v_{be} = -v_x$ den Eingangswiderstand

$$R_{in} = \frac{(r_o + R_C)\, r_\pi}{(g_m r_\pi + 1)\, r_o + R_C + r_\pi}. \tag{7.110}$$

Ausgangswiderstand für $V_A < \infty$

Auch für $V_A < \infty$ sind die Ersatzschaltbilder zur Bestimmung des Ausgangswiderstands für Basis- und Emitterschaltung identisch, und es gilt Gl. (7.32):

$$R_{out} = R_C \| r_o. \tag{7.111}$$

Übung 7.8: Kurzschluss-Stromverstärkung der Basisschaltung

Gegeben sei das Kleinsignalersatzschaltbild in Abb. 7.43. Es sei $V_A \to \infty$. Wie lautet der Ausdruck für die Kurzschluss-Stromverstärkung A_i? Wie ändert sich das Ergebnis für $V_A < \infty$? ◄

Lösung 7.8 Zunächst wird das Kleinsignalmodell des Bipolartransistors für $g_m v_{be} = \beta i_b$ eingesetzt (Abb. 7.44). Die Knotengleichung am Emitter lautet

$$0 = i_{in} + (\beta + 1)\, i_b, \tag{7.112}$$

Abb. 7.43 Ersatzschaltbild der
Basisschaltung zur Berechnung
der Stromverstärkung A_i

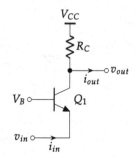

Abb. 7.44 Ersatzschaltbild der
Basisschaltung zur Berechnung
von A_i für $V_A \to \infty$

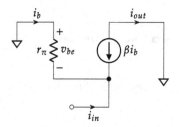

sodass $i_b = -i_{in}/(\beta + 1)$. Der Ausgangsstrom ergibt sich aus $i_{out} = -\beta i_b$. Die Kurzschluss-Stromverstärkung berechnet sich daher zu

$$A_i = \frac{i_{out}}{i_{in}} = \frac{\beta}{\beta + 1} \approx 1 \quad \text{für} \quad \beta \gg 1. \tag{7.113}$$

Die Basisschaltung hat eine niedrige Stromverstärkung von etwa 1. Das Ergebnis überrascht nicht, da bereits bekannt ist, dass Emitter- und Kollektorstrom etwa gleich groß sind.

Das Ersatzschaltbild für $V_A < \infty$ ist in Abb. 7.45 dargestellt. Die Knotengleichung am Emitter lautet:

$$i_b = i_{out} - i_{in}. \tag{7.114}$$

Eine Umlaufgleichung entlang r_π und r_o kann geschrieben werden als:

$$0 = r_\pi i_b + r_o \left(\beta i_b + i_{out} \right). \tag{7.115}$$

Das Einsetzen von i_b aus der Knotengleichung liefert die Stromverstärkung

$$A_i = \frac{r_\pi + r_o \beta}{r_\pi + (\beta + 1) r_o} \approx 1 \quad \text{für} \quad \beta \gg 1. \tag{7.116}$$

Abb. 7.45 Ersatzschaltbild der Basisschaltung zur Berechnung von A_i für $V_A < \infty$

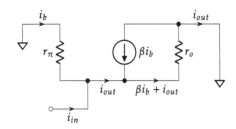

7.5.1 Basisschaltung mit Degeneration

Wird der Innenwiderstand der Eingangsspannungsquelle bzw. der Ausgangswiderstand der vorherigen Stufe modelliert, so kann ein Widerstand R_E der Basisschaltung hinzugefügt werden (Abb. 7.46(a)).

Spannungsverstärkung für $V_A \to \infty$

Das Kleinsignalersatzschaltbild zur Bestimmung der Spannungsverstärkung ist in Abb. 7.46(b) dargestellt und kann direkt durch das Aufstellen der Netzwerkgleichungen nach $A_v = v_{out}/v_{in}$ gelöst werden. Alternativ kann die Methode aus Abb. 7.25 angewendet werden (Abb. 7.47).

Der Eingangswiderstand R_{in} ist gegeben durch Gl. (7.97), sodass

$$A_{v1} = \frac{R_{in}}{R_{in} + R_E} = \frac{1}{1 + \left(\dfrac{1}{r_\pi} + g_m\right) R_E}. \qquad (7.117)$$

Durch Gl. (7.94) ist A_{v2} gegeben durch $g_m R_C$, sodass für die Spannungsverstärkung $A_v = A_{v1} A_{v2}$ folgt:

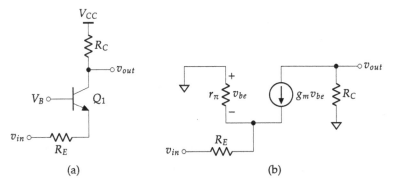

(a) (b)

Abb. 7.46 (a) Basisschaltung mit Quellwiderstand R_E und (b) Kleinsignalersatzschaltbild für $V_A \to \infty$

Abb. 7.47 Alternative
Methode zur Berechnung der
Spannungsverstärkung

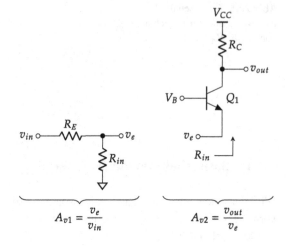

$$A_v = \frac{g_m R_C}{1 + \left(\dfrac{1}{r_\pi} + g_m\right) R_E} \tag{7.118}$$

bzw. wegen $g_m \gg 1/r_\pi$

$$A_v \approx \frac{R_C}{\dfrac{1}{g_m} + R_E}. \tag{7.119}$$

Bis auf das Minuszeichen ist dieser Ausdruck identisch mit der Spannungsverstärkung der degenerierten Emitterschaltung aus Gl. (7.42). Der Quellwiderstand R_E führt zu einer Reduktion von A_v und kann daher in Analogie zur Emitterschaltung als Degenerationswiderstand bezeichnet werden.

Eingangswiderstand für $V_A \to \infty$
Der Eingangswiderstand ist nach wie vor durch Gl. (7.97) bzw. Gl. (7.98) gegeben:

$$R_{in} = \frac{1}{g_m} \| r_\pi \approx \frac{1}{g_m}. \tag{7.120}$$

Ausgangswiderstand für $V_A \to \infty$
Der Ausgangswiderstand ändert sich durch die Präsenz von R_E nicht. Das Ersatzschaltbild zur Bestimmung des Ausgangswiderstands ist identisch mit dem der Emitterschaltung aus Abb. 7.21, sodass R_{out} gegeben ist durch Gl. (7.48)

$$R_{out} = R_C. \tag{7.121}$$

Ausgangswiderstand für $V_A < \infty$

Auch für $V_A < \infty$ kann auf den bei der degenerierten Emitterschaltung ermittelten Ausgangswiderstand aus Gl. (7.49) zurückgegriffen werden:

$$R_{out} = \tilde{R}_{out} \| R_C \tag{7.122}$$

mit $\tilde{R}_{out}$ nach Gl. (7.53)–(7.55):

$$\tilde{R}_{out} = r_o + (g_m r_o + 1)(r_\pi \| R_E) \tag{7.123}$$

$$= r_\pi \| R_E + [g_m (r_\pi \| R_E) + 1] r_o \tag{7.124}$$

$$\approx r_o [1 + g_m (r_\pi \| R_E)]. \tag{7.125}$$

7.5.2 Basisschaltung mit Basiswiderstand

Als Letztes soll die allgemeine Basisschaltung mit Emitter- und Basiswiderstand für $V_A \rightarrow \infty$ betrachtet werden, wobei R_B beispielsweise den Ausgangswiderstand eines Vorspannungsnetzwerks darstellt.

Spannungsverstärkung für $V_A \rightarrow \infty$

Die Spannungsverstärkung wird durch das Aufstellen und Lösen der Netzwerkgleichungen für das Ersatzschaltbild in Abb. 7.48(b) ermittelt. Aus der Knotengleichung am Kollektor, $0 = g_m v_{be} + v_{out}/R_C$, folgt:

$$v_{be} = -\frac{v_{out}}{g_m R_C}. \tag{7.126}$$

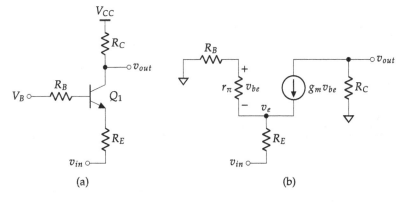

(a)   (b)

Abb. 7.48 (**a**) Basisschaltung mit Emitterdegeneration und Basiswiderstand und (**b**) Kleinsignalersatzschaltbild für $V_A \rightarrow \infty$

Abb. 7.49 Berechnung des
Eingangswiderstands für
$V_A \rightarrow \infty$

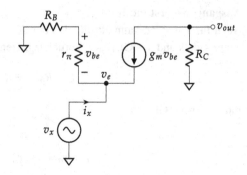

Aus dem Spannungsteiler $v_{be} = -v_e r_\pi / (r_\pi + R_B)$ ergibt sich durch Umstellen[4]

$$v_e = -\frac{R_B + r_\pi}{r_\pi} v_{be}. \tag{7.127}$$

Die Knotengleichung am Emitter ist gegeben durch

$$0 = \frac{v_{be}}{r_\pi} + g_m v_{be} + \frac{v_{in} - v_e}{R_E}. \tag{7.128}$$

Das Einsetzen von v_e und v_{be} liefert die Spannungsverstärkung

$$A_v = \frac{\beta R_C}{r_\pi + (\beta + 1) R_E + R_B}. \tag{7.129}$$

Bis auf das unterschiedliche Vorzeichen handelt es sich um den gleichen Ausdruck, den man für die entsprechende Emitterschaltung erhält [Gl. (7.60)]. Auch hier folgt eine nützliche Approximation für $\beta \gg 1$:

$$A_v \approx \frac{R_C}{\dfrac{1}{g_m} + R_E + \dfrac{R_B}{\beta + 1}}. \tag{7.130}$$

Auch bei der Basisschaltung führt der Basiswiderstand zu einer geringfügigen Verkleinerung der Spannungsverstärkung.

Eingangswiderstand für $V_A \rightarrow \infty$
Das Kleinsignalersatzschaltbild zur Bestimmung des Eingangswiderstands ist in Abb. 7.49 dargestellt.

---

[4] Alternativ kann beobachtet werden, dass der Strom durch r_π gegeben ist durch v_{be}/r_π, sodass sich v_e aus dem Spannungsabfall an R_B und r_π ergibt, $v_e = -(v_{be}/r_\pi)(R_B + r_\pi)$.

$$R_{in} = \frac{r_\pi}{\beta + 1} + \frac{R_B}{\beta + 1}. \tag{7.131}$$

Mit $\beta \gg 1$ folgt die Approximation

$$\boxed{R_{in} \approx \frac{1}{g_m} + \frac{R_B}{\beta + 1},} \tag{7.132}$$

sodass der Basiswiderstand eine geringfügige Vergrößerung des Eingangswiderstands bewirkt.

Ausgangswiderstand für $V_A \to \infty$

Das Kleinsignalersatzschaltbild zur Bestimmung des Ausgangswiderstands ist identisch mit Abb. 7.27, sodass R_{out} durch Gl. (7.67), $R_{out} = R_C$, gegeben ist.

7.5.3 Basisschaltung mit Vorspannungsnetzwerk

Mithilfe des Vorspannungsnetzwerks aus Abb. 6.8 kann eine vollständige Basisschaltung konstruiert werden (Abb. 7.50). Im Folgenden soll nur der Fall für $V_A \to \infty$ betrachtet werden. Für R_1, R_2 und V_{CC} wird eine Ersatzspannungsquelle gebildet. Außer zur Vereinfachung der nachfolgenden Analyse wird damit verdeutlicht, dass der Widerstand R_B aus Abschn. 7.5.2 aufgrund eines Vorspannungsnetzwerks zustande kommen kann.

Das Großsignalersatzschaltbild zur Bestimmung des Arbeitspunkts ist in Abb. 6.38 dargestellt. Das Kleinsignalersatzschaltbild hingegen ist in Abb. 7.51 veranschaulicht.

Ähnlich zum Vorgehen aus Abb. 7.47 lässt sich die Spannungsverstärkung berechnen durch

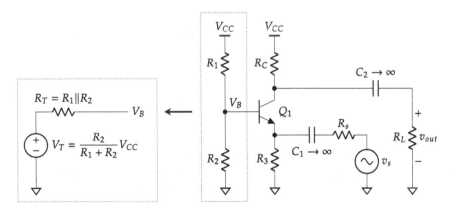

Abb. 7.50 Basisschaltung mit Vorspannungsnetzwerk und Ersatzspannungsquelle für das Teilnetzwerk aus R_1, R_2 und V_{CC}

Abb. 7.51 Kleinsignalersatzschaltbild der Basisschaltung mit Vorspannungsnetzwerk

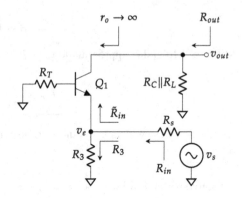

$$A_v = \frac{v_e}{v_s} \cdot \frac{v_{out}}{v_e}, \tag{7.133}$$

wobei

$$\frac{v_e}{v_s} = \frac{R_3 \| \tilde{R}_{in}}{R_3 \| \tilde{R}_{in} + R_s} \tag{7.134}$$

mit $\tilde{R}_{in}$ nach Gl. (7.132) für $\beta \gg 1$:[5]

$$\tilde{R}_{in} \approx \frac{1}{g_m} + \frac{R_T}{\beta + 1}. \tag{7.135}$$

Der Term A_{v2} ist gegeben durch Gl. (7.130) für $R_E = 0$:

$$\frac{v_{out}}{v_e} \approx -\frac{R_C}{\dfrac{1}{g_m} + \dfrac{R_T}{\beta + 1}}. \tag{7.136}$$

Der Eingangswiderstand ergibt sich aus der Parallelschaltung aus $\tilde{R}_{in}$ und R_3:

$$R_{in} = \tilde{R}_{in} \| R_3 \tag{7.137}$$

und der Ausgangswiderstand für $V_A \to \infty$ aus

$$R_{out} = R_C \| R_L. \tag{7.138}$$

Der Widerstand R_3 wird zwar benötigt, damit der Kollektorstrom des Transistors im Arbeitspunkt nach Masse abfließen kann, verringert im Gegenzug jedoch den Eingangswiderstand und die Spannungsverstärkung. Um die Reduzierung der Spannungsverstärkung in

---

[5] Der Emitterwiderstand R_E in Gl. (7.132) entspricht *nicht* dem Widerstand R_3 in Abb. 7.51. Bei der Bestimmung von $\tilde{R}_{in}$ wird die Schaltung nach Abb. 7.49 betrachtet.

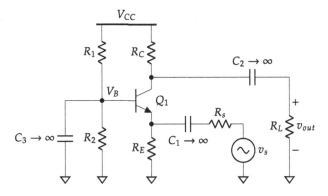

Abb. 7.52 Basisschaltung mit Vorspannungsnetzwerk und Bypasskondensator C_3

Gl. (7.136) durch den Widerstand R_T zu vermeiden, kann ein Bypasskondensator parallel zu dem Widerstand R_2 eingefügt werden, sodass die Basis im Kleinsignalersatzschaltbild nach Masse kurzgeschlossen wird (Abb. 7.52). Die Ausdrücke für A_v und R_{in} erhält man in diesem Fall aus Gl. (7.133)–(7.137) für $R_T = 0$.

7.6 Gate-Schaltung

Die Gate-Schaltung und ihr entsprechendes Kleinsignalersatzschaltbild für $\lambda > 0$ sind in Abb. 7.53 dargestellt.

Wie bereits bei der Source-Schaltung in Abschn. 7.4 gezeigt, entstehen die Kleinsignalersatzschaltbilder für die Verstärker mit dem Feldeffekttransistor aus den entsprechenden Ersatzschaltbildern der Bipolartransistorverstärker für $r_\pi \to \infty$ (und Ersetzungen wie zum

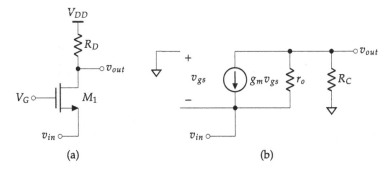

(a)   (b)

Abb. 7.53 (a) Gate-Schaltung und (b) Kleinsignalersatzschaltbild für $\lambda > 0$

Beispiel R_D anstatt R_C). Die Spannungsverstärkung der Gate-Schaltung ergibt sich somit aus Gl. (7.94) und (7.102) zu

$$A_v = \begin{cases} g_m R_D & \text{für} \quad \lambda = 0 & (7.139) \\[2mm] (1 + g_m r_o) \dfrac{R_D}{R_D + r_o} \approx g_m \left(R_D \| r_o \right) & \text{für} \quad \lambda > 0 & (7.140) \end{cases}.$$

Der Eingangswiderstand wird aus Gl. (7.98) und (7.110) abgeleitet:

$$R_{in} = \begin{cases} \dfrac{1}{g_m} & \text{für} \quad \lambda = 0 & (7.141) \\[2mm] \dfrac{r_o + R_C}{1 + g_m r_o} \approx \dfrac{1}{g_m} + \dfrac{R_C}{g_m r_o} & \text{für} \quad \lambda > 0 & (7.142) \end{cases}.$$

Für den Ausgangswiderstand folgt schließlich auf Basis von Gl. (7.99) und (7.111)

$$R_{out} = \begin{cases} R_D & \text{für} \quad \lambda = 0 & (7.143) \\[2mm] R_D \| r_o & \text{für} \quad \lambda > 0 & (7.144) \end{cases}.$$

7.6.1 Gate-Schaltung mit Degeneration

Für die Gate-Schaltung mit einem Widerstand R_S (Abb. 7.54) können die Verstärkungseigenschaften für $\lambda = 0$ ebenfalls direkt angegeben werden.

Die Spannungsverstärkung lautet nach Ersetzen von R_C mit R_D und R_E mit R_S in Gl. (7.118)

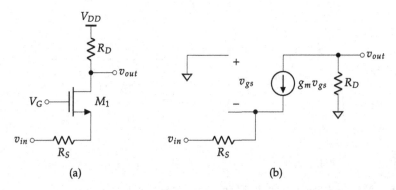

Abb. 7.54 (a) Gate-Schaltung mit Source-Degeneration und (b) Kleinsignalersatzschaltbild für $\lambda = 0$

$$A_v = \frac{R_D}{\dfrac{1}{g_m} + R_S} \quad \text{für} \quad \lambda = 0. \tag{7.145}$$

Wegen $r_\pi \to \infty$ handelt es sich bei Gl. (7.145) anders als beim Bipolartransistor [Gl. (7.119)] um einen exakten Ausdruck. Der Eingangswiderstand entsteht aus Gl. (7.120):

$$R_{in} = \frac{1}{g_m}, \tag{7.146}$$

und der Ausgangswiderstand lautet

$$R_{out} = R_D \quad \text{für} \quad \lambda = 0 \tag{7.147}$$

bzw. $R_{out} = \tilde{R}_{out} \| R_D$ für $\lambda > 0$ mit

$$\tilde{R}_{out} = r_o + (g_m r_o + 1) R_S \tag{7.148}$$

$$= R_S + (g_m R_S + 1) r_o \tag{7.149}$$

$$\approx r_o (1 + g_m R_S) \quad \text{für} \quad g_m r_o \gg 1. \tag{7.150}$$

Wie bereits in Abschn. 7.4.1 erläutert, findet ein Gate-Widerstand keine Berücksichtigung bei niedrigen Frequenzen, sodass der Fall einer Gate-Schaltung mit R_G in Analogie zu Abschn. 7.5.2 nicht weiter betrachtet wird.

Als Vorspannungsnetzwerk kann die gleiche Schaltung wie beim Bipolartransistor verwendet werden (Abschn. 7.5.3). Ein Bypasskondensator ist für den Fall niedriger Frequenzen wegen des verschwindend geringen Spannungsabfalls an R_T (Abb. 7.52) nicht nötig.

7.7 Kollektorschaltung (Emitterfolger)

Die Kollektorschaltung aus Abb. 7.7 ist wiederholt in Abb. 7.55 dargestellt. Nimmt die Eingangsspannung zu, so steigen die Basis-Emitter-Spannung und der Kollektor- bzw. Emitterstrom. Der damit einhergehende Anstieg des Spannungsabfalls an R_E wirkt allerdings dem Anstieg der Basis-Emitter-Spannung entgegen, sodass die Änderung der Ausgangsspannung am Emitter der Änderung der Eingangsspannung *folgt*. Diese Betriebsweise gibt der Schaltung auch die Bezeichnung **Emitterfolger**. Die Spannungsverstärkung ist demnach positiv. Damit der Transistor im vorwärtsaktiven Betrieb sein kann, muss die Emitterspannung im Arbeitspunkt um eine Flussspannung von etwa 0,7 V niedriger sein als die Basisspannung. Die Basisspannung hingegen muss kleiner sein als die Versorgungsspannung V_{CC}.

Es wird gezeigt, dass die Kollektorschaltung einen sehr großen Eingangswiderstand und einen sehr kleinen Ausgangswiderstand besitzt. Wie in Üb. 7.2 dargestellt, ist insbesondere bei niederohmigen Lasten ein möglichst geringer Ausgangswiderstand des Verstärkers

Abb. 7.55 Kollektorschaltung

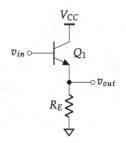

Abb. 7.56 Ersatzschaltbild der
Kollektorschaltung zur
Bestimmung von A_v für
$V_A \to \infty$

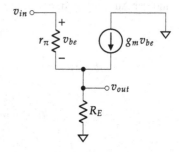

erforderlich. Eine degenerierte Emitterschaltung ist daher wegen ihres großen Ausgangswiderstands nicht geeignet, einen kleinen Lastwiderstand zu treiben. Abhilfe schafft die Kollektorschaltung, welche den großen Ausgangswiderstand der vorhergehenden Stufe in einen
kleinen Ausgangswiderstand umwandelt und somit als Schnittstelle zwischen Emitterschaltung und Last dienen kann. Die Kollektorschaltung kann demnach als **Impedanzwandler**[6]
eingesetzt werden.

Spannungsverstärkung für $V_A \to \infty$
Das Kleinsignalersatzschaltbild der Kollektorschaltung für $V_A \to \infty$ ist in Abb. 7.56
dargestellt.

Aus dem Umlauf im Eingangskreis

$$0 = v_{in} - v_{be} - v_{out} \tag{7.151}$$

und der Knotengleichung am Emitter

$$0 = \frac{v_{be}}{r_\pi} + g_m v_{be} - \frac{v_{out}}{R_E} \tag{7.152}$$

folgt die Kleinsignalspannungsverstärkung $A_v = v_{out}/v_{in}$:

---

[6] Engl. **buffer** bzw. wegen der Spannungsverstärkung von etwa 1 auch als **unity-gain voltage buffer**
bezeichnet.

$$A_v = \frac{R_E}{R_E + \dfrac{1}{g_m}\|r_\pi} = \frac{R_E}{R_E + \dfrac{r_\pi}{\beta + 1}} \qquad (7.153)$$

bzw. für $\beta = g_m r_\pi \gg 1$

$$\boxed{A_v \approx \frac{R_E}{R_E + \dfrac{1}{g_m}} .} \qquad (7.154)$$

Die Spannungsverstärkung ist demnach wie erwartet positiv und kleiner als 1.

Eingangswiderstand für $V_A \to \infty$

Das Kleinsignalersatzschaltbild zur Bestimmung des Eingangswiderstands für $V_A \to \infty$ in Abb. 7.57 ist identisch mit dem entsprechenden Ersatzschaltbild der degenerierten Emitterschaltung in Abb. 7.19. Der Eingangswiderstand der Kollektorschaltung ist daher recht groß und gegeben durch Gl. (7.46):

$$R_{in} = r_\pi + (\beta + 1)\, R_E . \qquad (7.155)$$

Ausgangswiderstand für $V_A \to \infty$

Der Ausgangswiderstand kann als eine Parallelschaltung des Widerstands $\tilde{R}_{out}$ und R_E betrachtet werden (Abb. 7.58):

$$R_{out} = R_E \| \tilde{R}_{out} , \qquad (7.156)$$

wobei $\tilde{R}_{out}$ dem Eingangswiderstand der Basisschaltung aus Gl. (7.120) entspricht:

$$\tilde{R}_{out} = \frac{1}{g_m} \| r_\pi \approx \frac{1}{g_m} . \qquad (7.157)$$

Der Ausgangswiderstand der Kollektorschaltung ist demnach relativ klein.

Abb. 7.57 Ersatzschaltbild der Kollektorschaltung zur Bestimmung von R_{in} für $V_A \to \infty$

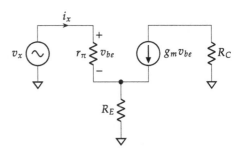

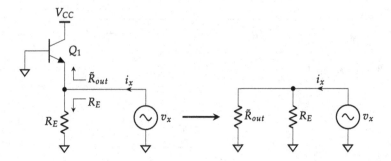

Abb. 7.58 Ersatzschaltbild der Kollektorschaltung zur Bestimmung von R_{out} für $V_A \to \infty$

Berücksichtigung des Early-Effekts ($V_A < \infty$)
Wird der Early-Effekt berücksichtigt, erscheint der Ausgangswiderstand r_o des Kleinsignalmodells im Ersatzschaltbild aufgrund der mit einem Kurzschluss zu ersetzenden Versorgungsspannung parallel zum Emitterwiderstand R_E (Abb. 7.59). In den obigen Gleichungen für A_v [Gl. (7.153)], R_{in} [Gl. (7.155)] und R_{out} [Gl. (7.156)] muss daher lediglich R_E mit der Parallelschaltung $R_E \| r_o$ ersetzt werden:

$$A_v = \frac{R_E \| r_o}{R_E \| r_o + \dfrac{1}{g_m} \| r_\pi} \approx \frac{R_E \| r_o}{R_E \| r_o + \dfrac{1}{g_m}} \tag{7.158}$$

$$R_{in} = r_\pi + (\beta + 1)\,(R_E \| r_o) \tag{7.159}$$

$$R_{out} = R_E \| r_o \| \frac{1}{g_m} \| r_\pi \approx R_E \| \frac{1}{g_m}. \tag{7.160}$$

Abb. 7.59 (a) Kollektorschaltung und (b) Kleinsignalersatzschaltbild für $V_A < \infty$

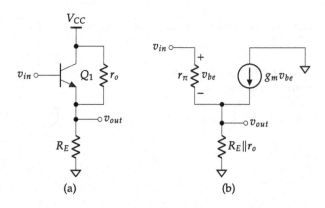

Übung 7.9: Kollektorschaltung mit Stromquelle

Gegeben sei eine Kollektorschaltung, bei der R_E durch eine Stromquelle ersetzt wurde (Abb. 7.60). Wie lautet der Ausdruck für die Spannungsverstärkung A_v, den Eingangswiderstand R_{in} und den Ausgangswiderstand R_{out} für $V_A < \infty$ bzw. $V_A \to \infty$? ◄

Lösung 7.9 Da der Innenwiderstand einer idealen Stromquelle unendlich groß ist, kann die Stromquelle im Kleinsignalbetrieb mit einem Leerlauf ersetzt werden, sodass die obigen Gleichungen Gl. (7.158)–(7.160) angewendet werden können für $R_E \to \infty$:

$$A_v \approx \frac{r_o}{r_o + \dfrac{1}{g_m}} \tag{7.161}$$

$$R_{in} = r_\pi + (\beta + 1)\, r_o \tag{7.162}$$

$$R_{out} \approx \frac{1}{g_m}. \tag{7.163}$$

Für $V_A \to \infty$ folgt für A_v und R_{in}

$$A_v = 1 \tag{7.164}$$

$$R_{in} \to \infty. \tag{7.165}$$

R_{out} bleibt unverändert.

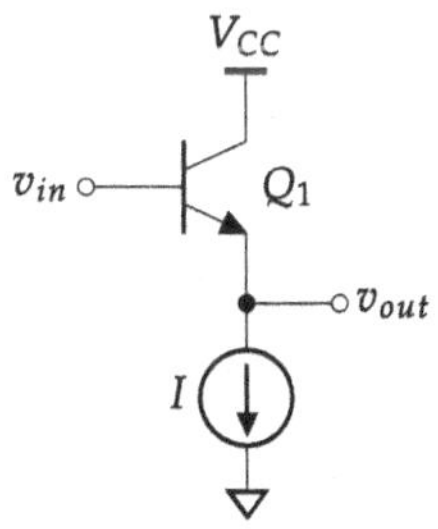

Abb. 7.60 Kollektorschaltung mit Stromquelle als Last

Übung 7.10: Kurzschluss-Stromverstärkung der Kollektorschaltung

Gegeben sei das Kleinsignalersatzschaltbild in Abb. 7.61. Es sei $V_A \to \infty$. Wie lautet der Ausdruck für die Kurzschluss-Stromverstärkung A_i? Wie ändert sich das Ergebnis für $V_A < \infty$? ◄

Lösung 7.10 Zunächst wird das Kleinsignalmodell des Bipolartransistors für $g_m v_{be} = \beta i_b$ eingesetzt (Abb. 7.62). Mit $i_b = i_{in}$ lautet die Knotengleichung am Emitter:

$$0 = (\beta + 1)\, i_{in} - i_{out}. \tag{7.166}$$

Daraus folgt für die Stromverstärkung:

$$A_i = \frac{i_{out}}{i_{in}} = \beta + 1. \tag{7.167}$$

Die Kollektorschaltung hat eine recht hohe Stromverstärkung. Der Ausdruck ändert sich für den Fall $V_A < \infty$ nicht, da der Ausgangswiderstand r_o kurzgeschlossen ist, wie in Abb. 7.62 grau gekennzeichnet.

Abb. 7.61 Ersatzschaltbild der Kollektorschaltung zur Berechnung der Stromverstärkung A_i

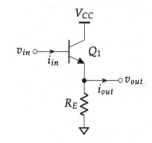

Abb. 7.62 Ersatzschaltbild der Kollektorschaltung zur Berechnung von A_i für $V_A < \infty$

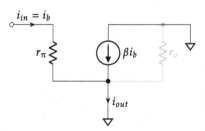

7.7.1 Kollektorschaltung mit Basiswiderstand

Wird der Early-Effekt vernachlässigt, so hat ein Widerstand R_C zwischen Kollektor und V_{CC} keinen Einfluss auf A_v, R_{in} und R_{out}. Für $V_A < \infty$ hingegen ist die Rechnung sehr umfangreich, und die Ergebnisse sind äußerst unübersichtlich. Daher wird hier lediglich der Fall einer Kollektorschaltung mit Basiswiderstand betrachtet (Abb. 7.63), wobei R_B beispielsweise den Ausgangswiderstand einer vorherigen Stufe oder den Innenwiderstand der Eingangsspannung repräsentiert.

Spannungsverstärkung für $V_A \to \infty$
Anstatt die Spannungsverstärkung durch das Aufstellen und Lösen der Netzwerkgleichungen für das Ersatzschaltbild in Abb. 7.63(b) zu ermitteln, wird die bereits mehrfach verwendete und in Abb. 7.64 veranschaulichte Methode gewählt.

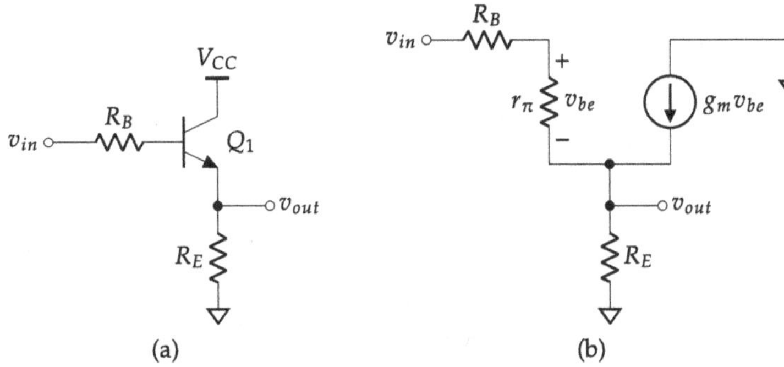

Abb. 7.63 (a) Kollektorschaltung mit Basiswiderstand und (b) Kleinsignalersatzschaltbild für $V_A \to \infty$

Abb. 7.64 Alternative Methode zur Berechnung der Spannungsverstärkung

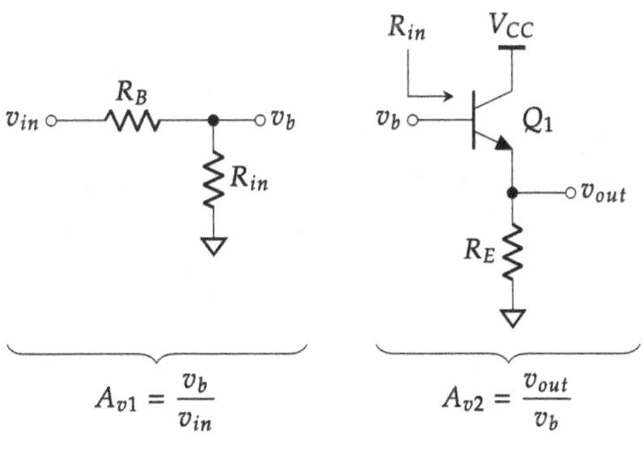

Es gilt:

$$A_v = A_{v1} \cdot A_{v2} = \frac{v_b}{v_{in}} \cdot \frac{v_{out}}{v_b} = \frac{v_{out}}{v_{in}}. \tag{7.168}$$

Der erste Term ist durch einen Spannungsteiler gegeben:

$$A_{v1} = \frac{R_{in}}{R_{in} + R_B}, \tag{7.169}$$

wobei R_{in} aus Gl. (7.155) bekannt ist. Das Einsetzen ergibt

$$A_{v1} = \frac{r_\pi + (\beta + 1)\, R_E}{r_\pi + (\beta + 1)\, R_E + R_B}. \tag{7.170}$$

Der zweite Term A_{v2} ist die aus Gl. (7.153) bzw. (7.154) bekannte Spannungsverstärkung, sodass der Ausdruck für A_v wie folgt lautet:

$$A_v = \frac{r_\pi + (\beta + 1)\, R_E}{r_\pi + (\beta + 1)\, R_E + R_B} \cdot \frac{R_E}{R_E + \dfrac{r_\pi}{\beta + 1}} \tag{7.171}$$

$$= \frac{(\beta + 1)\, R_E}{r_\pi + (\beta + 1)\, R_E + R_B}. \tag{7.172}$$

Das Erweitern von Zähler und Nenner mit $1/(\beta + 1)$ liefert für $\beta \gg 1$ die Approximation

$$\boxed{A_v \approx \frac{R_E}{R_E + \dfrac{1}{g_m} + \dfrac{R_B}{\beta + 1}}.} \tag{7.173}$$

Eingangswiderstand für $V_A \to \infty$
Der Eingangswiderstand ist weiterhin durch Gl. (7.155) gegeben:

$$R_{in} = r_\pi + (\beta + 1)\, R_E. \tag{7.174}$$

Ausgangswiderstand für $V_A \to \infty$
Das Kleinsignalersatzschaltbild zur Bestimmung des Ausgangswiderstands ist in Abb. 7.65 dargestellt. Der Widerstand $\tilde{R}_{out}$ ist gegeben durch Gl. (7.132), sodass für den Ausgangswiderstand folgt:

$$R_{out} = \tilde{R}_{out} \,\|\, R_E \tag{7.175}$$

mit

$$\tilde{R}_{out} = \frac{r_\pi}{\beta + 1} + \frac{R_B}{\beta + 1} \approx \frac{1}{g_m} + \frac{R_B}{\beta + 1}. \tag{7.176}$$

Abb. 7.65 Ersatzschaltbild der
Kollektorschaltung zur
Bestimmung von R_{out} für
$V_A \to \infty$

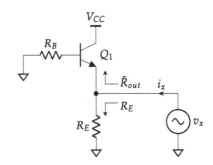

Berücksichtigung des Early-Effekts

Bei Berücksichtigung des Early-Effekts wird in den obigen Gleichungen für A_v [Gl. (7.172)],
R_{in} [Gl. (7.174)] und R_{out} [Gl. (7.175)], wie bereits in Abb. 7.59 veranschaulicht, der Widerstand R_E mit der Parallelschaltung $R_E \| r_o$ ersetzt:

$$A_v = \frac{(\beta + 1)\,(R_E \| r_o)}{(\beta + 1)\,(R_E \| r_o) + r_\pi + R_B} \approx \frac{(R_E \| r_o)}{R_E \| r_o + \dfrac{1}{g_m} + \dfrac{R_B}{\beta + 1}} \tag{7.177}$$

$$R_{in} = R_B + r_\pi + (\beta + 1)\,(R_E \| r_o) \tag{7.178}$$

$$R_{out} = \left(\frac{r_\pi}{\beta + 1} + \frac{R_B}{\beta + 1}\right) \| R_E \| r_o \approx \left(\frac{1}{g_m} + \frac{R_B}{\beta + 1}\right) \| R_E \| r_o. \tag{7.179}$$

7.7.2   Kollektorschaltung mit Vorspannungsnetzwerk

Mithilfe des Vorspannungsnetzwerks aus Abb. 6.8 kann eine vollständige Kollektorschaltung
konstruiert werden (Abb. 7.66). Der Kondensator C_3 überbrückt im Kleinsignalbetrieb den
Kollektorwiderstand R_C. Im Folgenden soll nur der Fall für $V_A \to \infty$ betrachtet werden.

Das Großsignalersatzschaltbild zur Bestimmung des Arbeitspunkts ist in Abb. 6.38 dargestellt. Das Kleinsignalersatzschaltbild ist in Abb. 7.67 veranschaulicht.

Mit dem Vorgehen aus Abb. 7.64 lässt sich die Spannungsverstärkung angeben als

$$A_v \approx \underbrace{\frac{R_1 \| R_2 \| \tilde{R}_{in}}{R_1 \| R_2 \| \tilde{R}_{in} + R_B}}_{v_b/v_s} \cdot \underbrace{\frac{R_E \| R_L}{R_E \| R_L + \dfrac{1}{g_m} + \dfrac{R_B}{\beta + 1}}}_{v_{out}/v_b}, \tag{7.180}$$

wobei

$$\tilde{R}_{in} = r_\pi + (\beta + 1)\,(R_E \| R_L). \tag{7.181}$$

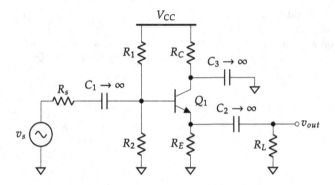

Abb. 7.66 Kollektorschaltung mit Vorspannungsnetzwerk

Abb. 7.67 Kleinsignalersatzschaltbild der Kollektorschaltung mit Vorspannungsnetzwerk

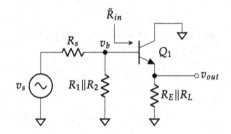

Der Eingangswiderstand ergibt sich zu

$$R_{in} = R_1 \| R_2 \| \tilde{R}_{in}, \tag{7.182}$$

und der Ausgangswiderstand lautet

$$R_{out} \approx \left(\frac{R_B}{\beta + 1} + \frac{1}{g_m} \right) \| R_E \| R_L. \tag{7.183}$$

7.8 Drain-Schaltung (Source-Folger)

Die Drain-Schaltung und ihr entsprechendes Kleinsignalersatzschaltbild für $\lambda > 0$ sind in Abb. 7.68 dargestellt. Ein Widerstand R_G in der Gate-Leitung ist bei niedrigen Frequenzen unerheblich. Als Vorspannungsnetzwerk kann die gleiche Schaltung wie beim Bipolartransistor verwendet werden (Abschn. 7.7.2).

Für $r_\pi \to \infty$ erhält man aus Gl. (7.158) die Spannungsverstärkung:

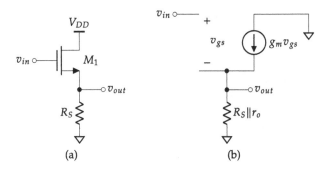

Abb. 7.68 (a) Drain-Schaltung und (b) Kleinsignalersatzschaltbild für $\lambda > 0$

$$A_v = \begin{cases} \dfrac{R_S}{R_S + 1/g_m} & \text{für} \quad \lambda = 0 & (7.184) \\[3ex] \dfrac{R_S \| r_o}{R_S \| r_o + 1/g_m} & \text{für} \quad \lambda > 0 & (7.185) \end{cases}$$

Der Eingangswiderstand ist unendlich groß:

$$R_{in} \to \infty \quad \text{für} \quad \lambda \geq 0. \qquad (7.186)$$

Der Ausgangswiderstand folgt aus Gl. (7.160):

$$R_{out} = \begin{cases} R_S \| \dfrac{1}{g_m} & \text{für} \quad \lambda = 0 & (7.187) \\[3ex] R_S \| r_o \| \dfrac{1}{g_m} \approx R_S \| \dfrac{1}{g_m} & \text{für} \quad \lambda > 0 & (7.188) \end{cases}$$

7.9 Übersicht der wichtigsten Ergebnisse

Bei der Herleitung der Kleinsignalparameter für die verschiedenen Verstärkerstufen konnte beobachtet werden, dass sich die Ergebnisse für Ein- und Ausgangswiderstände oftmals wiederholen. Beispielsweise haben Emitter- und Basisschaltung unter den gleichen Annahmen bezüglich R_B, R_E und R_C den gleichen Ausgangswiderstand bzw. Emitter- und Kollektorschaltung den gleichen Eingangswiderstand. Im ersten Fall beruhen die Ähnlichkeiten darauf, dass bei beiden Verstärkerstufen im Wesentlichen der Widerstand zwischen Kollektorklemme und Masse, im zweiten Fall zwischen Basisklemme und Masse berechnet wird. Es wird daher in Abb. 7.69 und 7.70 eine Übersicht der wichtigsten Ausdrücke für den Widerstand zwischen einer der Transistorklemmen und (Kleinsignal-)Masse dargestellt.

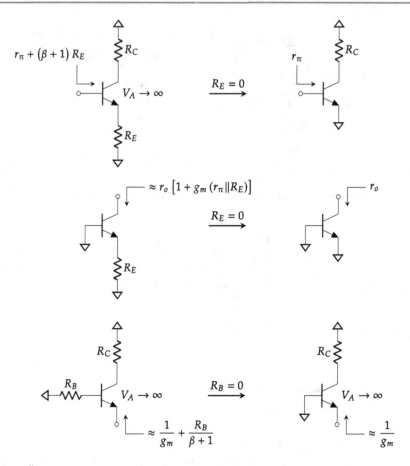

Abb. 7.69 Übersicht der nützlichsten Ausdrücke für die Innenwiderstände eines Bipolartransistors bezüglich einer Transistorklemme und Masse. Es gilt $V_A < \infty$, sofern nicht anderweitig angegeben

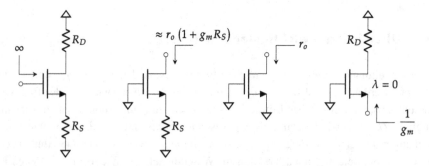

Abb. 7.70 Übersicht der nützlichsten Ausdrücke für die Innenwiderstände eines Feldeffekttransistors bezüglich einer Transistorklemme und Masse. Es gilt $\lambda > 0$, sofern nicht anderweitig angegeben. Wegen $i_G = 0$ findet ein Widerstand R_G in der Gate-Leitung keine Berücksichtigung

In Abb. 7.71 sind nützliche Ergebnisse bezüglich der Spannungsverstärkung der behandelten Bipolartransistorverstärker angegeben. Es kann beobachtet werden, dass sich der Betrag der Spannungsverstärkung aller drei Verstärker für $g_m r_\pi \gg 1$ und $V_A \to \infty$ in der folgenden Form angeben lässt:

$$|A_v| \approx \frac{R_L}{\dfrac{1}{g_m} + R_E + \dfrac{R_B}{\beta + 1}}, \tag{7.189}$$

wobei der Lastwiderstand R_L den Widerstand repräsentiert, an dem die Ausgangsspannung v_{out} abfällt, das heißt R_C in der Emitter- und Basisschaltung und R_E in der Kollektorschaltung.

In Abb. 7.72 sind die entsprechenden Ausdrücke für die Feldeffekttransistorverstärker angegeben. Auch hier kann der Betrag der Spannungsverstärkung aller drei Verstärker für $g_m r_o \gg 1$ und $\lambda = 0$ in einer allgemeinen Form angegeben werden:

$$|A_v| \approx \frac{R_L}{\dfrac{1}{g_m} + R_S}, \tag{7.190}$$

wobei der Lastwiderstand R_L den Widerstand repräsentiert, an dem die Ausgangsspannung v_{out} abfällt, das heißt R_D in der Source- und Gate-Schaltung und R_S in der Drain-Schaltung. Wird der Basiswiderstand in Abb. 7.71 weggelassen, so lässt sich Gl. (7.189) in Analogie zu Gl. (7.190) auch in der Form

$$|A_v| \approx \frac{R_L}{\dfrac{1}{g_m} + R_E} \tag{7.191}$$

angeben.

Übung 7.11: Kleinsignalanalyse einer Transistorschaltung

Gegeben sei die in Abb. 7.73 gezeigte Schaltung. Bestimmen Sie A_v, R_{in} und R_{out} für V_{A1}, $V_{A3} < \infty$ und $V_{A2} \to \infty$. Verwenden Sie die bekannten Approximationen für $g_m r_\pi \gg 1$ und $g_m r_o \gg 1$. ◄

Lösung 7.11 Die relevanten Ausdrücke zur Bestimmung von A_v, R_{in} und R_{out} sind in Abb. 7.74 dargestellt.

Die Schaltung kann als eine Kaskade zweier Kollektorschaltungen betrachtet werden. Die Spannungsverstärkung wird daher durch die Multiplikation zweier Terme bestimmt:

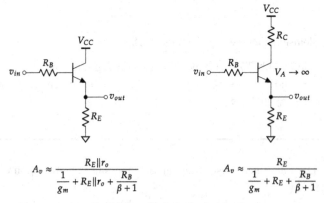

$$A_v = -g_m\left(R_C\|r_o\right)$$

$$A_v \approx -\cfrac{R_C}{\cfrac{1}{g_m} + R_E + \cfrac{R_B}{\beta+1}}$$

(a) Emitterschaltung

$$A_v \approx g_m\left(R_C\|r_o\right)$$

$$A_v \approx \cfrac{R_C}{\cfrac{1}{g_m} + R_E + \cfrac{R_B}{\beta+1}}$$

(b) Basisschaltung

$$A_v \approx \cfrac{R_E\|r_o}{\cfrac{1}{g_m} + R_E\|r_o + \cfrac{R_B}{\beta+1}}$$

$$A_v \approx \cfrac{R_E}{\cfrac{1}{g_m} + R_E + \cfrac{R_B}{\beta+1}}$$

(c) Kollektorschaltung (Emitterfolger)

Abb. 7.71 Übersicht der nützlichsten Ausdrücke für die Spannungsverstärkung der Verstärkergrund-schaltungen. Es gilt $V_A < \infty$, sofern nicht anderweitig angegeben

Abb. 7.72 Übersicht der nützlichsten Ausdrücke für die Spannungsverstärkung der Verstärkergrundschaltungen. Es gilt $\lambda > 0$, sofern nicht anderweitig angegeben

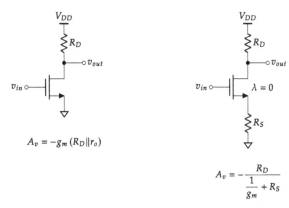

$$A_v = -g_m (R_D \| r_o)$$

$$A_v = -\dfrac{R_D}{\dfrac{1}{g_m} + R_S}$$

(a) Source-Schaltung

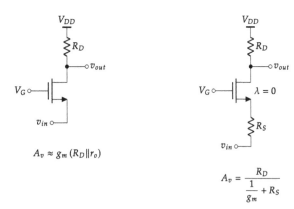

$$A_v \approx g_m (R_D \| r_o)$$

$$A_v = \dfrac{R_D}{\dfrac{1}{g_m} + R_S}$$

(b) Gate-Schaltung

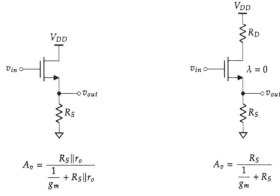

$$A_v = \dfrac{R_S \| r_o}{\dfrac{1}{g_m} + R_S \| r_o}$$

$$A_v = \dfrac{R_S}{\dfrac{1}{g_m} + R_S}$$

(c) Drain-Schaltung (Source-Folger)

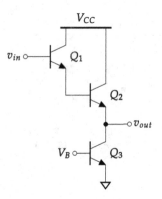

Abb. 7.73 Transistorschaltung

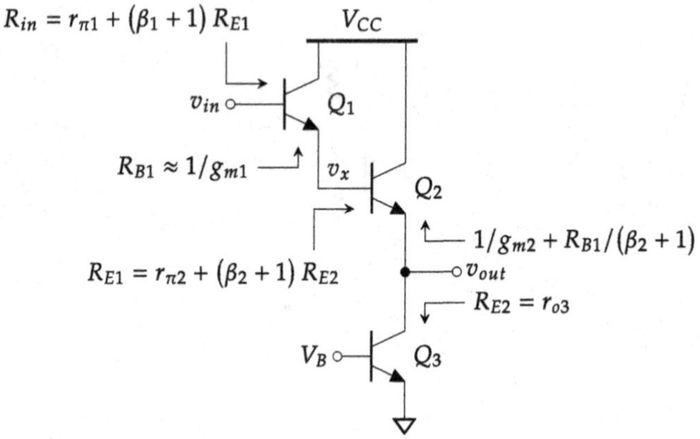

$$R_{in} = r_{\pi 1} + (\beta_1 + 1) R_{E1}$$

$$R_{B1} \approx 1/g_{m1}$$

$$R_{E1} = r_{\pi 2} + (\beta_2 + 1) R_{E2}$$

$$1/g_{m2} + R_{B1}/(\beta_2 + 1)$$

$$R_{E2} = r_{o3}$$

Abb. 7.74 Transistorschaltung

$$A_v = \frac{v_x}{v_{in}} \cdot \frac{v_{out}}{v_x}, \tag{7.192}$$

wobei

$$\frac{v_x}{v_{in}} = \frac{R_{E1} \| r_{o1}}{\dfrac{1}{g_{m1}} + R_{E1} \| r_{o1}} \tag{7.193}$$

und

$$\frac{v_{out}}{v_x} = \frac{R_{E2} \| r_{o2}}{\dfrac{1}{g_{m2}} + R_{E2} \| r_{o2}}. \tag{7.194}$$

Der Eingangswiderstand kann wie folgt angegeben werden:

$$R_{in} = r_{\pi 1} + (\beta_1 + 1)\left[r_{\pi 2} + (\beta_2 + 1)\, r_{o3}\right]. \tag{7.195}$$

Der Ausgangswiderstand ergibt sich zu

$$R_{out} = r_{o3} \| \left(\frac{1}{g_{m2}} + \frac{1/g_{m1}}{\beta_2 + 1}\right). \tag{7.196}$$

Übung 7.12: Kleinsignalanalyse einer Transistorschaltung

Gegeben sei die in Abb. 7.75 gezeigte Schaltung. Bestimmen Sie A_v, R_{in} und R_{out} für V_{A1}, V_{A2}, V_{A3}, $V_{A4} < \infty$. Verwenden Sie die bekannten Approximationen für $g_m r_\pi \gg 1$ und $g_m r_o \gg 1$. ◂

Lösung 7.12 Die relevanten Ausdrücke zur Bestimmung von A_v, R_{in} und R_{out} sind in Abb. 7.76 dargestellt.

Die Schaltung kann als Kaskade einer Kollektorschaltung gefolgt von einer Emitterschaltung betrachtet werden. Die Spannungsverstärkung wird daher durch die Multiplikation zweier Terme bestimmt:

$$A_v = \frac{v_x}{v_{in}} \cdot \frac{v_{out}}{v_x}, \tag{7.197}$$

wobei

$$\frac{v_x}{v_{in}} = \frac{r_{o2}\|r_{\pi 3}\|r_{o1}}{\dfrac{1}{g_{m1}} + r_{o2}\|r_{\pi 3}\|r_{o1}} \tag{7.198}$$

Abb. 7.75 Transistorschaltung

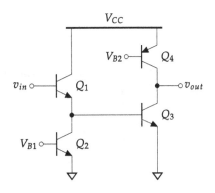

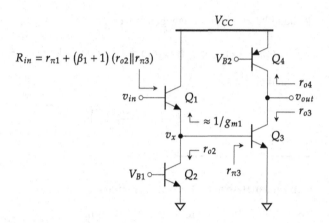

Abb. 7.76 Transistorschaltung

und

$$\frac{v_{out}}{v_x} = -g_{m3}\,(r_{o3}\|r_{o4})\,. \tag{7.199}$$

Der Eingangswiderstand kann wie folgt angegeben werden:

$$R_{in} = r_{\pi 1} + (\beta_1 + 1)\,(r_{o2}\|r_{\pi 3})\,. \tag{7.200}$$

Der Ausgangswiderstand ergibt sich zu

$$R_{out} = r_{o3}\|r_{o4}\,. \tag{7.201}$$

Übung 7.13:Kleinsignalanalyse einer Transistorschaltung

Gegeben sei die in Abb. 7.77 gezeigte Schaltung. Bestimmen Sie A_v, R_{in} und R_{out} für $\lambda > 0$. Verwenden Sie die bekannten Approximationen für $g_m r_o \gg 1$. ◄

Lösung 7.13 Die relevanten Ausdrücke zur Bestimmung von A_v, R_{in} und R_{out} sind in Abb. 7.78 dargestellt.

Abb. 7.77 Transistorschaltung

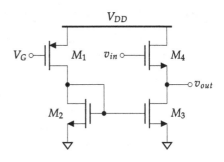

Abb. 7.78 Transistorschaltung

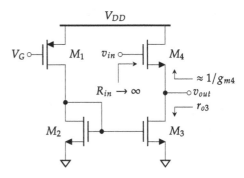

Die Schaltung besteht im Wesentlichen aus einer Drain-Schaltung. Die Transistoren M_2 und M_3 bilden einen sogenannten **Stromspiegel**[7]. Die Spannungsverstärkung lautet

$$A_v = \frac{r_{o3} \| r_{o4}}{\dfrac{1}{g_{m4}} + r_{o3} \| r_{o4}}. \tag{7.202}$$

Der Eingangswiderstand ist unendlich groß:

$$R_{in} \to \infty. \tag{7.203}$$

Der Ausgangswiderstand ergibt sich zu

$$R_{out} = r_{o3} \| \frac{1}{g_{m4}} \approx \frac{1}{g_{m4}}. \tag{7.204}$$

---

[7] Engl. **current mirror**.

Übung 7.14: Kleinsignalanalyse einer Transistorschaltung

Gegeben sei die in Abb. 7.79 gezeigte Schaltung. Bestimmen Sie A_v, R_{in} und R_{out} für $V_A < \infty$. Verwenden Sie die bekannten Approximationen für $g_m r_\pi \gg 1$ und $g_m r_o \gg 1$.
◄

Lösung 7.14 Die relevanten Ausdrücke zur Bestimmung von A_v, R_{in} und R_{out} sind in Abb. 7.80 wiedergegeben.

Durch das Einfügen des Kleinsignalmodells für Q_2 kann gezeigt werden, dass der Widerstand R_{E2} nicht durch $r_{\pi 2} \| (1/g_{m2})$, sondern durch $r_{\pi 2}$ gegeben ist (die ideale Stromquelle wird durch einen Leerlauf ersetzt). Die Spannungsverstärkung der Kollektorschaltung ist gegeben durch

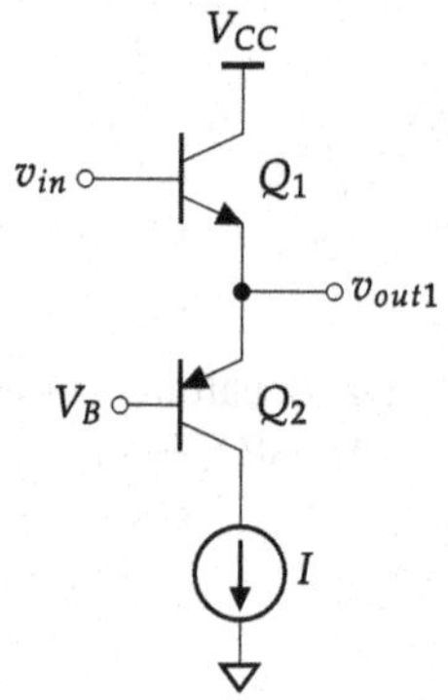

Abb. 7.79 Transistorschaltung

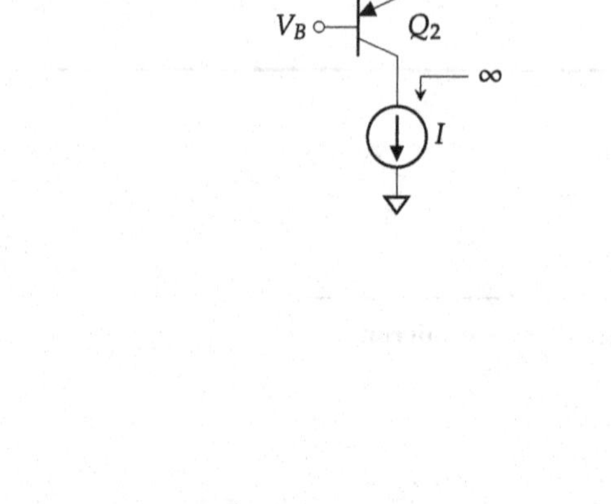

Abb. 7.80 Transistorschaltung

$$R_{in} = r_{\pi 1} + (\beta_1 + 1)\, R_{E2}$$

$$A_v = \frac{r_{\pi 2}\|r_{o1}}{\dfrac{1}{g_{m1}} + r_{\pi 2}\|r_{o1}}. \tag{7.205}$$

Der Ausgangswiderstand R_{out} lautet

$$R_{out1} \approx \frac{1}{g_{m1}}\|r_{\pi 2}. \tag{7.206}$$

Der Eingangswiderstand kann wie folgt angegeben werden:

$$R_{in} = r_{\pi 1} + (\beta_1 + 1)\, r_{\pi 2}. \tag{7.207}$$

Übung 7.15: Kleinsignalanalyse einer Transistorschaltung

Gegeben sei die in Abb. 7.81 gezeigte Schaltung. Bestimmen Sie A_v, R_{in} und R_{out} für $V_A < \infty$. Verwenden Sie die bekannten Approximationen für $g_m r_\pi \gg 1$ und $g_m r_o \gg 1$.
◄

Lösung 7.15 Die relevanten Ausdrücke zur Bestimmung von A_v, R_{in} und R_{out} sind in Abb. 7.82 dargestellt.

Die Schaltung kann als Hintereinanderschaltung einer Kollektor- und einer Basisschaltung betrachtet werden. Die Spannungsverstärkung wird daher durch die Multiplikation zweier Terme bestimmt:

$$A_v = \frac{v_x}{v_{in}} \cdot \frac{v_{out}}{v_x}, \tag{7.208}$$

Abb. 7.81 Transistorschaltung

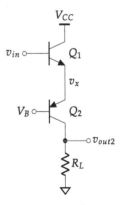

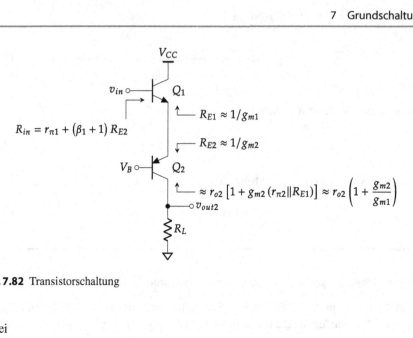

Abb. 7.82 Transistorschaltung

wobei

$$\frac{v_x}{v_{in}} = \frac{\dfrac{1}{g_{m2}} \| r_{o1}}{\dfrac{1}{g_{m1}} + \dfrac{1}{g_{m2}} \| r_{o1}} \approx \frac{\dfrac{1}{g_{m2}}}{\dfrac{1}{g_{m1}} + \dfrac{1}{g_{m2}}} \tag{7.209}$$

und

$$\frac{v_{out}}{v_x} \approx g_{m2} \left(R_L \| r_{o2} \right), \tag{7.210}$$

sodass

$$A_v \approx \frac{R_L \| r_{o2}}{\dfrac{1}{g_{m1}} + \dfrac{1}{g_{m2}}}. \tag{7.211}$$

Der Eingangswiderstand kann wie folgt angegeben werden:

$$R_{in} \approx r_{\pi 1} + (\beta_1 + 1) \frac{1}{g_{m2}}. \tag{7.212}$$

Der Ausgangswiderstand ergibt sich zu

$$R_{out2} \approx R_L \| \left[r_{o2} \left(1 + \frac{g_{m2}}{g_{m1}} \right) \right]. \tag{7.213}$$

Zusammenfassung

- Drei wichtige Kenngrößen von Spannungsverstärkern sind die *Verstärkung* A_v, der *Eingangswiderstand* R_{in} und der *Ausgangswiderstand* R_{out}.

- Für den Betrieb mit einem hochohmigen Quellwiderstand bzw. einem großen Ausgangswiderstand einer vorhergehenden Verstärkerstufe ist ein möglichst *großes* R_{in} und für den Betrieb mit einer niederohmigen Last ein möglichst *kleines* R_{out} gewünscht.

- Für Verstärkerschaltungen mit Bipolar- oder Feldeffekttransistoren existieren drei sinnvolle *Grundschaltungen,* deren Bezeichnung aus dem Anschluss abgeleitet werden kann, an dem weder die Eingangsspannung angelegt noch die Ausgangsspannung abgegriffen wird.

- Die *Emitterschaltung* ist gekennzeichnet durch einen Eingangswiderstand r_π, einen Ausgangswiderstand $R_C \| r_o$ und eine moderate Spannungsverstärkung $-g_m \left(R_C \| r_o \right)$. Es handelt sich um einen *invertierenden* Verstärker.

- Spannungsverstärkung und Eingangswiderstand der Emitterschaltung hängen über den Übertragungsleitwert miteinander zusammen. Mit dem Ausgangswiderstand hingegen ist die Spannungsverstärkung über den Kollektorwiderstand gekoppelt. Nur zwei der drei Kenngrößen können unabhängig voneinander eingestellt werden.

- Durch *Degeneration* werden der Ein- und Ausgangswiderstand vergrößert und die Spannungsverstärkung verkleinert und *linearisiert.*

- Die *Basisschaltung* ähnelt der Emitterschaltung bezüglich Spannungsverstärkung und Ausgangswiderstand. Im Unterschied zur Emitterschaltung ist jedoch der Eingangswiderstand sehr klein. Außerdem ist A_v positiv, das heißt, es handelt sich bei der Basisschaltung um einen *nichtinvertierenden* Verstärker.

- Die *Kollektorschaltung* hat einen großen Eingangswiderstand und einen kleinen Ausgangswiderstand. Die Spannungsverstärkung ist positiv und kleiner als 1, weshalb die Kollektorschaltung auch als *Spannungsfolger* oder *Folger* bezeichnet wird. Anwendung findet die Kollektorschaltung als *Impedanzwandler.*

- Die Kenngrößen der *Grundschaltungen des Feldeffekttransistors* können aus den entsprechenden Parametern der Bipolartransistorverstärker durch den Grenzübergang $r_\pi \to \infty$ abgeleitet werden.

Operationsverstärker

8

Inhaltsverzeichnis

© Springer-Verlag GmbH Deutschland, ein Teil von Springer Nature 2021   367
M. Momeni, *Grundlagen der Mikroelektronik 1*,
https://doi.org/10.1007/978-3-662-62032-8_8

Eine wesentliche Komponente in elektronischen Systemen stellen Verstärker dar. Aufgrund ihrer Verwendung für mathematische Operationen in Analogrechnern, wie zum Beispiel Addition oder Subtraktion, werden die im Folgenden behandelten Verstärker auch **Operationsverstärker** genannt, abgekürzt **OP** oder **OPV**[1]. Operationsverstärker erlauben die Realisierung einer Vielzahl von Funktionen, welche für die analoge Signalverarbeitung von wesentlicher Bedeutung sind.

Lernergebnisse

- Sie können die idealen und realen Eigenschaften von Operationsverstärkern **erläutern.**
- Sie können die Funktionsweise von Operationsverstärkerschaltungen **erklären.**
- Sie können Operationsverstärkerschaltungen **analysieren.**
- Sie können auf Basis gegebener Anforderungen Operationsverstärkerschaltungen **entwerfen.**

8.1   Grundlegende Betrachtungen

Ein Operationsverstärker ist ein **Differenzverstärker,** dessen Ausgangsspannung sich aus der Verstärkung der Differenz zweier Eingangsspannungen ergibt. Die Grundgleichung lautet

$$\boxed{v_{out} = A_0 \left(v_+ - v_-\right) = A_0 v_{id}.}$$

(8.1)

Dabei ist A_0 die **Spannungsverstärkung**[2] des Operationsverstärkers und $v_{id} = v_+ - v_-$ die **Differenz-Eingangsspannung.** Das Schaltzeichen eines Operationsverstärkers mit einer positiven und negativen Versorgungsspannung ist in Abb. 8.1(a) dargestellt. Die beiden Eingangsanschlüsse werden durch das Plus- und Minuszeichen unterschieden. Den Eingang, an dem die Spannung v_+ anliegt, nennt man **nichtinvertierenden Eingang.** Der Eingang, an dem die Spannung v_- anliegt, wird als **invertierender Eingang** bezeichnet.

Üblicherweise werden die Anschlüsse für die Versorgungsspannungen entweder nur angedeutet [Abb. 8.1(b)] oder ganz weggelassen [Abb. 8.1(c)]. Anstatt mit einer **bipolaren** (positiven und negativen) Spannungsversorgung[3] wird ein OP in vielen Fällen auch mit einer **unipolaren** (in der Regel positiven) Spannungsversorgung betrieben. Im Falle

---

[1] Für den englischen Begriff **operational amplifier** werden üblicherweise die Abkürzungen **op amp, OP** und gelegentlich **OA** verwendet.

[2] Weitere gebräuchliche Bezeichnungen für die Spannungsverstärkung A_0 sind **Differenz-Spannungs-, Gegentakt-** oder **Leerlaufverstärkung,** im Englischen **differential, differential-mode** oder **open-loop voltage gain** genannt. Befindet sich der OP in einer Schaltung mit Rückkopplung, so wird die Spannungsverstärkung der gesamten Schaltung hingegen als **closed-loop voltage gain** bezeichnet und mit A_v angegeben.

[3] Sind V_{CC} und V_{EE} betragsmäßig gleich groß, zum Beispiel ±15 V, so spricht man auch von einer **symmetrischen** Spannungsversorgung.

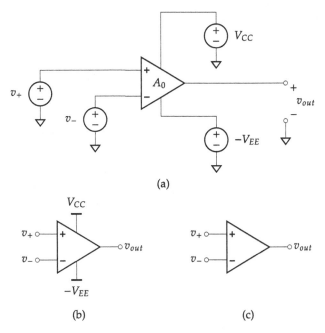

(a)

(b)   (c)

Abb. 8.1 (a) Schaltzeichen eines Operationsverstärkers mit explizit angegebenen Versorgungsspannungen und Massebezug, (b) Versorgungsspannungen lediglich angedeutet, (c) übliches Schaltzeichen mit implizierten Versorgungsspannungen und impliziertem Massebezug

einer unipolaren positiven Spannungsversorgung wird der Anschluss für die negative Versorgungsspannung auf Masse gelegt, das heißt $V_{EE} = 0$.

Mithilfe von Gl. (8.1) können zwei Spezialfälle abgeleitet werden, welche die Namensgebung der Eingangsanschlüsse verdeutlichen (Abb. 8.2). Dabei wird jeweils eine der Eingangsspannungen auf Masse gelegt und die Ausgangsspannung als Funktion der verbleibenden Eingangsspannung ermittelt. Der negative Anstieg [Abb. 8.2(a)] entspricht einer *invertierenden* Verstärkung $-A_0$ und der positive Anstieg [Abb. 8.2(b)] einer *nichtinvertierenden* Verstärkung A_0.

Die einfachste Ersatzschaltung eines OP ist in Abb. 8.3 dargestellt und enthält eine spannungsgesteuerte Spannungsquelle, welche die grundlegende Funktion eines Operationsverstärkers [Gl. (8.1)] realisiert. Eine um zwei weitere Parameter, den **Differenz-Eingangswiderstand**[4] R_{id} und den **Ausgangswiderstand** R_o, erweiterte Ersatzschaltung ist in Abb. 8.4 dargestellt.

---

[4]Etwas umständlicher auch **Eingangswiderstand für Differenzsignale** genannt, da dies der Widerstand ist, an dem v_{id} abfällt.

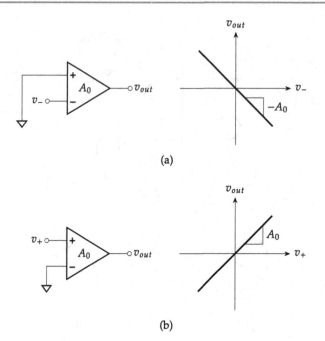

(a)

(b)

Abb. 8.2 (a) Invertierendes und (b) nichtinvertierendes Spannungsübertragungsverhalten eines OP

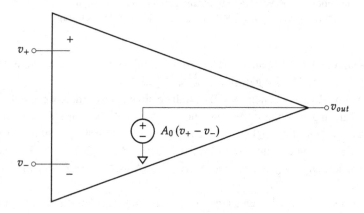

Abb. 8.3 Ersatzschaltung eines OP mit Spannungsverstärkung A_0

Für einen **idealen** OP gelten folgende Annahmen:

$$A_0 \to \infty \tag{8.2}$$

$$R_{id} \to \infty \tag{8.3}$$

$$R_o = 0. \tag{8.4}$$

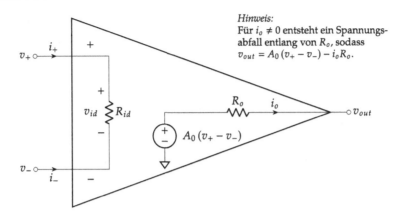

Abb. 8.4 Erweiterte Ersatzschaltung eines OP mit Spannungsverstärkung A_0, Differenz-Eingangswiderstand R_{id} und Ausgangswiderstand R_o

Demnach sind für einen idealen OP die Spannungsverstärkung und der Differenz-Eingangswiderstand unendlich groß und der Ausgangswiderstand verschwindend gering. Es existiert eine Vielzahl weiterer Parameter, die teilweise in Abschn. 8.5 aufgegriffen und erläutert werden. Ein idealer OP kann zwar nicht realisiert werden, bei der Analyse einer OP-Schaltung ist es aber dennoch sinnvoll, zunächst einen idealen OP anzunehmen. Im Anschluss an diese Analyse können je nach Problemstellung sukzessive die realen Eigenschaften berücksichtigt werden.

Aus Gl. (8.2)–(8.3) leiten sich die beiden wesentlichen Annahmen bei der Berechnung von operationsverstärkerbasierten Schaltungen ab. Gemäß Gl. (8.1) gilt für eine unendlich große Spannungsverstärkung

$$\lim_{A_0 \to \infty} v_{id} = \lim_{A_0 \to \infty} \frac{v_{out}}{A_0} = 0. \tag{8.5}$$

Für $A_0 \to \infty$ und endliche Ausgangsspannungen ist die Differenz-Eingangsspannung demnach gleich 0.

Ist der Eingangswiderstand R_{id} unendlich groß, so entsteht zwischen den beiden Eingängen ein Leerlauf, wie in Abb. 8.3 dargestellt. Für diesen Fall sind die beiden Eingangsströme i_+ und i_- gleich 0.

Zusammenfassend lauten die beiden Annahmen bei der Analyse von Schaltungen mit *idealen* Operationsverstärkern:

$$v_{id} = v_+ - v_- = 0 \tag{8.6}$$

$$i_+ = i_- = 0. \tag{8.7}$$

Die Annahme $v_+ = v_-$ bedeutet *nicht,* dass die beiden Eingangsanschlüsse miteinander *kurzgeschlossen* werden können. Die Analyse der Grundschaltungen im nächsten Abschnitt verdeutlicht diesen Punkt.

8.2   Lineare gegengekoppelte Schaltungen mit idealen Operationsverstärkern

In diesem Abschnitt werden die Annahmen aus Gl. (8.6)–(8.7) zusammen mit der Knoten- und Maschenregel auf eine Vielzahl wichtiger Grundschaltungen angewendet. Hierzu gehören der invertierende und der nichtinvertierende Verstärker, der Spannungsfolger als Spezialfall eines nichtinvertierenden Verstärkers, der Addier- und der Subtrahierverstärker, der Instrumentationsverstärker sowie der Integrator und der Differenzierer als Spezialfälle eines allgemeinen invertierenden Verstärkers. Komplexere Funktionen können zum Beispiel aus der Zusammenschaltung dieser Grundschaltungen realisiert werden.

8.2.1   Invertierender Verstärker

Die Schaltung eines **invertierenden Verstärkers**[5] ist in Abb. 8.5 dargestellt. Es ist zu beachten, dass der Ausgang auf den invertierenden Eingang rückgekoppelt wird. Man spricht auch von einer **negativen Rückkopplung** oder **Gegenkopplung**[6]. Die Gegenkopplung bewirkt, dass ein Anstieg des Ausgangssignals einem Anstieg des Eingangssignals entgegenwirkt und somit verhindert, dass sich die Ausgangsspannung unbeabsichtigt aufschaukelt. OP-Schaltungen mit positiver Rückkopplung werden in Abschn. 8.4 diskutiert.

Im Folgenden werden die Spannungsverstärkung A_v, der Eingangswiderstand R_{in} und der Ausgangswiderstand R_{out} der Schaltung berechnet.

Spannungsverstärkung A_v
Zur Berechnung der Spannungsverstärkung werden die benötigten Ströme mit ihren Zählpfeilen gekennzeichnet (Abb. 8.6). Weil v_+ auf Masse liegt, $v_+ = 0$, gilt aufgrund der Annahme aus Gl. (8.6), dass $v_- = v_+ = 0$. Die Spannung v_- beträgt ebenfalls 0, obwohl der entsprechende Knoten *nicht* direkt mit der Masse verbunden ist. In diesem Zusammenhang spricht man von einer **virtuellen Masse** am invertierenden OP-Eingang. Das Konzept der virtuellen Masse vereinfacht die Berechnung von Schaltungen mit idealen Operationsverstärkern.

Für die Knotengleichung am invertierenden OP-Eingang gilt:

$$i_1 = i_2 + i_-. \tag{8.8}$$

---

[5]Engl. **inverting amplifier;** auch als **Umkehrverstärker** bezeichnet.
[6]Analog wird eine **positive Rückkopplung** auch **Mitkopplung** genannt, engl. **positive feedback.**

Abb. 8.5 Invertierender
Verstärker

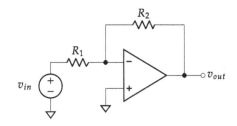

Abb. 8.6 Bestimmung der
Spannungsverstärkung des
invertierenden Verstärkers

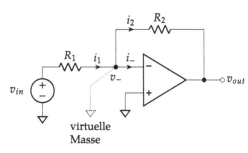

Wegen der Annahme aus Gl. (8.7), $i_- = 0$, kann diese Knotengleichung vereinfacht werden
zu

$$i_1 = i_2. \tag{8.9}$$

Für die Ströme i_1 und i_2 folgt wegen der virtuellen Masse

$$i_1 = \frac{v_{in} - v_-}{R_1} = \frac{v_{in}}{R_1} \tag{8.10}$$

$$i_2 = \frac{v_- - v_{out}}{R_2} = -\frac{v_{out}}{R_2}. \tag{8.11}$$

Das Einsetzen der Gln. (8.10)–(8.11) in Gl. (8.9) führt zu einem Ausdruck für die Spannungsverstärkung:[7]

$$\boxed{A_v = \frac{v_{out}}{v_{in}} = -\frac{R_2}{R_1}.} \tag{8.12}$$

Bei der Schaltung aus Abb. 8.5 spricht man von einem *invertierenden* Verstärker aufgrund
des negativen Vorzeichens in Gl. (8.12), welches zu einer Phasenumkehr zwischen Ein-

---

[7]Anfänglich kann es in diesem Ausdruck für A_v zu Verwechslungen zwischen R_1 und R_2 kommen.
Als Abhilfe gegen dieses mögliche Missverständnis merkt man sich, dass im Zähler der Rückkopplungswiderstand (R_2) und im Nenner der mit der Eingangsspannung v_{in} verbundene Widerstand (R_1)
steht.

und Ausgangssignal führt. Typischerweise wird $R_2 > R_1$ gewählt, sodass der Betrag der Verstärkung größer ist als 1.

Was passiert, wenn die virtuelle Masse mit v_+ kurzgeschlossen wird? Die virtuelle Masse an v_- kann dazu verleiten, diesen Knoten mit v_+ kurzzuschließen. In diesem Fall verliert die Knotengleichung aus Gl. (8.8) jedoch ihre Gültigkeit, da der gesamte Strom i_1 den Weg des geringsten Widerstands nach Masse wählt. Daraus folgt $i_2 = 0$ und daher $v_{out} = 0$.

Eingangswiderstand R_{in}

Zur Berechnung des Eingangswiderstands wird eine Testspannungsquelle v_x am Eingang des Verstärkers angelegt und der Strom i_x aus dieser Testquelle bestimmt (Abb. 8.7).

Wegen $v_- = 0$ gilt $i_x = v_x/R_1$, sodass für den Eingangswiderstand folgt:

$$R_{in} = \frac{v_x}{i_x} = R_1. \tag{8.13}$$

Ausgangswiderstand R_{out}

Zur Berechnung des Ausgangswiderstands wird eine Testspannungsquelle v_x am Ausgang des Verstärkers angelegt und der Strom i_x aus dieser Testquelle bestimmt (Abb. 8.8). Dabei müssen alle anderen unabhängigen Spannungsquellen, wie zum Beispiel die Eingangsspannungsquelle v_{in}, mit einem Kurzschluss bzw. Stromquellen mit einem Leerlauf ersetzt werden.

Wegen $v_- = 0$ gilt $i_1 = v_-/R_1 = 0$, und aufgrund der Knotengleichung am invertierenden Eingang [Gl. (8.9)] folgt $i_2 = i_1 = 0$. Der Strom i_2 kann auch wie folgt ausgedrückt werden:

Abb. 8.7 Bestimmung des Eingangswiderstands des invertierenden Verstärkers

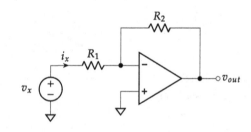

Abb. 8.8 Bestimmung des Ausgangswiderstands des invertierenden Verstärkers

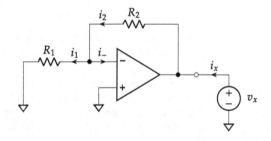

Abb. 8.9 Nichtinvertierender
Verstärker

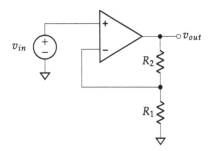

$$i_2 = \frac{v_x - v_-}{R_2} = \frac{v_x}{R_2} = 0. \tag{8.14}$$

Diese Gleichung ist für beliebige Werte von R_2 nur dann erfüllt, wenn $v_x = 0$. Damit ergibt sich der Ausgangswiderstand zu

$$R_{out} = \frac{v_x}{i_x} = 0. \tag{8.15}$$

8.2.2 Nichtinvertierender Verstärker

Die Schaltung eines **nichtinvertierenden Verstärkers**[8] ist in Abb. 8.9 dargestellt. Auch bei dieser Schaltung wird der Ausgang auf den invertierenden Eingang rückgekoppelt. Im Unterschied zum invertierenden Verstärker liegt die Spannung v_{in} jedoch am nichtinvertierenden Eingang des OP an. Außerdem liegen bei dieser Schaltung keine der beiden Eingänge real oder virtuell auf Masse.

Im Folgenden werden die Spannungsverstärkung A_v, der Eingangswiderstand R_{in} und der Ausgangswiderstand R_{out} der Schaltung berechnet.

Spannungsverstärkung A_v
Mithilfe von Abb. 8.10 wird die Spannungsverstärkung berechnet. Aufgrund der Annahme aus Gl. (8.6) gilt $v_- = v_+ = v_{in}$. Wegen der Annahme aus Gl. (8.7) gilt $i_+ = i_- = 0$, sodass der Zusammenhang zwischen v_{in} und v_{out} durch die Formel für einen unbelasteten Spannungsteiler gegeben ist:

$$v_{in} = \frac{R_1}{R_1 + R_2} v_{out}. \tag{8.16}$$

---

[8] Engl. **noninverting amplifier;** auch als **Elektrometerverstärker** bezeichnet.

Abb. 8.10 Bestimmung der
Spannungsverstärkung des
nichtinvertierenden Verstärkers

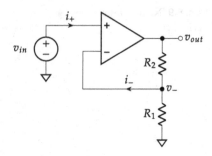

Abb. 8.11 Bestimmung des
Eingangswiderstands des
nichtinvertierenden Verstärkers

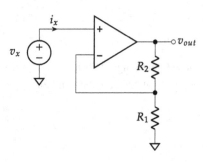

Aus der Umstellung dieser Gleichung folgt für die Spannungsverstärkung[9]

$$A_v = \frac{v_{out}}{v_{in}} = 1 + \frac{R_2}{R_1}. \qquad (8.17)$$

Von einem *nichtinvertierenden* Verstärker spricht man aufgrund des positiven Vorzeichens
in Gl. (8.17). Anders als beim invertierenden Verstärker findet hier keine Phasendrehung
statt. Da R_1 und R_2 nur positive Werte annehmen können, kann die Spannungsverstärkung
einen Wert von 1 nicht unterschreiten.

Eingangswiderstand R_{in}
Zur Berechnung des Eingangswiderstands wird eine Testspannungsquelle v_x am Eingang
des Verstärkers angelegt und der Strom i_x aus dieser Testquelle bestimmt (Abb. 8.11).
    Wegen $i_x = i_+ = 0$ folgt für den Eingangswiderstand

$$R_{in} = \frac{v_x}{i_x} \to \infty. \qquad (8.18)$$

---

[9]Wie beim invertierenden Verstärker hilft auch hier eine Gedächtnisstütze: Im Zähler des Wider-
standsterms steht der Rückkopplungswiderstand (R_2) und im Nenner der mit Masse verbundene
Widerstand (R_1).

Abb. 8.12 Bestimmung des
Ausgangswiderstands des
nichtinvertierenden Verstärkers

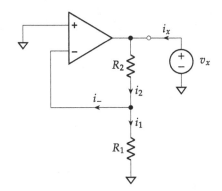

Ausgangswiderstand R_{out}

Zur Berechnung des Ausgangswiderstands wird eine Testspannungsquelle v_x am Ausgang des Verstärkers angelegt und der Strom i_x aus dieser Testquelle bestimmt (Abb. 8.12). Die Eingangsspannungsquelle v_{in} wird dabei mit einem Kurzschluss ersetzt.[10]

Wegen $v_+ = 0$ gilt $v_- = v_+ = 0$, und daher ist $i_1 = v_-/R_1 = 0$. Aus der Knotengleichung am invertierenden Eingang folgt $i_2 = i_1 + i_- = 0$. Die Spannung v_x kann wie folgt geschrieben werden:

$$v_x = i_2 \, (R_1 + R_2) \qquad (8.19)$$

bzw.

$$i_2 = \frac{v_x}{R_1 + R_2} = 0. \qquad (8.20)$$

Diese Gleichung gilt für beliebige Werte von R_1 und R_2 und ist nur dann erfüllt, wenn $v_x = 0$. Damit ergibt sich der Ausgangswiderstand zu

$$\boxed{R_{out} = \frac{v_x}{i_x} = 0.} \qquad (8.21)$$

Vergleich von invertierendem und nichtinvertierendem Verstärker

Eine Zusammenfassung der bisherigen Ergebnisse für den invertierenden und nichtinvertierenden Verstärker zeigt Tab. 8.1. Die Spannungsverstärkung des invertierenden Verstärkers ist negativ und kann auf einen Wert kleiner oder größer als 1 eingestellt werden, während die Spannungsverstärkung des nichtinvertierenden Verstärkers positiv und größer oder gleich 1 ist (Folger).

Die Ausgangswiderstände haben den Wert von 0. Der Eingangswiderstand des nichtinvertierenden Verstärkers ist sehr groß, der Eingangswiderstand des invertierenden Verstärkers

---

[10]Die Ersatzschaltbilder zur Bestimmung des Ausgangswiderstands beim invertierenden (Abb. 8.8) und nichtinvertierenden (Abb. 8.12) Verstärker sind identisch.

Tab. 8.1 Zusammenfassung der Schaltungsparameter des *idealen* invertierenden und nichtinvertierenden Verstärkers

Parameter	Invertierender Verstärker	Nichtinvertierender Verstärker
A_v	$-\dfrac{R_2}{R_1}$	$1 + \dfrac{R_2}{R_1}$
R_{in}	R_1	∞
R_{out}	0	0

Abb. 8.13 Spannungsfolger

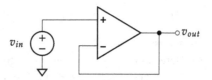

steht jedoch in einem Kompromiss zur Spannungsverstärkung: Wird R_1 groß gewählt, um ein möglichst großes R_{in} zu realisieren, so sinkt A_v, wenn R_2 nicht gleichzeitig erhöht wird. Umgekehrt ist der Eingangswiderstand relativ klein, wenn eine große Spannungsverstärkung erwünscht ist. Aus diesem Grund wird der nichtinvertierende Verstärker in der Regel bevorzugt.

8.2.3 Spannungsfolger

Ein Sonderfall eines nichtinvertierenden Verstärkers für $R_1 \to \infty$ und $R_2 = 0$ ist der **Folger** oder **Spannungsfolger** (Abb. 8.13).[11,12] Die Ein- und Ausgangswiderstände sind durch Gl. (8.18) und (8.21) bereits gegeben. Die Spannungsverstärkung aus Gl. (8.17) ändert sich zu

$$\boxed{A_v = \frac{v_{out}}{v_{in}} = 1.}$$
(8.22)

Die Bezeichnung dieser Schaltung als Folger erklärt sich daraus, dass Änderungen der Ausgangsspannung den Änderungen der Eingangsspannung *folgen*. Der besondere Nutzen der Folgerschaltung besteht aufgrund des sehr hohen Eingangs- und des sehr niedrigen Ausgangswiderstands in der **Impedanzwandlung.** Durch den hochohmigen Abgriff der

---

[11] Im Englischen auch **(voltage) follower** oder **unity-gain buffer (UGB)** genannt.
[12] Für den Sonderfall $R_1 = 0$ und $R_2 \to \infty$ entsteht aus dem nichtinvertierenden Verstärker die Schaltung in Abb. 8.2(b).

Abb. 8.14 Addierverstärker
mit zwei Eingangsspannungen

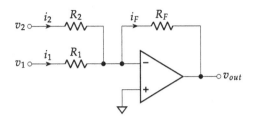

Eingangsspannung wird diese sehr gering belastet, während der Ausgang auch sehr niedrige Lasten treiben kann, ohne dass die Ausgangsspannung verfälscht wird.[13]

8.2.4 Addierverstärker

Der **Addierverstärker**[14] für zwei Eingangsspannungen ist in Abb. 8.14 dargestellt. Es soll die Ausgangsspannung v_{out} berechnet werden.

Wegen $i_- = 0$ gilt für die Knotengleichung am invertierenden OP-Eingang

$$i_1 + i_2 = i_F. \tag{8.23}$$

Die Ströme i_1, i_2 und i_F lauten wegen $v_- = v_+ = 0$ (virtuelle Masse)

$$i_1 = \frac{v_1}{R_1} \tag{8.24}$$

$$i_2 = \frac{v_2}{R_2} \tag{8.25}$$

$$i_F = -\frac{v_{out}}{R_F}. \tag{8.26}$$

Das Einsetzen der Ströme in die Knotengleichung ergibt die Ausgangsspannung

$$v_{out} = -R_F \left(\frac{v_1}{R_1} + \frac{v_2}{R_2} \right). \tag{8.27}$$

Die Ausgangsspannung stellt die Summe der skalierten Eingangsspannungen dar. Durch die Wahl von R_1 und R_2 können die Skalierfaktoren unabhängig voneinander festgelegt werden. Für den Spezialfall $R \equiv R_1 = R_2$ folgt

---

[13]Man vergleiche einen einfachen unbelasteten Spannungsteiler bestehend aus R_1 und R_2, dessen Ausgangsspannung durch $v_{in} R_2/(R_1 + R_2)$ gegeben ist. Wird dieser Spannungsteiler niederohmig mit einem Widerstand R_3 belastet, so wird die Ausgangsspannung reduziert („verfälscht") auf einen Wert von $v_{in} (R_2 \| R_3)/[R_1 + (R_2 \| R_3)]$ (Abschn. 1.1.7).

[14]Engl. **summing amplifier**; auch **Summierverstärker** oder **Addierer** genannt.

Abb. 8.15 Subtrahierverstärker
mit zwei Eingangsspannungen

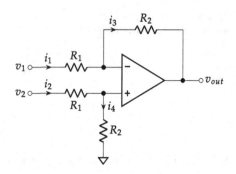

$$v_{out} = -\frac{R_F}{R}\left(v_1 + v_2\right). \tag{8.28}$$

Die Erweiterung der Schaltung auf n Eingangsspannungen ist unkompliziert: Aus Gl. (8.27) entsteht

$$v_{out} = -R_F \sum_{k=1}^{n} \frac{v_k}{R_k}, \tag{8.29}$$

und für den Sonderfall $R \equiv R_1 = R_2 = \ldots = R_n$ folgt

$$v_{out} = -\frac{R_F}{R} \sum_{k=1}^{n} v_k. \tag{8.30}$$

8.2.5 Subtrahierverstärker

Der **Subtrahierverstärker**[15] für zwei Eingangsspannungen ist in Abb. 8.15 dargestellt. Es sollen die Ausgangsspannung v_{out} sowie die Ein- und Ausgangswiderstände berechnet werden.

Die Knotengleichung am invertierenden Eingang des OP lautet

$$0 = i_1 - i_3. \tag{8.31}$$

Die Knotengleichung am nichtinvertierenden Eingang des OP lautet

$$0 = i_2 - i_4. \tag{8.32}$$

Die gekennzeichneten Ströme können wie folgt geschrieben werden:

---

[15]Engl. **difference amplifier;** auch **Differenzverstärker** oder **Subtrahierer** genannt.

$$i_1 = \frac{v_1 - v_-}{R_1} \tag{8.33}$$

$$i_2 = \frac{v_2 - v_+}{R_1} \tag{8.34}$$

$$i_3 = \frac{v_- - v_{out}}{R_2} \tag{8.35}$$

$$i_4 = \frac{v_+}{R_2}. \tag{8.36}$$

Das Einsetzen dieser Ströme in die Knotengleichungen liefert Ausdrücke für v_- und v_+:

$$v_- = \frac{\dfrac{v_1}{R_1} + \dfrac{v_{out}}{R_2}}{\dfrac{1}{R_1} + \dfrac{1}{R_2}} \tag{8.37}$$

$$v_+ = \frac{\dfrac{v_2}{R_1}}{\dfrac{1}{R_1} + \dfrac{1}{R_2}}. \tag{8.38}$$

Wegen $v_{id} = v_+ - v_- = 0$ ergibt das Gleichsetzen dieser beiden Ausdrücke die Ausgangsspannung

$$\boxed{v_{out} = -\frac{R_2}{R_1}(v_1 - v_2).} \tag{8.39}$$

Im Einklang mit der Bezeichnung für diese Schaltung stellt die Ausgangsspannung die um das Widerstandsverhältnis R_2/R_1 verstärkte Differenz der beiden Eingangsspannungen dar. Für den Spezialfall $R_1 = R_2$ ist der Verstärkungsfaktor 1 und somit

$$v_{out} = -(v_1 - v_2). \tag{8.40}$$

Die in diesem Abschnitt durchgeführte systematische Analyse ist ohne Weiteres auf eine beliebige Anzahl von Eingangsspannungen anwendbar. Es empfiehlt sich jedoch, mit Leitwerten anstatt mit Widerständen zu rechnen, um die Brüche in Gl. (8.33)–(8.36) und die Doppelbrüche in Gl. (8.37)–(8.38) zu vermeiden. Zum Beispiel folgt dann für v_- aus Gl. (8.37)

$$v_- = \frac{G_1 v_1 + G_2 v_{out}}{G_1 + G_2}. \tag{8.41}$$

Alternative Analyse mit Superposition

Um ein besseres Verständnis für den Betrieb des Subtrahierverstärkers zu erhalten, wird die Schaltung zusätzlich mittels Superposition analysiert. Zunächst wird v_2 mit einem Kurzschluss ersetzt ($v_2 = 0$) und die Ausgangsspannung in Abhängigkeit von v_1 ermittelt

[Abb. 8.16(a)]. Im Anschluss wird v_1 mit einem Kurzschluss ersetzt ($v_1 = 0$) und v_{out} als Funktion von v_2 berechnet [Abb. 8.16(b)].

Im ersten Fall für $v_2 = 0$ entspricht die resultierende Schaltung in Abb. 8.16(a) einem invertierenden Verstärker. Aufgrund von $i_+ = 0$ fällt keine Spannung entlang von $R_1 \| R_2$ ab, sodass $v_+ = 0$. Dadurch liegt der invertierende OP-Eingang virtuell auf Masse, und das Ergebnis aus Gl. (8.12) kann angewendet werden:

$$v_{out1} = -\frac{R_2}{R_1} v_1. \tag{8.42}$$

Im zweiten Fall für $v_1 = 0$ entspricht die resultierende Schaltung einem nichtinvertierenden Verstärker mit einem Spannungsteiler am nichtinvertierenden OP-Eingang [Abb. 8.16(b)]. Damit kann das Ergebnis aus Gl. (8.17) auf den Zusammenhang zwischen v_{out} und v_+ angewendet werden:

$$v_{out2} = \left(1 + \frac{R_2}{R_1}\right) v_+. \tag{8.43}$$

Für den Zusammenhang zwischen v_+ und v_2 gilt der Spannungsteiler

$$v_+ = \frac{R_2}{R_1 + R_2} v_2, \tag{8.44}$$

sodass

$$v_{out2} = \left(1 + \frac{R_2}{R_1}\right) \frac{R_2}{R_1 + R_2} v_2 = \frac{R_2}{R_1} v_2. \tag{8.45}$$

Die gesamte Ausgangsspannung wird nach dem Superpositionsprinzip wie folgt bestimmt:

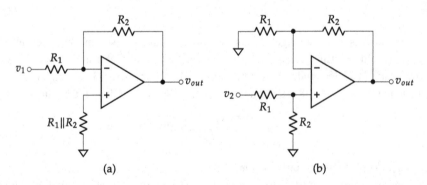

(a)   (b)

Abb. 8.16 Superpositionsprinzip beim Subtrahierverstärker mit zwei Eingangsspannungen und (a) $v_2 = 0$, (b) $v_1 = 0$

Abb. 8.17 Differenz-
Eingangswiderstand des
Subtrahierverstärkers

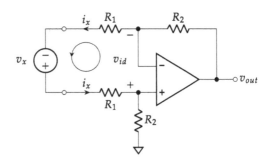

$$v_{out} = v_{out1} + v_{out2} = -\frac{R_2}{R_1}(v_1 - v_2), \qquad (8.46)$$

was mit dem Ergebnis aus Gl. (8.39) identisch ist.

Ausgangswiderstand

Die resultierende Schaltung zur Bestimmung des Ausgangswiderstands ist identisch mit Abb. 8.8. Für den Subtrahierverstärker gilt daher ebenfalls $R_{out} = 0$.

Eingangswiderstände

Beim invertierenden und nichtinvertierenden Verstärker wurde R_{in} zwischen dem (einzigen) Eingang v_{in} und Masse ermittelt. Beim Subtrahierverstärker können zum einen der Eingangswiderstand zwischen v_1 bzw. v_2 und Masse und zum anderen der Differenz-Eingangswiderstand zwischen v_1 und v_2 bestimmt werden.[16]

Zur Ermittlung des Eingangswiderstands zwischen v_1 und Masse bei $v_2 = 0$ wird eine Testspannungsquelle v_x am Eingang der Schaltung in Abb. 8.16(a) angelegt und der resultierende Strom i_x aus dieser Quelle bestimmt. Da es sich hierbei um den gleichen Eingangswiderstand wie beim invertierenden Verstärker handelt [Gl. (8.13)], folgt $R_{in1} = R_1$. Gilt $v_2 \neq 0$, wie im allgemeinen Fall anzunehmen ist, so ist der Eingangsstrom i_x und somit R_{in1} eine Funktion von v_2.

Zur Bestimmung des Eingangswiderstands zwischen v_2 und Masse wird eine Testspannungsquelle v_x am Eingang der Schaltung in Abb. 8.15 bzw. Abb. 8.16(b) angelegt. In diesem Fall ist der Eingangswiderstand unabhängig von v_1 und beträgt $R_{in2} = R_1 + R_2$.

Letztlich zeigt Abb. 8.17 das Vorgehen zur Bestimmung des Differenz-Eingangswiderstands R_{in} zwischen v_1 und v_2. Die Umlaufgleichung im Eingangskreis ergibt $0 = -v_x + i_x R_1 + v_{id} + i_x R_1$, sodass wegen $v_{id} = 0$ (idealer OP) der Differenz-Eingangswiderstand $R_{in} = 2R_1$ beträgt.

Zwei Punkte sollen mit diesen Betrachtungen verdeutlicht werden: Zum einen unterscheiden sich die Eingangswiderstände für v_1 und v_2, und zum anderen sind die soeben

---

[16]Ein vierter Eingangswiderstand kann bestimmt werden unter der Annahme, dass beide Eingänge miteinander verbunden sind.

Abb. 8.18 Instrumentationsverstärker

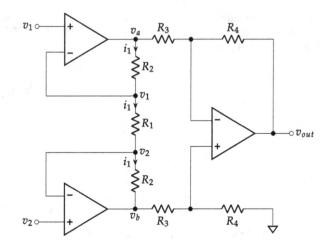

berechneten Eingangswiderstände recht klein, insbesondere wenn eine große Verstärkung R_2/R_1 gemäß Gl. (8.39) erreicht werden soll. Diese Nachteile des Subtrahierverstärkers regen zum Einsatz eines sogenannten Instrumentationsverstärkers in Abschn. 8.2.6 an.

8.2.6 Instrumentationsverstärker

Der **Instrumentationsverstärker**[17] ist in Abb. 8.18 dargestellt. Er besteht aus einem Subtrahierverstärker, dem zwei nichtinvertierende Verstärker mit sehr großem Eingangswiderstand [Gl. (8.18)] vorgeschaltet sind.

Die Spannungsdifferenz $v_a - v_b$ kann wegen $i_- = 0$ wie folgt ausgedrückt werden:

$$v_a - v_b = i_1 \, (R_1 + 2R_2) \,. \tag{8.47}$$

Außerdem liegt wegen $v_{id} = 0$ über dem Widerstand R_1 die Spannung $v_1 - v_2$ an, sodass

$$i_1 = \frac{v_1 - v_2}{R_1} \,. \tag{8.48}$$

Das Einsetzen von Gl. (8.48) in Gl. (8.47) ergibt einen Zusammenhang zwischen v_a, v_b und v_1, v_2 gemäß

$$v_a - v_b = \left(1 + \frac{2R_2}{R_1} \right) (v_1 - v_2) \,. \tag{8.49}$$

---

[17]Engl. **instrumentation amplifier,** kurz **In Amp** oder **IA.** Auch **Instrumentenverstärker** oder „echter" Subtrahierverstärker genannt.

Für den Subtrahierverstärker kann das Ergebnis aus Gl. (8.39) angewendet werden:

$$v_{out} = -\frac{R_4}{R_3} (v_a - v_b),$$

(8.50)

was durch Einsetzen von Gl. (8.49) schließlich zu einem Ausdruck für die Ausgangsspannung führt:

$$v_{out} = \left(1 + \frac{2R_2}{R_1}\right)\left(-\frac{R_4}{R_3}\right)(v_1 - v_2).$$

(8.51)

Der Instrumentationsverstärker verstärkt die Differenz der Eingangsspannung um einen Faktor, welcher dem Produkt der Verstärkungsfaktoren der einzelnen Stufen entspricht.

Ein weiterer Vorteil des Instrumentationsverstärkers gegenüber dem Subtrahierverstärker besteht darin, dass die Spannungsverstärkung mit nur einem Widerstand R_1 eingestellt werden kann, ohne die Symmetrie der restlichen Schaltung zu verändern. Beim Subtrahierverstärker aus Abb. 8.15 kommt R_1 zweimal vor, sodass mindestens zwei Widerstände verändert werden müssen, damit die Symmetrie der Schaltung erhalten bleibt.

8.2.7 Integrator und Differenzierer

Zum Abschluss dieses Abschnitts wird der invertierende Verstärker aufgegriffen und für den allgemeineren Fall von komplexen (frequenzabhängigen) Impedanzen anstelle von Widerständen diskutiert (Abb. 8.19).

Die frequenzabhängige Spannungsverstärkung $A_v(s) = v_{out}(s)/v_{in}(s)$ entspricht Gl. (8.12), wobei die Widerstände durch Impedanzen ersetzt werden:

$$A_v(s) = -\frac{Z_2(s)}{Z_1(s)}.$$

(8.52)

Abb. 8.19 Invertierender Verstärker mit komplexen Impedanzen

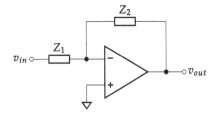

Abb. 8.20 Integrator

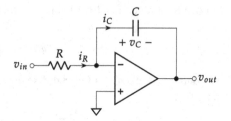

Die Frequenzabhängigkeit der obigen Größen bzw. **Laplace-Transformierten** ist durch die komplexe Frequenzvariable bzw. komplexe Kreisfrequenz s angegeben.[18] Damit wird der in Abschn. 8.2.1 besprochene invertierende Verstärker zu einem Sonderfall der Schaltung in Abb. 8.19. Zwei weitere Sonderfälle entstehen, wenn entweder Z_1 oder Z_2 durch eine Kapazität ersetzt werden.

8.2.7.1 Integrator

Wird Z_1 durch einen Widerstand R und Z_2 durch eine Kapazität C ersetzt, so entsteht der in Abb. 8.20 gezeigte **Integrator**.

Aus Gl. (8.52) folgt für den Fall $Z_1 = R$ und $Z_2 = 1/(Cs)$

$$A_v(s) = -\frac{1}{RCs}. \tag{8.53}$$

Um aus dieser komplexen Übertragungsfunktion den **Amplituden-Frequenzgang**[19] zu ermitteln (Abb. 8.21), wird s durch $j\omega$ ersetzt und der Betrag gebildet:[20]

$$|A_v(\omega)| = \frac{1}{RC\omega} \tag{8.54}$$

bzw. in Dezibel:

$$A_{v,\mathrm{dB}}(\omega) = 20\lg|A_v(\omega)| = -20\lg(RC\omega). \tag{8.55}$$

---

[18] Aus den Grundlagen der Elektrotechnik oder Mathematik zur Laplace-Transformation sind die Beziehungen $s = j\omega$ und $\omega = 2\pi f = 2\pi/T$ mit imaginärer Einheit j, Kreisfrequenz ω, Frequenz f und Periodendauer T der betrachteten Schwingung bekannt. An dieser Stelle genügt es, wenn s als Platzhalter für $j\omega$ verstanden wird, um die algebraischen Gleichungen im Frequenzbereich zu vereinfachen.

[19] Zusammen mit dem **Phasen-Frequenzgang** wird die Darstellung dieser beiden Frequenzgänge auch **Bode-Diagramm** genannt.

[20] Oft wird das Argument für die frequenzabhängigen Größen durch $j\omega$ angegeben, zum Beispiel $A_v(j\omega)$ anstatt $A_v(\omega)$, um die Ersetzung $s = j\omega$ zu verdeutlichen.

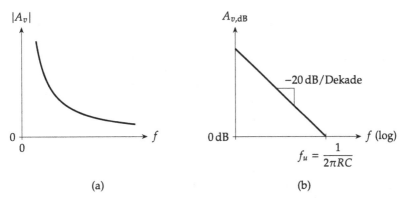

Abb. 8.21 Amplituden-Frequenzgang des Integrators: (**a**) lineare Skala, (**b**) logarithmische Skala

Die Übertragungsfunktion besitzt nach Gl. (8.54) eine Polstelle bei $\omega_p = 0$ bzw. $f_p = 0$. Der Schnittpunkt der Kurve mit der logarithmisch aufgetragenen Frequenzachse in Abb. 8.21(b) ergibt sich aus der Frequenz f_u, bei der $|A_v|$ den Wert 1 bzw. $A_{v,\text{dB}}$ den Wert 0 dB annimmt. Aus $|A_v(f_u)| = 1$ folgt

$$f_u = \frac{\omega_u}{2\pi} = \frac{1}{2\pi RC}. \tag{8.56}$$

Die Frequenz f_u wird **Transit-Frequenz** genannt.[21]

Abb. 8.21 veranschaulicht das Tiefpassverhalten des Integrators. Der Betrag der Spannungsverstärkung sinkt mit zunehmender Frequenz. Diese Beobachtung kann anhand der Schaltung in Abb. 8.20 erklärt werden. Da die Impedanz der Kapazität, $1/(Cs)$, mit abnehmender Frequenz steigt und im Grenzfall $s = 0$ unendlich groß wird, entsteht im Rückkopplungspfad ein Leerlauf, sodass A_v der sehr großen Spannungsverstärkung A_0 des OP entspricht. Mit zunehmender Frequenz sinkt die Impedanz der Kapazität und stellt im Grenzfall $s \to \infty$ einen Kurzschluss zwischen Ausgang und invertierendem Eingang dar. Dieser liegt jedoch virtuell auf Masse, sodass die Ausgangsspannung und damit die Spannungsverstärkung sehr stark abnehmen.

Das zeitliche Verhalten des Integrators kann entweder durch Rücktransformation von Gl. (8.53) mittels Integrationssatz der Laplace-Transformation oder direkt im Zeitbereich ermittelt werden. Bei der zweiten Methode wird zunächst die Knotengleichung am invertierenden Eingang des OP formuliert:

$$i_C = i_R, \tag{8.57}$$

---

[21] Im Englischen entweder **unity-gain frequency** (daher der Index u) oder seltener **transit frequency,** wobei unter *transit frequency* in der Regel die Frequenz bezeichnet wird, bei welcher die Kleinsignal-Stromverstärkung eines einzelnen Transistors gleich 1 ist. In diesem zweiten Fall wird alternativ auch der Begriff **current-gain-bandwidth product** verwendet.

wobei

$$i_R = \frac{v_{in}(t)}{R} \tag{8.58}$$

$$i_C = -C\frac{\mathrm{d}v_{out}(t)}{\mathrm{d}t}. \tag{8.59}$$

Das Einsetzen der Ströme in die Knotengleichung ergibt

$$\frac{\mathrm{d}v_{out}(t)}{\mathrm{d}t} = -\frac{v_{in}(t)}{RC}. \tag{8.60}$$

Werden beide Seiten integriert, so entsteht

$$\int \mathrm{d}v_{out}(t) = -\frac{1}{RC}\int v_{in}(t)\mathrm{d}t \tag{8.61}$$

bzw. für $t \geq 0$

$$v_{out}(t) = v_{out}(0) - \frac{1}{RC}\int_0^t v_{in}(\tau)d\tau. \tag{8.62}$$

Dabei entspricht $v_{out}(0)$ der anfänglichen Spannung entlang der Kapazität, $v_{out}(0) = -v_C(0)$.

Abb. 8.22 zeigt das zeitliche Verhalten des Integrators für einen Rechteckimpuls am Eingang:

$$v_{in}(t) = \begin{cases} V_I & \text{für } t_0 \leq t \leq t_0 + \Delta T \\ 0 & \text{sonst} \end{cases}. \tag{8.63}$$

Für $t_0 \leq t \leq t_0 + \Delta T$ lautet die Ausgangsspannung gemäß Gl. (8.62)

$$v_{out}(t) = v_{out}(0) - \frac{V_I}{RC}\int_{t_0}^t d\tau \tag{8.64}$$

$$= v_{out}(0) - \frac{V_I}{RC}(t - t_0). \tag{8.65}$$

Aufgrund von Gl. (8.59) hat der Strom $i_R = v_{in}/R$ den gleichen Kurvenverlauf wie die Eingangsspannung. Bei $t = t_0$ springt i_R auf V_I/R und lädt die Kapazität auf, wodurch die Spannung $v_C = v_- - v_{out}$ zunimmt. Aufgrund der virtuellen Masse, $v_- = 0$, kann diese Spannungsdifferenz allerdings nur dann zunehmen, wenn die Ausgangsspannung abfällt. Dies erklärt die negative Steigung in Abb. 8.22, die umso steiler ist, je kleiner das RC-Produkt oder je größer die Amplitude des Eingangsspannungssprungs ist. Bei $t = t_0 + \Delta T$ springt die Eingangsspannung und damit auch der Strom i_R zurück auf 0. Die Ausgangsspannung verbleibt dabei auf dem Zustand zum Zeitpunkt $t_0 + \Delta T$ bzw. $v_{out}(0) - V_I \Delta T / (RC)$ gemäß Gl. (8.65).

Abb. 8.22 Zeitlicher Verlauf der Ausgangsspannung des Integrators als Antwort auf einen Rechteckimpuls am Eingang

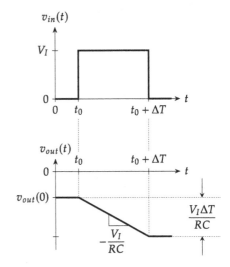

Abb. 8.23 Differenzierer

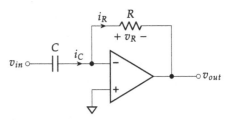

8.2.7.2 Differenzierer

Wird Z_1 durch eine Kapazität C und Z_2 durch einen Widerstand R ersetzt, so entsteht der in Abb. 8.23 dargestellte **Differenzierer**[22].

Aus Gl. (8.52) folgt für den Fall $Z_1 = 1/(sC)$ und $Z_2 = R$

$$A_v(s) = -RCs. \tag{8.66}$$

Mit $s = j\omega$ lautet der Amplituden-Frequenzgang

$$|A_v(\omega)| = RC\omega \tag{8.67}$$

bzw. in Dezibel

$$A_{v,\text{dB}}(\omega) = 20\lg|A_v(\omega)| = 20\lg(RC\omega). \tag{8.68}$$

Die Übertragungsfunktion besitzt nach Gl. (8.67) eine Nullstelle[23] bei $\omega_z = 0$ bzw. $f_z = 0$. Das dazugehörige Diagramm ist in Abb. 8.24 dargestellt und veranschaulicht das

---

[22] Manchmal auch **Differentiator** genannt.

[23] Index z für *zero* (null).

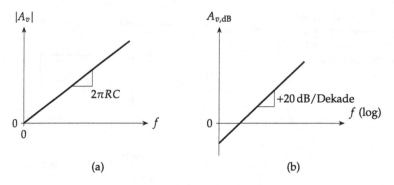

Abb. 8.24 Amplituden-Frequenzgang des Differenzierers: (a) lineare Skala, (b) logarithmische Skala

Hochpassverhalten des Differenzierers. Da die Impedanz der Kapazität, $1/(Cs)$, mit abnehmender Frequenz steigt und im Grenzfall $s = 0$ unendlich groß wird (Leerlauf), nimmt der Strom durch R ab. Dadurch nehmen auch der Spannungsabfall entlang des Widerstands und wegen $v_{out} = -v_R$ die Ausgangsspannung ab. Die Spannungsverstärkung wird demnach sehr klein. Mit zunehmender Frequenz sinkt die Impedanz der Kapazität und stellt im Grenzfall $s \to \infty$ einen Kurzschluss zwischen Eingangsspannung und invertierendem Eingang dar. Die Ströme i_C, i_R und damit die Ausgangsspannung steigen daher mit zunehmender Frequenz.

Das zeitliche Verhalten des Differenzierers kann entweder durch Rücktransformation von Gl. (8.66) mittels Differentiationssatz der Laplace-Transformation oder direkt im Zeitbereich ermittelt werden. Bei der zweiten Methode wird zunächst die Knotengleichung am invertierenden Eingang des OP formuliert:

$$i_R = i_C, \tag{8.69}$$

wobei

$$i_R = -\frac{v_{out}(t)}{R} \tag{8.70}$$

$$i_C = C\frac{\mathrm{d}v_{in}(t)}{t}. \tag{8.71}$$

Das Einsetzen der Ströme in die Knotengleichung ergibt

$$v_{out}(t) = -RC\frac{\mathrm{d}v_{in}(t)}{\mathrm{d}t}. \tag{8.72}$$

Die Ausgangsspannung verstärkt demnach die erste Ableitung der Eingangsspannung um den Faktor RC. Abb. 8.25 veranschaulicht das zeitliche Verhalten des Integrators.

Abb. 8.25 Zeitlicher Verlauf der Ausgangsspannung des Integrators als Antwort auf einen Rechteckimpuls am Eingang

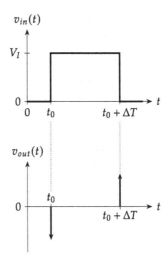

Der Rechteckimpuls am Eingang [Gl. (8.63)] lässt sich mithilfe der Sprungfunktion[24] auch angeben als:

$$v_{in}(t) = [\sigma(t - t_0) - \sigma(t - t_0 - \Delta T)] V_I. \tag{8.73}$$

Die Ausgangsspannung beträgt gemäß Gl. (8.72) unter Verwendung des Dirac-Impulses[25]

---

[24] Die **Sprungfunktion**, auch **Einheitssprung** oder **Heaviside-Funktion** genannt, ist wie folgt definiert:

$$\sigma(t) = \begin{cases} 0 & \text{für } t < 0 \\ 1 & \text{für } t \geq 0 \end{cases}.$$

Für den Einheitssprung haben sich verschiedene Symbole etabliert, so zum Beispiel $\sigma(t)$ und $s(t)$ in Anlehnung an den Begriff Sprungfunktion, $u(t)$ nach der englischen Bezeichnung **unit step function**, $H(t)$ nach Oliver Heaviside (1850–1925) (**Heaviside step function**) und manchmal auch $\Theta(t)$, $\varepsilon(t)$ und $1(t)$.

[25] Der **Dirac-Impuls** ist wie folgt definiert:

$$\delta(t) = \begin{cases} 0 & \text{für } t \neq 0 \\ \infty & \text{für } t = 0 \end{cases},$$

wobei $\delta(t)$ auch der folgenden Bedingung genügt:

$$\int_{-\infty}^{\infty} \delta(t) = 1.$$

$$v_{out}(t) = [-\delta(t - t_0) + \delta(t - t_0 - \Delta T)] \, RCV_I. \tag{8.74}$$

Aufgrund von Gl. (8.71) hat der Strom i_C den gleichen Kurvenverlauf wie die Ausgangsspannung, jedoch mit umgekehrtem Vorzeichen. Bei $t = t_0$ steigen i_C und somit i_R schlagartig an und führen zu einem Spannungsabfall entlang des Widerstands, sodass auch die Ausgangsspannung $v_{out} = -v_R$ steil ins Negative ansteigt. Bei $t = t_0 + \Delta T$ springt die Eingangsspannung zurück auf 0 und führt erneut zu einem steilen Anstieg der Ströme und der Ausgangsspannung, diesmal mit umgekehrtem Vorzeichen.

In der Realität kann die Ausgangsspannung weder unendlich hoch ansteigen noch eine verschwindend kurze Impulsbreite besitzen. Die Begrenzung der Ausgangsspannung erfolgt durch die angeschlossenen Versorgungsspannungen, und die Impulsbreite ist aufgrund der Nichtidealitäten des OP nach unten begrenzt. Gemäß Gl. (8.66) und Abb. 8.24 nimmt die Spannungsverstärkung mit hohen Frequenzen zu, sodass ein weiterer Nachteil der Schaltung in der Verstärkung von Hochfrequenzrauschen besteht. Aus diesen Gründen ist der Differenzierer im Vergleich zum Integrator weniger weit verbreitet. Tatsächlich wird die Schaltung aus Abb. 8.23 in der Praxis nur in modifizierter Form eingesetzt.

8.3 Nichtlineare gegengekoppelte Schaltungen mit idealen Operationsverstärkern

Die bisher diskutierten Schaltungen implementieren ein Rückkopplungsnetzwerk, das ausschließlich aus linearen Elementen (Widerstände und Kapazitäten) besteht und deren Ausgang auf den invertierenden OP-Eingang verbunden wird (Gegenkopplung). Nichtlineare Anwendungen nutzen zusätzlich Dioden und Transistoren im Rückkopplungspfad. Im Folgenden werden nichtlineare Anwendungen mit Gegenkopplung vorgestellt.

8.3.1 Präzisionsgleichrichter

Soll der Betrag einer Wechselspannung gebildet werden, so werden dafür Gleichrichter verwendet. Aus Kap. 3 ist eine einfache Gleichrichterschaltung bekannt, die in Abb. 8.26 dargestellt ist.

Für positive Eingangsspannungen ist die Diode in Flussrichtung und für negative Eingangsspannungen in Sperrrichtung gepolt. Für die Ausgangsspannung gilt:[26]

---

[26]In diesem Abschnitt wird ausschließlich das CVD-Modell einer Diode verwendet. Der Fall einer idealen Diode trägt aufgrund der starken Vereinfachung einer echten Diodenkennlinie nicht zu den folgenden Diskussionen bei. Außerdem kann das ideale Verhalten einer Diodenschaltung mit $V_{D,on} = 0$ leicht abgeleitet werden.

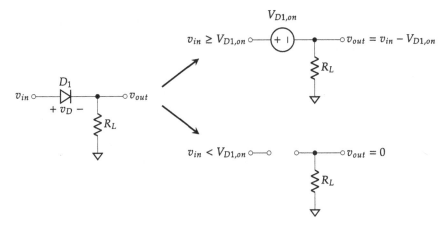

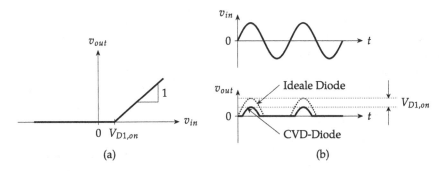

Abb. 8.26 Dioden-Gleichrichter mit Ersatzschaltungen für positive und negative Eingangsspannungen

$$v_{out} = \begin{cases} v_{in} - V_{D1,on} & \text{für } v_{in} \geq V_{D1,on} \\ 0 & \text{für } v_{in} < V_{D1,on} \end{cases} . \tag{8.75}$$

Das Spannungsübertragungs- und Zeitverhalten gemäß Gl. (8.75) ist in Abb. 8.27 dargestellt. Das Problem mit diesem Gleichrichter besteht darin, dass Eingangsspannungen mit kleinen Amplituden unterhalb der Durchlassspannung $V_{D1,on}$ geblockt werden.

Als Nächstes soll der Spannungsfolger mit einem Widerstand als Last rekapituliert werden (Abb. 8.28). Aus Abschn. 8.2.3 ist bekannt, dass die Änderungen der Ausgangsspannung den Änderungen der Eingangsspannung folgen. Wird eine Sinusspannung am Eingang angelegt, so nimmt die Ausgangsspannung ebenfalls die Form einer Sinusspannung an. Das Spannungsübertragungs- und Zeitverhalten ist in Abb. 8.29 dargestellt.

Abb. 8.27 (a) Spannungsübertragungs- und (b) Zeitverhalten des Dioden-Gleichrichters

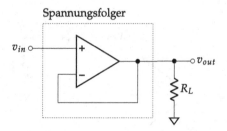

Spannungsfolger

Abb. 8.28 Spannungsfolger

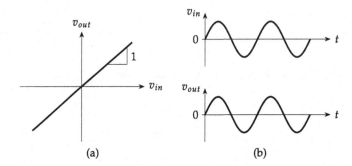

(a)   (b)

Abb. 8.29 (a) Spannungsübertragungs- und (b) Zeitverhalten des Spannungsfolgers

Abb. 8.30 Präzisionsgleichrichter

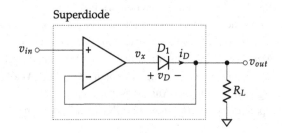

Superdiode

Schließlich werden der Dioden-Gleichrichter und der Spannungsfolger kombiniert, indem eine Diode D_1 in den Rückkopplungspfad vom Ausgang des OP zum invertierenden Eingang des Spannungsfolgers geschaltet wird (Abb. 8.30). Im Unterschied zum Dioden-Gleichrichter ist mit dieser neuen Schaltung auch die Gleichrichtung von Wechselspannungen mit Amplituden sehr viel kleiner als die Durchlassspannung einer Diode möglich. Man spricht daher auch von einem (in diesem Fall *nichtinvertierenden*) **Präzisionsgleichrichter** oder von einer **Superdiode**[27].

Aufgrund des idealen OP mit $v_{id} = v_+ - v_- = 0$ beträgt die Ausgangsspannung $v_{out} = v_- = 0$ für eine Eingangsspannung $v_{in} = v_+ = 0$. Wenn v_{in} auch nur kleine positive Werte annimmt, so steigt die Ausgangsspannung des OP auf die Durchlassspannung

---

[27]Engl. **precision rectifier** oder **superdiode**.

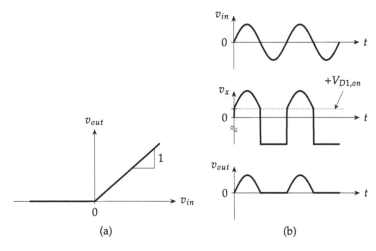

Abb. 8.31 (a) Spannungsübertragungs- und (b) Zeitverhalten des Präzisionsgleichrichters

der Diode, sodass $v_D > 0$ und die Diode in Durchlassrichtung gepolt wird. Wegen der Rückkopplung gilt $v_{out} = v_{in}$. Die Spannung am Ausgang des OP beträgt $v_x = V_{D1,on} + v_{out} = V_{D1,on} + v_{in}$.

Für negative Eingangsspannungen müsste die Ausgangsspannung ebenfalls negativ sein, damit $v_{id} = 0$. Wegen $v_{out} = i_D R_L$ müsste auch der Strom i_D durch die Diode negative Werte annehmen. In diesem Fall würde der Strom jedoch in Sperrrichtung durch die Diode fließen, was nicht möglich ist. Die Diode stellt daher einen Leerlauf dar, sodass $i_D = 0$ und $v_{out} = v_- = 0$. Die Rückkopplung ist damit unterbrochen, die Ausgangsspannung des OP, $v_x = A_0 (v_+ - v_-) = A_0 v_+$, nimmt sehr große negative Werte an und wird letztendlich durch die negative Versorgungsspannung des OP begrenzt (Abschn. 8.5). Mit anderen Worten: Die Spannung v_x wird in die **Sättigung** getrieben. Der OP muss somit bei jeder positiven Halbwelle aus der Sättigung geholt werden, was das zeitliche Verhalten der Schaltung verlangsamt. Eine Sättigung sollte daher möglichst vermieden werden.[28]

Da die Schaltung aus Abb. 8.30 nur eine Halbwelle blockt und die andere durchlässt, spricht man auch von einem Halbwellengleichrichter. Wird die Diode umgedreht in die Schaltung eingesetzt, so wird die positive anstatt der negativen Halbwelle geblockt. Das Spannungsübertragungs- und Zeitverhalten ist zusammenfassend in Abb. 8.31 dargestellt.

Um den Nachteil der Sättigung zu vermeiden, wird der Gleichrichter modifiziert, wie in Abb. 8.32 gezeigt. Im Unterschied zu Abb. 8.30 sind drei Bauelemente R_1, R_2 und D_2 hinzugekommen, und die Eingangsspannung wird über R_1 am *invertierenden* anstatt direkt am nichtinvertierenden Eingang eingespeist.

---

[28] In Abschn. 8.4 werden Schaltungen vorgestellt, bei denen der OP absichtlich in die positive und die negative Sättigung getrieben wird.

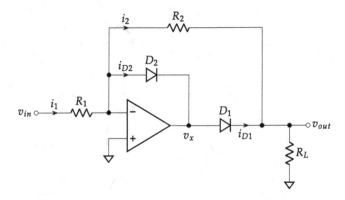

Abb. 8.32 Modifizierter Präzisionsgleichrichter

Im Falle positiver Eingangsspannungen (Abb. 8.33) nimmt die Ausgangsspannung v_x des OP negative Werte an. Dadurch wird Diode D_1 in Sperrrichtung gepolt und $i_{D1} = 0$. Erreicht v_x die negative Durchlassspannung von D_2, das heißt $v_x = -V_{D2,on}$, so wird D_2 in Vorwärtsrichtung gepolt. Der Strom aus der Eingangsspannungsquelle fließt daher gänzlich durch D_2 und weiter in den Ausgang des OP, sodass $i_2 = 0$. Für die Ausgangsspannung $v_{out} = (i_2 + i_{D1}) R_L$ gilt daher:

$$v_{out} = 0 \quad \text{für} \quad v_{in} > 0. \tag{8.76}$$

Diode D_2 bewirkt demnach, dass bei gesperrter Diode D_1 und $v_{out} = 0$ die Rückkopplung des OP bestehen bleibt, sodass v_x nicht in die negative Sättigung geht, sondern auf eine Dioden-Durchlassspannung unter 0 geklemmt wird:

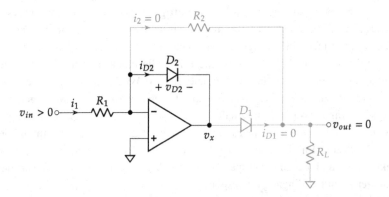

Abb. 8.33 Modifizierter Präzisionsgleichrichter für positive Eingangsspannungen; stromlose Pfade sind grau gekennzeichnet

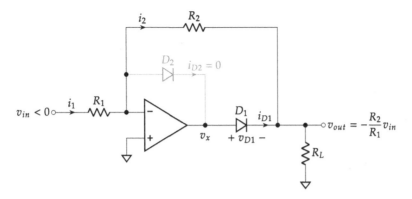

Abb. 8.34 Modifizierter Präzisionsgleichrichter bei negativen Eingangsspannungen; stromlose Pfade sind grau gekennzeichnet

$$v_x = -V_{D2,on} \quad \text{für} \quad v_{in} > 0. \tag{8.77}$$

Im Falle negativer Eingangsspannungen (Abb. 8.34) nimmt die Ausgangsspannung v_x des OP positive Werte an. Dadurch wird Diode D_2 in Sperrrichtung gepolt und $i_{D2} = 0$. Diode D_1 hingegen ist in Durchlassrichtung gepolt, sodass die Schaltung in Abb. 8.34 wie ein invertierender Verstärker analysiert werden kann (Abschn. 8.2.1). Für die Ausgangsspannung folgt daher:

$$v_{out} = -\frac{R_2}{R_1} v_{in} \quad \text{für} \quad v_{in} < 0 \tag{8.78}$$

bzw. $v_{out} = -v_{in}$ für $R_1 = R_2$. Für die Ausgangsspannung v_x des OP gilt:

$$v_x = V_{D1,on} + v_{out} \quad \text{für} \quad v_{in} < 0. \tag{8.79}$$

In der Schaltung aus Abb. 8.32 ist v_x demnach weder in der positiven noch in der negativen Sättigung, da die Rückkopplung für positive Eingangsspannungen über D_2 und für negative Eingangsspannungen über D_1 und R_2 bestehen bleibt. Das Spannungsübertragungs- und Zeitverhalten ist zusammenfassend in Abb. 8.35 dargestellt. Soll anstatt der positiven die negative Halbwelle geblockt werden, so müssen beide Dioden umgedreht werden.

8.3.2   Logarithmischer Verstärker

Ein **logarithmischer Verstärker**[29] mit einem Bipolartransistor vom npn-Typ im Rückkopplungspfad ist in Abb. 8.36 dargestellt. Die Knotengleichung am invertierenden OP-Eingang lautet:

---

[29] Auch **Logarithmierer,** engl. **logarithmic amplifier** oder **log amp,** genannt.

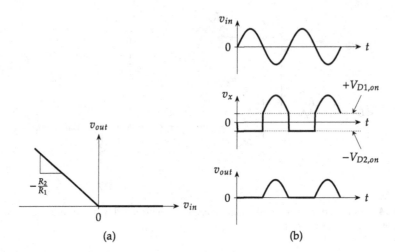

(a)   (b)

Abb. 8.35 (a) Spannungsübertragungs- und (b) Zeitverhalten des modifizierten Präzisionsgleichrichters

Abb. 8.36 Logarithmischer
Verstärker

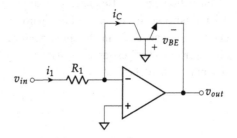

$$i_1 = i_C. \tag{8.80}$$

Für die beiden Ströme i_1 und i_C gilt:

$$i_1 = \frac{v_{in}}{R_1} \tag{8.81}$$

$$i_C = I_S \exp\frac{v_{BE}}{V_T}, \tag{8.82}$$

wobei $v_{BE} = -v_{out}$. Durch Einsetzen dieser Ströme in die Knotengleichung folgt

$$\boxed{v_{out} = -V_T \ln\frac{v_{in}}{I_S R_1}.} \tag{8.83}$$

Die Ausgangsspannung ist demnach proportional zum natürlichen Logarithmus der skalierten Eingangsspannung. Das negative Vorzeichen war aufgrund der invertierenden Schal-

Abb. 8.37 Exponentieller
Verstärker

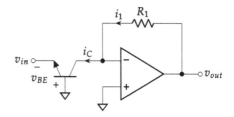

tungsanordnung zu erwarten. Mit zunehmender Eingangsspannung nehmen auch der Strom i_1 und damit i_C zu. Eine Erhöhung von i_C geht gemäß Gl. (8.82) mit einem Anstieg von v_{BE} einher. Wegen $v_{out} = -v_{BE}$ muss die Ausgangsspannung daher negativ ansteigende Werte annehmen.

In Gl. (8.82) wurde angenommen, dass sich der Bipolartransistor im vorwärtsaktiven Betrieb befindet. Wegen $v_{BC} = 0$ und $v_{BE} > 0$ ist dies tatsächlich der Fall.

Da der Logarithmus für negative Argumente nicht definiert ist, funktioniert der logarithmische Verstärker gemäß Gl. (8.83) nur bei positiven Eingangsspannungen. Bei einer negativen Eingangsspannung wechselt auch das Vorzeichen der beiden Ströme i_1 und i_C [Gl. (8.81)–(8.82)], sodass i_C vom Emitter zum Kollektor fließen müsste. Das ist jedoch aufgrund von $v_{BC} = 0$ nicht möglich. Für negative Eingangsspannungen sind beide *pn*-Übergänge des Bipolartransistors in Sperrrichtung gepolt. Somit entsteht ein Leerlauf im Rückkopplungspfad, sodass die Ausgangsspannung $v_{out} = -A_0 v_{in}$ bei $v_{in} < 0$ sehr große positive Werte annimmt und letztlich von der positiven Versorgungsspannung des OP begrenzt wird (Sättigung).

8.3.3   Exponentieller Verstärker

Ein **exponentieller Verstärker**[30] ist in Abb. 8.37 dargestellt.

Die Knotengleichung am invertierenden OP-Eingang lautet

$$i_1 = i_C. \tag{8.84}$$

Für die beiden Ströme i_1 und i_C gilt

$$i_1 = \frac{v_{out}}{R_1} \tag{8.85}$$

$$i_C = I_S \exp \frac{v_{BE}}{V_T}, \tag{8.86}$$

wobei $v_{BE} = v_{in}$. Durch Einsetzen der Ströme in die Knotengleichung folgt

---

[30] Auch **e-Funktionsgenerator** genannt; im Englischen als **exponential** oder **antilogarithmic amplifier,** kurz **antilog amp,** bezeichnet.

Abb. 8.38 Wurzelverstärker

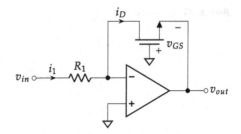

$$v_{out} = I_S R_1 \exp\left(-\frac{v_{in}}{V_T}\right). \tag{8.87}$$

Die Ausgangsspannung ist demnach proportional zur natürlichen Exponentialfunktion mit der skalierten Eingangsspannung als Exponenten. Die Exponentialfunktion ist mathematisch zwar sowohl für positive als auch für negative Zahlen definiert, Gl. (8.87) ist jedoch nur für $v_{in} < 0$ gültig. Bei einer positiven Eingangsspannung müsste der Strom vom Emitter zum Kollektor des Bipolartransistors fließen, was aufgrund von $v_{BC} = 0$ nicht möglich ist. Dadurch wird die Eingangsspannung vom invertierenden Eingang des OP abgekoppelt und $v_{out} = 0$.

8.3.4 Wurzelverstärker

Wird im Logarithmierer aus Abb. 8.36 der Bipolartransistor durch einen n-Kanal-Feldeffekttransistor ersetzt, so entsteht der **Wurzelverstärker**[31] aus Abb. 8.38.

Die Knotengleichung am invertierenden OP-Eingang lautet

$$i_1 = i_D. \tag{8.88}$$

Für die beiden Ströme i_1 und i_D gilt

$$i_1 = \frac{v_{in}}{R_1} \tag{8.89}$$

$$i_D = \frac{1}{2}\mu_n C_{ox}\frac{W}{L}(v_{GS} - V_{TN})^2, \tag{8.90}$$

wobei $v_{GS} = -v_{out}$. Durch Einsetzen dieser Ströme in die Knotengleichung folgt

$$v_{out} = -V_{TN} - \sqrt{\frac{2v_{in}}{\mu_n C_{ox}\dfrac{W}{L}R_1}}. \tag{8.91}$$

---

[31]Engl. **square-root amplifier.**

Die Ausgangsspannung ist demnach proportional zur Wurzel der skalierten Eingangsspannung. Das negative Vorzeichen war aufgrund der invertierenden Schaltungsanordnung zu erwarten. Mit zunehmender Eingangsspannung nehmen auch der Strom i_1 und damit i_D zu. Eine Erhöhung von i_D geht gemäß Gl. (8.90) mit einem Anstieg von v_{GS} einher. Wegen $v_{out} = -v_{GS}$ muss die Ausgangsspannung daher negativ ansteigende Werte annehmen.

In Gl. (8.90) wurde die Kanallängenmodulation vernachlässigt und angenommen, dass sich der Transistor in Sättigung befindet. Ist die Eingangsspannung positiv und nahe 0, wird die Ausgangsspannung auf mindestens $-V_{TN}$ verstärkt, das heißt $v_{out} \leq -V_{TN}$. Dadurch folgt $v_{GS} = -v_{out} \geq V_{TN}$. Außerdem gilt $v_{DS} = 0 - v_{out}$, sodass $v_{DS} = -v_{out} \geq v_{GS} - V_{TN} = -v_{out} - V_{TN}$. Der FET ist tatsächlich in Sättigung.[32]

Da die Wurzel für negative Argumente nicht definiert ist, funktioniert der Wurzelverstärker gemäß Gl. (8.91) nur bei positiven Eingangsspannungen. Es gelten ähnliche Überlegungen wie in Abschn. 8.3.2.

8.4 Nichtlineare mitgekoppelte Schaltungen

Wird der Ausgang eines OP auf den nichtinvertierenden Eingang zurückgeführt, spricht man von **positiver Rückkopplung** oder **Mitkopplung**. Die Mitkopplung bewirkt, dass ein Anstieg der Ausgangsspannung zu einem Anstieg des Eingangssignals führt. Dadurch werden vielfältige Anwendungen möglich, von denen im Folgenden einige wichtige untersucht werden. Die Eigenschaften des Operationsverstärkers seien in diesem Abschnitt ideal bis auf eine Ausnahme: Die Ausgangsspannung sei durch die Spannungsversorgung begrenzt, wie in Abschn. 8.4.1 erläutert.

8.4.1 Komparator

Zunächst erfolgt die Analyse eines Operationsverstärkers ohne jegliche Rückkopplung. Als Grundlage dazu dient die Anordnung aus Abb. 8.2(b) mit einer Eingangsspannung v_{in} am nichtinvertierenden Eingang und einer **Referenz-** oder **Schwellspannung** (in diesem Fall Masse) am invertierenden Eingang des OP, wie in Abb. 8.39 gezeigt. Aufgrund der sehr großen Verstärkung A_0 führen sogar sehr kleine Änderungen der Eingangsspannung zu einer großen Änderung der Ausgangsspannung. Tatsächlich bleibt die Ausgangsspannung innerhalb bestimmter Grenzen, die durch die positive und die negative Versorgungsspannung vorgegeben sind (Abschn. 8.5). Der Einfachheit halber wird im gesamten Abschn. 8.4 angenommen, dass die Ausgangsspannung die jeweilige Versorgungsspannung gänzlich erreicht.

---

[32]Mit anderen Worten: Sind Gate und Drain auf dem gleichen Potenzial und gilt $v_{GS} \geq V_{TN}$, so ist ein NMOS-Transistor immer in Sättigung.

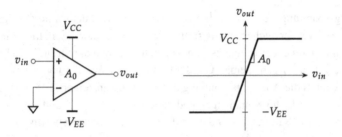

Abb. 8.39 Operationsverstärker in einer nichtinvertierenden Anordnung und Spannungsübertragungsverhalten

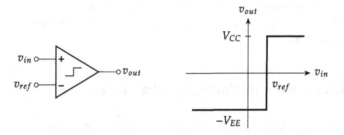

Abb. 8.40 Operationsverstärker (zugleich Schaltzeichen eines Komparators) mit einer Referenzspannung am invertierenden Eingang und Spannungsübertragungsverhalten

Wird nun eine konstante Referenzspannung ungleich 0 an dem invertierenden Eingang angelegt und $A_0 \to \infty$ angenommen, so ändert sich das Spannungsübertragungsverhalten, wie in Abb. 8.40 dargestellt. In dieser Anwendung ohne Rückkopplung spricht man auch von einem **Komparator** oder **Vergleicher**[33], da zwei Spannungen miteinander verglichen werden.[34] Für die Ausgangsspannung eines Komparators mit einer Referenzspannung v_{ref} am invertierenden Eingang gilt

$$v_{out} = \begin{cases} +V_{CC} & \text{für } v_{in} > v_{ref} \\ -V_{EE} & \text{für } v_{in} < v_{ref} \end{cases}. \tag{8.92}$$

---

[33] Engl. **comparator.**

[34] Während Operationsverstärker oftmals als Komparatoren eingesetzt werden, müssen für Anwendungen mit speziellen Anforderungen, zum Beispiel bezüglich Schaltgeschwindigkeit oder ausgangsseitiger Beschaltung, für den Einsatz als Komparator dediziert entwickelte Schaltungen verwendet werden. Es gibt eine Reihe wichtiger Unterscheidungsmerkmale zwischen Operationsverstärkern und Komparatoren, auf die in weiterführender Literatur eingegangen wird. Wichtig ist an dieser Stelle die Feststellung, dass Operationsverstärker insbesondere für einen *linearen,* möglichst verzerrungsfreien Betrieb und Komparatoren für einen *nichtlinearen,* möglichst schnellen Betrieb in der Sättigung gedacht sind.

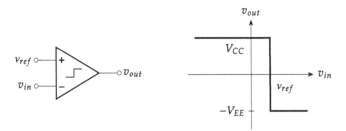

Abb. 8.41 Komparator mit einer Referenzspannung am invertierenden Eingang und Spannungsübertragungsverhalten

Bei Eingangsspannungen größer als v_{ref} sättigt die Ausgangsspannung bei V_{CC}, und bei Eingangsspannungen kleiner als v_{ref} sättigt die Ausgangsspannung bei $-V_{EE}$. Werden Eingangs- und Referenzspannung vertauscht, folgt für die Ausgangsspannung (Abb. 8.41)

$$v_{out} = \begin{cases} +V_{CC} & \text{für } v_{in} < v_{ref} \\ -V_{EE} & \text{für } v_{in} > v_{ref} \end{cases}. \tag{8.93}$$

Weil der Komparator eine amplitudenkontinuierliche Eingangsspannung in eine amplitudendiskrete Ausgangsspannung mit zwei Zuständen umwandelt, wird er manchmal auch als **1-Bit-Analog-/Digital-Wandler**[35] bezeichnet.

Wird an den nichtinvertierenden Komparator aus Abb. 8.40 eine Sinusspannung angelegt, so entsteht am Ausgang eine Rechteckspannung [Abb. 8.42(a)]. Kommt es, zum Beispiel infolge einer Störungseinwirkung, zu der Überlagerung mit einer weiteren, höherfrequenten Sinusschwingung am Eingang des Komparators und ist dieser schnell genug, um auch diesen Spannungsänderungen zu folgen, so nimmt die Ausgangsspannung die in Abb. 8.42(b) dargestellte Form an.

8.4.2 Bistabile Kippstufe oder Schmitt-Trigger

Soll die Ausgangsspannung des Komparators unerwünschte Schwankungen um die Referenzspannung, zum Beispiel aufgrund von Störungen [Abb. 8.42(b)], nicht detektieren, so kommt ein **Schmitt-Trigger**[36] zum Einsatz.

Eine invertierende Variante eines Schmitt-Triggers ist in Abb. 8.43 dargestellt. Zunächst fällt eine verblüffende Ähnlichkeit mit dem nichtinvertierenden Verstärker aus Abb. 8.9 auf. Der Unterschied besteht lediglich in der Vertauschung der beiden Eingänge des OP, sodass

---

[35] Alternativ **A/D-Wandler (ADW)** oder **Analog-Digital-Umsetzer (ADU)**, engl. **analog-to-digital converter (ADC)**.

[36] Engl. **Schmitt trigger.**

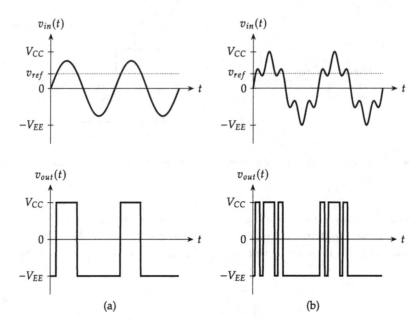

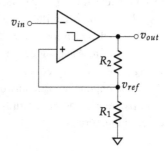

(a)   (b)

Abb. 8.42 Ausgangsspannung des nichtinvertierenden Komparators (**a**) für eine Sinusspannung und
(**b**) für eine mit einer Störung überlagerte Sinusspannung

Abb. 8.43 Invertierender
Schmitt-Trigger

eine Mitkopplung vorliegt. Die Referenzspannung v_{ref} wird über einen Spannungsteiler am
Ausgang gebildet. Dadurch ändert sie sich in Abhängigkeit der Ausgangsspannung:

$$v_{ref} = \begin{cases} \dfrac{R_1}{R_1 + R_2} V_{CC} & \text{für } v_{out} = +V_{CC} \\ -\dfrac{R_1}{R_1 + R_2} V_{EE} & \text{für } v_{out} = -V_{EE} \end{cases} . \tag{8.94}$$

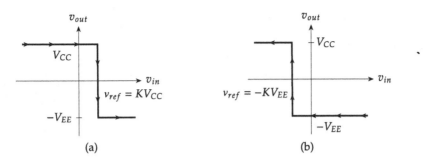

Abb. 8.44 Spannungsübertragungsverhalten des invertierenden Schmitt-Triggers für (**a**) zunehmende und (**b**) abnehmende Eingangsspannungen

Der Kürze wegen wird ein **Rückkopplungsfaktor**[37] K für das Widerstandsverhältnis eingeführt:

$$K = \frac{R_1}{R_1 + R_2},\qquad(8.95)$$

sodass Gl. (8.94) verkürzt wie folgt geschrieben werden kann:

$$v_{ref} = \begin{cases} K V_{CC} & \text{für } v_{out} = +V_{CC} \\ -K V_{EE} & \text{für } v_{out} = -V_{EE} \end{cases}.\qquad(8.96)$$

Im Folgenden wird zunächst die Ausgangssituation angenommen, in der v_{out} positiv und v_{in} kleiner als $v_{ref} = K V_{CC}$ ist. Steigt nun die Eingangsspannung auf Werte größer als v_{ref} an, wie in. Abb. 8.44(b) durch Pfeile angedeutet, so schaltet der Ausgang von $+V_{CC}$ auf $-V_{EE}$. Dadurch ändert sich (sinkt) die Referenzspannung gemäß Gl. (8.96) auf $v_{ref} = -K V_{EE}$. Wenn die Ausgangsspannung nun erneut kippen soll, muss die Eingangsspannung unter diese neue Referenzspannung fallen.

Im zweiten Fall ist die Ausgangsspannung zunächst negativ, und die Eingangsspannung startet bei Werten größer als $v_{ref} = -K V_{EE}$. Sinkt nun v_{in} auf Werte kleiner als v_{ref} [Abb. 8.44(a)], so schaltet der Ausgang von $-V_{EE}$ auf $+V_{CC}$. Dadurch ändert sich (steigt) die Referenzspannung gemäß Gl. (8.96) auf $v_{ref} = +K V_{CC}$. Wenn die Ausgangsspannung nun erneut kippen soll, muss die Eingangsspannung über diese neue Referenzspannung steigen.

Das gesamte Spannungsübertragungsverhalten eines Schmitt-Triggers wird als Überlagerung der einzelnen Kurven aus Abb. 8.44 gewonnen, wie in Abb. 8.45 veranschaulicht. Der Abstand zwischen den beiden unterschiedlichen Schwellspannungen wird **Hysterese**[38] oder **Hysteresespannung** genannt und ist durch folgende Gleichung gegeben:

---

[37] Im Englischen **feedback factor** genannt und manchmal auch mit α oder β angegeben.
[38] Engl. **hysteresis**.

Abb. 8.45 Spannungsübertragungsverhalten
und Hysterese des
invertierenden
Schmitt-Triggers

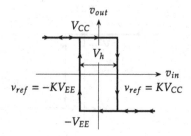

$$V_h = K V_{CC} - (-K V_{EE}) = K (V_{CC} + V_{EE}) . \tag{8.97}$$

Für Schwankungen der Eingangsspannungen um eine der beiden Schwellspannungen mit
Werten, die unterhalb der Hysterese liegen, bleibt die Ausgangsspannung auf dem jeweiligen
Niveau. Eine Gegenüberstellung des Verhaltens des Schmitt-Triggers mit dem Verhalten des
Komparators [Abb. 8.42(b)] zeigt Abb. 8.46.

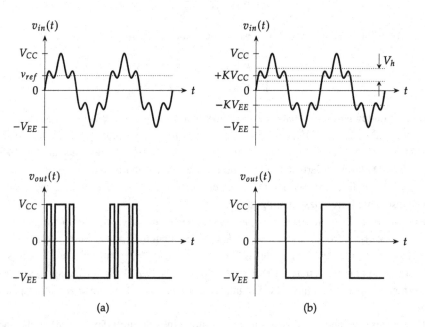

Abb. 8.46 Ausgangsspannung des (**a**) nichtinvertierenden Komparators und (**b**) Schmitt-Triggers
für eine mit einer Störung überlagerte Sinusspannung. Die Schwankungen der Eingangsspannung
um v_{ref} seien kleiner als die Hysterese des Schmitt-Triggers

Abb. 8.47 Schaltzeichen für den (**a**) invertierenden und (**b**) nichtinvertierenden Schmitt-Trigger. Die in diesem Lehrbuch vorzugsweise verwendeten Schaltzeichen sind gestrichelt eingerahmt

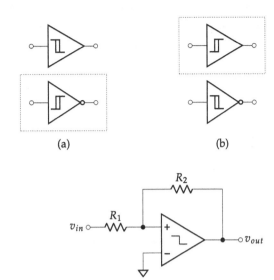

(a)   (b)

Abb. 8.48 Nichtinvertierender Schmitt-Trigger

Der Schmitt-Trigger ist ein Beispiel für eine Schaltung mit zwei zeitlich stabilen Zuständen und wird daher auch **bistabile Kippstufe** genannt.[39] Im Unterschied zum Schaltzeichen des Komparators (Abb. 8.40) wird beim Schaltzeichen des Schmitt-Triggers zwischen einer invertierenden und einer nichtinvertierenden Konfiguration unterschieden (Abb. 8.47). Die Schaltung aus Abb. 8.43 kann verkürzt mit dem Schaltzeichen aus Abb. 8.47(a) dargestellt werden.

Neben dem hier betrachteten invertierenden Schmitt-Trigger sind zum Beispiel auch nichtinvertierende Varianten, deren Schwellspannung entweder durch einen Widerstand oder eine zweite Spannungsquelle eingestellt werden kann, möglich.

Übung 8.1: Nichtinvertierender Schmitt-Trigger

Der bisher diskutierte invertierende Schmitt-Trigger entsteht aus der Spiegelung des OP im nichtinvertierenden Verstärker. Auf die gleiche Weise kann ein nichtinvertierender Schmitt-Trigger durch Vertauschung der beiden OP-Eingänge des invertierenden Verstärkers aus Abb. 8.5 erstellt werden, wie in Abb. 8.48 gezeigt.

Ermitteln Sie die obere und untere Schwellspannung und berechnen Sie die Hysterese des Schmitt-Triggers. Skizzieren Sie die Ausgangsspannung als Funktion der Eingangsspannung und kennzeichnen Sie markante Punkte. Es sei $R_1 < R_2$. ◄

---

[39] Weitere Bezeichnungen sind bistabiles **Kippglied** oder bistabiler **Multivibrator,** engl. **bistable multivibrator. Flip-Flops** sind ein weiteres Beispiel für bistabile Schaltungen.

Lösung 8.1 Die Spannung v_+ am invertierenden OP-Eingang kann mittels Superposition ermittelt werden. Die Abhängigkeit von v_{in} bei $v_{out} = 0$ ist durch einen Spannungsteiler gegeben:

$$v_{+1} = \frac{R_2}{R_1 + R_2} v_{in}. \tag{8.98}$$

Die Abhängigkeit von v_{out} bei $v_{in} = 0$ ist ebenfalls durch einen Spannungsteiler gegeben:

$$v_{+2} = \frac{R_1}{R_1 + R_2} v_{out}. \tag{8.99}$$

Daher folgt

$$v_+ = v_{+1} + v_{+2} = \frac{R_2}{R_1 + R_2} v_{in} + \frac{R_1}{R_1 + R_2} v_{out}. \tag{8.100}$$

Dabei gilt für die Ausgangsspannung:

$$v_{out} = \begin{cases} V_{CC} & \text{für } v_+ > 0 \\ -V_{EE} & \text{für } v_+ < 0 \end{cases}. \tag{8.101}$$

Die Ausgangsspannung kippt, sobald $v_+ = 0$ über- oder unterschritten wird. Für den Fall $v_{out} = V_{CC}$ gilt bei $v_+ = 0$

$$0 = \frac{R_2}{R_1 + R_2} v_{in} + \frac{R_1}{R_1 + R_2} V_{CC} \tag{8.102}$$

bzw.

$$v_{in} = -\frac{R_1}{R_2} V_{CC}. \tag{8.103}$$

Das heißt, v_{in} muss $-R_1 V_{CC}/R_2$ unterschreiten, damit der Ausgang auf $-V_{EE}$ kippt. Auf ähnliche Weise folgt für den Fall $v_{out} = -V_{EE}$, dass

$$v_{in} = \frac{R_1}{R_2} V_{EE} \tag{8.104}$$

überschritten werden muss, damit der Ausgang von $-V_{EE}$ auf V_{CC} kippt. Die Hysterese ist daher gegeben durch

$$V_h = \frac{R_1}{R_2} (V_{EE} + V_{CC}). \tag{8.105}$$

Die Ausgangsspannung ist in Abb. 8.49 als Funktion der Eingangsspannung dargestellt.

Anmerkung: Der nichtinvertierende Schmitt-Trigger aus Abb. 8.48 wird in der Praxis aus zwei Gründen selten eingesetzt. Zum einen ist der Eingangswiderstand sehr viel geringer als

Abb. 8.49 Spannungsübertragungsverhalten und Hysterese des nichtinvertierenden Schmitt-Triggers

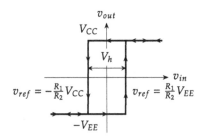

beim invertierenden Schmitt-Trigger aus Abb. 8.43, weil v_{in} über das Widerstandsnetzwerk R_1 und R_2 eingekoppelt wird und nicht direkt am OP-Eingang anliegt. Zum anderen erfolgt durch das Fehlen einer virtuellen Masse eine Rückwirkung der Ausgangsspannung auf die Eingangsspannung, insbesondere zum Umschaltzeitpunkt.

Zusatzfragen: Wie lässt sich die Hysterese parallel entlang der v_{in}-Achse verschieben? Was passiert bei $R_1 > R_2$?

8.4.3 *Astabile Kippstufe

Eine Kippstufe mit zwei Zuständen, von denen *keiner* zeitlich stabil ist, wird **astabile Kippstufe**[40] genannt. Abb. 8.50 zeigt die Schaltung einer astabilen Kippstufe als Anwendung eines invertierenden Schmitt-Triggers. Im Unterschied zum Schmitt-Trigger liegt hier eine Kombination aus Mit- und Gegenkopplung vor. Als Grundlage der Diskussion dient das in Abb. 8.51 gezeigte Zeitverhalten.

Qualitative Analyse
Der Schaltung kann man folgende Beziehungen entnehmen:

$$v_{ref} = K v_{out} \tag{8.106}$$

$$v_R = v_{out} - v_-, \tag{8.107}$$

mit $K = R_1 / (R_1 + R_2)$ nach Gl. (8.95). Zunächst seien ohne Beschränkung der Allgemeinheit folgende Anfangsbedingungen zum Zeitpunkt $t = 0$ gegeben:[41]

---

[40] Auch **Multiflop** oder **Kippschwinger,** engl. **astable multivibrator.**

[41] Selbst bei einer Abweichung von diesen Anfangsbedingungen wird sich die Schaltung in der Regel innerhalb einer oder weniger Periodendauern auf diese einschwingen, wie die Analyse verdeutlicht.

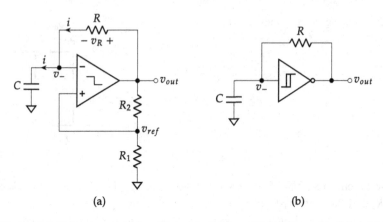

(a)   (b)

Abb. 8.50 (a) Schaltung einer astabilen Kippstufe (b) unter Verwendung des Schaltzeichens für einen invertierenden Schmitt-Trigger

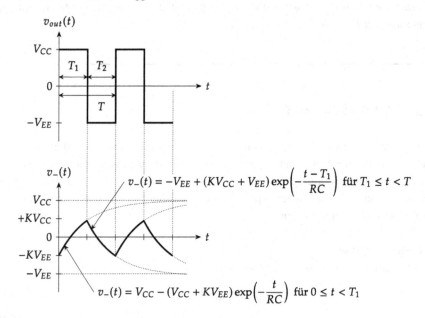

$$v_-(t) = -V_{EE} + (KV_{CC} + V_{EE})\exp\left(-\frac{t-T_1}{RC}\right) \text{ für } T_1 \le t < T$$

$$v_-(t) = V_{CC} - (V_{CC} + KV_{EE})\exp\left(-\frac{t}{RC}\right) \text{ für } 0 \le t < T_1$$

Abb. 8.51 Zeitverhalten der astabilen Kippstufe

$$v_{out}(0) = V_{CC} \tag{8.108}$$

$$v_{ref}(0) = KV_{CC} \tag{8.109}$$

$$v_-(0) = -KV_{EE} \tag{8.110}$$

$$v_R(0) = V_{CC} + KV_{EE}. \tag{8.111}$$

Über dem Widerstand liegt eine Spannungsdifferenz $v_R > 0$ an, sodass ein Strom $i = v_R/R$ durch den Widerstand fließt. Dadurch lädt sich die Kapazität auf und führt zum Abbau dieser Spannungsdifferenz. Für $t \to \infty$ würde dieser exponentielle Ladevorgang dazu führen, dass die Spannung über der Kapazität V_{CC} erreicht, das heißt $v_-(\infty) = V_{CC}$. Bevor v_- diese Endspannung erreicht, überschreitet sie zum Zeitpunkt T_1 allerdings die Referenzspannung v_{ref} am nichtinvertierenden Eingang des OP. Sobald $v_- > v_{ref} = K V_{CC}$, kippt die Ausgangsspannung von V_{CC} auf $-V_{EE}$, und die Referenzspannung ändert sich zu $v_{ref} = -K V_{EE}$. Die Spannungen betragen demnach zum Zeitpunkt $t = T_1$:

$$v_{out}(T_1) = -V_{EE} \tag{8.112}$$

$$v_{ref}(T_1) = -K V_{EE} \tag{8.113}$$

$$v_-(T_1) = K V_{CC} \tag{8.114}$$

$$v_R(T_1) = -V_{EE} - K V_{CC}. \tag{8.115}$$

Das Vorzeichen des Stroms i dreht sich um und entlädt die Kapazität, sodass v_- exponentiell abnimmt und für $t \to \infty$ gegen $-V_{EE}$ strebt, das heißt $v_-(\infty) = -V_{EE}$. Bevor v_- diese Endspannung erreicht, unterschreitet sie zum Zeitpunkt $T = T_1 + T_2$ die Referenzspannung v_{ref}. Sobald $v_- < v_{ref} = -K V_{EE}$, kippt die Ausgangsspannung von $-V_{EE}$ auf V_{CC}, und die Referenzspannung ändert sich zu $v_{ref} = K V_{CC}$. Zum Zeitpunkt $t = T$ betragen die Spannungen:

$$v_{out}(T) = V_{CC} \tag{8.116}$$

$$v_{ref}(T) = K V_{CC} \tag{8.117}$$

$$v_-(T) = -K V_{EE} \tag{8.118}$$

$$v_R(T) = V_{CC} + K V_{EE}. \tag{8.119}$$

Damit liegen die gleichen Bedingungen vor wie in Gl. (8.108)–(8.111), sodass sich der bis hier beschriebene Lade- und Entladevorgang periodisch wiederholt.

Periodendauer T

Es soll nun ermittelt werden, mit welcher Periodendauer T die Kippstufe schwingt. Dazu muss der zeitliche Verlauf der Ausgangsspannung mathematisch beschrieben werden. Zunächst wird eine asymmetrische Spannungsversorgung mit $V_{CC} \neq V_{EE}$ angenommen. Anschließend wird aus dem Ergebnis der Fall einer symmetrischen Spannungsversorgung $V_{CC} = V_{EE}$ abgeleitet.

Die Knotengleichung am invertierenden Eingang des OP ist gegeben durch:

$$C \frac{dv_-(t)}{dt} = \frac{v_{out}(t) - v_-(t)}{R}. \tag{8.120}$$

Die Lösung dieser Differentialgleichung (Anh. A) für die beiden Fälle $0 \leq t < T_1$ und $T_1 \leq t \leq T$ lautet:

$$
v_-(t) = \begin{cases} V_{CC} - (V_{CC} + K V_{EE}) \exp\left(-\dfrac{t}{RC}\right) & \text{für } 0 \le t < T_1 \\[2mm] -V_{EE} + (K V_{CC} + V_{EE}) \exp\left(-\dfrac{t - T_1}{RC}\right) & \text{für } T_1 \le t < T \end{cases} \quad . \tag{8.121}
$$

Zum Zeitpunkt $t = T_1$ beträgt $v_-(T_1) = K V_{CC}$ [Gl. (8.114)], das heißt

$$
v_-(T_1) = K V_{CC} = V_{CC} - (V_{CC} + K V_{EE}) \exp\left(-\frac{T_1}{RC}\right). \tag{8.122}
$$

Das Auflösen dieser Gleichung führt zu einem Ausdruck für T_1:

$$
T_1 = RC \ln \frac{1 + K \dfrac{V_{EE}}{V_{CC}}}{1 - K}. \tag{8.123}
$$

Zum Zeitpunkt $t = T = T_1 + T_2$ beträgt $v_-(T) = -K V_{EE}$ [Gl. (8.118)], das heißt

$$
v_-(T) = -K V_{EE} = -V_{EE} + (K V_{CC} + V_{EE}) \exp\left(-\frac{T_2}{RC}\right). \tag{8.124}
$$

Das Auflösen dieser Gleichung führt zu einem Ausdruck für T_2:

$$
T_2 = RC \ln \frac{1 + K \dfrac{V_{CC}}{V_{EE}}}{1 - K}. \tag{8.125}
$$

Die Periodendauer der Rechteckschwingung ist demnach

$$
T = T_1 + T_2 = RC \ln \frac{\left(1 + K \dfrac{V_{EE}}{V_{CC}}\right)\left(1 + K \dfrac{V_{CC}}{V_{EE}}\right)}{(1 - K)^2}. \tag{8.126}
$$

Für den Fall einer symmetrischen Spannungsversorgung, $V_{CC} = V_{EE}$, folgt

$$
\boxed{T = T_1 + T_2 = 2RC \ln \frac{1 + K}{1 - K}.} \tag{8.127}
$$

Die Ausgangsspannung der astabilen Kippstufe *oszilliert* zwischen zwei Zuständen mit einer zur RC-Zeitkonstante proportionalen Periodendauer. Zusätzlich kann die Periodendauer durch die Schwellspannungen des Schmitt-Triggers beeinflusst werden, allerdings aufgrund des Logarithmus in Gl. (8.127) nur in schwachem Maße. Aufgrund dieser rechteckförmigen Oszillation ist die astabile Kippstufe ein Beispiel für einen **Kippschwinger** oder **Relaxationsoszillator**[42] (im Unterschied zu einem Oszillator, der eine sinusförmige Schwingung generiert).

---

[42] Engl. **relaxation oscillator.**

Abb. 8.52 Schaltung einer
monostabilen Kippstufe

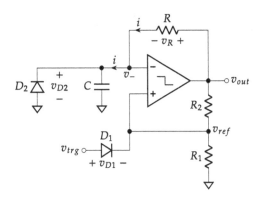

8.4.4 *Monostabile Kippstufe

Eine Kippstufe mit zwei Zuständen, von denen *einer* zeitlich stabil ist, wird **monostabile Kippstufe**[43] genannt. Abb. 8.52 zeigt die Schaltung einer monostabilen Kippstufe, die
ähnlich zur astabilen Kippstufe eine Mit- und Gegenkopplung enthält. Tatsächlich wurden
lediglich die Dioden D_1 und D_2 sowie die **Triggerspannung** v_{trg} hinzugefügt. Die Dioden
seien identisch, und es gelte für sie das CVD-Modell mit Durchlassspannung $V_{D,on}$. Der
zeitliche Spannungsverlauf dieser Schaltung ist in Abb. 8.53 dargestellt.

Qualitative Analyse
Der Schaltung kann man folgende Beziehungen entnehmen:

$$v_{ref} = K v_{out} \tag{8.128}$$

$$v_R = v_{out} - v_- \tag{8.129}$$

$$v_{D1} = v_{trg} - v_{ref} \tag{8.130}$$

$$v_{D2} = v_-. \tag{8.131}$$

Für den Zeitpunkt $t = 0$ seien folgende Anfangsbedingungen gegeben:

$$v_{out}(0) = -V_{EE} \tag{8.132}$$

$$v_{ref}(0) = -K V_{EE}. \tag{8.133}$$

Wie für die astabile Kippstufe erläutert, müsste für diesen Anfangszustand die Spannung
v_- von $K V_{CC}$ gegen $-V_{EE}$ streben. Diode D_2 jedoch bewirkt, dass v_- nicht negativer als
$-V_{D,on}$ werden kann. Sobald $v_- = -V_{D,on}$ erreicht ist, wird die Diode in Flussrichtung
gepolt und klemmt v_- auf $-V_{D,on}$. Dadurch kann diese Spannung niemals die Schwell-

---

[43] Auch **Monoflop** oder **Univibrator,** engl. **monostable multivibrator, monoflop, univibrator, one-
shot** oder **single-shot.**

Abb. 8.53 Zeitverhalten der
monostabilen Kippstufe

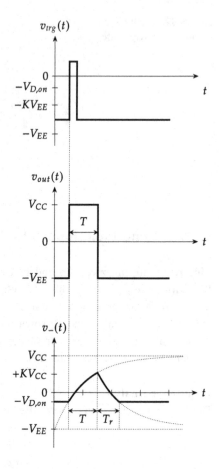

spannung $v_{ref} = -K_{EE}$ unterschreiten, sodass eine eigenständige Oszillation verhindert wird.

Ist $v_{D1} < V_{D,on}$, so bleibt Diode D_1 ausgeschaltet. In diesem Zustand muss wegen Gl. (8.130) für die Triggerspannung gelten, dass

$$v_{trg} < v_{ref} + V_{D,on} = -K V_{EE} + V_{D,on}. \tag{8.134}$$

Die Anfangsbedingung für die Ausgangsspannung, $v_{out}(0) = -V_{EE}$, ist nur dann gültig, wenn die Differenz-Eingangsspannung des Komparators negativ ist (andernfalls müsste die Ausgangsspannung V_{CC} betragen). Es muss also gelten, dass

$$v_+ - v_- < 0 \tag{8.135}$$

bzw. wegen $v_+ = v_{ref} = -K V_{EE}$ und $v_- = -V_{D,on}$

$$KV_{EE} > V_{D,on}. \tag{8.136}$$

Ist Gl. (8.136) nicht erfüllt, entweder aufgrund ungeeigneter Dimensionierung der Widerstände R_1 und R_2 oder aufgrund einer betragsmäßig zu niedrigen Versorgungsspannung V_{EE}, oszilliert die Schaltung ähnlich zur astabilen Kippstufe.

Ist $v_{D1} > V_{D,on}$, wird D_1 in Flussrichtung gepolt. In diesem Fall muss die Triggerspannung um $V_{D,on}$ größer sein als die Referenzspannung:

$$v_{trg} > v_{ref} + V_{D,on} = -KV_{EE} + V_{D,on}. \tag{8.137}$$

Ist die Diode erst einmal in Flussrichtung gepolt, beträgt die Spannung am nichtinvertierenden Eingang des OP $v_+ = v_{trg} - V_{D,on}$. Damit der Ausgang des Komparators von $-V_{EE}$ auf V_{CC} kippt, muss v_+ wiederum größer sein als $v_- = -V_{D,on}$. Daraus folgt als Bedingung für die Triggerspannung

$$v_{trg} > 0. \tag{8.138}$$

Nachdem die Ausgangsspannung auf V_{CC} kippt, ändert sich die Referenzspannung zu $v_{ref} = KV_{CC}$, sodass Diode D_1 sperrt und die Triggerspannung vom Eingang des OP abkoppelt.

Impulsdauer T

Es soll nun die Impulsdauer T der Ausgangsspannung ermittelt werden. Der Einfachheit halber wird angenommen, dass der Triggerimpuls zum Zeitpunkt $t = 0$ erfolgt. In ähnlicher Weise wie für die astabile Kippstufe folgt

$$v_-(t) = \begin{cases} V_{CC} - \left(V_{CC} + V_{D,on}\right) \exp\left(-\dfrac{t}{RC}\right) & \text{für } 0 \le t < T \\[2mm] -V_{EE} + \left(KV_{CC} + V_{EE}\right) \exp\left(-\dfrac{t-T}{RC}\right) & \text{für } T \le t < T + T_r \end{cases}. \tag{8.139}$$

Zum Zeitpunkt $t = T$ beträgt $v_-(T) = KV_{CC}$, das heißt

$$v_-(T) = KV_{CC} = V_{CC} - \left(V_{CC} + V_{D,on}\right) \exp\left(-\frac{T}{RC}\right). \tag{8.140}$$

Das Auflösen dieser Gleichung führt zu einem Ausdruck für T:

$$\boxed{T = RC \ln \frac{1 + \dfrac{V_{D,on}}{V_{CC}}}{1 - K}.} \tag{8.141}$$

Zum Zeitpunkt $t = T + T_r$ ist $v_-(T + T_r) = -V_{D,on}$, das heißt

$$v_-(T + T_r) = -V_{D,on} = -V_{EE} + \left(KV_{CC} + V_{EE}\right) \exp\left(-\frac{T_r}{RC}\right). \tag{8.142}$$

Das Auflösen dieser Gleichung führt zu einem Ausdruck für T_r:

$$T_r = RC \ln \frac{1 + K \dfrac{V_{CC}}{V_{EE}}}{1 - \dfrac{V_{D,on}}{V_{EE}}}. \tag{8.143}$$

Wird die monostabile Kippstufe getriggert, so generiert sie einen Impuls mit einer zur RC-Zeitkonstante proportionalen Dauer. Diese Impulsdauer und die anschließende **Erholzeit**[44] T_r sollten abgewartet werden, bevor ein neuer Triggerimpuls generiert wird, damit der Ruhezustand aller Spannungen und Ströme erreicht wird. Andernfalls besitzt der neu generierte Impuls der Ausgangsspannung nicht die durch Gl. (8.141) vorhergesagte Impulsdauer.

8.5 *Nichtidealer Operationsverstärker

Alle Schaltungen, die in Abschn. 8.2 und 8.3 diskutiert wurden, setzen ideale Operationsverstärker ein, für die im Falle einer Gegenkopplung Gl. (8.2)–(8.4) und (8.6)–(8.7) gelten. Auch die nichtlinearen Anwendungen mit Mitkopplung in Abschn. 8.4 verwenden Operationsverstärker mit idealen Eigenschaften – mit einer einzigen Ausnahme: Die Ausgangsspannung ist durch die Spannungsversorgung auf V_{CC} bzw. $-V_{EE}$ begrenzt.

Tab. 8.2 zeigt eine lange (aber bei Weitem nicht vollständige) Liste von Bauelementeigenschaften mit den jeweils gebräuchlichsten Symbolen und dem jeweiligen Wert für ideale Operationsverstärker, der bisher implizit angenommen wurde. Bei den realen Werten handelt es sich um *typische* Werte für eine Auswahl von mehr als 1000 kommerziell verfügbaren Operationsverstärkern. All diese Eigenschaften werden unter spezifizierten Testbedingungen charakterisiert, wie zum Beispiel einer Umgebungs- oder Außentemperatur von 25°C[45], die insbesondere beim Vergleich eines Parameters verschiedener OP-Realisierungen berücksichtigt werden müssen.[46] Werden auch die minimal bzw. maximal erreichbaren Werte aufgrund von Bauelementschwankungen bzw. eine breitere Auswahl an Operationsverstärkern berücksichtigt, ist der angegebene Wertebereich noch sehr viel größer.

In den folgenden Abschnitten werden die in der Tabelle fettgedruckten Eigenschaften beispielhaft näher erläutert.

---

[44]Engl. **recovery time.**

[45]Engl. **ambient temperature,** T_A.

[46]Hinzu kommt, dass selbst die Definition einiger Parameter nicht standardisiert ist. Auch dieser Aspekt muss bei einem Parametervergleich berücksichtigt werden.

Tab. 8.2 Eigenschaften eines Operationsverstärkers (fettgedruckte Parameter werden in den folgenden Abschnitten diskutiert)

Parameter (Deutsch/Englisch)	Symbol	Einheit	Ideal	Real
Anstiegs- und Abfallrate der Ausgangsspannung *Rising and falling slew rate*	SR	V/s	∞	$800\,\mu V/\mu s \ldots 10\,kV/\mu s$
Ausgangsspannungsbegrenzung/ -hub *Output voltage limits, maximum output voltage swing*	V_{OH}, V_{OL}	V	∞	$+1.0\,V \ldots \pm 70\,V$
Ausgangsstrombegrenzung *Output current limits*	I_{out}	A	∞	$50\,\mu A \ldots 2\,A$
Ausgangswiderstand *Output resistance*	R_o	Ω	0	$0.01\,\Omega \ldots 40\,k\Omega$
3-dB-Grenzfrequenz, 3-dB-Bandbreite *3-dB cutoff frequency, 3-dB/open-loop bandwidth*	f_{3dB}, BW	Hz	∞	$250\,Hz \ldots 1.4\,GHz$
Differenz-Eingangswiderstand *Differential-mode input resistance*	R_{id}	Ω	∞	$200\,\Omega \ldots > 1\,T\Omega$
Differenz-Spannungsverstärkung[a] *Differential-mode/open-loop voltage gain*	A_0, A_{Vol}	V/V	∞	$1500\,V/V \ldots 1\,MV/mV$
Eingangs-Offset-Spannung *Input offset voltage*	V_{OS}	V	0	$\pm 500\,nV \ldots 220\,mV$
Eingangs-Offset-Strom *Input offset current*	I_{OS}	A	0	$\pm 6\,fA \ldots 50\,\mu A$
Eingangsrauschspannungsdichte *Input voltage noise density*	V_n	$V/\sqrt{Hz}$	0	$0.6\,nV/\sqrt{Hz} \ldots 1\,\mu V/\sqrt{Hz}$
Eingangsrauschstromdichte *Input current noise density*	I_n	$A/\sqrt{Hz}$	0	$0.4\,fA/\sqrt{Hz} \ldots 8.8\,pA/\sqrt{Hz}$
Eingangsstrom *Input bias current*	$I_{B1,2}$, $I_{B+,-}$	A	0	$\pm 3\,fA \ldots 160\,\mu A$
Einschwingzeit *Settling time*	t_s	s	0	$0.8\,ns \ldots 85\,\mu s$
Gleichtakt-Eingangswiderstand *Common-mode input resistance*	R_{ic}	Ω	∞	$9.25\,k\Omega \ldots 2\,T\Omega$

(fortgesetzt)

Tab. 8.2 (fortgesetzt)

Parameter (Deutsch/Englisch)	Symbol	Einheit	Ideal	Real
Gleichtaktunterdrückung *Common-mode rejection ratio*	$CMRR$	dB	∞	46 dB ... 150 dB
Leistungsbandbreite *Full-power bandwidth*	$FPBW$, f_{FP}	Hz	∞	170 Hz ... 550 MHz
Offset-Spannungsdrift/- temperaturkoeffizient *Input offset voltage drift/temperature coefficient*	$\Delta V_{OS}/\Delta T$	V/K	0	± 5 nV/K ... 50 μV/K
Versorgungsspannungsun- terdrückung *Power supply rejection ratio*	$PSRR$	dB	∞	48 dB ... 160 dB
Verstärkungs-Bandbreite- Produkt *Gain-bandwidth-product*	GBW	Hz	∞	2 kHz ... 10 GHz

[a]Manchmal auch in dB angegeben: $A_{\mathrm{dB}} = 20 \lg |A|$

8.5.1 Spannungsverstärkung

Bisher wurde angenommen, dass die Spannungsverstärkung A_0 eines Operationsverstärkers unendlich groß ist [Gl. (8.2)], sodass die Analyse einer OP-Schaltung mit $v_+ - v_- = 0$ vereinfacht werden konnte [Gl. (8.6)]. Die Konsequenz einer endlichen Spannungsverstärkung kann wie folgt ausgedrückt werden:

$$v_+ \neq v_-. \tag{8.144}$$

Die Ausgangsspannung muss in diesem Fall mithilfe der Grundgleichung aus Gl. (8.1) berechnet werden:

$$v_{out} = A_0 (v_+ - v_-) = A_0 v_{id}. \tag{8.145}$$

Das Vorgehen bei der Analyse besteht demnach in der Ermittlung von v_+ und v_- mit anschließender Anwendung von Gl. (8.145). Im Folgenden soll der Einfluss einer endlichen Spannungsverstärkung bei ansonsten idealen Eigenschaften beispielhaft untersucht werden.

Invertierender Verstärker

Die endliche Spannungsverstärkung des OP im invertierenden Verstärker aus Abb. 8.5 ist mit A_0 im Schaltzeichen des OP angedeutet (Abb. 8.54). Wird für den OP das Ersatzschaltbild aus Abb. 8.3 eingesetzt, so entsteht das Szenario aus Abb. 8.55.

Für die Knotengleichung am invertierenden OP-Eingang gilt wegen des unendlich großen Eingangswiderstands weiterhin $i_- = 0$ und damit

$$i_1 = i_2. \tag{8.146}$$

Es gilt außerdem $v_+ = 0$, wegen der endlichen Spannungsverstärkung jedoch ist $v_+ \neq v_-$. Das Konzept der virtuellen Masse findet daher keine Anwendung. Für die Ströme i_1 und i_2 folgt

$$i_1 = \frac{v_{in} - v_-}{R_1} \tag{8.147}$$

$$i_2 = \frac{v_- - v_{out}}{R_2}. \tag{8.148}$$

Das Einsetzen der Gln. (8.147) und (8.148) in Gl. (8.146) führt zu einem Ausdruck für v_-:

$$v_- = \frac{R_2 v_{in} + R_1 v_{out}}{R_1 + R_2}. \tag{8.149}$$

Durch Einsetzen von v_- in Gl. (8.145) folgt die Spannungsverstärkung:

Abb. 8.54 Invertierender Verstärker für $A_0 < \infty$

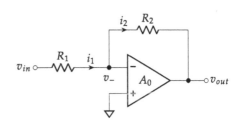

Abb. 8.55 Ersatzschaltung eines invertierenden Verstärkers für $A_0 < \infty$

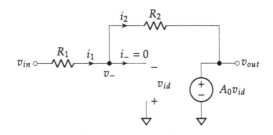

$$A_v = -\frac{R_2}{R_1} \cdot \frac{1}{1 + \frac{1}{A_0}\left(1 + \frac{R_2}{R_1}\right)}. \tag{8.150}$$

Im idealen Fall ist die Spannungsverstärkung durch Gl. (8.12) gegeben:

$$\lim_{A_0 \to \infty} A_v = A_{v,id} = -\frac{R_2}{R_1}, \tag{8.151}$$

sodass Gl. (8.150) auch wie folgt geschrieben werden kann:

$$A_v = \frac{A_{v,id}}{1 + \frac{1}{A_0}\left(1 + \frac{R_2}{R_1}\right)}. \tag{8.152}$$

Die endliche Spannungsverstärkung A_0 *reduziert* demnach die Gesamtspannungsverstärkung A_v. Für eine große (endliche) Spannungsverstärkung gilt mithilfe der Approximation $1/(1+x) \approx 1 - x$ für $x \ll 1$ bzw. $1/A_0\,(1 + R_2/R_1) \ll 1$, dass

$$A_v \approx A_{v,id}\left[1 - \frac{1}{A_0}\left(1 + \frac{R_2}{R_1}\right)\right]. \tag{8.153}$$

Der **absolute Fehler**[47] der Spannungsverstärkung

$$\boxed{F_{abs}(A_v) = A_v - A_{v,id}} \tag{8.154}$$

beträgt

$$F_{abs}(A_v) = -\frac{A_{v,id}}{A_0}\left(1 + \frac{R_2}{R_1}\right). \tag{8.155}$$

Der **relative Fehler**[48] der Spannungsverstärkung wird in der Regel in Prozent angegeben:

$$\boxed{F_{rel}(A_v) = \frac{F_{abs}}{A_{v,id}} \cdot 100\,\% = \frac{A_v - A_{v,id}}{A_{v,id}} \cdot 100\,\%} \tag{8.156}$$

und beträgt

$$F_{rel}(A_v) = -\frac{1}{A_0}\left(1 + \frac{R_2}{R_1}\right) \cdot 100\,\%. \tag{8.157}$$

Für eine betragsmäßig zunehmende Gesamtspannungsverstärkung $|A_{v,id}| = R_2/R_1$ nehmen der absolute und der relative Fehler bei gegebenem A_0 demnach zu.

---

[47] Engl. **absolute gain error** oder **gain error,** abgekürzt **GE.**
[48] Engl. **relative** oder **fractional gain error,** abgekürzt **FGE.**

Übung 8.2: Ein- und Ausgangswiderstand des invertierenden Verstärkers

Ermitteln Sie den Ein- und Ausgangswiderstand, R_{in} bzw. R_{out}, des invertierenden Verstärkers aus Abb. 8.55 für $A_0 < \infty$. ◄

Lösung 8.2 Zur Berechnung des Eingangswiderstands wird eine Testspannungsquelle v_x am Eingang des Verstärkers angelegt und der Strom i_x aus dieser Testquelle bestimmt (Abb. 8.56).

Die Knotengleichung am invertierenden OP-Eingang lautet

$$0 = i_x - i_2 \tag{8.158}$$

mit

$$i_x = \frac{v_x - v_-}{R_1} \tag{8.159}$$

$$i_2 = \frac{v_- - v_{out}}{R_2}. \tag{8.160}$$

Das Einsetzen von i_2 in die Knotengleichung ergibt unter Berücksichtigung von $v_{out} = -A_0 v_-$:

$$0 = i_x - v_- \left(\frac{1 + A_0}{R_2} \right). \tag{8.161}$$

Nun wird v_- mithilfe von Gl. (8.159) eliminiert, sodass für den Eingangswiderstand $R_{in} = v_x/i_x$ folgt:

$$\boxed{R_{in} = R_1 + \frac{R_2}{1 + A_0}.} \tag{8.162}$$

Die endliche Spannungsverstärkung des OP bewirkt eine (geringe) Anhebung des Eingangswiderstands R_{in} der Schaltung.

Abb. 8.56 Bestimmung des Eingangswiderstands eines invertierenden Verstärkers für $A_0 < \infty$

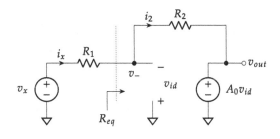

Plausibilitätskontrolle: Für $A_0 \to \infty$ reduziert sich Gl. (8.162) auf das bereits bekannte Ergebnis für einen idealen invertierenden Verstärker $R_{in} = R_1$ [Gl. (8.13)].

Gl. (8.162) zeigt, dass der Eingangswiderstand R_{in} der Schaltung auch als Serienwiderstand interpretiert werden kann:

$$R_{in} = R_1 + R_{eq}. \tag{8.163}$$

Der äquivalente Widerstand R_{eq} ist in Abb. 8.56 gekennzeichnet.

Zur Berechnung des Ausgangswiderstands wird eine Testspannungsquelle v_x am Ausgang des Verstärkers angelegt und der Strom i_x aus dieser Testquelle bestimmt (Abb. 8.57). Die Eingangsspannungsquelle v_{in} wird dabei mit einem Kurzschluss ersetzt.

Die Knotengleichung am invertierenden OP-Eingang lautet

$$0 = i_1 - i_2 \tag{8.164}$$

mit

$$i_1 = -\frac{v_-}{R_1} \tag{8.165}$$

$$i_2 = \frac{v_- - v_x}{R_2}. \tag{8.166}$$

Das Einsetzen von i_1 und i_2 in die Knotengleichung ergibt mit $v_- = -v_x/A_0$

$$0 = v_x \left(\frac{1}{A_0 R_1} + \frac{1}{A_0 R_2} + \frac{1}{R_2} \right). \tag{8.167}$$

Diese Gleichung ist für beliebige Werte von A_0, R_1 und R_2 nur dann erfüllt, wenn $v_x = 0$. Damit ergibt sich der Ausgangswiderstand $R_{out} = v_x/i_x$ wie beim idealen invertierenden Verstärker [Gl. (8.15)] zu

$$\boxed{R_{out} = 0.} \tag{8.168}$$

Abb. 8.57 Bestimmung des Ausgangswiderstands eines invertierenden Verstärkers für $A_0 < \infty$

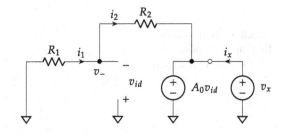

Eine endliche Spannungsverstärkung A_0 hat keinen Einfluss auf den Ausgangswiderstand bei ansonsten idealen Eigenschaften des OP.

Übung 8.3: Nichtinvertierender Verstärker mit endlichem A_0

Der OP im nichtinvertierenden Verstärker (Abb. 8.58) habe eine endliche Spannungsverstärkung A_0. Ermitteln Sie A_v, F_{abs} und F_{rel}. Vergleichen Sie die Ergebnisse mit denen für den invertierenden Verstärker. ◄

Lösung 8.3 Die Spannung am invertierenden OP-Eingang lässt sich mithilfe eines Spannungsteilers angeben:

$$v_- = \frac{R_1}{R_1 + R_2} v_{out}. \tag{8.169}$$

Mit $v_+ = v_{in}$ und Gl. (8.145) folgt für die Spannungsverstärkung

$$\boxed{A_v = \left(1 + \frac{R_2}{R_1}\right) \cdot \frac{1}{1 + \dfrac{1}{A_0}\left(1 + \dfrac{R_2}{R_1}\right)}.} \tag{8.170}$$

Auch beim nichtinvertierenden Verstärker reduziert ein endliches A_0 die Spannungsverstärkung A_v. Im idealen Fall ist die Spannungsverstärkung durch Gl. (8.17) gegeben:

$$\lim_{A_0 \to \infty} A_v = A_{v,id} = 1 + \frac{R_2}{R_1}, \tag{8.171}$$

sodass Gl. (8.170) auch wie folgt geschrieben werden kann:

Abb. 8.58 Nichtinvertierender Verstärker für $A_0 < \infty$

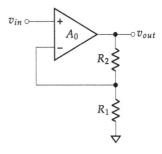

$$A_v = \frac{A_{v,id}}{1 + \dfrac{1}{A_0}\left(1 + \dfrac{R_2}{R_1}\right)}. \tag{8.172}$$

Der Ausdruck für die Spannungsverstärkung des nichtinvertierenden Verstärkers aus Gl. (8.172) ist identisch mit Gl. (8.152). Es ist demnach zu erwarten, dass auch die Ausdrücke für den absoluten relativen Fehler identisch sind. Wegen $1/A_0\,(1 + R_2/R_1) \ll 1$ bei großem und endlichem A_0 ist

$$A_v \approx A_{v,id}\left[1 - \frac{1}{A_0}\left(1 + \frac{R_2}{R_1}\right)\right]. \tag{8.173}$$

Der absolute Fehler beträgt

$$F_{abs}(A_v) = A_v - A_{v,id} = -\frac{A_{v,id}}{A_0}\left(1 + \frac{R_2}{R_1}\right). \tag{8.174}$$

Der relative Fehler beträgt

$$F_{rel}(A_v) = -\frac{1}{A_0}\left(1 + \frac{R_2}{R_1}\right)\cdot 100\%. \tag{8.175}$$

Tatsächlich sind die Ausdrücke für den absoluten [Gl. (8.155), (8.174)] und den relativen Fehler [Gl. (8.157), (8.175)] der Spannungsverstärkung des invertierenden und des nichtinvertierenden Verstärkers identisch. Allerdings ist zu beachten, dass die ideale Spannungsverstärkung $A_{v,id}$ für die beiden Verstärkerkonfigurationen durchaus unterschiedlich ist.

Zusatzfrage: Wie lauten R_{in} und R_{out} für die Schaltung in Abb. 8.58 (siehe auch die allgemeineren Fälle in Üb. 8.6 und 8.8)?

Übung 8.4: Spannungsfolger mit endlichem A_0

Der OP im Spannungsfolger (Abb. 8.59) habe eine endliche Spannungsverstärkung A_0. Ermitteln Sie A_v, F_{abs} und F_{rel}. Vergleichen Sie die Ergebnisse mit denen für den nichtinvertierenden Verstärker. ◄

Abb. 8.59 Spannungsfolger
für $A_0 < \infty$

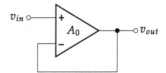

Lösung 8.4 Mit $v_+ = v_{in}$, $v_- = v_{out}$ und $v_{out} = A_0(v_+ - v_-) = A_0(v_{in} - v_{out})$ folgt für die Spannungsverstärkung

$$A_v = \frac{A_0}{1 + A_0} = \frac{1}{1 + \dfrac{1}{A_0}}.$$

(8.176)

Im Idealfall ist die Spannungsverstärkung durch Gl. (8.22) gegeben:

$$\lim_{A_0 \to \infty} A_v = 1.$$

(8.177)

Wegen $1/A_0 \ll 1$ ist

$$A_v \approx 1 - \frac{1}{A_0}.$$

(8.178)

Der absolute Fehler beträgt

$$F_{abs} = -\frac{1}{A_0}$$

(8.179)

und der relative Fehler

$$F_{rel} = -\frac{1}{A_0} \cdot 100\%.$$

(8.180)

Die Ergebnisse für den Spannungsfolger können durch $R_2 = 0$ und $R_1 \to \infty$ leicht aus den Ergebnissen des nichtinvertierenden Verstärkers abgeleitet werden. Die endliche Spannungsverstärkung A_0 des OP führt dazu, dass die Ausgangsspannungsänderungen nicht mehr *exakt* den Eingangsspannungsänderungen entsprechen. Zum Beispiel folgt bei einer Verstärkung von $A_0 = 10000$, dass $v_{out} \approx 0{,}9999 v_{in}$.

8.5.2 Eingangswiderstand

Der ideale OP hat einen unendlich großen Eingangswiderstand R_{id} [Gl. (8.3)], sodass die Eingangsströme verschwindend gering sind und die Analyse einer OP-Schaltung mit $i_+ = i_- = 0$ vereinfacht werden kann [Gl. (8.7)]. Die Konsequenz eines endlichen Eingangswiderstands kann wie folgt ausgedrückt werden:

$$i_+ \neq 0$$

(8.181)

$$i_- \neq 0.$$

(8.182)

Nichtsdestotrotz gilt $i_+ = -i_-$, da der Strom vom nichtinvertierenden Eingang durch den OP zum invertierenden Eingang fließt (Abb. 8.4). Bei der Analyse ist es demnach notwendig, i_+ und i_- in den Knotengleichungen am invertierenden und nichtinvertierenden Eingang zu berücksichtigen.

Mit Bezug auf Abb. 8.4 kann weiterhin festgestellt werden, dass ein Strom i_+, der durch R_{id} fließt, mit einer Spannung $v_{id} = R_{id}i_+$ entlang desselben Widerstands einhergeht. Das bedeutet, dass die Untersuchung eines endlichen Eingangswiderstands nur sinnvoll ist, wenn gleichzeitig die Spannungsverstärkung A_0 als endlich angenommen wird. Mit anderen Worten: Es ist aufgrund des Ohmschen Gesetzes nicht sinnvoll (oder gar möglich), einen Strom durch einen Widerstand bei einem Spannungsabfall von 0 oder eine Spannung entlang eines Widerstands bei einem Strom von 0 zu beobachten. Im Folgenden soll der Einfluss eines endlichen Eingangswiderstands und einer endlichen Spannungsverstärkung bei ansonsten idealen Eigenschaften beispielhaft untersucht werden.

Invertierender Verstärker

Das Ersatzschaltbild eines invertierenden Verstärkers mit endlicher Spannungsverstärkung und endlichem Eingangswiderstand ist in Abb. 8.60 dargestellt.

Es soll zunächst die Spannungsverstärkung und anschließend der Eingangswiderstand ermittelt werden. Die Knotengleichung am invertierenden OP-Eingang lautet

$$0 = i_1 - i_2 - i_- \tag{8.183}$$

mit

$$i_1 = \frac{v_{in} - v_-}{R_1} \tag{8.184}$$

$$i_2 = \frac{v_- - v_{out}}{R_2} \tag{8.185}$$

$$i_- = \frac{v_-}{R_{id}}. \tag{8.186}$$

Zur Vereinfachung der nachfolgenden algebraischen Umformungen wird die Beziehung $v_{out} = -A_0 v_-$ bereits an dieser Stelle in Gl. (8.184)–(8.186) eingesetzt, sodass

Abb. 8.60 Ersatzschaltung eines invertierenden Verstärkers für $A_0 < \infty$ und $R_{id} < \infty$

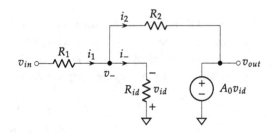

$$i_1 = \frac{v_{in}}{R_1} + \frac{v_{out}}{A_0 R_1} \tag{8.187}$$

$$i_2 = -\frac{v_{out}}{A_0 R_2} - \frac{v_{out}}{R_2} \tag{8.188}$$

$$i_- = -\frac{v_{out}}{A_0 R_{id}}. \tag{8.189}$$

Das Einsetzen dieser Ströme in Gl. (8.183) ergibt

$$0 = \frac{v_{in}}{R_1} + v_{out} \left(\frac{1}{A_0 R_1} + \frac{1}{A_0 R_2} + \frac{1}{R_2} + \frac{1}{A_0 R_{id}} \right). \tag{8.190}$$

Für die Spannungsverstärkung folgt

$$\boxed{A_v = -\frac{R_2}{R_1} \cdot \frac{1}{1 + \frac{1}{A_0} \left(1 + \frac{R_2}{R_1} + \frac{R_2}{R_{id}} \right)}.} \tag{8.191}$$

Der endliche Eingangswiderstand *reduziert* demnach die Gesamtspannungsverstärkung A_v.

Plausibilitätskontrolle: Für $R_{id} \to \infty$ reduziert sich Gl. (8.191) auf das bekannte Ergebnis für eine endliche Spannungsverstärkung in Gl. (8.150).

Zur Berechnung des Eingangswiderstands wird eine Testspannungsquelle v_x am Eingang des Verstärkers angelegt und der Strom i_x aus dieser Testquelle bestimmt (Abb. 8.61). Die Knotengleichung am invertierenden OP-Eingang lautet

$$0 = i_x - i_2 - i_- \tag{8.192}$$

mit

$$i_x = \frac{v_x - v_-}{R_1} \tag{8.193}$$

$$i_2 = \frac{v_- - v_{out}}{R_2} \tag{8.194}$$

$$i_- = \frac{v_-}{R_{id}}. \tag{8.195}$$

Abb. 8.61 Bestimmung des Eingangswiderstands eines invertierenden Verstärkers für $A_0 < \infty$ und $R_{id} < \infty$

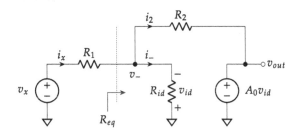

Das Einsetzen von i_2 und i_- in die Knotengleichung ergibt mit $v_{out} = -A_0 v_-$

$$0 = i_x - v_- \left(\frac{1 + A_0}{R_2} + \frac{1}{R_{id}} \right). \tag{8.196}$$

Zuletzt wird v_- mithilfe von Gl. (8.193) eliminiert, sodass für den Eingangswiderstand $R_{in} = v_x / i_x$ folgt:

$$R_{in} = R_1 + \frac{1}{\dfrac{1 + A_0}{R_2} + \dfrac{1}{R_{id}}}. \tag{8.197}$$

Plausibilitätskontrolle: Für $R_{id} \to \infty$ reduziert sich Gl. (8.197) auf das bereits bekannte Ergebnis in Gl. (8.162) für einen invertierenden Verstärker mit $A_0 < \infty$.

Gl. (8.197) zeigt, dass der Eingangswiderstand R_{in} der Schaltung auch als ein Serienwiderstand ausgedrückt werden kann:

$$R_{in} = R_1 + R_{eq}. \tag{8.198}$$

Der äquivalente Widerstand R_{eq} ist in Abb. 8.61 gekennzeichnet und kann als Parallelwiderstand interpretiert werden:

$$R_{eq} = R_{id} \left\| \frac{R_2}{1 + A_0} \right., \tag{8.199}$$

wobei der zweite Term bereits aus Gl. (8.162) bekannt ist.

Übung 8.5: Ausgangswiderstand des invertierenden Verstärkers

Ermitteln Sie den Ausgangswiderstand R_{out} des invertierenden Verstärkers aus Abb. 8.60 für $A_0 < \infty$ und $R_{id} < \infty$. ◄

Lösung 8.5 Zur Berechnung des Ausgangswiderstands wird eine Testspannungsquelle v_x am Ausgang des Verstärkers angelegt und der Strom i_x aus dieser Testquelle bestimmt (Abb. 8.62). Die Eingangsspannungsquelle v_{in} wird dabei mit einem Kurzschluss ersetzt. Die Knotengleichung am invertierenden OP-Eingang lautet

$$0 = i_1 - i_2 - i_- \tag{8.200}$$

mit

Abb. 8.62 Bestimmung des
Ausgangswiderstands eines
invertierenden Verstärkers für
$A_0 < \infty$ und $R_{id} < \infty$

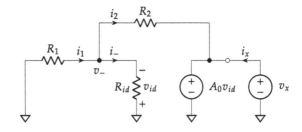

$$i_1 = -\frac{v_-}{R_1} \tag{8.201}$$

$$i_2 = \frac{v_- - v_x}{R_2} \tag{8.202}$$

$$i_- = \frac{v_-}{R_{id}}. \tag{8.203}$$

Das Einsetzen dieser Ströme in die Knotengleichung ergibt mit $v_- = -v_x/A_0$

$$0 = v_x \left(\frac{1}{A_0 R_1} + \frac{1}{A_0 R_2} + \frac{1}{R_2} + \frac{1}{A_0 R_{id}} \right). \tag{8.204}$$

Diese Gleichung ist für beliebige Werte von A_0, R_1, R_2 und R_{id} nur dann erfüllt, wenn $v_x = 0$. Damit ergibt sich der Ausgangswiderstand $R_{out} = v_x/i_x$ wie beim idealen invertierenden Verstärker [Gl. (8.15)] zu

$$\boxed{R_{out} = 0.} \tag{8.205}$$

Übung 8.6: Nichtinvertierender Verstärker

Ermitteln Sie A_v, R_{in} und R_{out} des nichtinvertierenden Verstärkers aus Abb. 8.58 für $A_0 < \infty$ und $R_{id} < \infty$. ◀

Lösung 8.6 Die Ersatzschaltung des nichtinvertierenden Verstärkers zur Berechnung der Spannungsverstärkung ist in Abb. 8.63 dargestellt. Die Knotengleichung am invertierenden OP-Eingang lautet

$$0 = i_+ + i_2 - i_1 \tag{8.206}$$

mit

Abb. 8.63 Nichtinvertierender
Verstärker für $A_0 < \infty$ und
$R_{id} < \infty$

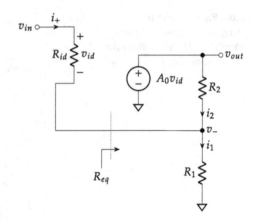

$$i_+ = \frac{v_{in} - v_-}{R_{id}} \tag{8.207}$$

$$i_2 = \frac{v_{out} - v_-}{R_2} \tag{8.208}$$

$$i_1 = \frac{v_-}{R_1}. \tag{8.209}$$

Wegen $v_{out} = A_0 (v_{in} - v_-)$ bzw. $v_- = v_{in} - v_{out}/A_0$ können Gl. (8.207)–(8.209) umformuliert werden zu:

$$i_+ = \frac{v_{out}}{A_0 R_{id}} \tag{8.210}$$

$$i_2 = \frac{v_{out} - v_{in} + v_{out}/A_0}{R_2} \tag{8.211}$$

$$i_1 = \frac{v_{in} - v_{out}/A_0}{R_1}. \tag{8.212}$$

Durch Einsetzen dieser Ströme in die Knotengleichung folgt

$$0 = v_{in}\left(-\frac{1}{R_2} - \frac{1}{R_1}\right) + v_{out}\left(\frac{1}{A_0 R_{id}} + \frac{1}{R_2} + \frac{1}{A_0 R_2} + \frac{1}{A_0 R_1}\right) \tag{8.213}$$

und damit für die Spannungsverstärkung

$$A_v = \left(1 + \frac{R_2}{R_1}\right) \cdot \frac{1}{1 + \frac{1}{A_0}\left(1 + \frac{R_2}{R_1} + \frac{R_2}{R_{id}}\right)}. \tag{8.214}$$

Weil $1/(A_0 R_{id})$ in der Regel ein *sehr* kleiner Wert ist, hat der Eingangswiderstand nur einen geringen Einfluss auf die Spannungsverstärkung A_v.

Plausibilitätskontrolle: Für $R_{id} \to \infty$ folgt das bereits bekannte Ergebnis aus Gl. (8.170) für einen nichtinvertierenden Verstärker mit $A_0 < \infty$.

Zur Berechnung des Eingangswiderstands kann ebenfalls Abb. 8.63 herangezogen werden, wobei v_{in} durch eine Testspannungsquelle v_x ersetzt wird und $i_+ = i_x$. Die Knotengleichung am invertierenden OP-Eingang lautet

$$0 = i_x + i_2 - i_1. \tag{8.215}$$

Das Einsetzen von i_2 und i_1 aus Gl. (8.208)–(8.209) ergibt

$$0 = i_x + \frac{v_{out}}{R_2} - v_- \left(\frac{1}{R_2} + \frac{1}{R_1} \right). \tag{8.216}$$

In dieser Gleichung sind v_{out} und v_- zu eliminieren. Die Ausgangsspannung kann wie folgt ausgedrückt werden:

$$v_{out} = A_0 v_{id} = A_0 R_{id} i_x. \tag{8.217}$$

Für den Zusammenhang zwischen i_x und v_- gilt

$$i_x = \frac{v_x - v_-}{R_{id}} \tag{8.218}$$

bzw.

$$v_- = v_x - R_{id} i_x. \tag{8.219}$$

Das Einsetzen von Gl. (8.217) und (8.219) in Gl. (8.216) führt nach einigen algebraischen Umformungen zu einem Ausdruck für den Eingangswiderstand $R_{in} = v_x / i_x$:

$$\boxed{R_{in} = R_{id} + \frac{R_1 (R_2 + A_0 R_{id})}{R_1 + R_2}.} \tag{8.220}$$

Der Eingangswiderstand ist demnach eine Reihenschaltung aus R_{id} und dem in Abb. 8.63 gekennzeichneten Ersatzwiderstand R_{eq}:

$$R_{in} = R_{id} + R_{eq}. \tag{8.221}$$

Üblicherweise hat R_{id} bereits einen sehr großen Wert und wird zudem mit A_0 multipliziert, sodass oft die folgende Approximation verwendet wird:

$$R_{in} \approx R_{id} \left(1 + A_0 \frac{R_1}{R_1 + R_2} \right). \tag{8.222}$$

Plausibilitätskontrolle: Für $R_{id} \to \infty$ folgt ein unendlich großer Eingangswiderstand wie vom idealen nichtinvertierenden Verstärker her bekannt [Gl. (8.18)].

Für typische Werte gemäß Tab. 8.2, zum Beispiel $A_0 = 10000$ und $R_{id} = 1\,\text{M}\Omega$, und gleiche Widerstände $R_1 = R_2 = 10\,\text{k}\Omega$ folgt $R_{in} = 5\,\text{G}\Omega$!

Zuletzt wird der Ausgangswiderstand anhand von Abb. 8.64 berechnet.

Die Knotengleichung am invertierenden OP-Eingang lautet:

$$0 = i_+ + i_2 - i_1 \tag{8.223}$$

mit

$$i_+ = -\frac{v_-}{R_{id}} \tag{8.224}$$

$$i_2 = \frac{v_x - v_-}{R_2} \tag{8.225}$$

$$i_1 = \frac{v_-}{R_1}. \tag{8.226}$$

Wegen $v_- = -v_x/A_0$ können Gl. (8.224)–(8.226) umformuliert werden zu

$$i_+ = \frac{v_x}{A_0 R_{id}} \tag{8.227}$$

$$i_2 = \frac{v_x + v_x/A_0}{R_2} \tag{8.228}$$

$$i_1 = -\frac{v_x}{A_0 R_1}. \tag{8.229}$$

Eingesetzt in die Knotengleichung folgt

$$0 = v_x \left(\frac{1}{A_0 R_{id}} + \frac{1}{R_2} + \frac{1}{A_0 R_2} + \frac{1}{A_0 R_1} \right). \tag{8.230}$$

Abb. 8.64 Berechnung des Ausgangswiderstands des nichtinvertierenden Verstärkers für $A_0 < \infty$ und $R_{id} < \infty$

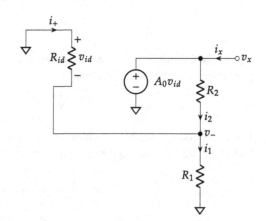

Diese Gleichung ist für beliebige Werte von A_0, R_1, R_2 und R_{id} nur dann erfüllt, wenn $v_x = 0$. Damit beträgt der Ausgangswiderstand $R_{out} = v_x/i_x$ wie beim idealen nichtinvertierenden Verstärker [Gl. (8.15)]

$$\boxed{R_{out} = 0.}$$ (8.231)

8.5.3 Ausgangswiderstand

Ein realer OP hat einen Ausgangswiderstand R_o, der größer als 0 ist. Die Konsequenz eines nicht verschwindenden Ausgangswiderstands drückt sich darin aus, dass die Ausgangsspannung nicht mehr durch $v_{out} = A_0 v_{id}$ aus Gl. (8.1) gegeben ist, sondern gemäß dem Hinweis aus Abb. 8.4 durch:

$$v_{out} = A_0 (v_+ - v_-) - i_o R_o.$$ (8.232)

Wie schon beim Eingangswiderstand muss in diesem Abschnitt sinnvollerweise zusätzlich eine endliche Spannungsverstärkung berücksichtigt werden. Im Folgenden soll der Einfluss des Ausgangswiderstands und einer endlichen Spannungsverstärkung bei ansonsten idealen Eigenschaften beispielhaft untersucht werden.

Invertierender Verstärker
Das Ersatzschaltbild eines invertierenden Verstärkers aus Abb. 8.54 für $A_0 < \infty$ und $R_o > 0$ zur Berechnung der Spannungsverstärkung A_v ist in Abb. 8.65 dargestellt.
Die Knotengleichung am invertierenden OP-Eingang lautet

$$0 = i_1 - i_2$$ (8.233)

mit

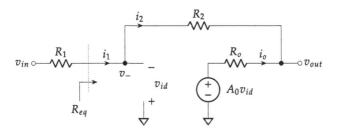

Abb. 8.65 Ersatzschaltung eines invertierenden Verstärkers für $A_0 < \infty$ und $R_o > 0$

$$i_1 = \frac{v_{in} - v_-}{R_1} \tag{8.234}$$

$$i_2 = \frac{v_- - v_{out}}{R_2}. \tag{8.235}$$

Das Einsetzen der Ströme in die Knotengleichung ergibt einen Ausdruck für v_-:[49]

$$v_- = \frac{R_2 v_{in} + R_1 v_{out}}{R_1 + R_2}. \tag{8.236}$$

Die Knotengleichung am Ausgang lautet

$$0 = i_2 + i_o \tag{8.237}$$

mit

$$i_o = \frac{A_0 v_{id} - v_{out}}{R_o} = \frac{-A_0 v_- - v_{out}}{R_o}. \tag{8.238}$$

Durch Einsetzen von i_o aus Gl. (8.238), v_- aus Gl. (8.236) und i_2 aus Gl. (8.235) in die Knotengleichung aus Gl. (8.237) folgt die Spannungsverstärkung:

$$\boxed{A_v = -\frac{R_2}{R_1} \cdot \frac{A_0 - \dfrac{R_o}{R_2}}{1 + A_0 + \dfrac{R_o}{R_1} + \dfrac{R_2}{R_1}}.} \tag{8.239}$$

Plausibilitätskontrolle: Für $A_0 \rightarrow \infty$ entspricht Gl. (8.239) der idealen Spannungsverstärkung aus Gl. (8.12), und für $R_o = 0$ folgt Gl. (8.150) für einen invertierenden Verstärker mit endlicher Spannungsverstärkung A_0.

Zur Berechnung des Eingangswiderstands wird eine Testspannungsquelle v_x am Eingang des invertierenden Verstärkers in Abb. 8.65 angelegt und i_x berechnet, das heißt $v_{in} \rightarrow v_x$ und $i_1 \rightarrow i_x$. Es gilt

$$i_x = \frac{v_x - v_{out}}{R_1 + R_2} = \frac{1 - \dfrac{v_{out}}{v_x}}{R_1 + R_2} v_x. \tag{8.240}$$

Durch Einsetzen von A_v aus Gl. (8.239) ($v_{in} = v_x$) folgt für $R_{in} = v_x/i_x$:

$$\boxed{R_{in} = R_1 + \frac{R_2 + R_o}{1 + A_0}.} \tag{8.241}$$

Der Eingangswiderstand entsteht aus der Reihenschaltung von R_1 und $R_{eq} = (R_2 + R_o) / (1 + A_0)$, wie in Abb. 8.65 gekennzeichnet. Weil R_o in einem Spannungsverstärker typi-

---

[49] Alternativ kann v_- auch über Superposition oder einen Spannungsteiler ermittelt werden.

scherweise einen kleinen Wert besitzt und zudem noch durch A_0 geteilt wird, erhöht der endliche Ausgangswiderstand des OP den Eingangswiderstand des Verstärkers nur in geringem Maße.

Plausibilitätskontrolle: Für $R_o = 0$ folgt das bekannte Ergebnis aus Gl. (8.162) für einen invertierenden Verstärker mit endlicher Spannungsverstärkung A_0.

Übung 8.7: Ausgangswiderstand des invertierenden Verstärkers

Ermitteln Sie den Ausgangswiderstand R_{out} des invertierenden Verstärkers aus Abb. 8.65 für $A_0 < \infty$ und $R_o > 0$. ◀

Lösung 8.7 Das Ersatzschaltbild zur Berechnung des Ausgangswiderstands ist in Abb. 8.66 dargestellt. Die Knotengleichung am Ausgang lautet

$$0 = i_o + i_x - i_2, \tag{8.242}$$

wobei

$$i_o = \frac{-A_0 v_- - v_x}{R_o} \tag{8.243}$$

gemäß Gl. (8.238) und

$$i_2 = \frac{v_x - v_-}{R_2}. \tag{8.244}$$

Ein Spannungsteiler für v_- ergibt

$$v_- = \frac{R_1}{R_1 + R_2} v_x. \tag{8.245}$$

Durch Einsetzen von Gl. (8.243)–(8.245) in Gl. (8.242) folgt der Ausgangswiderstand $R_{out} = v_x/i_x$:

Abb. 8.66 Ersatzschaltung zur Berechnung des Ausgangswiderstands eines invertierenden Verstärkers für $A_0 < \infty$ und $R_o > 0$

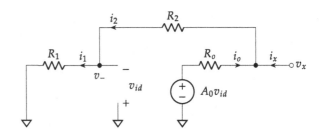

$$\boxed{R_{out} = \frac{(R_1 + R_2)\, R_o}{R_1 + R_2 + R_o + A_0 R_1}.}$$ (8.246)

Es ist erkennbar, dass aufgrund des recht kleinen Faktors R_o im Zähler und des relativ großen Werts $A_0 R_1$ im Nenner der Ausgangswiderstand sehr klein ist. Im Idealfall für $A_0 \to \infty$ bzw. $R_o = 0$ folgt $R_{out} = 0$.

Zugänglicher wird Gl. (8.246) nach einer Umformulierung:

$$R_{out} = \frac{1}{\dfrac{1}{R_1 + R_2} + \dfrac{1}{R_o}\left(1 + \dfrac{A_0 R_1}{R_1 + R_2}\right)} = (R_1 + R_2)\|\ \frac{R_o}{1 + \dfrac{A_0 R_1}{R_1 + R_2}}.$$ (8.247)

Der Ausgangswiderstand R_{out} kann demnach als Parallelschaltung interpretiert werden. Der erste Term entspricht der Reihenschaltung von R_1 und R_2 und der zweite Term einem Widerstand, der durch den Ausgangswiderstand R_o des OP, A_0 und das Rückkopplungsnetzwerk aus R_1 und R_2 gegeben ist. Aufgrund des üblicherweise sehr kleinen Ausgangswiderstands R_o und der sehr großen Spannungsverstärkung A_0 findet die folgende Approximation Anwendung:

$$R_{out} \approx \frac{R_o}{1 + \dfrac{A_0 R_1}{R_1 + R_2}}.$$ (8.248)

Übung 8.8: Nichtinvertierender Verstärker

Ermitteln Sie A_v, R_{in} und R_{out} des nichtinvertierenden Verstärkers aus Abb. 8.58 für $A_0 < \infty$ und $R_o > 0$. ◄

Lösung 8.8 Die Ersatzschaltung des nichtinvertierenden Verstärkers zur Berechnung der Spannungsverstärkung ist in Abb. 8.67 dargestellt.

Wegen $v_+ = v_{in}$ und $v_- = R_1 v_{out} / (R_1 + R_2)$ folgt

$$v_{id} = v_{in} - \frac{R_1}{R_1 + R_2} v_{out}.$$ (8.249)

Außerdem gilt $i_o = i_1 = i_2$, sodass

$$i_o = \frac{v_{out}}{R_1 + R_2}.$$ (8.250)

Durch Einsetzen in

$$v_{out} = A_0 v_{id} - i_o R_o \tag{8.251}$$

aus Gl. (8.232) folgt die Spannungsverstärkung

$$A_v = \left(1 + \frac{R_2}{R_1}\right) \cdot \frac{1}{1 + \dfrac{1}{A_0}\left(1 + \dfrac{R_2}{R_1} + \dfrac{R_o}{R_1}\right)}, \tag{8.252}$$

sodass R_o die Spannungsverstärkung geringfügig reduziert (R_o/A_0 ist in der Regel ein *sehr* kleiner Wert).

Plausibilitätskontrolle: Für $R_o = 0$ folgt das bereits bekannte Ergebnis aus Gl. (8.170) für einen nichtinvertierenden Verstärker mit $A_0 < \infty$.

Zur Berechnung des Eingangswiderstands kann Abb. 8.67 mit der Ersetzung $v_{in} \rightarrow v_x$ verwendet werden. Wegen $i_x = i_+ = 0$ folgt $R_{in} \rightarrow \infty$. Der Ausgangswiderstand R_o hat offensichtlich keinen Einfluss auf R_{in}.

Zuletzt ist der Ausgangswiderstand anhand von Abb. 8.68 zu ermitteln. Allerdings ist dieses Ersatzschaltbild identisch mit dem des invertierenden Verstärkers in Abb. 8.66, sodass auch das Ergebnis identisch ist [Gl. (8.246)].

Vergleich von invertierendem und nichtinvertierendem Verstärker

Eine Zusammenfassung der bisherigen Ergebnisse für den invertierenden und den nichtinvertierenden Verstärker unter Verwendung der üblichen Approximationen zeigt Tab. 8.3. Aus der Diskussion zu Tab. 8.1 in Abschn. 8.2.2 sind die qualitativen Unterschiede zwischen invertierendem und nichtinvertierendem Verstärker bereits bekannt.

Tab. 8.3 soll nicht den Eindruck erwecken, als wirke sich zum Beispiel ein endliches R_{id} nur auf den Eingangswiderstand R_{in} der gesamten Verstärkerschaltung aus. Wie aus

Abb. 8.67 Nichtinvertierender Verstärker für $A_0 < \infty$ und $R_o > 0$

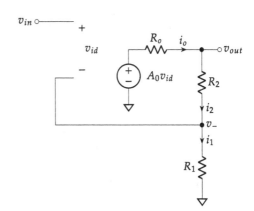

Abb. 8.68 Berechnung des
Ausgangswiderstands des
nichtinvertierenden Verstärkers
für $A_0 < \infty$ und $R_{id} < \infty$

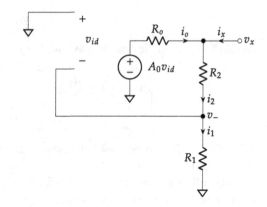

Tab. 8.3 Zusammenfassung der Schaltungsparameter des *nichtidealen* invertierenden und nichtinvertierenden Verstärkers

Parameter	Invertierender Verstärker	Nichtinvertierender Verstärker	Bedingungen
A_v	$-\dfrac{R_2}{R_1} \cdot \dfrac{1}{1 + \dfrac{1}{A_0}\left(1 + \dfrac{R_2}{R_1}\right)}$	$\left(1 + \dfrac{R_2}{R_1}\right) \cdot \dfrac{1}{1 + \dfrac{1}{A_0}\left(1 + \dfrac{R_2}{R_1}\right)}$	$A_0 < \infty$
R_{in}	$R_1 + R_{id} \left\| \dfrac{R_2}{1 + A_0}\right.$	$R_{id}\left(1 + A_0 \dfrac{R_1}{R_1 + R_2}\right)$	$A_0 < \infty,\ R_{id} < \infty$
R_{out}	$\dfrac{R_o}{1 + A_0 \dfrac{R_1}{R_1 + R_2}}$	$\dfrac{R_o}{1 + A_0 \dfrac{R_1}{R_1 + R_2}}$	$A_0 < \infty,\ R_o > 0$

Gl. (8.191) bekannt ist, führt ein endliches R_{id} auch zu einer Änderung der Spannungsverstärkung. Werden alle drei Parameter A_0, R_{id} und R_o gleichzeitig betrachtet, so entstehen ziemlich unübersichtliche Ausdrücke für A_v, R_{in} und R_{out}, die nicht zum Verständnis beitragen. So lautet beispielsweise die Spannungsverstärkung für einen nichtinvertierenden Verstärker mit $A_0 < \infty$, $R_{id} < \infty$ und $R_o > 0$:

$$A_v = \frac{A_0 R_1 R_{id} + A_0 R_2 R_{id} + R_1 R_o}{R_1 R_o + R_{id} R_o + R_1 R_2 + R_1 R_{id} + R_2 R_{id} + A_0 R_1 R_{id}}. \tag{8.253}$$

Zwar können aus dieser Gleichung alle bisher berechneten Spannungsverstärkungen aus Gl. (8.17), (8.170) und (8.214) abgeleitet werden, ein intuitives Verständnis fördert sie jedoch nicht. Es ist bei der Analyse per Hand daher sinnvoll, zuerst einen und anschließend, falls notwendig, sukzessive weitere Parameter zu berücksichtigen. Mithilfe rechnergestützter Entwurfs- und Simulationswerkzeuge kann der Effekt einer Fülle von Nichtidealitäten

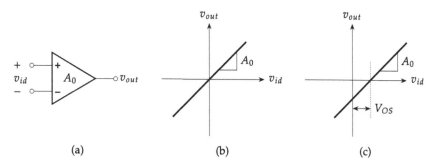

(a) (b) (c)

Abb. 8.69 (**a**) Operationsverstärker mit Differenz-Eingangsspannung $v_{id} = v_+ - v_-$ und Spannungsübertragungsverhalten (**b**) ohne Offset bzw. (**c**) mit (positivem) Offset

Abb. 8.70 Modellierung der Eingangs-Offset-Spannung eines Operationsverstärkers

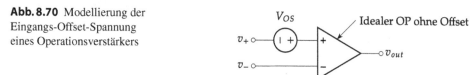

gleichzeitig untersucht werden. Eine Analyse vorab sollte jedoch immer erfolgen und hilft bei der Interpretation der simulierten Ergebnisse.

8.5.4 Eingangs-Offset-Spannung

Aus Abschn. 8.1 ist bekannt, dass für einen Verstärker [Abb. 8.69(a)] mit einem Spannungsübertragungsverhalten gemäß Abb. 8.69(b) die Ausgangsspannung gleich 0 ist für eine Differenz-Eingangsspannung $v_{id} = v_+ - v_- = 0$. Fehlanpassungen[50] der internen Eingangsbeschaltung eines OP aufgrund der Fertigungsprozesse sowie Aufbau- und Verbindungstechnik (AVT) führen dazu, dass die Ausgangsspannung trotz $v_{id} = 0$ nicht 0 ist [Abb. 8.69(c)]. Die Differenz-Eingangsspannung, die angelegt werden muss, um eine Ausgangsspannung $v_{out} = 0$ zu erreichen, wird **Eingangs-Offset-Spannung** V_{OS} genannt, kurz auch einfach Offset-Spannung. Modelliert wird die Offset-Spannung mit einer Spannungsquelle mit beliebiger Polarität in Reihe zu einem der beiden OP-Eingänge (Abb. 8.70).

Die beliebige Polarität von V_{OS} im Modell liegt darin begründet, dass das Vorzeichen der Eingangs-Offset-Spannung sowohl positiv [Abb. 8.69(c)] als auch negativ sein kann. Außerdem variiert ihr Wert von Bauelement zu Bauelement. In Datenblättern wird daher nicht nur der typische Wert bei Raumtemperatur, sondern auch der unter Berücksichtigung des gesamten Temperaturbereichs und aller Prozessschwankungen schlechteste Wert der Offset-Spannung angegeben.

---

[50]Engl. **mismatch.**

Abb. 8.71 Invertierender
Verstärker mit
Offset-Spannung $V_{OS} > 0$

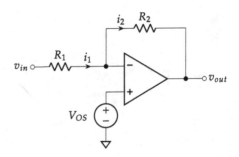

Zusätzlich weicht die Offset-Spannung über Temperatur und Zeit von ihrem ursprünglichen Wert ab. Man sagt auch, dass die Offset-Spannung **driftet.** Die Drift mit der Temperatur wird auch als Temperaturkoeffizient bezeichnet und in Datenblättern üblicherweise angegeben. Die Drift mit der Zeit wird auch Alterung oder Langzeitstabilität genannt und in Datenblättern nur angegeben, falls sie relevant ist.[51]

Die Offset-Spannung wird auf den Eingang und nicht auf den Ausgang bezogen.[52] Wie bei allen Fehlerquellen, die im Folgenden diskutiert werden (zum Beispiel Eingangs- und Offset-Strom), ist der am Ausgang entstehende Fehler von der Verstärkung zwischen der Fehlerquelle und dem Ausgang und damit von der Beschaltung des OP abhängig. Für das Beispiel in. Abb. 8.69(c) beträgt die Ausgangs-Offset-Spannung $V_{OS,out} = A_0 V_{OS}$. Für den invertierenden und den nichtinvertierenden Verstärker wird $V_{OS,out}$ im Folgenden berechnet.

Invertierender Verstärker
Es soll der Einfluss der Offset-Spannung auf die Ausgangsspannung des invertierenden Verstärkers untersucht werden. Das Schaltbild mit dem Modell einer Offset-Spannung ist in. Abb. 8.71 dargestellt.

Wegen der unendlich großen Spannungsverstärkung ist $v_- = V_{OS}$. Für die Knotengleichung am invertierenden OP-Eingang gilt

$$0 = i_1 - i_2 \tag{8.254}$$

mit

$$i_1 = \frac{v_{in} - V_{OS}}{R_1} \tag{8.255}$$

---

[51]In manchen Realisierungen, zum Beispiel mit Zerhacker-/Chopper-Verstärkern, wird keine Alterung spezifiziert, weil der Offset kontinuierlich kompensiert wird.

[52]Im Englischen als **input-referred** bzw. **referred to input (RTI)** im Gegensatz zu **output-referred** bzw. **referred to output (RTO)** bezeichnet.

$$i_2 = \frac{V_{OS} - v_{out}}{R_2}. \tag{8.256}$$

Durch Einsetzen der Ströme in die Knotengleichung folgt:[53]

$$\boxed{v_{out} = -\frac{R_2}{R_1} v_{in} + \left(1 + \frac{R_2}{R_1}\right) V_{OS}.} \tag{8.257}$$

Für $v_{in} = 0$ folgt eine Ausgangs-Offset-Spannung

$$V_{OS,out} = \left(1 + \frac{R_2}{R_1}\right) V_{OS}. \tag{8.258}$$

Die Ausgangsspannung setzt sich demnach aus der verstärkten Eingangsspannung und der verstärkten Eingangs-Offset-Spannung zusammen. Von der Offset-Quelle V_{OS} zum Ausgang entspricht die Schaltung einem nichtinvertierenden Verstärker. Daher gleicht der zweite Term Gl. (8.257) der Spannungsverstärkung eines nichtinvertierenden Verstärkers aus Gl. (8.17). Gl. (8.257) gilt auch für den Fall, dass die Offset-Spannung am invertierenden Eingang anliegt.

Übung 8.9: Nichtinvertierender Verstärker

Berechnen Sie die Ausgangsspannung und die Ausgangs-Offset-Spannung eines nichtinvertierenden Verstärkers aus Abb. 8.9 für den Fall $V_{OS} \neq 0$ mit ansonsten idealen Eigenschaften. ◄

Lösung 8.9 Die Schaltung eines nichtinvertierenden Verstärkers mit dem Modell für eine Offset-Spannung ist in Abb. 8.72 dargestellt.

Die Spannung am nichtinvertierenden Eingang ist durch $v_+ = v_{in} + V_{OS}$ gegeben, sodass Gl. (8.17) direkt auf v_+ angewendet werden kann:

$$\boxed{v_{out} = \left(1 + \frac{R_2}{R_1}\right)(v_{in} + V_{OS}).} \tag{8.259}$$

Für $v_{in} = 0$ folgt eine Ausgangs-Offset-Spannung wie beim invertierenden Verstärker:

---

[53]Alternativ kann die Ausgangsspannung auch über einen Spannungsteiler

$$V_{OS} - v_{in} = \frac{R_1}{R_1 + R_2}(v_{out} - v_{in})$$

oder über Superposition ermittelt werden.

Abb. 8.72 Nichtinvertierender
Verstärker mit
Offset-Spannung $V_{OS} > 0$

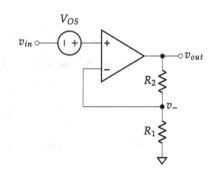

$$V_{OS,out} = \left(1 + \frac{R_2}{R_1}\right) V_{OS}. \qquad (8.260)$$

Auch beim nichtinvertierenden Verstärker setzt sich die Ausgangsspannung aus der verstärkten Eingangsspannung und der verstärkten Eingangs-Offset-Spannung zusammen. Gl. (8.259) gilt auch für den Fall, dass die Offset-Spannung am invertierenden Eingang anliegt.

Abschließende Bemerkungen

Da die Ausgangsspannung eines OP begrenzt ist (Abb. 8.39, Abschn. 8.5.6), kann aufgrund der Offset-Spannung selbst ohne Eingangssignal, zum Beispiel bei einer Hintereinanderschaltung von Verstärkern, eine unerwünschte Sättigung auftreten. Insbesondere beim Integrator aus Abschn. 8.2.7.1 sättigt die Ausgangsspannung und nimmt je nach Vorzeichen der Offset-Spannung entweder den Wert der positiven oder der negativen Versorgungsspannung an, wenn keine Maßnahmen zur Minimierung der Offset-Spannung implementiert sind.

Kommerziell erhältliche integrierte Schaltungen[54] bieten unterschiedliche Methoden zur Offset-Minimierung. Ein Beispiel ist in Abb. 8.73 dargestellt. Zwischen zwei zusätzlich herausgeführten Anschlüssen kann ein Potentiometer angeschlossen werden, um die Offset-Spannung manuell auf 0 einzustellen.[55] Der hiermit einstellbare Korrekturbereich beträgt typischerweise einige mV. Der dritte Anschluss des Potentiometers, auch **Schleifer** genannt, wird je nach Anwendung entweder mit der negativen Versorgungsspannung V_{EE} oder Masse verbunden.

---

[54]Engl. **integrated circuit**, abgekürzt **IC**.
[55]Im Englischen wird diese Methode auch als **offset nulling** bezeichnet.

Abb. 8.73 Operationsverstärker
mit Offset-Korrektur mittels
Potentiometer

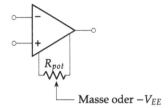

8.5.5 Eingangsstrom und Eingangs-Offset-Strom

In die Eingänge eines idealen Operationsverstärkers fließt kein Strom, und es ist $i_+ = i_- = 0$. In der Praxis fließt ein Strom in die Transistoren der Eingangsbeschaltung eines OP, der wie in Abb. 8.74 modelliert wird. Die Eingangsströme setzen sich aus einem parasitären Anteil (Leckströme) und einem Anteil zusammen, der zur Einstellung des Arbeitspunkts benötigt wird. Um den Unterschied zwischen den beiden Eingangsströmen I_{B+} und I_{B-} zu spezifizieren, wird in Datenblättern häufig ein Differenz-Strom, der **Eingangs-Offset-Strom**, angegeben:

$$\boxed{I_{OS} = I_{B+} - I_{B-}.} \tag{8.261}$$

Wie bei der Offset-Spannung werden I_{B+}, I_{B-} und I_{OS} auf den Eingang bezogen. Die Auswirkung dieser Größen auf die Ausgangsspannung ist abhängig von der Beschaltung des OP, wie im Folgenden für den invertierenden und den nichtinvertierenden Verstärker gezeigt.

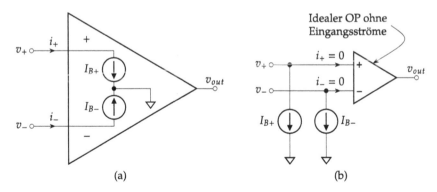

(a)   (b)

Abb. 8.74 (**a**) Modellierung des Eingangsstroms eines Operationsverstärkers mit $i_+ = I_{B+}$ und $i_- = I_{B-}$. (**b**) Üblicherweise werden die Stromquellen I_{B+} und I_{B-} außerhalb des OP-Schaltzeichens gezeichnet, sodass ein idealer OP mit $i_+ = i_- = 0$ angenommen werden kann

Invertierender Verstärker

Es soll der Einfluss der Eingangsströme auf die Ausgangsspannung des invertierenden Verstärkers untersucht werden. Die Schaltung mit dem Modell für die Eingangsströme ist in Abb. 8.75 dargestellt. Die Ausgangsspannung $v_{out} = f(v_{in}, I_{B+}, I_{B-})$ kann bequem mithilfe des Superpositionsprinzips ermittelt werden. Dazu wird die Schaltung für die einzelnen Fälle umgezeichnet.

Für $I_{B+} = 0$ und $I_{B-} = 0$ folgt das in Abb. 8.76 gezeigte Ersatzschaltbild, das einem idealen invertierenden Verstärker entspricht. Die Ausgangsspannung beträgt daher

$$v_{out1} = -\frac{R_2}{R_1} v_{in}. \tag{8.262}$$

Für $v_{in} = 0$ und $I_{B+} = 0$ folgt das in Abb. 8.77(a) gezeigte Ersatzschaltbild. Die Analyse kann entweder über eine Knotengleichung am invertierenden Eingang oder über die Methode der Ersatzspannungsquelle erfolgen. Für den gestrichelt eingerahmten Anteil der Schaltung wird eine Ersatzspannungsquelle entwickelt, wie in Abb. 8.77(b) illustriert. Diese Schaltung entspricht dem idealen invertierenden Verstärker mit der Fehlerquelle $-R_1 I_{B-}$ als Eingangsspannung. Die Ausgangsspannung ist daher

$$v_{out2} = -\frac{R_2}{R_1} (-R_1 I_{B-}) = R_2 I_{B-}. \tag{8.263}$$

Für $v_{in} = 0$ und $I_{B-} = 0$ folgt das in Abb. 8.78 dargestellte Ersatzschaltbild. Weil der Eingangsstrom I_{B+} kurzgeschlossen ist und $v_- = v_+ = 0$, beträgt die Ausgangsspannung $v_{out3} = 0$.

Abb. 8.75 Invertierender Verstärker mit Eingangsströmen I_{B+} und I_{B-}

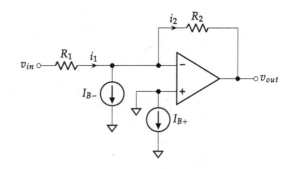

Abb. 8.76 Superpositionsanalyse des invertierenden Verstärkers für $I_{B+} = 0$ und $I_{B-} = 0$

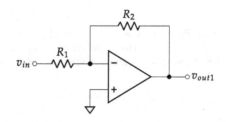

Abb. 8.77 (**a**) Superpositionsanalyse des invertierenden
Verstärkers für $v_{in} = 0$ und
$I_{B+} = 0$, (**b**) Analyse mit
Ersatzspannungsquelle

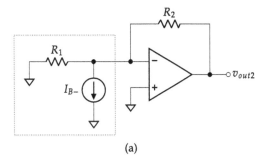

(a)

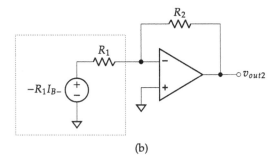

(b)

Abb. 8.78 Superpositionsanalyse
des invertierenden Verstärkers
für $v_{in} = 0$ und $I_{B-} = 0$

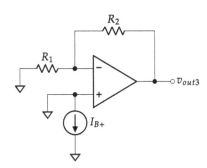

Für die Ausgangsspannung $v_{out} = v_{out1} + v_{out2} + v_{out3}$ folgt damit:

$$v_{out} = -\frac{R_2}{R_1}v_{in} + R_2 I_{B-}.$$

(8.264)

Für $v_{in} = 0$ lautet die Ausgangs-Offset-Spannung

$$V_{OS,out} = R_2 I_{B-}.$$

(8.265)

Die Ausgangsspannung setzt sich demnach aus einem Anteil aufgrund der verstärkten Eingangsspannung und einem (unerwünschten) Anteil aufgrund des Eingangsstroms zusammen. Werden sowohl eine Eingangs-Offset-Spannung als auch ein Eingangsstrom berück-

Abb. 8.79 Konzept zur
Kompensation des Einflusses
der Eingangsströme auf die
Ausgangsspannung des
invertierenden Verstärkers

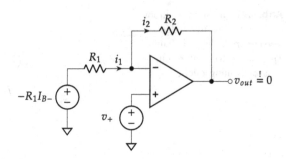

sichtigt, so addieren sich am Ausgang die beiden Offset-Spannungen aus Gl. (8.258) und
(8.265).

*Wie lässt sich die Offset-Spannung aufgrund des Eingangsstroms extern (außerhalb der
internen OP-Beschaltung) reduzieren?* Die Schaltung in Abb. 8.75 muss derart modifiziert
werden, dass $v_{out} = 0$ in Anwesenheit der Eingangsströme und bei $v_{in} = 0$ gilt.[56] Dazu
wird am nichtinvertierenden Eingang in Abb. 8.77(b) eine Korrekturspannung v_+ angelegt
und der Wert, den diese Spannung für $v_{out} = 0$ annehmen muss, berechnet (Abb. 8.79).

Aus der Knotengleichung $0 = i_1 - i_2$ am invertierenden Eingang und $v_- = v_+$ (ideale
Spannungsverstärkung) folgt

$$0 = \frac{-R_1 I_{B-} - v_+}{R_1} - \frac{v_+ - 0}{R_2}, \tag{8.266}$$

sodass

$$v_+ = -\frac{R_1 R_2}{R_1 + R_2} I_{B-} = -(R_1 \| R_2) I_{B-}. \tag{8.267}$$

Gl. (8.267) besagt, dass eine Parallelschaltung von R_1 und R_2 in Reihe zum nichtinvertierenden Eingang für $v_{in} = 0$ eine Ausgangsspannung und eine Ausgangs-Offset-Spannung
von 0 ergibt (Abb. 8.80). Das negative Vorzeichen ist dadurch berücksichtigt, dass v_+ und
I_{B+} antiparallel zueinander sind. Es muss beachtet werden, dass Gl. (8.267) nur dann den
Einfluss der Eingangsströme kompensiert, wenn $I_{B+} = I_{B-}$.

Übung 8.10: Nichtinvertierender Verstärker

Berechnen Sie die Ausgangsspannung eines nichtinvertierenden Verstärkers aus Abb. 8.9
für den Fall $I_{B+} \neq 0$ und $I_{B-} \neq 0$ mit ansonsten idealen Eigenschaften. Wie kann
die Schaltung modifiziert werden, um den Einfluss der Eingangsströme zu
kompensieren? ◄

---

[56]Es wird $v_{in} = 0$ gesetzt, weil bei der Forderung $v_{out} = 0$ nur der unerwünschte Einfluss der
Eingangsströme auf die Ausgangsspannung kompensiert werden soll und nicht der Einfluss der Eingangsspannung.

Abb. 8.80 Realisierung der externen Eingangsstrom-Kompensation beim invertierenden Verstärker

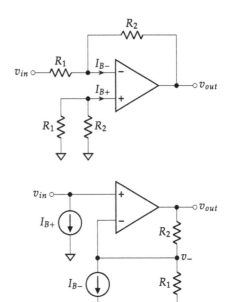

Abb. 8.81 Nichtinvertierender Verstärker mit Eingangsströmen I_{B+} und I_{B-}

Lösung 8.10 Die Schaltung eines nichtinvertierenden Verstärkers mit dem Modell für die Eingangsströme ist in Abb. 8.81 dargestellt. Die Ausgangsspannung kann nach dem Prinzip der Superposition berechnet werden und ergibt

$$v_{out} = \left(1 + \frac{R_2}{R_1}\right) v_{in} + R_2 I_{B-}. \tag{8.268}$$

Der Einfluss der Eingangsströme auf die Ausgangsspannung ist demnach bei invertierendem und nichtinvertierendem Verstärker identisch.[57] Daher ist die Maßnahme zur Kompensation der Eingangsströme auch beim nichtinvertierenden Verstärker durch Gl. (8.267) gegeben (Abb. 8.82). Die Parallelschaltung von R_1 und R_2 liegt in Reihe zum nichtinvertierenden Eingang.

---

[57]Ein Vergleich der Ersatzschaltungen der Superpositionsanalyse für $v_{in} = 0$ (Abb. 8.77 und Abb. 8.78) verdeutlicht diese Feststellung.

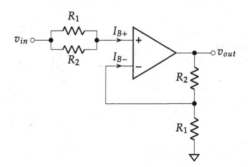

Abb. 8.82 Realisierung der externen Eingangsstrom-Kompensation beim nichtinvertierenden Verstärker

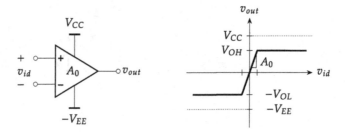

Abb. 8.83 Ausgangsspannungshub eines Operationsverstärkers

8.5.6 Ausgangsspannungshub

Wie bereits in Abschn. 8.4 erläutert, nimmt die Ausgangsspannung eines OP nicht beliebige große positive oder negative Werte an, sondern ist letztendlich durch die Versorgungsspannungen V_{CC} und $-V_{EE}$, begrenzt. Es wurde bisher angenommen, dass die Ausgangsspannung bei einer Sättigung V_{CC} oder $-V_{EE}$ gänzlich erreicht. Tatsächlich ist v_{out} durch die interne Beschaltung des OP im Positiven auf Werte $V_{OH} < V_{CC}$ und im Negativen auf Werte $-V_{OL} > -V_{EE}$ begrenzt (Abb. 8.83).[58] Die Ausgangsspannung kann demnach wie folgt geschrieben werden:

$$v_{out} = \begin{cases} V_{OH} & \text{für} & A_0 v_{id} > V_{OH} \\ A_0 v_{id} & \text{für} & V_{OH} > A_0 v_{id} > -V_{OL} \\ -V_{OL} & \text{für} & A_0 v_{id} < -V_{OL} \end{cases} . \tag{8.269}$$

Als Beispiel wird der Spannungsfolger in Abb. 8.84 mit einer sinusförmigen Eingangsspannung betrachtet. Ist die Ausgangsspannung des OP nicht begrenzt und hat der OP ansonsten ideale Eigenschaften, so ist $v_{out} = v_{in}$. Wird die Begrenzung berücksichtigt, so

---

[58]Die Indizes stehen für **output high (OH)** und **output low (OL)**.

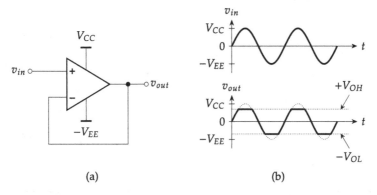

Abb. 8.84 (**a**) Spannungsfolger und (**b**) Spannungsverläufe mit Begrenzung des Ausgangs auf $+V_{OH}$ bzw. $-V_{OL}$. Die dünn gezeichnete Kurve stellt die ideale Ausgangsspannung ohne Begrenzung dar

treten zusätzliche Frequenzanteile auf und der Ausgang wird **nichtlinear verzerrt.** Man spricht auch von **Übersteuerung** oder **Clipping**.

Bei sogenannten **rail-to-rail**-Operationsverstärkern kann die Ausgangsspannung unter spezifizierten Lastbedingungen bis auf wenige mV an die Versorgungsspannungen heranreichen.[59] Spezifiziert wird in Datenblättern daher häufig die Differenz $V_{CC} - V_{OH}$ bzw. $V_{OL} - V_{EE}$. Ab welchem Wert für diese Differenzen man bei einem OP von einer *rail-to-rail*-Ausgangsspannung spricht, ist willkürlich definiert. So kann er beispielsweise bei 100 mV bei einer Last von 10 kΩ liegen.

8.5.7 3-dB-Grenzfrequenz und -Bandbreite

Für ideale Operationsverstärker wird eine unendlich große Bandbreite angenommen, das heißt eine über den gesamten Frequenzbereich konstante Verstärkung. In der Realität bewirken die OP-internen Kapazitäten eine Begrenzung der Bandbreite und damit einen Abfall der Spannungsverstärkung mit zunehmender Frequenz. In der Regel wird ein OP, wie in Abb. 8.85(a) gezeigt, als ein Tiefpass 1. Ordnung modelliert. Die Übertragungsfunktion lautet dann

$$A_v(s) = \frac{v_{out}}{v_+ - v_-}(s) = \frac{A_0 \omega_H}{s + \omega_H} = \frac{A_0}{1 + \dfrac{s}{\omega_H}} \qquad (8.270)$$

mit Kreisfrequenz $\omega_H = 2\pi f_H$ und DC-Spannungsverstärkung $A_0 = A_v(0)$. Der Betrag ist gegeben durch

---

[59]Der englische Begriff **rail** ist synonym zu Versorgungsspannung zu verstehen.

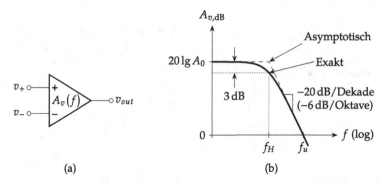

(a)   (b)

Abb. 8.85 (a) Operationsverstärker mit frequenzabhängiger Spannungsverstärkung und (b) Amplituden-Frequenzgang eines OP, der als Tiefpass 1. Ordnung modelliert wird. Das Symbol A_v wird im Gegensatz zu den bisherigen Ausführungen in diesem Abschnitt für die *frequenzabhängige* Spannungsverstärkung des OP verwendet, um den Unterschied zur *frequenzunabhängigen* Spannungsverstärkung A_0 zu verdeutlichen

$$|A_v| = \frac{A_0}{\sqrt{1 + \dfrac{\omega^2}{\omega_H^2}}} = \frac{A_0}{\sqrt{1 + \dfrac{f^2}{f_H^2}}} \qquad (8.271)$$

bzw. in Dezibel

$$A_{v\text{dB}} = 20\lg|A_v| = 20\lg A_0 - 10\lg\left(1 + \frac{f^2}{f_H^2}\right). \qquad (8.272)$$

Bei $f = f_H$ gilt für den Betrag $A_v = A_0/\sqrt{2} = 0.707 A_0$ bzw. $A_{v\text{dB}} \approx 20 \lg A_0 - 3\text{dB}$. Weil der Betrag in Dezibel um 3dB abnimmt, wird f_H als **3-dB-Grenzfrequenz**[60] bezeichnet. Der Amplituden-Frequenzgang eines Tiefpasses nach Gl. (8.272) ist in Abb. 8.85(b) dargestellt.[61]

Als **Bandbreite** BW wird der Frequenzbereich verstanden, in dem die Spannungsverstärkung näherungsweise konstant ist, das heißt um nicht mehr als 3dB vom maximalen Wert der Spannungsverstärkung abweicht. Weil beim Tiefpass dieser Frequenzbereich von 0 bis f_H geht, wird die 3-dB-Grenzfrequenz in diesem Fall auch als **3-dB-Bandbreite** bezeichnet, $BW = f_H$.

Zusätzlich zum exakten Verlauf des Amplituden-Frequenzgangs sind die Asymptoten eingezeichnet, die sich durch folgende Näherungen ergeben:

---

[60] Auch **3-dB-Eckfrequenz,** engl. **3-dB corner frequency,** genannt und mit f_{3dB}, f_c oder f_0 angegeben.

[61] Eine Änderung von 20 dB pro Dekade (Faktor 10) entspricht einer Änderung von 6 dB pro Oktave (Faktor 2): $20\lg 10 = 20 dB$ bzw. $20\lg 2 \approx 6 dB$.

$$|A_v| \approx \begin{cases} A_0 & \text{für } f \ll f_H \\ \dfrac{A_0 f_H}{f} & \text{für } f \gg f_H \end{cases} \tag{8.273}$$

bzw.

$$A_{v\mathrm{dB}} \approx \begin{cases} 20\lg A_0 & \text{für } f \ll f_H \\ 20\lg A_0 - 20\lg\left(\dfrac{f}{f_H}\right) & \text{für } f \gg f_H \end{cases}. \tag{8.274}$$

Der Schnittpunkt des Amplituden-Frequenzgangs mit der Frequenzachse in Abb. 8.85(b) ergibt sich aus der Frequenz f_u, bei der $|A_v|$ den Wert 1 bzw. $A_{v\mathrm{dB}}$ den Wert 0 dB annimmt. Aus $|A_v(f_u)| = 1$ folgt mithilfe von Gl. (8.273) für $f \gg f_H$

$$\boxed{f_u = A_0 f_H.} \tag{8.275}$$

Die Frequenz f_u wird **Transit-Frequenz** genannt. Für Frequenzen oberhalb von f_u weist der OP keine sinnvolle Verstärkung des Eingangssignals auf.

Das Produkt aus Frequenz und dem Betrag der Spannungsverstärkung $|A_v|$, die bei dieser Frequenz gemessen wird, heißt **Verstärkungs-Bandbreite-Produkt**[62] und dient als Maß zur Beurteilung des Frequenzverhaltens eines Operationsverstärkers.[63] Für $f \gg f_H$ folgt mit Gl. (8.273):

$$GBW = |A_v(f)| \cdot f \approx \frac{A_0 f_H}{f} \cdot f = A_0 f_H = f_u. \tag{8.276}$$

Für einen Tiefpass mit einer Übertragungsfunktion gemäß Gl. (8.270), die eine dominante Polstelle unterhalb der Transitfrequenz besitzt, ist das Verstärkungs-Bandbreite-Produkt annähernd konstant und gleich der Transitfrequenz aus Gl. (8.275). Die Bedeutung des Verstärkungs-Bandbreite-Produkts wird im Folgenden verdeutlicht.

Invertierender Verstärker

Abb. 8.86 zeigt den invertierenden Verstärker mit einem OP, dessen Spannungsverstärkung frequenzabhängig ist.

Aus Gl. (8.150) ist die Übertragungsfunktion für eine endliche Spannungsverstärkung bekannt:

$$\tilde{A}_v = -\frac{R_2}{R_1} \cdot \frac{A_0}{A_0 + 1 + \dfrac{R_2}{R_1}}. \tag{8.277}$$

---

[62]Engl. **gain-bandwidth product,** abgekürzt **GBW.**

[63]Ein solches Bewertungskriterium wird auch **Gütezahl** (engl. **figure of merit,** kurz **FOM**) genannt. Nichtsdestotrotz weicht die Dimension dieser Güte*zahl* in der Regel von 1 ab.

Abb. 8.86 Invertierender
Verstärker mit
frequenzabhängiger
Spannungsverstärkung $A_v(f)$

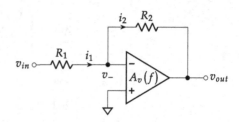

Dabei wird das Symbol $\tilde{A}_v$ verwendet, um die Spannungsverstärkung des gegengekoppelten invertierenden Verstärkers von der Spannungsverstärkung A_v des OP zu unterscheiden.[64] Liegt ein solches Ergebnis für den DC-Fall ($f = 0$) bereits vor, so kann die Frequenzabhängigkeit durch Ersetzen von A_0 durch $A_v(s)$ aus Gl. (8.270) hergeleitet werden:

$$\tilde{A}_v = -\frac{R_2}{R_1} \cdot \frac{\dfrac{A_0}{1 + \dfrac{s}{\omega_H}}}{\dfrac{A_0}{1 + \dfrac{s}{\omega_H}} + 1 + \dfrac{R_2}{R_1}}. \tag{8.278}$$

Wird diese Gleichung nun in eine Form gebracht, die Gl. (8.270) entspricht, so lassen sich die DC-Spannungsverstärkung $\tilde{A}_0 = \tilde{A}_v(0)$ und die 3-dB-Grenzfrequenz $\tilde{\omega}_H$ des OP in einer gegengekoppelten Schaltung einfach ablesen:

$$\boxed{\tilde{A}_v = -\frac{R_2}{R_1} \cdot \frac{\dfrac{A_0}{A_0 + 1 + \dfrac{R_2}{R_1}}}{1 + \dfrac{s}{\omega_H\left(\dfrac{A_0}{1 + R_2/R_1} + 1\right)}}.} \tag{8.279}$$

Wird dieser Ausdruck mit Gl. (8.270) verglichen,

$$\tilde{A}_v = \frac{\tilde{A}_0}{1 + \dfrac{s}{\tilde{\omega}_H}}, \tag{8.280}$$

so folgt für den gegengekoppelten Verstärker

---

[64] Im Englischen wird A_v als **open-loop voltage gain** und $\tilde{A}_v$ als **closed-loop voltage gain** bezeichnet.

$$\tilde{A}_0 = -\frac{R_2}{R_1} \cdot \frac{A_0}{A_0 + 1 + \dfrac{R_2}{R_1}} \qquad (8.281)$$

$$\tilde{\omega}_H = \omega_H \left(\frac{A_0}{1 + R_2/R_1} + 1 \right). \qquad (8.282)$$

Für eine sehr große Spannungsverstärkung $A_0 \gg 1 + R_2/R_1$ entsteht aus Gl. (8.281)–(8.282)

$$\tilde{A}_0 = -\frac{R_2}{R_1} \qquad (8.283)$$

$$\tilde{\omega}_H = \frac{A_0 \omega_H}{1 + R_2/R_1} \qquad (8.284)$$

und somit

$$\tilde{A}_v \approx -\frac{R_2}{R_1} \cdot \frac{1}{1 + \dfrac{s}{\dfrac{A_0 \omega_H}{1 + R_2/R_1}}}. \qquad (8.285)$$

Übung 8.11: Nichtinvertierender Verstärker

Der OP im nichtinvertierenden Verstärker (Abb. 8.87) habe eine frequenzabhängige Spannungsverstärkung $A_v(f)$. Ermitteln Sie $\tilde{A}_v = v_{out}/v_{in}$, die DC-Spannungsverstärkung $\tilde{A}_0$, die 3-dB-Grenzfrequenz $\tilde{f}_H$ (oder $\tilde{\omega}_H$) und das Verstärkungs-Bandbreite-Produkt. ◄

Lösung 8.11 Aus Gl. (8.170) ist die Übertragungsfunktion für eine endliche Spannungsverstärkung bekannt:

Abb. 8.87 Nichtinvertierender Verstärker mit frequenzabhängiger Spannungsverstärkung $A_v(f)$

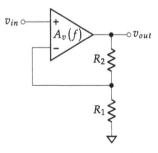

$$\tilde{A}_v = \left(1 + \frac{R_2}{R_1}\right) \cdot \frac{A_0}{A_0 + 1 + \frac{R_2}{R_1}}. \tag{8.286}$$

Durch Ersetzen von A_0 durch $A_v(s)$ aus Gl. (8.270) folgt

$$\tilde{A}_v = \left(1 + \frac{R_2}{R_1}\right) \cdot \frac{\dfrac{A_0}{1 + \dfrac{s}{\omega_H}}}{\dfrac{A_0}{1 + \dfrac{s}{\omega_H}} + 1 + \dfrac{R_2}{R_1}}. \tag{8.287}$$

Diese Gleichung wird umgestellt:

$$\tilde{A}_v = \left(1 + \frac{R_2}{R_1}\right) \cdot \frac{\dfrac{A_0}{A_0 + 1 + \dfrac{R_2}{R_1}}}{1 + \dfrac{s}{\omega_H \left(\dfrac{A_0}{1 + R_2/R_1} + 1\right)}}. \tag{8.288}$$

Aus einem Vergleich mit Gl. (8.270),

$$\tilde{A}_v = \frac{\tilde{A}_0}{1 + \dfrac{s}{\tilde{\omega}_H}}, \tag{8.289}$$

folgen die DC-Spannungsverstärkung $\tilde{A}_0 = \tilde{A}_v(0)$ und die 3-dB-Grenzfrequenz

$$\tilde{A}_0 = \left(1 + \frac{R_2}{R_1}\right) \cdot \frac{A_0}{A_0 + 1 + \dfrac{R_2}{R_1}} \tag{8.290}$$

$$\tilde{\omega}_H = \omega_H \left(\frac{A_0}{1 + R_2/R_1} + 1\right). \tag{8.291}$$

Die Bandbreite des nichtinvertierenden Verstärkers aus Gl. (8.291) gleicht der des invertierenden Verstärkers aus Gl. (8.282). Das Verstärkungs-Bandbreite-Produkt ergibt

$$GBW \approx \tilde{A}_0 \tilde{f}_H = A_0 f_H = f_u \tag{8.292}$$

und gleicht dem Verstärkungs-Bandbreite-Produkt eines OP ohne Rückkopplung aus Gl. (8.276). Wegen des konstanten Verstärkungs-Bandbreite-Produkts geht eine größere Bandbreite $\tilde{f}_H > f_H$ des nichtinvertierenden Verstärkers mit einer geringeren DC-Spannungsverstärkung $\tilde{A}_0 < A_0$ einher. Das Verstärkungs-Bandbreite-Produkt ist demnach ein Maß dafür, welche Spannungsverstärkung bei einer gegebenen Bandbreite (oder welche Bandbreite bei einer gegebenen Spannungsverstärkung) mit einem gegengekoppelten OP erreicht werden kann. Abb. 8.88 veranschaulicht diesen Sachverhalt durch eine Gegenüberstellung des Amplituden-Frequenzgangs eines nichtinvertierenden Verstärkers und eines OP.

Übung 8.12: Spannungsfolger

Der OP im Spannungsfolger habe eine frequenzabhängige Spannungsverstärkung $A_v(f)$ (Abb. 8.89). Ermitteln Sie $\tilde{A}_v = v_{out}/v_{in}$, die DC-Spannungsverstärkung $\tilde{A}_0$, die 3-dB-Grenzfrequenz $\tilde{f}_H$ (oder $\tilde{\omega}_H$) und das Verstärkungs-Bandbreite-Produkt. ◄

Lösung 8.12 Aus Gleichung Gl. (8.176) ist die Übertragungsfunktion für eine endliche Spannungsverstärkung bekannt:

$$\tilde{A}_v = A_v = \frac{A_0}{1 + A_0} = \frac{1}{1 + \dfrac{1}{A_0}}. \tag{8.293}$$

Abb. 8.88 Amplituden-Frequenzgang für einen nichtinvertierenden Verstärker, $\tilde{A}_{vdB}$, und einen OP, A_{vdB}

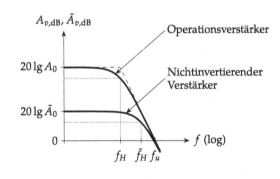

Abb. 8.89 Spannungsfolger mit frequenzabhängiger Spannungsverstärkung $A_v(f)$

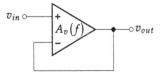

Durch Ersetzen von A_0 durch $A_v(s)$ aus Gl. (8.270) und Umformung folgt

$$\tilde{A}_v = \frac{A_0}{1 + A_0} \cdot \frac{1}{1 + \dfrac{s}{\omega_H\,(1 + A_0)}}. \tag{8.294}$$

Wird Gl. (8.294) verglichen mit

$$\tilde{A}_v = \frac{\tilde{A}_0}{1 + \dfrac{s}{\tilde{\omega}_H}}, \tag{8.295}$$

so folgen die DC-Spannungsverstärkung $\tilde{A}_0 = \tilde{A}_v(0)$ und die 3-dB-Grenzfrequenz

$$\tilde{A}_0 = \frac{A_0}{1 + A_0} \tag{8.296}$$

$$\tilde{\omega}_H = \omega_H\,(1 + A_0)\,. \tag{8.297}$$

Für eine sehr große Spannungsverstärkung $A_0 \gg 1$ entsteht aus Gl. (8.296)–(8.297)

$$\tilde{A}_0 = 1 \tag{8.298}$$

$$\tilde{\omega}_H = A_0 \omega_H \tag{8.299}$$

und somit

$$\tilde{A}_v = \frac{1}{1 + \dfrac{s}{A_0 \omega_H}}. \tag{8.300}$$

Das Verstärkungs-Bandbreite-Produkt ergibt

$$GBW \approx \tilde{f}_H = A_0 f_H = f_u \tag{8.301}$$

und gleicht dem Verstärkungs-Bandbreite-Produkt eines OP ohne Rückkopplung aus Gl. (8.276). Der Spannungsfolger hat aufgrund der Verstärkung von 1 und des konstanten Verstärkungs-Bandbreite-Produkts eine sehr große Bandbreite im Vergleich zum OP ohne Rückkopplung.

8.5.8 Anstiegs- und Abfallrate der Ausgangsspannung

Während Bandbreite und Grenzfrequenz aus Abschn. 8.5.7 zwei Größen sind, welche das Frequenzverhalten eines OP für *Kleinsignale* beschreiben, charakterisieren Anstiegs- und Abfallrate die Fähigkeit eines OP auf Änderungen von *Großsignalen* zu reagieren. Unter Großsignalen versteht man in diesem Zusammenhang Signale, deren Auswirkung auf die Ausgangsgröße der Schaltung nicht durch die Pol- und Nullstellen der Übertragungsfunktion, sondern durch die **Anstiegs-** und **Abfallrate**[65] des OP bestimmt wird. Wegen der sprachlichen Einfachheit wird im Folgenden der Begriff **Slew-Rate** als Synonym sowohl für die Anstiegs- als auch die Abfallrate verwendet.

Unter Slew-Rate versteht man die maximale Änderungsrate der Spannung an einem Knoten. Speziell bei der Spezifikation eines OP ist dabei die Ausgangsspannung gemeint:

$$SR = \left| \frac{\mathrm{d}v_{out}}{\mathrm{d}t} \right|_{max}. \tag{8.302}$$

Die Ursache für eine endliche Slew-Rate eines OP liegt darin, dass zur Auf- und Entladung von OP-internen Kapazitäten nur endliche Ströme zur Verfügung stehen. Hat ein OP intern eine asymmetrische Ausgangsstufe, so können sich Anstiegs- und Abfallrate deutlich unterscheiden und werden daher in Datenblättern separat spezifiziert. Häufig hat ein OP eine symmetrische Ausgangsstufe und damit annähernd gleiche Anstiegs- und Abfallraten, sodass in Datenblättern nur *ein* Wert für die Slew-Rate angegeben wird.

Abb. 8.90(a) zeigt einen Spannungsfolger mit einem sinusförmigen Eingangssignal. Die Frequenz des Eingangssignals sei weit unterhalb der 3-dB-Grenzfrequenz (alternativ sei die Bandbreite unendlich groß), sodass die Frequenzabhängigkeit der Übertragungsfunktion des Spannungsfolgers aus Gl. (8.294) vernachlässigt werden kann. Die Eingangsspannung betrage

$$v_{in} = V_0 \sin \omega t. \tag{8.303}$$

Für die Ausgangsspannung eines idealen Spannungsfolgers gilt $v_{out} = v_{in}$, sodass die zeitliche Ableitung der Ausgangsspannung wie folgt gegeben ist:

$$\frac{\mathrm{d}v_{out}}{\mathrm{d}t} = \omega V_0 \cos \omega t. \tag{8.304}$$

Die Steigung der Ausgangsspannung ist betragsmäßig am größten für $\cos \omega t = \pm 1$, das heißt in den Nulldurchgängen der Sinuskurve,

$$\left| \frac{\mathrm{d}v_{out}}{\mathrm{d}t} \right|_{max} = \omega V_0, \tag{8.305}$$

---

[65]Engl. **rising** und **falling slew rate**.

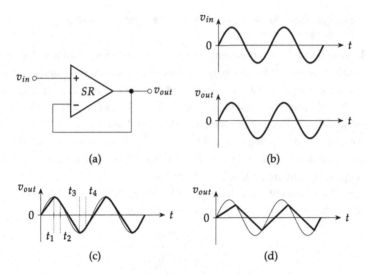

Abb. 8.90 (a) Spannungsfolger mit Ein- und Ausgangssignal für (**b**) ausreichend großes $SR_1 > \omega V_0$ (sodass $v_{out} = v_{in}$), (**c**) $SR_2 < \omega V_0$ und (**d**) $SR_3 < SR_2 < \omega V_0$. Die dünn gezeichneten Sinuskurven in (c) und (d) entsprechen dem idealen Verlauf aus (b)

und am geringsten, nämlich 0, in den Maxima und Minima des Sinusverlaufs.

Ist die Slew-Rate des eingesetzten OP ausreichend groß, das heißt größer als die maximale Änderungsrate aus Gl. (8.305), so folgt die Ausgangsspannung exakt der Eingangsspannung, und es gilt zu jedem Zeitpunkt $v_{out} = v_{in}$ [Abb. 8.90(b)]. Ist die Slew-Rate des OP kleiner als ωV_0, kann die Ausgangsspannung dem Eingang nicht zu jedem Zeitpunkt folgen und wird verzerrt [Abb. 8.90(c)]. In den beispielhaft gekennzeichneten Intervallen von t_1 bis t_2 und von t_3 bis t_4 ist die Slew-Rate des OP größer als ωV_0, und die Ausgangsspannung folgt der Eingangsspannung. In den restlichen Zeitintervallen kann v_{out} nur zeitlich **linear** ansteigen oder abfallen mit einer Steigung, welche der Slew-Rate entspricht.[66] Ist die Slew-Rate des OP noch kleiner oder steigt bei gleich bleibender Slew-Rate die Amplitude und/oder die Frequenz des Eingangssignals gemäß Gl. (8.304), so hat dies das Verhalten in Abb. 8.90(d) zur Folge: Die Ausgangsspannung wird noch stärker verzerrt, steigt und fällt nur noch linear und erreicht nicht einmal die Eingangsspannungsamplitude.

Zusammenfassend kann festgehalten werden, dass für eine verzerrungsfreie Ausgangsspannung die Slew-Rate größer sein muss als die maximale Änderungsrate der Ausgangsspannung:

---

[66]Im Englischen wird dieses Verhalten auch als **slewing** und das entsprechende Zeitintervall, in dem die Ausgangsspannung *zeitlich linear* an- und absteigt, als **slewing regime** bezeichnet. Unglücklicherweise werden (zu einer eventuellen anfänglichen Verwirrung beitragend) die Zeitintervalle, in denen hingegen *kein* Slewing auftritt, die Ausgangsspannung also zum Beispiel wie in Abb. 8.90(b) *sinusförmig* verläuft, als **linear regime** bezeichnet.

$$SR \geq \left| \frac{\mathrm{d}v_{out}}{\mathrm{d}t} \right|_{max}. \tag{8.306}$$

Für eine Sinusspannung ist die rechte Seite durch Gl. (8.305) gegeben.

Eine unzureichende Slew-Rate hat demnach wie eine Ausgangsspannungsbegrenzung (Abb. 8.84) ein **nichtlineares** Verhalten der Ausgangsspannung zur Folge. Hat der OP eine ausreichende Slew-Rate und ist die Frequenz des Eingangssignals größer als die Grenzfrequenz des OP, so folgt die Ausgangsspannung dem Eingangssignal mit der gleichen Frequenz, aber unterschiedlicher Amplitude (und Phase), wie in Abschn. 8.5.7 diskutiert. Die Frequenzanteile der Ausgangsspannung ändern sich in Bezug auf die Eingangsspannung *nicht*. Bei einer durch die Slew-Rate begrenzten Ausgangsspannung hingegen ändern sich *auch* die Frequenzanteile des Ausgangssignals, wie in Abb. 8.90 veranschaulicht.

Sprungantwort eines Spannungsfolgers

Im Folgenden sollen die Sprungantworten eines Spannungsfolgers unter Berücksichtigung der Frequenzabhängigkeit der Spannungsübertragungsfunktion (Üb. 8.12) für den Fall einer ausreichenden (SR_1) und einer unzureichenden Slew-Rate ($SR_2 < SR_1$) verglichen werden. Der Einfachheit halber soll eine sehr große Spannungsverstärkung $A_0 \gg 1$ angenommen werden, sodass die Übertragungsfunktion durch Gl. (8.300) gegeben ist:

$$\tilde{A}_v = \frac{1}{1 + \dfrac{s}{A_0 \omega_H}}. \tag{8.307}$$

Die Sprungantwort, das heißt die Ausgangsspannung für eine Sprungfunktion $v_{in}(t) = V_0 \cdot \sigma(t)$ am Eingang, eines solchen Spannungsfolgers mit der Zeitkonstante $\tau = 1/(A_0 \omega_H)$ lautet [Abb. 8.91(c)]

$$v_{out} = V_0 \left[1 - \exp\left(-A_0 \omega_H t\right) \right] \sigma(t). \tag{8.308}$$

Die maximale Steigung liegt im Ursprung vor:

$$\left. \frac{\mathrm{d}v_{out}}{\mathrm{d}t} \right|_{t=0} = A_0 V_0 \omega_H. \tag{8.309}$$

Für eine Slew-Rate $SR_1 > A_0 V_0 \omega_H$ liegt am Ausgang eine Spannung an, wie sie in Abb. 8.91(c) dargestellt ist. Für eine Slew-Rate $SR_2 < A_0 V_0 \omega_H$ steigt die Ausgangsspannung linear mit einer Steigung von SR_2 an und stellt sich schließlich auf die gleiche Endspannung V_0 ein [Abb. 8.91(c)].

Die **Anstiegszeit** t_r ist definiert als das Zeitintervall für den Anstieg von 10 bis 90 Prozent der Endspannung V_0.[67] Aus

---

[67]Manchmal wird zur Definition auch das Zeitintervall zwischen 20 und 80 Prozent oder 30 und 70 Prozent herangezogen. Bei der Charakterisierung von Anstiegs- und Abfallzeiten sollte immer auch die zugrunde liegende Definition angegeben werden.

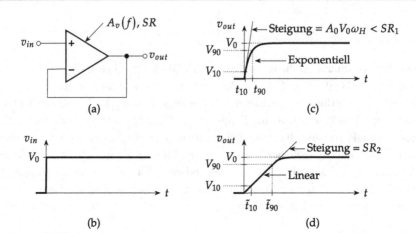

Abb. 8.91 (a) Spannungsfolger mit Bandbegrenzung und Slew-Rate, (b) Eingangsspannung als Sprungfunktion, (c) Ausgangsspannung mit exponentiellem Anstieg für SR_1 und (d) Ausgangsspannung mit Slew-Rate-bedingtem Anstieg für $SR_2 < SR_1$

$$V_{10} = 0{,}1V_0 = v_{out}(t_{10}) \qquad\qquad\qquad (8.310)$$

$$V_{90} = 0{,}9V_0 = v_{out}(t_{90}) \qquad\qquad\qquad (8.311)$$

lässt sich mithilfe von Gl. (8.308) die Anstiegszeit berechnen zu

$$t_r = t_{90} - t_{10} = \tau \ln 9 \approx 2.2\tau \qquad\qquad\qquad (8.312)$$

bzw.

$$\tau = \frac{t_r}{\ln 9} \approx 0{,}46 t_r. \qquad\qquad\qquad (8.313)$$

Wegen $\tilde{\omega}_H = 2\pi \tilde{f}_H = 1/\tau$ und mithilfe von Gl. (8.313) lautet der Zusammenhang zwischen der 3-dB-Grenzfrequenz $\tilde{f}_H$ des Spannungsfolgers und der Anstiegszeit t_r

$$\tilde{f}_H = \frac{\ln 9}{2\pi t_r} \approx \frac{0.35}{t_r} \qquad\qquad\qquad (8.314)$$

bzw.

$$t_r \approx \frac{0{,}35}{\tilde{f}_H}. \qquad\qquad\qquad (8.315)$$

Für den Fall SR_1 in Abb. 8.91(c) hat die Ausgangsspannung demnach eine Anstiegszeit gemäß Gl. (8.312) bzw. Gl. (8.315).

Im Unterschied dazu hat die Ausgangsspannung für den Fall SR_2 in Abb. 8.91(d) eine Anstiegszeit, die aufgrund des linearen Anstiegs direkt abgelesen werden kann,

$$SR_2 = \frac{V_{90} - V_{10}}{\tilde{t}_{90} - \tilde{t}_{10}}, \tag{8.316}$$

und somit[68]

$$t_{r,slew} = \tilde{t}_{90} - \tilde{t}_{10} = \frac{V_{90} - V_{10}}{SR_2} > t_r. \tag{8.317}$$

Aufgrund der unterschiedlichen Steigung der Ausgangsspannung für SR_1 und SR_2 ist auch die jeweilige Anstiegszeit unterschiedlich. Wegen des linearen, Slew-Rate-begrenzten Anstiegs benötigt die Ausgangsspannung im Fall SR_2 eine längere Zeit, bis die Endspannung V_0 erreicht ist.

Übung 8.13: Einschwingzeit

Wird zum Zeitpunkt t_1 am Eingang eines Verstärkers eine Signaländerung erzeugt, zum Beispiel eine Sprungfunktion [Abb. 8.91(b)], und erreicht zum Zeitpunkt t_2 die Ausgangsgröße [Abb. 8.91(d)] ein definiertes Toleranzband um den Endwert (der Wert für $t \to \infty$), so nennt man die Differenz $t_2 - t_1$ die **Einschwingzeit**[69] des Verstärkers. Das Toleranzband sei definiert als eine Abweichung vom Endwert um 1 Prozent.
Wie groß ist die Einschwingzeit für die Spannung in Abb. 8.91(c) als Funktion von τ? Wie groß ist die Einschwingzeit, wenn ein Toleranzband von 0.1 Prozent um den Endwert erreicht werden soll? ◄

Lösung 8.13 Der Endwert der Ausgangsspannung ist V_0. Der Zeitpunkt, zu dem die Ausgangsspannung 99 % dieses Werts erreicht, wird ermittelt aus

$$0{,}99V_0 = V_0 \left[1 - \exp\left(-t_s/\tau\right) \right]. \tag{8.318}$$

Daraus folgt

$$t_s = \tau \ln 100 \approx 4.6\tau \tag{8.319}$$

mit $\tau = 1/(A_0\omega_H)$. Für ein Toleranzband von 0,1 % hingegen muss die Ausgangsspannung $0{,}999V_0$ erreichen, und die Einschwingzeit beträgt $t_s = \tau \ln 1000 \approx 6{,}9\tau$.

---

[68]Gl. (8.316) kann verwendet werden, um die Slew-Rate einer *gemessenen* Ausgangsspannung zu bestimmen, für die keine analytische Gleichung vorliegt. Alternativ werden manchmal zum Beispiel auch die Zeitpunkte t_{20} bzw. t_{80}, zu denen die Ausgangsspannung 20 bzw. 80 % des Endwerts erreicht, zur Berechnung herangezogen.

[69]Auch als **Einstellzeit** bekannt; im Englischen als **settling time** bezeichnet.

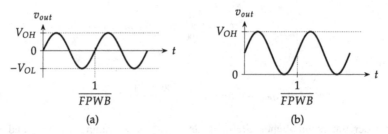

Abb. 8.92 Ausgangsspannung mit Periodendauer $T = 1/FPBW$ bei vollem Spannungshub ohne Verzerrung für eine (**a**) bipolare und (**b**) unipolare Spannungsversorgung

8.5.9 Leistungsbandbreite

In Abb. 8.90 ist die Ausgangsspannung des Spannungsfolgers für verschiedene Slew-Raten (das heißt *unterschiedliche* Operationsverstärker) bei gegebener Amplitude und Frequenz des Eingangssignals dargestellt. Alternativ können die Kurven für v_{out} auch als die Ausgangsspannung *eines* OP mit einer gegebenen Slew-Rate für Eingangsspannungen mit zunehmender Amplitude und/oder Frequenz betrachtet werden. Ist die maximale Frequenz und Amplitude des Eingangssignals gegeben, muss ein OP mit ausreichend großer Slew-Rate verwendet werden, um die Verzerrung des Ausgangssignals zu vermeiden. Mit anderen Worten: Für einen gegebenen OP können Eingangssignale nur bis zu einer gewissen Frequenz und Amplitude ohne Verzerrung verstärkt werden [Gl. (8.305)].

Die **Leistungsbandbreite**[70] eines OP bezeichnet die maximale Frequenz einer Sinusschwingung, die am Ausgang ohne Verzerrung bis zum Vollausschlag $-V_{OL}$ bzw. V_{OH} auftreten kann, wie in Abb. 8.92(a) skizziert.

Die Ausgangsspannung kann wie folgt geschrieben werden:

$$v_{out} = \frac{V_{OH} - V_{OL}}{2} \sin 2\pi f_{FP} t, \tag{8.320}$$

mit der zeitlichen Ableitung

$$\frac{\mathrm{d}v_{out}}{\mathrm{d}t} = 2\pi f_{FP} \frac{V_{OH} - V_{OL}}{2} \cos 2\pi f_{FP} t. \tag{8.321}$$

Damit die Ausgangsspannung verzerrungsfrei bleibt, muss für die Slew-Rate gemäß Gl. (8.306) gelten, dass

$$SR \geq \left| \frac{\mathrm{d}v_{out}}{\mathrm{d}t} \right|_{max} = 2\pi f_{FP} \frac{V_{OH} - V_{OL}}{2}. \tag{8.322}$$

---

[70]Engl. **full-power bandwidth,** abgekürzt **FPBW.**

Für eine Gleichheit in Gl. (8.322) folgt für die Leistungsbandbreite f_{FP}, die üblicherweise mit $FPBW$ abgekürzt wird:

$$FPBW = \frac{SR}{2\pi \dfrac{V_{OH} - V_{OL}}{2}}. \tag{8.323}$$

Für Operationsverstärker mit einer unipolaren Spannungsversorgung, bei denen die Amplitude der Ausgangsspannung Werte zwischen 0 und V_{OH} annimmt, wird Gl. (8.323) wie folgt formuliert [Abb. 8.92(b)]:[71]

$$FPBW = \frac{SR}{2\pi V_{OH}}. \tag{8.324}$$

Wichtig ist, dass Gl. (8.323)–(8.324) **nur für Sinusspannungen** gelten. Für andere Spannungsformen muss die Herleitung dieser Formeln über die zeitliche Ableitung der Spannung wie in Gl. (8.321) erfolgen.

Bei gegebener Leistungsbandbreite $FPBW$ und maximalem Ausgangsspannungshub V_{OH} kann die maximale Amplitude V_{max} einer Sinusspannung mit einer *höheren* Frequenz f als $FPBW$, die verzerrungsfrei dargestellt werden kann, mithilfe eines Dreisatzes aus Gl. (8.324) berechnet werden:

$$FPBW \cdot V_{OH} = f \cdot V_{max}, \tag{8.325}$$

sodass

$$V_{max} = \frac{FPBW}{f} V_{OH}. \tag{8.326}$$

Gl. (8.326) verdeutlicht, dass ein Ausgangssignal mit einer höheren Frequenz als die Leistungsbandbreite verzerrungsfrei sein kann, falls die Amplitude ausreichend klein ist.

Zusammenfassung

- Ein Operationsverstärker ist ein *Differenzverstärker*, dessen Ausgangsspannung sich aus der Verstärkung der Differenz zweier Eingangsspannungen ergibt.
- Ein *idealer* Operationsverstärker hat eine sehr große Spannungsverstärkung, einen sehr großen Eingangswiderstand und einen sehr kleinen Ausgangswiderstand, idealerweise $A_0 \to \infty$, $R_{id} \to \infty$ und $R_o = 0$.

---

[71] In Datenblättern ist bei der Spezifizierung der Leistungsbandbreite diese Umrechnungsformel gelegentlich angegeben.

- Ein OP kann in *negativer Rückkopplung (Gegenkopplung)* betrieben werden, wenn ein Netzwerk von Bauelementen den Ausgang mit dem invertierenden Eingang verbindet. Dadurch wird die Differenz-Eingangsspannung auf sehr kleine Werte forciert, idealerweise $v_{id} = 0$.

- Die beiden wichtigsten *Regeln* für die Analyse von gegengekoppelten Schaltungen mit *idealen* Operationsverstärkern sind: Die Spannung am nichtinvertierenden Eingang ist gleich der Spannung am invertierenden Eingang, $v_+ = v_-$, und die Eingangsströme sind $0, i_+ = i_- = 0$.

- Wichtige *Grundschaltungen* von Operationsverstärkern mit Gegenkopplung sind der invertierende und der nichtinvertierende Verstärker, der Spannungsfolger als Spezialfall eines nichtinvertierenden Verstärkers, der Addier- und der Subtrahierverstärker, der Instrumentationsverstärker sowie der Integrator und Differenzierer als Spezialfälle eines allgemeinen invertierenden Verstärkers.

- Werden im Rückkopplungsnetzwerk *nichtlineare Bauelemente* eingesetzt, so können weitere nützliche Funktionen realisiert werden. Hierzu gehören Präzisionsgleichrichter, Logarithmierer, exponentielle Verstärker und Wurzelverstärker.

- Ein OP *ohne Rückkopplung* funktioniert wie ein *Komparator.* Je nach Polarität der Eingangsspannung sättigt die Ausgangsspannung auf einen Wert, der annähernd entweder der positiven oder der negativen Versorgungsspannung entspricht.

- Werden Operationsverstärker mit einer *positiven Rückkopplung (Mitkopplung)* betrieben, so entsteht eine weitere Klasse von Grundschaltungen, die als *Kippstufen* bezeichnet werden. Hierzu gehören die bistabile, die astabile und die monostabile Kippstufe. Der *Schmitt-Trigger* ist ein Beispiel für eine bistabile Kippstufe.

- Ein *realer OP* besitzt eine Vielzahl von Eigenschaften, die einem Datenblatt entnommen werden können. Zu diesen Eigenschaften gehören beispielsweise eine endliche Spannungsverstärkung, ein endlicher Eingangswiderstand, eine endliche Bandbreite und ein nichtverschwindender Ausgangswiderstand.

- Bei der Analyse von Schaltungen mit nichtidealen Operationsverstärkern ist es in einer von Hand durchgeführten Analyse sinnvoll, die nichtidealen Eigenschaften separat zu berücksichtigen. In der Praxis erfolgt eine gleichzeitige Betrachtung aller Eigenschaften mithilfe von *rechnergestützten Simulationswerkzeugen.*

Einführung in die rechnergestützte Schaltungssimulation mit SPICE

9

Inhaltsverzeichnis

In diesem Abschnitt erfolgt eine Einführung in die **rechnergestützte Simulation** mithilfe von **SPICE** (**S**imulation **P**rogram with **I**ntegrated **C**ircuit **E**mphasis), einem Open-Source-Simulator, der sich insbesondere für Analogschaltungen eignet. Die bisher vorgestellten Bauelementmodelle sind für eine Handanalyse von Schaltungen gedacht und gehen daher von stark vereinfachenden Annahmen aus. Mithilfe von Simulationswerkzeugen ist es möglich, eine genauere Vorhersage des realen Verhaltens von Bauelementen und Schaltungen zu treffen. Auch lassen sich komplexe Schaltungen mit mehreren Tausend oder gar Millionen Bauelementen untersuchen, für die eine manuelle Rechnung nicht praktikabel ist.

© Springer-Verlag GmbH Deutschland, ein Teil von Springer Nature 2021
M. Momeni, *Grundlagen der Mikroelektronik 1*,
https://doi.org/10.1007/978-3-662-62032-8_9

Vorgestellt wurde SPICE in seiner ersten Version (SPICE1) im Jahr 1973 und in seiner letzten Version (SPICE3f5) im Jahr 1993. Auf dieser Grundlage wurde seitdem eine Vielzahl von Anwendungen mit verschiedenartigen Lizenzmodellen entwickelt. Die meisten dieser Anwendungen erweitern den ursprünglichen Funktionsumfang beispielsweise um eine grafische Benutzeroberfläche zur Schaltplaneingabe. Diese Werkzeuge sind allerdings nicht vollständig zueinander kompatibel, und eine umfassende Darstellung würde den Rahmen dieses Kapitels sprengen. Es werden daher lediglich grundsätzliche SPICE-Konstrukte erläutert, mit welchen die Simulation der in diesem Lehrbuch behandelten Themen möglich ist. Darüber hinausgehende Informationen zu SPICE und den Besonderheiten der einzelnen Anwendungen finden sich in der weiterführenden Literatur.

Lernergebnisse

- Sie **kennen** die Grundfunktionen von SPICE.
- Sie können gegebene Schaltungen in Netzlisten **übersetzen.**
- Sie können das Verhalten von Bauelementen und Schaltungen **simulieren.**
- Sie **vertiefen** Ihr bisheriges Verständnis von Bauelementen und Schaltungen.

9.1   Netzlisten

Simulatoren verwenden textuelle Beschreibungen von Schaltungen, sogenannte **Netzlisten**[1], als Grundlage für die Simulation. Auch mithilfe einer grafischen Benutzeroberfläche eingegebene Schaltungen werden in dem jeweiligen Simulator zunächst automatisch in eine Netzliste übersetzt, die einer vorgegebenen Syntax folgt. Es ist daher ratsam, sich am Anfang ein grundlegendes Verständnis zur Erstellung von Netzlisten anzueignen. Eine sinnvolle Struktur einer Netzliste ist in Abb. 9.1 dargestellt.

Kommentarzeilen beginnen mit * und werden nicht simuliert. Einzig die erste Zeile, die **Titelzeile,** wird auch ohne vorangestelltes * als Kommentar gewertet. Die Titelzeile sollte daher keine Netzwerkelemente oder Simulationsanweisungen enthalten, da diese ignoriert würden. Die Netzliste wird immer mit `.end` abgeschlossen. Zeilen, die mit + beginnen, werden als Fortsetzung der vorherigen Zeile interpretiert, das Pluszeichen wird dabei ignoriert und nur der Text nach dem Pluszeichen ausgewertet. Bis auf die Titelzeile, die letzte Zeile und mit + fortgesetzte Zeilen ist die Reihenfolge der Zeilen beliebig. Netzlistendateien enden je nach verwendeter Software beispielsweise in `.cir`, `.ckt`, `.net`, `.sp` oder `.spice`.

Zeilen, die ein Netzwerkelement enthalten, beginnen mit einem Buchstaben gemäß Tab. 9.1. Für die meisten dieser Netzwerkelemente kann (zum Beispiel Widerstände und Kondensatoren) bzw. muss (zum Beispiel Dioden und Transistoren) eine Modellanweisung

---

[1] Engl. **netlist.**

Abb. 9.1 Struktur einer SPICE-Netzliste

Titelzeile
Netzwerkelemente **R, C, L, D, M, Q, V, I, ...**
Bauelementmodelle **.model**
Simulationsanweisungen **.op, .dc, .ac, .tran, ...**
Letzte Zeile **.end**

Tab. 9.1 Netzwerkelemente in SPICE (Auswahl)

Anfangsbuchstabe	Bauelement
R	Widerstand
C	Kondensator
L	Spule
D	Diode
M	MOS-Feldeffekttransistor
Q	Bipolartransistor
V	Unabhängige Spannungsquelle
I	Unabhängige Stromquelle
E	Spannungsgesteuerte Spannungsquelle
F	Stromgesteuerte Stromquelle
G	Spannungsgesteuerte Stromquelle
H	Stromgesteuerte Spannungsquelle
X	Subcircuit (Teilschaltung oder Makro)

hinzugefügt werden, um das Verhalten des Netzwerkelements zu beschreiben. Zwischen Groß- und Kleinschreibung wird in SPICE nicht unterschieden.

Als Nächstes folgen Zeilen, die mit einem Punkt (.) beginnen und weitere Simulationsanweisungen liefern. Dieser Block der Netzliste enthält mindestens eine Zeile, welche die durchzuführende Analyseart spezifiziert (Tab. 9.2). Außerdem können beispielsweise Simulatoroptionen festgelegt und Parameter (Variablen) spezifiziert werden.

Zusammenfassend können die Zeilen einer Netzliste von einem der in Tab. 9.3 aufgelisteten Typen sein (mit Ausnahme der Titelzeile, die unabhängig vom Anfangszeichen als

Tab. 9.2 Simulationsanweisungen zur Analyseart (Auswahl)

Anweisung	Analyseart
`.ac`	AC-, Wechselstrom-, Kleinsignalanalyse *(ac analysis)*
`.dc`	DC-, Gleichstromanalyse *(dc analysis)*
`.op`	Arbeitspunktanalyse *(operating point analysis)*
`.tran`	Transientenanalyse *(transient analysis)*

Tab. 9.3 Typen der Zeilen einer Netzliste

Anfangszeichen	Zeilentyp
Buchstabe (`R`, `C`, ...)	Netzwerkelement
`*`	Kommentar
`.`	Simulationsanweisung (Modelle, Analysearten, Simulatoroptionen ...)
`+`	Das Pluszeichen wird ignoriert und der nachfolgende Text als Fortsetzung der vorherigen Netzlistenzeile betrachtet

Kommentar gewertet wird). In den nächsten Abschnitten wird auf die Erstellung der Netzliste aus Abb. 9.1 eingegangen.

Hinsichtlich der Formatierung werden folgende Regeln gewählt: Der SPICE-Quellcode einer Netzliste wird in eine `Monospace-Schriftart` gesetzt. Schlüsselwörter (zum Beispiel Bauelementparameter `W`, `L`, `IS`), Simulationsanweisungen (zum Beispiel `.model`, `.op`, `.end`) oder der Anfangsbuchstabe eines Netzwerkelements (zum Beispiel `R`, `C`, `L`), die (bis auf Groß- oder Kleinschreibung) unverändert bleiben, erscheinen zudem **fettgedruckt**. Optionale Parameter werden in eckige Klammern gesetzt (`[ ]`).

9.2 Netzwerkelemente

Um eine Schaltung in eine Netzliste zu übersetzen, muss die Syntax für das jeweilige Netzwerkelement bekannt sein. Im Folgenden wird zunächst anhand eines Beispiels das Vorgehen bei der Erstellung des zweiten Blocks einer Netzliste aus Abb. 9.1 erläutert und anschließend die Syntax für die in Tab. 9.1 aufgelisteten Bauelemente vorgestellt

Gegeben sei der unbelastete Spannungsteiler in Abb. 9.2(a). Der in diesem Abschnitt betrachtete Teil der Netzliste wird in drei Schritten erstellt:

1. Zunächst wird jeder Knoten mit einer beliebigen Zeichenfolge beschriftet. Lediglich der Bezugsknoten (Masse) muss mit `0` gekennzeichnet werden (`00` wird als ein unterschiedlicher Knoten interpretiert). Die Knotenbezeichnungen sollten der Lesbarkeit der Netzliste wegen sinnvoll gewählt werden. Im unbelasteten Spannungsteiler gibt es drei Knoten, die mit `1`, `2` und `0` gekennzeichnet werden.

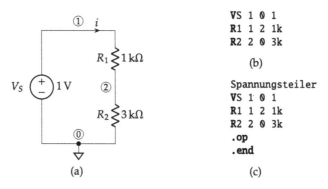

```
VS 1 0 1
R1 1 2 1k
R2 2 0 3k

    (b)

Spannungsteiler
VS 1 0 1
R1 1 2 1k
R2 2 0 3k
.op
.end
```

Abb. 9.2 Unbelasteter Spannungsteiler: (**a**) Schaltung, (**b**) Netzliste der reinen Schaltung, (**c**) Beispiel einer vollständigen Netzliste für eine Arbeitspunktanalyse

2. Als Nächstes werden die Bauelemente beschriftet. Der Anfangsbuchstabe aus Tab. 9.1 wird gefolgt von mindestens einem weiteren Zeichen, zum Beispiel **R**1 und **R**2. Auch `RichbinderWiderstandR2` ist eine prinzipiell gültige Bezeichnung.

3. Zuletzt werden die Bauelemente zwischen den entsprechenden Knoten Zeile für Zeile gemäß einer vorgegebenen Syntax niedergeschrieben. Für Widerstände, Kondensatoren, Spulen, Gleichspannungsquellen und Gleichstromquellen lautet die Syntax (ohne den optionalen Zusatz für eine Anfangsbedingung bei Kondensatoren und Spulen), auf die später genauer eingegangen wird:

```
element node1 node2 value
```

Mit dem beschriebenen Vorgehen lässt sich die Netzliste für den unbelasteten Spannungsteiler konstruieren, wie in Abb. 9.2(b) gezeigt. Alternativ kann die Gleichspannungsquelle auch wie folgt angegeben werden:

VS 1 0 **DC** 1

Der Zusatz **DC** ist optional. Ohne Angabe einer Analyseart wird die Netzliste allerdings nicht simuliert. Zur Vervollständigung werden die Titelzeile, die letzte Zeile und eine Simulationsanweisung (**.op**) für eine Arbeitspunktanalyse hinzugefügt, um eine simulierbare Netzliste zu erhalten [Abb. 9.2(c)]. Werden nur elementare Bauelemente ohne Angabe von Modellen simuliert, entfällt der mittlere Block der Netzliste aus Abb. 9.1.

Zur Angabe von Bauelementwerten können zusätzlich zur wissenschaftlichen Notation, zum Beispiel e-3 und e3, Skalierfaktoren ähnlich Dezimalpräfixen (Tab. E.1) verwendet

Tab. 9.4 Einheitenpräfixe in SPICE

Präfix	Syntax	Skalierfaktor
Tera	t	10^{12}
Giga	g	10^{9}
Mega	meg	10^{6}
Kilo	k	10^{3}
Mil, Thou[a]	mil	$25{,}4 \times 10^{-6}$
Milli	m	10^{-3}
Mikro	u	10^{-6}
Nano	n	10^{-9}
Piko	p	10^{-12}
Femto	f	10^{-15}

[a]Ein in der Elektronik hauptsächlich im Leiterplattenentwurf auftretendes Längenmaß aus dem anglo-amerikanischen Maßsystem (*ein tausendstel Zoll,* engl. *thousandth of an inch,* kurz *Thou; mil* im US-amerikanischen Sprachgebrauch).

werden, wie in Tab. 9.4 aufgelistet. Zeichen, die einer gültigen Syntax für einen der Skalierfaktoren folgen oder keine Skalierfaktoren darstellen, werden ignoriert. Beispielsweise stellen 0.001, 1m, 1.0m, 1e-3, 1mA allesamt die gleiche Zahl dar. Zu beachten ist, dass der Skalierfaktor 10^{6} mithilfe von meg (und nicht M, was 10^{-3} entspricht) angegeben wird.

9.2.1 Widerstände

Die Syntax für einen einfachen Widerstand (Abb. 9.3) lautet:

```
Rname node1 node2 value
R1     1     2     1k
```

Der Widerstandswert wird in Ω angegeben.

Abb. 9.3 Widerstand

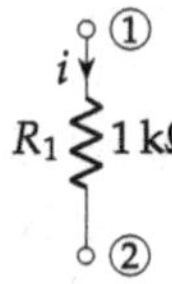

Wie lautet die Netzliste für die in Abb. 9.4 dargestellte Schaltung? ◄

Lösung 9.1 Nach der Wahl der Knotenbezeichnungen (Abb. 9.5) kann die Netzliste wie folgt formuliert werden:

```
R1 in  0   1k
R2 in  out 2k
R3 out 0   1k
```

9.2.2 Kondensatoren und Spulen

Die Syntax für Kondensatoren und Spulen (Abb. 9.6) lautet:

```
Cname node1 node2 value [IC=wert]
C1   1     2     1u    IC=100m

Lname node1 node2 value [IC=wert]
L1   1     2     1n    IC=1m
```

Abb. 9.4 Widerstandsschaltung

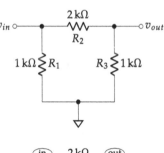

Abb. 9.5 Widerstandsschaltung mit Knotenbezeichnungen

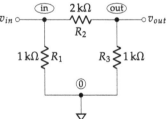

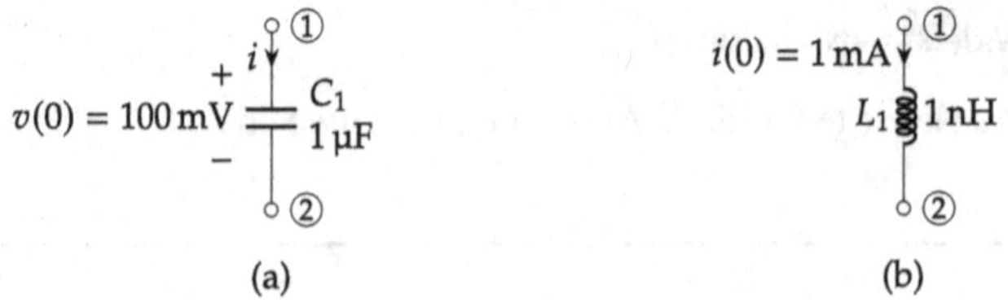

$$v(0) = 100\,\text{mV} \underset{-}{\overset{+}{=\!\!=}}\ \overset{\displaystyle \overset{\text{①}}{\downarrow}\, i}{\underset{\text{②}}{}}\ \begin{matrix} C_1 \\ 1\,\mu\text{F} \end{matrix}$$

$$i(0) = 1\,\text{mA} \overset{\text{①}}{\underset{\text{②}}{\downarrow}}\quad L_1 \lessgtr 1\,\text{nH}$$

(a)   (b)

Abb. 9.6 (a) Kondensator, (b) Spule

Die Kapazität wird in F, die Induktivität in H angegeben. Die optionale Angabe einer Anfangsbedingung in Form einer Spannung in V zum Zeitpunkt $t = 0$ beim Kondensator oder einem Strom in A bei der Spule wird nur bei einer transienten Analyse mit der Option **uic** berücksichtigt.

> **Übung 9.2: *RLC*-Schaltung**
>
> Wie lautet die Netzliste für die in Abb. 9.7 dargestellte Schaltung? ◄

Lösung 9.2 Nach der Wahl der Knotenbezeichnungen (Abb. 9.8) kann die Netzliste wie folgt formuliert werden:

```
R1 1 2 1
L1 2 3 1m
C1 3 0 1u
```

Abb. 9.7 *RLC*-Schaltung

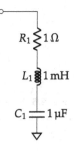

$R_1 \lessgtr 1\,\Omega$

$L_1 \lessgtr 1\,\text{mH}$

$C_1 == 1\,\mu\text{F}$

Abb. 9.8 RLC-Schaltung mit
Knotenbezeichnungen

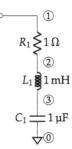

9.2.3 Unabhängige Spannungs- und Stromquellen

Einige wichtige Spannungsquellen sind im Folgenden aufgeführt.

Gleichspannungsquellen
Die Syntax einer Gleichspannungsquelle (Abb. 9.9) lautet:

```
Vname node1 node2 [DC] vdc
V1    1     2     DC   1
```

Der Wert `vdc` der Spannungsquelle wird in V angegeben (Default 0 V). Verwendet wird
die Gleichspannungsquelle bei der Arbeitspunktanalyse (`.op`), bei der Gleichstromanalyse (`.dc`) und, falls keine Zeitabhängigkeit spezifiziert wird, bei der Transientenanalyse
(`.tran`).

Kleinsignal-Wechselspannungsquellen
Eine Kleinsignal-Wechselspannungsquelle (Abb. 9.10a) wird wie folgt geschrieben:

```
Vname node1 node2 AC mag phase
V1    1     2     AC 1   0
```

Es gelten die Parameter aus Tab. 9.5. Die Default-Werte werden herangezogen, wenn nach
dem Schlüsselwort **AC** keine Angabe zum Betrag bzw. zur Phase erfolgt. Verwendet wird
diese Spannungsquelle bei der Wechselstromanalyse (`.ac`). Bei allen Spannungsquellen,

Abb. 9.9 (**a**) Gleichspannungsquelle, (**b**) Spannungsverlauf

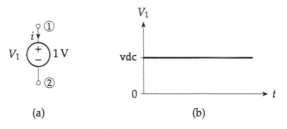

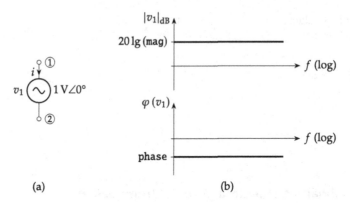

Abb. 9.10 (a) Kleinsignal-Wechselspannungsquelle, (b) Betrags- und Phasendiagramm

Tab. 9.5 Parameter einer Kleinsignal-Wechselspannungsquelle

Parameter	Bezeichnung	Einheit	Default
mag	Betrag	V	1V
phase	Phase	°	0°

die durch mehrere Parameter charakterisiert werden, ist die Reihenfolge der angegebenen Parameter zu berücksichtigen. Beispielsweise wird durch **AC** 45 nicht eine Wechselspannung mit einer Phase von 45° beschrieben, sondern eine Wechselspannung mit einem Betrag von 45 V und einer Phase von 0°.

Sinusspannungsquellen

Eine Sinusspannungsquelle (Abb. 9.11) hat die folgende Syntax:

```
Vname node1 node2 SIN(voff vamp freq td theta)
V1    1     2     SIN(0.5  1    1k   1m 500  )
```

Es gelten die Parameter aus Tab. 9.6. Verwendet wird diese Spannungsquelle bei der **.tran**-Analyse. Bei der **.op**- und der **.dc**-Analyse wird der Wert zum Zeitpunkt $t = 0$ verwendet. Mathematisch wird die Sinusspannungsquelle modelliert durch

$$v_1(t) = \texttt{voff} \tag{9.1}$$

für $t < \texttt{td}$ und

$$v_1(t) = \texttt{voff} + \texttt{vamp} \cdot \sin\left[2\pi \cdot \texttt{freq} \cdot (t - \texttt{td})\right] \cdot \exp\left[-\texttt{theta} \cdot (t - \texttt{td})\right] \tag{9.2}$$

für $t \geq \texttt{td}$.

Abb. 9.11 (a) Sinusspannungsquelle, (b) Span-
nungsverlauf

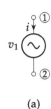

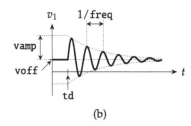

(a)   (b)

Tab. 9.6 Parameter einer Sinusspannungsquelle

Parameter	Bezeichnung	Einheit	Default
voff	Offset	V	$0\,\text{V}$
vamp	Amplitude	V	$0\,\text{V}$
freq	Frequenz	Hz	$0\,\text{Hz}$
td	Verzögerungszeit	s	$0\,\text{s}$
theta	Abklingkonstante	s^{-1}	$0\,\text{s}^{-1}$

Pulsspannungsquellen

Eine Pulsspannungsquelle (Abb. 9.12) hat die folgende Syntax:

```
Vname node1 node2 PULSE(v1 v2 td tr tf ton tper)
V1    1     2     PULSE(1  2  1u 2u 3u 4u  10u )
```

Es gelten die Parameter aus Tab. 9.7. Je nach Simulationssoftware kann bei einer ungenügen-
den Anzahl von spezifizierten Parametern eine Fehlermeldung erscheinen, oder es werden
Default-Werte verwendet. Die Angaben tstep und tstop beziehen sich auf Simulations-
parameter der Transientenanalyse, die in Abschn. 9.4.4 erläutert werden. Eingesetzt wird
diese Spannungsquelle bei der **.tran**-Analyse. Bei der **.op**- und der **.dc**-Analyse wird
der Wert zum Zeitpunkt $t = 0$ verwendet.

Abb. 9.12 (a) Pulsspannungsquelle, (b) Spannungsver-
lauf

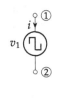

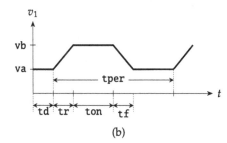

(a)   (b)

Tab. 9.7 Parameter einer Pulsspannungsquelle

Parameter	Bezeichnung	Einheit	Default
v1	Low-Pegel	V	0 V
v2	High-Pegel	V	0 V
td	Verzögerungszeit	s	0 s
tr	Anstiegszeit	s	tstep
tf	Abfallzeit	s	tstep
ton	Impulsdauer	s	tstop
tper	Periodendauer	s	tstop

Abb. 9.13 (a)
PWL-Spannungsquelle, (b)
beispielhafter
Spannungsverlauf

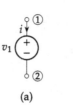

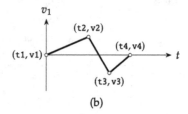

(a)   (b)

PWL-Spannungsquellen

Eine PWL-Spannungsquelle[2] (Abb. 9.13) hat die folgende Syntax:

```
Vname  node1  node2  PWL(t1 v1 [t2 v2 t3 v3 t4 v4 ...])
V1     1      2      PWL(0u 0   2u 1  3u -1 4u 0       )
```

Der Spannungsverlauf wird durch eine beliebige Anzahl (≥ 1) an Koordinatenpaaren (t_i, v_i) definiert, die durch Geraden miteinander verbunden werden. Ist $t_1 > 0$ s, so beginnt die Simulation bei dem Wert $(0, v1)$. Eingesetzt wird diese Spannungsquelle bei der **.tran**-Analyse. Bei der **.op**- und der **.dc**-Analyse wird der Wert zum Zeitpunkt $t = 0$ verwendet.

Stromquellen

Bis auf den Anfangsbuchstaben ist die Syntax für unabhängige Spannungs- und Stromquellen identisch, wie am Beispiel einer Gleichstromquelle gezeigt (Abb. 9.14):

```
Iname  node1  node2  [DC]  wert
I1     1      2      DC    1m
```

Die jeweiligen Spannungswerte in V werden durch Stromwerte in A ersetzt.

---

[2]Engl. **piecewise linear (PWL) voltage source.**

Abb. 9.14 (a) Gleichstromquelle, (b) Stromverlauf

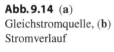
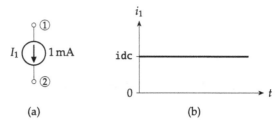

(a) (b)

Übung 9.3: Spannungs- und Stromverläufe

Wie lautet die Netzliste für die in Abb. 9.15 dargestellten Kurvenverläufe? ◄

Lösung 9.3 Es wird angenommen, dass alle Quellen zwischen den beiden Knoten 1 und 2 liegen. Der Kurvenverlauf für den sinusförmigen Strom I_1 wird durch die folgende Elementzeile beschrieben:

```
I1 1 0 SIN(-0.5m 0.75m 1k)
```

Die beiden Parameter `td` und `theta` werden zuletzt spezifiziert und sind gleich 0, was dem jeweiligen Default-Wert entspricht. Sie können weggelassen werden.

Die drei verbleibenden Kurvenverläufe können mithilfe von Pulsquellen angegeben werden:

```
V2 2 0 PULSE(1    -1    0u 3u 3u    )
I3 3 0 PULSE(1     0    2  1  0   3 )
```

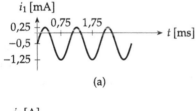

(a) (b)

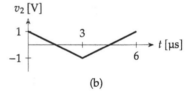

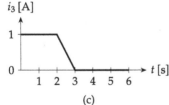

(c)

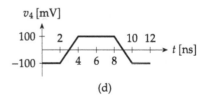

(d)

Abb. 9.15 Spannungs- und Stromverläufe

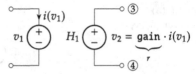

Spannungsgesteuerte Spannungsquelle	Stromgesteuerte Spannungsquelle
mit Spannungsverstärkung α	mit Übertragungswiderstand r

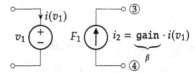

Spannungsgesteuerte Stromquelle	Stromgesteuerte Stromquelle
mit Übertragungsleitwert (Steilheit) g	mit Stromverstärkung β

Abb. 9.16 Gesteuerte ideale Quellen

```
V4  4  0  PULSE(-100m    100m 2n 2n 2n 4n)
```

Alternativ können wegen der fehlenden Periodizität auch PWL-Quellen verwendet werden:

```
V2  2  0  PWL(0 1 3u -1 6u 1)
I3  3  0  PWL(0 1 2 1 3 0)
V4  4  0  PWL(0 -100m 2n -100m 4n 100m 8n 100m 10n -100m
+ 12n -100m)
```

9.2.4 Gesteuerte Quellen

Alle in Abschn. 1.3.3 behandelten linearen gesteuerten Quellen sind in SPICE implementiert (Abb. 9.16). Sie sind beispielsweise hilfreich bei der Modellierung von Operationsverstärkern. Zu beachten ist die Zählpfeilrichtung für i_2 der spannungs- und stromgesteuerten Stromquellen.

Die Syntax der vier unterschiedlichen Typen von gesteuerten Quellen ist sehr ähnlich. Eine **spannungsgesteuerte Spannungsquelle**[3] wird beschrieben durch:

```
Ename onode1 onode2 inode1 inode2 gain
E1     3      4      1      2     1k
```

---

[3] Engl. **voltage-controlled voltage source**, kurz **VCVS**.

Abb. 9.17 Diode

Eine **spannungsgesteuerte Stromquelle**[4] wird gekennzeichnet durch:

```
Gname onode1 onode2 inode1 inode2 gain
G1    3      4      1      2      1k
```

Eine **stromgesteuerte Spannungsquelle**[5] wird beschrieben durch:

```
Hname onode1 onode2 vctrl gain
H1    3      4      v1    1k
```

und eine **stromgesteuerte Stromquelle**[6] durch:

```
Fname onode1 onode2 vctrl gain
F1    3      4      v1    1k
```

Die Ausgangsknoten sind gegeben durch onode1 und onode2. Eine steuernde Spannung v_1 fällt zwischen den Eingangsknoten inode1 und inode1 ab. Bei den stromgesteuerten Quellen wird die Spannungsquelle vctrl angegeben, durch welche der steuernde Strom fließt.

9.2.5 Dioden

Eine Diode (Abb. 9.17) hat die folgende Syntax:

```
Dname anode cathode modelname
D1    1     2       dmodel
```

Dabei ist dmodel eine beliebige Bezeichnung für das zu verwendende Diodenmodell (Abschn. 9.3.1). Werden mehrere Dioden des gleichen Typs in einer Schaltung eingesetzt, kann durch die obige Syntax das Diodenmodell wiederverwendet werden. Die Modellparameter müssen lediglich ein einziges Mal (pro Diodentyp) in einer separaten Modellanweisung angegeben werden.

---

[4]Engl. **voltage-controlled current source,** kurz **VCCS.**
[5]Engl. **current-controlled voltage source,** kurz **CCVS.**
[6]Engl. **current-controlled current source,** kurz **CCCS.**

Übung 9.4: Diodenschaltung

Wie lautet die Netzliste für die in Abb. 9.18 dargestellte spannungsbegrenzende Diodenschaltung aus Abschn. 3.5.1? Das Diodenmodell soll als dmodel bezeichnet werden. ◀

Lösung 9.4   Nach der Wahl der Knotenbezeichnungen (Abb. 9.19) kann die Netzliste wie folgt formuliert werden:

```
R1   in   out  1k
D1   out  1    dmodel
D2   2    out  dmodel
VB1  1    0    DC 1
VB2  0    2    DC 1
```

9.2.6   Bipolartransistoren

Die Syntax für *npn*- und *pnp*-Bipolartransistoren (Abb. 9.20) ist identisch:

```
Qname collector base emitter [substrate] modelname
Qn    1          2    3       0           bnmodel
Qp    3          2    1       0           bpmodel
```

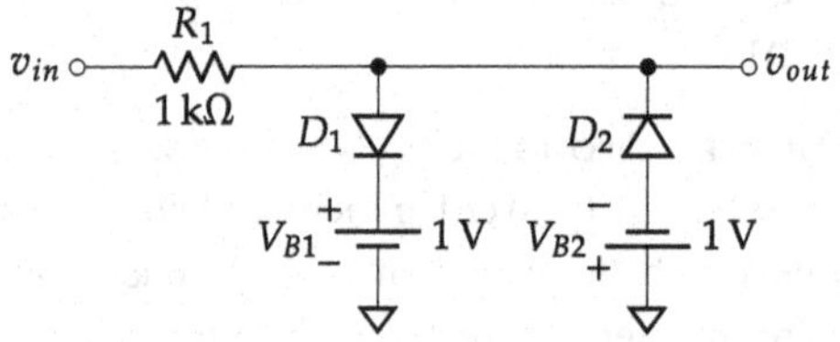

Abb. 9.18 Diodenschaltung

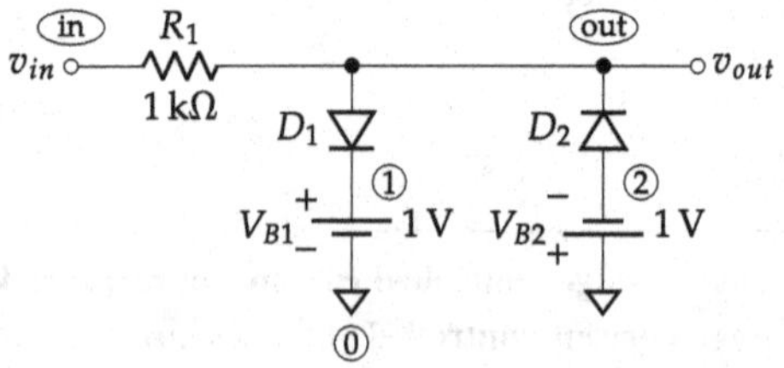

Abb. 9.19 Diodenschaltung
mit Knotenbezeichnungen

Abb. 9.20 (a) *npn*- und
(b) *pnp*-Bipolartransistor

Dabei sind `bnmodel` und `bpmodel` die Bezeichnungen für das Transistormodell des jeweiligen Typs (Abschn. 9.3.2). Der optionale Parameter `substrate` stellt ähnlich dem Feldeffekttransistor die Verbindung zum Substrat dar (Default ist Masse).

Übung 9.5: Bipolartransistorschaltung

Wie lautet die Netzliste für die in Abb. 9.21 dargestellte Schaltung? Das Transistormodell soll als `bnmodel` bezeichnet werden. ◄

Lösung 9.5 Nach der Wahl der Knotenbezeichnungen (Abb. 9.22) kann die Netzliste wie folgt formuliert werden:

```
Q1   c   b  0  0  bnmodel
RC   cc  c  500
VCC  cc  0  DC  5
VB   b   0  DC  0.7
```

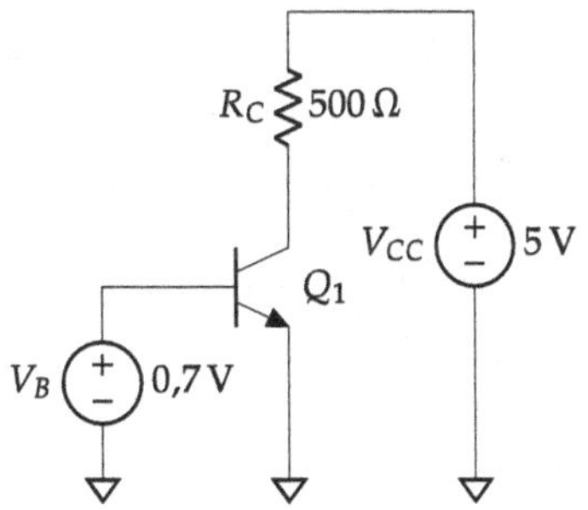

Abb. 9.21 Bipolartransistorschaltung

Abb. 9.22 Bipolartransistorschaltung
mit Knotenbezeichnungen

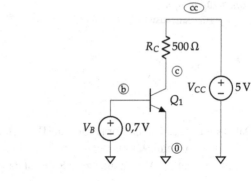

Abb. 9.23 (a) *n*- und (b)
p-Kanal-Feldeffekttransistor

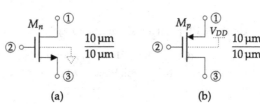

(a)   (b)

9.2.7   Feldeffekttransistoren

Die Syntax für *n*- und *p*-Kanal-Feldeffekttransistoren (Abb. 9.23) ist identisch:

```
Mname drain gate source bulk modelname [l=length w=width]
Mn    1     2    3      0    mnmodel    l=10u     w=10u
Mp    3     2    1      vdd  mpmodel    l=10u     w=10u
```

Dabei sind mnmodel und mpmodel die Bezeichnungen für das Transistormodell des jeweiligen Typs (Abschn. 9.3.3). Der Parameter bulk gibt an, mit welchem Knoten die Substrat- oder Bulk-Klemme verbunden ist. Bei einem NFET liegt dieser Anschluss typischerweise auf Masse und bei einem PFET auf der Versorgungsspannung. Die Angabe von Kanallänge und -weite ist zwar optional, sie sollte jedoch immer erfolgen, da die Default-Werte je nach SPICE-Implementierung unterschiedlich sein können.[7]

Für eine akkurate Transienten- oder Wechselstromsimulation sollte zusätzlich die Angabe einiger weiterer (optionaler) geometrieabhängiger Parameter (Tab. 9.8) erfolgen, aus denen sich die Kapazität zwischen Bulk und Source- bzw. Drain-Gebiet berechnen lässt (Abschn. 9.3.3).

---

[7] Die Simulatoroptionen defl und defw enthalten die Default-Werte für *L* bzw. *W*, typischerweise 100 µm, und können mithilfe einer .**options**-Anweisung gesetzt werden.

Tab. 9.8 Geometrieabhängige Parameter eines Feldeffekttransistors

Parameter	Bezeichnung	Einheit	Default
ad	Drain-Fläche *(drain area)*	m^2	$0\,m^2$
as	Source-Fläche *(source area)*	m^2	$0\,m^2$
pd	Drain-Umfang *(drain perimeter)*	m	$0\,m$
ps	Source-Umfang *(source perimeter)*	m	$0\,m$

Abb. 9.24 Geometrieparameter eines Feldeffekttransistors

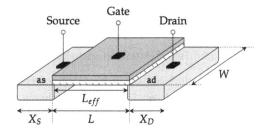

Eine Veranschaulichung dieser Größen findet sich in Abb. 9.24[8]. Sie berechnen sich aus:

$$\mathbf{ad} = W \cdot X_D \tag{9.3}$$

$$\mathbf{as} = W \cdot X_S \tag{9.4}$$

$$\mathbf{pd} = 2W + 2X_D \tag{9.5}$$

$$\mathbf{ps} = 2W + 2X_S, \tag{9.6}$$

wobei X_S und X_D technologieabhängige Parameter sind und typischerweise $X_S = X_D \approx 3L_{min}$ angesetzt wird, sodass $\mathrm{ad} = \mathrm{as}$ und $\mathrm{pd} = \mathrm{ps}$. L_{min} ist die minimale Kanallänge der eingesetzten Halbleitertechnologie, zum Beispiel 90 nm, $0,13\,\mu m$ oder $0,18\,\mu m$. Für das obige Beispiel eines Transistors mit $W = 10\,\mu m$ ergibt sich unter der Annahme einer Technologie, für die $L_{min} = 0,13\,\mu m$ gilt:

$$\mathbf{ad} = \mathbf{as} = W \cdot 3L_{min} = 5,4 \times 10^{-12}\ m^2 \tag{9.7}$$

$$\mathbf{pd} = \mathbf{ps} = 2W + 2 \times 3L_{min} = 21,08 \times 10^{-6}\ m. \tag{9.8}$$

---

[8]Die in der Bauelementezeile angegebene nominale oder sogenannte „gezeichnete" Kanallänge l bzw. L ist nicht gleich der effektiven, für den Betrieb des Transistors relevanten und fertigungsbedingt kürzeren Kanallänge L_{eff} (diese wird vom Simulator berechnet), weil das Gate aufgrund des Herstellungsprozesses eine gewisse Überlappung mit den Drain- und Source-Gebieten aufweist.

Mit den obigen Beispielwerten lautet die erweiterte Syntax, beispielsweise für einen NFET:

```
Mname drain gate source bulk modelname [l=length w=width]
+ [ad=ad    as=as    pd=pd    ps=ps]
Mn    1     2    3        0   mnmodel    l=10u    w=10u
+  ad=5.4p as=5.4p pd=21.08u ps=21.08u
```

Wegen der eindeutigen Zuweisung eines Werts zum zugehörigen Parameter ist die Reihenfolge der Angaben nach dem Schlüsselwort model unwesentlich. Das Pluszeichen dient zur Fortsetzung der vorherigen Zeile.

Übung 9.6: Feldeffekttransistorschaltung

Wie lautet die Netzliste für die in Abb. 9.25 gezeigte Schaltung? Das Transistormodell soll als mnmodel bezeichnet werden. Nehmen Sie eine Technologie mit $L_{min} = 0,13\,\mu\mathrm{m}$ an. ◄

Lösung 9.6   Die Geometrieparameter des Transistors berechnen sich zu

$$\mathbf{ad} = \mathbf{as} = 3{,}9 \times 10^{-12}\ \mathrm{m}^2 \tag{9.9}$$

$$\mathbf{pd} = \mathbf{ps} = 20{,}78 \times 10^{-6}\ \mathrm{m}. \tag{9.10}$$

Nach der Wahl der Knotenbezeichnungen (Abb. 9.26) kann die Netzliste wie folgt formuliert werden:

Abb. 9.25 Feldeffekttransistorschaltung

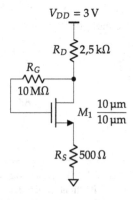

Abb. 9.26 Feldeffekttransistorschaltung mit Knotenbezeichnungen

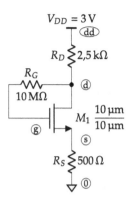

```
M1   d  g s 0 mnmodel l=10u w=10u
+  ad=3.9p as=3.9p pd=20.78u ps=20.78u
RS   s  0 500
RG   d  g 10meg
RD   dd d 2.5k
VDD  dd 0 DC 3
```

9.2.8 Operationsverstärker

Operationsverstärker können im einfachsten Fall (Abb. 8.3) durch eine spannungsgesteuerte Spannungsquelle aus Abschn. 9.2.4 modelliert werden. Für das Modell in Abb. 9.27 mit einer endlichen Spannungsverstärkung $A_0 = 1000$ lautet die Netzliste wie folgt:

```
Eop out 0 inp inn 1k
```

Sollen zusätzlich ein Eingangswiderstand $R_{id} = 10\,M\Omega$ und ein Ausgangswiderstand $R_o = 10\,\Omega$ modelliert werden, so sieht die Netzliste wie folgt aus:

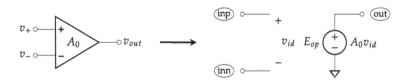

Abb. 9.27 Modell eines Operationsverstärkers mit endlicher Spannungsverstärkung A_0

```
Eop e1 0 inp inn 1k
Rid inp inn 10meg
Ro  e1  out 10
```

.subckt-Anweisung

Werden Schaltungen mehrfach verwendet, so ist es umständlich und fehleranfällig, ihre
Netzlisten zu wiederholen. Um dieses Problem zu lösen, bietet SPICE an, diese Schaltungen
in sogenannte **Subcircuits** auszulagern. Insbesondere beim hierarchischen Entwurf kommt
diese Methode zum Einsatz. Die Syntax für eine solche Teilschaltung (oder Makro) lautet:[9]

```
.subckt subcircuitname n1 [n2 n3 ...]
...
... Netzliste der Teilschaltung
...
.ends [subcircuitname]
```

Dabei ist `subcircuitname` die Bezeichnung der Teilschaltung, und n1, n2, ... stellen
die Anschlüsse nach außen dar. Bis auf den globalen Knoten 0 (Masse) und die in der obigen Anweisung enthaltenen Knoten sind keine in einer Teilschaltung enthaltenen (inneren)
Knoten von außen zugänglich.

Aufgerufen wird eine Teilschaltung mit der folgenden Anweisung:

```
Xname m1 [m2 m3 ...] subcircuitname
```

Dabei sind `subcircuitname` der Name der zu instanziierenden Teilschaltung und m1,
m2, ... die in der äußeren Schaltung definierten Knoten. Die Reihenfolge der Knoten ist zu
berücksichtigen. Soll beispielsweise m1 in der externen Schaltung mit dem Knoten n1 der
Teilschaltung verbunden werden, so muss er in der Liste der Knoten an der gleichen Stelle
stehen. Das folgende Beispiel soll dies verdeutlichen.

Übung 9.7: Invertierender Verstärker

Beschreiben Sie mithilfe des Operationsverstärkers aus Abb. 9.28 die Netzliste eines
invertierenden Verstärkers (Abb. 9.29). ◀

---

[9]Die Wiederholung von `subcircuitname` in der **.ends**-Zeile ist bei einfachen Subcircuits optional. Bei verschachtelten Subcircuits ist die Angabe notwendig, um dem Simulator mitzuteilen, welche
Teilschaltung beendet wird.

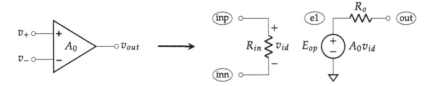

Abb. 9.28 Modell eines Operationsverstärkers mit Spannungsverstärkung A_0, Eingangswiderstand R_{id} und Ausgangswiderstand R_o

Abb. 9.29 Invertierender
Verstärker

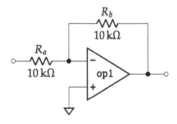

Lösung 9.7   Die Subcircuit-Beschreibung des Operationsverstärkers aus Abb. 9.28 lautet:

```
.subckt MyOpamp inp inn out
Eop e1 0 inp inn 1k
Rid inp inn 10meg
Ro  e1  out 10
.ends MyOpamp
```

Damit kann die Netzliste des invertierenden Verstärkers (Abb. 9.30) formuliert werden:

```
Meine erste OP-Schaltung
Ra 1 2 10k
Rb 2 3 10k
Xop1 0 2 3 MyOpamp
.end
```

Der Knoten `inp` des nichtinvertierenden Eingangs steht in der `.subckt`-Anweisung an erster Stelle. Da dieser Knoten mit Masse verbunden sein soll, steht im Aufruf

Abb. 9.30 Invertierender
Verstärker mit nummerierten
Knoten

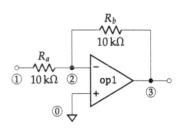

Xop1 0 2 3 MyOpamp

der Knoten 0 ebenfalls an erster Stelle. Auf die gleiche Weise ergibt sich die Reihenfolge der verbleibenden Knotenbezeichnungen 2 und 3.

9.3   Bauelementmodelle

Nach der Netzlistenbeschreibung aller in einer Schaltung enthaltenen Bauelemente folgt gemäß Abb. 9.1 die Spezifizierung der zu verwendenden Bauelementmodelle. Die allgemeine Syntax hierfür lautet:

> **.model** modelname modeltype (param1=value1 param2=value2 ...)

Modelle können beispielsweise für Widerstände, Kondensatoren, Schalter und Halbleiterbauelemente verwendet werden. Während für modelname eine beliebige Bezeichnung gewählt werden kann, ist modeltype je nach Netzwerkelement fest vorgegeben. Die Modelltypen für die in diesem Lehrbuch vorgestellten Halbleiterbauelemente sind in Tab. 9.9 aufgelistet.

Die Modelle für Halbleiterbauelemente, insbesondere Transistoren, können sehr komplex sein und mehr als 300 Parameter enthalten. Im Folgenden werden daher vereinfachte Modelle vorgestellt, die mit dem bisherigen Wissen leicht verständlich sind.

.include-Anweisung
Weil Modellbeschreibungen sehr umfangreich sein können, bietet es sich an, diese in einer Datei zu speichern und in der Netzliste per **.include**-Anweisung zu referenzieren. Die Syntax hierzu ist:

> **.include** dateiname
> **.include** mosmodel.txt

Tab. 9.9 Modelltypen (Auswahl)

modeltype	Bauelement
d	Diode
npn	*npn*-Bipolartransistor
pnp	*pnp*-Bipolartransistor
nmos	*n*-Kanal-Feldeffekttransistor
pmos	*p*-Kanal-Feldeffekttransistor

Die Textdatei `mosmodel.txt` muss sich im obigen Beispiel im gleichen Verzeichnis wie die Netzliste befinden, andernfalls muss der vollständige Pfad angegeben werden. SPICE behandelt die derart referenzierten Dateiinhalte so, als ob sie direkt in der Netzliste stünden. Auch Teilschaltungen oder andere SPICE-Konstrukte können in eigene Dateien ausgelagert werden.

9.3.1 Dioden

Ein Diodenmodell wird wie folgt der Netzliste hinzugefügt:

> **.model** meinediode **d** (param1=value1 param2=value2 ...)

Der Modellname lautet beispielsweise meinediode, und für modeltype wurde gemäß Tab. 9.9 das Schlüsselwort **d** für eine Diode verwendet. Das Diodenmodell ist in Abb. 9.31 dargestellt. Eine Auswahl an Modellparametern findet sich in Tab. 9.10. Die Symbole, sofern angegeben, beziehen sich auf die in Kap. 3 eingeführten Größen. Fehlt die Angabe eines Modellparameters in der Netzliste, so wird der entsprechende Default-Wert eingesetzt. Üblicherweise ist der Default-Wert derart gewählt, dass der entsprechende Effekt unterdrückt wird, beispielsweise ist der Bahnwiderstand R_B gleich 0 und kann im Diodenmodell vernachlässigt werden.

Für die aufgeführten Beispielwerte lautet die Netzliste des Modells:

> **.model** meinediode **d** (**IS=**10f **N=**1.0 **RS=**1 **CJO=**1p **VJ=**0.7 **M=**0.5
> + **TT=**10n **BV=**50)

Das einfachste Modell, das als Referenz für bisher durchgeführte Gleichstromberechnungen dienen kann, verwendet lediglich den Sättigungsstrom:

> **.model** meinediode **d** (**IS=**10f)

Abb. 9.31 Großsignalmodell einer Diode in SPICE

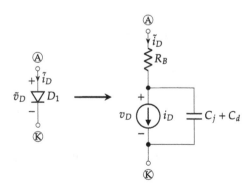

Tab. 9.10 Parameter des Diodenmodells (Auswahl)

Parameter	Symbol	Bezeichnung	Einheit	Default	Beispiel
IS	I_S	Sättigungsstrom	A	10^{-14}	10f
N	n	Emissionskoeffizient	–	1	1.0
RS	R_B	Bahnwiderstand	Ω	0	1
CJO	$C_{j0} \cdot A$	Null-Sperrschichtkapazität ($v_D = 0$ V)	F	0	1p
VJ	V_j	Diffusionsspannung	V	1	0.7
M	m	Kapazitätskoeffizient	–	0.5	0.5
TT	τ_T	Transitzeit	s	0	10n
BV	V_Z	Durchbruchspannung (Sperrpolung)	V	∞	50

Modellgleichungen

Die Diodengleichung aus Gl. (3.80) bzw. Gl. (3.82) lautet mit den obigen Parametern:

$$i_D = \text{IS} \left[\exp\left(\frac{v_D}{\text{N}V_T} \right) - 1 \right]. \tag{9.11}$$

Die Default-Temperatur in SPICE beträgt 27 °C ≈ 300 K. Die Sperrschichtkapazität aus Gl. (8.58) wird wie folgt beschrieben:

$$C_j = \frac{\text{CJO}}{\left(1 - \dfrac{v_D}{\text{VJ}}\right)^{\text{M}}}. \tag{9.12}$$

Die Diffusionskapazität aus Gl. (3.88) wird bei Berücksichtigung des Emissionskoeffizienten zu:

$$C_d = \frac{\text{TT} \cdot \text{IS}}{\text{N}V_T} \exp \frac{v_D}{\text{N}V_T} \approx \frac{\text{TT} i_D}{\text{N}V_T}. \tag{9.13}$$

9.3.2　Bipolartransistoren

Ein Bipolartransistormodell wird wie folgt spezifiziert:

```
.model meinnpn npn [(param1=value1 param2=value2 ...)]
.model meinpnp pnp [(param1=value1 param2=value2 ...)]
```

Der Modellname lautet beispielsweise meinnpn bzw. meinpnp, und für modeltype wurde gemäß Tab. 9.9 das Schlüsselwort npn für einen *npn*- und pnp für einen *pnp*-

Transistor verwendet. Ein vereinfachtes Transistormodell ist in Abb. 9.32 dargestellt. Es handelt sich um eine Erweiterung des bereits bekannten Transportmodells aus Abb. 4.25. Eine Auswahl an Parametern für dieses Modell ist in Tab. 9.11 aufgelistet.

Für die aufgeführten Beispielwerte lautet die Netzliste eines *npn*-Transistors:

```
.model meinnpn npn (IS=10f BF=100 BR=5 NF=1 NR=1 VAF=100
+ VAR=100 RB=10 RE=1 RC=1 CJE=1p CJC=1p CJS=1p VJE=0.7
+ VJC=0.5 VJS=0.75 MJE=0.33 MJC=0.5 MJS=0.5 TF=1n TR=10n)
```

Zur Überprüfung der bisher durchgeführten Handanalysen kann ein stark reduziertes Modell verwendet werden:

```
.model meinnpn npn (IS=10f BF=100)
```

Bei Berücksichtigung des Early-Effekts wird das Modell um einen Parameter ergänzt:

```
.model meinnpn npn (IS=10f BF=100 VAF=100)
```

Modellgleichungen

Der Transportstrom i_T wird ähnlich zu Gl. (4.96) modelliert als

$$i_T = a \cdot \mathbf{IS} \left[\exp \left(\frac{v_{B'E'}}{\mathbf{NF} V_T} \right) - \exp \left(\frac{v_{B'C'}}{\mathbf{NR} V_T} \right) \right] \tag{9.14}$$

mit einem Koeffizienten a, der unter anderem von **VAF** und **VAR** abhängt. In einer vereinfachten Form lautet der Ausdruck für a:

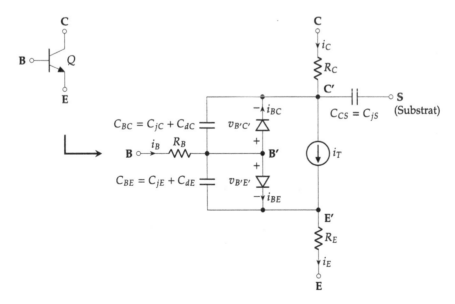

Abb. 9.32 Vereinfachtes Großsignalmodell eines *npn*-Bipolartransistors in SPICE

Tab. 9.11 Parameter eines Bipolartransistormodells (Auswahl)

Parameter	Bezeichnung	Einheit	Default	Beispiel
IS	Transportsättigungsstrom	A	10^{-16}	10f
BF	Ideale maximale Vorwärts-Stromverstärkung	–	100	100
BR	Ideale maximale Rückwärts-Stromverstärkung	–	1	5
NF	Emissionskoeffizient des Vorwärtsstroms	–	1	1
NR	Emissionskoeffizient des Rückwärtsstroms	–	1	1
VAF	Vorwärts-Early-Spannung	V	∞	100
VAR	Rückwärts-Early-Spannung	V	∞	100
RB	Basisbahnwiderstand	Ω	0	10
RE	Emitterbahnwiderstand	Ω	0	1
RC	Kollektorbahnwiderstand	Ω	0	1
CJE	Null-Sperrschichtkapazität der B-E-Diode	F	0	1p
CJC	Null-Sperrschichtkapazität der B-C-Diode	F	0	1p
CJS	Null-Sperrschichtkapazität der C-S-Diode	F	0	1p
VJE	Diffusionsspannung der B-E-Diode	V	0,75	0.7
VJC	Diffusionsspannung der B-C-Diode	V	0,75	0.5
VJS	Diffusionsspannung der C-S-Diode	V	0,75	0.75
MJE	Kapazitätskoeffizient der B-E-Diode	–	0,33	0.33
MJC	Kapazitätskoeffizient der B-C-Diode	–	0,33	0.5
MJS	Kapazitätskoeffizient der C-S-Diode	–	0	0.5
TF	Ideale Vorwärts-Transitzeit	s	0	1n
TR	Ideale Rückwärts-Transitzeit	s	0	10n

$$a = \frac{1}{1 - \dfrac{v_{B'E'}}{\mathbf{VAR}} - \dfrac{v_{B'C'}}{\mathbf{VAF}}}. \tag{9.15}$$

Für Default-Werte, **VAF** $\to \infty$ und **VAR** $\to \infty$, ist $a = 1$. Die Stromkomponenten der Basis-Emitter- und Basis-Kollektor-Dioden lauten

$$i_{BE} = \frac{\mathbf{IS}}{\mathbf{BF}}\left[\exp\left(\frac{v_{B'E'}}{\mathbf{NF}\,V_T}\right) - 1\right] \tag{9.16}$$

$$i_{BC} = \frac{\mathbf{IS}}{\mathbf{BR}}\left[\exp\left(\frac{v_{B'C'}}{\mathbf{NR}\,V_T}\right) - 1\right]. \tag{9.17}$$

Analog zur Diode können die Sperrschichtkapazitäten des Basis-Emitter-, Basis-Kollektor- und Kollektor-Substrat-Übergangs eines Bipolartransistors angegeben werden als:

$$C_{jE} = \frac{\mathbf{CJE}}{\left(1 - \frac{v_{B'E'}}{\mathbf{VJE}}\right)^{\mathbf{MJE}}} \tag{9.18}$$

$$C_{jC} = \frac{\mathbf{CJC}}{\left(1 - \frac{v_{B'C'}}{\mathbf{VJC}}\right)^{\mathbf{MJC}}} \tag{9.19}$$

$$C_{jS} = \frac{\mathbf{CJS}}{\left(1 - \frac{v_{C'S}}{\mathbf{VJS}}\right)^{\mathbf{MJS}}}. \tag{9.20}$$

Die Diffusionskapazitäten des Basis-Emitter- und Basis-Kollektor-Übergangs lauten

$$C_{dE} = \frac{\mathbf{TF} \cdot \mathbf{IS}}{\mathbf{NF} V_T} \exp \frac{v_{B'E'}}{\mathbf{NF} V_T} \tag{9.21}$$

$$C_{dC} = \frac{\mathbf{TR} \cdot \mathbf{IS}}{\mathbf{NR} V_T} \exp \frac{v_{B'C'}}{\mathbf{NR} V_T}. \tag{9.22}$$

Die parasitären Bahnwiderstände **RB**, **RE** und **RC** dienen der Modellierung des Widerstands der neutralen Zonen und der Kontakte.

9.3.3 Feldeffekttransistoren

Ein Feldeffekttransistormodell wird wie folgt spezifiziert:

```
.model meinnmos nmos [(param1=value1 param2=value2 ...)]
.model meinpmos pmos [(param1=value1 param2=value2 ...)]
```

Der Modellname lautet beispielsweise meinnmos bzw. meinpmos, und für modeltype wurde gemäß Tab. 9.9 das Schlüsselwort nmos für einen n-Kanal- und pmos für einen p-Kanal-Transistor verwendet.

Eine Vielzahl von FET-Modellen mit unterschiedlicher Komplexität und unterschiedlichen Parametersätzen ist in den verfügbaren SPICE-Simulatoren implementiert. Ausgewählt wird ein Modell durch den **LEVEL**-Parameter. In diesem Abschnitt wird das einfachste dieser Modelle, das sogenannte **LEVEL**=1- oder **Shichman-Hodges Modell** (Abb. 9.33), in einer reduzierten Form vorgestellt, welches dem in Kap. 5 behandelten Modell stark ähnelt und dieses unter anderem um ein dynamisches Verhalten erweitert.

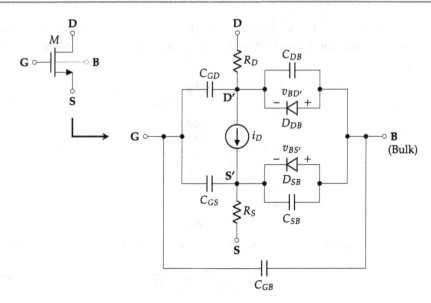

Abb. 9.33 Vereinfachtes Großsignalmodell eines n-Kanal-Feldeffekttransistors in SPICE

Eine Auswahl relevanter Parameter ist in Tab. 9.12 aufgelistet. Die Symbole, sofern angegeben, beziehen sich auf die in Kap. 3 oder 5 eingeführten Größen. Der vollständige Parametersatz ist in einigen Punkten redundant. Beispielsweise kann der Steilheitsparameter mit **KP** (K_n', K_p') direkt angegeben oder vom Simulator anhand der Beweglichkeit **UO** (μ_n, μ_p) und der Oxiddicke **TOX** (t_{ox}) berechnet werden, **KP = UO** $\cdot \varepsilon_{ox}/$**TOX** ($K_n' = \mu_n C_{ox} = \mu_n \varepsilon_{ox}/t_{ox}$). Parameterwerte, die direkt angegeben werden, haben Priorität gegenüber berechneten Werten.

Für die aufgeführten Beispielwerte lautet die Netzliste eines n-Kanal-Transistors:

```
.model meinnmos nmos (LEVEL=1 VTO=0.5 KP=200u LAMBDA=0.1
+ GAMMA=0.3 PHI=0.6 RD=1 RS=1 CJ=1e-4 CJSW=1n MJ=0.5
+ MJSW=0.5 PB=0.85)
```

Zur Überprüfung der bisher durchgeführten Handanalysen kann ein stark reduziertes Modell verwendet werden:

```
.model meinnmos nmos (VTO=0.5 KP=200u)
```

bzw. für einen p-Kanal-Transistor:

```
.model meinpmos pmos (VTO=-0.5 KP=100u)
```

Bei Berücksichtigung der Kanallängenmodulation wird das Modell um einen Parameter ergänzt:

```
.model meinnmos nmos (VTO=0.5 KP=200u LAMBDA=0.1)
```

Tab. 9.12 Parameter des **LEVEL**=1-Feldeffekttransistors (Auswahl)

Parameter	Symbol	Bezeichnung	Einheit	Default	Beispiel
LEVEL	—	Transistormodell	–	1	1
VTO	V_{TN0}, V_{TP0}	Schwellspannung bei $V_{SB} = 0$	V	0	0.5
KP	K'_n, K'_p	Steilheitsparameter	A/V^2	2×10^{-5}	200u
UO	μ_n, μ_p	Ladungsträgerbeweglichkeit	cm^2/Vs	600	1350
TOX	t_{ox}	Oxiddicke	A/V^2	1×10^{-7}	10n
LAMBDA	λ	Kanallängenmodulationskoeffizient	1/V	0	0.1
GAMMA	γ	Body-Effekt-Koeffizient	$\sqrt{V}$	0	0.3
PHI	$2\phi_F$	Oberflächenpotenzial	V	0	0.6
RD	$2\phi_F$	Drain-Bahnwiderstand	Ω	0	1
RS	$2\phi_F$	Source-Bahnwiderstand	Ω	0	1
CJ	C_{j0}	Null-Kapazitätsbelag der Bulk-Dioden	F/m^2	0,6	1e-4
CJSW	—	Null-Kapazitätsbelag des Rands der Bulk-Dioden	F/m	0	1n
MJ	m	Kapazitätskoeffizient der Bulk-Dioden	–	0,5	0.5
MJSW	—	Kapazitätskoeffizient des Rands der Bulk-Dioden	–	0,5	0.5
PB	V_j	Diffusionsspannung der Bulk-Dioden	V	0,8	0.85

Alternativ kann je nach gestellter Aufgabe der Parameter **KP** durch **UO** und **TOX** ersetzt werden.

Modellgleichungen

Im Sperrbereich, $v_{GS} \leq V_{TN}$, gilt für den Drain-Strom:

$$i_D = 0. \tag{9.23}$$

Im Triodenbereich, $v_{GS} > V_{TN}$ und $v_{DS} < v_{GS} - V_{TN}$, lautet i_D:

$$i_D = \text{KP}\frac{W}{L}\left(v_{GS} - V_{TN} - \frac{v_{DS}}{2}\right)v_{DS}\left(1 + \text{LAMBDA} \cdot v_{DS}\right). \tag{9.24}$$

Im Sättigungsbereich, $v_{GS} > V_{TN}$ und $v_{DS} \geq v_{GS} - V_{TN}$, ist der Drain-Strom wie folgt modelliert:

$$i_D = \frac{1}{2}\mathbf{KP}\frac{W}{L}(v_{GS} - V_{TN})^2 (1 + \mathbf{LAMBDA} \cdot v_{DS}). \tag{9.25}$$

Im Unterschied zu dem in Kap. 5 behandelten Modell wird der Term $1 + \lambda v_{DS}$ auch zur Stromgleichung im Triodenbereich hinzugefügt, um die Unstetigkeit beim Übergang vom Trioden- zum Sättigungsbereich zu vermeiden. Die Schwellspannung wird in Abhängigkeit von v_{SB} berechnet. Für $v_{SB} \geq 0$ lautet der Ausdruck in Übereinstimmung mit Gl. (5.72):

$$V_{TN} = \mathbf{VTO} + \mathbf{GAMMA}\left(\sqrt{\mathbf{PHI} + v_{SB}} - \sqrt{\mathbf{PHI}}\right). \tag{9.26}$$

Für $v_{SB} < 0$ gilt ein modifizierter Ausdruck:

$$V_{TN} = \mathbf{VTO} + \mathbf{GAMMA} \cdot \frac{v_{SB}}{2\sqrt{\mathbf{PHI}}}. \tag{9.27}$$

Die Kapazität der Sperrschicht an Source und Drain hat zwei Anteile (Abb. 9.34): eine auf die Fläche bezogene Kapazität C_j (Einheit F/m^2) und eine auf den Umfang (oder Rand) bezogene Kapazität C_{jsw}[10] (Einheit F/m). In Analogie zum pn-Übergang lauten die Formeln für diese beiden Anteile für $v_{BD'} \leq 0$ bzw. $v_{BS'} \leq 0$:[11]

$$C_j = \frac{\mathbf{CJ}}{\left(1 - \dfrac{v_{BD',BS'}}{\mathbf{PB}}\right)^{\mathbf{MJ}}} \tag{9.28}$$

$$C_{jsw} = \frac{\mathbf{CJSW}}{\left(1 - \dfrac{v_{BD',BS'}}{\mathbf{PB}}\right)^{\mathbf{MJSW}}}. \tag{9.29}$$

Um die absolute Kapazität zu erhalten, werden C_j und C_{jsw} mit den in der Bauelementzeile spezifizierten Geometrieparametern aus Tab. 9.8 skaliert:

$$C_{DB} = \mathbf{ad} \cdot C_j + \mathbf{pd} \cdot C_{jsw} \tag{9.30}$$

Abb. 9.34 Anteile der Drain-Bulk-Kapazität C_{DB} und der Source-Bulk-Kapazität C_{SB}

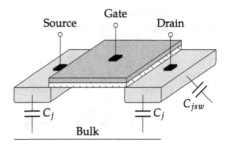

---

[10]Die Variable C_{jsw} steht für den englischen Begriff **sidewall junction capacitance.**
[11]Streng genommen und insbesondere für den Fall $v_{BD'} > 0$ bzw. $v_{BS'} > 0$ müssen ähnlich wie bei der Diode Diffusionskapazitätsanteile berücksichtigt werden.

$$C_{SB} = \mathbf{as} \cdot C_j + \mathbf{ps} \cdot C_{jsw}. \tag{9.31}$$

Für die mathematische Beschreibung der verbleibenden Netzwerkelemente aus Abb. 9.33 wird auf die weiterführende Literatur verwiesen.

9.4 Analysearten

Als Letztes folgen nach der Beschreibung der Netzwerkelemente und Bauelementmodelle die Simulationsanweisungen zur Analyseart (Abb. 9.1). Auch Simulatoroptionen, Parameter und Parametervariationen, Anfangsbedingungen und weitere Anweisungen können angegeben werden.

9.4.1 Arbeitspunktanalyse (.OP)

Mithilfe der `.op`-Anweisung wird eine Arbeitspunktanalyse durchgeführt, bei der alle Knotenspannungen und Arbeitspunkte der nichtlinearen Bauelemente berechnet werden. Die Syntax hierzu lautet:

`.op`

Bei der Arbeitspunktanalyse werden Kapazitäten mit einem Leerlauf und Induktivitäten mit einem Kurzschluss ersetzt (Abschn. 6.5). Die Arbeitspunktanalyse erfolgt außerdem automatisch zu Beginn weiterer Analysearten, beispielsweise einer `.ac`-Analyse, um das linearisierte Kleinsignalmodell der nichtlinearen Bauelemente zu bestimmen, oder einer `.tran`-Analyse, um die Anfangswerte zu bestimmen.[12]

Übung 9.8: Arbeitspunktanalyse der Emitterschaltung

Für die Emitterschaltung aus Üb. 9.5 soll eine Arbeitspunktanalyse durchgeführt werden. Für den Bipolartransistor gelte $I_S = 10\,\mathrm{fA}$ und $\beta = 100$. Vervollständigen Sie die Netzliste. ◄

Lösung 9.8 Die vollständige Netzliste für eine Arbeitspunktsimulation lautet:

```
Emitterschaltung
Q1  c  b  0  0  bnmodel
```

---

[12]Bei der `.tran`-Analyse können die initiale Arbeitspunktbestimmung unterdrückt und die Anfangswerte explizit angegeben werden.

```
RC   cc  c  500
VCC  cc  0  DC 5
VB   b   0  DC 0.7
.op
.model bnmodel npn (IS=1e-14 BF=100)
.end
```

Aus Üb. 4.2 ist der theoretische Wert für den Arbeitspunkt bereits bekannt: $(I_C, V_{CE}) = (4{,}93\,\text{mA}, 2{,}54\,\text{V})$. Der simulierte Arbeitspunkt liegt bei $(5{,}67\,\text{mA}, 2{,}16\,\text{V})$.

Wie lässt sich die Diskrepanz erklären? Bei der Analyse per Hand wird der Einfachheit halber ein Wert von $V_T \approx 26\,\text{mV}$ angenommen. Weil V_T im Exponenten der e-Funktion steht, haben kleine Abweichungen einen starken Einfluss auf das Ergebnis für I_C. Wird stattdessen mit einem genaueren Wert $V_T = kT/q = 25{,}87\,\text{mV}$ gerechnet, so lautet der theoretische Arbeitspunkt $(5{,}64\,\text{mA}, 2{,}18\,\text{V})$ und führt zu einer besseren Übereinstimmung mit den simulierten Werten.

9.4.2 Gleichstromanalyse (.DC)

Um das Verhalten einer Schaltung bei Variation, man spricht auch von **Sweep,** einer oder zweier Gleichspannungs- oder -stromquellen zu simulieren, wird eine **.dc**-Analyse durchgeführt:

```
.dc src1 start1 stop1 step1 [src2 start2 stop2 step2]
.dc vds  0      5     1m
.dc vds  0      5     1m     vgs   0      5      1
```

Die Reihenfolge der Parameter (Tab. 9.13) ist zu berücksichtigen. Wird eine Quelle angegeben, so wird eine Kennlinie simuliert. Bei zwei Quellen erfolgt die Variation der ersten Quelle (innere Schleife) bei jedem Wert der zweiten Quelle (äußere Schleife), sodass die Simulation eines Kennlinienfelds möglich ist.

Tab. 9.13 Parameter einer Gleichstromanalyse

Parameter	Bezeichnung	Einheit
src1, src2	Name der Spannungs- oder Stromquelle	–
start1, start2	Anfangswert	V oder A
stop1, stop2	Endwert	V oder A
step1, step2	Schrittweite	V oder A

Das erste Beispiel variiert eine Gleichspannungsquelle `vds` von 0 V bis 5 V in 1 mV-Schritten, beispielsweise um die Ausgangskennlinie eines Feldeffekttransistors zu bestimmen. Im zweiten Beispiel wird zunächst `vgs` auf den Wert 0 V eingestellt und im Anschluss die erste Quelle `vds` von 0 V bis 5 V in 1 mV-Schritten variiert. Danach wird `vgs` auf 1 V gesetzt und erneut `vds` variiert. Dieser Vorgang wiederholt sich, bis alle Werte von `vgs` durchlaufen sind.

Übung 9.9: Ausgangskennlinienfeld eines Feldeffekttransistors

Das Ausgangskennlinienfeld aus Abb. 5.19(b) soll reproduziert werden. Wie lautet die hierzu benötigte Netzliste? ◀

Lösung 9.9   Die Schaltung zur Simulation des Ausgangskennlinienfelds ist aus Abb. 5.18 bekannt und in Abb. 9.35 mit den verwendeten Knotenbezeichnungen dargestellt. Die Netzliste kann wie folgt formuliert werden:

```
NFET-Ausgangskennlinienfeld
M1 d g 0 0 mnmodel w=1u l=1u
VGS g 0 2
VDS d 0 3
.dc VDS 0 3 1m VGS 1.25 2 0.25
.model mnmodel nmos (VTO=0.5 KP=200u)
.end
```

Die DC-Werte $V_{GS} = 2$ V und $V_{DS} = 3$ V sind willkürlich gewählt und werden bei der Gleichstromanalyse durch die Werte in der `.dc`-Anweisung ersetzt. Die Transistorparameter wurden aus Üb. 5.5 entnommen.

Abb. 9.35 Transistorschaltung mit Knotenbezeichnungen

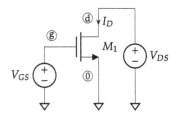

9.4.3 Wechselstromanalyse (.AC)

Um das Kleinsignalverhalten einer Schaltung zu simulieren, wird eine .ac-Simulation durchgeführt:

```
.ac interval n   fstart fstop
.ac dec       10 1      1meg
```

Die Bedeutung der Parameter ist in Tab. 9.14 erläutert.

Zunächst erfolgt automatisch eine .op-Analyse, um die linearisierten Kleinsignalmodelle zu ermitteln.[13] Anschließend wird das Verhalten der linearisierten Schaltung mithilfe einer komplexen Wechselstromanalyse bei Variation der Frequenz einer sinusförmigen Quellgröße simuliert. Kondensatoren und Spulen werden durch ihre entsprechenden frequenzabhängigen Impedanzen ersetzt. Bei dieser Analyse muss daher mindestens eine unabhängige Kleinsignal-Wechselgröße in der Schaltung vorhanden sein (Abschn. 9.2.3). Handelt es sich bei dieser Quelle um das Eingangssignal und wird das Ausgangssignal beobachtet, so wird mithilfe der Wechselstromanalyse die folgende Abhängigkeit simuliert:

$$V_{out}\,(j\omega) = H\,(j\omega)\,V_{in}\,(j\omega)\,. \tag{9.32}$$

Aufgrund der Linearisierung der Schaltung im zweiten Schritt der .ac-Analyse ist es nicht notwendig, die Kleinsignalbedingung bezüglich der Amplitude der Signalquelle [beispielsweise Gl. (6.24)] zu berücksichtigen. In der Regel wird daher ein Wert von 1 V für den Quellparameter mag und 0° für phase gewählt. Der Vorteil bei dieser Wahl liegt darin, dass die Übertragungsfunktion numerisch mit der Ausgangsgröße übereinstimmt:

$$V_{out}\,(j\omega) = H\,(j\omega) \cdot \underbrace{V_{in}\,(j\omega)}_{1\,V\cdot\exp(j0)} = H\,(j\omega) \cdot 1\,V\,. \tag{9.33}$$

Tab. 9.14 Parameter einer Wechselstromanalyse

Parameter	Bezeichnung	Einheit
interval	Frequenzintervall (**dec**, **oct** oder **lin**)	–
fstart	Anfangswert der Frequenz	Hz
fstop	Endwert der Frequenz	Hz
n	Anzahl der Datenpunkte pro Intervall	–

---

[13]Für eine Diode wird das Großsignalmodell aus Abb. 9.31 im Arbeitspunkt linearisiert, für einen Bipolartransistor das Modell aus Abb. 9.32 und für einen Feldeffekttransistor das Modell aus Abb. 9.33.

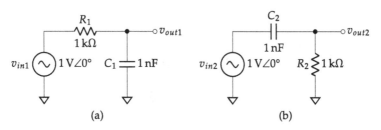

Abb. 9.36 (a) *RC*-Tiefpass, (b) *RC*-Hochpass

In dem obigen Beispiel wird die Frequenz der Kleinsignal-Wechselspannungsquelle im Bereich von 1 Hz bis 1 MHz variiert. Die Parameter **dec** 10 bedeuten, dass 10 Datenpunkte pro Dekade evaluiert werden. Insgesamt werden demnach 61 Datenpunkte simuliert, 6×10 plus der Endwert von 1 MHz. Alternativ kann die Frequenzvariation in Oktaven (**oct**, Verdopplung der Frequenz) oder linear (**lin**) zwischen fstart und fstop erfolgen. Üblicherweise wird die Frequenz in Dekaden variiert.

Übung 9.10: Frequenzanalyse von *RC*-Schaltungen

Es soll der Amplituden-Frequenzgang der Schaltungen aus Abb. 9.36 im Frequenzbereich 1 kHz bis 10 MHz simuliert werden, $A_{v1,\mathrm{dB}} = |v_{out1}/v_{in1}|_{\mathrm{dB}}$ bzw. $A_{v2,\mathrm{dB}} = |v_{out2}/v_{in2}|_{\mathrm{dB}}$. Wie lauten die hierfür notwendigen Netzlisten? ◄

Lösung 9.10 Nach der Wahl der Knotenbezeichnungen (Abb. 9.37) kann die Netzliste für die beiden Schaltungen wie folgt formuliert werden:

```
RC-Tiefpass                        RC-Hochpass
Vin1  in1   0     AC  1            Vin2  in2   0     AC  1
R1    in1   out1 1k                R2    out2  0     1k
C1    out1  0     1n               C2    in2   out2 1n
.ac dec 10 1k 10meg                .ac dec 10 1k 10meg
.end                               .end
```

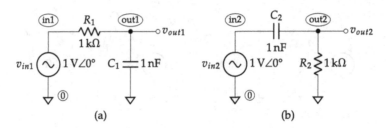

Abb. 9.37 Amplituden-Frequenzgang des (**a**) RC-Tiefpasses und (**b**) RC-Hochpasses

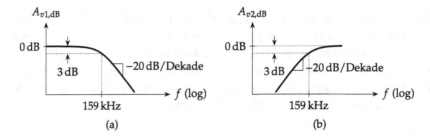

Abb. 9.38 (**a**) RC-Tiefpass und (**b**) RC-Hochpass mit Knotenbezeichnungen

Der jeweilige Amplituden-Frequenzgang ist in Abb. 9.38 veranschaulicht.

9.4.4   Transientenanalyse (.TRAN)

Um das zeitliche Verhalten einer Schaltung zu simulieren, wird die **.tran**-Analyse verwendet:

```
.tran tstep tstop [tstart [tmaxstep]] [uic]
.tran 1u    10u
```

Dabei wird das nichtlineare Verhalten der Netzwerkelemente berücksichtigt, das heißt, für die behandelten Halbleiterbauelemente werden die entsprechenden Großsignalmodelle eingesetzt. Der zeitliche Verlauf der Eingangssignale kann beliebig gewählt werden.

Die Parameter der Transientenanalyse sind in Tab. 9.15 aufgelistet. Die Simulation erfolgt im Zeitbereich von 0 bis tstop. Die Anzeige der simulierten Werte kann jedoch auf einen

Tab. 9.15 Parameter einer Transientenanalyse

Parameter	Bezeichnung	Einheit
tstep	Schrittweite der angezeigten Daten	s
tstop	Ende des simulierten Zeitbereichs	s
tstart	Start der angezeigten Daten (Default 0 s)	s
tmaxstep	Maximale interne Schrittweite der Simulation	–
uic	Unterdrückt die initiale **.op**-Analyse	s

Bereich ab `tstart` begrenzt werden. Mit `tstep` wird die Schrittweite für die Anzeige von Simulationsergebnissen angegeben, *nicht* die Schrittweite, welche der Simulator intern für die Auswertung der Netzwerkgleichungen verwendet. Mit `tmaxstep` kann jedoch eine obere Grenze für die vom Simulator intern verwendete Schrittweite spezifiziert werden.

Anfangswerte

Als Besonderheit der Transientenanalyse können bei Angabe des Schlüsselworts **uic**[14] die anfängliche **.op**-Analyse unterdrückt und Anfangswerte angegeben werden. Die Syntax zur Spezifizierung von Anfangswerten lautet:[15]

```
.ic v(node1)=value1 [v(node2)=value2 ...]
.ic v(c1)=1
```

Alle Knotenspannungen ohne explizite Initialisierung in der **.ic**-Anweisung werden zu 0 gesetzt. Fehlt die **uic**-Option in der **.tran**-Anweisung, so werden die explizit per **.ic** angegebenen Spannungen als Anfangswerte verwendet, alle anderen Knotenspannungen jedoch mithilfe der **.op**-Analyse bestimmt.

Übung 9.11: Transientenanalyse eines Halbwellengleichrichters

Für den in Abb. 9.39 dargestellten Halbwellengleichrichter aus Üb. 3.20 soll durch eine Transientenanalyse nachgewiesen werden, dass eine Brummspannung kleiner als 0,5 V und eine Ladezeit von etwa 1 ms erreicht werden. Wie lautet die hierzu benötigte Netzliste? Für die Diode gelte $I_S = 10\,\mathrm{fA}$. ◄

---

[14]Engl. **use initial condition.**

[15]Alternativ können für den Fall, dass das Schlüsselwort **uic** gesetzt ist, bei Kondensatoren, Spulen, gesteuerten Quellen oder Halbleiterbauelementen Anfangswerte direkt in der Bauelementzeile angegeben werden. Diese Anfangswerte werden gegenüber den Angaben in der **.ic**-Anweisung priorisiert.

Abb. 9.39 Einweggleichrichter

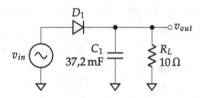

Lösung 9.11 Die Eingangsspannung ist durch $v_{in} = 10\,\text{V} \cdot \sin(2\pi \cdot 50\,\text{Hz} \cdot t)$ gegeben. Um die gewünschten Größen zu ermitteln, reicht es, anderthalb Perioden der Eingangsspannung zu betrachten. Bei einer Frequenz von 50 Hz = 1/20 ms bedeutet dies eine Simulationszeit von 30 ms. Nach der Wahl der Knotenbezeichnungen (Abb. 9.40) kann die Netzliste wie folgt formuliert werden:

```
Halbwellengleichrichter
Vin in 0 SIN(0 10 50)
D1 in out modeld
C1 out 0 37.2m
RL out 0 10
.tran 30m
.model modeld d (IS=10f)
.end
```

Die Simulation liefert einen Wert von 0,45 V für die Brummspannung und einen Wert von 1,26 ms für die Ladezeit.

Zusammenfassung

- Schaltungen werden in SPICE mithilfe von *Netzlisten* beschrieben.
- Eine Netzliste kann zwischen der Titelzeile und der `.end`-Anweisung in drei Blöcke unterteilt werden: ein Block mit der Beschreibung der *Netzwerkelemente*, ein Block mit den *Bauelementmodellen* und ein Block mit *Simulationsanweisungen*.

Abb. 9.40 Einweggleichrichter
mit Knotenbezeichnungen

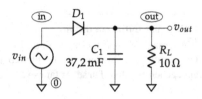

- Zur *Erstellung* einer Netzliste werden zunächst alle Bauelemente und Knoten beschriftet. Anschließend werden alle in der Schaltung enthaltenen Netzwerkelemente gemäß der vorgestellten Syntax niedergeschrieben.
- Zwischen *Groß- und Kleinschreibung* wird nicht unterschieden.
- Der Knoten 0 ist *global* und repräsentiert das *Bezugspotenzial (Masse)*.
- Mithilfe eines *Subcircuits* kann die Netzliste einer Teilschaltung ausgelagert werden, um sie bei Bedarf mit einem einzigen Aufruf zu instanziieren. Insbesondere bei Teilschaltungen, die mehrfach verwendet werden, ist dieses Vorgehen sinnvoll.
- *Modelle* für Halbleiterbauelemente können mehrere Hundert Parameter enthalten. Zur Überprüfung der in diesem Lehrbuch durchgeführten Analysen reicht ein begrenzter Parametersatz.
- Es stehen verschiedene *Analysearten* zur Verfügung, unter anderem Arbeitspunkt-, Gleichstrom-, Wechselstrom- und Transientenanalyse.

Die Verwendung von SPICE-Simulatoren bringt viele Vorteile mit sich. Beispielsweise können Schaltungen vor einer Prototypentwicklung untersucht und Konzepte aus der Theorie eingehend studiert werden. Auch die Funktionsweise lässt sich verifizieren und der Einfluss von Schaltungs- oder Bauelementparametern und ihren Änderungen beobachten. Allerdings birgt die Verwendung von SPICE unter anderem das Risiko, dass man sich vorab zunehmend weniger Gedanken über die Schaltung macht und den Simulationsergebnissen „blind" vertraut. Im besten Fall hat man bereits eine Erwartung an die durchzuführende Simulation und verwendet diese zur Verifikation.

A.1   Herleitung der Lösung der Differentialgleichung

Für die Schaltung aus Abb. 8.50(a) wurde die Knotengleichung am invertierenden Eingang des OP formuliert:

$$C \frac{\mathrm{d}v_-(t)}{\mathrm{d}t} = \frac{v_{out}(t) - v_-(t)}{R}. \tag{A.1}$$

Die **Differentialgleichung (DGL)** wird umgeschrieben zu

$$\frac{\mathrm{d}v_-(t)}{\mathrm{d}t} + \frac{v_-(t)}{RC} = \frac{v_{out}(t)}{RC}. \tag{A.2}$$

Es soll nun die in Gl. (8.121) angegebene Lösung dieser DGL hergeleitet werden. Hierfür kommt im Folgenden eine von mehreren möglichen Methoden zum Einsatz. Zunächst wird die **homogene DGL** mit einem **geeigneten Ansatz** und anschließend die **inhomogene DGL** mit der Methode der **Variation der Konstanten** gelöst. Dabei wird die Existenz einer Lösung angenommen.

Homogene DGL
Die homogene DGL lautet

$$\frac{\mathrm{d}v_-(t)}{\mathrm{d}t} + \frac{v_-(t)}{RC} = 0. \tag{A.3}$$

Der allgemeine Ansatz

$$v_-(t) = C \exp(\lambda t) \tag{A.4}$$

wird in Gl. (A.3) eingesetzt:

© Springer-Verlag GmbH Deutschland, ein Teil von Springer Nature 2021
M. Momeni, *Grundlagen der Mikroelektronik 1*,
https://doi.org/10.1007/978-3-662-62032-8

$$\lambda C \exp(\lambda t) + \frac{C \exp(\lambda t)}{RC} = \left(\lambda + \frac{1}{RC}\right) C \exp(\lambda t) = 0. \tag{A.5}$$

Es folgt

$$\lambda = -\frac{1}{RC}. \tag{A.6}$$

Gl. (A.6) eingesetzt in Gl. (A.4) ergibt die Lösung der homogenen DGL:[1]

$$v_-(t) = C \exp\left(-\frac{t}{RC}\right). \tag{A.7}$$

Inhomogene DGL
Zur Lösung der inhomogenen DGL

$$\frac{dv_-(t)}{dt} + \frac{v_-(t)}{RC} = \frac{v_{out}(t)}{RC} \tag{A.8}$$

wird die Konstante C in Gl. (A.7) modifiziert (variiert) zu

$$v_-(t) = C(t) \exp\left(-\frac{t}{RC}\right). \tag{A.9}$$

Die Ableitung des Produktansatzes aus Gl. (A.9) nach der Produktregel der Differential-rechnung ergibt

$$\frac{dv_-(t)}{dt} = \frac{dC(t)}{dt} \exp\left(-\frac{t}{RC}\right) - \frac{C(t)}{RC} \exp\left(-\frac{t}{RC}\right). \tag{A.10}$$

Durch Einsetzen von Gl. (A.9)–(A.10) in Gl. (A.8) folgt

$$\frac{dC(t)}{dt} = \frac{v_{out}(t)}{RC} \exp\left(\frac{t}{RC}\right). \tag{A.11}$$

Die Integration von einer beliebigen Anfangszeit t_0 bis zu einer Endzeit t liefert unter Berücksichtigung, dass $v_{out}(t_0)$ für die im Folgenden betrachteten Fälle entweder konstant V_{CC} oder $-V_{EE}$ ist (und daher vor das Integral gezogen werden kann), folgendes Ergebnis:

$$C(t) - C(t_0) = v_{out}(t_0) \left[\exp\left(\frac{t}{RC}\right) - \exp\left(\frac{t_0}{RC}\right)\right] \tag{A.12}$$

bzw.

---

[1] Alternativ ist auch die Methode der **Trennung der Veränderlichen (Separation der Variablen)** möglich.

$$C(t) = v_{out}(t_0) \left[\exp\left(\frac{t}{RC}\right) - \exp\left(\frac{t_0}{RC}\right) \right] + C(t_0). \tag{A.13}$$

Das Einsetzen von Gl. (A.13) in Gl. (A.9) führt zu

$$v_-(t) = v_{out}(t_0) \left[1 - \exp\left(-\frac{t-t_0}{RC}\right) \right] + C(t_0) \exp\left(-\frac{t}{RC}\right). \tag{A.14}$$

Aus Gl. (A.9) folgt bei $t = t_0$

$$v_-(t_0) = C(t_0) \exp\left(-\frac{t_0}{RC}\right) \tag{A.15}$$

bzw.

$$C(t_0) = v_-(t_0) \exp\left(\frac{t_0}{RC}\right). \tag{A.16}$$

Das Einsetzen von Gl. (A.16) in Gl. (A.14) ergibt

$$v_-(t) = v_{out}(t_0) \left[1 - \exp\left(-\frac{t-t_0}{RC}\right) \right] + v_-(t_0) \exp\left(-\frac{t-t_0}{RC}\right). \tag{A.17}$$

Zur vollständigen Lösung müssen jetzt noch $v_-(t_0)$ und $v_{out}(t_0)$ bestimmt werden. Hierzu wird eine Fallunterscheidung vorgenommen:

- **Fall 1:** $0 \leq t \leq T_1$
  Für diesen Fall gilt $t_0 = 0$ und damit $v_{out}(0) = V_{CC}$ bzw. $v_-(0) = -KV_{EE}$ [vgl. Gl. (8.108) und Gl. (8.110)]. Aus Gl. (A.17) folgt daher

$$v_-(t) = V_{CC} \left[1 - \exp\left(-\frac{t}{RC}\right) \right] - KV_{EE} \exp\left(-\frac{t}{RC}\right). \tag{A.18}$$

- **Fall 2:** $T_1 \leq t \leq T$
  Für diesen Fall gilt $t_0 = T_1$ und damit $v_{out}(T_1) = -V_{EE}$ bzw. $v_-(T_1) = KV_{CC}$ [vgl. Gl. (8.108) und Gl. (8.110)]. Aus Gl. (A.17) folgt daher

$$v_-(t) = -V_{EE} \left[1 - \exp\left(-\frac{t-T_1}{RC}\right) \right] + KV_{CC} \exp\left(-\frac{t-T_1}{RC}\right). \tag{A.19}$$

Gl. (A.18) und (A.19) können umgeschrieben werden zu

$$v_-(t) = \begin{cases} V_{CC} - (V_{CC} + KV_{EE}) \exp\left(-\frac{t}{RC}\right) & \text{für } 0 \leq t < T_1 \\[2mm] -V_{EE} + (KV_{CC} + V_{EE}) \exp\left(-\frac{t-T_1}{RC}\right) & \text{für } T_1 \leq t < T \end{cases}, \tag{A.20}$$

was exakt dem Ergebnis aus Gl. (8.121) entspricht.

Übersetzungstabelle Englisch-Deutsch

B

Englisch	Deutsch
A	
Absolute error	Absoluter Fehler
Admittance	Admittanz
Aging	Alterung
Alternating current	Wechselstrom
Aluminum, Aluminium	Aluminium
Ambient temperature	Außen-, Umgebungstemperatur
Amount of substance	Stoffmenge
Amplifier	Verstärker
Amplification	Verstärkung
Amplitude (frequency) response	Amplitudengang, Amplituden-Frequenzgang, Betragsfrequenzgang
Analog-to-digital converter	Analog-Digital-Wandler, -Umsetzer
Angular frequency	Kreisfrequenz
Anode	Anode
Antilog amp	e-Funktionsgenerator, exponentieller Verstärker
Antilogarithmic amplifier	e-Funktionsgenerator, exponentieller Verstärker

© Springer-Verlag GmbH Deutschland, ein Teil von Springer Nature 2021
M. Momeni, *Grundlagen der Mikroelektronik 1*,
https://doi.org/10.1007/978-3-662-62032-8

Englisch	Deutsch
Antimony	Antimon
Application	Anwendung
Application-specific integrated circuit	Anwendungsspezifische integrierte Schaltung
Approximation	Annäherung, Approximation, Näherung
Arsenic	Arsen
Aspect ratio	Aspektverhältnis
Assumption	Annahme
Astable multivibrator	Astabile Kippstufe, Kippschwinger, Multiflop
Atom	Atom
Atomic number	Ordnungszahl, Kernladungszahl, Atomzahl, Atomnummer, Protonenzahl
Avalanche	Lawine
Avalanche breakdown	Lawinendurchbruch
B	
Bandgap (energy)	Bandabstand, Bandabstandsenergie, Bandlücke
Band-pass filter	Bandpassfilter
Bandwidth	Bandbreite
Base	Basis
Base-width modulation	Basisweitenmodulation
Bias	Vorspannung, Vorspannungs-
Bias point	Arbeits-, Betriebspunkt
Bipolar junction transistor	Bipolartransistor
Bipolar power supply	Bipolare Spannungsversorgung
Bistable multivibrator	Bistabile Kippstufe
Bode plot	Bode-Diagramm
Body	Body
Body effect	Body-Effekt
Boltzmann constant	Boltzmann-Konstante
Boron	Bor

Englisch	Deutsch
Breakdown	Durchbruch
Breakdown voltage	Durchbruchspannung
Bridge rectifier	Brückengleichrichter
Built-in potential	Diffusionspotenzial, -spannung
Bypass capacitor	Bypass-, Kurzschluss-, Überbrückungskondensator
C	
Cadmium	Cadmium
Capacitance	Kapazität
Capacitor	Kondensator
Carbon	Kohlenstoff
Cathode	Kathode
Channel	Kanal
Channel length	Kanallänge
Channel-length modulation	Kanallängenmodulation
Channel-length modulation coefficient	Kanallängenmodulationskoeffizient
Channel width	Kanalweite
Charge	Ladung
Charge carrier	Ladungsträger
Charge carrier density	Ladungsträgerdichte, Ladungsträgerkonzentration
Chopper amplifier	Chopper-, Zerhacker-Verstärker
Circuit	Schaltung
Clipper	Begrenzer
Closed-loop amplifier	Verstärker mit Rückkopplung
Closed-loop voltage gain	Spannungsverstärkung einer Schaltung mit Rückkopplung
Coefficient	Koeffizient
Collector	Kollektor
Common	Gemein, gemeinsam
Common-mode input resistance	Gleichtakt-Eingangswiderstand
Common-mode rejection ratio	Gleichtaktunterdrückung

Englisch	Deutsch
Comparator	Komparator, Vergleicher
Compensation	Kompensation
Compound semiconductor	Verbindungshalbleiter
Concentration	Konzentration
Conductance	Leitwert, Konduktanz
Conduction angle	Stromflusswinkel
Conduction band	Leitungsband
Conduction interval	Ladezeit
Conductivity	Elektrische Leitfähigkeit, Konduktivität
Conductor	Leiter
Conservation of charge	Ladungserhaltung
Conservation of energy	Energieerhaltung
Constant	Konstante, konstant
Consumption	Aufnahme, Verbrauch
Contact potential	Kontaktspannung, -potenzial
Corner frequency	Eckfrequenz
Coupling capacitor	Koppelkapazität
Covalent bond	Kovalente Bindung, Elektronenpaarbindung
Crystal	Kristall
Current	Strom, Stromstärke
Current amplifier	Stromverstärker
Current consumption	Stromaufnahme
Current-controlled current source	Stromgesteuerte Stromquelle
Current-controlled voltage source	Stromgesteuerte Spannungsquelle
Current divider	Stromteiler
Current gain	Stromverstärkung
Current mirror	Stromspiegel
Current regulator	Stromregler
Current regulation	Stromregelung
Current-voltage characteristics	Strom-Spannungs-Kennlinie
Cutoff	Sperrbetrieb
Cutoff frequency	Grenzfrequenz

Englisch	Deutsch
Cutoff region	Sperrbereich
D	
Decibel	Dezibel
Denominator	Nenner
Density	Dichte
Density of states	Zustandsdichte
Dependent source	Abhängige/Gesteuerte Quelle
Depletion	Verarmung
Depletion capacitance	Sperrschichtkapazität
Depletion layer	Sperr-, Verarmungsschicht
Depletion-layer capacitance	Sperrschichtkapazität
Depletion-mode	Verarmungstyp (selbstleitend)
Depletion region	Verarmungszone
Derivation	Herleitung
Deviation	Abweichung
Device	Bauelement
Device transconductance parameter	Übertragungsleitwert-, Steilheitsparameter eines Bauelements
Diamond	Diamant
Diamond lattice	Diamantgitter
Dielectric constant	Dielektrizitätskonstante, Dielektrizitätszahl
Difference amplifier	Differenzverstärker, Subtrahierer, Subtrahierverstärker
Differential(-mode)	Differenz-
Differential amplifier	Differenzverstärker
Differential voltage gain	Gegentakt-, Leerlauf-, Differenz-Spannungsverstärkung
Differential(-mode) input resistance	Differenz-Eingangswiderstand
Differential(-mode) input voltage	Differenz-Eingangsspannung
Differentiator	Differenzierer
Diffusion	Diffusion

Englisch	Deutsch
Diffusion capacitance	Diffusionskapazität
Diffusion constant	Diffusionskonstante, Diffusivität
Diffusion flux	Diffusionsfluss
Diffusion current	Diffusionsstrom
Diffusion length	Diffusionslänge
Diffusivity	Diffusivität, Diffusionskonstante
Digital-to-analog converter	Digital-Analog-Wandler
Diode	Diode
Dirac delta function	Delta-Funktion, Dirac-Impuls
Direct current	Gleichstrom
Discharge	Entladung
Dissipation	Verlust
Distance	Abstand
Distortion	Verzerrung
Dopant	Dotiermaterial, Dotierstoff, Dotant
Dopant atom	Dotieratom, Fremdatom
Doping	Dotierung
Drain	Senke, Drain
Drift	Drift
Drift current	Driftstrom
Drift velocity	Driftgeschwindigkeit
Drop	Abfall
Dual power supply	Bipolare Spannungsversorgung
E	
Early effect	Early-Effekt
Easter egg	Osterei
Effective	Effektiv
Electric constant	Elektrische Feldkonstante
Electric field	Elektrische Feldstärke
Electron	Elektron
Electron-hole pair	Elektron-Loch-Paar
Elementary charge	Elementarladung

Englisch	Deutsch
Emission coefficient	Emissionskoeffizient
Emitter	Sender, Emitter
Energy	Energie
Enhancement-mode	Anreicherungstyp (selbstsperrend)
Equivalent	Äquivalent, gleichbedeutend, gleichwertig
Error	Fehler
Estimation	Abschätzung, Schätzung
Evaluation	Beurteilung, Bewertung
Extrinsic	Fremdleitend, extrinsisch, Fremd-
Extrinsic charge carrier density	Fremdleitungs(träger)dichte, extrinsische Ladungsträgerdichte
F	
Fall time	Abfallzeit
Falling slew rate	Maximale Abfallrate
Feedback	Rückkopplung
Feedback factor	Rückkopplungsfaktor
Field-effect transistor	Feldeffekttransistor
Figure of merit	Gütezahl, Leistungszahl
Filter	Filter
Fitting parameter	Fitparameter
Flip flop	Flip-Flop
Follower	Folger
Forward	Vorwärts, Flussrichtung, Vorwärtsrichtung
Forward bias	Vorwärtsspannung, Flussbetrieb, Vorwärtsbetrieb
Forward open-circuit transresistance	Leerlauf-Übertragungswiderstand vorwärts
Forward open-circuit voltage gain	Leerlauf-Spannungsverstärkung vorwärts
Forward short-circuit current gain	Kurzschluss-Stromverstärkung vorwärts

Englisch	Deutsch
Forward short-circuit transconductance	Kurzschluss-Übertragungsleitwert vorwärts
Forward voltage	Durchlassspannung, Flussspannung, Vorwärtsspannung
Four-resistor bias network	Vier-Widerstands-Netzwerk
Four-terminal device/network	Vierpol
Fractional error	Relativer Fehler
Frequency	Frequenz
Frequency response	Frequenzgang
Full-power bandwidth	Leistungsbandbreite
Full-wave rectifier	Vollwellen-, Vollweg-, Zweiweggleichrichter
G	
Gain	Verstärkung
Gain-bandwidth product	Verstärkungs-Bandbreite-Produkt
Gallium	Gallium
Gate	Gatter, Gate
Generation	Generation
Germanium	Germanium
Grading coefficient	Kapazitätskoeffizient
H	
Half-wave rectifier	Halbwellen-, Halbweg-, Einweggleichrichter
High level	High-Pegel
High-pass filter	Hochpassfilter
Hole	Loch, Defektelektron
Hysteresis	Hysterese
I	
Ideal	Ideal
Impact ionization	Stoßionisation
Impedance	Impedanz

Englisch	Deutsch
Impulse	Impuls
Impulse response	Impulsantwort
Impurity	Störstelle, Unreinheit, Verunreinigung
Impurity atom	Störstellen-, Verunreinigungs-, Fremdatom
Independent	Unabhängig
Independent source	Unabhängige Quelle
Indium	Indium
Inductivity	Induktivität
Inductor	Spule
Infinite	Unendlich
Infinity	Unendlichkeit
Input	Eingang, Eingangs-
Input bias current	Eingangsstrom
Input characteristic	Eingangskennlinie
Input current	Eingangsstrom
Input current noise density	Eingangsrauschstromdichte
Input offset current	Eingangs-Offset-Strom
Input offset voltage	Eingangs-Offset-Spannung
Input offset voltage drift	Eingangs-Offset-Spannungsdrift
Input-referred	Bezogen auf den Eingang
Input resistance	Eingangswiderstand
Input stage	Eingangsstufe
Input voltage	Eingangsspannung
Input voltage noise density	Eingangsrauschspannungsdichte
Instrumentation amplifier	Instrumentationsverstärker
Insulator	Isolator, Nichtleiter
Integrated circuit	Integrierte Schaltung
Integrator	Integrator
Intrinsic	Eigenleitend, intrinsisch, Eigen-
Intrinsic charge carrier density	Eigenleitungs(träger)dichte, intrinsische Ladungsträgerdichte

Englisch	Deutsch
Inverting	Invertierend
Inverting amplifier	Invertierender Verstärker
Inverting input	Invertierender Eingang
J	
Junction	Knotenpunkt, Übergang, Verbindungsstelle, Verzweigung
Junction capacitance	Sperrschichtkapazität
Junction grading coefficient	Kapazitätskoeffizient
Junction potential	Diffusionspotenzial, -spannung
K	
Kirchhoff's current law	1. Kirchhoffsches Gesetz, Knotenregel
Kirchhoff's first law	1. Kirchhoffsches Gesetz, Knotenregel
Kirchhoff's second law	2. Kirchhoffsches Gesetz, Maschenregel
Kirchhoff's voltage law	2. Kirchhoffsches Gesetz, Maschenregel
L	
Large signal	Großsignal
Large-signal model	Großsignal-Modell
Lattice	Gitter
Law of mass action	Massenwirkungsgesetz
Leakage current	Leckstrom
Length	Länge
Level shift	Pegelwandlung, -umsetzung
Level shifter	Pegelwandler, -umsetzer
Limiter	Begrenzer
Load	Last
Load line	Lastgerade
Log amp	Logarithmierer, Logarithmischer Verstärker

Englisch	Deutsch
Logarithmic amplifier	Logarithmierer, Logarithmischer Verstärker
Long-term stability	Langzeitstabilität
Loop	Umlauf
Loop equation	Umlaufgleichung
Loop rule	Umlaufregel
Low level	Low-Pegel
Low-pass filter	Tiefpassfilter
Luminous intensity	Lichtstärke
M	
Majority charge carrier	Majoritätsladungsträger
Majority charge carrier density	Majoritätsladungsträgerdichte
Mass	Masse
Maximum	Maximum
Mesh equation	Maschengleichung
Mesh rule	Maschenregel
Metal-oxide-semiconductor field-effect transistor	Metall-Oxid-Halbleiter-Feldeffekttransistor
Minimum	Minimum
Minority charge carrier	Minoritätsladungsträger
Minority charge carrier density	Minoritätsladungsträgerdichte
Mismatch	Fehlanpassung
Mobility	Beweglichkeit, Mobilität
Monoflop	Monoflop
Monostable multivibrator	Monostabile Kippstufe
Multivibrator	Kippstufe, Multivibrator
N	
Negative Feedback	Gegenkopplung, negative Rückkopplung
Neglect	Vernachlässigen
Network theory	Netzwerktheorie
Nitrogen	Stickstoff

Englisch	Deutsch
Nodal equation	Knotengleichung
Nodal rule	Knotenregel
Nonideal	Nichtideal
Noninverting	Nichtinvertierend
Noninverting amplifier	Nichtinvertierender Verstärker
Noninverting input	Nichtinvertierender Eingang
Nonsaturated	Ungesättigt
Norton equivalent (circuit)	Ersatzstromquelle
Norton theorem	Norton-Theorem
n-type	n-Typ
Nucleus	Kern
Nulling	Nullabgleich
Numerator	Zähler
O	
One-port	Eintor
One-shot	Monostabile Kippstufe
Open circuit	Leerlauf
Open-circuit input conductance	Leerlauf-Eingangsleitwert
Open-circuit input resistance	Leerlauf-Eingangswiderstand
Open-circuit output conductance	Leerlauf-Ausgangswiderstand
Open-circuit output resistance	Leerlauf-Ausgangswiderstand
Open-loop amplifier	Verstärker ohne Rückkopplung
Open-loop voltage gain	Spannungsverstärkung einer Schaltung ohne Rückkopplung, Leerlaufspannungsverstärkung
Operating point	Arbeits-, Betriebspunkt
Operating voltage	Betriebsspannung
Operational amplifier	Operationsverstärker
Orbit	Bahn, Schale
Oscillator	Oszillator
Output	Ausgang, Ausgangs-
Output current	Ausgangsstrom
Output current limit	Ausgangsstrombegrenzung

Englisch	Deutsch
Output-referred	Bezogen auf den Ausgang
Output resistance	Ausgangswiderstand
Output stage	Ausgangsstufe
Output voltage	Ausgangsspannung
Output voltage limiting	Ausgangsspannungsbegrenzung
Output voltage swing	Ausgangsspannungshub
Oxide capacitance	Oxidkapazität
Oxygen	Sauerstoff
P	
Packaging	Aufbau- und Verbindungstechnik
Parallel-plate capacitor	Plattenkondensator
Peak-to-peak	Spitze-Spitze
Period	Periode, Periodendauer
Permittivity	Permittivität
Phase angle	Phasenwinkel
Phase (frequency) response	Phasen-Frequenzgang, Phasengang
Phase shift	Phasenverschiebung
Phosphorus	Phosphor
Pin	Anschluss, Kontakt, Pin
Pinch-off	Abschnürung
Pinch-off point	Abschnürpunkt
pn junction	*pn*-Übergang
Planck constant	Planck'sches Wirkungsquantum, Planck-Konstante
Port	Anschluss, Tor
Positive Feedback	Mitkopplung, positive Rückkopplung
Potential	Elektrisches Potenzial
Potential barrier	Potenzialbarriere
Power	Leistung
Power amplifier	Leistungsverstärker
Power consumption	Leistungsaufnahme
Power dissipation	Verlustleistung

Englisch	Deutsch
Power gain	Leistungsverstärkung
Power supply	Spannungsversorgung, Versorgungsspannung
Power supply rejection ratio	Versorgungsspannungsunterdrückung
Precision rectifier	Präzisionsgleichrichter
Process	Prozess
Process transconductance parameter	Übertragungsleitwert-, Steilheitsparameter eines Prozesses
Proton number	Ordnungszahl, Kernladungszahl, Atomzahl, Atomnummer, Protonenzahl
p-type	p-Typ
Q	
Q-point	Arbeits-, Betriebspunkt
Quadripole	Vierpol
Quiescent point	Arbeits-, Betriebspunkt
R	
Rail	Schiene
Recombination	Rekombination
Recovery time	Erholzeit
Rectifier	Gleichrichter
Referred to input	Bezogen auf den Eingang
Referred to output	Bezogen auf den Ausgang
Relative error	Relativer Fehler
Relative permittivity	Relative Permittivität
Relaxation oscillator	Kippschwinger, Relaxationsoszillator
Requirement	Anforderung
Resistance	Widerstand (Wert), Resistanz
Resistivity	Spezifischer elektrischer Widerstand, Resistivität

Englisch	Deutsch
Resistor	Widerstand (Bauelement)
Reverse	Rückwärts, Rückwärtsrichtung, Sperrrichtung
Reverse bias	Rückwärtsspannung, Rückwärtsbetrieb, Sperrbetrieb
Reverse open-circuit transresistance	Leerlauf-Übertragungswiderstand rückwärts
Reverse open-circuit voltage gain	Leerlauf-Spannungsrückwirkung
Reverse saturation current	Sättigungsstrom
Reverse short-circuit current gain	Kurzschluss-Stromrückwirkung
Reverse short-circuit transconductance	Kurzschluss-Übertragungsleitwert rückwärts
Ripple (voltage)	Brummspannung
Rise time	Anstiegszeit
Rising slew rate	Maximale Anstiegsrate
S	
Saturated	Gesättigt
Saturation	Sättigung
Saturation current	Sättigungsstrom
Saturation region	Sättigungsbereich
Saturation velocity	Sättigungsgeschwindigkeit
Scaling	Skalierung
Schmitt trigger	Schmitt-Trigger
Selenium	Selen
Semiconductor	Halbleiter
Settling time	Einschwingzeit
Shell	Schale
Short circuit	Kurzschluss
Short-circuit input conductance	Kurzschluss-Eingangsleitwert
Short-circuit input resistance	Kurzschluss-Eingangswiderstand
Short-circuit output conductance	Kurzschluss-Ausgangsleitwert
Short-circuit output resistance	Kurzschluss-Ausgangswiderstand
Silicon	Silicium, Silizium

Englisch	Deutsch
Silicon dioxid	Siliciumdioxid, Siliziumdioxid
Simplification	Vereinfachung
Single-shot	Monostabile Kippstufe
Slew rate	Maximale Anstiegs- und Abfallrate
Slope	Anstieg, Neigung, Steigung
Small signal	Kleinsignal
Small-signal model	Kleinsignalmodell
Smoothing capacitor	Glättungs-, Siebkondensator
Solid-state electronics	Festkörperelektronik
Source	Quelle, Source
Source current	Quellenstrom
Source resistance	Quellenwiderstand
Source voltage	Quellenspannung
Space charge	Raumladung
Space charge region	Raumladungszone
Speed of light	Lichtgeschwindigkeit
Split power supply	Bipolare Spannungsversorgung
Square-root amplifier	Wurzelverstärker
Stage	Stufe
State	Zustand
Step function	Sprungfunktion
Step response	Sprungantwort
Substrate	Substrat
Sulfur	Schwefel
Summing amplifier	Addierer, Addierverstärker, Summierverstärker
Superposition	Superposition, Überlagerung
Supply	Versorgung
Supply rail	(Spannungs-)Versorgungsschiene
Switch	Schalter
Symmetric power supply	Symmetrische Spannungsversorgung

Englisch	Deutsch
T	
Tellurium	Tellur
Temperature	Temperatur
Temperature coefficient	Temperaturkoeffizient, -beiwert
Terminal	Anschlussklemme, Klemme, Pol
Thermal	Thermisch
Thermal equilibrium	Thermisches Gleichgewicht
Thermal voltage	Temperaturspannung
Thermistor	Thermistor
Thermodynamic temperature	Thermodynamische Temperatur
Thévenin equivalent (circuit)	Ersatzspannungsquelle
Thévenin theorem	Thévenin-Theorem
Threshold	Schwelle, Schwellwert
Threshold voltage	Schwell(en)spannung, Schwellwertspannung
Time	Zeit
Time constant	Zeitkonstante
Tin	Zinn
Trade-off	Kompromiss
Transconductance	Übertragungsleitwert, Steilheit, Transkonduktanz
Transconductance amplifier	Transkonduktanz-, Transadmittanzverstärker
Transfer characteristic	Übertragungskennlinie
Transfer function	Übertragungsfunktion
Transformation	Transformation, Umwandlung
Transimpedance amplifier	Transimpedanzverstärker
Transistor	Transistor
Transit frequency	Transit-Frequenz
Translation	Übersetzung
Transport model	Transportmodell
Transresistance amplifier	Transimpedanzverstärker
Triode region	Triodenbereich
Turn-on voltage	Einschaltspannung, Durchlassspannung

Englisch	Deutsch
Two-port	Zweitor
Two-terminal device/network	Zweipol
U	
Uniform	Gleichmäßig
Unit step function	Einheitssprungfunktion
Unity-gain frequency	Transit-Frequenz
Univibrator	Univibrator
V	
Vacuum permittivity	Permittivität des Vakuums
Valence band	Valenzband
Valence electron	Valenzelektron
Velocity	Geschwindigkeit
Velocity saturation	Geschwindigkeitssättigung
Virtual ground	Virtuelle Masse
Voltage	Spannung
Voltage amplifier	Spannungsverstärker
Voltage clipping	Spannungsbegrenzung
Voltage-controlled current source	Spannungsgesteuerte Stromquelle
Voltage-controlled voltage source	Spannungsgesteuerte Spannungsquelle
Voltage divider	Spannungsteiler
Voltage drop	Spannungsabfall
Voltage follower	Spannungsfolger
Voltage gain	Spannungsverstärkung
Voltage regulator	Spannungsregler
Voltage regulation	Spannungsregelung
Voltage stabilization	Spannungsstabilisierung
Voltage transfer characteristic	Spannungsübertragungskennlinie
W	
Wavelength	Wellenlänge
Width	Weite

Englisch	Deutsch
Y	
Yield	Ausbeute, Ertrag
Z	
Zener breakdown	Zenerdurchbruch
Zener diode	Z-Diode, Zener-Diode
Zinc	Zink

Schaltzeichen

C

Im Folgenden ist eine Übersicht zu allen in diesem Lehrbuch verwendeten Schaltzeichen dargestellt.

Tab. C.1 Schaltzeichen einpoliger Netzwerkelemente

Präfix	Symbol
▽	Bezugspotenzial, Masse
⊤	Versorgungsspannung

© Springer-Verlag GmbH Deutschland, ein Teil von Springer Nature 2021
M. Momeni, *Grundlagen der Mikroelektronik 1,*
https://doi.org/10.1007/978-3-662-62032-8

Tab. C.2 Schaltzeichen zweipoliger Netzwerkelemente

Schaltzeichen	Bedeutung
I ⊙	Gleich-/DC-Stromquelle, auch als generische oder gesteuerte Stromquelle verwendet
I ◇	Gesteuerte Stromquelle (alternativ)
V ⊕	Gleich-/DC-Spannungsquelle, auch als generische oder gesteuerte Spannungsquelle verwendet
V ◇	Gesteuerte Spannungsquelle (alternativ)
v, i ⊗	Sinusspannungs- oder -stromquelle oder generische Wechsel-/AC-Spannungs- oder -stromquelle
v, i ⊡	Pulsspannungs- oder -stromquelle
R ⌇	Widerstand
R_{pot} ⌇←	Potentiometer

(fortgesetzt)

Tab. C.2 (fortgesetzt)

Schaltzeichen	Bedeutung
$C \dashv\vdash$	Kapazität
L (Spule)	Induktivität
Z (Rechteck)	Impedanz
D (Diode)	Diode
D (Z-Diode) D (Z-Diode)	Z-Diode
D (Diode) D (Diode) $\doteq$	Kapazitätsdiode, Varaktor
(Schalter geschlossen)	Schalter (geschlossen)
(Schalter geöffnet)	Schalter (geöffnet)

Tab. C.3 Schaltzeichen mehrpoliger Netzwerkelemente

Schaltzeichen	Bedeutung
	Bipolartransistor vom npn-Typ
	Bipolartransistor vom pnp-Typ
	n-Kanal-Feldeffekttransistor vom Anreicherungstyp
	n-Kanal-Feldeffekttransistor vom Anreicherungstyp (vereinfacht)
	n-Kanal-Feldeffekttransistor vom Anreicherungstyp (mit Body-Anschluss)
	p-Kanal-Feldeffekttransistor vom Anreicherungstyp
	p-Kanal-Feldeffekttransistor vom Anreicherungstyp (vereinfacht)

(fortgesetzt)

Tab. C.3 (fortgesetzt)

Schaltzeichen	Bedeutung
	p-Kanal-Feldeffekttransistor vom Anreicherungstyp (mit Body-Anschluss)
	Operationsverstärker
	Operationsverstärker mit Versorgungsspannungen
	Komparator
	Nichtinvertierender Schmitt-Trigger (bevorzugt)
	Nichtinvertierender Schmitt-Trigger
	Invertierender Schmitt-Trigger
	Invertierender Schmitt-Trigger (bevorzugt)
	Zweitor oder Vierpol

Formeln zur Berechnung von Ein- und Ausgangswiderständen

D

Im Folgenden werden die Widerstände bezüglich der einzelnen Transistorklemmen und Masse aufgelistet. Einige Formeln sind nicht zur Analyse oder Dimensionierung von Transistorschaltungen per Hand geeignet und werden nur der Vollständigkeit halber aufgelistet. Häufig werden Approximationen für vereinfachende Annahmen, zum Beispiel $\beta = g_m r_\pi \gg 1$ und $g_m r_o \gg 1$, verwendet. Nichtsdestotrotz stellt das Nachrechnen der aufgeführten Formeln eine gute Übung dar.

Zu beachten ist, dass es sich im Folgenden nicht um vollständige Verstärkerschaltungen, sondern um Ersatzschaltungen für den Kleinsignalbetrieb handelt und somit die aus Abschn.. 6.5 bekannten Regeln zur Erstellung dieser Ersatzschaltungen bereits angewendet wurden.

D.1 Widerstand bezüglich Gate und Masse

Siehe Abb. D.1.

Abb. D.1 Formeln zur Berechnung des Widerstands bezüglich Gate und Masse

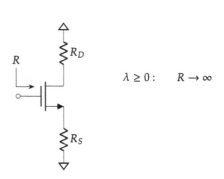

$\lambda \geq 0: \quad R \to \infty$

© Springer-Verlag GmbH Deutschland, ein Teil von Springer Nature 2021
M. Momeni, *Grundlagen der Mikroelektronik 1*,
https://doi.org/10.1007/978-3-662-62032-8

D.2   Widerstand bezüglich Drain und Masse

Siehe Abb. D.2.

Abb. D.2 Formeln zur Berechnung des Widerstands bezüglich Drain und Masse

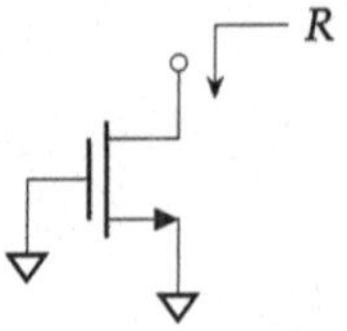

$$\lambda = 0: \quad R \to \infty$$

$$\lambda > 0: \quad R = r_o$$

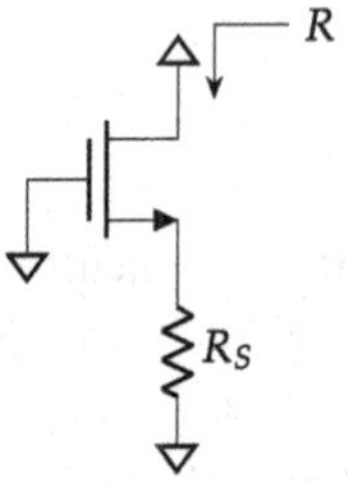

$$\lambda = 0: \quad R \to \infty$$

$$\lambda > 0: \quad R = r_o + (1 + g_m r_o)\, R_S$$
$$= R_S + [1 + g_m R_S]\, r_o$$
$$\approx r_o \, (1 + g_m R_S)$$

D.3   Widerstand bezüglich Source und Masse

Siehe Abb. D.3.

Abb. D.3 Formeln zur Berechnung des Widerstands bezüglich Source und Masse

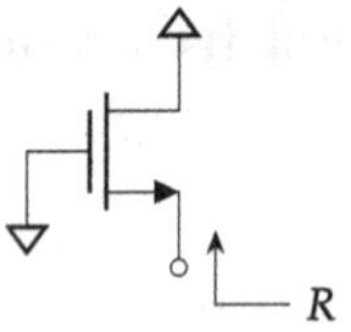

$$\lambda = 0: \quad R = \frac{1}{g_m}$$

$$\lambda > 0: \quad R = \frac{1}{g_m} \| r_o$$

$$\approx \frac{1}{g_m}$$

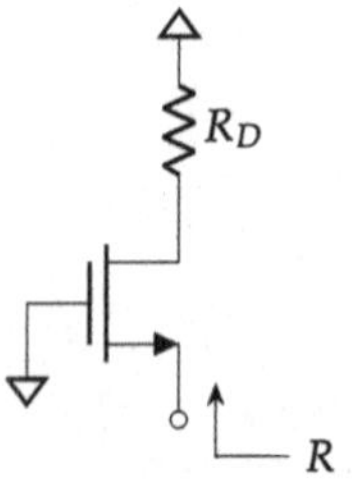

$$\lambda = 0: \quad R = \frac{1}{g_m}$$

$$\lambda > 0: \quad R = \frac{r_o + R_D}{1 + g_m r_o}$$

$$\approx \frac{1}{g_m} + \frac{R_D}{g_m r_o}$$

D.4   Widerstand bezüglich Basis und Masse

Siehe Abb. D.4.

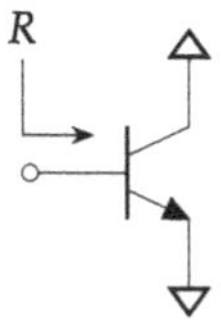

$V_A \rightarrow \infty :$ $R = r_\pi$

$V_A < \infty :$ $R = r_\pi$

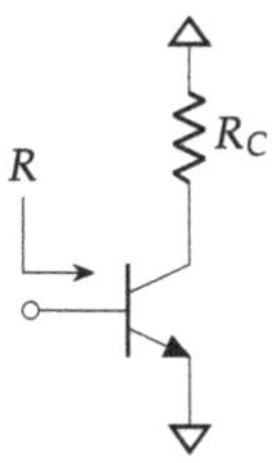

$V_A \rightarrow \infty :$ $R = r_\pi$

$V_A < \infty :$ $R = r_\pi$

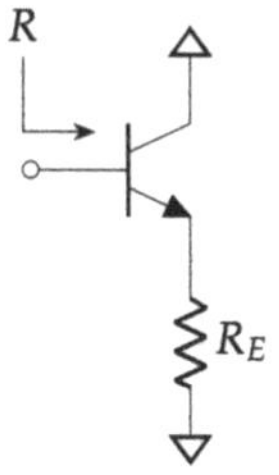

$V_A \rightarrow \infty :$ $R = r_\pi + (\beta + 1)\, R_E$

$\approx r_\pi \left(1 + g_m R_E\right)$

$V_A < \infty :$ $R = r_\pi + (\beta + 1)\, (r_o \| R_E)$

$\approx r_\pi \left[1 + g_m \left(r_o \| R_E\right)\right]$

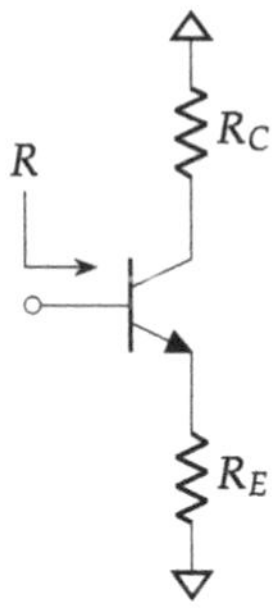

$V_A \rightarrow \infty :$ $R = r_\pi + (\beta + 1)\, R_E$

$\approx r_\pi \left(1 + g_m R_E\right)$

$V_A < \infty :$ $R = r_\pi + \dfrac{R_E \left[(\beta + 1)\, r_o + R_C\right]}{R_C + R_E + r_o}$

$\approx r_\pi + \dfrac{R_E \left(\beta r_o + R_C\right)}{R_C + R_E + r_o}$

Abb. D.4 Formeln zur Berechnung des Widerstands bezüglich Basis und Masse

D.5   Widerstand bezüglich Kollektor und Masse

Siehe Abb. D.5.

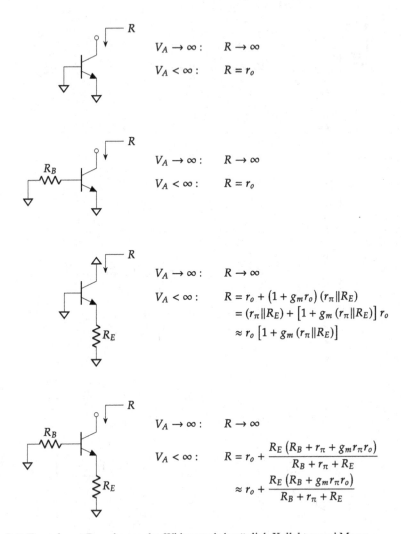

$V_A \rightarrow \infty:$ $R \rightarrow \infty$

$V_A < \infty:$ $R = r_o$

$V_A \rightarrow \infty:$ $R \rightarrow \infty$

$V_A < \infty:$ $R = r_o$

$V_A \rightarrow \infty:$ $R \rightarrow \infty$

$V_A < \infty:$ $R = r_o + (1 + g_m r_o)(r_\pi \| R_E)$

$= (r_\pi \| R_E) + [1 + g_m (r_\pi \| R_E)]\, r_o$

$\approx r_o [1 + g_m (r_\pi \| R_E)]$

$V_A \rightarrow \infty:$ $R \rightarrow \infty$

$V_A < \infty:$ $R = r_o + \dfrac{R_E (R_B + r_\pi + g_m r_\pi r_o)}{R_B + r_\pi + R_E}$

$\approx r_o + \dfrac{R_E (R_B + g_m r_\pi r_o)}{R_B + r_\pi + R_E}$

Abb. D.5 Formeln zur Berechnung des Widerstands bezüglich Kollektor und Masse

D.6   Widerstand bezüglich Emitter und Masse

Siehe Abb. D.6.

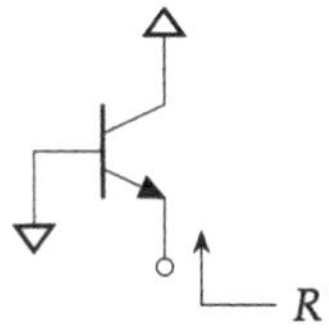

$$V_A \to \infty: \quad R = \frac{1}{g_m} \| r_\pi$$

$$\approx \frac{1}{g_m}$$

$$V_A < \infty: \quad R = \frac{1}{g_m} \| r_\pi \| r_o$$

$$\approx \frac{1}{g_m}$$

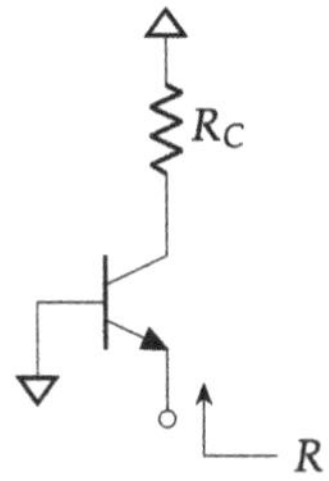

$$V_A \to \infty: \quad R = \frac{1}{g_m} \| r_\pi$$

$$\approx \frac{1}{g_m}$$

$$V_A < \infty: \quad R = \frac{r_\pi \, (R_C + r_o)}{(g_m r_\pi + 1) \, r_o + R_C + r_\pi}$$

$$\approx \frac{r_\pi \, (R_C + r_o)}{g_m r_\pi r_o + R_C}$$

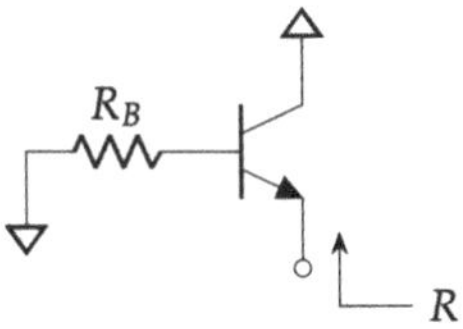

$$V_A \to \infty: \quad R = \frac{r_\pi}{\beta + 1} + \frac{R_B}{\beta + 1}$$

$$\approx \frac{1}{g_m} + \frac{R_B}{\beta + 1}$$

$$V_A < \infty: \quad R = \left(\frac{r_\pi}{\beta + 1} + \frac{R_B}{\beta + 1} \right) \| r_o$$

$$\approx \left(\frac{1}{g_m} + \frac{R_B}{\beta + 1} \right) \| r_o$$

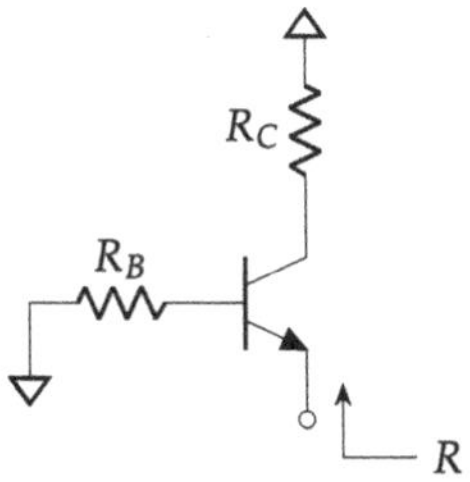

$$V_A \to \infty: \quad R = \frac{r_\pi}{\beta + 1} + \frac{R_B}{\beta + 1}$$

$$\approx \frac{1}{g_m} + \frac{R_B}{\beta + 1}$$

$$V_A < \infty: \quad R = \frac{(r_\pi + R_B) \, (r_o + R_C)}{(g_m r_\pi + 1) \, r_o + R_C + r_\pi + R_B}$$

$$\approx \frac{(r_\pi + R_B) \, (r_o + R_C)}{g_m r_\pi r_o + R_C + R_B}$$

Abb. D.6 Formeln zur Berechnung des Widerstands bezüglich Emitter und Masse

Einheiten und Umrechnungsfaktoren

E

Tab. E.1 listet die Präfixe des Internationalen Einheitssystems (frz. Système international d'unités, SI) auf. Tab. E.2 fasst die SI-Basisgrößen und ihre Einheiten zusammen. Tab. E.3 zeigt eine Auswahl an abgeleiteten Größen und ihre Einheiten ausgedrückt in (für die Elektronik sinnvollen) Einheiten für Strom, Spannung, Zeit und Temperatur. Tab. E.4 listet eine Auswahl an absoluten Zahlen und ihre Umrechnung in Dezibel auf.

Die Umrechnung einer Temperatur T in Kelvin (K) in eine Temperatur ϑ in Grad Celsius (°C) erfolgt nach

$$\frac{T}{K} = \frac{\vartheta}{°C} + 273,15 \tag{E.1}$$

bzw. umgekehrt

$$\frac{\vartheta}{°C} = \frac{T}{K} - 273,15. \tag{E.2}$$

Eine Änderung von 20 dB pro Dekade (Faktor 10) entspricht einer Änderung von 6 dB pro Oktave (Faktor 2): $20\lg 10 = 20\,\mathrm{dB}$ bzw. $20\lg 2 \approx 6\,\mathrm{dB}$.

© Springer-Verlag GmbH Deutschland, ein Teil von Springer Nature 2021
M. Momeni, *Grundlagen der Mikroelektronik 1*,
https://doi.org/10.1007/978-3-662-62032-8

Tab. E.1 Dezimalpräfixe im SI-System

Präfix	Symbol	Potenz	Präfix	Symbol	Potenz
Yotta	Y	10^{24}	Dezi	d	10^{-1}
Zetta	Z	10^{21}	Zenti	c	10^{-2}
Exa	E	10^{18}	Milli	m	10^{-3}
Peta	P	10^{15}	Mikro	μ	10^{-6}
Tera	T	10^{12}	Nano	n	10^{-9}
Giga	G	10^{9}	Piko	p	10^{-12}
Mega	M	10^{6}	Femto	f	10^{-15}
Kilo	k	10^{3}	Atto	a	10^{-18}
Hekto	h	10^{2}	Zepto	z	10^{-21}
Deka	da	10^{1}	Yokto	y	10^{-24}

Tab. E.2 Basisgrößen und Basiseinheiten im SI-System

Basisgröße	Symbol	Basiseinheit	Symbol
Länge	l	Meter	m
Zeit	t	Sekunde	s
Masse	m	Kilogramm	kg
Elektrische Stromstärke	I	Ampere	A
Thermodynamische Temperatur	T, Θ	Kelvin	K
Lichtstärke	I_v	Candela	cd
Stoffmenge	n	Mol	mol

Tab. E.3 Abgeleitete Größen und Einheiten im SI-System (Auswahl)

Größe	Symbol	Abgeleitete Einheit	Symbol	Ausgedrückt in Einheiten für I, V, t, T
Arbeit, Energie	W	Joule	J	VAs
Celsius-Temperatur	ϑ	Grad Celsius	°C	K
Elektrische Ladung	q	Coulomb	C	As
Elektrische Spannung	V	Volt	V	V
Elektrische Kapazität	C	Farad	F	As/V
Elektrischer Widerstand	R	Ohm	Ω	V/A
Elektrischer Leitwert	G	Siemens	S	A/V
Frequenz	f	Hertz	Hz	1/s
Induktivität	L	Henry	H	Vs/A
Leistung	P	Watt	W	VA

Tab. E.4 Verstärkungsfaktoren in Dezibel

A_v oder A_i	$A_{v,\mathrm{dB}}$ oder $A_{i,\mathrm{dB}}$	$A_{p,\mathrm{dB}}$
100.000	100 dB	50 dB
10.000	80 dB	40 dB
1000	60 dB	30 dB
100	40 dB	20 dB
10	20 dB	10 dB
2	6 dB	3 dB
1	0 dB	0 dB
0,5	−6 dB	−3 dB
0,1	−20 dB	−10 dB

$A_{v,\mathrm{db}} = 20 \lg |A_v|$
$A_{i,\mathrm{db}} = 20 \lg |A_i|$
$A_{p,\mathrm{db}} = 10 \lg |A_p|$

Physikalische Konstanten und Materialeigenschaften

F

Tab. F.1 Materialeigenschaften von intrinsischem Silizium (Si) bei $T = 300\,\mathrm{K}$ in den in der Halbleiterelektronik und -technologie üblicherweise verwendeten Einheiten

Größe	Symbol	Wert	Einheit
Atomdichte	N_{Si}	5×10^{22}	$1/\mathrm{cm}^3$
Bandabstand	E_g	$1,12$	eV
Beweglichkeit der Elektronen	μ_n	1350	$\mathrm{cm}^2/(\mathrm{Vs})$
Beweglichkeit der Löcher	μ_p	480	$\mathrm{cm}^2/(\mathrm{Vs})$
Diffusionskonstante für Elektronen	D_n	35	cm^2/s
Diffusionskonstante für Löcher	D_p	12	cm^2/s
Effektive Zustandsdichte im Leitungsband	N_C	$2,85 \times 10^{19}$	$1/\mathrm{cm}^3$
Effektive Zustandsdichte im Valenzband	N_V	$1,04 \times 10^{19}$	$1/\mathrm{cm}^3$
Eigenleitungsdichte	n_i	$9,63 \times 10^9$	$1/\mathrm{cm}^3$
Permittivität	ε_{si}	$11,9\varepsilon_0$	$\mathrm{As}/(\mathrm{Vm})$
Relative Permittivität	$\varepsilon_{si,r}$	$11,9$	1
Sättigungsgeschwindigkeit für Elektronen	$v_{n,sat}$	1×10^7	cm/s
Sättigungsgeschwindigkeit für Löcher	$v_{p,sat}$	8×10^6	cm/s

© Springer-Verlag GmbH Deutschland, ein Teil von Springer Nature 2021
M. Momeni, *Grundlagen der Mikroelektronik 1*,
https://doi.org/10.1007/978-3-662-62032-8

Tab. F.2 Weitere Konstanten bei $T = 300K$

Größe	Symbol	Wert	Einheit
Permittivität von Siliziumdioxid (SiO$_2$)	ε_{ox}	$3,9\varepsilon_0$	As/ (Vm)
Relative Permittivität von SiO$_2$	$\varepsilon_{ox,r}$	$3,9$	1
Temperaturspannung	$V_T = kT/q$	26	mV

Tab. F.3 Physikalische Konstanten

Größe	Symbol	Wert	Einheit
Boltzmann-Konstante	k, k_B	$1,381 \times 10^{-23}$	VAs/K
		$8,620 \times 10^{-5}$	eV/K
Elektrische Feldkonstante	$\varepsilon_0, \epsilon_0$	$8,854 \times 10^{-12}$	As/ (Vm)
Elementarladung	q, e	$1,602 \times 10^{-19}$	As
Lichtgeschwindigkeit im Vakuum	c, c_0	299792458	m/s
Planck'sches Wirkungsquantum	h	$6,626 \times 10^{-34}$	VAs^2
		$4,136 \times 10^{-15}$	eVs

Literatur

Die folgende Zusammenstellung ist unterteilt in deutsch- und englischsprachige Literatur, in welcher die Grundlagen der Elektrotechnik sowie wichtige Bereiche der Mikroelektronik ausführlicher behandelt sind.

Deutschsprachige Literatur

1. CLAUSERT, H.; HOFFMANN, K.; MATHIS, W. u. a.: *Das Ingenieurwissen: Elektrotechnik*. Springer, 2014
2. CLAUSERT, H.; WIESEMANN, G.; BRABETZ, L. u. a.: *Grundgebiete der Elektrotechnik, Band 1: Gleichstromnetze, Operationsverstärkerschaltungen, elektrische und magnetische Felder*. De Gruyter Oldenbourg, 2015
3. CLAUSERT, H.; WIESEMANN, G.; BRABETZ, L. u. a.: *Grundgebiete der Elektrotechnik, Band 2: Wechselströme, Drehstrom, Leitungen, Anwendungen der Fourier-, der Laplace- und der Z-Transformation*. De Gruyter Oldenbourg, 2015
4. GÖBEL, H.: *Einführung in die Halbleiter-Schaltungstechnik*. Springer, 2019
5. HERING, E.; BRESSLER, K.; GUTEKUNST, J.: *Elektronik für Ingenieure und Naturwissenschaftler*. Springer, 2017
6. PALOTAS, L.: *Elektronik für Ingenieure: Analoge und digitale integrierte Schaltungen*. Springer, 2003
7. PAUL, S.; PAUL, R.: *Grundlagen der Elektrotechnik und Elektronik 1: Gleichstromnetzwerke und ihre Anwendungen*. Springer, 2014
8. PAUL, S.; PAUL, R.: *Grundlagen der Elektrotechnik und Elektronik 3: Dynamische Netzwerke: zeitabhängige Vorgänge, Transformationen, Systeme*. Springer, 2017
9. REINHOLD, W.: *Elektronische Schaltungstechnik: Grundlagen der Analogelektronik mit Aufgaben und Lösungen*. Carl Hanser, 2020
10. REISCH, M.: *Halbleiter-Bauelemente*. Springer, 2007
11. STINY, L.: *Aktive elektronische Bauelemente: Aufbau, Struktur, Wirkungsweise, Eigenschaften und praktischer Einsatz diskreter und integrierter Halbleiter-Bauteile*. Springer, 2019

© Springer-Verlag GmbH Deutschland, ein Teil von Springer Nature 2021
M. Momeni, *Grundlagen der Mikroelektronik 1*,
https://doi.org/10.1007/978-3-662-62032-8

12. THUSELT, F.: *Physik der Halbleiterbauelemente: Einführendes Lehrbuch für Ingenieure und Physiker.* Springer, 2018
13. TIETZE, U.; SCHENK, C.; GAMM, E.: *Halbleiter-Schaltungstechnik.* Springer, 2019
14. TILLE, T.; SCHMITT-LANDSIEDEL, D.: *Mikroelektronik: Halbleiterbauelemente und deren Anwendung in elektronischen Schaltungen.* Springer, 2020

Englischsprachige Literatur

15. ALLEN, P. E. HOLBERG, D. R.: *CMOS Analog Circuit Design.* Oxford University Press, 2011
16. BAKER, R. J.: *CMOS Circuit Design, Layout, and Simulation.* Wiley-IEEE Press, 2019
17. BARNA, A.; PORAT, D. I.: *Operational Amplifiers.* Wiley, 1989
18. CARUSONE, T. C.; JOHNS, D. A.; MARTIN, K. W.: *Analog Integrated Circuit Design.* Wiley, 2011
19. GRAY, P. R.; HURST, P. J.; LEWIS, S. H. u. a.: *Analysis and Design of Analog Integrated Circuits.* Wiley, 2009
20. GREGORIAN, R.; TEMES, G. C.: *Analog MOS Integrated Circuits for Signal Processing.* Wiley-Interscience, 1986
21. HOROWITZ, P.; HILL, W.: *The Art of Electronics.* Cambridge University Press, 1989
22. JAEGER, R. C.; BLALOCK, T. N.: *Microelectronic Circuit Design.* McGraw-Hill, 2015
23. KUNDERT, K. S.: *The Designer's Guide to Spice and Spectre.* Springer, 1995
24. KUNDERT, K. S.: *The Designer's Guide to Spice and Spectre.* Springer, 1995
25. MALVINO, A.; BATES, D.: *Electronic Principles.* McGraw-Hill, 2015
26. RAZAVI, B.: *Fundamentals of Microelectronics.* Wiley, 2013
27. RAZAVI, B.: *Design of Analog CMOS Integrated Circuits.* McGraw-Hill, 2017
28. REISCH, M.: *High-Frequency Bipolar Transistors: Physics, Modeling, Application.* Springer, 2003
29. SEDRA, A. S.; SMITH, K. C.: *Microelectronic Circuits.* Oxford University Press, 2015
30. STREETMAN, B. G.; BANERJEE, S. K.: *Solid State Electronic Devices.* Pearson, 2014
31. SZE, S. M.; NG, K. K.: *Physics of Semiconductor Devices.* Wiley-Interscience, 2007
32. TAUR, Y.; NING, T. H.: *Fundamentals of Modern VLSI Devices.* Cambridge University Press, 2009
33. TSIVIDIS, Y.; MCANDREW, C.: *Operation and Modeling of the MOS Transistor.* Oxford University Press, 2011
34. VLADIMIRESCU, A.: *The SPICE Book.* Wiley, 1994

Stichwortverzeichnis

Printed in the United States
by Baker & Taylor Publisher Services